Fachkenntnisse

Anwendungsübungen

Grundlagenkenntnisse

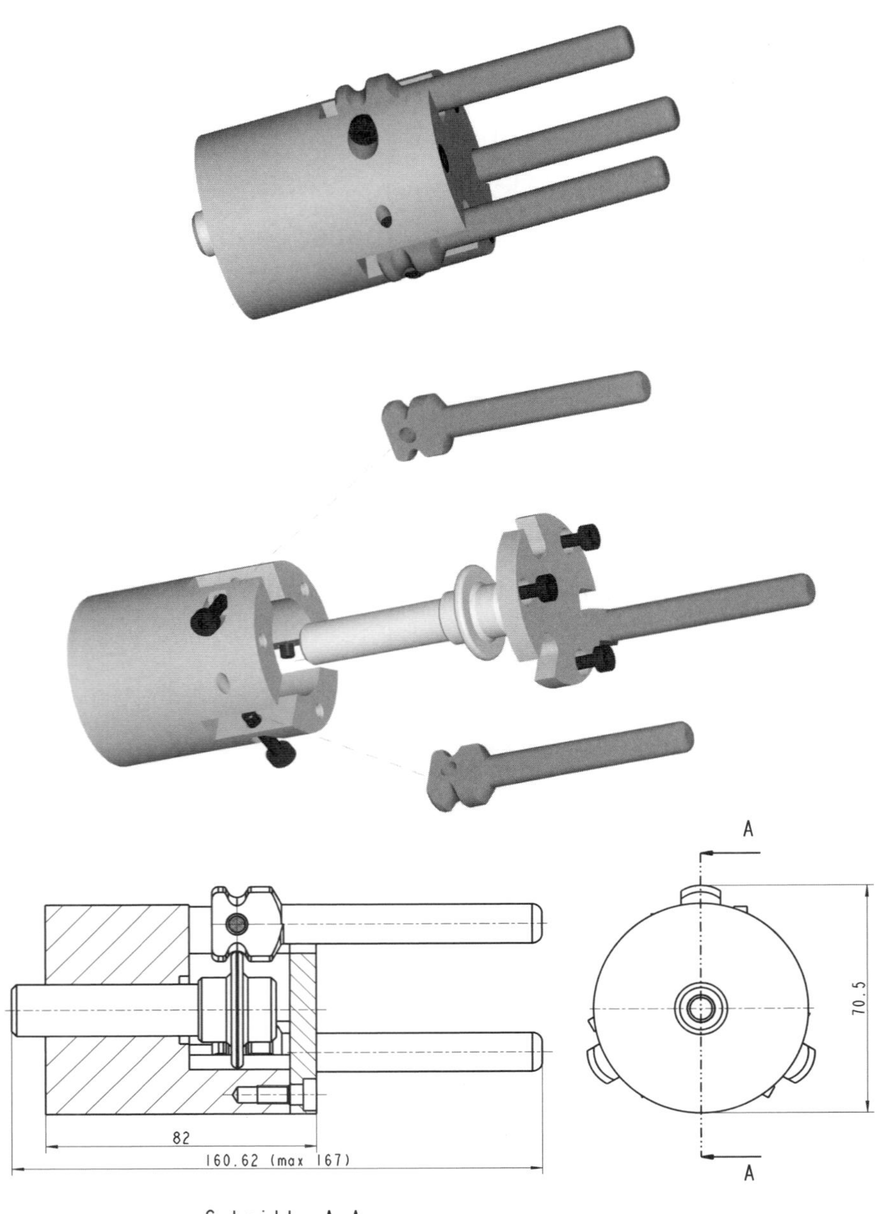

Schnitt A-A

Klaus-Jörg Conrad

Grundlagen der Konstruktionslehre

Methoden und Beispiele für den Maschinenbau

5., aktualisierte Auflage

mit 250 Bildern, 103 Tabellen,
zahlreichen Kenntnisfragen und Aufgabenstellungen mit Lösungen

HANSER

Prof. Dipl.-Ing. Klaus-Jörg Conrad
Burgdorf

Bibliografische Information der Deutschen Nationalbibliothek

Die Deutsche Nationalbibliothek verzeichnet diese Publikation in der Deutschen Nationalbibliografie; detaillierte bibliografische Daten sind im Internet über http://dnb.d-nb.de abrufbar.

ISBN 978-3-446-42210-0

Umschlagbild: Autor/Aerzener Maschinenfabrik GmbH

www.hanser.de
Projektleitung: Jochen Horn
Herstellung: Renate Roßbach
Druck und Bindung: Druckhaus „Thomas Müntzer“ GmbH, Bad Langensalza
Printed in Germany

Vorwort

Die fünfte Auflage dieses bewährten Lehrbuchs wurde überarbeitet und aktualisiert. Die Aktualisierung bezieht sich insbesondere auf die Regeln und die Anwendung der neuen Schriftfelder. Grundlegende Hinweise auf die neue Maschinenrichtlinie und die neuen VDMA-Kennzahlen Entwicklung und Konstruktion gehören ebenso dazu. Das Literaturverzeichnis wurde anwendergerecht neu dargestellt.

Auch nach 25 Jahren Lehre an der Fachhochschule Hannover zählen immer noch die Erfahrungen, die bei der Benutzung im Lehrbetrieb mit Studierenden gesammelt wurden. Insbesondere die kritischen Fragen von Studierenden der Fachhochschule Hannover sorgten für viele Verbesserungen. Auch die vielen guten Hinweise und Anregungen der Fachkollegen, die eine Stellungnahme zu diesem Buch abgegeben haben, konnten fast alle berücksichtigt werden. Für diese Unterstützung möchte ich mich besonders bedanken.

Der Einstieg erfolgt mit einem Vergleich der Tätigkeiten der Konstruktionsübungen mit denen des methodischen Konstruierens. Ein bekanntes Beispiel zeigt die Bedeutung des methodischen Konstruierens, bevor die Grundlagen des systematischen Konstruierens behandelt werden.

Als Hilfsmittel wurde die Wissensbasis eingeführt. Eine Wissensbasis enthält das notwendige Wissen und die Fähigkeiten, um das im Kern angegebene Thema umfassend zu behandeln. Der Leser wird damit noch einmal darauf hingewiesen, welche Kenntnisse für das Verständnis und das selbständige Bearbeiten des jeweils angegebenen Themas notwendig sind.

Die Grundlagen und eine Übersicht zur Werkstoffauswahl und zum Einsatz von Maschinenelementen sind in Form von Informationsblättern enthalten. Die beiden neuen Kapitel wurden hinter den Übungsaufgaben eingefügt. Diese Ergänzungen haben sich als notwendig erwiesen, weil die Kenntnisse dieser Basisbereiche des Konstruierens oft nicht ausreichend vorhanden sind, um die Übungsaufgaben zu lösen.

Die Erweiterungen betreffen insbesondere die Aufnahme der Methode Mind Mapping für konstruktive Aufgaben, eine Klärung der Themen Kreativität und Intuition sowie der Grundlagen der Bionik und der Mechatronik zum Entwickeln von Lösungen. Diese Fachgebiete werden für die Entwicklung von Produkten heute immer häufiger eingesetzt und gehören damit zum notwendigen Wissen eines Konstrukteurs.

Die Anzahl der Übungsaufgaben mit den Lösungen wurde verdoppelt. Auch für die neuen Themen sind Beispiele und Übungen vorhanden. Einige Bereiche der bewährten Themen erhielten zusätzliche Übungsaufgaben. Die Kenntnisfragen wurden entsprechend angepasst und erweitert, sodass für das Nacharbeiten des Stoffs alles vorhanden ist.

Die bewährte Gliederung wurde beibehalten, aber an einigen Stellen so angepasst, dass die Themen der Abschnitte im Inhaltsverzeichnis besser zu finden sind. Außerdem hat jedes Kapitel jetzt eine Zusammenfassung. Das Durcharbeiten kann damit unterschiedlich erfolgen. Leser mit Vorkenntnissen sind nach dem Nachschlagen und Lesen der Zusammenfassung soweit informiert, dass sie nur die Kapitel durcharbeiten, die von Interesse sind.

Andere Leser schauen sich nur die vier Konstruktionsphasen an und lösen die Übungsaufgaben.

Das Arbeiten mit diesem Buch setzt Kenntnisse voraus, die insbesondere in den Fachgebieten Technisches Zeichnen, Normung und Maschinenelemente als Handwerkszeug für Konstrukteure vermittelt werden. Auch das rechnerunterstützte Konstruieren ist nur mit diesem Wissen möglich. Es wird das systematische Entwickeln von Lösungen vorgestellt, zu dem natürlich auch Kreativitätsmethoden und der Einsatz von Rechnern gehören.

Die praxisgerechte Behandlung des Stoffes ist durch die jahrelangen Erfahrungen des Verfassers in der Werkzeugmaschinenkonstruktion, durch viele Diplomarbeiten und Projekte in Unternehmen sowie sehr umfangreiche Erfahrungen in der Lehre mit Studierenden des Maschinenbaus an der Fachhochschule Hannover gewährleistet.

Die Behandlung der vier Konstruktionsphasen erfolgt nach den bewährten Regeln und Richtlinien mit einigen neuen Hilfsmitteln, die aus den praktischen Anwendungen entwickelt wurden. Die besondere Bedeutung der Stücklisten, der Nummernsysteme, der Sachmerkmale, der Kosten und der Qualitätssicherung während der Produktentwicklung wird beschrieben und mit Beispielen erklärt.

Das wesentliche Ziel dieses Buches ist die Vermittlung einer systematischen und methodischen Arbeitsweise in einem Umfang, die es jedem Konstrukteur ermöglicht, seinen persönlichen Arbeitsstil zu entwickeln oder zu verbessern. Damit ist es sowohl für Studierende in der Ingenieurausbildung an Fachhochschulen und Universitäten als auch für Konstrukteure in der Wirtschaft sinnvoll nutzbar.

Das Lehrbuch wurde selbstverständlich für Konstrukteurinnen und für Konstrukteure geschrieben. Wegen der Übersichtlichkeit wurde auf Doppelangaben im Text verzichtet.

Über Anregungen, Hinweise und Stellungnahmen zur Verbesserung des Lehrbuchs würde ich mich sehr freuen.

Mein Dank gilt den Verfassern der Fachliteratur zu diesem Thema, von denen ich viele bewährte Anregungen übernehmen konnte. Insbesondere möchte ich mich bei Herrn Prof. Dr.-Ing. *Ehrlenspiel* bedanken, von dem ich an der Universität Hannover die Bedeutung des Methodischen Konstruierens gelernt habe. Die Ergebnisse seiner wissenschaftlichen Arbeiten werden besonders häufig zitiert. Herrn Dr. *Bünting* vom VDMA danke ich für die zur Verfügung gestellten aktuellen VDMA-Kennzahlen. Für die sehr gute Unterstützung bedanke ich mich bei Herrn *Jochen Horn* vom Carl Hanser Verlag. Meinen Mitarbeitern im Labor Fertigungsautomatisierung der Fachhochschule Hannover danke ich für die Hilfe bei der EDV-technischen Aufbereitung der Bilder und Texte, die seit der ersten Auflage enthalten sind, sowie für viele gute Hinweise.

Mein besonderer Dank gilt meiner Frau *Marlies* und meiner Tochter *Cathrin* für Verständnis, Geduld und Zeit, die eine neue Auflage erfordert.

Burgdorf, im April 2010 *Klaus-Jörg Conrad*

Inhalt

1 Konstruktionslehre

Konstruktionslehre ist die Lehre vom Konstruieren. Zu klären ist, was Konstruieren eigentlich für eine Tätigkeit ist und welche Vorgehensweisen sinnvoll sind, um das Konstruieren lehr- und lernbar darzustellen. Die Grundlagen der Konstruktionslehre zu behandeln bedeutet, nicht den Anspruch zu erheben das gesamte Wissen und alle Erkenntnisse zu beschreiben, sondern nur das Basiswissen zu vermitteln. Die Konstruktionslehre ist ein Fachgebiet, das schon seit mehreren Jahren zur Ingenieurausbildung gehört. Da aus Erfahrungen bekannt ist, dass ca. 50 % der Ingenieure in konstruktiven Bereichen der Betriebe tätig sind, hat die Konstruktionslehre eine besondere Bedeutung.

Für das Konstruieren sollten gewisse Fähigkeiten und Neigungen vorhanden sein, die im Bild 1.1 als Übersicht angegeben sind. Bei entsprechendem Interesse sind gewisse Lücken ohne weiteres durch Lernen zu schließen. Es ist auch schon erkennbar, dass zum Konstruieren von technischen Produkten mehr zu beachten ist, als das einfache Kombinieren von Elementen. Das zeigt sich insbesondere an den automatisierten Maschinen und Anlagen, die heute als Ergebnisse guter Konstruktionsarbeit in vielen Firmen vorhanden sind und im täglichen Leben genutzt werden, wie z. B. Werkzeugmaschinen, Haushaltsgeräte, Büroeinrichtungen, Automobile, Schienenfahrzeuge usw.

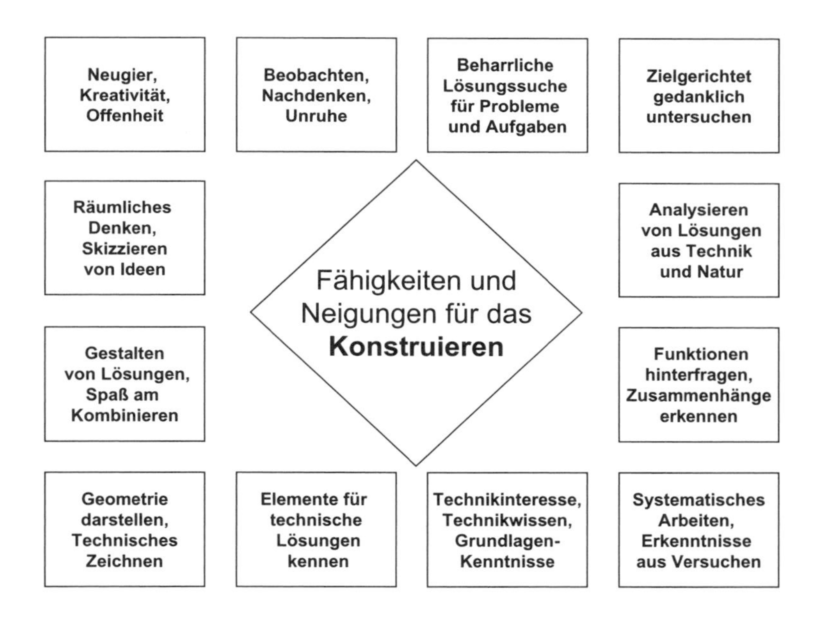

Bild 1.1: Wissensbasis für das Konstruieren

Die im Bild 1.1angegebene Wissensbasis ist für alle konstruktiven Tätigkeiten wichtig. Eine ***Wissensbasis*** enthält das notwendige Wissen und die Fähigkeiten, um das im Kern angegebene Thema umfassend zu behandeln.

Die Konstruktionsausbildung beginnt in der Regel mit der Vermittlung der Konstruktionsgrundlagen, wie Technisches Zeichnen, Normung, Toleranzen, Passungen und Oberflächenangaben. In zugeordneten Übungen sind technische Zeichnungen anzufertigen, z. B. durch Maßaufnahmen von Teilen, also die Geometrie mit Maßen, Toleranzen, Oberflächenangaben usw. nach den Regeln als technische Zeichnungen darzustellen.

Anschließend werden die Maschinenelemente behandelt, um Kenntnisse der Teile zu vermitteln, die häufig in Maschinen eingesetzt werden, wie z. B. Schrauben, Wellen, Lager oder Zahnräder. Mit diesen Kenntnissen sind Konstruktionsübungen als Aufgaben lösbar. Dies sind einfache Baugruppen oder Produkte, die nach einem vorgegebenen Prinzip oder Schema zu entwerfen sind, um die Anwendung der Maschinenelemente zu lernen. Tabelle 1.1 vergleicht die bekannten Tätigkeiten für das Bearbeiten von Konstruktionsübungen mit den Tätigkeiten beim Methodischen Konstruieren, indem diese den Konstruktionsphasen zugeordnet werden. Die beispielhaft genannten Punkte zeigen deutlich, dass mit dem Methodischen Konstruieren die Kenntnisse weiterzuentwickeln sind.

Konstruktionsübungen Tätigkeiten	**Konstruktions-phasen**	**Methodisches Konstruieren Tätigkeiten**
	Planen	Aufgabenstellung klären Informationen beschaffen Anforderungsliste ausarbeiten
	Konzipieren	Abstrahieren und Problem formulieren Funktionen beschreiben Black-Box-Methode anwenden Lösungsprinzipien suchen Lösungselemente für Funktionen Systematische Lösungsentwicklung Lösungsvarianten untersuchen Konzept festlegen
Aufgabenstellung als Text mit Prinzipskizzen lesen und umsetzen Maschinenelemente auswählen, um Funktionen zu erfüllen Entwurfsberechnung durchführen Geometrie gestalten Werkstoffe auswählen Normteile und Handelsteile einsetzen Entwurfszeichnung erstellen mit Teiledaten und Festigkeitsberechnung	Entwerfen	Entwerfen nach Arbeitsschritten Grobentwurf skizzieren Entwurfsberechnung durchführen Geometrie gestalten Werkstoffe auswählen Grundregeln, Prinzipien und Richtlinien der Gestaltung anwenden Maschinenelemente, Normteile und Handelsteile für die Funktionen wählen Entwurfszeichnung erstellen mit Teiledaten und Festigkeitsberechnung Baugruppen festlegen
Einzelteilzeichnungen anfertigen Stückliste erstellen Hinweise für Fertigung und Montage festlegen	Ausarbeiten	Einzelteilzeichnungen anfertigen Stücklisten der Baugruppen erstellen Hinweise für Fertigung und Montage festlegen Betriebsanleitung und Dokumentation

Tabelle 1.1: Vergleich von Konstruktionsübungen mit Methodischem Konstruieren

Konstruieren wird häufig noch mit Erfinden oder einer Kunst gleichgesetzt, die als Begabung vorhanden und anzuwenden ist, um neue technische Gebilde zu entwickeln. Dabei kann niemand so recht nachvollziehen, wie eine Konstruktion entsteht. Diese Denkweise war aber nicht geeignet, die vielfältigen konstruktiven Aufgaben in den Unternehmen so zu lösen, dass sich ein planbarer, wirtschaftlicher Ablauf im Konstruktionsbereich ergab. Da der Konstruktionsprozess wesentlicher Teil des Herstellungsprozesses ist, wurde die Konstruktion immer mehr zum Engpass. Abhilfe wurde durch die Entwicklung der Konstruktionslehre geschaffen. Die ***Konstruktionslehre*** behandelt die für das Konstruieren im Maschinenbau erforderlichen wissenschaftlich-technischen Grundlagen. Es wurden allgemeingültige Methoden für das systematische Vorgehen beim Konstruieren entwickelt, die Erfahrungen guter Konstrukteure aufbereitet und das sehr komplexe Grundwissen der Gestaltung strukturiert zusammengefasst.

Konstruieren umfasst alle Tätigkeiten zur Darstellung und eindeutigen Beschreibung von gedanklich realisierten technischen Gebilden als Lösung technischer Aufgaben.

Die Tätigkeiten zum Bearbeiten von konstruktiven Aufgaben werden in den folgenden Kapiteln erklärt und mit Hilfsmitteln so dargestellt, dass eine eindeutige Beschreibung vorliegt. Um die allgemeine Anwendbarkeit für Einzelteile, Baugruppen, Maschinen, Apparate, Geräte oder Anlagen in allen Bereichen der Technik zu zeigen, wird als Oberbegriff ***technische Gebilde*** verwendet. Neue Lösungen für Konstruktionsaufgaben ergeben sich vor allem durch kreative Tätigkeiten der Konstrukteure, während die Routinearbeiten mehr zur normgerechten Darstellung und Klärung von Einzelheiten eingesetzt werden. Das kreative Denken mit einfallsbetonter Ideenfindung ergänzt sich beim Konstruieren mit dem systematischen Vorgehen zu einer Einheit.

Der Bereich Konstruktion und Entwicklung ist in fast allen Industrieunternehmen als selbständige und bedeutende Abteilung mit zentraler Stellung in der Produktherstellung vorhanden. Neben den vielen Möglichkeiten und Varianten der organisatorischen Eingliederung gibt es unabhängig von den Produkten eines Unternehmens einige allgemeingültige Regeln und Vereinbarungen, die für die Funktion dieses Bereiches stets gelten. Außerdem wurden im Laufe der letzten Jahre die eingesetzten Methoden und Hilfsmittel entsprechend den vorhandenen Erkenntnissen und Erfahrungen zu einer systematischen Arbeitsweise entwickelt. Die Arbeit der Konstrukteure besteht nicht mehr nur darin, eine technische und wirtschaftlich herstellbare Lösung für ein Problem zu finden, und diese dann durch Zeichnungen und Stücklisten festzulegen. Die Ansprüche sind enorm gestiegen und erfordern eine straffe, zielorientierte Vorgehensweise, die im Folgenden vorgestellt werden soll.

1.1 Einführung und Erfahrungen

Die Bedeutung der ***Konstruktion*** als Abteilung oder als Ergebnis einer technischen Aufgabe, dargestellt auf einer technischen Zeichnung bzw. als fertiges Produkt, wird stets unterschiedlich bewertet. Meistens verbinden Außenstehende damit die Tätigkeiten Berechnen, Zeichnen, Untersuchen, Gestalten, Planen usw. Erst wenn durch die Erstellung von technischen Zeichnungen mit der Gestaltung von Bauteilen oder einfachen Baugruppen, wie z. B. einem Schraubstock, erste Entwurfszeichnungen angefertigt werden, ergibt sich ein erster Eindruck von den Aufgaben der Konstruktion. Dann ist auch zu erkennen, dass gute Kenntnisse und Erfahrungen vorhanden sein müssen, die in den Fachgebieten Maschinenelemente und Konstruktionsgrundlagen vermittelt werden. Dazu gehören auch die Fachgebiete Fertigungstechnik und Werkstoffkunde, sowie in gewissem Umfang das Grundlagenwissen der Technik und der Automatisierungstechnik. Nach dem selbständigen Lösen einfacher Konstruktionsübungen sind folgende Erfahrungen bekannt.

Erkenntnisse erster eigener Konstruktionsarbeiten bei kritischer Betrachtung:

- nicht nur nach Beispielen arbeiten
- ein Problem hat mehrere Lösungen
- Fachwissen ist erforderlich
- nach Regeln arbeiten ist sinnvoll
- Auswahlentscheidungen sind erforderlich
- Informationen müssen beschafft und umgesetzt werden

Mit dem ersten Beispiel soll vor weiteren Aussagen zum Thema die Problematik verdeutlicht werden, die beim Bearbeiten von konstruktiven Aufgaben auftreten kann.

Beispiel Hebel: Die Aufgabe besteht darin, ein Einzelteil zu entwerfen und eine technische Zeichnung zu erstellen. Sie wurde in Anlehnung an eine Untersuchung von *Hansen* aufbereitet. Für diese erste Konstruktionsübung sind von einer Baugruppe die wichtigsten Maße, die in dem neuen Teil erforderlichen Formelemente sowie die geometrischen Bedingungen in einer Skizze in Bild 1.2 dargestellt.

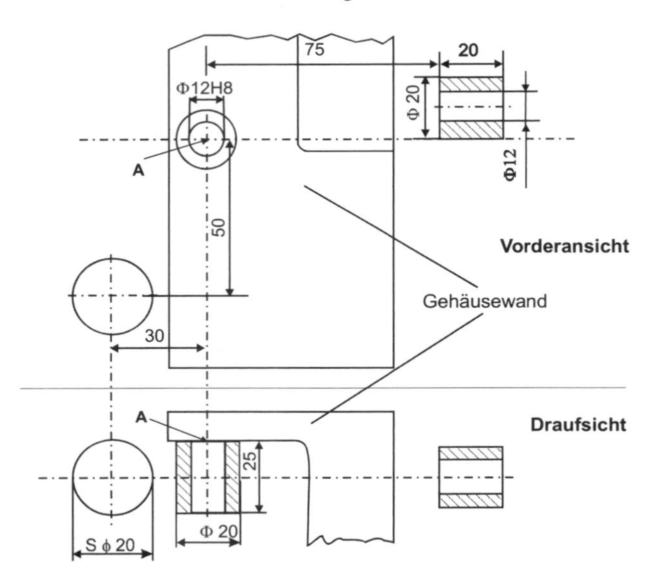

Bild 1.2: Skizze der Aufgabe mit den geometrischen Bedingungen

Die Formelemente Bohrung, Buchse und Kugel sind an den äußeren Konturen so mit Material zu verbinden, dass die Bohrungen der beiden Buchsen frei bleiben und die Kugel nur in einem Teilbereich verwendet wird. Der zu gestaltende Hebel soll mit der Bohrung 12 H8 auf einen Bolzen gesteckt werden, der an der Gehäusewand befestigt ist. Um diese Drehachse sollen Schwenkbewegungen von ± 5° ohne Berührung der skizzierten Gehäusewände möglich sein. Die Bewegungseinleitung erfolgt an der äußeren Bohrung oder an der Kugel. Da dabei nur sehr geringe Kräfte auftreten, ist keine Festigkeitsberechnung erforderlich. Die Gestaltung soll so erfolgen, dass die Kosten bei absoluter Funktionssicherheit und hohen Stückzahlen gering sind.

Konstrukteure werden für solch eine Aufgabe je nach Erfahrung und Fachgebiet relativ schnell eine Lösungsidee haben und diese als Entwurf aufzeichnen. Diese Aufgabe wurde mehreren Konstrukteuren vorgelegt, die aus verschiedenen Maschinenbaubereichen kamen und dementsprechend sehr unterschiedliche Entwurfszeichnungen erstellten. Einige Beispiele sind in dem folgenden Bild 1.3 dargestellt.

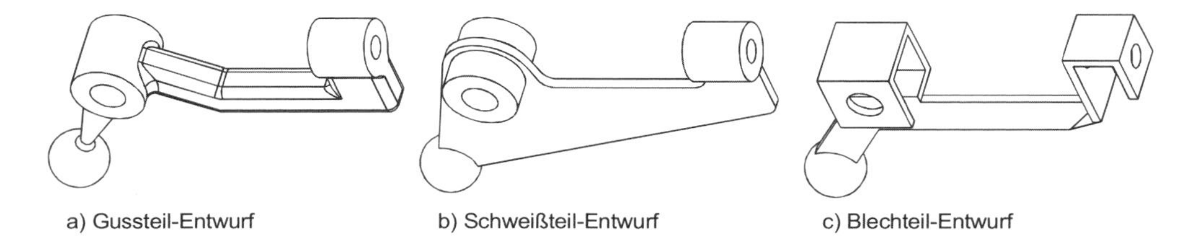

Bild 1.3: Drei Entwürfe mit unterschiedlichen Schwerpunkten

Im Bild 1.3a ist ein solides Guss- oder Schmiedeteil eines Konstrukteurs aus dem Schwermaschinenbau dargestellt, der sich gut mit diesen Fertigungsverfahren auskennt. Eine zweite Lösung zeigt eine Ausführung als Schweißkonstruktion durch Verbinden der Formelemente mit einem einfachen Blechteil, so wie sie bei Einzelfertigung oder bei kleinen Serien, z. B. im Versuchsbau üblich ist. Die Entwurfszeichnung im Bildteil c könnte von einem Konstrukteur stammen, der die Blechteilfertigung kennt und dadurch seine Gestaltung mit diesem Fertigungsverfahren realisiert hat.

Die für diese Ergebnisse abgelaufenen Überlegungen sind nicht eindeutig nachzuvollziehen, da neben den Einflüssen aus dem Tätigkeitsbereich auch der Einfluss der üblichen Vorgehensweise – unter Zeitdruck zu konstruieren – zu einer schnellen Lösung geführt haben könnte.

Die für die Lösung dieser Aufgabe wesentlichen Gedanken sollen einmal systematisch untersucht werden. Dabei ergibt sich als Kern der Aufgabe, dass drei Formelemente und ihre gegenseitige Lage zueinander gegeben sind. Durch die feste Verbindung dieser Elemente soll eine Bewegungsübertragung möglich werden. Diese grundsätzliche Aufgabe zur Lösungsfindung ist der Skizze in Bild 1.4 zu entnehmen.

Die Aufgabe besteht also in erster Linie nicht mehr aus dem Gestalten eines Bauteils, sondern aus dem Erkennen der Grundelemente, deren Anordnung zueinander und einem systematischen Erarbeiten der Lösungsmöglichkeiten. Erst nach diesen Arbeitsschritten werden die Gestaltungsmöglichkeiten mit verschiedenen Fertigungsverfahren untersucht.

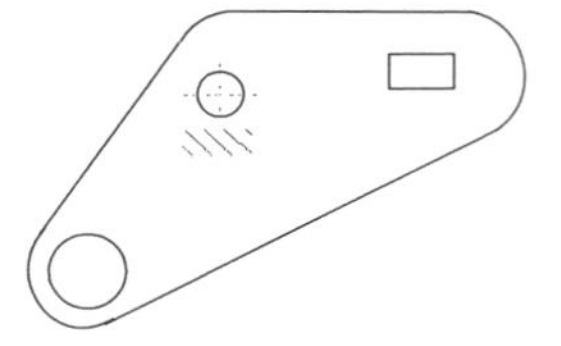

Bild 1.4: Schematische Skizze zur Lösungsfindung

Durch die dreieckige Anordnung der Formelemente ergeben sich fünf Möglichkeiten der Verbindung, wie das folgende Bild 1.5 zeigt. Werden die zugeordneten Entwurfsskizzen mit den Entwürfen der Konstrukteure verglichen, so ist zu erkennen, dass alle Entwürfe der Bauform 2 entsprechen. Mögliche Gründe dafür ergeben sich aus der Formulierung der Aufgabe und aus der Wahl der Konstrukteure.

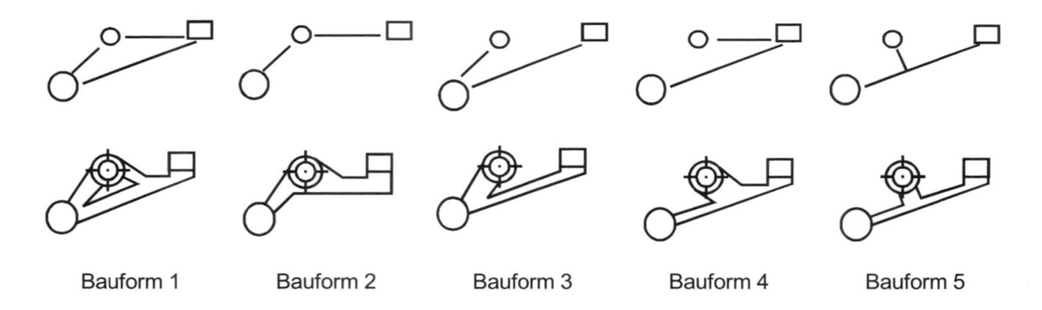

Bild 1.5: Fünf mögliche Bauformen als Strichskizzen und als Bauteile

Eine systematische Untersuchung der Lösungsalternativen unter Beachtung einer einfachen Gestaltung, der Werkstoffart, der Fertigung, der Herstellkosten, der Werkzeuge und Vorrichtungen führt zu einer guten Lösung aus Kunststoff mit der Struktur der 5. Bauform in Bild 1.5, wie in dem folgenden Bild 1.6 vereinfacht dargestellt.

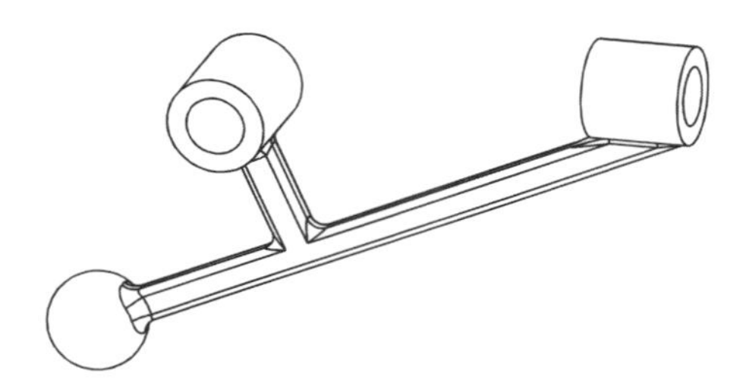

Bild 1.6: Lösungsskizze eines Kunststoffteils

Zur Klärung der Frage, warum die Konstrukteure die Bauform 5 nicht gefunden haben, muss eigentlich nur konsequent analysiert und festgehalten werden, welche Gedanken zu den guten Lösungen geführt haben. Es ist festzustellen, dass sich gute Ergebnisse in der Regel durch systematisches Erarbeiten der Lösungsmöglichkeiten ergeben. Außerdem ist natürlich Ingenieurwissen, Erfahrung und Kreativität erforderlich.

Diese Aufgabe wurde auch regelmäßig Studierenden des Maschinenbaus im Hauptstudium mit dem zusätzlichen Hinweis vorgelegt, nicht nur ein Bauteil zu entwerfen, sondern zwei verschiedene. Damit sollte erreicht werden, dass nach dem ersten schnellen Skizzieren noch eine weitere Lösung durch zusätzliches Nachdenken geschaffen wird. Aber auch hier zeigte sich als Ergebnis oft nur eine Gestaltung für ein anderes Fertigungsverfahren ohne das erwünschte systematische Erarbeiten der Lösungsvarianten in Form von Strichskizzen für die möglichen Bauformen und ohne Werkstofffestlegung vor dem Entwurf.

Eine Konstruktionslehre muss in verschiedener Hinsicht unterstützend wirken, wenn sie in der Lehre und in der Praxis vorteilhaft einsetzbar sein soll. Aus den Erfahrungen beim Lösen konstruktiver Aufgaben in den verschiedenen Bereichen des Maschinenbaus wurden deshalb viele Erkenntnisse und Vorgehensweisen so aufbereitet, dass diese für neue Konstruktionsaufgaben sinnvoll nutzbar sind. Die ***Konstruktionslehre*** hat daraus als wesentliche Ziele die Vermittlung von Methodenwissen und die Darstellung der Hilfsmittel zum Bearbeiten konstruktiver Aufgaben festgelegt. Bild 1.7 enthält zusammengefasst Erfahrungen des systematischen Arbeitens als Wissensbasis.

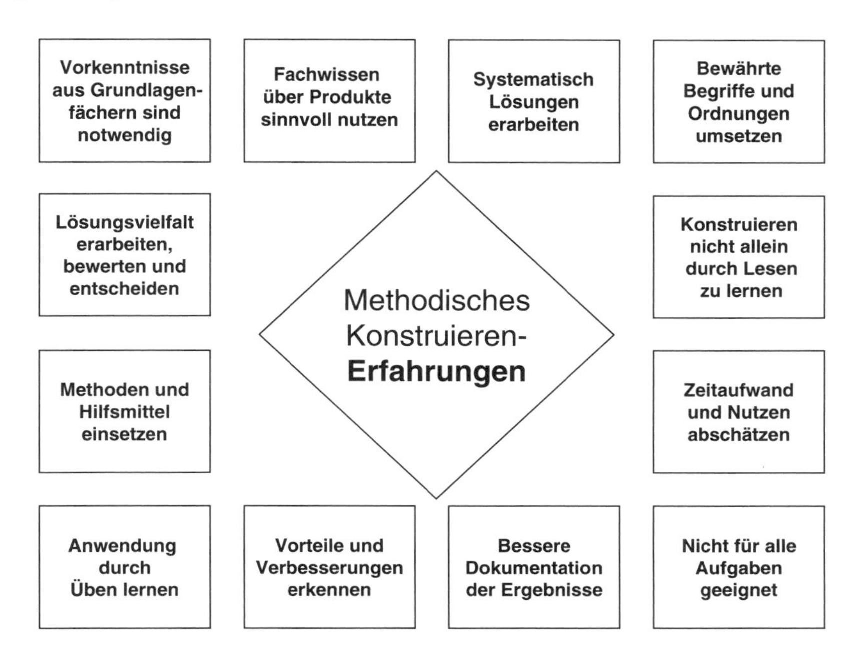

Bild 1.7: Wissensbasis für die Erfahrungen beim Methodischen Konstruieren

Das systematische Arbeiten setzt voraus, dass Methoden und Hilfsmittel in Übungen vorgestellt und angewendet werden. Sehr wichtig ist das selbständige Bearbeiten der Übungen mit anschließender Klärung offener Fragen und Diskussion der Ergebnisse. Der Einsatz der Methoden und Hilfsmittel bedeutet in der Anfangsphase der Konstruktion erheblich mehr Zeitaufwand, insbesondere bei gleichzeitigem Lernen. Die Erfahrung zeigt, dass es nicht sinnvoll ist, jede Aufgabe mit allen Methoden und Hilfsmitteln zu bearbeiten, sondern mit den vorhandenen Kenntnissen ist jeweils abzuwägen, ob sich durch einen erhöhten Aufwand Vorteile oder Verbesserungen ergeben. So sind z. B. einfache Produkte, die nur einmal hergestellt werden sollen, schneller ohne Methodik konstruiert.

Die ***Anwendung der Konstruktionsmethodik*** hat sich besonders bei anspruchsvollen oder bei komplexen Aufgabenstellungen bewährt, wie z. B.:

- Entwicklung von Serienprodukten
- Verbesserung von nicht mehr marktgerechten Produkten (Kosten, Wettbewerb, Stand der Technik)
- Entwicklung von wirtschaftlichen „Ausweichprodukten“ geschützter Lösungen
- Entwicklung von Lösungen für Abläufe und Verfahren in der Produktion mit Automatisierung (Backwaren, Verpackungen, usw.)
- Bearbeitung von Projekten im Studium mit fachlich noch nicht ausgereiften Kenntnissen

Aus diesen Überlegungen lassen sich bereits die wichtigsten ***Aufgaben der Konstruktionslehre*** ableiten, die erarbeitet werden müssen.

Die Konstruktionslehre benötigt Methoden und Hilfsmittel
- zum Beschaffen von Informationen
- zum Speichern von Informationen
- zum systematischen Anwenden von Kenntnissen
- zum methodischen Entwickeln von Lösungen
- zum Bewerten von Lösungen
- zum Gestalten von Produkten

Methoden beschreiben das allgemeine, geplante, gleichartige und schrittweise Vorgehen bei der Lösung einer Klasse von Problemen.

Hilfsmittel sind aufbereitete Unterlagen, die das methodische Konstruieren unterstützen, wie z. B. Lösungssammlungen, Gestaltungsregeln, Daten oder Arbeitsblätter.

Für das Fachgebiet Konstruktionslehre gibt es unterschiedliche Bezeichnungen, wie Konstruktionssystematik, Methodisches Konstruieren oder Konstruktionsmethodik. Da keine wesentlichen Unterschiede bestehen, werden alle Begriffe gleichwertig benutzt.

Ein Auszug aus der vorhandenen weiterführenden Literatur und einige spezielle Veröffentlichungen sind im Literaturverzeichnis angegeben.

1.2 Konstruktion im Betrieb

Eine ***Konstruktion*** kann auch heute noch auf verschiedene Weise entstehen. Es gibt immer noch Handwerksbetriebe, in denen ein Meister alle Tätigkeiten durchführt, die von der Anfrage eines Kunden über Konstruktion, Arbeitsvorbereitung, Fertigung und Montage bis zum fertigen Produkt erforderlich sind. Bei umfangreichen oder bei komplexen Produkten, wie z. B. Werkzeugmaschinen, sind diese Aufgaben nicht mehr von einem Mitarbeiter allein zu schaffen, sondern nur durch zusammenarbeitende Abteilungen (Bild 1.8).

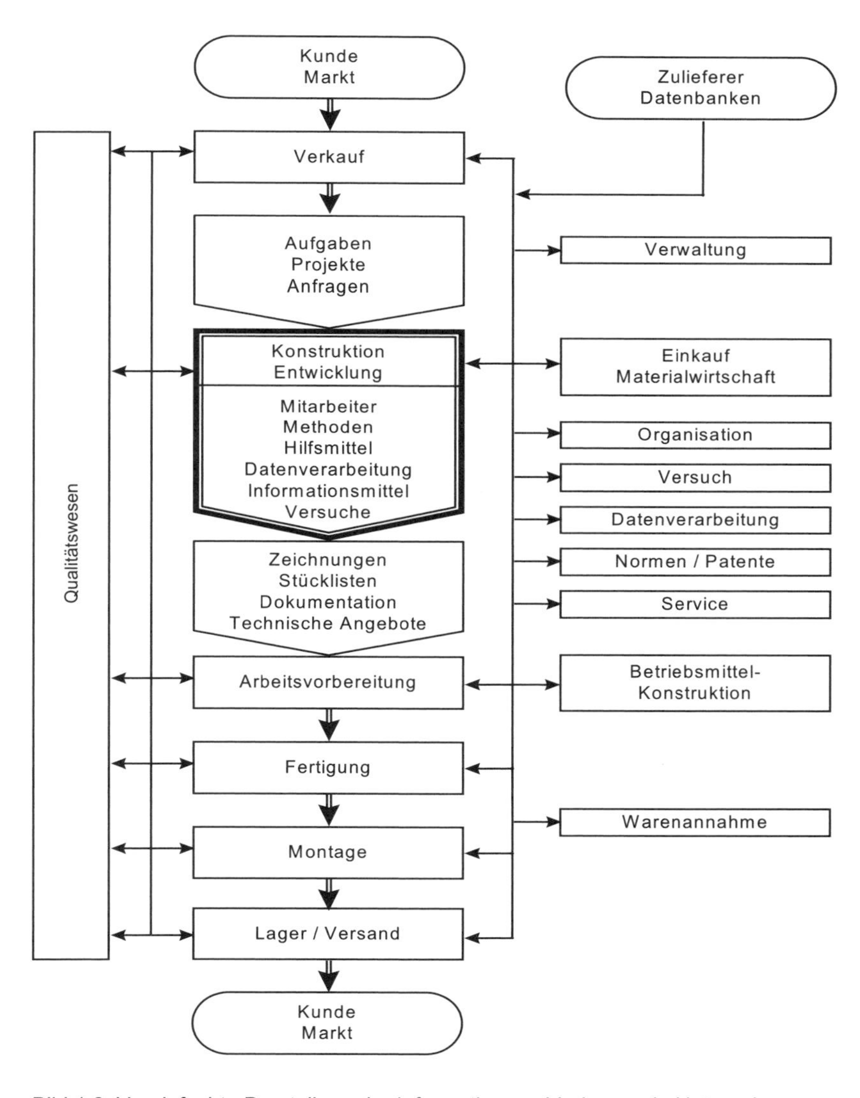

Bild 1.8: Vereinfachte Darstellung der Informationsverbindungen in Unternehmen

Mit der Arbeitsteilung trennte sich die Konstruktion zunehmend von der Produktion. Als Schnittstelle wurde die technische Zeichnung geschaffen, deren Darstellungsart und Symbole genormt wurden. Seitdem ist die Aufgabe der Abteilung „Entwicklung und Konstruktion“ das Festlegen der Produkteigenschaften, ausgehend von der Aufgabenstellung in Form von Informationen auf verschiedenen Arten von Zeichnungen, Stücklisten und technischen Beschreibungen. In den letzten Jahren wurden jedoch Methoden entwickelt und Hilfsmittel eingesetzt, die diese ***funktionsorientierte*** durch eine ***prozessorientierte Arbeitsweise*** ersetzen. Insbesondere sollen Projektmanagement, Teamarbeit und der Einsatz von EDV-Systemen eine effektivere Produktentwicklung ermöglichen.

Die in der Übersicht in Bild 1.8 gezeigte Aufgliederung ist nicht für alle Unternehmensgrößen und nicht für alle Produktarten gültig, sondern eine häufig anzutreffende Organisationsform für Abläufe und Informationsverbindungen. Dargestellt sind die typischen Abteilungen, die bei der Produktentstehung Teilaufgaben erledigen, und der Informationsaustausch zwischen den Unternehmensbereichen. Die zentrale Stellung der Konstruktion ist ebenso hervorgehoben wie der Einfluss des Qualitätswesens auf alle Bereiche des Unternehmens.

Diese Arbeitsteilung hat nicht nur Vorteile, sondern auch die Nachteile, dass oft zu wenig fertigungs-, montage- und damit kostengerecht konstruiert wird. Konstrukteure arbeiten unter enormem Zeitdruck und sollen trotzdem alle Erkenntnisse, Regeln und Anforderungen erfüllen, die durch den Stand der Technik bekannt sind.

Der Begriff ***Konstruktion*** hat mehrere Bedeutungen, wie in Bild 1.9 dargestellt. Die Konstruktion ist eine Abteilung einer Firma, das Ergebnis einer Tätigkeit als technische Zeichnung oder ein Produkt als Lösung einer Aufgabe. Mit der Aussage: „Das ist eine gute Konstruktion“, werden allgemein Eigenschaften, Qualität oder Handhabung bewertet. Unterscheidungen ergeben sich erst durch weitere Erläuterungen.

Bild 1.9: Verwendung des Begriffs Konstruktion

Da alle Produkte, die konstruiert werden, auch hergestellt werden müssen, sind in der Konstruktion gute Kenntnisse der Fertigungstechnik erforderlich. Insbesondere sind die im Betrieb vorhandenen Fertigungsmöglichkeiten und die Eigenschaften der Werkzeugmaschinen als unternehmensspezifisches Fertigungswissen für die Gestaltung von Produkten zu nutzen. Schon in der Produktentwicklung ist die Zusammenarbeit von Produktion und Konstruktion notwendig.

Nach der ***Fertigungsart*** eines Unternehmens lassen sich ebenfalls Regeln ableiten, die die Entwicklung und Konstruktion beeinflussen. Nach Untersuchungen des VDMA (Verband Deutscher Maschinen- und Anlagenbau e.V.) wird heute nach Serien-, Kleinserien-, Gemischt- und Einzelfertiger unterschieden.

Die Entwicklung von ***Einzelprodukten*** erfolgt in der Regel durch einen einmaligen Durchlauf der wichtigsten Abteilungen. Versuch und Erprobung werden, falls erforderlich, an der Kundenmaschine durchgeführt.

Soll ein ***Kleinserienprodukt*** entwickelt werden, so sind Funktionsmuster oder Labormuster sinnvoll, die im Rahmen einer Produktverbesserung die angegebenen Abteilungen noch einmal durchlaufen. Gemischtfertiger haben mehrere Fertigungsarten im Unternehmen, d.h. es werden z. B. Blechteile in Großserien und Blecheinzelteile hergestellt.

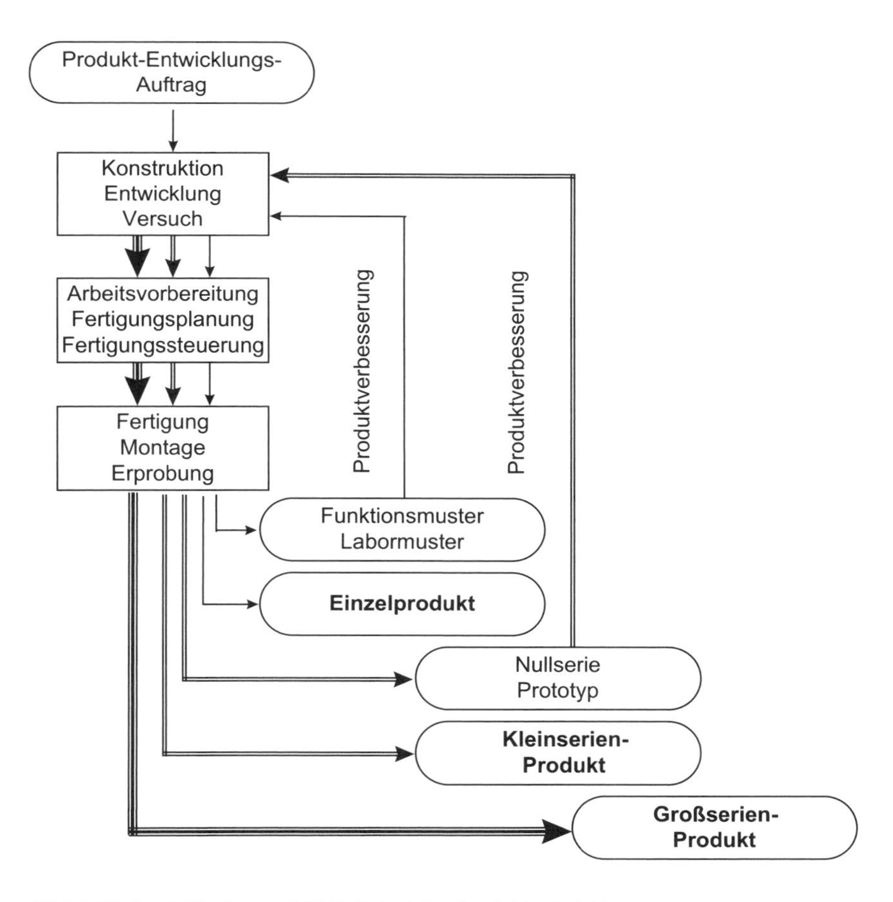

Bild 1.10: Produktarten und Abläufe bei der Produktentwicklung

Das schrittweise Entwickeln von ***Serienprodukten*** beinhaltet das wiederholte Durchlaufen von Entwicklung, Konstruktion, usw., um mit den neuen Erkenntnissen oder Informationen aus dem Musterbau und der Nullserienerprobung das Produkt zu optimieren. Die sich daraus ergebenen Abläufe im Unternehmen bei verschiedenen Fertigungsarten zeigt Bild 1.10.

Die ***Produktentwicklung*** wird stets von den Anforderungen des Marktes und vom Stand der Technik beeinflusst. Mit den immer schneller erforderlichen neuen Produkten, dem Einsatz von rechnerunterstützten Verfahren und durch Anwendung moderner Managementtechniken unterliegt der Bereich Konstruktion und Entwicklung einem stetigen Wandel und Anpassungsprozess. Eine Produktentwicklung, wie sie im folgenden Bild 1.11 gezeigt wird, muss und wird nicht in jedem Unternehmen anzutreffen sein. Dargestellt werden die heute üblichen Einflussfaktoren und Problemschwerpunkte. Als ***Einflussfaktoren*** werden neben der Funktion Qualität, Zeit und Kosten auftreten, für die die ***Problemschwerpunkte*** Projektabwicklung, Mitarbeiter und Methoden/Hilfsmitteleinsatz bekannt sind. Als Beispiele gelten benutzerunfreundliche Produkte, die nicht alle geforderten Funktionen oder mehr als gefordert erfüllen, zu hohe Herstellkosten verursachen oder verspätet auf den Markt kommen.

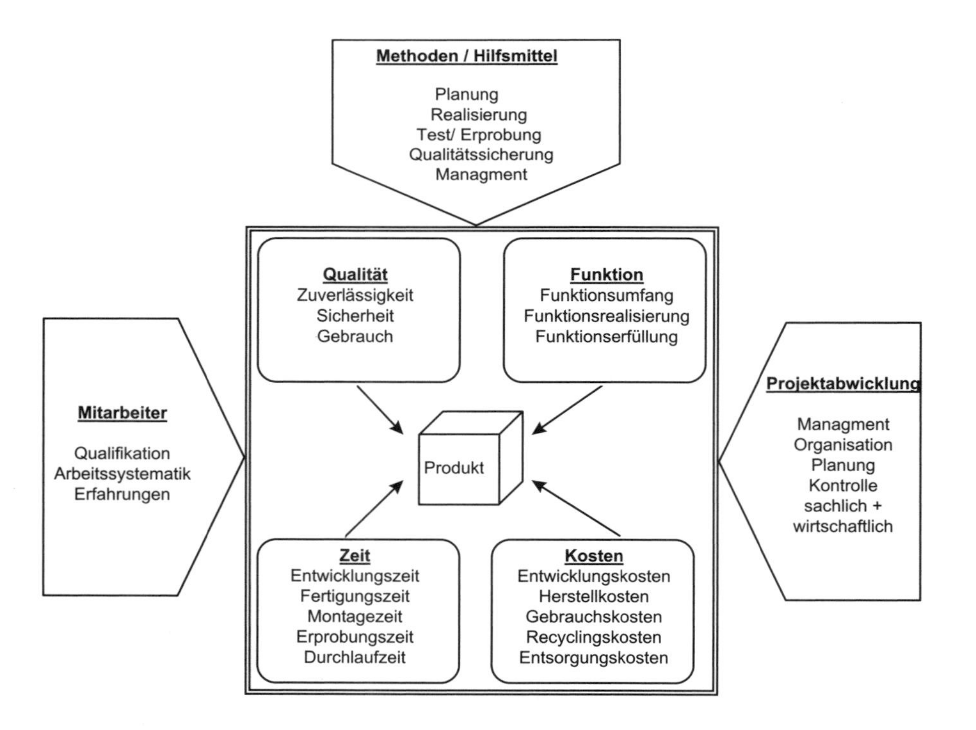

Bild 1.11: Produktentwicklung – Einflussfaktoren und Problemschwerpunkte

1.3 Konstruieren als Tätigkeit

Die Tätigkeit Konstruieren hat bei der Lösung von Ingenieuraufgaben eine zentrale Stellung. Der ***Konstrukteur*** bestimmt durch seine Ideen, Fähigkeiten und Kenntnisse in entscheidender Weise ein Produkt und dessen Wirtschaftlichkeit bei der Herstellung und im Gebrauch. Die ständige Weiterentwicklung der Konstruktion hat zu verschiedenen Erklärungen des Konstruierens geführt, die hier aber nicht beschrieben werden sollen. Neben der bereits angegebenen Definition sollen hier noch zwei heute häufig angewendete vorgestellt werden, die den Stand der Erkenntnisse enthalten.

Die in den letzten Jahren von der Konstruktionswissenschaft erarbeiteten Methoden und Hilfsmittel, die die rein intuitive Tätigkeit Konstruieren durch schrittweises Erarbeiten der Lösungen unterstützen, führte damit zu folgender Begriffserklärung:

Konstruieren ist eine kreative Tätigkeit mit Intuition, Methodik, Grundlagenwissen, Rechnereinsatz und Erfahrung.

Die Betrachtung aller Maßnahmen zur Verbesserung von Konstruktion und Entwicklung zeigen, dass Konstruieren kein automatisierbarer Vorgang ist, also nicht vergleichbar mit Fertigungs- und Montageoperationen. Werden jedoch die Konstruktionstätigkeiten Zeichnen, Berechnen oder Informieren betrachtet, so gibt es durch den Einsatz von EDV, CAD oder Datenbanken bereits gute Lösungen zur Unterstützung der Routinetätigkeiten.

Die folgende Definition enthält nur indirekt das bereits genannte Vorausdenken zur Realisierung. Sie beschreibt den üblichen Ablauf im Konstruktionsalltag durch Angabe der schrittweise zu erledigen Aufgaben und deren gewünschte Ergebnisse.

Konstruieren heißt für eine Aufgabenstellung das Erarbeiten und Bereitstellen der vollständigen Informationen für Herstellung und Betrieb einer optimalen Maschine.

- Die vorliegende Aufgabenstellung entsteht durch Anfragen oder Aufträge, wie z. B. die Konstruktion eines Getriebes, um Drehzahlen und Drehmomente zu wandeln.
- Informationen für die Herstellung einer optimalen Maschine bestehen aus technischen Zeichnungen, Stücklisten, NC-Programmen, Beschreibungen usw.
- Der Betrieb einer optimalen Maschine wird durch entsprechende Betriebsanleitungen (Technische Dokumentation) gesichert.
- Maschinen sind allgemein technische Gebilde, die konkret als Anlagen, Apparate, Geräte, Baugruppen oder Einzelteile anzutreffen sind.
- Optimal soll hier ein Kompromiss sein zwischen Forderungen und Lösungsmöglichkeiten bei geringstem Aufwand und nach dem derzeitigen Stand der Technik.
- Eine Maschine ist optimal, wenn sie mit geringsten Kosten alle geforderten Funktionen zuverlässig erfüllt.

Nach diesen Hinweisen ist die Vielfalt der Überlegungen erkennbar, die vor dem Umsetzen in reale Lösungen auf technischen Zeichnungen erforderlich ist. Konstruieren als Tätigkeit zum Lösen von technischen Aufgaben ist also nicht mit einem Satz zu definieren, sondern erfordert Erläuterungen, die individuell unterschiedlich sind.

1.4 Konstruktionsmethodik

Konstruktive Tätigkeiten sind äußerst vielseitig. Wie Untersuchungen der verschiedensten Produkte mit den zugehörigen speziellen Erfahrungen zeigen, ergeben sich Tätigkeiten, die weder organisatorisch noch in ihrer Vorgehensweise in eine starre Schablone zu pressen sind.

Der entscheidende Einfluss der Konstrukteure auf den technischen und wirtschaftlichen Wert eines Produktes erfordert ein geordnetes, übersichtliches und nachprüfbares Vorgehen zum Entwickeln von guten Lösungen. Das Fertigen, Montieren, Beschaffen usw. kann nur in dem vom Konstrukteur festgelegten Umfang optimiert werden, wobei schon seit einigen Jahren durch Projektarbeit im Team wesentliche Verbesserungen erzielt werden konnten. Gerade die Zusammenarbeit mit den Produktionsbereichen kann den nützlichen Effekt des systematischen Arbeitens als sinnvolle Vorgehensweise auf die Konstruktion übertragen. Solange die Konstrukteure über das notwendige Anwenden von Fachwissen hinaus nicht methodisch vorgehen und eine solche Arbeitsweise nicht verlangt wird, können die Vorteile nicht genutzt werden. Nach *Pahl/Beitz* soll eine Konstruktionsmethodik bestimmte Anforderungen erfüllen, die in Bild 1.12 dargestellt sind. Die Konstruktionsmethodik muss prinzipiell bei jeder konstruktiven Tätigkeit unabhängig von Produkten anwendbar sein, das Finden optimaler Lösungen ermöglichen und erleichtern sowie mit Begriffen, Methoden und Erkenntnissen anderer Disziplinen verträglich sein.

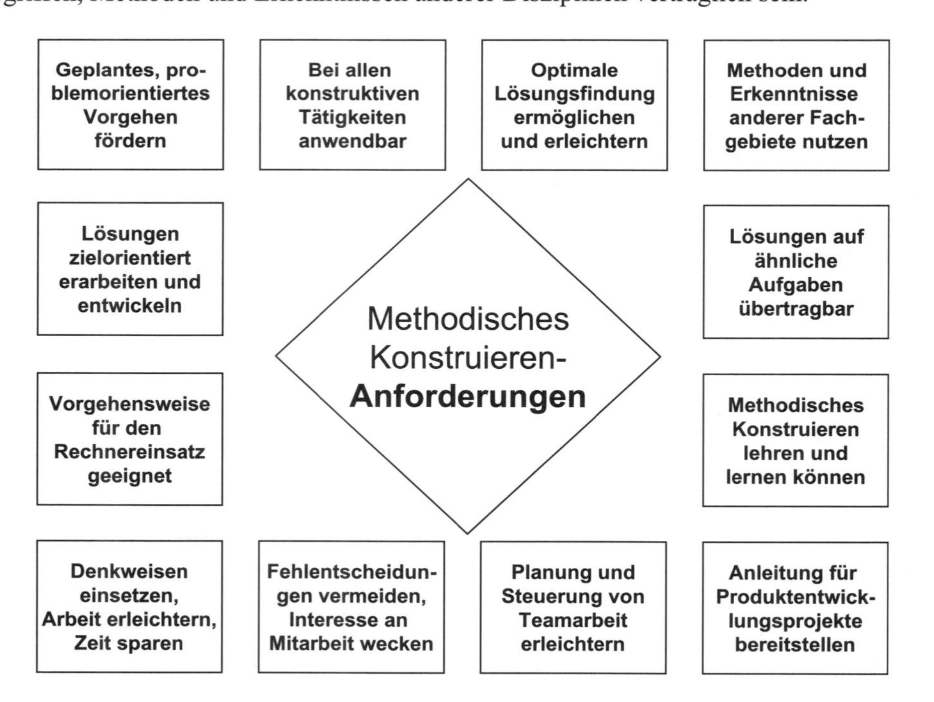

Bild 1.12: Wissensbasis für die Anforderungen an das Methodische Konstruieren

Konstruktionsmethodik umfasst die Vorgehensweisen beim Entwickeln und Konstruieren nach Ablaufplänen mit Arbeitsschritten und Konstruktionsphasen unter Beachtung von Richtlinien und Methoden sowie technischen und organisatorischen Hilfsmitteln. Dabei werden die Erkenntnisse der Konstruktionswissenschaft und der Denkpsychologie, aber auch insbesondere die Erfahrungen bei den verschiedenen Anwendungen in der Konstruktionspraxis eingesetzt.

Die Konstrukteure erhalten Methoden und Hilfsmittel, die es ihnen gestatten, systematisch und zielorientiert zu arbeiten, um effektiver und besser als bisher Lösungen zu finden. Der Einsatz von EDV und CAD/CAM-Systemen zur Unterstützung der täglichen Arbeit im Konstruktionsbüro erfordert zunehmend gut aufbereitete Informationen.

Gute ***Konstrukteure*** schaffen mit Begabung, Intuition und Erfahrung durch die schrittweise Realisierung von durchdachten Lösungen sehr gute Produkte. Sie haben durch ihre ***Denkweise*** ein Problemlösungsverhalten entwickelt, das im Kopf so abläuft, dass es einem individuellen methodischen Vorgehen entspricht. Durch die Konstruktionsmethodik soll dieses Erarbeiten von Lösungen unterstützt und vereinfacht werden, sodass eine klare Darstellung und eine sinnvolle Ergänzung stattfindet. In der Ausbildung befindlichen Konstrukteuren dient das systematische Vorgehen mit Methoden und Hilfsmitteln schnell und effektiv, einen eigenen, effizienten Arbeitsstil zu entwickeln.

Die Ergebnisse des ersten Beispiels zeigten bereits die Vorteile, wenn ein ***Lösungskonzept*** systematisch erarbeitet wird. Durch methodisches Konstruieren wird versucht, auch in den Anfangsbereich des Konstruierens Methode zu bringen, um bereits hier aus vielen möglichen Lösungen die besten auszuwählen. Ein vollständiges Lösungsfeld aller einigermaßen brauchbaren Lösungen zu schaffen bedeutet, dass frühere Lösungen, jetzige Konkurrenzlösungen und alle heute noch denkbaren Lösungen überschaubar dargestellt werden. Aus dieser Lösungsvielfalt sind dann mit geeigneten Bewertungsmethoden die besten Lösungen auszuwählen. Dies ist bei immer kürzerer Produktlebensdauer am Markt, komplexeren Produkten und höheren Anforderungen an die Produkte von großer Bedeutung. Der Konstrukteur muss jedoch darauf achten, dass er nicht vor lauter interessanten Lösungsvarianten das eigentliche Ziel übersieht und dadurch in angemessener Zeit keine entscheidungsreifen Lösungen erarbeitet. Die Nutzung der Methoden muss sinnvoll festgelegt werden. Dabei ist sicher auch der enorme Termindruck in den Konstruktionsabteilungen ein wirksames Mittel gegen allzu viel Methodik.

Das methodische Konstruieren wird heute als Stand der Technik betrachtet, da alle grundlegenden Erkenntnisse als VDI-Richtlinien veröffentlicht wurden und die Konstruktionsmethodik fester Bestandteil in der Ingenieurausbildung ist. Ein wesentlicher Gesichtspunkt für eine methodische Behandlung der Konstruktionslehre ist die Tatsache, dass Studierende während des Studiums nur mit ca. 10...20 % aller Maschinen in Kontakt kommen, weil in der Regel nicht mehr Fächer konstruktiv behandelt werden.

Methodenwissen ist wichtiger als Einzelwissen und Faktenwissen, da ohnehin nicht alles gelehrt werden kann.

1.5 Konstruktionsarten

Zur Ergänzung der bisher genannten Begriffe sollen hier die vorgestellt werden, die in den Unternehmen verwendet werden, um Konstruktionsbereiche oder um den Umfang und die Merkmale einer Konstruktion hervorzuheben. Damit wird außerdem die Struktur, also die Gliederung der Konstruktion in Arbeitsabschnitte und nach Arbeitsumfang, erklärt.

Als Beispiel für die ***Konstruktionsarten*** ist im Bild 1.13 jeweils ein einfaches Einzelteil dargestellt, so wie es heute beim rechnerunterstützten Konstruieren mit 3D-CAD-Systemen konstruiert wird. Bei der ***Neukonstruktion*** wird entsprechend der Aufgabenstellung ein Einzelteil als Grundkörper mit Geometrieelementen, wie Gerade, Kreis usw. in einer Ebene skizziert und z. B. durch die Eingabe der Höhe ein Körper erzeugt, der mit Formelementen, wie Fasen, Radien oder Bohrungen modelliert wird, bis das geforderte Einzelteil fertig ist. Der Konstrukteur muss also alle Arbeitsschritte von der Idee bis zum fertigen Teil durchführen.

Die ***Variantenkonstruktion*** wird angewendet, wenn gleichartige Bauteile darzustellen sind, die bei gleicher Grundgeometrie nur in unterschiedlichen Abmessungen gebraucht werden, wie z. B. Rohre oder Scheiben mit verschiedenen Längen und Durchmessern.

Die ***Anpassungskonstruktion*** wird angewendet, um vorhandene Bauteile für neue oder geänderte Anforderungen anzupassen bzw. zu ändern. Als Beispiel soll eine Welle betrachtet werden, die für die Aufnahme anderer Antriebselemente einen zusätzlichen Wellenzapfen erhält und anders angeordnete Formelemente.

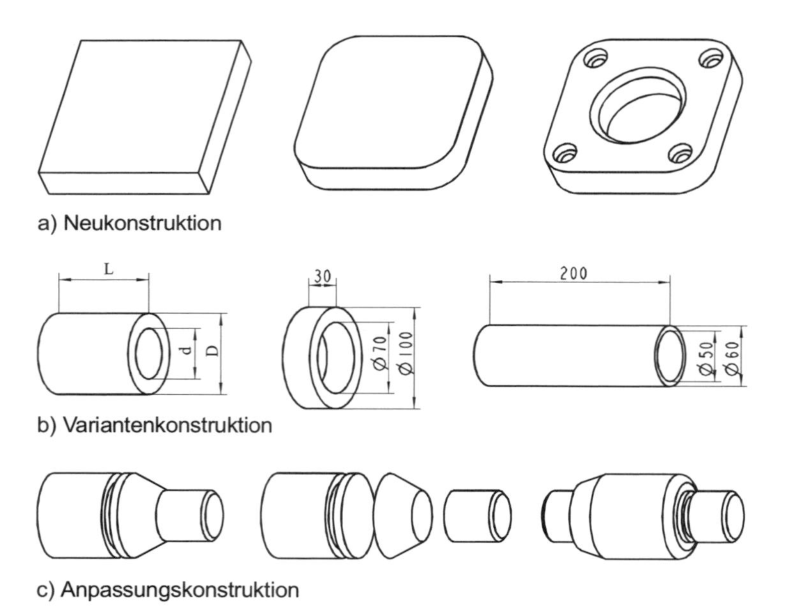

Bild 1.13: Konstruktionsarten mit Beispielen

Die Definitionen der Konstruktionsarten können nach den erforderlichen Arbeitsschritten und nach den Produktarten, wie in Tabelle 1.2 angegeben, allgemein formuliert werden.

Konstruktionsart	**Kennzeichen**	**Ergebnis**
Neukonstruktion	Alle Tätigkeiten von der Idee bis zur Darstellung und eindeutigen Beschreibung müssen vollständig durchgeführt werden.	Neues Produkt als Maschine, Baugruppe, Einzelteil usw.
Variantenkonstruktion	Varianten werden ohne neue Prinziplösungen durch Kombination, Anordnung oder Ergänzung bewährter Elemente, Baugruppen usw. erarbeitet.	Produkte mit vielfältigen Einsatzmöglichkeiten für ähnliche Anforderungen durch geplante Varianten. Beispiele sind Getriebe, Verbindungselemente, Armaturen.
Anpassungskonstruktion	Kundenwünsche mit speziellen Anforderungen an vorhandene Produkte werden durch neu zu konstruierende Teilbereiche erfüllt.	Angepasste Produkte mit kundenspezifischen Eigenschaften wie z. B. Werkzeugmaschinen für bestimmte Werkstücke.

Tabelle 1.2: Konstruktionsarten – Kennzeichen und Ergebnisse

Für die Konstruktionsarten Neu-, Varianten- oder Anpassungskonstruktion werden beim methodischen Konstruieren die Arbeitsschritte festgelegt, die als zu bearbeitende Konstruktionsphasen unterschiedlichen Umfang haben. Als ***Konstruktionsphasen*** werden die vier Arbeitsschritte Planen, Konzipieren, Entwerfen und Ausarbeiten bezeichnet, in die die Aufgaben zerlegt werden können. Die Zuordnung der Konstruktionsphasen zu den Konstruktionsarten enthält Bild 1.14. Dabei ist zu beachten, dass die unterschiedlichen Produkte in den Unternehmen gewisse Streubereiche bei der Zuordnung bedeuten. Einige Produkte werden z. B. nur als Einzelteile in der Ausarbeitungsphase variiert, während Getriebe in der Regel als Baugruppenvarianten noch einen gewissen Anteil an Größenstufungsberechnungen und Entwurfsuntersuchungen erfordern. Mit dieser Aufteilung der Gesamtaufgabe in Teilaufgaben ergibt sich ein systematischer Ablauf beim Konstruieren.

Das ***Planen*** umfasst alle Tätigkeiten, um aus den vorliegenden Angaben alle Anforderungen an das Produkt zu erkennen und eindeutig zu beschreiben. Erst danach wird beim ***Konzipieren*** ein Konzept erarbeitet, das für die notwendigen Funktionen physikalische Prinzipien festlegt. Beim ***Entwerfen*** werden ausgewählte Prinzipien durch gestaltete Bauteile zu Produkten entwickelt, indem Werkstoffe, Abmessungen, Teilearten und Verbindungen in geeigneter Form zu kombinieren sind. In den Entwürfen sind alle Angaben für Zeichnungen und Stücklisten enthalten, die für das ***Ausarbeiten*** erforderlich sind.

Die schematische Darstellung in Bild 1.14 ist als Übersicht zu verstehen, die das Grundsätzliche zeigt. So wird z. B. bei der Anpassungskonstruktion nur für zusätzliche Teilaufgaben das Konzipieren erforderlich, ebenso wie bei der Variantenkonstruktion nicht immer das Entwerfen erforderlich ist.

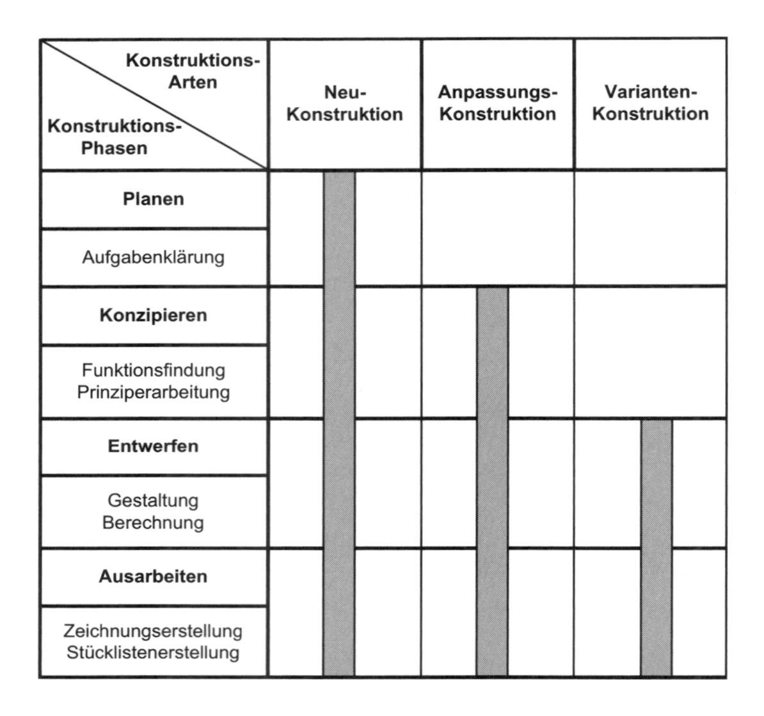

Bild 1.14: Zuordnung von Konstruktionsphasen zu den Konstruktionsarten

Die Zeitanteile für die einzelnen Konstruktionsphasen sind schon allein für die Planung und für die Bewertung eines Konstruktionsbereiches von großem Interesse. Sie werden in der Regel durch Firmenbefragungen ermittelt. Die Ergebnisse solcher Befragungen sind in dem Bild 1.15 dargestellt. Da neben den Tätigkeiten für die vier Konstruktionsphasen noch ein Bereich „Sonstiges“ für Routinearbeiten mit einem Aufwand von bis zu einem Tag pro Woche anfallen kann, bleiben für die Konstruktionsarbeiten nur noch ca. 80 %. Außerdem zeigt die Praxis, dass das Planen als erste Phase immer wichtiger wird, weil die Arbeiten für die Aufgabenklärung einen ganz entscheidenden Einfluss auf die Produktentwicklung und auf die Auftragsabwicklung haben. Die Phase Planen wurde deshalb nach eigenen Erfahrungen mit bis zu 5 % festgelegt. Für das Fallbeispiel aus dem Werkzeugmaschinenlabor Aachen fehlt diese Angabe. Die Prozentzahlen geben jeweils den Zeitaufwand an bezogen auf den Gesamtaufwand mit 100 %. Ein Vergleich des Zeitaufwands für die gesamte Konstruktionsdauer in den verschiedenen Firmen mit früheren Angaben ergibt nur sehr geringe Abweichungen, die noch im Streubereich liegen.

Konstruktionsphasen (Streubereich)	**Tätigkeiten**	**Tätigkeiten in %** (Fallbeispiel)
Planen 0 - 5 %	Aufgabe klären Anforderungsliste	?
Konzipieren 0 - 10 %	Berechnen	4%
	Informieren	12%
Entwerfen 20 - 40 %	Gestalten Berechnen Informieren	15%
Ausarbeiten 50 - 60 %	Zeichnen	32%
	Stücklisten	5%
	Kontrollieren	6%
	Ändern	12%
Sonstiges 10 - 20 %	Routinearbeiten (Verkaufsunterstützung, Computer-Nutzung, Kundendienst, Ablage, Telefonieren, Besprechungen)	14% Summe 100%

Bild 1.15: Konstruktionstätigkeiten mit Zeitanteilen

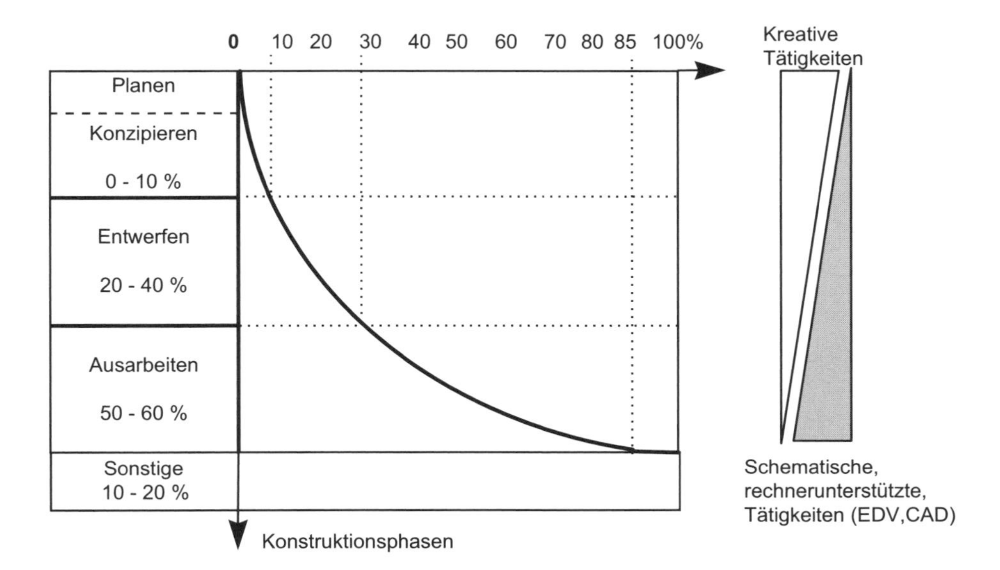

Bild 1.16: Arbeitsaufwand für Konstruktionsphasen (nach *Ehrlenspiel*)

Der Arbeitsaufwand in der Konstruktion wird immer dann analysiert, wenn der Einsatz neuer Techniken (z. B. EDV) oder wirtschaftliche Bedingungen dazu Anlass geben. Das rechnerunterstützte Konstruieren ist besonders geeignet, die Konstruktionsphasen Entwerfen und Ausarbeiten effektiver durchzuführen.

Die kreativen Tätigkeiten werden besonders in den ersten Phasen des Konstruierens eingesetzt, wenn das Konzept erarbeitet wird. Diese Aussagen sind zugeordnet zu den Konstruktionsphasen in Bild 1.16 enthalten. Außerdem sind noch die mittleren Zeitanteile von allen Arbeitsschritten den Konstruktionsphasen zugeordnet, sodass sich ein dem Arbeitsaufwand entsprechender Verlauf ergibt, der durch Addieren der Zeitanteile entsteht.

In den Unternehmen ist die Organisation der Konstruktionsbereiche häufig in Abteilungen oder Gruppen so, dass für bestimmte Aufgaben Mitarbeitergruppen zuständig sind, die im Produktentstehungsprozess spezielle Aufgaben durchführen. Diese Spezialisierung ist insbesondere in größeren Unternehmen und bei komplexen Produkten anzutreffen, wie z. B. im Werkzeugmaschinenbau. Die folgende Tabelle 1.3 enthält übliche ***Konstruktionsbereiche*** und die erforderlichen Erläuterungen.

Konstruktionsbereich	**Abteilung**	**Kennzeichen**
Angebotskonstruktion	Angebotsabteilung	Kundenanfragen nach spezifischen Problemlösungen mit vorhandenen oder neuen Produkten werden konstruktiv untersucht. Beispiel: Bearbeitung von speziellen Werkstücken auf Drehmaschinen.
Entwicklungskonstruktion	Entwicklung	Entwicklung neuer Produkte nach Kundenauftrag oder Marktbedarf mit allen Konstruktionsphasen.
Auftragskonstruktion	Auftragsabwicklung	Kundenauftragsbearbeitung zur Veranlassung aller Aktivitäten im Unternehmen zum Bau und Betrieb einschließlich erforderlicher Anpassungen für den Auftrag.
Werkzeugkonstruktion	Werkzeugbau	Werkzeuge für Fertigungsverfahren als Neuentwicklung, Variante oder Anpassung für Kundenaufträge
Betriebsmittelkonstruktion	Vorrichtungsbau	Vorrichtungen für Fertigungs-, Montage- oder Prüfaufgaben im Produktentstehungsprozess.

Tabelle 1.3: Konstruktionsbereiche – Abteilungen und Kennzeichen

1.6 Konstruktionsmethodik – Erwartungen

Die Konstruktionslehre erhebt nicht den Anspruch, vollständig oder abgeschlossen zu sein. Die Methoden sind miteinander verträglich und praktikabel entwickelt worden, um Lehre und Praxis zu vereinfachen und zu unterstützen:

- Unterstützung der Lehre durch bessere Einführung, Grundlagen, Hilfen und Beispiele
- Unterstützung der Praxis durch Informationen, neue Erkenntnisse und Weiterbildung

Die grundlegenden Erwartungen, die zum Teil schon Erfahrungen sind, enthält zusammengefasst als Regeln die Wissensbasis in Bild 1.17.

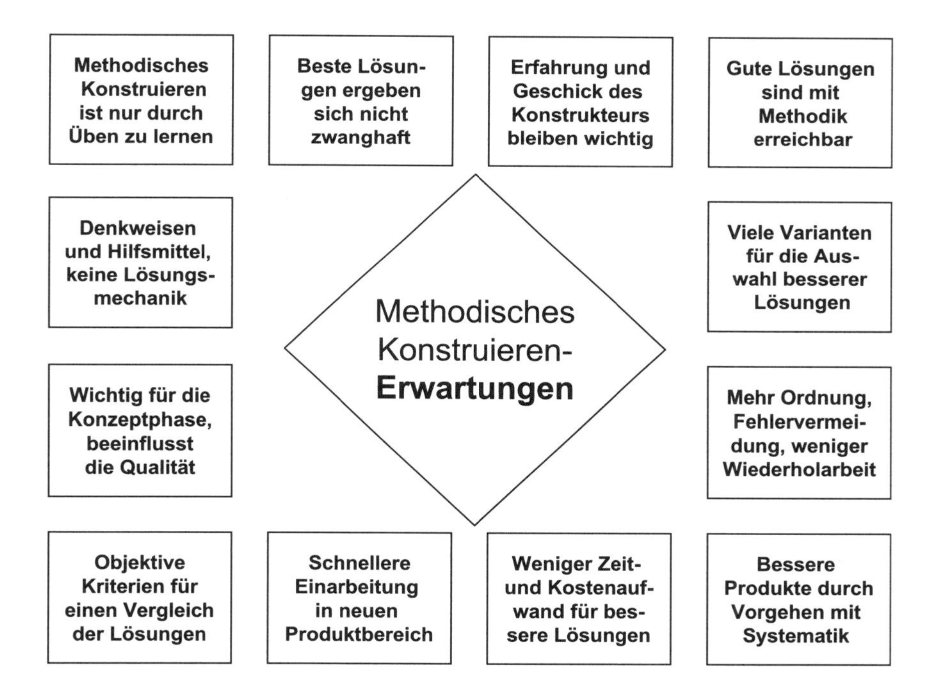

Bild 1.17: Wissensbasis für die Erwartungen beim Methodischen Konstruieren

Das methodische Konstruieren zu lernen ist nicht allein durch das Lesen von Büchern oder Berichten möglich. Da die rein intuitive Tätigkeit methodisch unterstützt wird, sind konstruktive Erfahrungen immer noch wichtig. Gute Lösungen sind erreichbar, aber nicht unbedingt die „genialen“ Lösungen sehr guter Konstrukteure. Die Methodik verhilft zu mehr Lösungsvarianten, und damit im Allgemeinen auch zu besseren Lösungen. Der Kern der Aufgabe wird durch systematisches Arbeiten schneller erkannt.

Die Konzeptphase ist wichtig, weil hier noch in Richtung guter oder schlechter Lösung beeinflusst werden kann, aber sie ist nur ein Teil der Konstruktionsarbeit (ca. 10 %, Entwurf 20...40 %, Ausarbeiten 50...60 %). Die Konzeptphase ist nicht für alle Produktarten gleich wichtig. Die Prinzipien von gleichförmigen Getrieben, Turbomaschinen, Motoren usw. liegen fest. Hier ist Methodik nur bei Detailproblemen interessant (z. B. Ventilsteuerung von Motoren). Produktbereiche mit stärkerer Lösungsvielfalt können die Methodik besser anwenden, wie z. B. Verfahrenstechnik, Verpackungs-, Lebensmittel-, Textiltechnik-, Haushaltsmaschinen usw.

Durch das Methodische Konstruieren sind außer den Angaben im Bild 1.17 noch folgende Erwartungen vorhanden:

1. Die Diskutierbarkeit der Lösungen nach objektiven Kriterien wird durch Konstruktionsmethodik im Team oder mit Vorgesetzten verbessert.
2. Verantwortlichkeit und Delegationsfähigkeit werden durch klare Aufgabenunterteilung möglich.
3. Vermeidung unnützer Arbeit wegen geänderter Aufgabenstellung, wenn zusätzliche Anforderungen das bisherige Konzept unmöglich machen.
4. Schnellere Einarbeitung in einen neuen Produktbereich, da gezielte Fragestellungen möglich und frühere Entwicklungsarbeiten schriftlich dokumentiert vorliegen (nicht nur Zeichnungen, sondern auch Konzeptvarianten, Bewertungen, Lösungsalternativen usw.).
5. Insgesamt werden weniger Zeit und Kostenaufwand im Konstruktionsbüro im Mittel bessere Lösungen ergeben. Der objektive Nachweis ist jedoch schwierig, wegen der vielen Einflussgrößen und langer Zeitspannen, die zu betrachten sind. Sofern es nicht übertrieben wird, dürfte methodisches Vorgehen rationeller sein als wenig geplantes.
6. Systematische Vorgehensweisen durch Anwendung von Konstruktionsmethoden werden bei der Verbesserung der ohnehin schon sehr perfekten technischen Produkte – auch wenn nur kleine Schritte bedacht werden – in Zukunft zunehmen.
7. Die produktneutrale oder generelle Konstruktionslehre für Maschinensysteme hat neben dem Vorteil der systematischen Lösungsfindung auch noch den Vorteil, einen besseren Überblick über das verzweigte Gebiet des Maschinenwesens zu liefern.

Die Konstruktionsmethodik hatte von Anfang an als Ziel Methoden und Hilfsmittel zur Entwicklung von technisch optimalen Produkten bereitzustellen, wobei insbesondere die Prinzipfindung, also die Konzeptphase, unterstützt werden sollte. Dabei wurden im Laufe der Jahre viele Ziele konkreter erkannt, die aber bisher nur teilweise von der Konstruktionswissenschaft bearbeitet wurden. Daraus ergaben sich Probleme für die Akzeptanz der Methodik in der Praxis, bzw. sie bestehen noch.

Konstrukteure setzen in der Regel nur die Methoden und Hilfsmittel ein, von denen sie durch einen praktischen Nutzen schnell überzeugt werden können. Als sehr vorteilhaft hat sich das systematische Vorgehen in der Lehre durchgesetzt, da viele Studierende dadurch die Scheu vor konstruktiven Aufgaben verlieren und gleichzeitig ein gewisses Interesse für die Konstruktion entsteht.

Aus den Erwartungen ergeben sich die Ziele, die durch Konstruktionsmethodik erreicht werden sollen. Diesen Zielen sind Formulierungen zuzuordnen, die direkt im Bereich Konstruktion und Entwicklung zu bewerten sind, wie Tabelle 1.4 zeigt. Einige der Ziele sind jetzt schon bekannt, weitere werden mit Methoden, Hilfsmitteln und Hinweisen in den nächsten Abschnitten umfangreich erläutert.

Die ***Ziele der Konstruktionsmethodik*** können aufgegliedert werden in:
- technische Ziele
- organisatorische Ziele
- persönliche Ziele
- didaktische Ziele

Zieleigenschaft	**Zielbeschreibung**
Technische Ziele	• Entwicklung von neuen Produkten unterstützen • Verbesserung von Produkten unterstützen • Optimierung des Kosten/Nutzen-Verhältnisses von Produkten
Organisatorische Ziele	• Rationalisierung der Konstruktionsarbeit • Verkürzung von Konstruktionszeit und damit der Lieferzeit • Erleichtern von Teamarbeit • Erleichtern von Projektarbeit • Nachvollziehbarkeit von Konstruktionslösungen • Objektivierung der Konstruktionsarbeit • Verbesserung des Rechnerunterstützten Konstruierens • Verkürzung der Einarbeitungszeit für Konstrukteure
Persönliche Ziele	• Hilfestellung bei neuen Situationen • Steigerung der Kreativität • Darstellbarkeit des Konstruktionsablaufs • Erweiterung des Problembewusstseins • Verbesserung der Präsentation der Konstruktion • Besserer Überblick über die Fachgebietsentwicklung
Didaktische Ziele	• Konstruieren lehr- und lernbar gestalten • Rationalisierung der Lehre • Interesse wecken für Konstruktionstätigkeit

Tabelle 1.4: Ziele der Konstruktionsmethodik (nach *Ehrlenspiel*)

Eine ausführliche Darstellung vieler Überlegungen und viele Ergebnisse von wissenschaftlichen Untersuchungen hat *Ehrlenspiel* veröffentlicht. Hier sollen nur die wesentlichen Gründe für die bisher noch unzureichende ***Nutzung der Konstruktionsmethodik*** in der Praxis zusammengefasst vorgestellt werden:

- Konstrukteure in der Praxis, und z. T. auch Studierende, haben zum großen Teil im Unterbewussten ablaufende Problemlösungs- und Vorgehensmethoden ausgebildet („Normalbetrieb des Denkens"), die nur schwer in ein System einzuordnen sind und nur durch intensives Üben „umprogrammiert" werden können.
- Gerade für das Üben allein und vor allem im Team, steht in Aus- und Weiterbildung viel zu wenig Zeit zur Verfügung. Dies wiederum ist wohl auf mangelnden Einblick in

die „Ablaufmechanismen“ des Denkens und Handels zurückzuführen. Es ist ähnlich wie beim Radfahren und Schwimmen, die auch nicht nur theoretisch gelernt werden können. Statt Fähigkeiten und Verhaltensweisen werden im Übermaß Fakten vermittelt.

- Schwerpunkte praktischer Entwicklungs- und Konstruktionsarbeit, wie das Gestalten, das Entwerfen und Verwerfen, die Versuchstechnik, die zwischenmenschlichen und organisatorischen Belange kommen, aus welchen Gründen auch immer, bisher zu kurz. Praktiker sehen sich bei einem Großteil ihrer Arbeit zu wenig unterstützt.

1.7 Zusammenfassung

Die Konstruktionslehre ist ein Fachgebiet, das entwickelt wurde, um Tätigkeiten und Vorgehen beim Konstruieren zu vermitteln. Die Anforderungen und Fähigkeiten, die zum Lösen von technischen Aufgaben durch eine Konstruktion vorhanden sein sollten sind bekannt und werden mit einem Beispiel bewusst gemacht. Allgemeine Erfahrungen zur Anwendung der Konstruktionsmethodik und Angaben zu den Aufgaben der Konstruktionslehre geben einen ersten Überblick. Die Konstruktionspraxis in den Betrieben ist abhängig von der Organisation und den Produkten des Unternehmens. Dementsprechend wurde ein Informationsfluss vorgestellt mit der Einordnung und den Aufgaben des Bereichs Konstruktion und Entwicklung.

Die Produktentwicklung wird allgemein und für typische Produktarten erläutert. Dazu gehört in jedem produzierenden Unternehmen auch der Bereich der Produktion zur Herstellung der konstruierten Produkte. Eine enge Zusammenarbeit von Konstruktion und Produktion in prozessorientierten Unternehmen ist notwendig, um die Möglichkeiten der Fertigung und der Montage schon bei der Konstruktion zu berücksichtigen.

Konstruieren ist als Tätigkeit durch Definitionen beschreibbar, die sich durch immer konkretere Aussagen unterscheiden. Alle drei Begriffsbestimmungen enthalten im Kern die gleiche Aussage und sind deshalb als weiterführende Erläuterungen gedacht. Konstruktionsmethodik wird allgemein und anhand von Anforderungen vorgestellt. Hinweise auf die Anwendung in der Praxis und ein Vergleich mit der Vorgehensweise guter Konstrukteure sind vorhanden. Die besondere Bedeutung der Entwicklung von Lösungskonzepten mit Methodik bei der Produktentwicklung zeigt auch wie wichtig Methodenwissen ist.

Die Konstruktionsarten Neu-, Varianten- und Anpassungskonstruktion wurden erläutert und im Zusammenhang mit den Konstruktionsphasen Planen, Konzipieren, Entwerfen und Ausarbeiten vorgestellt. Dazu gehören in der Praxis auch die Zeitanteile für die Konstruktionstätigkeiten und eine Aussage über den Arbeitsaufwand zur Erledigung der Konstruktionsphasen. Die in Firmen anzutreffenden Konstruktionsbereiche werden vorgestellt. Die Erwartungen durch den Einsatz der Konstruktionsmethodik sind so zusammengefasst, dass nach den Erfahrungen der letzten Jahre Nutzen und Aufwand abzuschätzen sind. Dazu gehören auch die Ziele und eine Aussage über die Nutzung der Methodik in der Praxis.

2 Grundlagen des systematischen Konstruierens

Konstruieren umfasst alle Tätigkeiten zur Darstellung und eindeutigen Beschreibung von gedanklich realisierten technischen Gebilden als Lösung technischer Aufgaben. Diese bereits formulierte Definition in der täglichen Praxis umzusetzen, ist nur dann effektiv möglich, wenn die dafür erforderlichen Grundlagenkenntnisse vieler Teilgebiete beherrscht werden. Dabei handelt es sich um naturwissenschaftlich-technische Grundlagen und um Kenntnisse in Fertigungstechnik, Konstruktionsgrundlagen, Maschinenelementen, Werkstofftechnik sowie dem Einsatz von Datenverarbeitung mit Programmanwendungen für Berechnungen und Geometrieerzeugung. Dieses Grundlagenwissen wird nicht behandelt, sondern als bekannt vorausgesetzt. Außerdem liegt hier der Schwerpunkt in der mechanischen Konstruktion von Maschinenbauprodukten, unter Beachtung der Schnittstellen, die entsprechend dem Stand der Technik häufig auch elektrische, elektronische und informationstechnische Komponenten enthalten. Beispiele sind mechatronische Produkte, wie z. B. ferngesteuerte Bedienelemente zum Öffnen und Schließen von Autotüren, moderne Bremssysteme in Automobilen oder Komponenten von Fotoapparaten.

Für das systematische Entwickeln und Konstruieren von Lösungen hat es sich bewährt, die Grundlagen der technischen Systeme und die daraus abgeleitete Vorgehensweise für die konstruktive Arbeit zu erläutern. Die dann folgende Vorstellung bewährter allgemeiner Arbeitsmethode*n* ist für das Verständnis der in der Konstruktion eingesetzten Methoden hilfreich. Als dritter Bereich wird in diesem Abschnitt die Informationsverarbeitung in der Konstruktion behandelt, die als sehr wichtiger Faktor beachtet werden muss.

2.1 Technische Systeme

2.1.1 Grundlagen und Begriffe

Technische Produkte sind in der Regel von Menschen erdacht, konstruiert und hergestellt worden. Je nach der Komplexität des Produkts gibt es dafür bewährte allgemeine Bezeichnungen, wie z. B. Drehmaschine, Schraube, Vorrichtung, Rasierapparat, Schreibgerät, Drucker oder Elektromotor. Als Oberbegriff für diese unterschiedlichen Produkte kann Technisches Gebilde festgelegt werden. ***Technische Gebilde*** sind die Lösungen technischer Aufgaben und umfassen Anlagen, Apparate, Maschinen, Geräte, Baugruppen, Maschinenelemente oder Einzelteile. Diese bekannten Bezeichnungen sind grob nach ihrem Einsatz geordnet, wobei die Benennungen aus der geschichtlichen Entwicklung und dem jeweiligen Verwendungsbereich erklärbar sind.

Da alle diese Produkte nach bestimmten ähnlichen Arbeitsschritten entstehen, die sich im Laufe der Jahre branchenspezifisch entwickelt haben, ergab sich für die Konstruktionslehre die Aufgabe, ein allgemeines Verfahren zu entwickeln, das eine technisch sinnvolle Vereinheitlichung zulässt. Die Systemtechnik lieferte dafür die entscheidende Grundlage und muss deshalb in den Grundlagen verstanden werden.

Die Erkenntnisse der Systemtechnik werden eingesetzt, um für die Konstruktion ein allgemeines Vorgehen zu entwickeln. Zum Verständnis sind hier deshalb die wichtigsten Grundlagen kurz dargestellt. In der Systemtechnik werden Methoden aus unterschiedlichen Fachgebieten wie Biologie, Kybernetik und Informationstheorie kombiniert und auf die Technik angewendet. Zusammengefasst ergeben sich nach *Czichos* folgende Definitionen:

Ein ***System*** ist ein Gebilde, das durch **Funktion** und **Struktur** verbunden ist und durch eine **Systemgrenze** von seiner Umgebung virtuell abgegrenzt werden kann.
Die **Systemfunktion** besteht in der Überführung operativer Eingangsgrößen in funktionelle Ausgangsgrößen, sie wird getragen von der Struktur des Systems.
Die **Systemstruktur** besteht aus der Gesamtheit der Systemelemente, ihren Eigenschaften und Wechselwirkungen.

Als Beispiel eines einfachen technischen Systems soll eine Zahnradstufe vorgestellt werden. Sie besteht aus zwei unterschiedlichen Zahnrädern, die miteinander in Eingriff sind, siehe Bild 2.1.

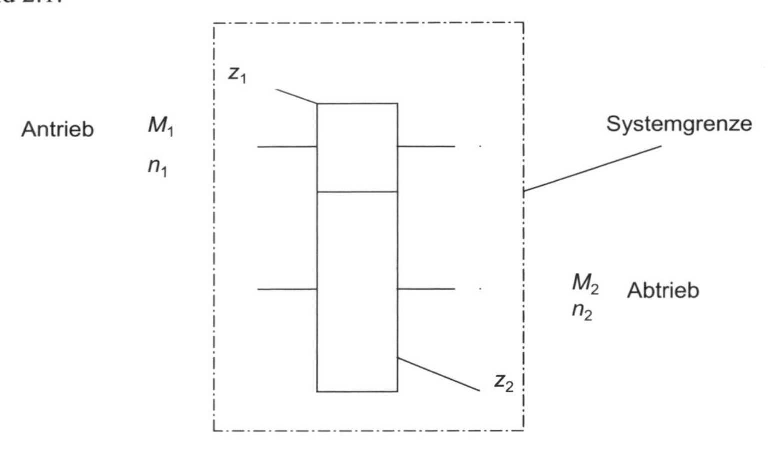

Bild 2.1: Mechanisches System Zahnradgetriebe

Die Systemstruktur besteht aus den Systemelementen Antriebsrad z_1 und Abtriebsrad z_2.. Die Eigenschaften sind durch die Verzahnungsarten festgelegt, die durch Teilkreise, Modul usw. beschrieben werden. Als Wechselwirkungen sind tribologischer Kontakt, Traktion, Reibung usw. zu beachten. Die Systemfunktion wird beschrieben durch die Eingangsgrößen Drehmoment M_1 und Drehzahl n_1 und durch die Ausgangsgrößen Drehmoment M_2 und Drehzahl n_2. Die Funktionalität ergibt sich durch das Wandeln der Eingangsgrößen in die Ausgangsgrößen (M_1, n_1 $\longrightarrow$ M_2, n_2). Als Systemgrenze ist ein Zahnradgetriebe zu definieren, das nur eine Zahnradstufe enthält. Dargestellt wird hier nur das System.
Bei der Gestaltung und Auslegung realer technischer Systeme sind natürlich noch alle bekannten Einflüsse zu berücksichtigen, die für die Funktion notwendig sind, sowie die

Störungen oder unerwünschte Veränderungen. Beispiele sind Lagerungen, Schmierung, Temperatur, Geräusche oder Verformungen.
Technische Systeme sind künstlich erzeugte geometrisch-stoffliche Gebilde, die einen bestimmten Zweck (Funktion) erfüllen, also Operationen (physikalisch, chemische, biologische Prozesse) bewirken. (nach *Ehrlenspiel*)
Technische Produkte entstehen, wenn das geometrisch-stoffliche Gebilde vorrangig betrachtet wird und nicht der Prozess oder das Verfahren, das das Gebilde durchführt.

Technische Systeme ergeben sich durch eine fachliche Ordnung der technischen Gebilde:

- Maschinen als primär energieumsetzende technische Gebilde
- Apparate als primär stoff- oder materieumsetzende technische Gebilde
- Geräte als primär signalumsetzende technische Gebilde

Technische Systeme können nach *Czichos* in Gruppen eingeteilt werden:

Stoff-bestimmte technische Systeme

Aufgabe: Stoffe gewinnen, bearbeiten, transportieren
Beispiele: Chemieanlagen, Produktionsanlagen, Logistiksysteme

Energie-bestimmte technische Systeme

Aufgabe: Energie umwandeln, verteilen, nutzen
Beispiele: Kraftwerke, Stromversorgungsnetze, Antriebssysteme

Informations-bestimmte technische Systeme

Aufgabe: Informationen oder Daten aufnehmen, verarbeiten, darstellen
Beispiele: Computer, Messsysteme, Internet

In einem ***Prozess*** werden alle systeminternen Vorgänge, also Stoffe, Energien und Informationen umgeformt, transportiert oder gespeichert. Deshalb hat sich bewährt für konstruktive Aufgaben den Prozess mit allen systeminternen Vorgängen in Form einer **Black Box** darzustellen, um den Kern der Aufgabe besser zu erfassen. Prozesse legen fest, welche Aktivitäten in welcher Reihenfolge stattfinden, um bestimmte Eingaben in etwas Wertvolleres als Ergebnisse zu verwandeln.

Das **Technische System** kann entsprechend obiger Definitionen auch als Oberbegriff für technische Produkte wie Einzelteile, Baugruppen, Maschinen, Geräte, Apparate und Anlagen verwendet werden. Die Bedeutung hat sich praktisch nicht verändert, es werden nur neue vorteilhafte Größen der Systemtechnik nutzbar. Nach wie vor bestehen Maschinen aus Einzelteilen und Baugruppen ebenso wie Geräte und Apparate, nur haben diese jeweils unterschiedliche Verwendungsbereiche. Jetzt lassen sich auch noch Fertigungssysteme oder Verkehrssysteme einordnen, siehe Bild 2.2.

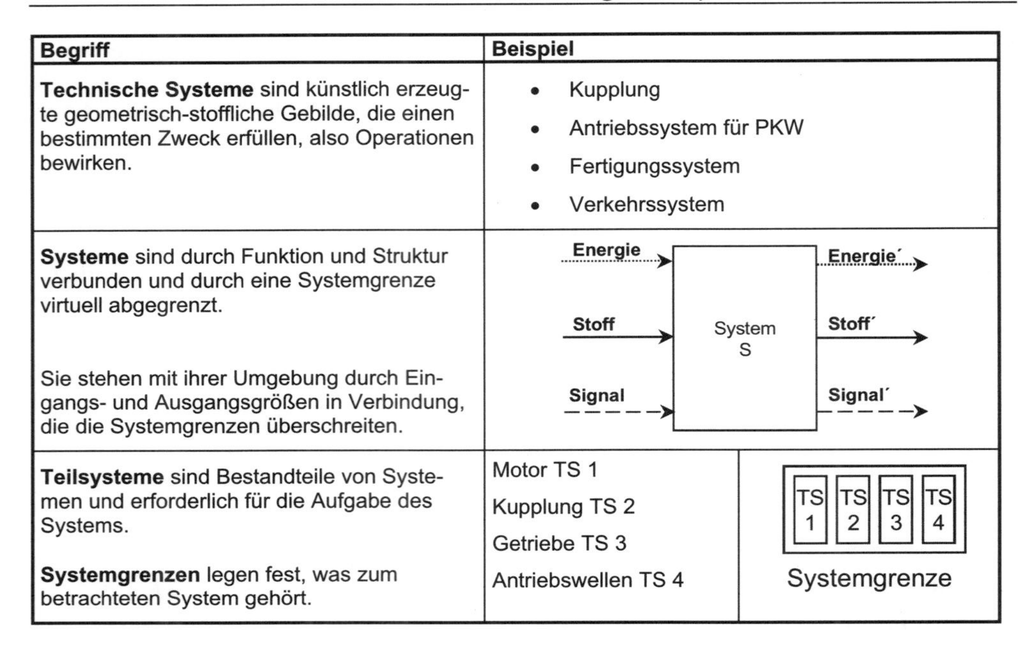

Begriff	Beispiel	
Technische Systeme sind künstlich erzeugte geometrisch-stoffliche Gebilde, die einen bestimmten Zweck erfüllen, also Operationen bewirken.	• Kupplung • Antriebssystem für PKW • Fertigungssystem • Verkehrssystem	
Systeme sind durch Funktion und Struktur verbunden und durch eine Systemgrenze virtuell abgegrenzt. Sie stehen mit ihrer Umgebung durch Eingangs- und Ausgangsgrößen in Verbindung, die die Systemgrenzen überschreiten.	Energie → System S → Energie´ Stoff → System S → Stoff´ Signal → System S → Signal´	
Teilsysteme sind Bestandteile von Systemen und erforderlich für die Aufgabe des Systems. **Systemgrenzen** legen fest, was zum betrachteten System gehört.	Motor TS 1 Kupplung TS 2 Getriebe TS 3 Antriebswellen TS 4	TS 1 TS 2 TS 3 TS 4 Systemgrenze

Bild 2.2: Systembegriffe in der Konstruktion

Beispiele typischer Produkte des Maschinen-, Geräte- und Apparatebaus zeigen, dass die Bezeichnungen von Produkten nicht konsequent erfolgte, sondern dass eher eine willkürliche Festlegung in der Praxis stattfand. So sollten nach den Definitionen technische Systeme zum Schreiben bzw. Rechnen nicht als Maschinen, sondern als Schreib- bzw. Rechengeräte bezeichnet werden, da diese primär dem Umsatz von Informationen und nicht dem von Energie dienen. Landmaschinen sind keine Maschinen, sondern Apparate zum Umsatz von Stoffen (Getreide). Werkzeugmaschinen sind Apparate, da sie ebenfalls primär dem Umsatz von Stoffen dienen (Roteile in Fertigteile). Eine Umbenennung ist nicht sinnvoll und in der Praxis nicht realisierbar.

Mit der allgemeinen Beschreibung als energie-, stoff- und informationsumsetzende Systeme sind eindeutige Verhältnisse gegeben, ohne bewährte Begriffe in Frage zu stellen. Die Verwendung des Systembegriffs, also das Denken in Systemen, bietet einige Vorteile für Planung, Konstruktion und Produktion von technischen Produkten. Insbesondere das dadurch unterstützte abstrakte Modellieren, das Erkennen wichtiger Eigenschaften von technischen Systemen und die Bedeutung der Schnittstellen an den Systemgrenzen ist für die Produktgestaltung wichtig.

2.1.2 Energie-, Stoff- und Informationsumsatz

Alles physikalische Geschehen in Maschinen ist an den Umsatz von Energie, Stoffen oder Informationen gebunden. Energie, Stoffe und Informationen sind als „Produkte“ zu verstehen, die in Maschinen umgesetzt werden und physikalisch gesehen mannigfaltige Formen annehmen können.

Nach einer Deutung von *v. Weizsäcker*, die hier in stark vereinfachter Form nach *Rodenacker* zitiert wird, hängen diese „Produkte“ wie folgt zusammen:

Die Physik lässt sich als Lehre von der Bewegung der Materie auffassen, Energie als das Vermögen, Materie zu bewegen oder auch als Maß der Menge der Bewegung. Materie und Formen sind immer miteinander verknüpft. Form bedeutet Informationen oder Menge der Alternativen. Im technischen Bereich wird statt Materie der Begriff Stoff und statt Information für die Konstruktion der Begriff Signale verwendet. Geräte werden unabhängig von den übertragbaren Informationen für eine bestimmte Form von Signalen ausgelegt.

In Maschinen werden oft alle drei „Produkte“ gleichzeitig umgesetzt, wobei ein Umsatz als ***Hauptumsatz***, die anderen als ***Nebenumsatz*** zu betrachten sind. Die Umsatzarten sind meist miteinander verknüpft, wie das bei folgenden Beispielen der Fall ist:

- Der Energieumsatz einer Wasserturbine mit dem Stoffumsatz
- Der Stoffumsatz einer Pumpe mit dem Energieumsatz
- Der Signalumsatz einer Hydrauliksteuerung mit dem Energie- und Stoffumsatz

Es wird immer das für die Konstruktion Relevante in Betracht gezogen, also vorrangig der Haupt- und dann der Nebenumsatz. Die Analyse ***technischer Systeme*** zeigt, dass ein Prozess stattfindet, um Energien, Stoffe und Signale zu leiten, zu verändern oder zu speichern. Es hat sich bewährt, je nach Aufgabenstellung, wahlweise Signale oder Informationen einzusetzen.

Beispiel Drehmaschine analysieren: Die in dem Bild 2.3 vereinfacht dargestellte Drehmaschine soll schrittweise analysiert werden, um zu zeigen, welche Überlegungen sich für Konstrukteure aus ***Systemuntersuchungen*** ergeben.

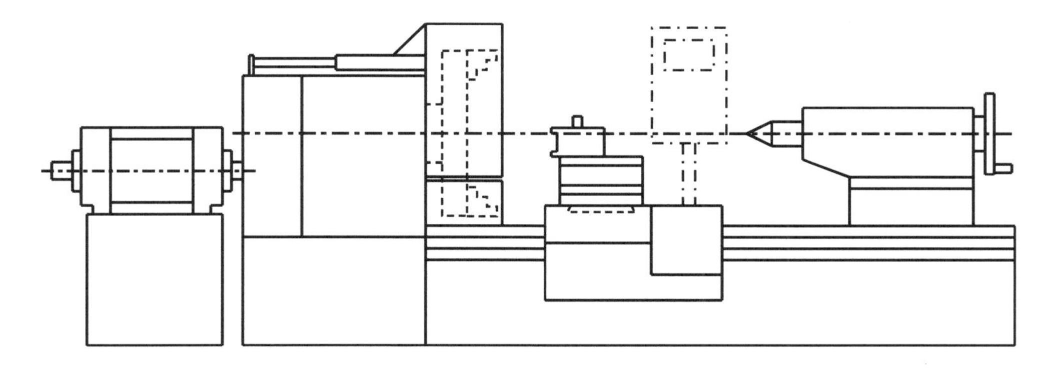

Bild 2.3: Spitzendrehmaschine; vereinfacht (nach *Fa. Wohlenberg*)

Drehmaschinen sind von ihrem Einsatz in fast allen Werkstätten so bekannt, dass sie sich als Beispiel sehr gut eignen. Es ist sehr gut zu erkennen, dass alle drei Umsatzarten bei diesem System zusammenwirken, um die Hauptfunktion zu erfüllen. Beim Drehen ist die Hauptfunktion die geforderte Geometrie des Werkstücks durch Relativbewegungen von Werkzeugen zum Werkstück unter Abtrennen von Materialteilchen zu erzeugen. Eine ***Drehmaschine*** ist eine Werkzeugmaschine zum Herstellen von rotationssymmetrischen Teilen. Sie kann also als Fertigungssystem für Drehteile bezeichnet werden. Für Konstrukteure wird dieses System sofort durchschaubar, wenn sie sich klar machen, welche Funktionen durch die verschiedenen Baugruppen erfüllt werden. Die Baustruktur mit den wesentlichen Elementen ist Bild 2.4 zu entnehmen.

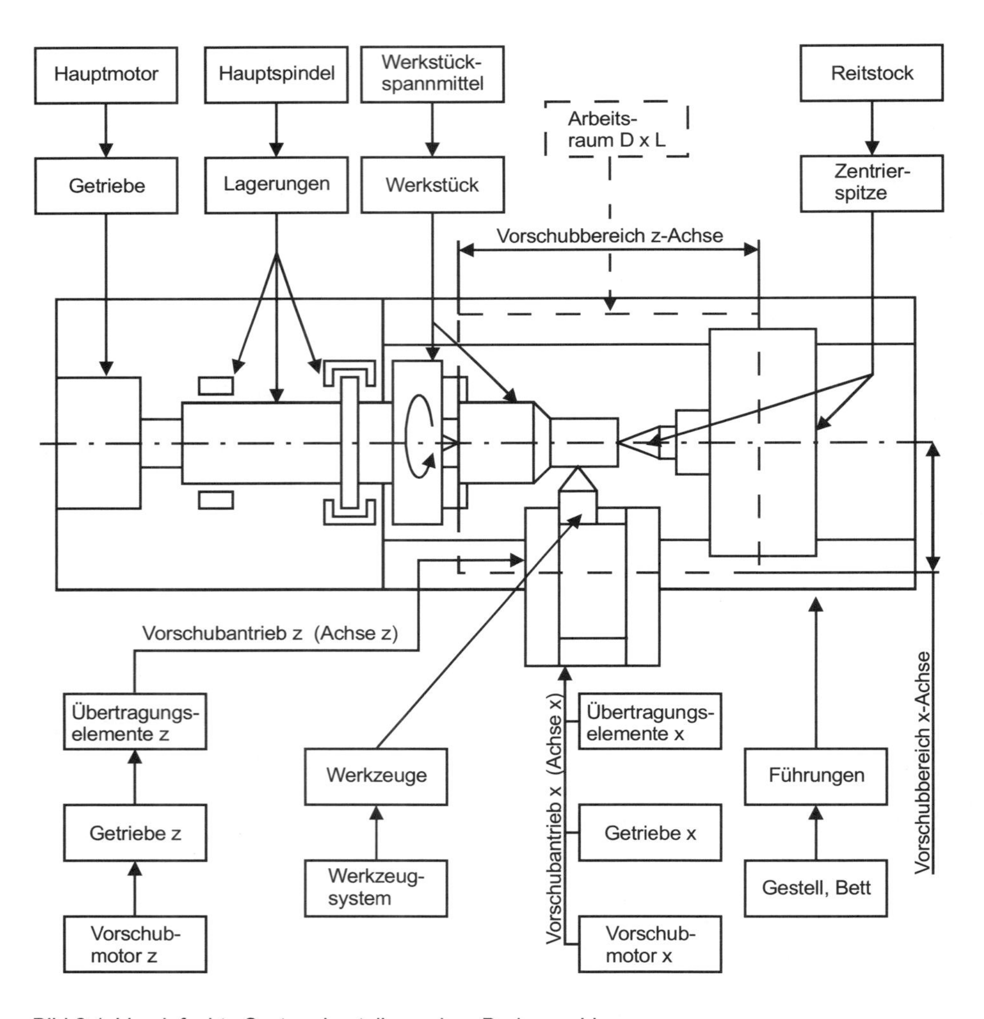

Bild 2.4: Vereinfachte Systemdarstellung einer Drehmaschine

Diese Darstellung deutet schon wichtige Baugruppen, wie z. B. Bettschlitten, Reitstock, Spindelkasten, Antrieb und Bett, als Teilsysteme an, die für die Gesamtfunktion der Drehmaschine vorhanden sein müssen. Alle Teilsysteme sind um den Arbeitsraum $D \times L$ als Kernbereich jeder Drehmaschine angeordnet. Sie können durch systematisches Variieren der Anordnung und Anzahl der Teilsysteme zu einigen abgewandelten Bauformen führen, wie z. B. Futterdrehmaschine, Plandrehmaschine oder Senkrechtdrehmaschine. Die Systemgrenzen wurden nicht eingezeichnet, um die Übersichtlichkeit zu erhalten.

Für das Einspannen der Rohteile ist ein Futter oder eine Planscheibe vorhanden, die vom Dreher mit einem speziellen Werkzeug betätigt wird, um das Rohteil zum Bearbeiten in einer bestimmten Lage zu halten. Ein Reitstock wird eingesetzt für lange oder schwere Wellen, die auf beiden Seiten eingespannt werden müssen. Die Werkzeuge werden als Drehmeißel nach der Form der Oberfläche, nach der Art der Bearbeitung usw. ausgewählt, eingerichtet und deren Schneidenlage gemessen, bevor sie in den Werkzeugträger eingesetzt werden. Durch diese Baugruppen wird der Stoffumsatz realisiert.

Die Steuerung ist erforderlich zur Bedienung der Maschine, zur Programmeingabe und zum Automatikbetrieb. Zur Umsetzung der Steuerungsfunktionen sind entsprechende Komponenten wie Messsysteme, Sensoren und Bedienelemente erforderlich. Durch diese Baugruppen wird der Informationsumsatz realisiert.

Der Antrieb des Werkstücks erfolgt über den Hauptantrieb und ein Getriebe oder einen Spindelmotor bis zur Hauptspindel mit dem Futter. Die Werkzeugbewegungen werden in der Regel durch zwei Vorschubantriebe für den Bettschlitten erzeugt. Alle Baugruppen befinden sich auf einem Drehmaschinenbett, das noch weitere Funktionen erfüllt. Durch diese Baugruppen wird der Energieumsatz realisiert.

Die entsprechende Bedeutung der Umsatzarten an einer CNC-Drehmaschine ist einer Darstellung in Bild 2.5 zu entnehmen. Der Hauptumsatz ist hier der Stoffumsatz, der Rohteile in Fertigteile umwandelt, wobei Späne als Abfall entstehen. Dafür ist ein Energieumsatz erforderlich, damit die elektrische Energie in mechanische Energie zur Drehbearbeitung vorhanden ist.

Die Antriebe der Drehmaschine werden durch Signale gesteuert, die durch die Informationen des NC-Programms vorgegeben werden. Gleichzeitig wird durch das NC-Programm die Drehteilkontur festgelegt.

Ein Vergleich der vereinfachten ***Systemdarstellung einer Drehmaschine*** in Bild 2.4 mit dem Energie-, Stoff- und Informationsumsatz in Bild 2.5 zeigt die geänderte Beschreibungsform. Statt konkreter Elemente und Baugruppen werden nur noch allgemeine und neutrale Begriffe gewählt. Die Vorgehensweise wird abstrakter, damit aber auch lösungsneutraler.

Diese Darstellung einer Systemanalyse für das Beispiel Drehmaschine wird in den folgenden Abschnitten über die Black-Box-Methode bis auf die Beschreibung der Funktionen weitergeführt, um den Kern der Aufgabe zu erkennen. Sie hat auch das Ziel zu zeigen, wie durch eine Systemanalyse eine Systemsynthese in der Produktentwicklung zu unterstützen ist.

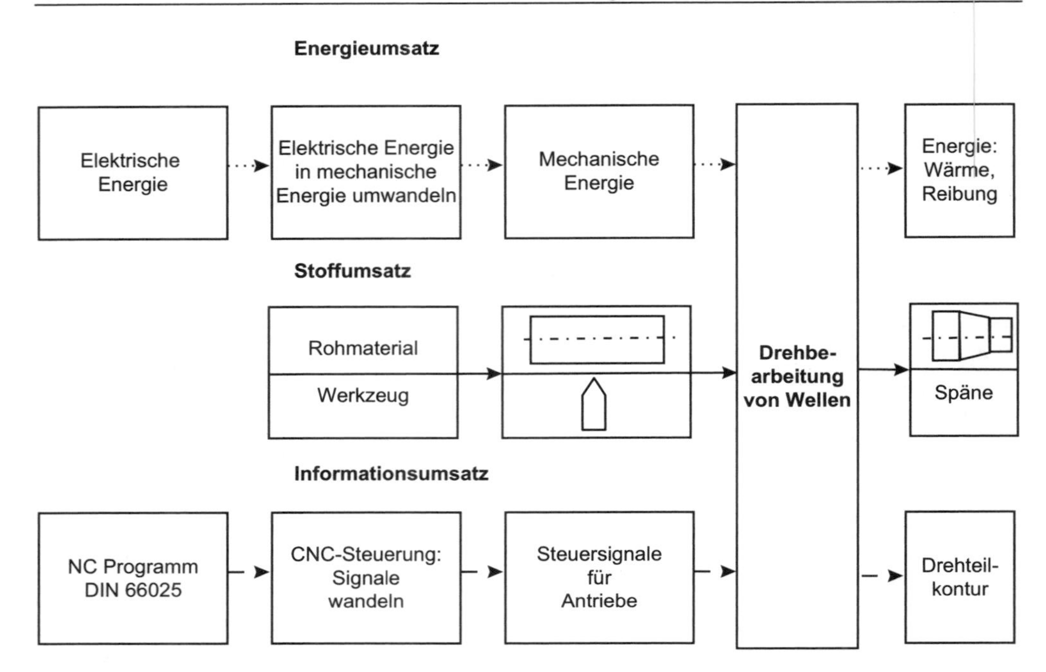

Bild 2.5: Vereinfachter Energie-, Stoff- und Informationsumsatz von Drehmaschinen

2.1.3 Black-Box-Methode

Die abstrakteste Darstellung eines Systems ergibt sich als übergeordnetes System ohne erkennbare Strukturen. Als Eingangs- und Ausgangsgrößen werden nur die drei Grundgrößen Energie, Stoff und Information angeben. Diese Beschreibung ist immer anwendbar und gilt deshalb für Teile, Gruppen, Produkte, Anlagen usw.. Das übergeordnete System wird mit Black-Box bezeichnet, da eine Lösung für das in der Black-Box angegebene System noch nicht bekannt ist. Der Einsatz der grundlegenden Erkenntnisse der Systemtechnik führte zur Entwicklung der Black-Box-Methode, die im Bild 2.6 vorgestellt wird.

Die ***Black-Box-Methode*** ist die Darstellung des physikalischen Geschehens in Maschinen durch die drei Grundgrößen Energie, Stoff und Information. Es werden nur die Eingangs- und Ausgangsgrößen zur Beschreibung von Vorgängen, Funktionen usw. benutzt, ohne die Lösung zu kennen.

Die verschiedenen Möglichkeiten für die drei Grundgrößen sind beispielhaft unter der Black-Box in Bild 2.6 angegeben. Zu überlegen sind jeweils die vorhandenen Eingangsgrößen und die gewünschten Ausgangsgrößen. Eine vereinfachte Form ist die Blockdarstellung in Bild 2.7, wobei stets die realen Angaben der Konstruktionsaufgabe einzutragen sind.

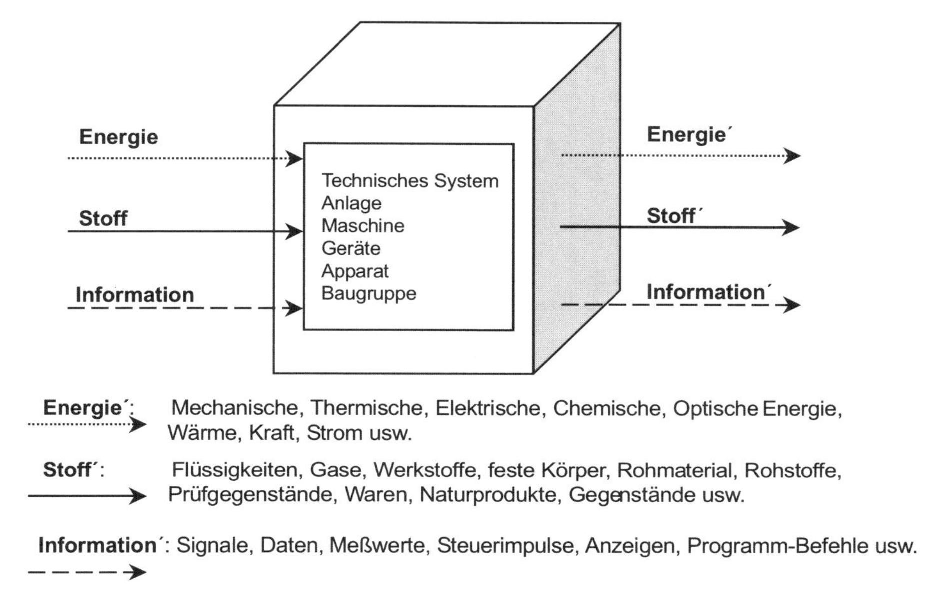

Bild 2.6: Black-Box-Darstellung technischer Systeme

Für das Wort Gesamtfunktion wird dann ein Satz, eine Funktion oder eine klare Bezeichnung eingetragen. Beispiele dafür sind „Pkw Radbereich heben zum Radwechsel" „Flasche entkorken" „Drehbearbeitung von Wellen". Ebenso sind die drei Grundgrößen Energie, Stoff und Information konkret zu beschreiben, wenn eine Blockdarstellung für eine Aufgabe erstellt wird.

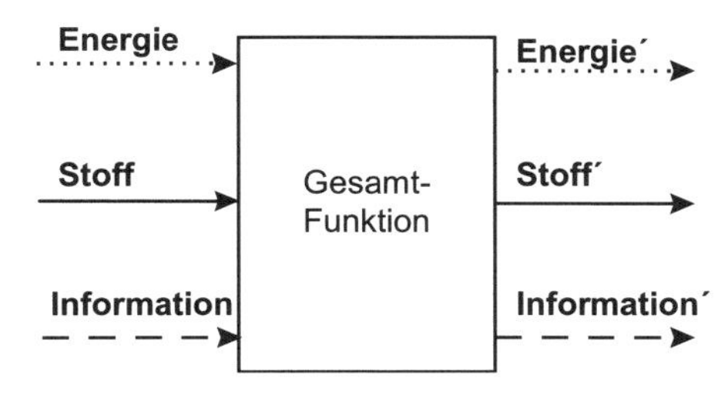

Bild 2.7: Vereinfachte Black-Box-Darstellung

Durch den Umsatz ändern sich die Eingangsgrößen in entsprechende Ausgangsgrößen, deren Bezeichnung dann jeweils angepasst an die Aufgabenstellung gewählt werden, wie z. B. Eingangsdrehmoment und Ausgangsdrehmoment für die Gesamtfunktion Drehmoment wandeln, ohne anzugeben welche Lösung geeignet sein könnte. Funktionen werden in die Black-Box geschrieben oder skizziert. Alle Eingangs- und Ausgangsgrößen sind mit Quantitäts-, Qualitäts- und Kostenangaben so genau wie möglich festzulegen. Für das Beispiel der Systemanalyse einer Drehmaschine enthält das Bild 2.8 eine Black-Box, die allgemein für Werkzeugmaschinen anwendbar ist.

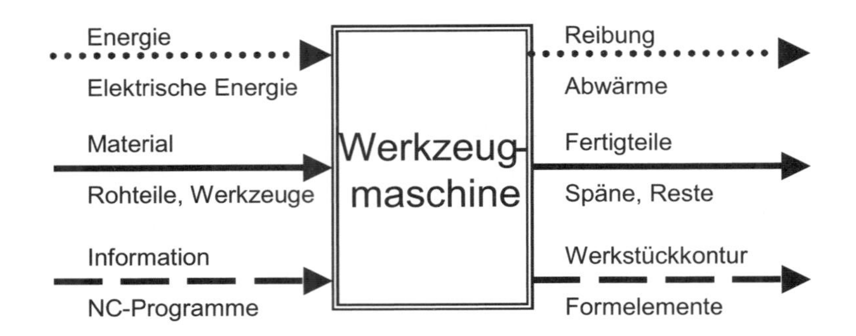

Bild 2.8: Technisches System Werkzeugmaschine als Black-Box

Werkzeugmaschinen sind technische Systeme, die aus Rohteilen durch Anwendung von Fertigungsverfahren Fertigteile herstellen.

2.1.4 Funktionsbeschreibung

Die Beschreibung von Konstruktionsaufgaben wird abhängig von der Denkweise der Mitarbeiter in den verschiedenen Abteilungen unterschiedlich erfolgen. Während Vertriebsmitarbeiter eher zu wortreichen Erklärungen tendieren, sind Konstrukteure stets bemüht, mit wenigen Worten den Kern einer technischen Aufgabe zu beschreiben.

Für technische Aufgaben beschreiben sie die Zusammenhänge zwischen Eingangsgrößen und Ausgangsgrößen, um Lösungen zu suchen. Diese Zusammenhänge sind zur Aufgabenerfüllung erforderlich und sollten eindeutig sein. Zweckmäßig wird das Beschreiben und Lösen konstruktiver Aufgaben durch das Formulieren einer lösungsneutralen Funktion beschrieben, wie z. B. Längsbewegung erzeugen. Funktionsbeschreibungen in der Konstruktion sind Formulierungen der Aufgaben auf einer abstrakten Ebene, die sich als zweckmäßig erwiesen haben. Die Funktion hat in der Konstruktion also eine andere Bedeutung als in der Mathematik.

Der ***Funktionsbegriff*** in der Konstruktion kann auf verschiedene Weise definiert werden:

- Die Funktion beschreibt den allgemeinen und gewollten Zusammenhang zwischen Eingang und Ausgang eines Systems mit dem Ziel, eine Aufgabe zu erfüllen. (*Pahl/Beitz*)
- Eine Funktion im Sinne der Konstruktionsmethodik ist die lösungsneutrale Formulierung des gewollten (geplanten, bestimmungsgemäßen) Zwecks eines technischen Gebildes. (*Ehrlenspiel*)
- Unter Funktion soll die vollständige Beschreibung einer Tätigkeit eines bereits vorhandenen oder noch zu konstruierenden technischen Gebildes verstanden werden. (*Koller*)

Zu allen Definitionen gibt es umfangreiche Erläuterungen, die die Bedeutung des Funktionsbegriffs für den Konstrukteur unterstreichen. Allen gemeinsam ist, dass zunächst nicht bekannt ist, durch welche Lösungen eine solche Funktion erfüllt wird. Die Funktion wird damit zu einer Formulierung der Aufgabe auf einer abstrakten und lösungsneutralen Ebene. Funktionsbegriffe in der Konstruktion enthält Bild 2.9.

Begriff	**Beispiel**
Funktion ist die lösungsneutrale Formulierung des Zwecks eines technischen Gebildes. Funktionen sind mit Substantiv und Verb zu beschreiben. Die Darstellung erfolgt als Block mit Ein- und Ausgangsgrößen.	• Temperatur messen • Werkstück spannen • Drehmoment übertragen • Drehzahl schalten
Gesamtfunktion beschreibt die Aufgabe und die Umsetzung von Energie, Stoff und Informationen der Eingangsgrößen in Ausgangsgrößen. Die Größen und Eigenschaften am Ein- und Ausgang sind bekannt.	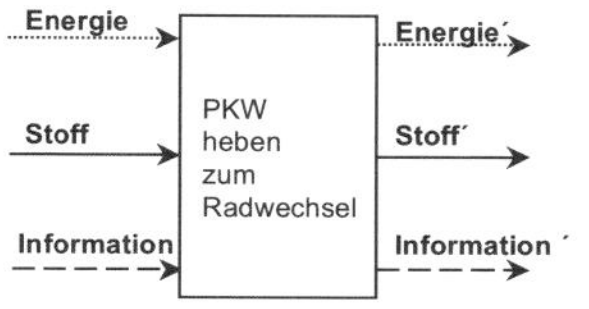 Energie → PKW heben zum Radwechsel → Energie´ Stoff → → Stoff´ Information → → Information ´
Teilfunktionen werden formuliert, um Lösungselemente zu finden, die für die Realisierung der Gesamtfunktion erforderlich sind. Die Gesamtaufgabe wird in Teilaufgaben zerlegt, um schrittweise Lösungen zu erarbeiten.	• Wagenheber positionieren • Handkraft einteilen • Handkraft verstärken • Hubkraft übertragen
Funktionsstruktur ist die Bezeichnung für die sinnvolle und verträgliche Verknüpfung von Teilfunktion zur Gesamtfunktion. Durch unterschiedliche Reihenfolge und Anordnung der Teilfunktionen ergeben sich Lösungsvarianten.	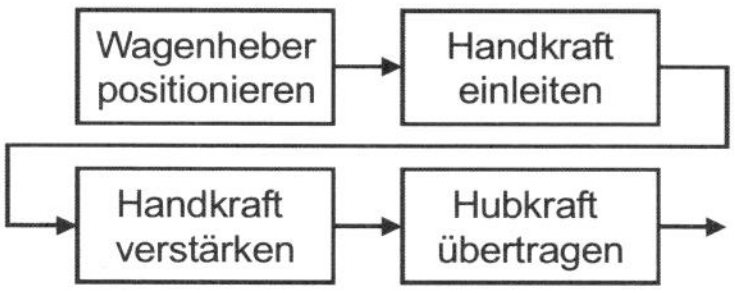 Wagenheber positionieren → Handkraft einleiten → Handkraft verstärken → Hubkraft übertragen →

Bild 2.9: Funktionsbegriffe in der Konstruktion

Funktionen können den genannten Flüssen des Energie-, Stoff- und Informationsumsatzes zugeordnet werden. Diese Angaben sollten durch die beteiligten physikalischen Größen ergänzt und sind falls erforderlich, genau festzulegen. In den meisten technischen Anwendungen wird es sich stets um die Kombination aller drei Umsatzarten handeln, wobei entweder der Stoff- oder der Energiefluss die Funktionsstruktur maßgebend bestimmt.

Beispiel: Das Bild 2.10 zeigt für die in diesem Abschnitt genannten Regeln und Festlegungen eine ***Funktionsbeschreibung*** für den Arbeitsraum einer Drehmaschine als Ausgangsbasis für Neuentwicklungen. Dargestellt ist die Systemsynthese mit Gesamtfunktion und den Eingangs- und Ausgangsgrößen sowie den ersten beiden Funktionsstrukturen, die noch weiter zu entwickeln sind. Ausgehend von der Gesamtfunktion mit den Eingangs- und Ausgangsgrößen erfolgt die Aufgliederung in Teilfunktionen in zwei Schritten, wobei auch Systemgrenzen angegeben wurden.

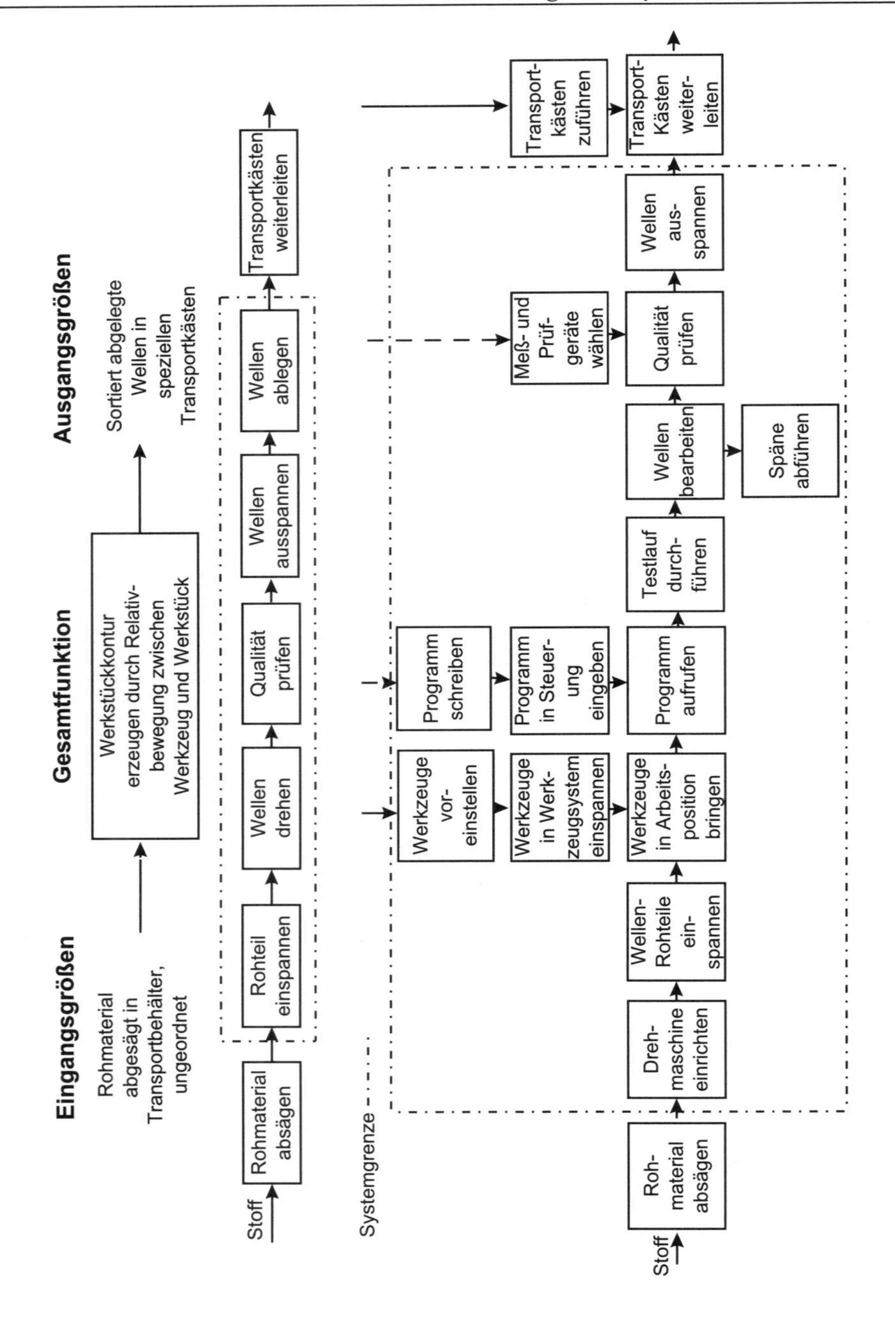

Bild 2.10: Funktionsstruktur für die Drehbearbeitung von Wellen

Ist die Gesamtaufgabe ausreichend genau bekannt, d. h., sind alle beteiligten Größen und ihre bestehenden oder geforderten Eigenschaften bezüglich des Ein- und Ausgangs bekannt, kann auch die Gesamtfunktion angegeben werden. Die Funktionsbeschreibung beginnt mit der Formulierung der Gesamtfunktion. Sind mit diesen Angaben Lösungen realisierbar, so folgen die weiteren Schritte der systematischen Entwicklung. Eine Aufteilung der Gesamtfunktion in Teilfunktionen ist erforderlich, um für komplexere Aufgaben Lösungselemente zu finden. Die Gesamtaufgabe wird dadurch in Teilaufgaben zerlegt.

Die Teilfunktionen sind dann sinnvoll und verträglich zu verknüpfen, um die Gesamtfunktion zu erfüllen. Dabei ist es möglich durch Ändern der Reihenfolge oder der Anordnung unterschiedliche Möglichkeiten zum Erfüllen der Gesamtfunktion zu entwickeln. Die so entstehenden Funktionsstrukturen sind in Form von Blockdarstellungen mit Angabe der Teilfunktion besonders übersichtlich darzustellen.

Beispiel: Bei der Funktionsbeschreibung darf die Abstraktion nicht zu weit getrieben werden, um die Lösungsfindung nicht unnötig zu erschweren. Eine Funktion „Materie leiten" wäre beispielsweise viel zu allgemein für die Lösungssuche von Elementen für den Transport von Kartons. Die Funktion „Kartons transportieren" führt den Konstrukteur sofort zu Ideen für Lösungselemente, wie z. B. Sackkarre, Transportband, Rollgang, Wagen oder Hängeförderer.

Mit zunehmender Angabe von immer mehr Teilfunktionen muss sich der Konstrukteur immer intensiver gedanklich mit der zu lösenden Aufgabe auseinandersetzen. Die Grenzen dieser Methode sind dann schnell zu erkennen, insbesondere, wenn es sich um komplexere Aufgaben handelt. Trotzdem gibt es Bereiche in der Entwicklung, die dieses Vorgehen sinnvoll nutzen können. Als weiterer Bereich kann die Lehre genannt werden, da hiermit eine Möglichkeit vorhanden ist, um das notwendige Eindringen in das konstruktive Denken zu fördern.

2.1.5 Wirkprinzipien für Teilfunktionen

Die Festlegung von Teilfunktionen durch Konstrukteure geschieht in der Regel bereits unter Beachtung von physikalischen Gesetzen, stofflichen Eigenschaften und mit gewissen Vorstellungen von den Abmessungen der Teillösungen. Wenn z. B. ein Drehmoment übertragen werden soll, weiß der Konstrukteur aus der Aufgabenstellung auch die technischen Daten wie Größe des Drehmoments und dass die Übertragung von einer Welle auf eine Nabe erfolgen soll. Daraus ergeben sich dann schnell konkrete Prinzipskizzen, die z. B. mit dem Hilfsmittel ***Konstruktionskatalog*** zu mehreren Lösungskonzepten führen.

Die im Abschnitt 5 behandelten Konstruktionskataloge sind inzwischen sehr umfangreich in der Literatur veröffentlicht worden und unterstützen insbesondere das systematische Erarbeiten von Lösungsalternativen.

Die Black-Box-Darstellung mit Angabe der Teilfunktion sowie den Eingangs- und Ausgangsgrößen wird also schrittweise durch einen physikalischen Effekt sowie durch geometrische und stoffliche Merkmale zu einer ***Prinziplösung*** (Wirkprinzip) entwickelt, Bild 2.11.

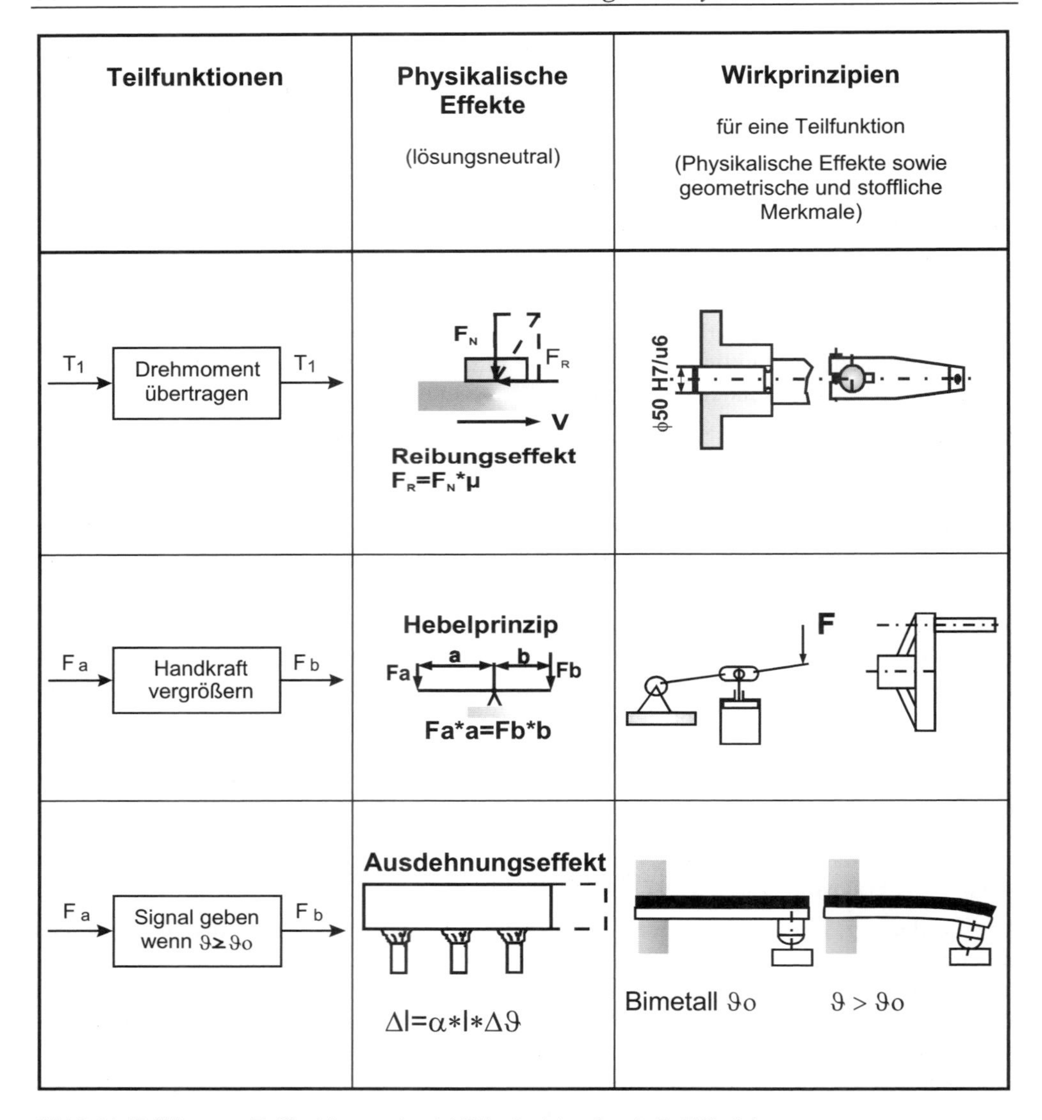

Bild 2.11: Erfüllen von Teilfunktionen durch Wirkprinzipien (nach *Pahl/Beitz*)

Drehmoment übertragen (durch Reibungseffekt)
Kann durch Pressverbindungen oder durch Klemmverbindungen erfolgen. Die stoffliche Ausführung ist skizziert, die Welle als geometrische Form ebenfalls.

Kraft vergrößern (durch Hebelgesetz)
Das Hebelgesetz wird oft angewendet. Die Wahl verschiedener Angriffspunkte für Kräfte und Drehbewegungen sowie der entsprechenden Bewegungen führt zu Handrädern oder dem hier nur als Strichskizze angedeuteten Pumpenhebel.

Signal geben (durch Temperaturänderung über Ausdehnungseffekt)
Die Realisierung erfolgt durch Bimetall, das aus zwei fest miteinander verbundenen Metallschichten besteht. Der Längen-Temperaturkoeffizient ist in beiden Schichten unterschiedlich groß. Das führt bei Temperaturänderungen zu einer Streifenkrümmung, die die Signalübertragung bewirkt.

2.1.6 Entwicklungsschritte technischer Systeme

Die Entwicklung technische Systeme kann in vier Schritten erfolgen und ist in Bild 2.12 mit einem Beispiel dargestellt:

- Funktionen festlegen durch Funktionsbeschreibung und Funktionsstruktur
- Wirkprinzip festlegen durch physikalische Effekte sowie geometrische und stoffliche Merkmale mit Wirkstruktur
- Baugruppen festlegen durch Verbinden von Bauteilen zu Baugruppen mit Baustruktur
- Technisches System festlegen für Technische Produkte mit Systemstruktur

Die Funktionsbeschreibung und die Wirkprinzipien von Teilfunktionen wurden bereits erläutert. Die für das Entwickeln von Wirkprinzipien erforderlichen Kenntnisse über physikalische Effekte sowie über stoffliche und geometrische Merkmale sind noch zu erläutern.

Physikalische Effekte beschreiben die durch physikalische Gesetze vorhandene Zuordnung der beteiligten Größen. Da das physikalische Geschehen die Grundlage vieler Lösungen ist, ist für den Einsatz im konstruktiven Bereich eine entsprechende Aufbereitung sehr hilfreich. Insbesondere *Koller* und *Rodenacker* haben hier umfangreiche Vorarbeiten durchgeführt, sodass heute Kataloge aller wichtigen physikalischen Effekte so vorliegen, dass Konstrukteure sie nutzen können.

Teilfunktionen werden oft erst durch Verbinden mehrerer physikalischer Effekte erfüllt, z. B. die Wirkung eines Bimetalls durch den Effekt der thermischen Ausdehnung und durch das Hookesches Gesetz. Außerdem können Teilfunktionen durch unterschiedliche Effekte erfüllt werden, wie z. B. für die Funktion „Kraft vergrößern“.

Stoffliche und geometrische Merkmale sind allgemein bekannt unter den Bezeichnungen Werkstoffe und Gestaltung. Die systematische Gliederung der Werkstoffe führt dann zu den Werkstoffarten und zu den Werkstoffeigenschaften, während bei der Gestaltung der Geometrieelemente überlegt und festgelegt werden müssen:

- die Art der Flächen
- die Form der Flächen
- die Lage der Flächen
- die Größe der Flächen
- die Anzahl der Flächen

Die erforderlichen Bewegungen können ebenfalls systematisch gegliedert werden:

- Bewegungsart (Drehbewegung, Längsbewegung)
- Bewegungsform (gleichförmig, ungleichförmig)
- Bewegungsrichtung (in *x*- oder *z*-Richtung oder um die *z*-Achse)
- Bewegungsbetrag (Geschwindigkeitswert) und
- Bewegungsanzahl (eine oder mehrere Bewegungen)

Für die Flächen und für die Realisierung der erforderlichen Bewegungen muss die Art des Werkstoffes festgelegt werden unter Beachtung der Werkstoffeigenschaften (elastisch, plastisch, Festigkeit, Härte usw.). Eine Vorstellung über die Gestalt wird erst durch die Festlegung der Werkstoffeigenschaften, der Flächeneigenschaften und der Bewegungen erreicht.

Wirkprinzip, Prinziplösung oder Konzept bezeichnet eine erste Darstellung der Überlegungen für die Lösung einer Aufgabe. Es enthält den Zusammenhang von physikalischen Effekten mit geometrischen und stofflichen Merkmalen zur Realisierung der Funktionen.

Für eine erfolgreiche Produktentwicklung ist ein gutes Konzept die wichtigste Voraussetzung. Ohne Konzept scheitern viele gute Ideen, weil wesentliche Zusammenhänge nicht erkannt werden.

Die Gesamtfunktion wird durch die Kombination der Wirkprinzipien der Teilfunktionen zu einer Lösung realisiert. Es sind natürlich auch mehrere unterschiedliche Kombinationen möglich, die als Prinzipkombination bezeichnet werden.

Die Kombination mehrerer Wirkprinzipien für die Teilfunktionen führt zu Lösungsprinzipien für die Gesamtaufgabe. Diese sind aber oft noch zu wenig konkret, um das Prinzip der Lösungen beurteilen zu können. Sie müssen durch überschlägige Rechnungen zur Auslegung und durch grobmaßstäbliche Skizzen zur Untersuchung der Geometrie genauer beschrieben werden. Die entwickelten Lösungsprinzipien für die Teilfunktionen und deren Anordnung zu einer Gesamtlösung erfordern in der Regel weitere Überlegungen über die Struktur und Anpassung sowie deren zeichnerische Darstellung.

Baugruppen entstehen durch das Zusammenfassen von Bauteilen mit Verbindungselementen entsprechend den Funktionen, die mit anderen Baugruppen und Einzelteilen Bestandteile von Maschinen sind. Bei der Festlegung der Baustruktur, also der Baugruppen für ein Produkt, sind beispielsweise die Konstruktionsaufgaben, die Fertigungsmöglichkeiten, die Montage, die Qualität, die Kosten und die Ergonomie zu beachten. Als Ergebnis entsteht ein Produkt, das sich aus mechanischen, elektrischen und steuerungstechnischen Baugruppen zusammensetzen lässt.

Beispiel: Es wird eine Pinole für ein Reitstockoberteil einer Drehmaschine betrachtet, für die in Bild 2.12 die grundlegenden Entwicklungsschritte dargestellt sind.

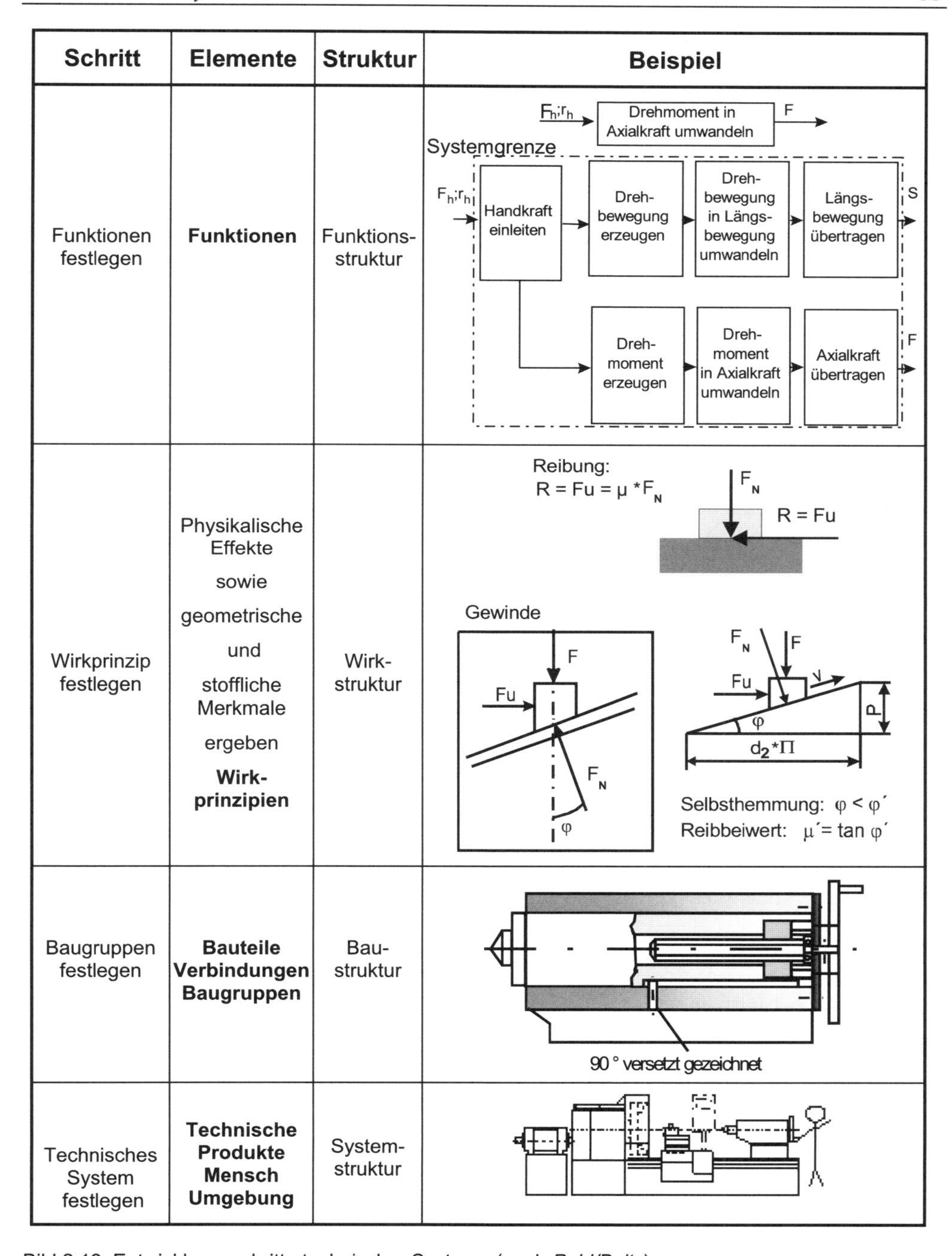

Schritt	Elemente	Struktur	Beispiel
Funktionen festlegen	**Funktionen**	Funktionsstruktur	
Wirkprinzip festlegen	Physikalische Effekte sowie geometrische und stoffliche Merkmale ergeben **Wirkprinzipien**	Wirkstruktur	
Baugruppen festlegen	**Bauteile Verbindungen Baugruppen**	Baustruktur	
Technisches System festlegen	**Technische Produkte Mensch Umgebung**	Systemstruktur	

Bild 2.12: Entwicklungsschritte technischer Systeme (nach *Pahl/Beitz*)

Eine Pinole ist eine Rundführung, die eine Zentrierspitze enthält, zur Aufnahme von Kräften dient und in einem festgelegten Bereich verstellbar sein muss. Ausgehend von der Funktion, Drehmoment in Axialkraft umwandeln, erfolgt eine Aufgliederung in Teilfunktionen, die in der Baugruppe realisiert werden müssen. Diese Teilfunktionen sind das Ergebnis weiterer Überlegungen unter Beachtung der Gesamtaufgabe. Deshalb wurde die gleichzeitige Übertragung der Dreh- in eine Längsbewegung berücksichtigt, die durch das Lösungselement Gewindespindel/Mutter realisiert wurde. Dafür sind die physikalischen Effekte angegeben sowie eine vereinfachte Darstellung der Baugruppe Reitstockpinole. Eine Pinole ist eine Rundführung, die häufig in Werkzeugmaschinen eingesetzt wird. In Kombination mit dem Schraubgelenk wird das dann erforderliche Schubgelenk für die Geradführung der Pinole als formschlüssiges Führungselement eingesetzt. Diese Baugruppe gehört zu einer Drehmaschine mit vielen weiteren Komponenten. Als Technisches System zum Fertigen von Drehteilen muss es dem Menschen als Bediener angepasst sein und sollte mit allen möglichen Wirkungen die Umgebung nicht negativ beeinflussen.

Technische Systeme sind im allgemeinen Bestandteil eines übergeordneten Systems, z. B. eines Produktionsbetriebes. Dort gibt es neben Drehmaschinen noch viele andere Fertigungseinrichtungen, Mess- und Prüfeinrichtungen sowie Transporteinrichtungen. Zu einem Technischen System gehören technische Produkte, Menschen und die Umgebung.

In einem technischen System sind viele Menschen tätig, die auf das technische System im Sinne der Funktionserfüllung einwirken. Sie beeinflussen das System durch Bedienung und/oder Überwachung. Dabei sind sie Wirkungen ausgesetzt, wie z. B. Lärm, Wärme oder Werkstückungenauigkeiten, die nicht gewollt sind und deshalb stören. Außerdem wird das Gesamtsystem auf die Umgebung und auf andere Menschen einwirken. Auch diese Einflüsse und deren Auswirkungen müssen bei der Entwicklung von Technischen Systemen beachtet werden.

2.2 Grundlegende Arbeitsmethoden

Das ***methodische Vorgehen*** beim Konstruieren erfolgt nach Regeln und Ansätzen, die allgemein anwendbar und Grundlage bzw. Hilfsmittel für die später behandelten speziellen Methoden in der Konstruktion sind. Die Vorschläge für eine solche Arbeitsmethodik wurden von verschiedenen Fachgebieten entwickelt und gelten in ihren Grundlagen fachübergreifend. Sie werden deshalb auch für Aufgabenstellungen eingesetzt, die nicht ausschließlich konstruktiver Art sind.

Folgende Methoden werden vorgestellt:

- Intuitives und diskursives Denken
- Abstrahieren der Aufgabenstellung
- Analyse und Synthese
- Allgemein anwendbare Methoden

Diese Methoden dienen dem besseren Verständnis und unterstützen die Konstrukteure insbesondere dann, wenn sie die Eigenheiten, Fähigkeiten und Grenzen der Menschen berücksichtigen, die durch Denken konstruktive Probleme lösen. Außerdem soll eine allgemeine Arbeitsmethodik branchenunabhängig und ohne fachspezifische Vorkenntnisse einsetzbar sein. Nach *Pahl/Beitz* ergibt sich folgender Ablauf.

Arbeitsschritte für das methodischen Vorgehen beim Lösen von Aufgaben:

- *Ziele definieren.* Das Gesamtziel und die möglichen Teilziele sind zu nennen und ihre Bedeutung ist zu erläutern.
  (Motivation zur Lösung der Aufgabe und Unterstützung der eigenen Einsicht.)
- *Bedingungen aufzeigen.* Klarstellen von Anfangs- und Randbedingungen.
  (Ungenügende Klärung führt zu Fehlern; Anfang und Grenzen unbedingt definieren)
- *Vorurteile auflösen, beseitigen.* Unvoreingenommenheit herstellen, wozu jeder Beteiligte zunächst grundsätzlich bereit sein muss. (Erst dann ist eine breit angelegte Lösungssuche ohne Denkfehler möglich.)
- *Lösungsvarianten suchen.* Aus mehreren Lösungen die günstigste auswählen; Auswahl durch Vergleich.
- *Bewertung durchführen.* Auswählen, Bewerten; objektive und umfassende Kriterien anwenden um Ziele und gegebene Bedingungen (Anforderungen) zu erfüllen.
- *Entscheidungen fällen.* Bewertung erleichtert Entscheidungen; ohne Entscheidungen ist kein Erkenntnisfortschritt möglich.

Die folgenden grundlegenden Methoden werden in Anlehnung an die ausführlichere Darstellung vorgestellt. Für einen ersten Überblick ist dies ausreichend. Methoden sind stets durch Anwenden zu lernen. Dafür gibt es spezielle Fachbücher, Richtlinien und Veranstaltungen, die bei Bedarf einzusetzen sind.

Intuitives Denken anwenden

Intuitives Denken und Vorgehen vollzieht sich stark einfallsbetont, wobei die Erkenntnis plötzlich in das Bewusstsein fällt und kaum beeinflussbar oder nachvollziehbar ist.

Die Lösung einer Aufgabe entsteht durch Nachdenken und einfallsbetontes Erkennen.

Vorteil: Intuition führt zu guten oder sehr guten Lösungen

Nachteile rein intuitiver Arbeitsweise:

- Der richtige Einfall kommt selten zum gewünschten Zeitpunkt, denn er kann ja nicht erzwungen oder erarbeitet werden.
- Das Ergebnis hängt stark von Veranlagung und Erfahrung des Bearbeiters ab.
- Es besteht die Gefahr, dass sich Lösungen nur innerhalb eines fachlichen Horizontes des Bearbeiters vor allem durch dessen Vorfixierung einstellen.

Diskursives Denken anwenden

Diskursives Denken ist ein bewusstes Vorgehen, um eine Aufgabe schrittweise zu bearbeiten. Die Lösung entsteht in Teilschritten und ist nachvollziehbar, da die Gedankeninhalte nacheinander dargestellt werden.

Die Arbeitsschritte werden bewusst vollzogen, sind beeinflussbar und mitteilsam, indem die einzelnen Ideen oder Lösungsansätze analysiert, variiert und kombiniert werden. Sie sind durch eine geeignete Dokumentation als Unterlagen vorhanden, können diskutiert und weiterentwickelt werden. Wichtigstes Merkmal dieses Vorgehens ist also, dass eine zu lösende Aufgabe selten sofort in ihrer Gesamtheit angegangen wird, sondern dass diese zunächst in übersehbare Teilaufgaben aufzugliedern ist, um letztere dann leichter schrittweise lösen zu können.

Intuitives und diskursives Arbeiten stellen keinen Gegensatz dar. Die Erfahrung zeigt, dass die Intuition durch diskursives Arbeiten angeregt wird. Es sollte stets angestrebt werden, komplexe Aufgabenstellungen schrittweise zu bearbeiten, wobei es zugelassen bzw. erwünscht ist, Einzelprobleme intuitiv zu lösen. Für ein tieferes Eindringen wäre es erforderlich, bestimmte Eigenheiten des Denkprozesses zu kennen bzw. auszunutzen.

Aufgabe bearbeiten durch Abstrahieren

Abstrahieren heißt Absehen von etwas für die Überlegung Unwesentlichem.

Dieser übergeordnete Zusammenhang ergibt sich in der Regel aus der Analyse aufgrund erkannter Merkmale, die allgemein und damit weitreichend beschrieben werden können. Die wesentlichen Merkmale führen dazu, die in ihnen enthaltenen Lösungen zu suchen und zu finden. Die Abstraktion unterstützt also gleichermaßen kreative als auch systematische Denkvorgänge. Mit Hilfe der Abstraktion ist es eher möglich ein Problem so zu definieren, dass es von Zufälligkeiten der Entstehung oder Anwendung befreit wird und damit eine allgemeingültige Lösung ergibt.

Beispiel: Konstruiere keine Schraubverbindung, sondern suche eine zweckmäßige Lösung Platten und Träger zur Kraftübertragung bei definierter Lage zu verbinden.

Aufgabe bearbeiten durch Analyse

Analyse ist in ihrem Wesen Informationsgewinnung durch Zerlegen, Aufgliedern und Untersuchen der Eigenschaften einzelner Elemente und deren Zusammenhänge.

Es geht dabei um Erkennen, Definieren, Strukturieren und Einordnen. Die gewonnenen Informationen werden nach *Pahl/Beitz* zu einer Erkenntnis verarbeitet. Zur eindeutigen und klaren Aufgabenstellung gehört eine Analyse des vorliegenden Problems: Problemanalyse.

Problemanalyse heißt, das Wesentliche vom Unwesentlichen zu trennen und bei komplexeren Aufgabenstellungen durch Aufgliedern einzelne, übersehbare Teilprobleme für eine diskursive Lösungssuche vorzubereiten. Die Problemanalyse ist mit der wichtigste Schritt beim methodischen Arbeiten.

Bei der Lösung von Aufgaben ist eine ***Strukturanalyse***, d.h. das Suchen nach strukturellen Zusammenhängen, hilfreich. Es werden z. B. hierarchische Strukturen oder logische

Zusammenhänge ermittelt, um mit Hilfe von Analogiebetrachtungen Gemeinsamkeiten oder auch Wiederholungen zwischen unterschiedlichen Systemen aufzuzeigen.

Die ***Schwachstellenanalyse*** ist ein weiteres Hilfsmittel. Dieser Ansatz geht davon aus, dass jedes System, also auch ein technisches Produkt, Schwachstellen und Fehler besitzt, die durch Unwissenheit und Denkfehler, durch Störgrößen und Grenzen, die im physikalischen Geschehen selbst liegen, sowie durch fertigungsbedingte Fehler hervorgerufen werden. Konzepte und Entwürfe sind auf Schwachstellen zu analysieren, um Verbesserungen zu finden und unter Umständen Anregungen zu neuen Lösungsprinzipien zu erhalten.

Aufgabe bearbeiten durch Synthese

Synthese bedeutet Zusammenfügung und Verknüpfung einzelner Informationen, Elemente oder Teile zu einem höheren Ganzen durch Bilden von Verbindungen mit insgesamt neuen Wirkungen und das Aufzeigen einer zusammenfassenden Ordnung. Typisch sind das Suchen und Finden sowie das Zusammensetzen und Kombinieren.

Wesentliches Merkmal konstruktiver Tätigkeit ist das Zusammenfügen einzelner Erkenntnisse oder Teillösungen zu einem funktionierenden Gesamtsystem, d. h. das Verknüpfen von Einzelheiten zu einer Einheit. Allgemein ist bei einer Synthese das Ganzheits- oder Systemdenken zu empfehlen. Es bedeutet, dass bei einer Bearbeitung einzelner Teilaufgaben oder bei zeitlich aufeinanderfolgenden Arbeitsschritten immer die Gegebenheiten der Gesamtaufgabe behandelt werden müssen. Dadurch wird verhindert, trotz Optimierung einzelner Baugruppen oder Teilschritte, eine ungünstige Gesamtlösung zu erhalten.

Beispiel: Die Teile Zahnräder, Wellen, Lager, Schmiereinrichtungen, Dichtungen, Gehäuse und Schrauben lassen sich zu Getrieben zusammensetzen und kombinieren.

Aufgabe bearbeiten durch Anwendung allgemeiner Methoden

Grundlage für methodisches Arbeiten sind oft folgende Methoden:

- *Methode des gezielten Fragens.* Fragen stellen, um Intuition anzuregen und den Denkprozess zu fördern. Das kann auch durch Fragenkataloge oder Checklisten erfolgen, die zusätzlich das diskursive Denken unterstützen.
- *Methode der Faktorisierung.* Gesamtproblem in Teilprobleme zerlegen und diese dann lösen. Definierbare einzelne Elemente (Faktoren) sind Bestandteile des Systems. Anwendung: Aufgliedern in Teilfunktionen und Auswählen von geeigneten Lösungselementen unter Beachtung von Unverträglichkeiten beim Kombinieren mit Hilfe von Funktionsstrukturen.
- *Methode der Negation und Neukonzeption.* Bewusste Umkehrung vorhandener Lösungen oder von Lösungselementen, um neue Möglichkeiten zu finden, z. B. rotierend – stehend, innen – außen, weglassen – hinzufügen.
- *Methode des Systematisierens.* Systematisches Ändern von Lösungselementen, um durch Variation zu mehr Lösungen zu kommen. Beispielsweise können sich durch systematisches Einsetzen verschiedener Verbindungselemente einige neue Erkenntnisse

ergeben, die für die Lösungsfindung sinnvoll sind. Das Finden von Lösungen durch Aufbau und Ergänzung einer Ordnung fällt dem Menschen leichter.

- *Methode des Vorwärtsschreitens*. Lösungsansatz wird benutzt, um durch möglichst viele Wege, die von diesem Ansatz wegführen, neue, weitere Lösungen zu finden. Ein **Beispiel** ist im Bild 2.13 für die Entwicklung von Welle-Nabe-Verbindungen gezeigt. Die Pfeile verweisen auf mögliche Wege der schrittweisen Verbesserung und Entwicklung, rein funktionsorientiert ohne wirtschaftliche Betrachtung.

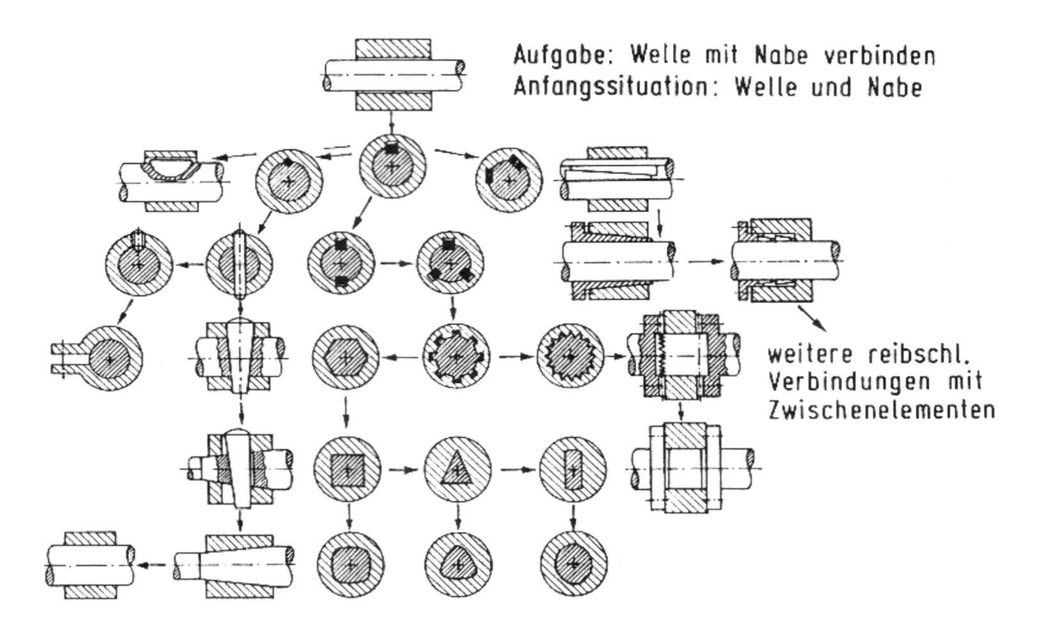

Bild 2.13: Methode des Vorwärtsschreitens für Welle-Nabe-Verbindungen (nach *Pahl/Beitz*)

- *Methode des Rückwärtsschreitens*. Ausgehend von einer Zielsituation wird versucht, rückwärtsschreitend möglichst viele Wege zu finden. Beispiel: Erstellen von Arbeitsplänen und Fertigungssystemen zur Bearbeitung eines fest vorgegebenen Werkstückes in Form einer technischen Zeichnung (Zielsituation). Der Arbeitsvorbereiter muss sich überlegen, aus welchen Rohteilen mit welchen Fertigungs- und Prüfverfahren das gezeichnete Werkstück kostengünstig hergestellt werden kann.

2.3 Informationsverarbeitung in der Konstruktion

Konstruktionsprozesse beginnen meist mit einer mehr oder weniger umfangreichen Aufgabenstellung über das zu entwickelnde Produkt. Für den Lösungsprozess besteht ein großer Informationsbedarf und es erfolgt eine ständige ***Informationsverarbeitung***. Da außerdem in der Konstruktion erfahrungsgemäß ungefähr 75 % der Herstellkosten festgelegt werden, müssen sehr viele Regeln und Erkenntnisse beachtet werden. Dies bezieht sich z. B. auf Werkstoffe, Fertigungsmöglichkeiten, Montage und Qualität. Die Konstruktion benötigt ein ***Informationswesen***, wie in Bild 2.14 dargestellt.

Die Informationen kommen aus allen Abteilungen des Unternehmens, von Zulieferern, von Kunden, vom Markt, aus Veröffentlichungen usw. und können in folgende Teilaufgaben unterteilt werden.

Teilaufgaben des Informationswesens für die Konstruktion:

- Informationen beschaffen
- Informationen bereitstellen
- Informationen handhaben
- Informationen verarbeiten
- Informationen ausgeben

Die Informationsbeschaffung ist ebenso wie die Bereitstellung und Handhabung von Informationen eine indirekte Konstruktionstätigkeit, die aber bei den vielfältigen Informationsquellen von Konstrukteuren intensiv genutzt werden muss. Das Beschaffen von Informationen umfasst sowohl die Bestellung von Büchern, Patenten, Normen oder Vorschriften als auch die Kenntnisse, die durch das Lesen von Berichten, Zeitschriften oder von Produktkatalogen gewonnen werden. Informationen, die zum richtigen Zeitpunkt und am richtigen Ort zur Verfügung stehen, erfüllen durch gezieltes Bereitstellen die zweite Aufgabe.

Zur Informationshandhabung gehört das Verwalten, Archivieren und Aktualisieren von Unterlagen, die als Kataloge in gedruckter Form oder auf Speichermedien vorliegen.

Die Informationsverarbeitung und die Informationsausgabe zählen zu den direkten Konstruktionstätigkeiten, da für das Entwerfen, Berechnen, Gestalten und Zeichnen Informationen umgesetzt werden und in Form von Zeichnungen, Stücklisten und Produktbeschreibungen als Ergebnis der Konstruktionstätigkeit vorliegen.

Der Konstruktionsprozess hat sich in den letzten Jahren durch ein sehr breites Angebot an bestehenden Informationen, die aus der ganzen Welt kurzfristig durch moderne Medien beschaffbar sind, gewandelt. Außerdem wird heute weltweit im internationalen Firmenverbund in verschiedenen Ländern am gleichen Projekt gearbeitet. Als weitere Gründe sind die gestiegene Komplexität der Produkte und die erhöhte Verantwortung der Konstrukteure zu nennen, die heute nicht nur vielfältige Umweltvorschriften beachten müssen, sondern auch die Gesetze der Produkthaftung und die stark gestiegenen Qualitätsansprüche der Kunden zu erfüllen haben.

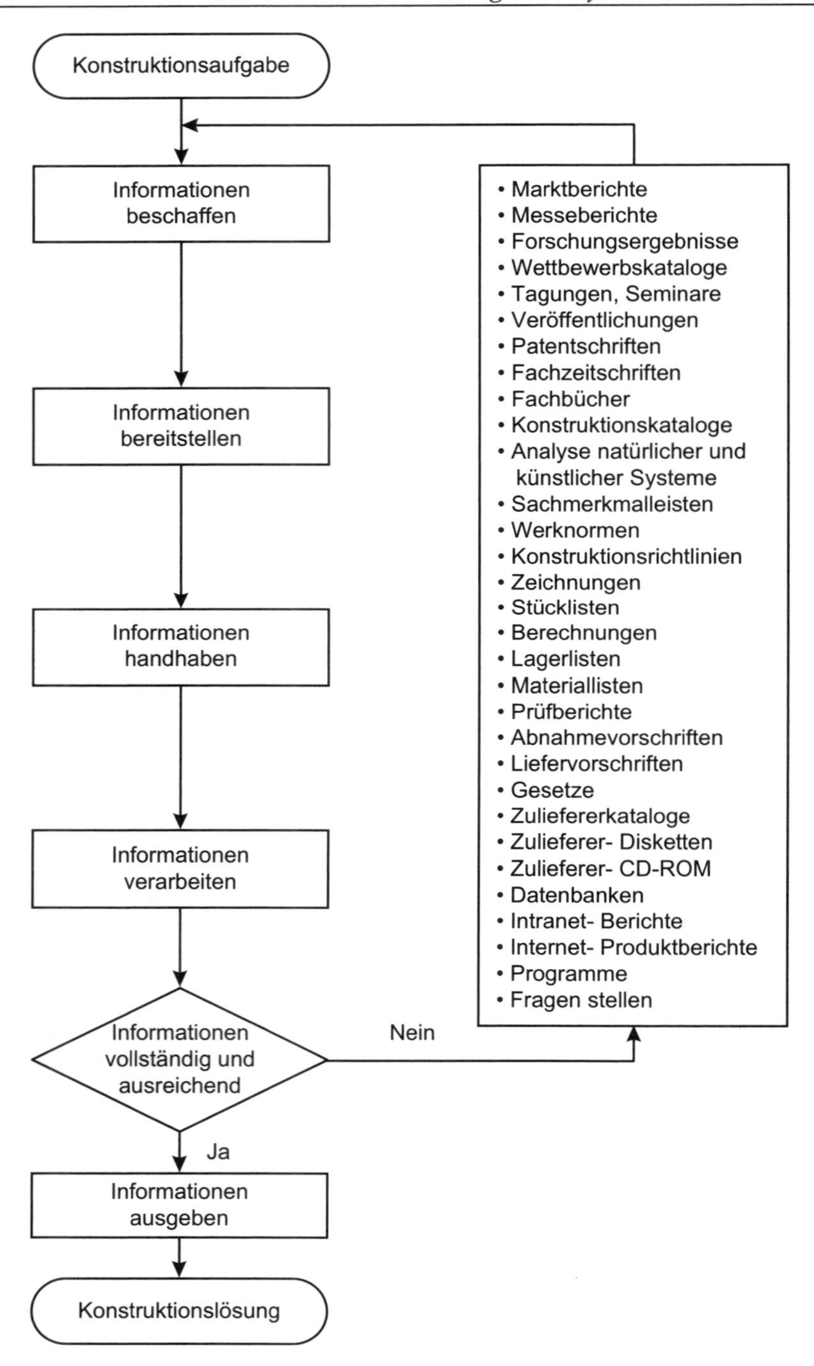

Bild 2.14: Informationsumsatz in der Konstruktion

Der *Aufwand für die* ***Informationsbeschaffung*** allein nimmt heute schon einen Anteil von 5...15 % der Arbeitszeit der Konstrukteure ein. Wird noch der Zeitaufwand für Kommunikation und Weiterbildung hinzugefügt, so kann fast die halbe Arbeitszeit dafür erforderlich werden. Die Aufgaben des Konstrukteurs haben sich also erheblich verändert.

Als ***Arbeitsmethoden der Informationsverarbeitung*** sind offene und geschlossene Informationsflüsse bekannt. In der Konstruktion sind alle Informationen für die Entwicklung und für die Auftragsabwicklung als geschlossene Informationsflüsse zu behandeln.

Auch wenn die Informationsverarbeitung individuell unterschiedlich erfolgt, zeigt sich in der Praxis und besonders bei fehlender Erfahrung immer wieder, dass dieser Bereich einfach nicht mit der notwendigen Bedeutung umgesetzt wird. Fehlende oder falsche Informationen können sich massiv auf das Konstruktionsergebnis auswirken und damit die Qualität eines Produkts entscheidend beeinflussen. Wenn z. B. über die vom Vertrieb dem Kunden zugesagten Eigenschaften eines Produkts die Konstruktion nicht oder unvollständig informiert wird, bedeutet dies in der Regel zusätzlichen Aufwand, Kosten und unzufriedene Kunden (Bild 2.15).

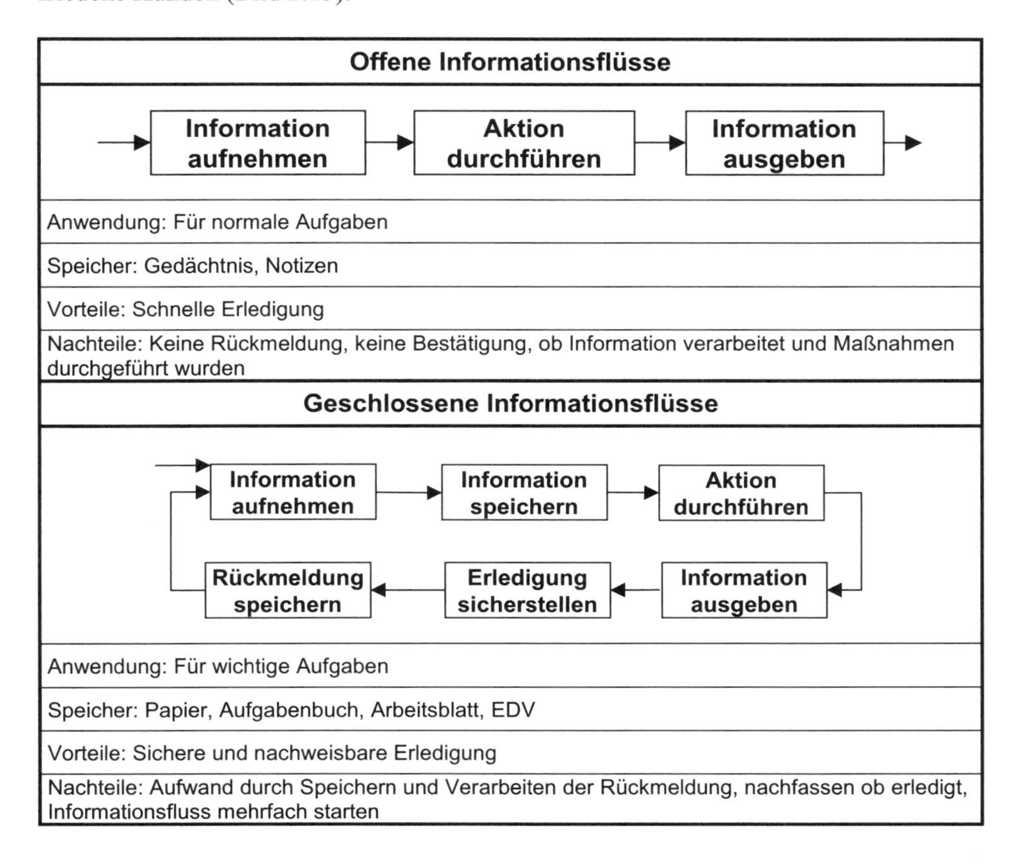

Bild 2.15: Offene und geschlossene Informationsflüsse

Die ***Informationsquellen*** *zum Konstruieren* richten sich nach der Konstruktionsphase.

Eine Sammlung wichtiger Quellen enthält das Bild 2.14, das auch den Ablauf der Informationsumsetzung in vereinfachter Form enthält. Die vielen Informationsquellen dürfen nicht dazu führen, eine perfekte Informationsbereitstellung aufbauen zu wollen, sondern darauf zu achten, dass eine möglichst effiziente Bereitstellung geschaffen wird.

Wichtige Informationsquellen für die Konstruktion (auf Papier oder als Dateien):

- Kataloge (Produktkataloge, Konstruktionskataloge)
- Normen und Richtlinien (DIN, ISO, EN, VDI, VDE, VDA)
- Konstruktionsrichtlinien (Erfahrungswerte der Betriebe)

Kataloge sind eine systematische Aufbereitung von bewährten Informationen für die Konstruktion. Insbesondere Konstruktionskataloge wurden als Hilfsmittel zum systematischen Entwickeln von neuen Lösungen und zur schnellen Wiederverwendung bekannter Elemente aufgestellt. Sie sind in verschiedenen Formen vorhanden und werden in einem späteren Abschnitt ausführlicher behandelt.

Normen sind technische Regelwerke, die den Stand der Technik enthalten und damit als bewährte Lösungen für eine Standardisierung dem Konstrukteur bekannt sein müssen. Es gibt verschiedene Normen, die beispielsweise

- Normteilabmessungen enthalten,
- Berechnungsvorschriften enthalten,
- Unterlagenerstellung festlegen,
- Merkmalsbeschreibungen enthalten,
- Fertigungsverfahren definieren.

Normen werden in Deutschland vom Deutschen Institut für Normung als DIN-Normen herausgegeben. Europaweit gelten Normen mit der Abkürzung EN (Europa-Norm). Die internationale Normenorganisation ISO (International Organization for Standardization) erarbeitet weltweit geltende Normen. Die Übernahme der Normen für Deutschland wird jeweils durch den Vorsatz DIN gekennzeichnet, wie z. B. DIN EN, DIN EN ISO.

Weiterhin gibt es die ***Werknormen***, die firmenspezifisch erstellt werden, um speziell für das eigene Unternehmen eine Standardisierung und eine Wiederverwendung bewährter Lösungselemente oder Abläufe sicherzustellen.

Außerdem geben noch viele Verbände wie z. B. der VDI (Verein Deutscher Ingenieure), der VDE (Verband Deutscher Elektrotechniker) oder der VDA (Verband der Automobilindustrie) wichtige Richtlinien heraus.

Konstruktionsrichtlinien, Technische Anweisungen oder ähnlich bezeichnete Vorschriften in den Unternehmen enthalten Vorgaben und Erfahrungswerte zum Auslegen oder zum Lösen von konstruktiven Aufgaben.

Die richtige Anwendung führt in der Regel zu Kosteneinsparungen, da Fertigungs- oder Montageerfahrungen genutzt werden, wie beispielsweise die Beachtung der Bearbeitungsmöglichkeiten der vorhandenen Fertigung oder Hinweise auf vorhandene erforderliche Montagevorrichtungen.

Konstruieren ist ein enormer Datenerzeugungsprozess, da sehr viele Angaben und Informationen umgesetzt werden müssen. Am Ende des Konstruktionsprozesses liegt als Ergebnis eine große Informationsmenge über das zu bauende technische Produkt in Form von Zeichnungen, Stücklisten und technischer Dokumentation vor.

Der Informationsumsatz ist in der Regel sehr komplex. Zum Lösen von Aufgaben werden Informationen von sehr unterschiedlicher Art, unterschiedlichem Inhalt und Umfang benötigt, verarbeitet und ausgegeben. Die wichtigsten Begriffe zur Theorie des Informationsumsatzes sind in DIN 44300 und DIN 44301 festgelegt.

Jeder Konstrukteur muss alle für seine Tätigkeit wichtigen Informationen in aktueller Form verfügbar haben. Er muss genauso auch seine Erfahrungen schnell und direkt anderen mitteilen. Der Konstrukteur hat eine Holschuld bei der Informationsbeschaffung und eine Bringschuld bei der Informationsweitergabe.

In seinem Arbeitsumfeld muss er stets sehr gut informiert sein und dabei auch seine Abteilung oder das ganze Unternehmen berücksichtigen. Durch die in immer kürzeren Abständen erfolgende Erneuerung der Produkte eines Unternehmens wird es notwendig, ständig Neues zu lernen. In manchen Unternehmen wird bereits ein großer Teil des Umsatzes mit Produkten erzielt, die weniger als fünf Jahre alt sind. Daran ist zu erkennen, wie schnell Wissen veraltet, wenn es nicht ständig aktualisiert wird.

Die ***Bedeutung der Konstruktion*** in der Abwicklung von Aufträgen wird weiter zunehmen. Die Konstruktion muss dafür sorgen die gesamte Prozesskette der Auftragsabwicklung vom Vertrieb bis zum Versand mit eindeutigen Informationen zu versorgen. In der Konstruktion sind alle Informationen vorhanden, die in anderen Abteilungen benötigt werden. Besondere Bedeutung hat dies auch für eine eindeutige Dokumentation der zu liefernden Produkte.

Die Informationsaufnahme beginnt schon im Vertriebsprozess. Konstrukteure sind deshalb schon bei Verkaufsverhandlungen zur Unterstützung des Vertriebs aktiv und sichern so die verfügbaren Informationen des zukünftigen Kunden. Die Produktentwicklung ist dann ohne viele Rückfragen möglich und der Zeitaufwand in der Konstruktion wird verringert.

Konstrukteure sind besonders in der Fertigungs- und Montagephase gefordert sich um die neuen Teile zu kümmern. Sie können das einfach durch ständigen Kontakt mit diesen Abteilungen erledigen, um sofort Änderungen und Verbesserungen zu erfassen und notwendige Korrekturen sofort zu veranlassen. Dadurch werden Änderungsaufträge sofort erledigt und die Dokumentation ist aktuell.

Durch diese Aufgaben steigt der Aufwand im Bereich Konstruktion und die Anforderungen an die Qualifikation der Mitarbeiter. Gleichzeitig wird aber die Verschwendung in den Prozessen verringert, da Doppelarbeit und Rückfragen vermieden werden. Eindeutige und aktuelle Unterlagen der Konstruktion sind die besten Informationen für den Betrieb.

Zum Einhalten der ***Konstruktionstermine*** sind, abgestimmt mit allen Abteilungen, die Informationen durch die Konstruktion so weiter zu geben, dass kurze Durchlaufzeiten der Aufträge realisiert werden, die Montage noch ausreichend Zeit hat und der Liefertermin einzuhalten ist. Es muss vermieden werden, dass Zeit verloren geht, weil zur falschen Zeit an den verkehrten Aufgaben gearbeitet wird. Die prozessorientierte Arbeitsweise kann durch gut überlegte Abläufe die Informationsverarbeitung der Konstruktion fördern.

2.4 Zusammenfassung

Das systematische Konstruieren sollte dann begonnen werden, wenn grundlegende Kenntnisse über wichtige und bewährte Vorgehensweisen bekannt sind. Dazu gehören insbesondere die Grundlagen der Systemtechnik und deren Anwendung auf technische Systeme. Nach der Vorstellung der Systembegriffe mit Beispielen werden die drei von Stoffen, Energien und Informationen bestimmten Systemarten erläutert.

Die Black-Box-Methode als übergeordnetes System mit lösungsneutraler Beschreibung der Konstruktionsaufgabe ist als weitere Zusammenfassung des bereits dargestellten Energie-, Stoff- und Informationsumsatzes bekannt. Sie wird für Drehmaschinen und allgemein für Werkzeugmaschinen als weitestgehende Zusammenfassung gezeigt.

Die Beschreibung von Funktionen für die Anwendung in der Konstruktionslehre ist notwendig, um lösungsneutrale Formulierungen für den Zweck eines technischen Gebildes zu finden. Dementsprechend werden die wichtigsten Begriffe behandelt und mit Beispielen erläutert. Es wird gezeigt, wie bei einer Konstruktionsaufgabe vorzugehen ist, wenn ausgehend von der Gesamtfunktion mit Eingangs- und Ausgangsgrößen die Teilfunktionen als Funktionsstrukturen mit Systemgrenzen darzustellen sind. Diese Vorgehensweise ist für das methodische Konstruieren notwendig und üblich.

Die Wirkprinzipien der Teilfunktionen werden nach der Definition der Funktionen mit den Ein- und Ausgangsgrößen durch das Suchen geeigneter physikalischer Effekte entwickelt. Diese Arbeiten mit dem Ziel ein Konzept zu entwickeln wird mit Beispielen erklärt.

Die Entwicklungsschritte technischer Systeme fassen dann den Ablauf zusammen, indem Funktionen, Wirkprinzip, Baugruppen und technische Systeme mit einem Beispiel erklärt werden.

Grundlegende Arbeitsmethoden sind bewährte Vorgehensweisen für das Bearbeiten von Aufgaben der Konstruktion durch methodisches Vorgehen. Die Verarbeitung von Informationen in der Konstruktion ist und bleibt ein sehr wichtiger Bereich, der besonderen Einfluss auf die Ergebnisse der Konstruktion hat. Deshalb sind wesentliche Hinweise zum Informationsumsatz angegeben. Kenntnisse wichtiger Informationsquellen, wie Kataloge, Normen und Richtlinien sowie Konstruktionsrichtlinien sind für Konstrukteure notwendig. Diese in Papier- oder Dateiform vorliegenden Quellen sollten schon im Studium genutzt werden, um eine gute Grundlage für spätere Tätigkeiten zu haben.

3 Integrierte Produktentwicklung

In den Unternehmen hat sich in den letzten Jahren die Erfahrung durchgesetzt, dass neue Produkte nicht nur in der Entwicklungsabteilung entstehen, sondern in der Regel durch einen umfassenden Prozess.

Integrierte Produktentwicklung bedeutet, das Produkt und die produktspezifischen Prozesse als ein übergeordnetes Ganzes zu betrachten, in dem die Entwicklung erfolgt.

Zu den produktspezifischen Prozessen gehören die Prozesse der Bereiche Entwicklung, Konstruktion, Marketing, Produktion, Logistik, Einkauf usw. Durch die Verzahnung dieser Prozesse wird sichergestellt, dass die Gestaltung eines neuen Produkts stets abgestimmt zu realisieren ist. Mit dieser Vorgehensweise wird erreicht, dass ein neues Produkt von Anfang an so geplant wird, dass alle folgenden Maßnahmen und Tätigkeiten im Unternehmen beachtet werden. Die Entwicklungsaktivitäten enden nicht nach Abschluss der Arbeiten durch das Konstruktionsbüro, sondern erst wenn das neue Produkt erfolgreich am Markt und bei den Kunden ist.

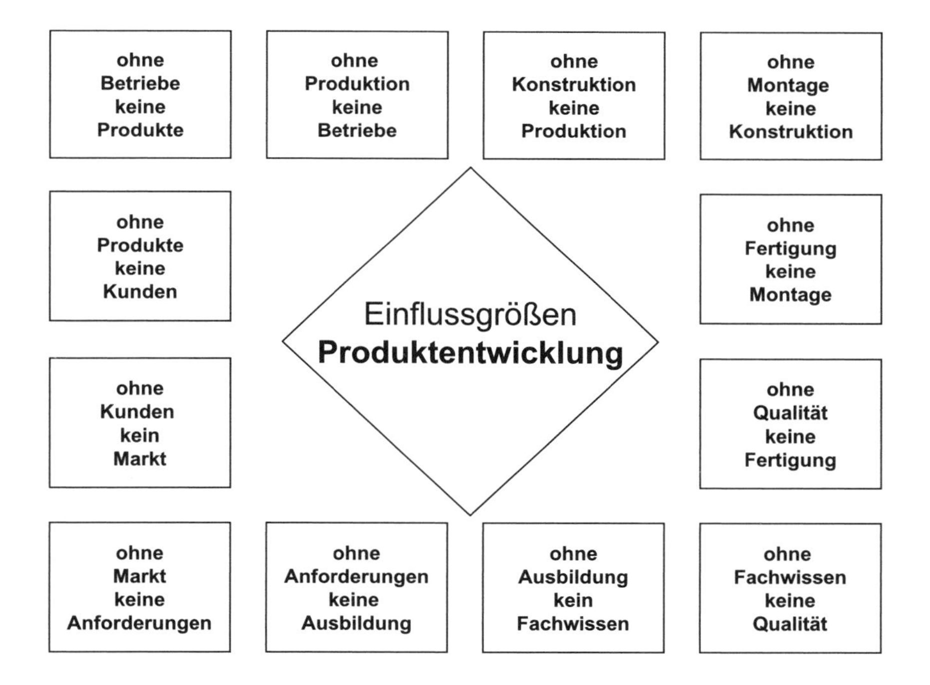

Bild 3.1: Wissensbasis für die Einflussgrößen auf die Produktentwicklung

Die im Bild 3.1 genannten Abhängigkeiten nennen vereinfacht wichtige Größen als Wissensbasis für die Produktentwicklung. Ausgehend von den erforderlichen Betrieben ergeben sich zwei Folgeketten, je nach dem in welcher Reihenfolge gelesen wird. Damit soll die Bedeutung des notwendigen Zusammenwirkens der Bereiche gezeigt werden.

Beispiel Entwicklung einer neuen Werkzeugmaschine: Die integrierte Produktentwicklung wird mit Informationen des Vertriebs, der Kundenwünsche und der technologischen Entwicklung beschlossen. In Gesprächen mit der Produktentwicklung wird eine Anforderungsliste erstellt und ein Konzept erarbeitet. Während der Entwicklung finden Abstimmungsgespräche mit den o. g. Abteilungen im Unternehmen statt. Es sind Versuche durchzuführen und regelmäßige Fortschrittsgespräche mit den Abteilungen Arbeitsvorbereitung, Fertigung und Montage sowie dem Einkauf, der Logistik und dem Controlling. Nach der Fertigungsfreigabe übernehmen die Entwickler durch engen Kontakt mit Fertigung und Montage die Betreuung, um erforderliche Änderungen und Verbesserungen sofort zu erfassen. Nach und während der Herstellung des Portotypen wird durch Versuche sichergestellt, dass die Anforderungen an das neue Produkt erfüllt sind. Vor der Auslieferung sind Praxistests mit ausgesuchten Kunden üblich, bevor die neue Werkzeugmaschine der Öffentlichkeit präsentiert wird.

3.1 Der Entwicklungsprozess

Der Entwicklungsprozess von Produkten verläuft heute nach Erfahrungen, die mit der integrierten Produktentwicklung gemacht wurden. Vereinfacht bedeutet das folgenden Ablauf umzusetzen.

Die Anforderungen der Kunden und aus dem Unternehmen an neue Produkte und die erforderlichen Prozesse sind als erstes vollständig zu erfassen. Anschließend erfolgt eine Bewertung, um zu erkennen wie eine effektive Realisierung möglich ist. In der Regel wird danach das Erfolgspotenzial des geplanten Produktes ermittelt, um anhand der vorliegenden Informationen zu entscheiden, ob die Realisierung erfolgversprechend ist.

Der dritte Schritt besteht aus der Umsetzung aller Aufgaben, die erforderlich sind, um die Ziele der Entwicklung systematisch und effizient zu erreichen. So sind z. B. für die Realisierung der Funktionen des neuen Produkts geeignete Lösungen zu entwickeln oder als Zulieferkomponenten vorzusehen, es ist eine entwicklungsbegleitende Herstellkostenberechnung erforderlich, um die Zielkosten nicht zu überschreiten oder zu entscheiden in welchem Umfang Berechnungen und Versuche erforderlich sind. Nach diesem Ablauf ist das geplante Produkt in der Regel termingerecht in der geforderten Qualität und zu den vorgesehenen Kosten am Markt eingeführt.

Der ***Entwicklungsprozess*** erfordert folgende Arbeitsschritte nach *Schäppi u. a.*:

- Ideen für neue Produkte entwickeln
- Anforderungen an die neuen Produkte und erforderlichen Prozesse erfassen und bewerten
- Ziele und Ablaufplan für die Produktionsphasen aufstellen
- Technische Entwicklung des Produkts und der produktspezifischen Prozesse

- Produkt und Prozesse testen, um festzustellen, ob die Anforderungen erfüllt sind
- Produktions- und Vertriebsprozesse für das neue Produkt entwickeln

Dieses Vorgehen ist geeignet, um die integrierte Produktentwicklung erfolgreich umzusetzen. Umfangreiche Hinweise zur integrierten Produktentwicklung enthält *Ehrlenspiel.*

Dieser ideale Ablauf ist in der Praxis natürlich nicht so einfach wie hier dargestellt, weil noch viele Randbedingungen, Unsicherheiten, unbekannte Probleme, technologische Schwierigkeiten, umfangreiche Versuche, Erfüllung von Vorschriften, usw. auftreten können, die natürlich gelöst werden müssen.

Beispiele für Randbedingungen, Unsicherheiten und unbekannte Probleme sind Eigenschaften am Einsatzort der verschiedenen Kunden, Geräuschverhalten im Betriebszustand, Koppelung oder Vernetzung mit anderen Produkten über geeignete Schnittstellen, Verhalten der Werkstoffpaarungen oder Qualifikation der Bediener.

Aus Erfahrungen ist bekannt, dass viele Produktentwicklungen nicht erfolgreich verlaufen, weil die Phase der Definition und Planung eines neuen Produkts nicht gründlich genug durchgeführt wird. Es mangelt oft an erfolgreicher Marktanalyse, um die Anforderungen der Kunden und des Marktes genau zu ermitteln. Eine unternehmensorientierte grobe Informationsbeschaffung ist allein nicht mehr ausreichend. Ein weiterer Punkt sind fehlende oder unzureichend erstellte Businesspläne, d. h., es fehlen Erfolgsziele.

Unvollständige Produktanforderungen können z. B. auch dadurch entstehen, dass die Entwicklung allein oder nur das Marketing aktiv werden und ohne Abstimmung neue Produktentwicklungen vorschlagen. Vor der umfassenden Klärung der Anforderungen und der Erfolgskriterien sollte deshalb nicht mit der technischen Produktrealisierung begonnen werden.

Die Phase der Definition und Planung sollte weitestgehend abgeschlossen sein, um zu verhindern, dass im ***Produktionsprozess Probleme*** oder Schwierigkeiten auftreten. Beispiele solcher Probleme enthält folgende Aufstellung nach *Schäppi u. a.*:

- Änderung des Produktkonzepts wegen fehlender technischer Realisierbarkeit
- Kosten überschreiten die geplanten Werte
- Produkteinführung ohne ausgereiftes Marketingkonzept
- Kundenforderungen an das Produkt wurden bei der Entwicklung nicht eingehalten
- Produkteinsatz beim Kunden zeigt nicht die geforderten Eigenschaften
- Produktionsprozesse erreichen nicht die geforderte Qualität, weil Vorbereitung und Abstimmung sehr viel Zeit beanspruchen

Die Realisierung der Produkte und der produktspezifischen Prozesse setzt voraus, dass ein genehmigter Businessplan vorliegt. Ein Businessplan enthält nach *Schäppi u. a.* alle Informationen über den Markt für das neue Produkt, also

- die Produktanforderungen,
- die Produkteigenschaften,

- die Wettbewerbssituation,
- die Marktstrategie und
- die technischen Anforderungen an das Unternehmen (Prozesse, Ressourcen, Zeitbedarf usw.)

Der ***Businessplan*** enthält alle Informationen und Daten, die erforderlich sind als Grundlage für Entscheidungen über Produktideen, Produktionsplanungen sowie Entwicklung von geschäftlichen Aktivitäten, Geschäftsideen oder Projekten.

Das Vorgehen ergibt sich dann durch ein wechselseitiges, abgestimmtes Abarbeiten der Aufgaben, die nicht mehr alle nacheinander erfolgen, sondern zum Teil auch zeitparallel bzw. überlappend durchzuführen sind.

Integrierte Produktentwicklung mit teilweiser zeitparalleler Arbeitsweise erfolgt im Projektteam, berücksichtigt alle produktspezifischen Prozesse und sorgt für eine abgestimmte Entwicklung. Vorausgesetzt werden natürlich fachliche Kompetenz der Mitarbeiter und entsprechende Erfahrungen im Unternehmen, je nach Typ und Komplexität der Produkte. Obwohl die Methoden des Projektmanagements bekannt sind, treten in der Praxis immer noch Probleme auf, insbesondere zeitliche Verzögerungen und Kollisionen von Terminen.

Der ***Prozess der Produktentwicklung*** sollte alle Möglichkeiten nutzen, um Funktionen und Qualität der Teile und Baugruppen von neuen Produkten früh im Versuch zu testen, was durch eine Versuchsplanung erkannt wird. Dadurch lassen sich Mängel rechtzeitig erkennen und abstellen. Dies gilt insbesondere auch für spezielle Kundenforderungen, wie z. B. die Einhaltung bestimmter Grenzwerte für lärmarme Produkte. Falls erforderlich, sind klärende Gespräche mit dem Kunden zu führen. Sollten sich im Entwicklungsprozess nicht lösbare Probleme ergeben, ist die Entscheidung eine Entwicklung abzubrechen stets besser, als ein Produkt auf den Markt zu bringen, das die Anforderungen nicht erfüllt.

Zu den **Testmethoden** gehören heute natürlich auch die rechnergestützten Verfahren. Zur Herstellung von Produktmustern ist z. B. das Rapid Prototyping bekannt, also das schichtweise Aufbauen eines Teils aus 3D-CAD-Daten. Durch entsprechend umfangreiche Simulationsprogramme können fast alle Entwicklungsaufgaben am Rechner digital erstellt werden (Digital Mock Up). Die virtuelle Produktentwicklung, mit aufwendigen Programmen, ist heute ebenfalls Stand der Technik und wird insbesondere für die Serienproduktion eingesetzt. Erfahrungen zeigen jedoch, dass trotz aller digitaler Simulationsverfahren und Rechnerprogramme, mit vielen Vorteilen für die Produktentwicklung, die physikalischen Tests am realen Prototypen der neuen Produkte noch nicht zu ersetzen sind.

Entsprechend ist der ***Konstruktionsprozess*** zu sehen: Konstrukteure müssen ihre Tätigkeiten als Teil des Prozesses der integrierten Produktentwicklung sehen und in Prozessen denken. Dies gilt insbesondere dann, wenn Entwicklung und Konstruktion unterschiedliche Abteilungen in einem Betrieb sind. Dann ist die Konstruktion hauptsächlich für die Abwicklung von Kundenaufträgen zuständig, während die Entwicklung für neue Produkte verantwortlich ist. Die wesentlichen Tätigkeiten sind als Abläufe dargestellt, wobei die

Lösung von Teilaufgaben durch Systembetrachtungen, Methoden und Informationsumsetzung unterstützt werden. Diese bereits im vorherigen Kapitel behandelten Grundlagen sollten den Konstrukteuren bekannt sein, da sie die konstruktive Arbeit beeinflussen. Damit dies sinnvoll realisierbar ist, muss daraus ein allgemein anwendbares methodisches Vorgehen erarbeitet werden, das in allen Bereichen der Konstruktion eingesetzt werden kann, unabhängig von der Art des Produkts und den Aufgaben. Da in der Praxis nur Methoden angenommen und eingesetzt werden, die für die jeweilige Aufgabe und für den jeweiligen Arbeitsschritt am wirksamsten sind, sollen hier auch nur schwerpunktmäßig diese Methoden und Hilfsmittel als Auswahl vorgestellt werden.

3.2 Der Lösungsprozess

Das Lösen von Aufgaben ist von der Schule und aus dem täglichen Leben eigentlich ausreichend bekannt, da abhängig von Art und Umfang der Aufgaben im Laufe der Zeit eine gewisse Vorgehensweise eingeübt und angewendet wird. Durch umfangreiche Untersuchungen haben sich die Erkenntnisse zu einem Grundschema verdichtet, das in der Regel unbewusst gedanklich abläuft. Erst bei Schwierigkeiten oder neuen Aufgaben, wie der Anwendung dieser Vorgehensweise auf den Konstruktionsprozess, wird der ***Lösungsprozess*** wieder interessant.

Die Arbeitsweise beim Lösen von konstruktiven Aufgaben besteht darin, zu analysieren was durch die Aufgabenstellung gegeben ist, und anschließend durch eine Synthese die bekannten Lösungselemente schrittweise einzusetzen, um eine Lösung für die Aufgabe festzulegen. Nach jeder Teillösung muss entschieden werden, ob das Teilergebnis sinnvoll ist und weitergearbeitet werden soll, oder ob eine Überprüfung erforderlich ist. Diese Gliederung in Arbeits- und Entscheidungsschritte stellt sicher, dass der notwendige Zusammenhang zwischen den Zielen der Aufgabe, der Planung, der Durchführung und der Prüfung der Ergebnisse besteht. Vor der Übernahme des Ergebnisses als Lösung der Aufgabe ist noch einmal zu klären, ob diese Lösung plausibel und wirtschaftlich realisierbar ist. Die grundsätzliche Vorgehensweise lässt sich als Grundschema für den Lösungsprozess in Form eines Ablaufs darstellen und ist dem Bild 3.2 zu entnehmen, das in Anlehnung an *Pahl/Beitz* erläutert wird.

- Jede Aufgabe bewirkt zunächst eine Konfrontation, eine Gegenüberstellung von Problemen und bekannten oder (noch) nicht bekannten Realisierungsmöglichkeiten. Die Stärke der Konfrontation hängt ab von Wissen, Können und Erfahrung des Konstrukteurs.
- Informationen beschaffen über die nähere Aufgabenstellung, Bedingungen, Lösungsprinzipien und bekannte ähnliche Lösungen sind nützlich. (Abschwächung der Konfrontation, Erhöhung der Motivation)
- Erkennen des wesentlichen Aufgabenkerns ermöglicht Ziele festzulegen und die wesentlichen Bedingungen zu beschreiben. (Abstrahierende Definition öffnet denkbare Lösungswege).
- Entwickeln der Lösungsideen nach verschiedenen Methoden als kreative Phase, um durch Kombinieren und Anpassen an Randbedingungen gute Lösungen zu entwickeln.

- Eine Beurteilung wird erforderlich, wenn mehrere Ergebnisse vorliegen, um festzustellen, wie die Lösungen die Aufgabe erfüllen.
- Die Entscheidung legt die optimale Lösungsvariante fest.

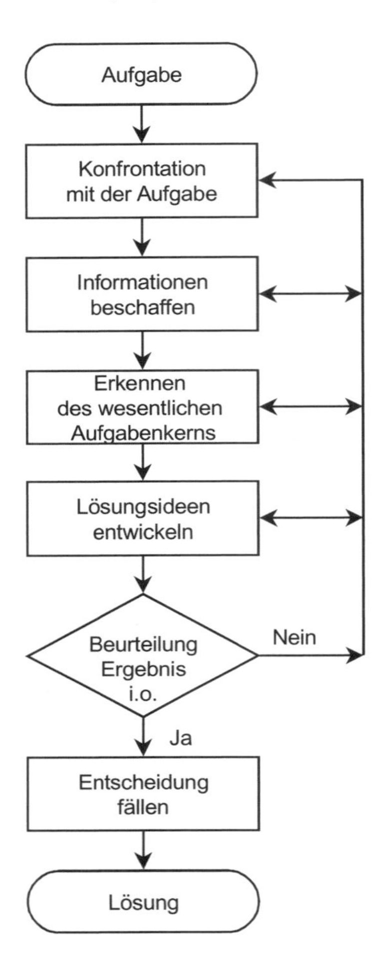

Bild 3.2: Ablauf von Lösungsprozessen

Konstruktionstätigkeiten setzen schrittweise Überlegungen zur Lösungsfindung durch grafische Darstellungen, Auslegungsberechnungen oder Beschreibungen um. Nach der Ausführung wird beurteilt und entschieden, ob das Ergebnis die Anforderungen erfüllt, oder der Arbeitsschritt wiederholt werden muss. Dieser allgemeine ***Entscheidungsprozess*** kann für jeden Arbeitsschritt beim Lösen von Konstruktionsaufgaben in der im Bild 3.3 angegebenen Form erfolgen. Das Entscheiden, ob ein Ergebnis akzeptiert wird oder nicht, fällt mit zunehmender Erfahrung leichter. Es setzt aber auch das Entscheiden können voraus, das nicht nur von fachlichen Kenntnissen abhängig ist, sondern von der Bereitschaft des Konstrukteurs, Verantwortung zu übernehmen.

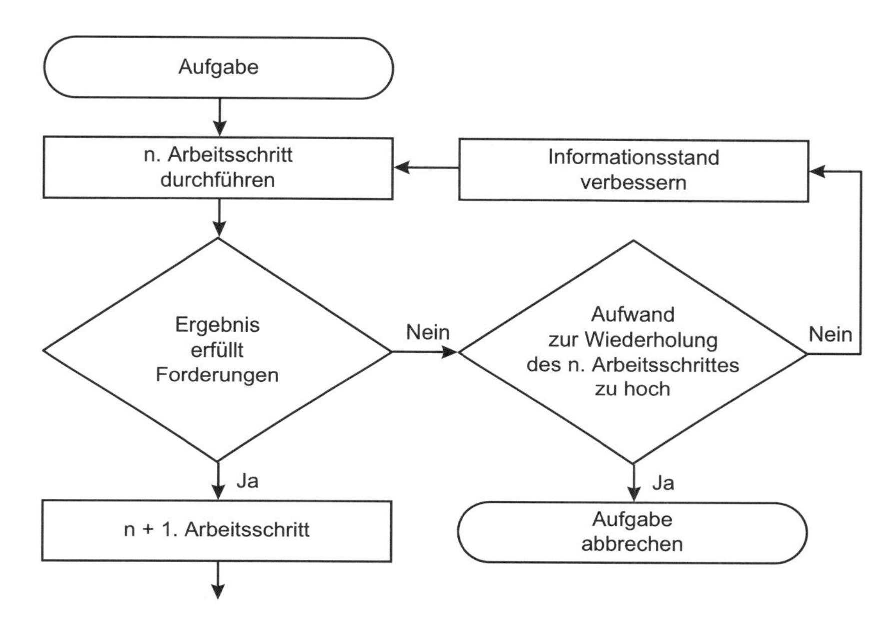

Bild 3.3: Ablauf von Entscheidungsprozessen

Die Verbesserung eines Ergebnisses durch Wiederholung von davor liegenden Arbeitsschritten ist ebenfalls eine Entscheidung, die gut überlegt werden sollte. Im Regelfall wird der Konstrukteur durch erneutes Nachdenken und durch die Beschaffung von zusätzlichen Informationen Lösungen durch Überarbeiten verbessern können. Es zeigt sich leider erst in einer späteren Produktentstehungsphase, ob es nicht besser gewesen wäre, eine Entwicklung abzubrechen, statt durch Selbstüberschätzung und Vertrauen auf die möglichen Leistungen der Folgeabteilungen einfach weiter zu arbeiten.

Der gesamte Ablauf von der Konfrontation über die kreative Lösungsfindung bis zur Entscheidung wiederholt sich mehrfach an den verschiedenen Stellen des Konstruktionsprozesses für ein zu entwickelndes Produkt.

3.3 Bearbeiten von Ingenieuraufgaben

Die Tätigkeit von Ingenieuren hat sich schon immer an einer Vorgehensweise orientiert, die die Verknüpfung von Wissenschaft und Praxis als wesentliches Merkmal hatte. Dabei wurden die Ingenieuraufgaben jemandem zugeordnet, der entsprechend der Übersetzung aus dem Französischen „sinnreiche Vorrichtungen baut“ und dafür natürliche Begabung, Erfindungskraft, Genie und Erfahrung mitbringt.

Im Laufe der Jahre wurde mit der Entwicklung der Technik eine etwas differenziertere Betrachtungsweise entwickelt, die Bild 3.4 zeigt.

Die ***Lösung von Ingenieuraufgaben*** ist gekennzeichnet durch die Verknüpfung von Praxiswissen mit theoretischen Kenntnissen und der schrittweisen Entwicklung von Lösungsideen zu Produkten oder Verfahren. Gleichzeitig stellte sich immer häufiger heraus, dass erst durch die Realisierung der theoretischen Lösung in der Praxis und durch Überprüfen der geforderten Ergebnisse die Anforderungen an die Aufgabe als erfüllt bestätigt werden konnten oder nicht. Daraus ergibt sich der wesentliche Kreislauf zwischen Theorie und Praxis, der insbesondere auch für Konstrukteure sehr wichtig ist. Konstrukteure müssen stets das von ihnen entwickelte Produkt in den folgenden Produktentstehungsphasen begutachten, um Erfahrungen in der Praxis zu sammeln. Außerdem ist es sehr erkenntnisfördernd, wenn sie das entwickelte Produkt im Einsatz beim Kunden beobachten können.

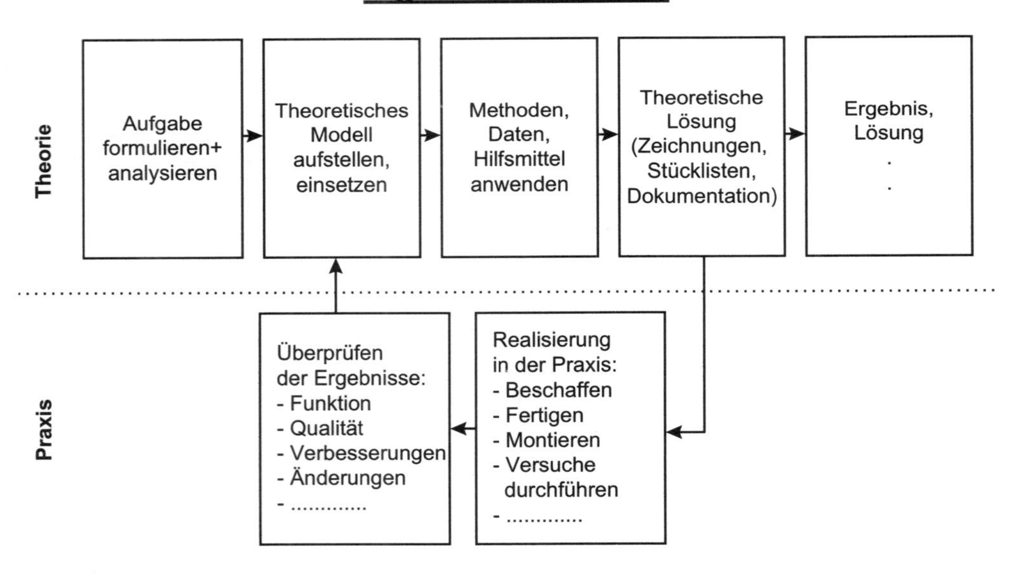

Bild 3.4: Vorgehen beim Bearbeiten von Ingenieuraufgaben

Beispiel: Das Vorgehen soll anhand einer einfachen Aufgabe erläutert werden: Eine Kraft F soll im Abstand L an eine Wand angeschlossen werden, entsprechend der Skizze in Bild 3.5, unter Beachtung der Bedingungen möglichst leicht, möglichst kostengünstig und möglichst verformungsarm.

Jeder Konstrukteur wird sich für die Lösung an die Festigkeitslehre erinnern und an die dort mit Hilfe der Biegetheorie entwickelte Gleichung für die Berechnung der Durchbiegung eines einseitig fest eingespannten Trägers. Um die Bedingungen der Aufgabe zu erfüllen, werden die Größen der Gleichung mit den Forderungen verglichen. Daraus ergibt sich die Überlegung, welches Profil für den Träger vorgesehen werden könnte und welche Materialart in Frage kommt. In Abhängigkeit von den Werten für F und L wird ein Profil ausgewählt und die Verformung berechnet. Die Kosten richten sich nach der Profilform und nach der Materialart. Durch mehrere Optimierungsrechnungen wird eine theoretische Lösung gefunden. Nach den auf einer Zeichnung festgelegten Daten wird in der Praxis die Herstellung und die Montage durchgeführt. Damit ist in der Regel die Aufgabe beendet. Bei den genannten Bedingungen ist nur dann eine Überprüfung der Verformung in der Praxis erforderlich, wenn besondere Sicherheitsbedingungen gelten, die sonst eine Gefährdung ergeben könnten, oder wenn der Nachweis der berechneten Verformung verlangt wird.

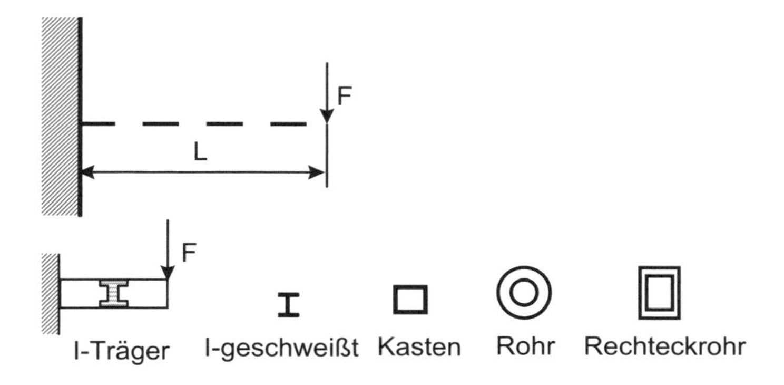

Bild 3.5: Ingenieuraufgabe „Kraft in eine Wand übertragen"

3.4 Ablauf bei der Lösungssuche

Die Entwicklung der Konstruktionslehre wurde stets durch die Arbeitsweise guter Konstrukteure beeinflusst, indem versucht wurde, möglichst umfangreiche Erkenntnisse über deren Vorgehen beim Entwickeln konstruktiver Lösungen zu erhalten. Während früher erste Konstruktionsregeln aus der Praxis entstanden und als Erfahrungen weiter vermittelt wurden, versucht heute die Konstruktionswissenschaft mit Testverfahren im Konstruktionsbüro gezielter die Denkvorgänge beim Konstruieren zu untersuchen.

Das bekannte Wechselspiel von ***Entwerfen und Verwerfen*** beim Konstruieren entstand aus der alten Regel von *Irrtenkauf*: *„Has't nicht radiert, has't nicht konstruiert"*. Dieses Darstellen von Lösungsideen durch Bleistift-Entwurfszeichnungen und deren Änderung durch Radieren, weil das technische Gebilde nicht den Vorstellungen entspricht, kennt jeder Konstrukteur. *Ehrlenspiel* hat daraus durch umfangreiche Untersuchungen eine ***Strategie der Lösungssuche*** entwickelt, deren Ergebnisse hier vorgestellt werden sollen:

Konstrukteure entwickeln erste Lösungen aus dem Gedächtnis und skizzieren diese Ideen Freihand, um sich anschließend mit dieser Darstellung auseinander zusetzen, sie zu analysieren und anzupassen, bevor sie aufgezeichnet wird. Wenn dann Varianten erzeugt werden sollen, empfiehlt die Konstruktionsmethodik bisher, mehrere zunächst gleichberechtigte Lösungen zu suchen und daraus die beste zu wählen. Dieses ***generierende Vor-***

gehen bei der Lösungssuche wird jedoch nur zu 20 % der Bearbeitungszeit angewandt (Bild 3.6).

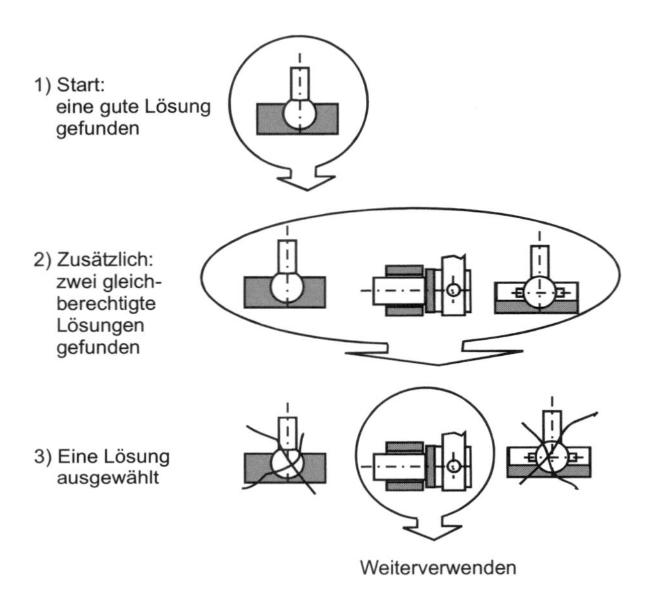

Bild 3.6: Beispiel für generierendes Vorgehen bei der Lösungssuche (nach *Ehrlenspiel*)

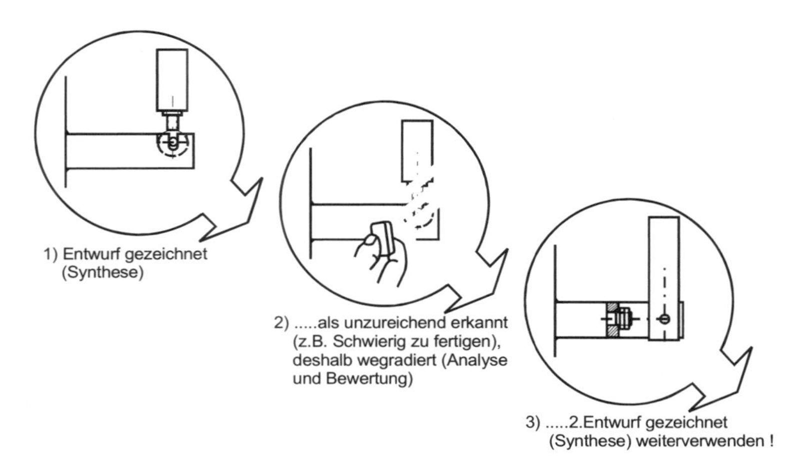

Bild 3.7: Beispiel für korrigierendes Vorgehen bei der Lösungssuche (nach *Ehrlenspiel*)

In den meisten Fällen (also in den restlichen 80 % der Zeit) wird mit dem ***korrigierenden Vorgehen*** bei der Lösungssuche zunächst nur eine Lösung angegeben. Diese wird gleich oder im Verlauf der weiteren Bearbeitung auf Schwachstellen analysiert und entsprechend abgeändert oder ersetzt, wie im Bild 3.7 dargestellt.

In Tabelle 3.1 werden noch einmal die Vorteile und die Nachteile beider Vorgehensweisen gegenübergestellt.

Generierendes Vorgehen	Korrigierendes Vorgehen
Vorteile: • führt eher zu neuen, interessanten Lösungen	**Vorteile:** • geht schneller • weniger geistige Belastung • tiefergehende Analyse möglich • einfachere Austauschbarkeitsprüfung
Nachteile: • mehr Erzeugungsaufwand • größere geistige Belastung durch höhere Komplexität und längeres Aushalten in einer ungewissen Lösungssituation • Genauigkeit der Analyse schwieriger • Austauschbarkeitsprüfung aufwendiger	**Nachteile:** • eher Verharren bei bekannten Lösungen

Tabelle 3.1: Vergleich des generierenden und korrigierenden Vorgehens zur Lösungssuche (nach *Ehrlenspiel*)

Das generierende Vorgehen ist bei der Lösungssuche, dem Konzipieren, gut einzusetzen, weil der Aufwand für die Darstellung noch gering ist bei großer Auswirkung auf die Lösung. Das korrigierende Vorgehen geht schneller und vermindert den Druck, weitere Lösungselemente zu finden. Das gefundene Lösungsprinzip wird jedoch nicht verlassen. Das korrigierende Vorgehen ist deshalb besser beim Gestalten, dem Entwerfen, einzusetzen.

3.5 Arbeitsschritte beim Konstruieren

Der ***Konstruktionsprozess*** umfasst den Ablauf aller Tätigkeiten unter Beachtung von Methoden und Hilfsmitteln, die zur Konstruktion technischer Produkte geeignet sind. Der Konstruktionsprozess ist produktneutral oder allgemein, wenn er für alle Arten von technischen Produkten gilt, sonst ist es ein produktspezifischer Konstruktionsprozess, der nach Regeln für bestimmte Produktarten abläuft.

Alle wesentlichen Zusammenhänge für die ***Methodik beim Konstruieren*** sind branchen- und produktunabhängig mit den VDI-Richtlinien 2221 und 2222 erarbeitet worden. Eine allgemein anwendbare Methodik zum Entwickeln und Konstruieren technischer Systeme und Produkte nach der VDI 2221 enthält die Erkenntnisse aus den bereits vorgestellten Grundlagen technischer Systeme, über den Einsatz allgemeiner Arbeitsmethoden und der Informationsverarbeitung.

Der Ablauf aller Tätigkeiten von der Aufgabe bis zur konstruktiven Lösung wird durch die in diesem Abschnitt vorgestellten Abläufe für Teilaufgaben mit den Arbeitsergebnissen und den Konstruktionsphasen in Bild 3.8 dargestellt.

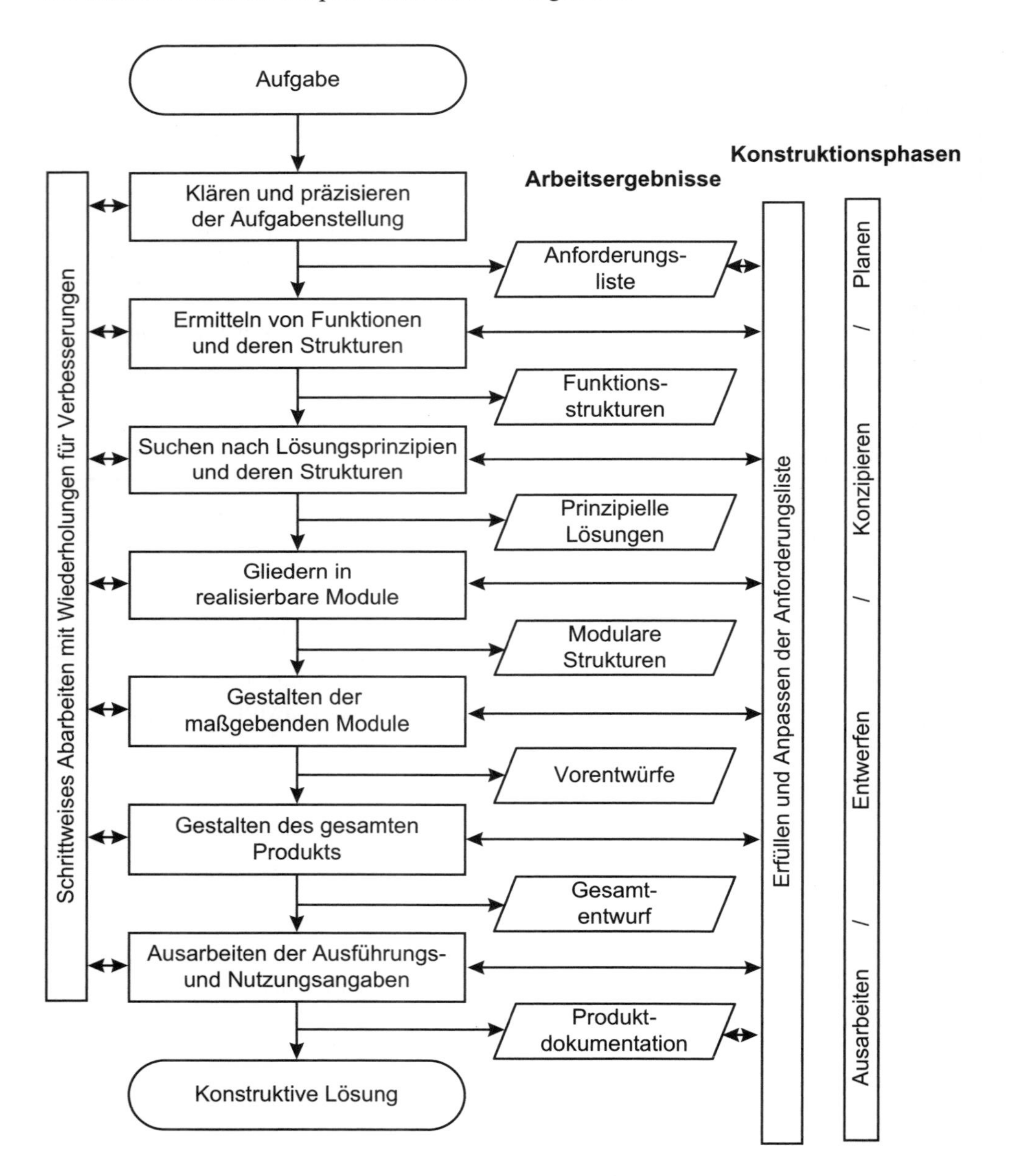

Bild 3.8: Allgemeines Vorgehen beim Entwickeln und Konstruieren (nach VDI 2221)

Vorgehen beim Entwickeln und Konstruieren nach einem Ablaufplan mit Arbeitsschritten:

- Das *Klären und Präzisieren der Aufgabenstellung* umfasst das Zusammenstellen aller Forderungen und Wünsche auf einem Formular als Anforderungsliste.
- Das *Ermitteln der Funktionen und deren Strukturen* erfolgt aus den Anforderungen, um eine lösungsneutrale Aufgabenbeschreibung der wesentlichen Zusammenhänge als Funktionsstruktur zu erhalten.
- Das *Suchen nach Lösungsprinzipien und deren Strukturen* führt über Prinziplösungen für Teilfunktionen durch Kombinieren zu Konzepten oder prinzipiellen Lösungen.
- Das *Gliedern in realisierbare Module* ist eine Aufteilung in kleinere Einheiten des Gesamtsystems. Ein Modul ist eine sich aus mehreren Elementen zusammensetzende Einheit innerhalb eines Gesamtsystems, die ausgetauscht werden kann.
- Das *Gestalten der maßgebenden Module* führt zu Vorentwürfen, aus denen im Maschinenbau bei entsprechendem Umfang Baugruppen festgelegt werden können.
- Das *Gestalten des gesamten Produkts* umfasst die Berücksichtigung der Vorentwürfe in einem Gesamtentwurf, der alle Angaben für Baugruppen, Bauteile und Stücklisten enthält.
- Das *Ausarbeiten der Ausführungs- und Nutzungsangaben* für die Produktdokumentation besteht aus dem Erstellen von Zeichnungen, Stücklisten und technischen Beschreibungen.

Außerdem wird auf das schrittweise Abarbeiten mit Wiederholungen für alle Arbeitsschritte hingewiesen, das erforderlich ist, um alle Anforderungen anzupassen und zu erfüllen. Mit diesem Vorgehen wird sichergestellt, dass alle Arbeitsschritte nach Durchführung und Kontrolle durch Entscheidungen abgeschlossen werden.

Den vier ***Konstruktionsphasen*** werden Tätigkeiten und Festlegungen zugeordnet:

- **Planen**: Aufgabenstellung klären (informative Festlegung)
- **Konzipieren**: Konzept entwickeln (prinzipielle Festlegung)
- **Entwerfen**: Entwurfsarbeit durchführen (gestalterische Festlegung)
- **Ausarbeiten**: Unterlagen ausarbeiten (herstellungstechnische Festlegung)

Diese Aufteilung stellt eine Zusammenfassung der wichtigsten Tätigkeiten dar, die sich als wesentliche Gliederung für das Vorgehen beim Konstruieren im Maschinenbau bewährt hat. Deshalb werden in den folgenden Abschnitten diese vier Konstruktionsphasen ausführlich mit den notwendigen Methoden, Hilfsmitteln und Anwendungen erklärt.

Beispiel: Die vier Konstruktionsphasen mit den Aufgaben und Ergebnissen einer Teilaufgabe für die Konstruktion einer Reitstockpinole enthält Bild 3.9.

Der Auszug aus der Anforderungsliste enthält hier nur zwei Forderungen, die maßgeblich für die Reitstockpinole sind. Aus der Gesamtfunktion des Reitstocks sind zwei Funktionen für die Umwandlung des eingeleiteten Drehmomentes in die Längsbewegung der Pinole, also der Pinolenantrieb, angegeben. Da für diese Teilfunktion als Beispiel die Umwandlung mit Hilfe eines Gewindes als physikalisches Prinzip möglich ist, sind die entsprechenden Größen als Wirkprinzip mit Skizzen dargestellt.

Das Lösungsprinzip für den Pinolenantrieb ist nur als Strichskizze ohne geometrische Gestaltung als Ergebnis des Konzipierens gezeichnet. Es besteht aus einer einseitig gelagerten Spindel, die durch ein Handrad bewegt wird.

Beim Entwerfen werden Teile, Baugruppen und Verbindungen festgelegt. Die vereinfachte Zeichnung enthält alle wesentlichen Elemente, die jedoch nicht normgerecht als technische Zeichnung dargestellt wurden.

Aus diesem Entwurf werden dann in der letzten Phase durch das Ausarbeiten alle Zeichnungen und Stücklisten abgeleitet, die die Fertigungs- und Montageangaben enthalten.

Zusammengefasst hat sich für die vier Phasen folgender Ablauf bewährt:

- Das ***Planen*** klärt die Aufgabe durch Erfassen der Anforderungen, die in einer Anforderungsliste festgelegt werden.
- Das ***Konzipieren*** erfolgt in drei Arbeitsschritten:
  – Funktionen festlegen und Funktionsstruktur aufstellen.
  – Physikalische Prinzipien für das Wirkprinzip festlegen.
  – Geometrie, Bewegungen und Stoffarten als Lösungsprinzip festlegen.
- Das ***Entwerfen*** besteht aus dem Gestalten von Teilen, Baugruppen und Verbindungen bis zum fertigen Produkt.
- Das ***Ausarbeiten*** bedeutet, alle Fertigungs- und Montageangaben in Zeichnungen und Stücklisten festzulegen mit der erforderlichen Dokumentation.

Ablaufpläne für das Vorgehen beim Konstruieren wurden in verschiedenen Varianten veröffentlicht und werden in der Regel firmenspezifisch angepasst, da dafür in jedem Unternehmen eine Organisation vorhanden ist. Wichtig ist nicht ein starres Einhalten aller Vorgaben, sondern eine flexible Handhabung zur Unterstützung der Konstrukteure.

Der ***Ablaufplan*** mit Angaben der Tätigkeiten beim Bearbeiten konstruktiver Aufgaben in Bild 3.10 zeigt im mittleren Bereich die Teilaufgaben pro Arbeitsschritt mit dem jeweils zugeordneten Entscheidungsschritt.

Jeder ***Entscheidungsschritt*** dient dazu, Ergebnisse festzulegen und den weiteren Fortgang im Sinne des Ablaufs freizugeben, oder aber ein erneutes Durchlaufen der jeweils engsten Schleife zu veranlassen, wenn das Arbeitsergebnis unbefriedigend erscheint und verbessert werden muss. Dies umfasst auch die Überprüfung der Anforderungen. Ein Durchlaufen bis zum Ende kann Mängel erst zu spät zeigen und deren Abhilfe unnötig erschweren.

Der gegebenenfalls notwendige ***Abbruch einer Entwicklung***, weil diese sich als nicht mehr lohnend erweist, wurde nicht eingezeichnet. Eine Überprüfung und frühzeitiges, konsequentes Aufhören in aussichtslosen Situationen bringt jedoch die geringsten Enttäuschungen und Kosten!

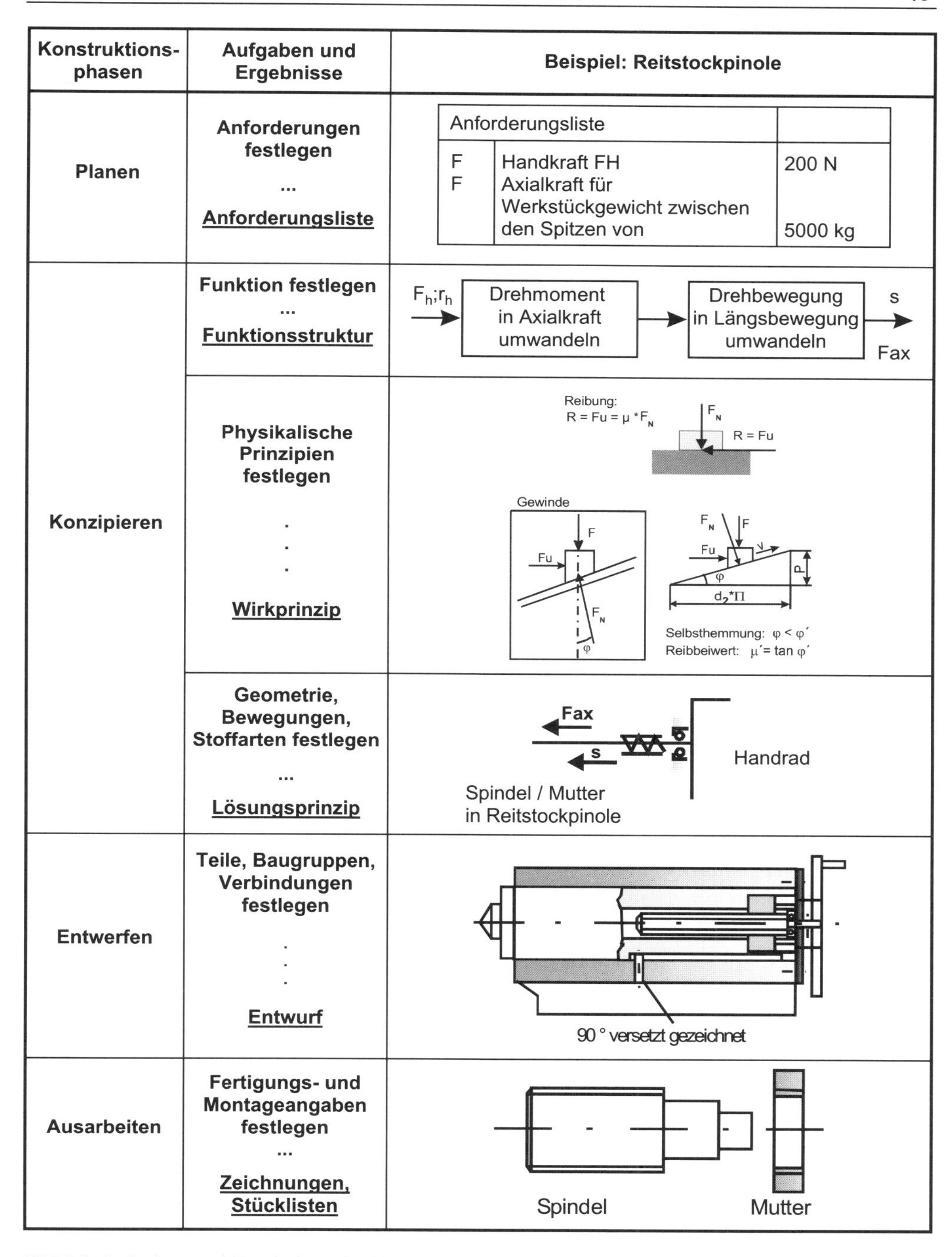

Konstruktionsphasen	Aufgaben und Ergebnisse	Beispiel: Reitstockpinole
Planen	**Anforderungen festlegen** ... **Anforderungsliste**	Anforderungsliste F Handkraft FH 200 N F Axialkraft für Werkstückgewicht zwischen den Spitzen von 5000 kg
Konzipieren	**Funktion festlegen** ... **Funktionsstruktur**	$F_h;r_h$ → Drehmoment in Axialkraft umwandeln → Drehbewegung in Längsbewegung umwandeln → s, Fax
	Physikalische Prinzipien festlegen . . . **Wirkprinzip**	Reibung: R = Fu = μ *F_N; F_N; R = Fu Gewinde: F; Fu; F_N; φ F_N; F; Fu; v; φ; P; d_2*Π Selbsthemmung: φ < φ´ Reibbeiwert: μ´= tan φ´
	Geometrie, Bewegungen, Stoffarten festlegen ... **Lösungsprinzip**	Fax; s; Handrad; Spindel / Mutter in Reitstockpinole
Entwerfen	**Teile, Baugruppen, Verbindungen festlegen** . . . **Entwurf**	90 ° versetzt gezeichnet
Ausarbeiten	**Fertigungs- und Montageangaben festlegen** ... **Zeichnungen, Stücklisten**	Spindel; Mutter

Bild 3.9: Aufgaben und Ergebnisse der Konstruktionsphasen

Wie bei allen Vorgehensplänen ist flexible Handhabung je nach Problemlage erforderlich. Es können weitgehende Überschneidungen auftreten, da z. B. Fertigungsgesichtspunkte, Werkstoffe, gestalterische Merkmale usw. bereits das Lösungsprinzip beeinflussen.

In dem Ablauf der Arbeitsschritte fehlen Angaben über einige im ***Konstruktionsalltag*** organisierte Maßnahmen, die von Konstrukteuren beachtet werden müssen:

- Herstellung von Modellen und Prototypen
- Durchführung von Versuchen zur Prinzipfindung
- Erstmuster-Fertigung von Zulieferern
- Projektgespräche im Unternehmen und mit dem Kunden
- Zeitpunkte für Bestellangaben (Lange Lieferfristen von Steuerungen, Rohteilen usw. erfordern Vorabbestellungen)
- Auftragsabwicklungshinweise (EDV-Abwicklung, Angebotszeichnungen, Montage- und Aufstellpläne, Vorschriften, CAD-Einsatz)

Diese und weitere unternehmensspezifische Organisationsanweisungen müssen zwar unbedingt eingehalten werden, würden aber als Ergänzung zu den im Ablaufplan angegebenen Arbeitsschritten diesen nur unnötig überfrachten. Außerdem wurden die nach jedem Arbeitsschritt erforderlichen Entscheidungen nur als Texthinweis angegeben.

Konstrukteure in der Praxis sind häufig sehr skeptisch, wenn ihnen die Arbeitsweise nach diesen Ablaufplänen erklärt wird, weil sie dieses Vorgehen als viel zu aufwendig und zeitintensiv empfinden. Dabei sollte jedoch beachtet werden, dass es sich eigentlich nur um die Darstellung von Abläufen handelt, die von guten Konstrukteuren übernommen wurden.

- Konstrukteure durchlaufen diesen Ablauf unbewusst im Kopf, fassen aber oft zu stark zusammen, zum Nachteil für das Ergebnis.
- Bei Neukonstruktionen sollte der Konstrukteur unbedingt methodisch vorgehen, wenn Art und Umfang der Aufgabe dafür geeignet sind. Das bewusste, schrittweise Vorgehen verleiht Sicherheit, nichts Wesentliches vergessen oder unberücksichtigt gelassen zu haben und ergibt einen guten Überblick möglicher Lösungswege.
- Bei Anpassungskonstruktionen werden vorhandene Baugruppen von Produkten durch zusätzliche Konstruktionsarbeiten entsprechend den neuen Anforderungen verändert. Methodisches Vorgehen erfolgt nur, wo es sich als notwendig und zweckmäßig erweist (Anforderungsliste ausarbeiten, systematische Lösungssuche für Teilaufgaben).
- Bessere Konstruktionen durch methodisches Vorgehen erfordern angemessene Zeit, die den Konstrukteuren bewilligt werden muss. Sie lässt sich auch für einzelne Arbeitsschritte besser überschauen und abschätzen. Der geringfügig höhere Zeitaufwand im Vergleich zu konventionellen Methoden wird durch die Nachvollziehbarkeit und die größere Wahrscheinlichkeit gute Lösungen zu konstruieren mehr als ausgeglichen.
- Die zunehmende Komplexität der zu entwickelnden Produkte und die kundenorientierten Märkte haben heute in den Unternehmen für klare und straffe Organisationen gesorgt mit prozessorientierten Abläufen und Qualitätsmanagementsystemen nach DIN EN ISO 9001. Auch unter diesen Bedingungen ist das methodische Konstruieren zwingend erforderlich.

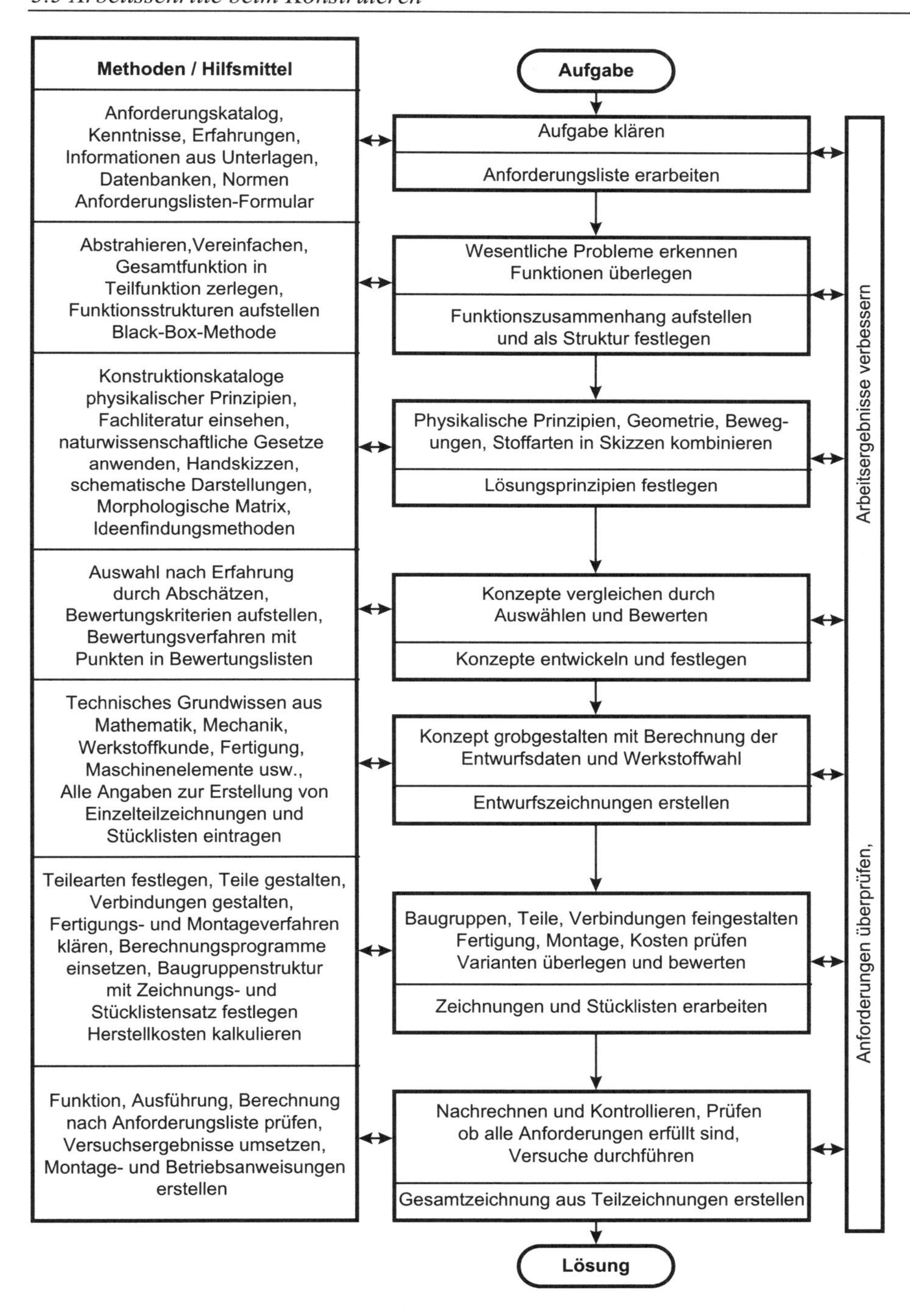

Bild 3.10: Ablaufplan für das Bearbeiten konstruktiver Aufgaben

Die für jeden Arbeitsschritt einsetzbaren Methoden und Hilfsmittel werden hier in Bild 3.10 nur zusammengefasst dargestellt, um erforderliches Grundlagenwissen und in der Praxis häufig angewendete Methoden, die in den folgenden Kapiteln behandelt werden, schon jetzt kennen zu lernen und richtig zuzuordnen.

Das systematische Konstruieren nach Arbeitsschritten hat sich als notwendiges Wissen für die Lösung konstruktiver Aufgaben bewährt. Es gibt jedoch Unterschiede in der Qualifikation der Konstrukteure, da bekannt ist, dass Wissen allein nicht ausreicht, um Könner zu sein. ***Können*** ist nach *G. Fischer, brand eins*, kurz zusammenfassbar.

Können ist Wissen plus Training plus Individualität.

Wissen ist erforderlich, um Könner zu werden. Training durch Üben mit viel Fleiß ist notwendig. Individualität fördert das zum Konstruieren benötigte Talent und sorgt für die besonders guten Ergebnisse.

3.6 Zusammenfassung

Die integrierte Produktentwicklung ist heute üblich, um neue Produkte zu schaffen. Die dafür zu beachtenden Einflussgrößen sind als Einführung und zur Übersicht beschrieben.

Der Entwicklungsprozess wird mit den erforderlichen Grundkenntnissen vorgestellt. Er enthält wesentliche Kriterien und Abläufe sowie Hinweise auf das Zusammenwirken der Prozesse im Unternehmen, um alle technischen und wirtschaftlichen Daten zu beachten. Die Bedeutung von Businessplänen und von Erfahrungen, die beim Auftreten von Problemen in der Produktentwicklung gemacht wurden, werden ebenfalls vorgestellt. Der Konstruktionsprozess entspricht in vielen Punkten der Vorgehensweise beim Entwickeln, sodass diese zu übernehmen ist.

Der Lösungsprozess beschreibt in allgemeiner Form das Vorgehen beim Lösen von Aufgaben. Die für jede Aufgabe erforderliche Entscheidungsphase mit den entsprechenden Auswirkungen gehört zu diesem Abschnitt.

Ingenieure sind Menschen, die sinnreiche Vorrichtungen bauen und dafür natürliche Begabung, Erfindungskraft, Genie und Erfahrung mitbringen. Mit den heute vorhandenen Kenntnissen lassen sich Ingenieuraufgaben lösen, deren Ablauf mit Beispiel erläutert wird.

Der Ablauf bei der Lösungssuche im Bereich der Konstruktion kann nach unterschiedlichen Strategien als generierendes oder korrigierendes Vorgehen erfolgen. Beide werden mit Vorteilen und Nachteilen dargestellt.

Die Methodik beim Konstruieren erfolgt branchen- und produktunabhängig nach den VDI-Richtlinien VDI 2221 und VDI 2222, die in diesem Abschnitt kurz erläutert werden. Ein Beispiel erläutert die Anwendung. Neben einigen kritischen Anmerkungen werden die in den folgenden Kapiteln zu behandelnden Methoden und Hilfsmittel einem Ablaufplan zugeordnet. Hinweise auf weitere Arbeitsschritte und auf bewährte organisatorische Maßnahmen im Konstruktionsbereich sind in der Praxis üblich. Sie ergänzen das methodische Vorgehen. Die Anwendung der Konstruktionsmethodik im Vergleich mit der Arbeitsweise erfahrener Konstrukteure und ein Hinweis auf Könner schließen dieses Kapitel ab.

4 Konstruktionsphase Planen

In diesem Kapitel wird die erste der vier Konstruktionsphasen behandelt. Dafür werden die in den ersten drei Kapiteln erläuterten Begriffe, Vorgehensweisen und Abläufe angewendet. Hier geht es also um die ersten Schritte des Konstruktionsprozesses, in dem ausgehend von der Planung der Produkte das Klären und Präzisieren der Aufgabenstellung zu dem Arbeitsergebnis Anforderungsliste führt. Die Qualitätssicherung beim Planen und QFD als Methode zur Qualitätsplanung werden vorgestellt. Die dafür bewährten Methoden und Hilfsmittel werden mit Beispielen behandelt.

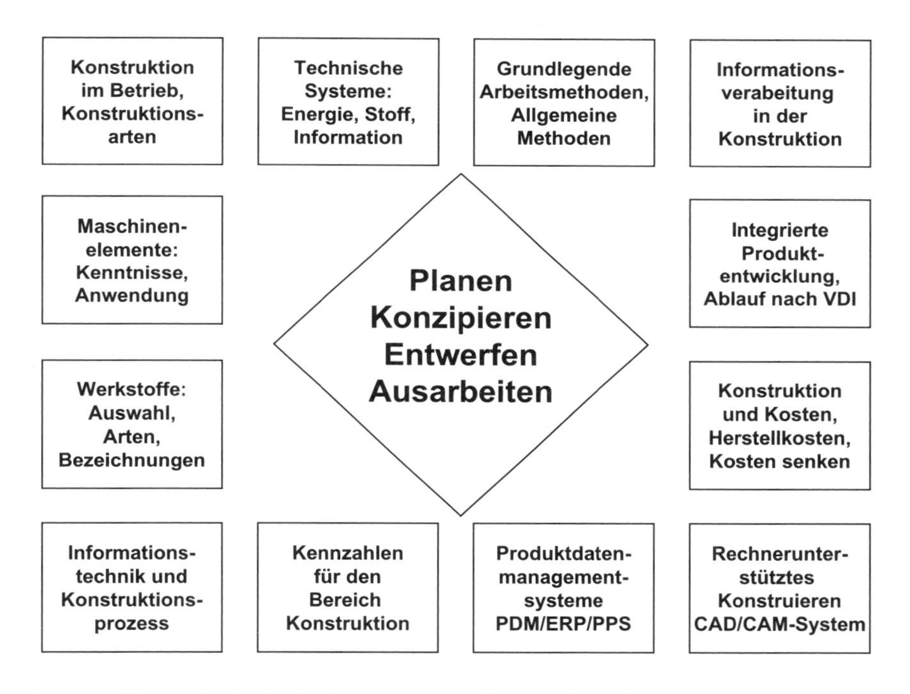

Bild 4.1: Wissensbasis für die Anwendung der Konstruktionsphasen

Das Bild 4.1 zeigt im Kern die vier Konstruktionsphasen und die Wissensbasis, aus denen Kenntnisse vorhanden sein müssen, um die Phasen sinnvoll anzuwenden. Die genannten Themen sind in den anderen Kapiteln beschrieben. Es soll gezeigt werden, dass einige Vorkenntnisse zum selbständigen Anwenden der Konstruktionsphasen sehr sinnvoll sind. Die Grundlagenkenntnisse sowie die Methoden und Hilfsmittel der Konstruktionsphasen sind im Bild nicht enthalten.

Methodisches Konstruieren ist nicht durch das Lesen von Büchern zu lernen, sondern durch das Anwenden der Kenntnisse in Übungen. Deshalb sind die für jedes Kapitel vorhandenen Kenntnisfragen und Aufgaben selbständig zu bearbeiten.

4.1 Planen der Produkte

Aufgabenstellungen für die Konstruktion ergeben sich durch Kundenaufträge, durch Produktideen oder durch Produktplanungen innerhalb eines Unternehmens, wie z. B. für Neuentwicklungen von Produkten. Erst nach diesem Schritt wird die Entwicklung und Konstruktion beginnen, nach technisch und wirtschaftlich günstigen Lösungen zu suchen, und diese dann bis zur Fertigungsreife auszuarbeiten. Gesichtspunkte und Vorgehen bei der ***Produktplanung*** sind wichtig für den ersten Schritt „Klären der Aufgabenstellung".

Das Vorgehen bei der Produktplanung wird in den Unternehmen unterschiedlich organisiert. Während in kleinen und mittleren Unternehmen sehr gezielt neue Produktideen von den Mitgliedern der Unternehmensleitung in die Konstruktionsabteilungen gebracht werden, gibt es in größeren Unternehmen ganze Abteilungen, die durch intensive Marktanalysen neue Produktideen in die dann auch vorhandene Produktplanung bringen. Da neue Produkte für jedes Unternehmen sehr wichtig sind, gibt es auch umfangreiche Veröffentlichungen über die Erkenntnisse und Erfahrungen, die bei der ***Planung neuer Produkte*** zu beachten sind.

Hier soll, als Vorstufe zur Produktentwicklung, nur eine kurze Darstellung der Vorgehensweise behandelt werden, um die Konstruktion als Abteilung im Produktentstehungsprozess richtig einordnen zu können.

Produktplanung ist die systematische Suche und Auswahl zukunftsträchtiger Produktideen und deren Verfolgung auf der Grundlage der Unternehmensziele. Das Vorgehen bei der Produktplanung kann stark vereinfacht auf zwei Verfahren reduziert werden, wobei in der Praxis natürlich viele weitere Varianten möglich sind:

- Richtiger „Riecher" des Unternehmers oder der Führungskräfte für das richtige Produkt zum richtigen Zeitpunkt durch entsprechende Produktideen.
- Neue Produkte mit Hilfe methodischer Ansätze für Produktideen finden.

Die Produktideen der Unternehmer sind in der Regel das Ergebnis von Anregungen durch intuitives Denken und damit nicht einfach nachvollziehbar. Sie sind aber die Basis vieler Unternehmen und deshalb von größter Wichtigkeit.

Die Vorschläge für eine ***methodische Produktplanung*** haben nach *Kramer* und der VDI-Richtlinie 2220 folgendes Vorgehen gemeinsam, das im Bild 4.2 dargestellt ist.

Die systematische Produktplanung ist dann durch einen Ablauf gekennzeichnet, der in fünf Hauptarbeitsschritte mit entsprechenden Untersuchungen und Methoden schrittweise zu Produktvorschlägen führt, wie Bild 4.2 zu entnehmen ist:

- Das Analysieren der Situation ergibt einen Suchfeldvorschlag.
- Das Aufstellen von Suchstrategien führt zur Situationsanalyse.
- Das Finden von Produktideen ergibt Produktideen.
- Das Auswählen von Produktideen stellt eine Vorauswahl der Produktideen dar.
- Das Definieren von Produkten führt zum Produktvorschlag.

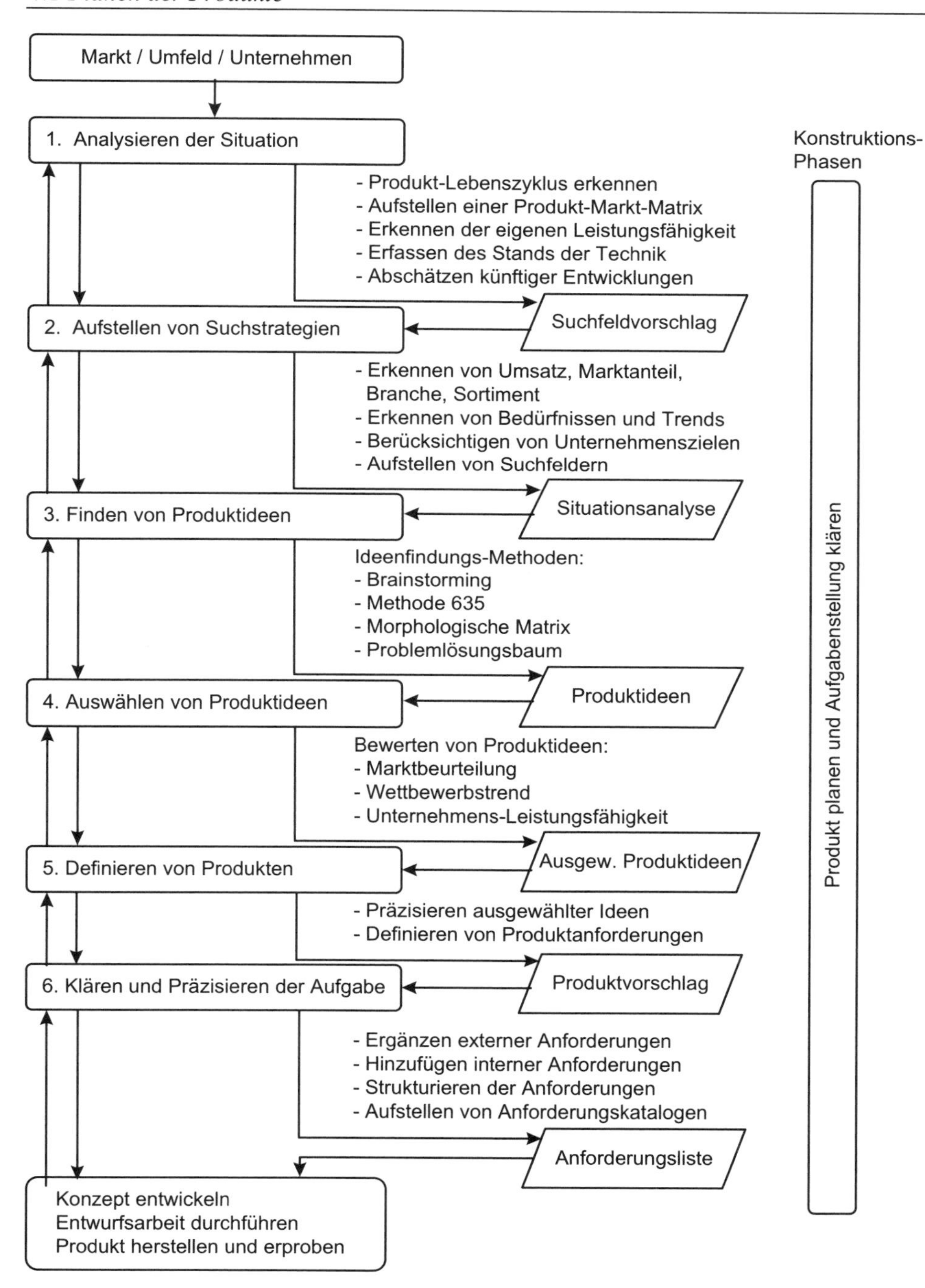

Bild 4.2: Vorgehen bei der Produktplanung (nach *Kramer* und VDI 2220)

Dieser Produktvorschlag wird durch Klären und genaues Beschreiben der Aufgabe zur Anforderungsliste, die alle Forderungen und Wünsche in der Sprache des Bearbeiters enthält. Die erläuternden Angaben zwischen den Arbeitsschritten in Bild 4.2 sollen hier nicht ausführlicher behandelt werden. Sie zeigen aber den Umfang und die eingesetzten Methoden der Produktplanung. Die ersten beiden Punkte werden in der Regel durch die Vertriebsbereiche im Unternehmen bearbeitet. Ab Punkt 3 werden mit der Produktentwicklung Produktideen soweit untersucht, bis Entscheidungen für einen Produktvorschlag vorliegen. Das Klären und Präzisieren der Aufgabe erfolgt dann durch die Konstruktion, da dies gleichzeitig die erste Konstruktionsphase ist.

Auslösende ***Impulse für eine Produktplanung*** können sowohl von außen durch den Markt und das Umfeld als auch von innen durch das Unternehmen selbst entstehen.

Impulse vom Markt:

- Umsatz der eigenen Produkte am Markt
- Änderung der Marktwünsche
- Anregungen und Kritik der Kunden
- Wettbewerbsprodukte

Impulse vom Umfeld:

- Wirtschaftspolitische Ereignisse (Rohstoffverknappung)
- Neue Technologien (Mikroelektronik, Computereinsatz)
- Umweltauflagen und Recycling

Impulse durch das eigene Unternehmen:

- Produktideen und Eigenforschungsergebnisse
- Erweiterung des Absatzgebietes durch breitere Produkteigenschaften
- Einsatz neuer Fertigungstechnologien (Laser, Roboter)
- Diversifikation (mehrere Produkte, die sich sinnvoll ergänzen)

4.2 Klären der Aufgabenstellung

Die Aufgabenstellung wird in unterschiedlichen Formen mehr oder weniger ausführlich in der Regel von Nichtkonstrukteuren formuliert und den Konstrukteuren dann übergeben. Ausnahmen sind die von einer Forschungs- oder Entwicklungsabteilung vorbereiteten Aufgaben sowie die durch eine Produktplanung systematisch erarbeiteten. Ansonsten sind alle Varianten mit dem Umfang eines Satzes bis zu einer ausführlichen Beschreibung in einem oder mehreren Ordnern anzutreffen.

Die ***Aufgabenstellung*** erhalten die Konstruktionsabteilungen z. B. als Auftrag eines Kunden, Auftrag eines Zulieferers, Auftrag einer Unternehmensabteilung, Auftrag zur Produktverbesserung oder Auftragsanteil für ein Großprojekt.

Das **Klären der Aufgabenstellung** umfasst alle Tätigkeiten der informativen Festlegung, um nach Informationsbeschaffung alle Anforderungen, Daten und Bedingungen in strukturierter Form geordnet aufzubereiten.

Der Konstrukteur informiert sich über den Umfang der Aufgabe durch Lesen, Gespräche, Fragen und Klärung der geforderten Eigenschaften des Produkts. Dabei ist er in sehr engem Kontakt mit dem Auftraggeber, um dessen Wünsche und Vorstellungen möglichst genau zu erfassen. Er muss alle Informationen in die Sprache der Konstrukteure umsetzen und dafür sorgen, dass nichts Wesentliches vergessen wird. Sehr vorteilhaft ist die Umsetzung der Aufgabe durch den Konstrukteur, der auch die Konstruktion ausführen wird, weil bei dem Umsetzen der Forderungen und Wünsche bereits das Nachdenken über die konstruktiven Lösungsmöglichkeiten und deren Realisierung beginnt.

Sehr wichtig ist eine möglichst vollständige Klärung aller Punkte der ***Aufgabenstellung*** durch Fragen, wobei auch schon die gesamte Produktnutzung erfasst werden sollte:
- Welches Kernproblem muss für die Aufgabe gelöst werden?
- Welchen Zweck muss die Aufgabe erfüllen?
- Welche Produkteigenschaften sind zu erfüllen?
- Welche Eigenschaften dürfen nicht auftreten?
- Welche Forderungen und welche Wünsche sind zu erfüllen?
- Welche Erwartungen hat der Auftraggeber?
- Welche Bedingungen müssen beachtet werden?
- Welche Schwachstellen können auftreten?
- Welche Lösungen sind vom Wettbewerb bekannt?

Die Aufgabenklärung kann auch dazu verwendet werden, Produkte oder Baugruppen nicht zu konstruieren, sondern diese komplett zu kaufen. Grundsätzlich besteht heute ein so großes Marktangebot, dass es zwingend erforderlich ist, als Konstrukteur ständig über Produkte informiert zu sein, die als Teillösungen eingesetzt werden können. Ebenso wie Wälzlager, Dichtungen und Schrauben nicht konstruiert, sondern gekauft werden, sind Getriebe, Werkzeugmaschinenführungen, Kugelgewindetriebe, Messsysteme, Steuerungen usw. als ***Zulieferteile*** zu beziehen.

Erst wenn geklärt ist, dass es nicht sinnvoll ist zu kaufen (technisch, wirtschaftlich), wird mit den Arbeitsschritten und methodischen Hilfen der Konstruktionslehre konstruiert!

Das Festlegen und Umsetzen der Anforderungen durch die Konstrukteure wird durch Einflussfaktoren und Merkmale geprägt, die beachtet werden müssen. Die wichtigsten Merkmale und Einflussfaktoren, die systematisch abgearbeitet werden, enthält Bild 4.3. Dieses Bild zeigt auch die vielfältigen Wechselwirkungen, die bei der Umsetzung der Anforderungen für ein Produkt in die ***Anforderungsliste*** aufzunehmen sind.

Da eine Anforderungsliste alle Forderungen und Wünsche enthalten muss, die für die Produktlebensphasen wichtig sind, zeigt Bild 4.3 nicht nur die Einflussfaktoren Funktion, Kosten, Zeit und Qualität, sondern auch Gestaltung, Produktion und Produktgebrauch.

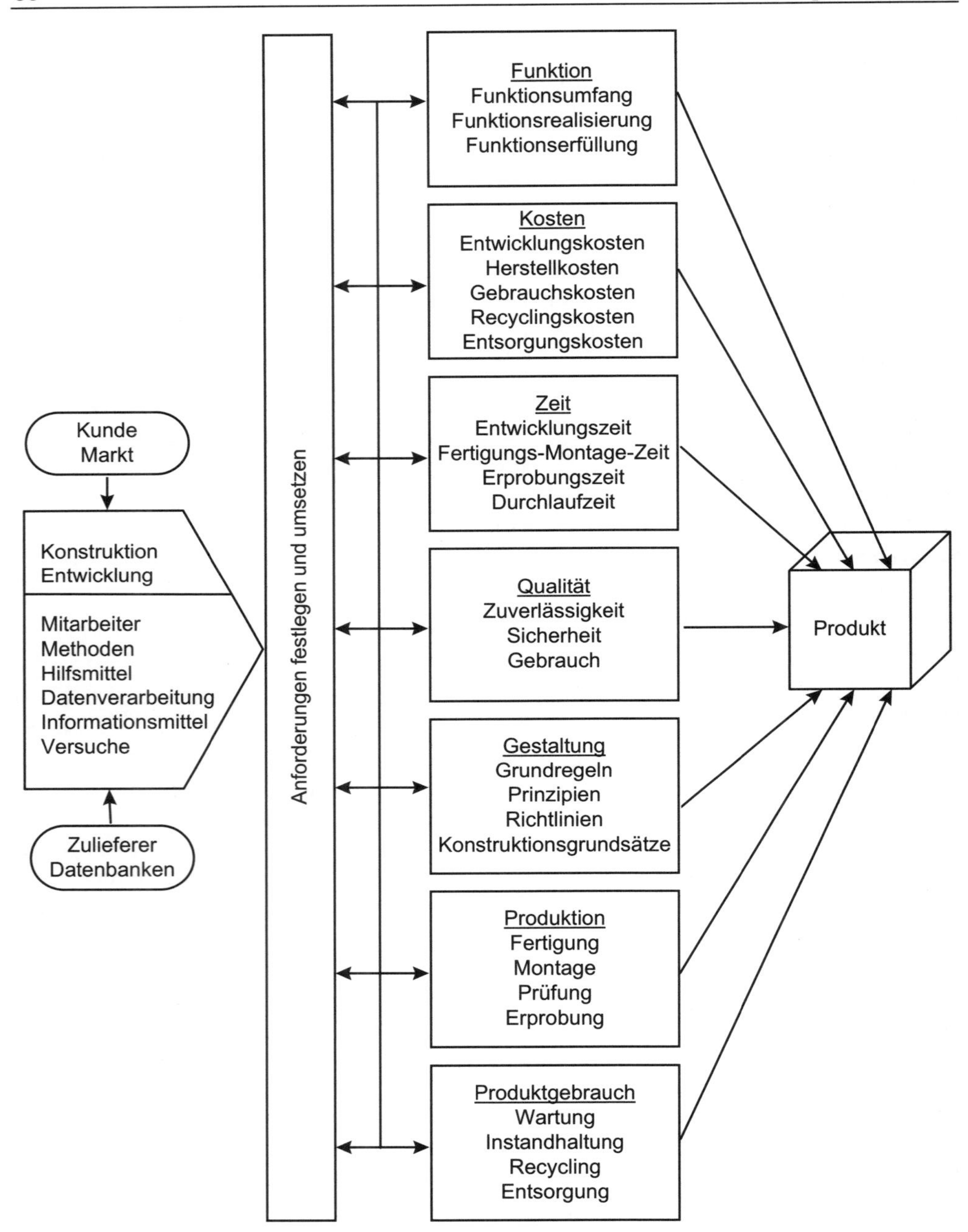

Bild 4.3: Einflussfaktoren und Merkmale für Anforderungen

Der Konstrukteur hat so eine erste Übersicht wichtiger Größen, für die er vom Markt und von den Kunden sowie von den Zulieferern und aus Datenbanken Informationen beschaffen muss. Diese Informationen muss er umsetzen in Forderungen und Wünsche, um in der Anforderungsliste alle wichtigen Daten festzuhalten, die für Entwicklung, Konstruktion, Produktion und Gebrauch beachtet werden müssen.

Da heute die Aufgaben für Konstrukteure einige neue Schwerpunkte haben, wie beispielsweise recyclinggerechte Gestaltung oder Ersatz mechanischer Baugruppen durch elektrische bzw. elektronische Lösungen, müssen auch viele neue Techniken beherrscht werden. Dies ist auch unter dem Gesichtspunkt der Produktverantwortung nach dem Gebrauch bis zur Entsorgung zu beachten. Die Einflussfaktoren und Merkmale für die Anforderungen müssen also laufend dem Stand der Technik angepasst werden, wenn ein erfolgreiches Produkt entwickelt werden soll. Das in den letzten Jahren unter Umweltgesichtspunkten aufgebaute recycling- und entsorgungsgerechte Gestalten hat heute schon bei vielen Produkten einen hohen Stellenwert und wird deshalb im Kapitel 6 ausführlich behandelt.

Die Einflussgrößen und Merkmale für Anforderungen an ein Produkt werden schrittweise umgesetzt und müssen stets überprüft und verbessert werden, um die Auswirkungen neuer Erkenntnisse und Informationen auf alle erledigten Arbeitsschritte zu überprüfen.

Für spezielle Produkte sind noch zusätzliche Überlegungen erforderlich, und es müssen noch weitere Merkmale berücksichtigt werden. Als Beispiel sei auf die Anpassung oder auf die Entwicklung von Software hingewiesen. Für technische Aufgaben, wie beispielsweise die Entwicklung von Modulen für CAD-Systemanwendungen, wird immer häufiger der Konstruktionsbereich selbst tätig, da dieser am besten die Anforderungen kennt.

Alle Informationen zur Lösung der Aufgabe müssen systematisch aufbereitet werden, um die jetzt vorliegende konstruktionsgerechte Beschreibung der Aufgabe mit dem Auftraggeber, den beteiligten Mitarbeitern und allen Abteilungen im Unternehmen abzustimmen. Eine vollständig geklärte Aufgabenstellung ist die wichtigste Voraussetzung für ein erfolgreiches Produkt. Bereits in dieser Konstruktionsphase wird ein wesentlicher Beitrag für die Qualität erbracht, die ja bekanntlich durch wohlüberlegte Ausführung und nicht durch nachträgliches Kontrollieren entsteht.

Das Aufstellen einer Anforderungsliste hat sich für diese Phase als sehr gute Lösung bewährt und wird deshalb in vielen Unternehmen erfolgreich eingesetzt.

4.3 Anforderungslisten

Die ***Anforderungsliste*** ist eine systematisch erarbeitete Zusammenstellung aller Daten und Informationen durch den Konstrukteur für die Konstruktion von Produkten. Sie dient der Klärung und genauen Festlegung der Aufgabe und wird in enger Zusammenarbeit mit dem Auftraggeber erstellt und aktualisiert.

Neben der Anforderungsliste sind noch Lastenhefte und Pflichtenhefte in den Unternehmen im Einsatz, deren Bedeutung und Abgrenzung hier in Anlehnung an VDI/VDE 3694 erläutert werden soll.

Diese Richtlinie enthält auch eine gute Gliederung von Lastenheften und Pflichtenheften als Beispiel für Automatisierungssysteme. Das ***Lastenheft*** wird vom Auftraggeber, also dem Kunden, vollständig erstellt, während das ***Pflichtenheft*** vom Auftragnehmer, also dem Lieferanten, unter Beachtung der im Lastenheft genannten Anforderungen an das Produkt erarbeitet wird.

Im Lastenheft sind die Anforderungen und alle Randbedingungen aus Kundensicht beschrieben. Es dient als Ausschreibungs-, Angebots- und/oder Vertragsgrundlage.

Das Pflichtenheft enthält das Lastenheft. Die Kundenvorgaben werden im Pflichtenheft mit allen Anforderungen genau beschrieben. Das Pflichtenheft und die Anforderungsliste müssen vom Auftraggeber genehmigt werden und beide gelten dann als verbindliche Vereinbarung für das bestellte Produkt. Nach Tabelle 4.1 wird durch eine Gegenüberstellung der wichtigsten Merkmale eine Abgrenzung ermöglicht.

Merkmal	Lastenheft	Pflichtenheft	Anforderungsliste
Definition	Anforderungen des Kunden als Liefer- und Leistungsumfang zusammenstellen.	Realisierung aller Anforderungen durch den Lieferanten beschreiben lassen	Zusammenstellung aller Daten und Informationen durch den Konstrukteur für die Konstruktion von Produkten.
Ersteller	Kunde	Lieferant	Konstrukteur
Aufgabe	Definieren WAS und WOFÜR zu lösen ist.	Definieren WIE und WOMIT Anforderungen zu realisieren sind.	Definieren von Zweck und Eigenschaften der Anforderungen.
Bemerkung	Lastenheft enthält Anforderungen und Randbedingungen	Pflichtenheft enthält Lastenheft mit Realisierung der Anforderungen.	Anforderungsliste entspricht erweitertem Pflichtenheft

Tabelle 4.1: Gegenüberstellung der Aufgabenklärungshilfen

4.3.1 Anforderungsarten

Die Konstruktion erhält die Aufträge meistens in Form von umfangreichen Texten, die die Aufgaben erläutern und alle Daten enthalten, die der Kunde wichtig findet einschließlich Randbedingungen, Vorschriften usw. Der Auftrag für die Entwicklung einer Drehmaschine wird z. B. neben Typ und Ausstattung noch Angaben zum Arbeitsraum, zur Steuerung, zur Werkzeugausrüstung, zur Aufstellung und zur Sicherheit für den Bediener enthalten. Diese und viele weitere Daten müssen so aufbereitet werden, dass jeder Konstrukteur für sich daraus klare Arbeitsanweisungen entnehmen kann. Außerdem müssen auch allgemeine, wirtschaftliche, technische und organisatorische Bedingungen beachtet werden, da sowohl im eigenen Unternehmen als auch vom Kunden ein Produkt erwartet wird, das dem Stand der Technik entspricht.

Konstrukteure analysieren die Angaben und legen in ihrer Sprache fest, was als Forderung und was als Wunsch aus den Auftragsunterlagen umgesetzt werden muss. Sie machen sich stichwortartige Notizen für die eigene Konstruktionsarbeit, die natürlich auch alle technischen Daten enthalten. Dafür ist eine enge Abstimmung aller beteiligten Konstrukteure mit den Auftraggebern erforderlich, um Fehlentwicklungen zu vermeiden.

Als Anforderungsarten haben sich Forderungen und Wünsche bewährt, die bei Bedarf auch noch weiter untergliedert werden können:
Forderungen müssen unter allen Umständen erfüllt werden. Alle Lösungen, die die Forderungen nicht erfüllen, entfallen. Beispiele für Forderungen sind: Leistung 50 kW, Führungsbahnen gehärtet, Werkzeugrevolver mit 12 Werkzeugen, Farbe Grün.
Wünsche sollten möglichst erfüllt werden, da sie die Kundenzufriedenheit fördern. Beispiele für Wünsche sind: Vorhandene Spannmittel einsetzbar, wenig Fundamentarbeit für die Aufstellung, Schnittstelle für Werkzeugvoreinstellgerät mitliefern. Wünsche werden oft erst nach der Auftragserteilung geäußert und sind entsprechend aufzunehmen.

Die Formulierungen von Forderungen und Wünschen sollten kurz aber eindeutig sein. Beschreibungen in Befehlsform mit Hauptwort, Eigenschaftswort und Tätigkeitswort schaffen oft die notwendige Klarheit, wobei unbedingt alle Angaben mit Daten und Werten erfolgen sollten. Beispielsweise sind die Forderungen „Geringe Verformungen, niedrige Kosten“ nicht ausreichend, weil der zulässige Zahlenwert fehlt. Ebenso sind alle Mengenangaben, Abmessungen, Stückzahlen, Leistungen anzugeben. Eigenschaften, die die ***Qualität*** beschreiben, wie bedienerfreundliche Steuerung, Rundlaufgenauigkeit oder wartungsfreie Getriebe sollten ebenfalls genau festgelegt werden. Forderungen und Wünsche sind also mit Quantitäts- und Qualitätsangaben aufzustellen, um ausreichende Informationen für alle zu gewährleisten.

Beispiele für Anforderungsformulierungen sind:

- Einschaltzeit bei Standardbetrieb $t = 25$ ms
- Toleranz der Temperatur ± 5 °C
- Sicherheit nach Maschinenrichtlinie 2006/42/EG
- Werkstoff der Einschlagfolie Polypropylen
- Herstellkosten < 500,- Euro

4.3.2 Anforderungskataloge

Anforderungskataloge sind nach Fachgebieten oder Produktarten geordnete Sammlungen von bewährten und möglichen Merkmalen mit Beispielen und Hinweisen für das Aufstellen von Anforderungslisten.

Sie sind in ähnlicher Form als Checkliste, Leitlinie, Leitblatt oder Gedankenstütze aus der Literatur bekannt. Der Anforderungskatalog ist aus diesen Alternativen durch Erkenntnisse aus vielen Projekten entstanden. Die Anwendung von Anforderungslisten für verschiedene Projekte in unterschiedlichen Branchen zeigte schnell, dass zwar viele allgemeine Maschinenbaukonstruktionen ähnliche Merkmale haben, aber oft zusätzliche firmenspezifische Erfahrungen fehlten. Insbesondere haben Untersuchungen zum rechnerunterstützten Erstellen von ***Anforderungslisten*** gezeigt, dass eine sinnvolle Unterstützung der Konstrukteure bei der Aufstellung von Anforderungslisten am Rechner nur dann möglich ist, wenn die Merkmale produktspezifisch zugeordnet werden können. Für den Einsatz der dafür entwickelten Software wurde also der Ablauf der Erstellung von Anforderungslisten mit entsprechender Bedienerführung so festgelegt, dass die für ein Produkt erforderlichen und zu beachtenden Merkmale getrennt in einer Datenbank abgelegt werden. Der Konstrukteur wird dann automatisch nach Eingabe bzw. Aufruf des Anforderungskatalogs für ein Produkt systematisch alle Merkmale aus der Datenbank abrufen und vergisst nichts Wesentliches.

Für die Aufstellung von Anforderungskatalogen hat sich ein Formblatt im Format DIN A4 bewährt, das Tabelle 4.2 in verkürzter Form zeigt. Die Kopfzeile enthält neben dem Firmensymbol die Angabe des Produktbereichs und ein Feld für die Blattnummer. Die drei Spalten für Hauptmerkmale, Nebenmerkmale und Beispiele/Hinweise ermöglichen mit einem Blick, die gesuchten Punkte zu finden. Ergänzungen und Erweiterungen sind jederzeit möglich.

FH HANNOVER	**Anforderungskatalog**	Blatt-Nr. /
Hauptmerkmal	**Nebenmerkmale**	**Beispiele / Hinweise**

Tabelle 4.2: Anforderungskatalog

Der schon häufig erwähnte Begriff ***Merkmal*** soll entsprechend der Definition der DIN 4000 verwendet werden: „Ein *Merkmal* ist eine bestimmte Eigenschaft, die zum Beschreiben und Unterscheiden von Gegenständen einer Gegenstandsgruppe dient“. Das Vorgehen beim ***Aufstellen von Anforderungskatalogen*** kann entsprechend dem Ablauf in Bild 4.4 erfolgen. Für spezifische Produktbereiche, die sich nicht mit dem allgemeinen Anforderungskatalog für die Maschinenbaukonstruktion bearbeiten lassen, sind die wichtigsten

Arbeitsschritte angegeben. Da Konstrukteure in der Regel schon viele Erfahrungen über bestimmte Produkte haben, sollten diese auch solche Kataloge selbst zusammenstellen.

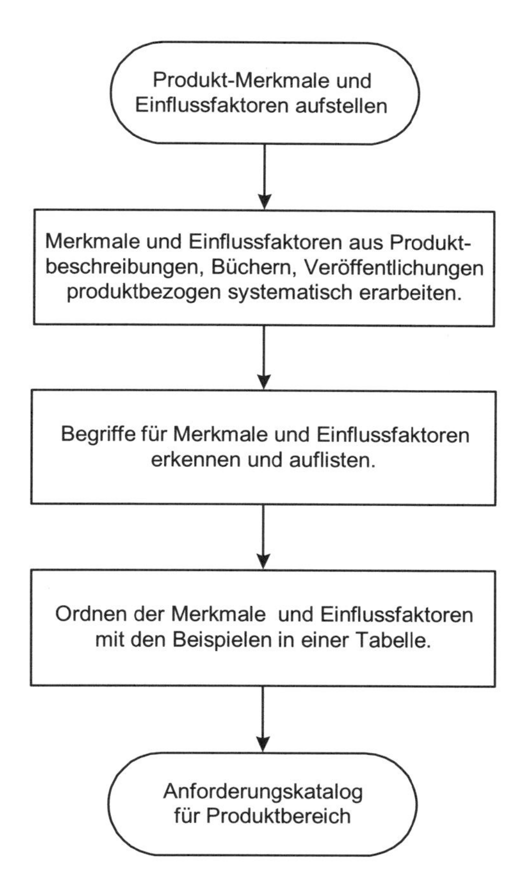

Bild 4.4: Vorgehen beim Aufstellen von Anforderungskatalogen

Beispiel: Ein Anforderungskatalog für Konstruktionen im Maschinenbau zeigt Tabelle 4.3. Dieser Katalog wird für den allgemeinen Maschinenbau sehr häufig einsetzbar sein. Durch Anwenden dieses Hilfsmittels ist eine gute Unterstützung vorhanden, die sicherstellt, dass neben den vom Kunden vorgegebenen Anforderungen nichts vergessen wird. Anforderungskataloge leisten damit auch einen Beitrag zur Qualität. Außerdem sind solche Vorlagen als Beispiele für den Einsatz und für die Entwicklungen von produktspezifischen Anforderungskatalogen sehr nützlich.

FH HANNOVER	Anforderungskatalog Maschinenbaukonstruktion	Blatt-Nr. 1/3

Hauptmerkmal	**Nebenmerkmale**	**Beispiele /Hinweise**
Funktion	Gesamtfunktion Teilfunktion Hauptfunktion Nebenfunktion	Lösungsneutrale Kurzfassung der Aufgabe mit den wichtigsten Angaben
Geometrie	Abmessungen Raumbedarf Anzahl Anordnung Anschluss Ausbau Erweiterung	Breite, Höhe, Länge, Durchmesser Größe, Ausdehnung einfach oder mehrfach vorhanden Lage im Raum Maße, Flächen, Formelemente
Kinematik	Bewegungsart Bewegungsrichtung Geschwindigkeit Beschleunigung	gleichförmig, ruckartig linear, rotatorisch Größenwerte Größenwerte
Kräfte	Kraft Gewicht Kraftwirkung Steifigkeit Federkraft Stabilität Resonanzen	Größe, Richtung, Häufigkeit maximale Werte Verformung, Pressung zulässige Werte Eigenschaften durch Federanordnung Verformungen vermeiden Schwingungen reduzieren
Energie	Leistung Wirkungsgrad Verluste Zustandsgrößen thermische Energie Anschlussenergie Speicherung Arbeitsaufnahme Energieumformung	Bedarf ermitteln Verhältnis Nutzen zu Aufwand Reibung, Ventilation Druck, Temperatur, Feuchtigkeit Erwärmung, Abkühlung vorhandene Schnittstellen prüfen

Tabelle 4.3-1: Anforderungskatalog für Maschinenbaukonstruktionen

FH HANNOVER	Anforderungskatalog Maschinenbaukonstruktion	Blatt-Nr. 2/3

Hauptmerkmal	Nebenmerkmale	Beispiele /Hinweise
Stoff	Physikal. Eigenschaften	Eingangs- und Ausgangsprodukt
	Chemische Eigenschaften	
	Biologische Eigenschaften	
	Hilfsstoffe	Schmierstoffe
	Werkstoffart	Stahl, Kunststoff, Keramik
	Materialfluss	
	Transport	
Signal	Signalart	Eingang und Ausgang
	Anzeigeart	analog, digital
	Betriebsgeräte	
	Überwachungsgeräte	
	Sicherheitsgeräte	
	Signalform	Ton, Leuchte, Zeiger
Sicherheit	Sicherheitstechnik	Maschinenrichtlinie, Produkthaftung
	Schutzsysteme	Abdeckhauben, Gitter
	Betriebssicherheit	Störungsfreie Laufzeit
	Arbeitssicherheit	Sicherheit für Bedienpersonal
	Umweltsicherheit	Richtlinien einhalten
Ergonomie	Mensch - Maschine	Bedienung, Bedienungsart
	Beziehung	Übersichtlichkeit, Beleuchtung
	Design	Formgestaltung und Funktion
Fertigung	Produktionsverfahren	Eigenfertigung, Fremdfertigung
	Werkzeugmaschinen	herstellbare Abmessungen, Stückzahl
	Fertigungsverfahren	Drehen, Fräsen, Lasern, Stanzen
	Fertigungsgenauigkeit	Toleranzen, Oberflächen
	Betriebsmittel	Vorrichtungen
Qualität	Messmöglichkeiten	Längen, Durchmesser, Winkel
	Prüfmöglichkeiten	Ebenheit, Geradheit, Oberflächen
	Prüfplanung	Funktionsmaße, Reihenfolge
	Vorschriften	DIN, ISO, Werknormen

Tabelle 4.3-2: Anforderungskatalog für Maschinenbaukonstruktionen

FH HANNOVER	Anforderungskatalog Maschinenbaukonstruktion	Blatt-Nr. 3/3

Hauptmerkmal	**Nebenmerkmale**	**Beispiele /Hinweise**
Montage	Montierbarkeit	Montagerichtungen, Reihenfolge
	Zusammenbau	Montagehilfen, -vorrichtungen
	Einbau	Reihenfolge, Baugruppen, Schnittstellen
	Bereitstellung	Normteile, Zulieferteile, Kaufteile
	Aufstellung	Fundament, Anschlüsse
Transport	Gewichtsbegrenzung	Zulässige Belastung
	Transportmittel	Hebezeuge, Fahrzeuge, Anschlaghilfen
	Transportwege	Abmessungen und Gewicht
	Versand	Bedingungen, Arten, Verpackung
Gebrauch	Einsatzort	im Gebäude, im Freien, unter Wasser
	Absatzgebiet	Kunden, Märkte
	Geräusche	Lärmschutz
	Verschleiß	austauschbare Verschleißteile
Instandhaltung	Wartung	Wartungsfrei, Anzahl und Zeitbedarf
	Inspektion	Zustandsprüfung
	Austausch	Verschleißteile leicht austauschbar
	Instandsetzung	Reparaturen
	Oberflächen	Reinigung, Anstrich
Recycling	Verwendung	Wieder- und Weiterverwendung
	Verwertung	Wieder- und Weiterverwertung
	Entsorgung	Recyclingverfahren
Kosten	Herstellkosten	maximal zulässige Kosten
	Materialkosten	Alternative Werkstoffe einsetzen
	Werkzeugkosten	Sonderwerkzeuge, Anzahl
	Betriebskosten	Kosten für störungsfreien Lauf
	Investitionskosten	
	Kosten für Dokumentation	Aktuelle Richtlinien beachten
Termin	Endtermin	Ende der Konstruktionsarbeit
	Zwischentermin	Terminplan
	Lieferzeit	Durchlaufzeiten

Tabelle 4.3-3: Anforderungskatalog für Maschinenbaukonstruktionen

4.3.3 Formblatt für Anforderungslisten

Die systematische Zusammenstellung aller Forderungen und Wünsche in übersichtlicher und geordneter Form erfordert ein Formblatt, das mit der Organisation eines Unternehmens abgestimmt werden muss. Anforderungslisten müssen so aufgebaut sein, dass sie für Anlagen, Maschinen oder Baugruppen eingesetzt werden können. Sie werden firmenspezifisch unterschiedlich ausfallen und können durch eine Werknorm oder durch eine Verfahrensanweisung im Handbuch Qualitätsmanagement eingeführt werden.

Der Aufbau des Formblatts soll an einem Beispiel erläutert werden, das in Tabelle 4.4 in verkürzter Form dargestellt ist. Das üblicherweise als DIN A4-Blatt angelegte Formblatt enthält einen Kopf, den Hauptteil und eine Fußzeile. Im Kopf sind Firmensymbol, Bezeichnung, Auftragsnummer, Projektname und der Name des verantwortlichen Bearbeiters enthalten. Die Anforderungen werden mit F oder W für Forderung oder Wunsch gekennzeichnet eingetragen, wobei für jeden Gliederungspunkt erst die Forderungen aufgelistet werden sollten. Eine sinnvolle Ordnung ergibt sich durch die Gliederung, wie sie in den Anforderungskatalogen vorhanden ist. Die Vergabe von Nummern und das getrennte Eintragen der Werte, Daten usw. sorgt für Übersichtlichkeit. In die letzte Spalte wird der für die einzelnen Punkte verantwortliche Mitarbeitername eingetragen. Die Fußzeile hat Felder für die Abzeichnung bei Einverständnis, für das Datum und für eine Blattnummer, wenn mehrere Blätter für ein Produkt gebraucht werden.

Für die Eintragungen der Anforderungen haben sich folgende Vereinbarungen bewährt:

- Der Kern der Aufgabe wird durch Angabe der Gesamtfunktion und der wichtigsten Daten jeweils an erster Stelle in die Anforderungsliste geschrieben, um das Projekt genauer festzulegen.
- Spezielle Forderungen und Wünsche sollten mit Quellenangaben versehen werden, falls extreme Werte nicht erreichbar sind und zusätzliche Informationen erforderlich werden.
- Die Klärung offener oder nicht eindeutiger Forderungen sollten zuständigen Mitarbeitern aus anderen Abteilungen zugewiesen werden, z. B. dem Vertrieb oder dem Versand. Diese würden dann mit Namen eingetragen und wären verantwortlich für die Klärung.
- Änderungen und Ergänzungen müssen stets mit Datum nachgetragen werden, um aktuell zu bleiben. Änderungen sind so einzutragen, dass der alte Zustand erkennbar bleibt. Dies kann durch sichtbares Streichen oder durch Textkommentare erfolgen.
- Die Verantwortung für die Anforderungsliste eines Auftrags muss einem Mitarbeiter der Konstruktion oder Entwicklung übertragen werden.
- Die Festlegung eines Verteilers für die Anforderungslisten sichert den Informationsfluss.

Für Anforderungslisten wird heute schon sehr häufig eine Tabelle im PC so angelegt, dass der Konstrukteur dieses Formblatt direkt mit Rechnerunterstützung ausfüllt. Die Vorteile sind eine schnelle Erstellung sowie die Möglichkeit der Nutzung vorhandener Vorlagen aus anderen Projekten. Es muss jedoch eindeutig festgelegt werden, wer Zugriffsrecht hat, wie Änderungen und Ergänzungen eingetragen werden und wie die Anforderungslisten freigegeben werden.

FH HANNOVER		**Anforderungsliste**		F = Forderung W = Wunsch
Auftrags-Nr.:		Projekt		Bearbeiter:
Anforderungen				
F W	Nr.	Bezeichnung	Werte, Daten, Erläuterung, Änderungen	Verant-wortlich, Klärung durch:
Einverstanden:		Datum:		Blatt:

Tabelle 4.4: Anforderungsliste

4.3.4 Aufstellen der Anforderungsliste

Die erste ***Anforderungsliste*** aufzustellen ist ungewohnt und verursacht einige Mühe, wenn das systematische Arbeiten gleichzeitig erlernt wird. Geübte Konstrukteure haben weniger Schwierigkeiten, da sie einen Arbeitsstil entwickelt haben, der nach ähnlichen Kriterien abläuft. Nach einiger Übung und durch den Einsatz entsprechend vorhandener Vorlagen werden alle erkennen, dass Anforderungslisten nützliche und unentbehrliche Hilfsmittel sind. Die meisten Firmen setzen Anforderungslisten als methodische Hilfsmittel bereits in dieser oder in einer abgewandelten Form ein.

Hilfen für das Aufstellen einer Anforderungsliste wurden bereits mehrfach in diesem Kapitel genannt. Sie sollen in der folgenden Aufstellung noch einmal zusammengefasst werden. Außerdem ist eine unausgefüllte Anforderungsliste als Formblatt in Tabelle 4.4 enthalten.

Regeln zum Aufstellen einer Anforderungsliste:

Anforderungen sammeln

- Alle Forderungen und Wünsche der Aufgabenstellung erfassen.
- Anforderungskataloge einsetzen, um Anregungen zu erhalten.
- Technische Daten, Werte, Angaben und Randbedingungen genau festhalten.
- Anforderungen durch Fragen nach Zweck und Eigenschaften genauer erfassen.
- Informationen beschaffen zur eindeutigen Beschreibung der Anforderungen.

Anforderungen sinnvoll ordnen

- Anforderungsliste produktspezifisch gliedern durch Aufteilen von Maschinen in Baugruppen und, falls erforderlich, für jede Baugruppe eine eigene Liste erstellen, um Übersicht zu behalten.
- Anforderungsliste nach Anforderungskatalog gliedern.

Anforderungsliste auf Formblättern erstellen

- Anforderungsliste einheitlich aufbauen für effektiveres Durcharbeiten.
- Anforderungsliste durch geeigneten Verteiler allen betroffenen Abteilungen zustellen.

Anforderungsliste prüfen und ergänzen

- Verantwortung für Anforderungslisten für jeden Auftrag festlegen.
- Mitarbeiternamen für das Klären offener oder unklarer Punkte eintragen.
- Ergänzungen und Änderungen einfügen mit Datum und Namen.
- Zustimmung der beteiligten Abteilungen, dass die formulierten Anforderungen in Bezug auf Technik und Wirtschaftlichkeit realisiert werden können.
- Abstimmung und Genehmigung durch den Auftraggeber vereinbaren.

Beispiel: Ein Unternehmen hat beschlossen Wäscheklammern herzustellen, die ein neues Funktionsprinzip aufweisen sollen. Die Abmessungen sollen sich an den üblichen Wäscheklammern orientieren und damit geeignet sein, nasse Wäschestücke bei jedem Wetter an einer handelsüblichen Wäscheleine zu fixieren. Die Materialien müssen witterungsbeständig und wieder verwendbar sein. Als technische Daten sind außerdem gefordert: Betätigungskraft ≤ 10 N, Haltekraft ≥ 50 N, Betätigungshäufigkeit $500 \leq n \geq 1000$, Anzahl der Elemente ≤ 5 Einzelteile.

Eine ausgefüllte Anforderungsliste für diese Aufgabe enthält Tabelle 4.5. Das Aufstellen dieser Anforderungsliste erfolgte mit Hilfe des Anforderungskatalogs und der oben genannten Regeln. Alle nicht geeigneten Hauptmerkmale des Anforderungskatalogs wurden weggelassen.

FH HANNOVER	Anforderungsliste	F = Forderung W = Wunsch
Auftrags-Nr.: 001	Projekt Wäscheklammer	Bearbeiter: A. Bunte

Anforderungen				
F W	Nr.	Bezeichnung	Werte, Daten, Erläuterung, Änderungen	Verant-wortlich, Klärung durch:
F	1	Funktion: Nasse Wäschestücke bei jedem Wetter an einer handelsüblichen Leine fixieren bis Windstärke	≤ 5	A. Bunte
	2	Geometrie		
F	2.1	Länge	$\leq$ 75 mm	
F	2.2	Geeignet für Wäschestücke plus Leine	∅ 10 mm	
F	2.3	Schnabelöffnung *a*	$10 \leq a \leq 15$ mm	
F	2.4	Breite	$\geq$ 10 mm	
F	2.5	Anzahl der Elemente	≤ 3	
W	2.6	symmetrische Gestalt		
	3	Kräfte		
F	3.1	Betätigungskraft	$\leq$ 10 N	
F	3.2	Haltekraft	$\geq$ 50 N	
	4	Stoff		
F	4.1	Witterungsbeständig		
F	4.2	Wiederverwendbare Materialien		
	5	Sicherheit		
F	5.1	Abgerundete griffgünstige Form		
F	5.2	Keine wegspringenden Teile		
Einverstanden: Con		Datum: 8.11.02	Blatt: 1/3	

Tabelle 4.5-1: Anforderungsliste für Wäscheklammern

FH HANNOVER	**Anforderungsliste**			F = Forderung W = Wunsch
Auftrags-Nr.: 001	Projekt Wäscheklammer			Bearbeiter: A. Bunte
Anforderungen				
F W	Nr.	Bezeichnung	Werte, Daten, Erläuterung, Änderungen	Verant-wortlich, Klärung durch:
	6	Fertigung		A. Bunte
F	6.1	Einfache Formelemente		
F	6.2	Vorhandene Produktionsmittel verwenden		
F	6.3	Grobe Toleranzen zulassen		
W	6.4	Nur ein Arbeitsschritt je Teil		
	7	Qualität		
F	7.1	Endprüfung soll entfallen		
F	7.2	Stichprobenprüfung	N = 200	
F	7.3	Lastwechselprüfung bei Stückzahl N	N = 10.000	
	8	Montage		
F	8.1	Elemente automatisch montieren		
W	8.2	Keine Montage		
	9	Transport		
F	9.1	Produktverpackung auf Behälter abstimmen	Vertrieb/Versand	
F	9.2	Losgrößen-Verpackung	$\leq$ 20 kg	
	10	Gebrauch		
F	10.1	Alterungsbeständig		
F	10.2	Standfestigkeit: Betätigungshäufigkeiten n	$500 \leq n \leq 1000$	
Einverstanden: Con			Datum: 8.11.02	Blatt: 2/3

Tabelle 4.5-2: Anforderungsliste für Wäscheklammern

FH HANNOVER	Anforderungsliste			F = Forderung W = Wunsch
Auftrags-Nr.: 001	Projekt Wäscheklammer			Bearbeiter: A. Bunte
	Anforderungen			
F W	Nr.	Bezeichnung	Werte, Daten, Erläuterung, Änderungen	Verantwortlich, Klärung durch:
	11	Instandhaltung		A. Bunte
W	11.1	Wartungsfrei		
	12	Recycling		
F	12.1	Wiederverwendbare Materialien einsetzen		
F	12.2	Verbundmaterialien vermeiden		
W	12.3	Kunststoffe kompostierbar		
	13	Kosten		
F	13.1	Herstellkosten	≤ 0,02 €	
	14	Termine		
F	14.1	Entwicklung bis	20.11.02	
F	14.2	Prototyp bis	30.11.02	
F	14.3	Nullserienfertigung	01.01.03	
W	14.4	Modellpflege	01.01.04	
Einverstanden: Con		Datum: 8.11.02		Blatt: 3/3

Tabelle 4.5-3: Anforderungsliste für Wäscheklammern

Bei der Ausarbeitung stellte sich schnell heraus, dass das Produkt umfangreich untersucht und hinterfragt werden musste, bis alle Eigenschaften als Forderungen und Wünsche formuliert waren. Außerdem gab es bei einigen Punkten viele Diskussionen, wenn verschiedene Personen mit unterschiedlichen Kenntnissen und Erfahrungen zum ersten Mal eine Anforderungsliste aufstellen sollen.

Die Anforderungsliste enthält alle Angaben in der Sprache der Abteilungen, die die Konstruktion durchzuführen haben. Dies ist automatisch gewährleistet, wenn die betroffenen Konstrukteure die Anforderungsliste selbst aufstellen. Während der Ausarbeitung der Anforderungsliste wird bereits die ganze Aufgabe durchdacht und erste Lösungsideen bzw. Anregungen bereits bekannter Lösungen stellen sich ein. Die Anforderungsliste kann mit sichtbaren Änderungsvermerken stets aktuell gehalten werden und sollte vom Auftraggeber abgezeichnet werden. Sie zwingt Kunden und Lieferanten zur klaren Stellungnahme, wenn die in der Anforderungsliste festgelegten Forderungen und Wünsche nicht den Vorstellungen beider Partner entsprechen.

4.4 Qualitätssicherung beim Planen

Die Bedeutung einer qualitätsorientierten Arbeitsweise in den Betrieben zur Verbesserung der Produkte und Dienstleistungen ist heute allgemein bekannt. Die Umsetzung in der Praxis erfordert die Kenntnisse des Qualitätsmanagements und entsprechender Methoden. Deshalb sind allen Phasen des Konstruktionsprozesses entsprechende Qualitätshinweise zugeordnet. Die eingesetzten Methoden werden soweit genannt oder vorgestellt, dass mit Hilfe der angegebenen Quellen vertiefende Kenntnisse erarbeitet werden können.

Nach DIN ISO 8402 ist Qualität definiert:
„Qualität ist die Beschaffenheit einer Einheit bezüglich ihrer Eignung, festgelegte und vorausgesetzte Erfordernisse zu erfüllen."
Da der Kunde festlegt, was ***Qualität*** ist, gilt:
Qualität ist die vollständige Erfüllung aller Kundenforderungen.

Das Qualitätsmanagement nach VDI 2247 E in der Produktentwicklung ordnet den Konstruktionsphasen qualitätssichernde Maßnahmen zu und verweist auf potentielle Fehler. Qualität muss gedacht und von Anfang an umgesetzt werden.

Die Anforderungsliste ist ein sehr effektives Mittel, um von Anfang an Einfluss auf eine qualitätsgerechte Ausführung eines Auftrags zu nehmen. Alle Eigenschaften können in dieser ersten Phase des Konstruktionsprozesses noch so geplant werden, dass die Qualität des Produkts gewährleistet wird.

Als qualitätssichernde Maßnahmen empfiehlt VDI 2247 E:
- systematisches Marketing
- systematische Konstruktionsanalyse
- Erstellen von Anforderungslisten
- Erstellen und Einsetzen von Checklisten

Diese Maßnahmen bewirken das Vermeiden folgender potenzieller Fehler:
- Fehlende oder falsche Produktionsvorgaben
- nicht sichergestellte Kundenakzeptanz
- unzureichende Berücksichtigung von Konkurrenzprodukten

Ein Vergleich dieser Aussagen mit den behandelten Themen dieses Kapitels zeigt, dass Qualität nur bei konsequenter Anwendung von Methoden und Erfahrungen erreichbar ist.

4.5 Quality Function Deployment (QFD)

Als Methode zur ***Qualitätsplanung*** in der Entwicklung wird Quality Function Deployment (QFD) angewendet. ***QFD*** ist eine umfassende Systematik für eine kundenorientierte Produktentwicklung. Die Kundenwünsche sollen bereits vor der Produktplanungsphase erfasst und in technische Merkmale umgesetzt werden. QFD ist z. B. in VDI 2247 E beschrieben.

Die systematische Verbesserung der Qualität erfolgt im modernen Qualitätsmanagement durch die Schritte Qualitätsplanung, Qualitätsregelung und Qualitätsverbesserung. Die Qualitätsplanung hat die höchste Bedeutung, weil in der Planungsphase das Ergebnis erheblich zu beeinflussen ist. Da in den Bereichen Entwicklung, Konstruktion und Planung ca. 70 bis 80 % der Kosten festgelegt und der gleiche Prozentanteil aller Fehler am Produkt verursacht werden, ist die Qualitätsplanung intensiv durchzuführen.

Qualitätsplanung umfasst die Planung und Konkretisierung der Qualitätsforderungen. Dazu gehören alle planerischen Tätigkeiten vor Produktionsbeginn, Planen der Realisierungsbedingungen und die Qualitätsmanagementprogrammplanung.

Eine Übersicht enthält Tabelle 4.6.

Qualitätsplanung: Planung der Qualitätsforderung an die betrachtete Einheit		
Planung der Produkteigenschaften	Planung der Realisierungsbedingungen	Qualitätmanagement-programmplanung
• Kundenforderung • Technische Spezifikation • Zuverlässigkeitsprüfung • Sicherheitsforderungen	• Produktionsmittel • Personal • Management	Festlegen der produktbezogenen QM-Maßnahmen • QM-Methode im Produktzyklus • QM-Organisation

Tabelle 4.6: Aufgaben der Qualitätsplanung (nach *Pfeifer*)

Ausführliche Erläuterungen sind nach *Pfeifer* vorhanden und sollen hier nicht vorgestellt werden. Für die Konstruktionsphasen sind jedoch Regeln und Methoden erforderlich, um grundsätzlich qualitätsorientiertes Denken zu erreichen.

Quality Function Deployment (QFD)

Die Aufstellung einer Anforderungsliste setzt voraus, dass die Kundenforderungen an ein Produkt in technische Merkmale umgesetzt wurden. Da dieser Prozess leider nicht oder nur teilweise erfolgt, entfallen u. U. wesentliche Eigenschaften, die für den Kunden wichtig sind. Um diesen Nachteil zu beseitigen, wurde die Methode QFD = Quality Function Deployment (Deutsch etwa: Qualitätsfunktions-Entwicklung) geschaffen.

Quality Function Deployment (QFD) ist eine Vorgehensweise zur Planung und Entwicklung der Qualitätsfunktionen von Produkten und Dienstleistungen gemäß den Kundenforderungen. ***QFD*** in der Produktentwicklung bietet spezielle Methoden an, mit denen Qualität und als Hauptziel die Kundenzufriedenheit in jeder Phase des Entwicklungsprozesses sichergestellt werden kann.

Da weder eine einheitliche Definition der Methode QFD noch eine entsprechende Norm bekannt ist, wird hier nach *Pfeifer* die Vorgehensweise vorgestellt, die von dem Institut der amerikanischen Zulieferindustrie (American Supplier Institute = ASI) entwickelt wurde.

Die vier Phasen der QFD-Methode nach ASI sichern eine fest definierte Vorgehensweise mit guter Durchgängigkeit. Es handelt sich um:

- Produktplanung
- Teileplanung
- Prozessplanung
- Produktionsplanung

Die Tabelle 4.7 enthält als Übersicht Definitionen und Hinweise zu den vier Phasen mit den Ein- und Ausgangsgrößen. Da die Phasen nacheinander bearbeitet werden, sind die Ausgangsgrößen jeweils die Eingangsgrößen der folgenden Phase.

Eingangsgrößen	**Phasen**	**Ausgangsgrößen**
Kundenforderungen, Qualitätsforderungen von Kunden und Markt	**1.Produktplanung** Kundenforderungen erfassen und lösungsneutrale Qualitätsforderungen an die Konstruktion ableiten	Konstruktionsforderungen, Merkmale der Produkte
Merkmale der Produkte	**2. Teileplanung** Qualitätsforderungen an die Konstruktion werden zu Qualitätsforderungen an Teilsysteme und Bauteile	Merkmale der Teile
Merkmale der Teile	**3. Prozessplanung** Qualitätsforderungen an die Teile werden für Produktionsprozesse ausgewählt und mit Prozessparametern festgelegt	Merkmale der Prozesse
Merkmale der Prozesse	**4. Produktionsplanung** Aus den Produktionsprozessen werden Qualitätssicherungsmaßnahmen abgeleitet und die Parameter der Maßnahmen festgelegt	Merkmale der Produktionsmittel (Arbeits- und Prüfanweisungen)

Tabelle 4.7: QFD nach ASI mit allen 4 Phasen (nach *Pfeifer*)

In der QFD-Methode wird der Begriff Merkmal für eine variable Stellgröße verwendet. Die maximale Drehzahl einer Maschine ist beispielsweise ein Merkmal. Wird das Merkmal um einen Sollwert ergänzt, ergibt sich eine Forderung, z. B. 2.000 min^{-1}.

Die Durchführung der QFD-Methode erfolgt mit Planungstafeln, die zusammengefügt das Werkzeug „***House of Quality***“ ergeben, wie im Bild 4.5 dargestellt.

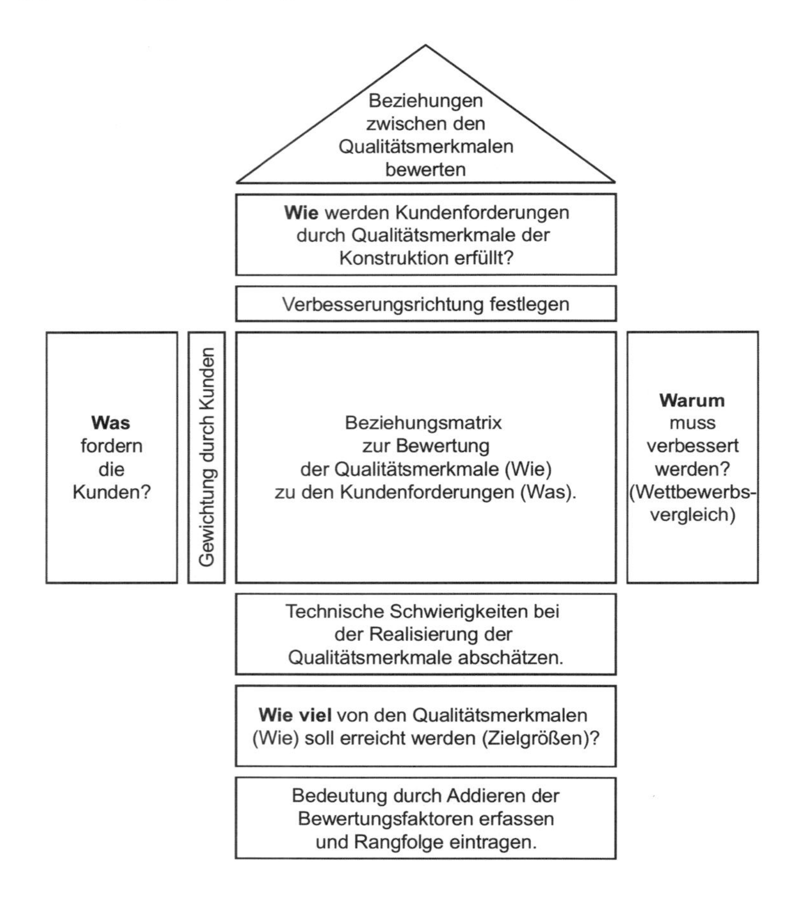

Bild 4.5: House of Quality für die Produktplanung

Diese Übersicht mit Hinweisen auf die einzutragenden Forderungen, Merkmale, Bewertungen usw. muss für die Anwendung um Bewertungskriterien und Beispiele ergänzt werden.

Beispiel: Die Entwicklung eines Kartenhalters für Fahrräder nach *Graefen, Richter* soll die Vorgehensweise der QFD-Methode zeigen. Kartenhalter gelten als Zubehör und werden für Fahrradkarten gekauft, die geklemmt während der Fahrt abgelesen werden.

Kundenorientierte Produktentwicklung setzt voraus, dass noch vor der Erstellung einer Anforderungsliste gemeinsam von Marketing und Entwicklung die QFD-Methode angewendet wird. Die dafür erforderlichen Arbeitsschritte und deren Ergebnisse werden dargestellt.

1. Kundenprofil ermitteln

Das Kundenprofil ist erforderlich, um die Zielgruppe möglicher Käufer und deren Vorstellungen zu erfassen. Für Kartenhalter an Fahrrädern wurde ermittelt:

- Familienvater, 30 bis 65 Jahre alt
- Einkommen ca. 2000 € pro Monat
- Verarbeitung ist sehr wichtig
- Sicherheit wird verlangt
- handwerkliche Fähigkeiten sind gering
- Gelegenheitsradfahrer

2. Kundenforderungen sollten in der Sprache der Kunden die Eigenschaften beschreiben:

- leicht
- einfache Montage
- stabil, sicher
- Regenschutz
- einfache Klemmung
- formschön, preiswert

3. Kundenforderungen gewichten durch paarweisen Vergleich

Die Gewichtung durch Kunden sollte die Kundensicht darstellen. Um subjektive Einflüsse zu minimieren wird als Bewertungsverfahren der paarweise Vergleich eingesetzt (s.a. Kapitel 5). Dafür werden die Kundenforderungen in einer Tabelle in gleicher Reihenfolge in Zeilen und Spalten eingetragen, sodass auf der Diagonalen gleiche Forderungen aufeinandertreffen. Die Diagonale bleibt frei, da gleiche Eigenschaften nicht gegeneinander bewertbar sind. Die Bewertung erfolgt im Team, in dem die Häufigkeit der Nennungen gezählt wird. Als Bewertungskriterien gelten:

- 3 = ist wichtiger
- 2 = ist gleich wichtig
- 1 = ist weniger wichtig

Der Vergleich erfolgt zeilenweise, sodass alle Spalteneigenschaften mit der 1. Zeileneigenschaft verglichen werden usw. Das jeweilige Ergebnis wird oberhalb der Diagonale eingetragen. Beispiele: Vergleiche „Regenschutz" mit „leicht"; da „Regenschutz" wichtiger ist, wird die Zahl 3 in die erste Zeile eingetragen. Vergleiche „einfache Montage“ mit „leicht“; da beides gleich wichtig ist, wird die Zahl 2 eingetragen.

Es muss nur eine Diagonalseite mit Bewertungen ausgefüllt werden, die andere Diagonalseite erhält die jeweils gegensinnigen Bewertungen. Alle Wertungen ergeben an der Diagonale gespiegelt den Wert 4. Die Rangfolge ergibt sich nach der Summenbildung für jede Spalte, also für jede Kundenforderung. Das Ergebnis zeigt Bild 4.6.

Paarweiser Vergleich	Vergleiche....							
Bewertung: 3 ... ist wichtiger 2 ... gleichwichtig 1 ... weniger wichtig Mit....	leicht	Regenschutz	einfache Montage	stabil	sicher	einfache Klemmung	formschön	preiswert
leicht		3	2	2	3	3	1	3
Regenschutz	1		1	2	3	1	1	1
einfache Montage	2	3		3	3	2	1	3
stabil	2	2	1		3	1	2	1
sicher	1	1	1	1		1	1	1
einfache Klemmung	1	3	2	3	3		2	3
formschön	3	3	3	2	3	2		3
preiswert	1	3	1	3	3	1	1	
Summe	11	18	11	16	21	11	9	15
Position	5	2	5	3	1	5	8	4

Bild 4.6: Paarweiser Vergleich für Kartenhalter (nach *Graefen, Richter*)

4. Ordnen und Bewerten der Kundenforderungen

Das Ordnen der Kundenforderungen erfolgt durch Zuordnung von Eigenschaften zu Oberbegriffen, die entsprechend der Aufgabe zu suchen sind. Für Gebrauchsgüter sind dies oft: Gebrauch, Sicherheit, Design und Preis. In diesem Beispiel entfällt dieser Schritt wegen der geringen Anzahl der Kundenanforderungen.

Die Bewertung nach der QFD-Methode erfolgt mit Symbolen, die z. B. von *Pfeifer* oder *Linß* erläutert vorliegen. Hier soll eine vereinfachte Darstellung nach *Graefen, Richter* angewendet werden.

Für das Gewichten der Kundenforderungen werden in diesem Beispiel Werte von 1 bis 5 festgelegt. Für die Kundenforderung der Positionen 1, 2 und 3 des paarweisen Vergleichs wird der Wert 5 festgelegt, die nächsten beiden erhalten den Wert 4 usw.

5 = notwendig	sicher, Regenschutz, stabil
4 = wichtig	preiswert, leicht
3 = willkommen	einfache Montage, leichte Klemmung
2 = bedingt	formschön
1 = unwichtig	(keins)

Die Kundenforderungen und die Gewichtung des Kunden werden in die zugeordneten Spalten 1 und 2 des QFD-Blattes in Bild 4.7 eingetragen.

5. Kundenforderungen in Qualitätsmerkmale der Konstruktion übertragen

Für den Kartenhalter sind Qualitätsmerkmale zu formulieren, die die Umsetzung aus konstruktiver Sicht ermöglichen, z. B. Blech-Versteifungen, Abrundungen, Schutzecken usw. und in die Spalten des QFD-Blattes einzutragen.

Die Qualitätsmerkmale der Konstruktion in der Beziehungsmatrix werden nach dem Einfluss bewertet und als Einflussfaktoren eingetragen, um zu erkennen, wie ein Qualitätsmerkmal eingeschätzt wird:

- 3 = großer Einfluss
- 2 = mittlerer Einfluss
- 1 = wenig Einfluss
- leer = kein Einfluss

Es werden alle Qualitätsmerkmale mit jedem Kundenwunsch verglichen.

Der Werkstoff und die Blech-Versteifungen haben in diesem Beispiel einen großen Einfluss auf die Kundenforderung leicht und werden deshalb mit der Zahl 3 bewertet.

6. Bedeutung der Qualitätsmerkmale ermitteln

Die Bedeutungsspalte soll die Einschätzung des entsprechenden Qualitätsmerkmals insgesamt zeigen. Die Multiplikation der Gewichtungen durch den Kunden mit den Einflussfaktoren ergibt für jede Spalte Produktwerte, die als Summe für jedes Qualitätsmerkmal eingetragen wird. Beispiel für Spalte 2: $5 \cdot 1 + 5 \cdot 3 + 2 \cdot 1 = 22$. Diese Faktoren-Summen werden nach der Größe des Wertes mit einem Rang versehen und in die Spalte Rang eingetragen. Kritische Qualitätsmerkmale bei den hohen Rangstufen müssen in den folgenden Entwicklungsphasen besonders beachtet werden.

7. Verbesserungsrichtung festlegen

Die Verbesserungsrichtung weist auf gewünschte Verbesserungen der Qualitätsmerkmale hin. Sie wird in diesem Beispiel durch Symbole gekennzeichnet:

- ↑ = je mehr, desto besser
- ↓ = je weniger, desto besser
- O = neutral, keine Angabe möglich

Beispielseintragungen enthält Bild 4.7: Je mehr Blech-Versteifungen, desto besser.

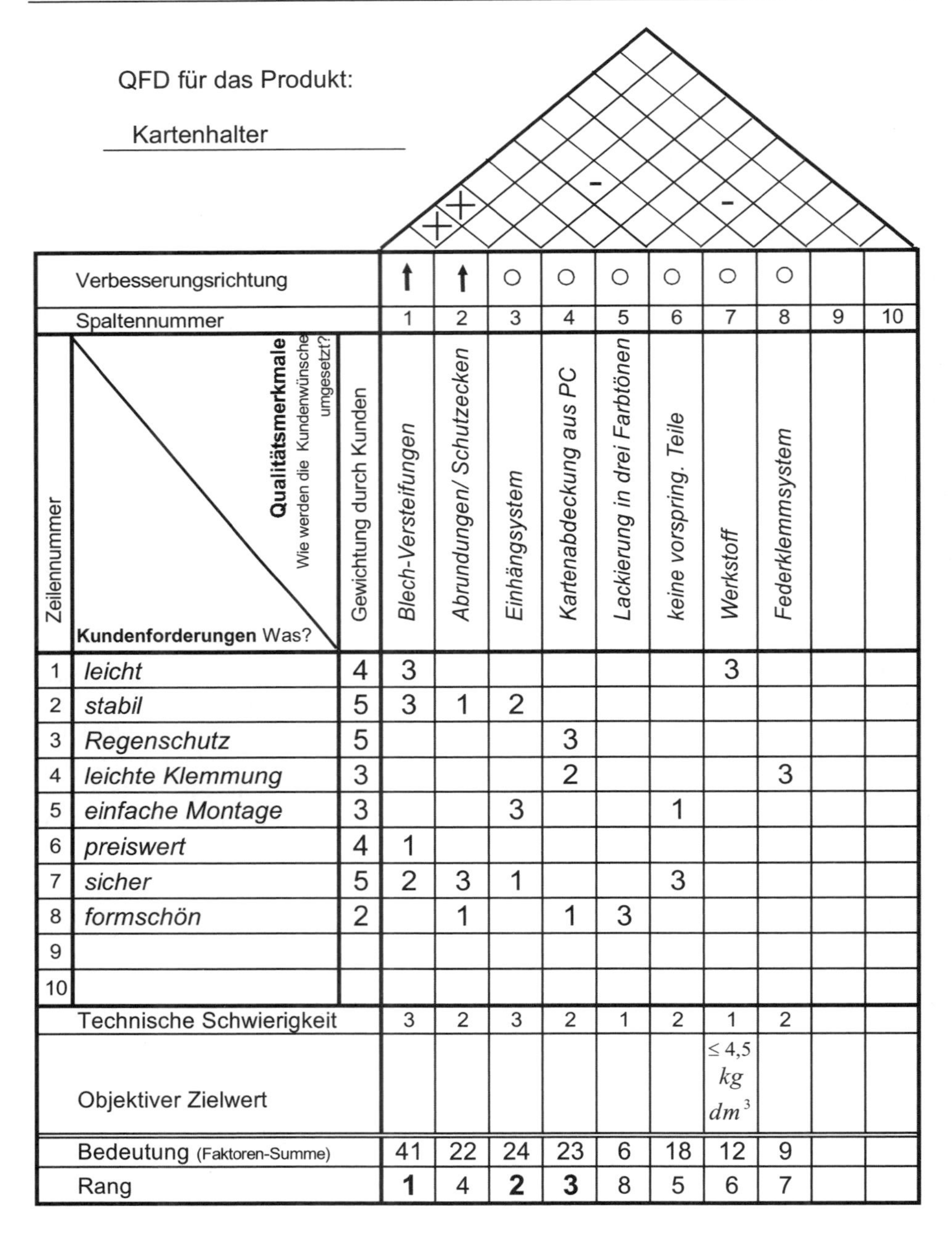

	Verbesserungsrichtung		↑	↑	○	○	○	○	○	○		
	Spaltennummer		1	2	3	4	5	6	7	8	9	10
Zeilennummer	**Qualitätsmerkmale** Wie werden die Kundenwünsche umgesetzt? / **Kundenforderungen** Was?	Gewichtung durch Kunden	*Blech-Versteifungen*	*Abrundungen/ Schutzecken*	*Einhängsystem*	*Kartenabdeckung aus PC*	*Lackierung in drei Farbtönen*	*keine vorspring. Teile*	*Werkstoff*	*Federklemmsystem*		
1	*leicht*	4	3						3			
2	*stabil*	5	3	1	2							
3	*Regenschutz*	5				3						
4	*leichte Klemmung*	3				2				3		
5	*einfache Montage*	3			3			1				
6	*preiswert*	4	1									
7	*sicher*	5	2	3	1			3				
8	*formschön*	2		1		1	3					
9												
10												
	Technische Schwierigkeit		3	2	3	2	1	2	1	2		
	Objektiver Zielwert								$\leq 4{,}5 \frac{kg}{dm^3}$			
	Bedeutung (Faktoren-Summe)		41	22	24	23	6	18	12	9		
	Rang		**1**	4	**2**	**3**	8	5	6	7		

Bild 4.7: House of Quality für Kartenhalter (nach *Graefen, Richter*)

8. Dachmatrix des House of Quality

Die Qualitätsmerkmale können sich gegenseitig verstärken oder behindern. Verstärkungen werden in Bild 4.7 mit Pluszeichen und Behinderungen mit Minuszeichen jeweils an der Schnittstelle eingetragen. Als Beispiel zeigt das Qualitätsmerkmal „keine vorspringenden Teile" durch das Minuszeichen, dass dadurch das „Federklemmsystem" behindert wird.

9. Technische Schwierigkeiten

Technische Schwierigkeiten bei der Realisierung der Qualitätsmerkmale sind abzuschätzen. Da die Werkstoffwahl und die Lackierung in verschiedenen Farbtönen geringere Schwierigkeiten bedeutet, erhalten diese eine kleinere Punktzahl (1) als die Blech-Versteifungen und das Einhängesystem mit Klammern für die Karten (3).

10. Zielgrößen der Qualitätsmerkmale

Zielgrößen (Wie viel) sind hier objektive Zielwerte, also messbare bzw. bezifferbare Größen und Einheiten, z. B. für den Werkstoff das spezifische Gewicht, wie eingetragen.

11. Wettbewerbsvergleich

Der Wettbewerbsvergleich ist vorgesehen, um Konkurrenzprodukte mit dem geplanten Erzeugnis zu vergleichen. Dadurch soll verhindert werden, dass am Markt vorbei entwickelt wird. Für dieses Beispiel wurde kein Wettbewerbsvergleich dargestellt.

Hinweise

Die QFD-Methode wird angewendet für Produkte und Dienstleistungen, wenn Neuentwicklungen, Weiterentwicklung oder Verbesserung gefordert werden.

Ziele durch Einsatz von QFD sind nach *Linß*:

- Kundenforderungen und Wünsche besser erfüllen
- Wettbewerbsposition verbessern
- Zielkonflikte erkennen (Kosten – Qualität)
- Kostentransparenz verbessern
- Zusammenarbeit im Unternehmen und mit Kunden intensiver gestalten
- Motivation zum Mitdenken und Mithandeln
- klare und messbare Ziele schaffen
- Verluste in der Prozesskette reduzieren
- Entwicklungs- und Umsetzungszeiten verkürzen
- Dokumentation verbessern

Die QFD-Methode erfordert einen erheblichen Aufwand, wie im obigen einfachen Beispiel für die Phase 1 gezeigt wurde. Der Nutzen wird sich in der Regel jedoch zeigen für Produkte mit großen Stückzahlen und/oder mit anspruchsvollen Anforderungen.

4.6 Zusammenfassung

Zur Konstruktionsphase Planen gehört das nur in den Grundlagen vorgestellte Planen neuer Produkte. Für die Produktplanung wird ein mögliches Vorgehen nach VDI 2220 als Ablaufplan dargestellt und erläutert. Hinweise auf mögliche Impulse für eine Produktplanung werden gegeben.

Das Klären der Aufgabenstellung wird als wichtiger Arbeitsschritt umfangreicher erläutert, da eine vollständig geklärte Aufgabenstellung die wichtigste Voraussetzung für das Aufstellen der Anforderungsliste ist und damit die Basis für eine kundengerechte Produktentwicklung. Neben dem Stellen geeigneter Fragen hat sich dafür auch bewährt, Einflussfaktoren und Merkmale systematisch zu untersuchen.

Anforderungslisten werden mit den häufig verwendeten Lastenheften und Pflichtenheften verglichen und erläutert. Anforderungsarten sind als Forderungen und Wünsche konstruktionsgerecht zu formulieren. Anforderungskataloge werden als bewährte Hilfsmittel erklärt und deren Aufstellung für andere Produktarten gezeigt. Ein allgemein einsetzbarer Anforderungskatalog für Maschinenbaukonstruktionen enthält viele Merkmale und Hinweise für das Aufstellen von Anforderungslisten. Das Aufstellen von Anforderungslisten wird allgemein dargestellt und mit einem Beispiel erklärt. Anforderungslisten haben sich als sehr gutes Hilfsmittel für die Verständigung zwischen Auftraggeber und Auftragnehmer im Bereich der Konstruktion bewährt.

Die Qualitätssicherung beim Planen wird behandelt, da Anforderungslisten ein effektives Mittel sind, um Konstruktionsaufträge zu bearbeiten. Qualitätssichernde Maßnahmen werden mit Empfehlungen nach VDI behandelt.

Als Methode zur Qualitätsplanung wird Quality Function Deployment (QFD) beschrieben und deren Einsatz mit einem einfachen Beispiel erläutert. Zu beachten ist, dass der große Aufwand in der Praxis nur dann gerechtfertigt ist, wenn Produkte mit großen Stückzahlen oder mit besonderen Anforderungen zu entwickeln sind.

5 Konstruktionsphase Konzipieren

In der zweiten Konstruktionsphase, dem ***Konzipieren***, wird erklärt, wie Konzepte zu entwickeln sind, um die prinzipielle Festlegung von konstruktiven Aufgaben zu erreichen. Voraussetzung für die Durchführung dieses Arbeitsschritts ist eine vollständig geklärte Aufgabenstellung durch eine vorliegende Anforderungsliste. Das bedeutet, eine klare Entscheidung für die Fortführung des Projekts oder des Auftrags muss vorliegen.

Das Erarbeiten eines ***Lösungsprinzips*** ist nicht nur für unerfahrene Konstrukteure eine Herausforderung und erfordert den größten Einsatz. Da es keine Vorlagen oder Beispiele gibt, sind die Konstrukteure auf kreative Ideen und auf methodische Hilfen angewiesen, um sich schrittweise ein Ergebnis zu erarbeiten. Da es außerdem noch keine gesicherten Erkenntnisse gibt, wie sehr gute konstruktive Lösungen entstehen, können hier nur Hilfsmittel und Methoden vorgestellt werden, die sich für diese Phase bewährt haben. Aus der Erfahrung vieler Projekte ist bekannt, dass mit dem entsprechenden Interesse an konstruktiven Aufgaben, guten Grundlagenkenntnissen und durch systematisch eingesetzte methodische Hilfsmittel gute Konstruktionen entwickelt werden können. Hilfreich ist auch hier das Zerlegen der Phase Konzipieren in kleinere Arbeitsschritte, die dann nacheinander durchlaufen werden. Diese Arbeitsschritte werden mit Beispielen erklärt und es werden einige Methoden vorgestellt, die in der Praxis eingesetzt werden.

Das Konzipieren umfasst alle Tätigkeiten zur prinzipiellen Festlegung der Lösung. Durch Abstrahieren und Funktionsanalyse ist ein geeignetes Lösungsprinzip zu finden und ein Konzept zu erarbeiten.
Als ***Arbeitsschritte des Konzipierens*** haben sich bewährt:

- Erkennen des Kerns der Aufgabe durch Abstrahieren.
- Gesamtfunktion in Teilfunktionen zerlegen und Funktionsstrukturen aufstellen.
- Für Teilfunktionen geeignete Wirkprinzipien suchen und diese zu Prinziplösungen kombinieren.
- Lösungsvarianten als realisierbare Konzepte skizzieren.
- Auswahl der besten Lösungsvariante durch Bewertung.
- Festlegen des Konzepts für das Entwerfen.

5.1 Abstrahieren und Problem formulieren

Eine erfolgreich durchgeführte Klärung der Aufgabenstellung mit dem Ergebnis einer Anforderungsliste sollte in der Regel schon die wesentlichen Eigenschaften eines neuen Produkts eindeutig beschreiben. Damit hat der Konstrukteur sich bereits sehr intensiv mit der Lösungsfindung beschäftigt, da bekanntlich ein genau beschriebenes Ziel schon die halbe Lösung ist.

Wie bereits bei den Grundlagen erwähnt, wird beim ***Abstrahieren*** das Wesentliche vom Unwesentlichen getrennt, um das Allgemeingültige hervorzuheben. Eine solche Verallgemeinerung, die das Wesentliche hervortreten lässt, führt dabei auf den Kern der Aufgabe. Wird dieser treffend formuliert, so werden die Gesamtfunktion und die wesentlichen Bedingungen erkennbar, ohne damit schon eine bestimmte Art der Lösung festzulegen.

Die erarbeitete Anforderungsliste hat bereits die bestehende Aufgabe mit vielen Informationen versehen. Aus der Anforderungsliste ist deshalb auf die geforderte Funktion und auf wesentliche Bedingungen zu schließen.

Eine ***schrittweise Abstraktion*** wird erreicht, wenn auf ein gegebenes Problem die Frage: „Worauf kommt es eigentlich an?“ wiederholt angewendet wird und dabei jedes Mal Antworten grundsätzlicher Richtigkeit erarbeitet werden. Durch dieses Fragen wird erreicht, von der speziellen Formulierung einer Aufgabe zu einer abstrakten Formulierung zu kommen, die dann auch eine größere Lösungsmenge enthält.

Beispiel: Wagenheber zur Klärung des Vorgehens. In Tabelle 5.1 sind die Abstraktionsstufen 01 bis 05 eingetragen, die durch das wiederholte Beantworten der Frage „Worauf kommt es eigentlich an?“ von der bekannten speziellen Lösung schrittweise zum Kern der Aufgabe führen, die dann als abstrakte Formulierung lösungsneutral ist und auch zu erheblich mehr Lösungsmöglichkeiten führt. Eingang und Ausgang beschreiben jeweils die Größen an den Systemgrenzen der Black-Box für die Aufgabe „Pkw heben“. Die Abstraktion ergibt sich schrittweise aus den Stufen, indem ausgehend von der Standardlösung eines Wagenhebers die Ursache der Aufgabe erarbeitet wird, die zum Wesentlichen führt: Radpannen ohne Notwechsel beseitigen.

Stufe	Eingang	Ausgang	Lösungsmöglichkeiten
01	Drehbewegung von Hand	Pkw angehoben in Radnähe	Mechanischer Wagenheber mit Handkurbel
02	Beliebige Bewegung eines Menschen	Pkw angehoben in Radnähe	Lösung 01 und Bewegung für Betätigung „hin und her“ oder „auf und ab“, mechanische und hydraul. Übersetzung (auch Fußbetätigung)
03	Beliebiger Energieeinsatz, sofern an der Straße verfügbar	Pkw angehoben in Radnähe	Lösung 01, 02 und elektr., hydraul., pneumat. Antrieb mit Motor, Hydraulikzylinder an Karosserie, aufblasbares Kunststoffkissen
04	Beliebiger Energieeinsatz, sofern an der Straße verfügbar	Beliebiges Rad entlastet	Lösung 01, 02, 03 und Aufpumpen von nur 3 hydropneumatischen Radfedern, Einfahren in eine Grube mit einem Rad
05	Ursache der Aufgabe: Warum wurde sie gestellt?	Radpannen verhindern, sodass kein Notwechsel nötig ist	Reifen mit Selbstdichtung, Reifen mit Kunststofffüllung Reifen mit Notlaufeigenschaften (Continental CTS), Vollgummireifen Reifen mit Sensoren und Zustandsanzeige

Tabelle 5.1: Abstraktion der Aufgabe Pkw-Wagenheber (nach *Ehrlenspiel*)

Die Einschränkungen durch bekannte oder vorgegebene Lösungen kann der Konstrukteur durch diese Vorgehensweise erkennen und überwinden. Damit bewirkt das Abstrahieren, dass die Einschränkungen beurteilt werden, um nur die notwendigen zu berücksichtigen.

Beispiele: ***Abstrahieren*** und lösungsneutrale Formulierung der Aufgabe:

Aufgabenformulierung	Ersetzen durch lösungsneutrale Form
Schraubstock konstruieren	Spannvorrichtung für prismatische Teile
Wellenschulter konstruieren	axiale Begrenzung mit Kraftaufnahme
Zahnradgetriebe konstruieren	Drehmoment und Drehzahl wandeln
Montageautomat konstruieren	Montage von Werkstücken durchführen

Tabelle 5.2: Lösungsneutrale Aufgabenformulierung

Aus diesen Beispielen in Tabelle 5.2 ist erkennbar, dass die endgültige lösungsneutrale Formulierung der Aufgabe mehr Lösungsmöglichkeiten eröffnet.

Die Beschreibung der Funktion mit Haupt- und Tätigkeitswort ist z. B. für einige Lösungselemente bei einem Getriebeentwurf durch eine lösungsneutrale Form zu ersetzen:

- Welle mit Kugellagern lagern ⇒ Welle lagern
- Wälzlager mit Wellenmutter axial festlegen ⇒ Wälzlager axial festlegen
- Lagerung mit Radial-Wellendichtring abdichten ⇒ Lagerung abdichten
- Lagerung mit Ölpumpe schmieren ⇒ Lagerung schmieren

5.2 Funktionsstruktur und Funktionsanalyse

Durch das Abstrahieren liegen die Funktionen in lösungsneutraler Form vor. Die Darstellung der Funktionen erfolgt mit der Black-Box-Methode, also mit den Ein- und Ausgangsgrößen. Die Formulierung der Gesamtaufgabe ergibt auch die Gesamtfunktion, die mit den Größen Energie-, Stoff- und/oder Informationsumsatz für die jeweilige Aufgabe angepasst untersucht wird. Bei dieser Analyse sollte die Beschreibung so konkret wie möglich sein.

Die ***Gesamtfunktion*** muss in ***Teilfunktionen*** aufgegliedert werden, wenn die Aufgabe zu komplex ist, d. h. wenn der Zusammenhang zwischen Eingangs- und Ausgangsgrößen nicht übersichtlich bezüglich der Anzahl der zu erwartenden Baugruppen oder Einzelteile wird. Analog der Aufteilung von Systemen in Teilsysteme lassen sich komplexe Funktionen in übersehbare Teilfunktionen auflösen. Die Verknüpfung der einzelnen Teilfunktionen ergibt die ***Funktionsstruktur***, die die Gesamtfunktion darstellt.

Beispiel: Der Reitstock einer Drehmaschine, dessen Gesamtfunktion in Bild 5.1a) dargestellt ist, soll analysiert werden. Dafür enthält Bild 5.1b) die Funktionsstruktur, also die Zerlegung der Gesamtfunktion in Teilfunktionen und deren Verknüpfungen, die konkret beschrieben sind. Damit hat der Konstrukteur seine Überlegungen zu der Aufgabe strukturiert und übersichtlich vorliegen. Die anschließende Lösungssuche wird erleichtert, da für Teilfunktionen meist Lösungen bekannt sind.

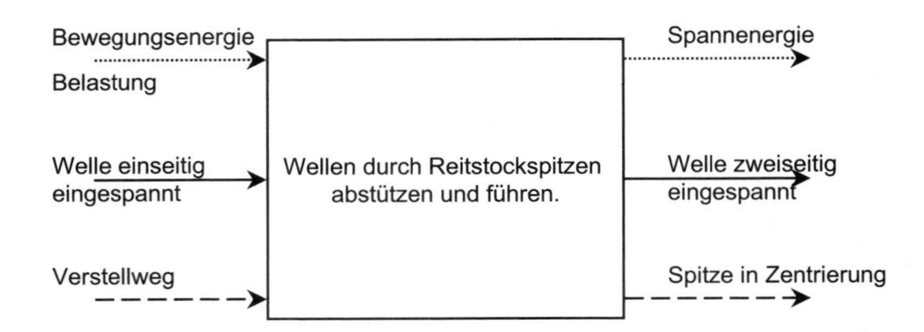

a) Black-Box mit Gesamtfunktion Reitstock

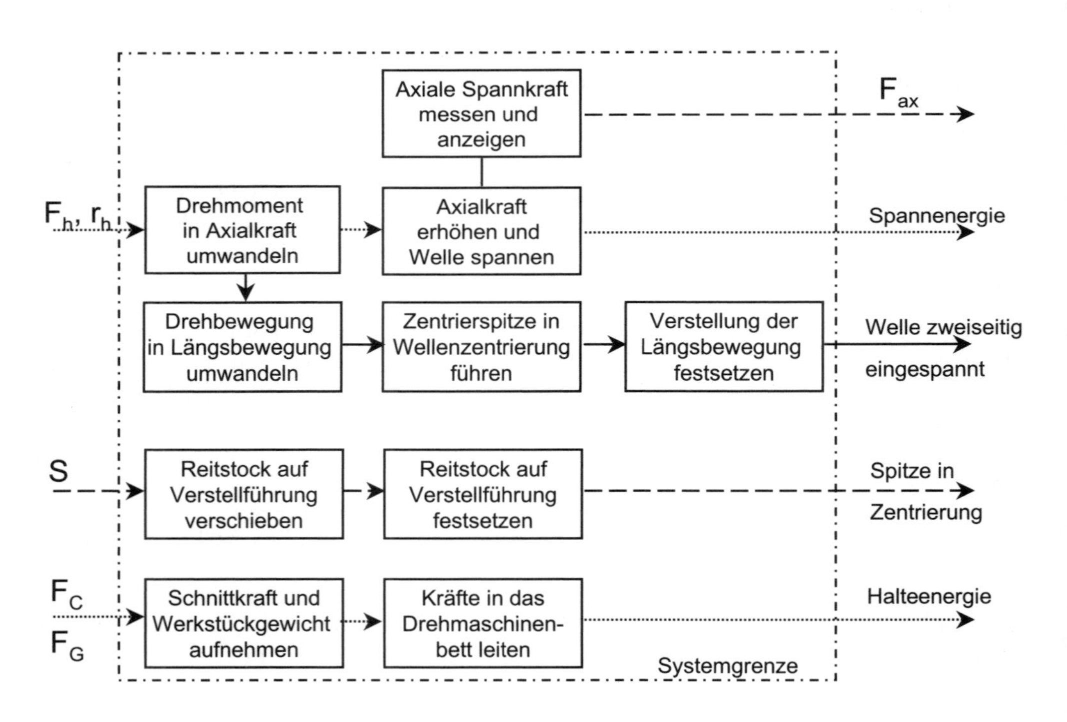

b) Funktionsstruktur für die Gesamtfunktion Reitstock

Bild 5.1: Black-Box mit der Gesamtfunktion und der Funktionsstruktur für einen Reitstock

Bei ***Neukonstruktionen*** wird die Funktionsstruktur aus der vorliegenden Anforderungsliste und der abstrakten Aufgabenformulierung erarbeitet. Aus den Forderungen und Wünschen sind funktionale Zusammenhänge erkennbar, zumindest ergeben sich aus diesen oft die Teilfunktionen am Eingang und am Ausgang einer Funktionsstruktur.

Bei ***Anpassungskonstruktionen*** ist die Funktionsstruktur aus der bekannten Lösung durch Analyse der Bauelemente zu ermitteln. Damit gibt es eine Grundlage für Varianten der Funktionsstruktur, die zu anderen Lösungsmöglichkeiten führen können.

Das Aufstellen von Funktionsstrukturen wird bisher noch von vielen Firmen als zu aufwendig und mit wenig erkennbarem Nutzen für die Erledigung konstruktiver Aufgaben angesehen. Gute Konstrukteure führen dieses Strukturieren der Aufgabe im Kopf durch, ohne eine detaillierte Darstellung auf Papier vorzunehmen. Anfänger verschaffen sich mit dieser Darstellung jedoch die erforderliche Sicherheit und Klarheit, um nicht wesentliche Teilfunktionen zu übersehen.

Die Anwendung wird nur dann erfolgreich sein, wenn selbst an einfachen Aufgaben dieser Schritt „eingeübt" wird. Falls das Aufstellen von Funktionsstrukturen nicht übertrieben wird, wird mit dieser Zerlegung der Gesamtfunktion auch die Qualität eines Produktes positiv beeinflusst.

Die ***Funktionsanalyse*** wird angewendet, um die Funktionen und das Zusammenwirken der einzelnen Systemelemente zu ermitteln. Für das Erkennen von Funktionen vorhandener Lösungen wird die ***Analyse bekannter Systeme*** durchgeführt. Diese Vorgehensweise wird besonders für Weiterentwicklungen und Verbesserungen von Maschinen, Baugruppen usw. eingesetzt, bei denen ja mindestens eine Lösung mit den dazugehörigen Zeichnungen und Stücklisten bekannt ist.
Bewährt haben sich die Arbeitsschritte:

- Auflistung der enthaltenden Systemelemente
- Aufgaben der Systemelemente beschreiben
- Teilfunktionen aus den Aufgaben der Systemelemente ableiten
- Lösungselemente für Teilfunktionen mit systematisch-analytischen Methoden erarbeiten
- Lösungselemente für neue Prinziplösungen zusammenstellen

Beispiel: Funktionsanalyse eines Reitstocks. Die Schnittzeichnung eines Reitstocks mit Positionsnummern nach Bild 5.2 wird schrittweise analysiert.

Die Systemelemente werden geordnet aufgelistet, sodass die zusammengehörenden Bauteile, die für eine bestimmte Aufgabe erforderlich sind, möglichst untereinander stehen. Beispielsweise gehören Handrad, Ballengriff und Passfeder zusammen, weil sie durch Drehen des Handrades die Pinolenbewegung ermöglichen. Die Teilfunktionen ergeben sich aus den Aufgaben durch lösungsneutrale Formulierung mit Haupt- und Tätigkeitswort. Die Teilfunktionen lassen sich nicht immer so zuordnen, wie in diesem Beispiel. Oft sind mehrere Systemelemente für Teilfunktionen vorhanden. Diese Arbeitsweise ist sehr gut geeignet, um durch schrittweises Zerlegen die Funktionen bewährter Lösungselemente zu erkennen. Die Entwicklung neuer Konzepte wird durch dieses Vorgehen erleichtert.

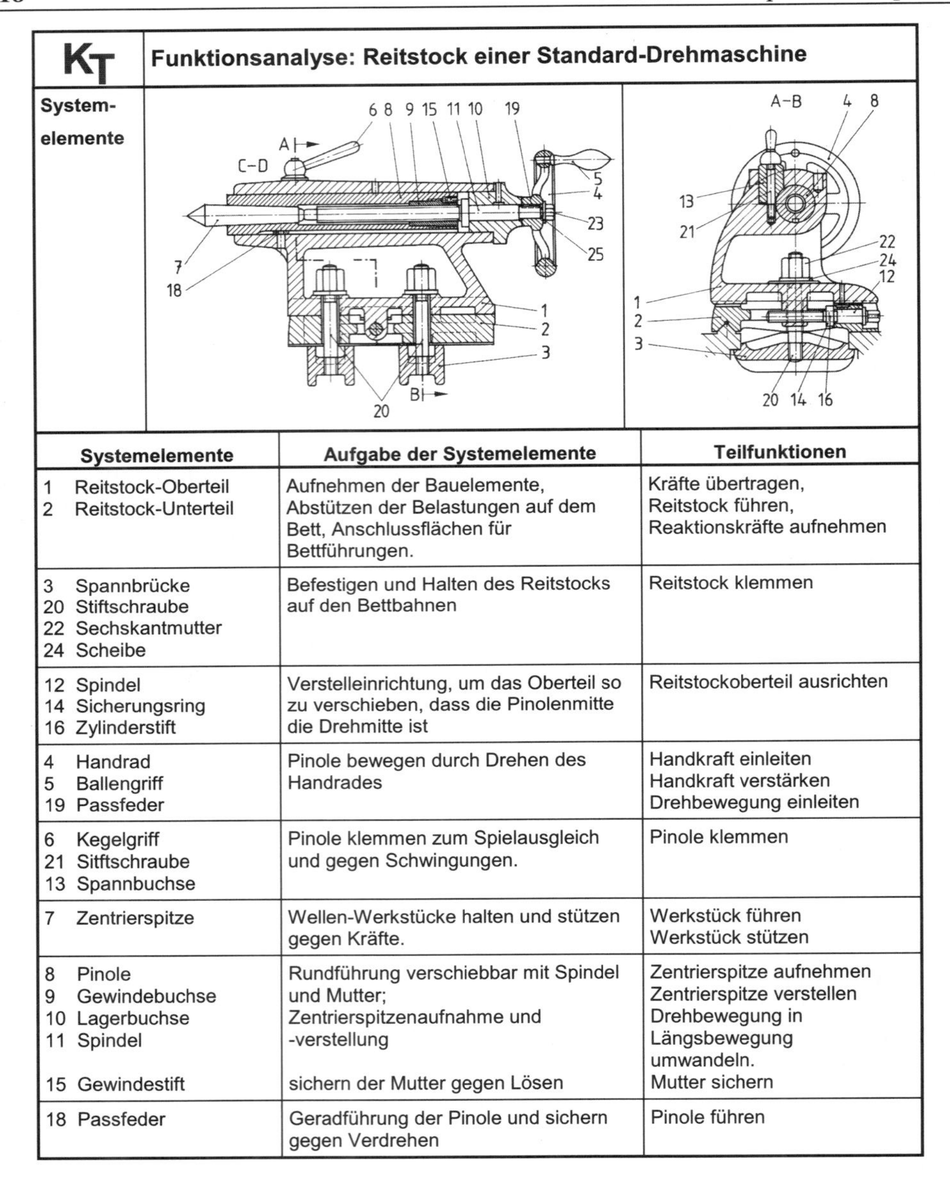

Systemelemente	Aufgabe der Systemelemente	Teilfunktionen
1 Reitstock-Oberteil 2 Reitstock-Unterteil	Aufnehmen der Bauelemente, Abstützen der Belastungen auf dem Bett, Anschlussflächen für Bettführungen.	Kräfte übertragen, Reitstock führen, Reaktionskräfte aufnehmen
3 Spannbrücke 20 Stiftschraube 22 Sechskantmutter 24 Scheibe	Befestigen und Halten des Reitstocks auf den Bettbahnen	Reitstock klemmen
12 Spindel 14 Sicherungsring 16 Zylinderstift	Verstelleinrichtung, um das Oberteil so zu verschieben, dass die Pinolenmitte die Drehmitte ist	Reitstockoberteil ausrichten
4 Handrad 5 Ballengriff 19 Passfeder	Pinole bewegen durch Drehen des Handrades	Handkraft einleiten Handkraft verstärken Drehbewegung einleiten
6 Kegelgriff 21 Sitftschraube 13 Spannbuchse	Pinole klemmen zum Spielausgleich und gegen Schwingungen.	Pinole klemmen
7 Zentrierspitze	Wellen-Werkstücke halten und stützen gegen Kräfte.	Werkstück führen Werkstück stützen
8 Pinole 9 Gewindebuchse 10 Lagerbuchse 11 Spindel 15 Gewindestift	Rundführung verschiebbar mit Spindel und Mutter; Zentrierspitzenaufnahme und -verstellung sichern der Mutter gegen Lösen	Zentrierspitze aufnehmen Zentrierspitze verstellen Drehbewegung in Längsbewegung umwandeln. Mutter sichern
18 Passfeder	Geradführung der Pinole und sichern gegen Verdrehen	Pinole führen

Bild 5.2: Funktionsanalyse Reitstock (Bilder *Böttcher/Forberg*)

Ergebnisse der Funktionsanalyse werden auch für neue Konzepte genutzt. Reitstöcke von modernen CNC-Drehmaschinen für kleine Drehdurchmesser werden z. B. ohne Pinole gebaut. Das Bewegen der Zentrierspitze erfolgt dann durch Verschieben des gesamten Reitstocks, in der Regel durch einen elektrischen Antrieb.

5.3 Lösungen finden mit merkmalorientierten Methoden

Um neue Lösungen zu finden ist es sinnvoll, systematisch Methoden anzuwenden, da dadurch auch die Kreativität im Konstruktionsprozess gefördert wird. Durch systematische Suche geeigneter Strukturen für die geforderten Funktionen wird das Erkennen von Lösungen unterstützt. Aus bekannten Strukturen anderer Fachgebiete können nach *Linde/Hill* durch Analogiebetrachtungen Lösungsansätze abgeleitet werden. Merkmale können ohne die Kenntnis von Strukturen durch das Auslösen von Assoziationen erkannt werden. Weitere Möglichkeiten ergeben sich durch die Analyse von Veröffentlichungen oder aus der Kenntnis anderer Fachgebiete.

Die durch solche Untersuchungen ermittelten möglichen Strukturen werden unter Beachtung der Anforderungen an die Lösung weiterentwickelt. Dafür sind drei wesentliche methodische Grundfunktionen bekannt: Analogisieren, Variieren und Kombinieren.

Die Analogiebildung schafft grundsätzlich die Voraussetzung für das Finden von Lösungselementen. Das Erkennen von Lösungsmerkmalen erfolgt danach durch Assoziationen. Für die Merkmalsanpassung an die Anforderungen der Aufgabe erfolgt das Variieren und Kombinieren. Ein Merkmal ist hier eine bestimmte Eigenschaft, die zum Beschreiben und Unterscheiden von Gegenständen einer Gegenstandsgruppe dient.

Lösungen finden mit merkmalorientierten Methoden				
Aufgabenstellung	Schritt 1	Schritt 2	Schritt 3	Lösung der Aufgabe
Ziel	Erzeugen von Assoziationen durch Analogiebildung – Generieren von Lösungselementen	Verändern von Lösungselementen mit Merkmalen	Verknüpfen von Lösungselementen mit Merkmalen	
Grundfunktionen	**Analogisieren**	**Variieren**	**Kombinieren**	
Methodische Mittel	Kataloge von: • Effekten • Standards • Prinzipien • Prinziplösungen • Regeln	Kataloge: • Universeller Merkmale • Variations-Operatoren	Kataloge: • Universeller Merkmale • Morphologischer Kasten	
Ergebnis	Ausgangslösung mit Merkmalen	Variationslösung	Kombinationslösung	

Tabelle 5.3: Lösungen finden mit merkmalorientierten Methoden (nach *Linde/Hill*)

5.3.1 Lösungen finden durch Analogien

Durch Analogiebildung soll erreicht werden, in den Bereichen Technik, Natur und Gesellschaft Funktions- und Strukturmerkmale zu finden. Diese sind nach dem Ähnlichkeitsprinzip zu erkennen und kreativ in neue technische Lösungen umzusetzen.

Analogisieren ist eine komplexe kreative Denkweise, die durch Schlussfolgern Analogien von Funktionen und Strukturen erkennt und durch Abstrahieren und Konkretisieren grundlegende Lösungen schaffen kann (nach *Linde/Hill*).

Analogiebildung und die Auslösung von Assoziationen zu dem Aufgabenbereich, der zu untersuchen ist, waren in Entwicklungsprozessen als Grundelemente der Kreativität schon immer sehr wichtig. Als allgemeine Vorgehensweise hat sich nach *Linde/Hill* bewährt:

- Funktionen festlegen, die zu realisieren sind
- Bestimmte Merkmale des Suchobjekts ermitteln und abstrahieren
- Merkmale in mögliche Analogiebereiche übertragen
- Wesentliche Merkmale des Analogieobjekts mit denen des Suchobjekts vergleichen – Analogieobjekt durch Black-Box-Betrachtung analysieren
- Prinzip des Analogieobjekts festlegen
- Prinzip kreativ in eine technische Lösung umsetzen

Beispiel: Nach Überlieferungen soll Otto Lilienthal die Erkenntnisse über den Gleitflug der Störche in Flugapparate umgesetzt haben, wie zusammengefasst Bild 5.3 zeigt.

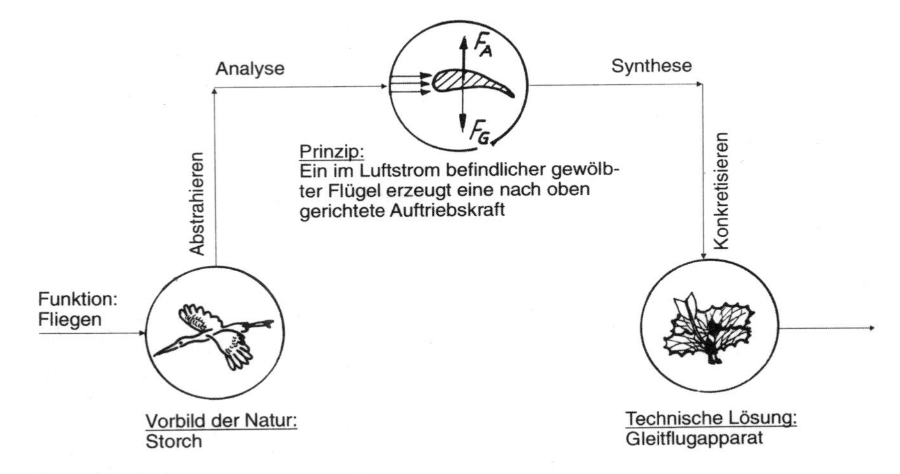

Bild 5.3: Abstrahieren und Konkretisieren als Prozess (nach *Linde/Hill*)

5.3.2 Lösungen finden durch Variation

Variieren wird angewendet, um vorhandene Merkmale einer entwickelten Lösung systematisch zu verändern, um eine Optimierung zu erreichen. Beispiele für Variationsprozesse sind in der Natur vorhanden, wenn z. B. die Variation der Schnabelformen von Vögeln oder die der Blattformen betrachtet werden.

In der Technik sorgen kreative Menschen für Variationslösungen. Das systematische Einsetzen von Methoden zum Variieren der Merkmale einer vorhandenen Lösung schafft hier Variationen. Die Variationsmöglichkeiten ergeben sich nach *Linde/Hill* bei technischen Objekten durch:

- Eigenschaften der Objekte (z. B. Menge, Gestalt, Bewegungsarten)
- Beziehungen zwischen den Elementen der Objekte (z. B: Anordnungen, Kopplungen)

Für das Variieren sind methodische Hilfsmittel in Katalogform vorhanden (*Linde/Hill*).

Als allgemeine Vorgehensweise hat sich nach *Linde/Hill* bewährt:

- Ausgangslösung schaffen und festlegen
- Merkmale bestimmen, die zu verändern sind (Eigenschaften, Beziehungen)
- Variationsoperator der ausgewählten Merkmale festlegen, z. B. Ändern
- Variationslösung erkennen und darstellen

Einprägsame ***Variationsmerkmale*** als Kurzform G-A-L-F-M-O-S nach *Jorden* :

G – Größe, A – Anzahl, L – Lage, F – Form, M – Material, O – Oberfläche, S – Schlussart

Diese grundlegenden Merkmale sind stets anwendbar und auch noch zu variieren.

Maschinenelemente mit den zu verändernden Merkmalen Größe und Richtung sowie dem Variationsoperator „Ändern" ergeben z. B. Variationslösungen.

5.3.3 Lösungen finden durch Kombination

Mit dem ***Kombinieren*** soll erreicht werden, einzelne Merkmale so miteinander zu verknüpfen, dass komplexe Lösungen entstehen. Die Methode des Kombinierens soll ein nur gedanklich vorhandenes System analysieren, um dessen abstrakte Merkmale als Funktions- oder Strukturmerkmale zu ermitteln und diese durch eine Synthese zu konkreten Lösungsmöglichkeiten zusammenzustellen. Zum Kombinieren sind Prinzipien, Lösungselemente oder Ausführungsformen geeignet. Als Arbeitsschritte haben sich bewährt:

- Allgemeine Merkmale der zu entwickelnden Lösung aus der Aufgabenstellung als ordnende Gesichtspunkte ableiten
- Diese Merkmale in die senkrechte linke Spalte einer Tabelle eintragen
- Konkrete Ausführungen als Varianten der allgemeinen Merkmale in die waagerechten Zeilen der Tabelle als unterscheidende Merkmale eintragen
- Sinnvolle Lösungen durch Kombinieren der Ausführungen bilden und kennzeichnen

Allgemeine Merkmale	Ausführungen/Varianten A 1	A 2	A 3	A 4
M 1	M 1/A 1	M 1/A 2	M 1/A 3	M 1/A 4
M 2	M 2/A 1	M 2/A 2	M 2/A 3	M 2/A 4
M 3	M 3/A 1	M 3/A 2		M 3/A 4
M 4	M 4/A 1			M 4/A 4

Tabelle 5.4: Tabelle zum Kombinieren Lösung 1

5.4 Lösungsprinzipien suchen

Die ***prinzipielle Lösung*** wird nach dem Festlegen der Teilfunktionen entweder durch die Suche nach physikalischen Effekten oder durch die Suche nach einer geeigneten Gestaltung gefunden. Kombinationen sind natürlich auch möglich, weil oft ein physikalischer Vorgang nur mit bestimmten Werkstoffen und unter bestimmten geometrischen Bedingungen zu realisieren ist. Prinzipielle Lösungen bzw. Teillösungen werden in der Regel als Prinzipskizzen oder als grobmaßstäbliche Handskizzen dargestellt.

Dieser Lösungsschritt soll nun zu mehreren Lösungsvarianten führen. Dafür sind eigentlich alle Methoden geeignet, die Ideen liefern. Von der Vielzahl der ***bekannten Methoden der Ideenfindung*** sollen hier nur einige vorgestellt werden, die sich allgemein bewährt haben sowie eine für die Konstruktion neue, das Mind Mapping, siehe Tabelle 5.5.

Einteilung der Methoden	**Behandlung der Methoden**
Konventionelle Methoden	• Analyse von Veröffentlichungen • Analyse bekannter technischer Systeme • Anregungen durch Analogien • Erkenntnisse aus Versuchen
Kreative Methoden	• Brainstorming • Brainwriting • Methode 635 • Mind Mapping
Systematisch - analytische Methoden	• Morphologischer Kasten • Ordnende Gesichtspunkte • Einsatz von Konstruktionskatalogen • Problemlösungsbaum

Tabelle 5.5: Übersicht der behandelten Methoden für das Konzipieren

Alle **Methoden** ergänzen sich und werden so eingesetzt, dass Ideen gefunden werden, die für ein Lösungsprinzip erforderlich sind. Dabei wird der wechselnde Einsatz der Suchmethoden oft unbewusst und spontan erfolgen, was von großem Vorteil ist.

Die Anwendung ist abhängig von der Aufgabe, den Informationen, den Anforderungen, den Vorarbeiten zur Aufgabenklärung und dem Können und der Erfahrung des Bearbeiters.

Die im Folgenden vorgestellten Methoden sind weder vollständig noch umfassend für alle Anwendungen beschrieben. Es handelt sich in der Regel um eine Übersicht mit Hinweisen, die durch ergänzende Literatur bei Bedarf zu vertiefen ist.

Wichtig ist die Anwendung durch Üben zu lernen und Ergebnisse zu erzielen, nicht das Auswendiglernen der Methoden.

5.4.1 Analyse von Veröffentlichungen

Informationen über den Stand der Technik sind für den Konstrukteur sehr wichtig. Sie werden vielfältig angeboten und sollten systematisch genutzt werden. Dabei sind neben der allgemeinen Fachliteratur besonders Informationen über Produkte der Zulieferer und des Wettbewerbs interessant. Konstrukteure sollten regelmäßig Fachzeitschriften lesen und durch Seminarteilnahme sowie durch Schulungen stets für aktuelles Fachwissen sorgen. Für ***Literaturrecherchen*** gibt es neben dem Suchen in Fachliteratur viele Möglichkeiten der elektronischen Recherche in Computerdatenbanken. Insbesondere die firmeninternen Netze (Intranet) der großen Unternehmen und natürlich das Internet bieten viele Informationen an.

Anregungen und Ideen werden aus diesen Recherchen meistens sehr individuell genutzt. Einige Konstrukteure setzen diese Methode oft und erfolgreich ein, andere sehen wenig Sinn darin.

5.4.2 Analyse bekannter technischer Systeme

Dieses Vorgehen gehört zu den wichtigsten Hilfsmitteln, um schrittweise und nachvollziehbar zu neuen oder verbesserten Varianten bekannter Lösungen zu kommen. Eine solche Analyse besteht in einem gedanklichen oder sogar stofflichen Zerlegen ausgeführter Produkte, wie im Bild 5.2 beispielhaft erläutert. Ein Beispiel ist die Analyse von Antrieben der am Markt bekannten Ausführungen der Wettbewerber, um für eine neue Produktreihe einen optimalen Antrieb zu entwickeln. Systeme für Analysen sind:

- Produkte oder Verfahren des Wettbewerbs
- Produkte oder Verfahren des eigenen Unternehmens, die nicht mehr hergestellt werden
- Produkte oder Baugruppen für ähnliche Aufgaben

Die Gefahr bei dieser Methode besteht darin, dass bekannte Lösungen eingesetzt werden, ohne neue Wege zu suchen.

5.4.3 Anregungen durch Analogien

Die Übertragung eines vorliegenden Problems oder Systems auf ein analoges ist nützlich zur Lösungssuche und zur Ermittlung der Systemeigenschaften. Hierbei wird das analoge System als Modell des beabsichtigten Systems zur weiteren Betrachtung verwendet. Elektrische Netzwerke können z. B. als „Ersatzschaltung“ und damit als Modell für biologische Vorgänge in der Bionik eingesetzt werden, um Blutkreislaufsysteme durch Analogsetzung eines biologischen und eines technischen Vorgangs (Modell) zu demonstrieren. Neben der Anregung für die Lösungssuche bieten ***Analogien*** die Möglichkeit durch Simulations- und Modelltechnik das Systemverhalten schon während der Entwicklung zu erkennen.

5.4.4 Erkenntnisse aus Versuchen

Versuche, experimentelle Untersuchungen, Messungen und Modellversuche gehören zu den wichtigsten Informationsquellen eines Konstrukteurs. Einfache Versuche zum Erkennen von grundlegenden Eigenschaften kann der Konstrukteur selbst durchführen. Soll z. B. ermittelt werden, unter welchem Winkel eine Edelstahlrutsche anzuordnen ist, damit Kekse durch Eigengewicht sicher von oben nach unten gleiten, reicht ein einfacher Versuch am Schreibtisch mit den zu verwendenden Materialien, Temperaturen usw.

Für die Entwicklung neuer Produkte werden oft die Versuchswerkstatt und die Musterherstellung in den Konstruktionsprozess einbezogen. Umfang und Vorgehen sind von der Produktart und der geplanten Produktion abhängig, wie bereits im Kapitel 1 erläutert. Die Versuchsplanung ist auch sinnvoll für das Optimieren von Produkten und Prozessen und gehört bei Serienprodukten zur Produktentwicklung.

5.4.5 Kreativität und Intuition

Ideen für die Lösung schwieriger Aufgaben werden in der Konstruktion sehr häufig kreativ und intuitiv gefunden. Durch die intensive Beschäftigung mit der Aufgabenstellung, durch Erfahrung und durch besondere Eigenschaften des Konstrukteurs entsteht oft ganz plötzlich eine Lösungsidee. Weder der Zeitpunkt noch der Grund für diesen guten Einfall sind nachvollziehbar. Das Umsetzen dieser Idee in eine konstruktive Lösung erfolgt dann durch weitere Untersuchungen, Skizzen usw., bis die Lösung in der gewünschten Form vorliegt. Dabei werden dann auch Methoden und Hilfsmittel eingesetzt, sodass sich ein Wechselspiel zwischen Kreativität, Intuition und Methodik ergibt, das für das Bearbeiten konstruktiver Aufgaben sehr gut geeignet ist. Gespräche und kritische Diskussionen mit Kollegen sind ebenfalls eine einfache Methode, um Anregungen zu erhalten. Bei straffem Ablauf kann solch ein Erfahrungsaustausch sehr wirkungsvoll sein.

Kreativität bedeutet das bewusste Schaffen des Neuen und das Wachsenlassen unbewusster Potenziale.

Diese Begriffserklärung nach *Holm-Hadulla* enthält die beiden bedeutenden Aspekte der Kreativität. Die folgenden Erläuterungen sollen zusammengefasst in Anlehnung an *Holm-Hadulla* vorgestellt werden. Zur Vertiefung ist die angegebene Quelle sehr zu empfehlen.

Kreative Persönlichkeiten sind nicht nur im Konstruktionsbereich unentbehrlich. Sie haben als wichtige Eigenschaft Begabung. ***Begabung*** kennzeichnet die Fähigkeit einer Person, eine bestimmte Leistung zu erbringen. Intelligenzen, wie z. B. logisch-mathematische oder räumliche, sind zum Teil angeborene Begabungen und für Konstrukteure besonders wichtig. Hinzu kommen die von Umweltbedingungen abhängigen Motivationsfaktoren Neugier, Interesse und Ehrgeiz. In der Kreativität wirken viele Begabungsfaktoren zusammen.

Der ***kreative Prozess*** setzt voraus, dass eine entsprechend umfangreiche Ausbildung und Erfahrung vorhanden sind. Er kann nach *Holm-Hadulla* in 5 Phasen unterteilt werden, die hier angepasst für Konstruktionsaufgaben vorgestellt werden:

- Vorbereitung: In dieser Phase ist das Problem oder die Aufgabe zu erfassen und eine Zielsetzung zu entwickeln. Diese Tätigkeit erfolgt z. B. während der Erläuterung der Eigenschaften, der Funktionen und der Anforderungen durch das Übernehmen von Informationen, Daten und bekanntem Wissen.
- Inkubation: Für die Inkubationsphase ist kennzeichnend, dass die Aufgabe nicht direkt weiterbearbeitet wird, sondern einer eigenständigen, unbewussten Bearbeitung überlassen wird. Das entspricht der Bedeutung gedanklich über etwas zu brüten und erfolgt neben anderen Aktivitäten bis ein Gedanke für die Lösung da ist.
- Illumination: Die Phase der Erleuchtung tritt selten als plötzliche Eingebung auf, sondern entwickelt sich schrittweise und verdichtet sich zu einer Lösung. Dies zu erkennen setzt Konstrukteure voraus, die strukturiert denken und sicher sind, das die gefunden Lösung umzusetzen ist.
- Realisierung: In dieser Phase ist die Lösung auszuarbeiten. Dazu gehören Motivation und besondere Eigenschaften der Konstrukteure. Um eine Idee zu realisieren ist eine gute Ausbildung allein nicht ausreichend. Die Erleuchtung ist jetzt umzusetzen mit Leidenschaft, Neugier und Originalität, um die Widerstände zu überwinden, die sich durch einen meist langsamen Fortschritt der Arbeit einstellen. Ebenso muss die Enttäuschung ertragen werden, dass mit der Erleuchtung noch keine Lösung vorhanden ist. Hier sind auch die bekannten Aussagen von kreativen Persönlichkeiten zu zitieren: „Genie ist Fleiß" und „ein Prozent Inspiration und neunundneunzig Prozent Transpiration". In dieser Phase sind Geduld und Beharrlichkeit die wichtigsten Eigenschaften, um eine Lösung erfolgreich abzuschließen.
- Verifikation: Diese Phase besteht aus dem Überprüfen und Bestätigen der gefundenen und realisierten Lösung. Der Konstrukteur hat seine Lösung selbst zu überprüfen. Die Bestätigung, dass ein gutes Ergebnis entwickelt wurde muss von den anderen am Projekt Beteiligten erfolgen. Dieser Abschluss ist entscheidend für den kreativen Prozess.

Die Phasen des kreativen Prozesses sind nicht als reiner Ablauf durch Abarbeiten zu durchlaufen, sondern es erfolgen ständig Rückkoppelungen, sodass in Kreisläufen zu denken ist. Dieses Vorgehen ist erforderlich, da bei anspruchsvollen Aufgaben nur selten nach einem einmaligen Durchlauf ein gutes Ergebnis vorliegt. Enttäuschung, Kritik oder Vorurteile sind nicht zu vermeiden und nur mit entsprechenden persönlichen Eigenschaften erfolgreich zu überwinden. Ein Vergleich der 5 Phasen des kreativen Prozesses mit den 4 Phasen des Entwicklungs- und Konstruktionsprozesses zeigt große Übereinstimmung. Ohne Kreativität sind gute Ergebnisse im Bereich Entwicklung und Konstruktion nicht zu erreichen.

Intuition bedeutet Eingebung. Plötzliche und unmittelbare Erkenntnis, die sich aus einer Vorstellung, Wahrnehmung oder der spontanen Organisation innerer Inhalte ergibt.
Denken mit dem Bauch - Intuitiv das Richtige tun.

Diese Begriffserklärungen nach *Busch* sind einfach und einprägsam, sie sind auch umfangreicher zu finden. Gemeint ist die Kommunikation zwischen Kopf und Bauch. Die Definition kann philosophisch oder naturwissenschaftlich ausgerichtet sein.

Hier interessiert die naturwissenschaftliche Definition. Zu beachten ist, dass die verschiedenen Definitionen aus unterschiedlichen Denkweisen stammen. In Anlehnung an die Arbeiten von *Busch* werden hier einige Erläuterungen zum Einstieg in das Thema gegeben, die nachzulesen und zu ergänzen sehr lohnen.

Intuition ist etwas, was sich nicht irgendwo im Menschen aufhält, sondern an überprüfbaren Plätzen, nämlich im Gehirn und im Bauch. Neue Erkenntnisse zeigen, dass Intuition auch im Bauch entsteht und abläuft und nicht nur im Gehirn. Die Intuition ist nach *Busch* nichts Beliebiges, nichts Endloses, nichts wirklich Fantasievolles. Sie ist in so genannten Programmen gefangen. Sie kann nicht einfach entscheiden, wie sie will, auch wenn das manchmal oberflächlich betrachtet so aussehen mag. Ein Programm ist allgemein eine festgelegte Folge nach einem Ablaufplan zum Erreichen von bestimmten Zielen.

Die Intuition eines Menschen sitzt in ihrem ganz persönlichen Ordnungssystem fest wie in einem Programmnetzwerk. Sie kann also nur in gewissen, vorbestimmten Bahnen intuitiv sein, ist nur sehr begrenzt kreativ und manchmal ziemlich unmoralisch. Die Menschen verfügen über mehrere, unterschiedliche, sich ständig wiederholende Intuitionsprogramme, die sich bei manchen Menschen sogar widersprechen können. Der Bauch des Menschen benutzt Intuitionsprogramme, entscheidet dann und informiert den Kopf nur über seine Entscheidung. Ist das Bauchprogramm erfolgreich abgelaufen, ist der Mensch zufrieden.

Die ganz persönlichen Programme eines Menschen sind im Wesentlichen in seiner DNA installiert und werden von ihm befolgt. Die Installationen sind genetisch bedingt und werden geerbt. Außerdem werden die geerbten Installationen von außen durch die Umwelt ergänzt und manchmal auch ein wenig verändert. Dies geschieht in den frühen Jahren der Erziehung und während der Ausbildung durch Erfahrungen und Einflüsse. Das Grundmuster des Intuitionsprogramms bleibt ein Leben lang identisch.

Die Installationsprogramme akzeptieren nur zugelassene Änderungen. Ein Mensch ist durch Logik nicht dazu zu bewegen seinen intuitiven Verhaltens- und Entscheidungsprogrammen logisch, mit dem Kopf zu widersprechen. Der Kopf kommt letztendlich nicht gegen den Bauch an. Es ist nicht ohne weiteres möglich, den listigen, eigensinnigen, schlauen Bauch in seine Schranken zu verweisen. Die Bauchentscheidungen eines Menschen sind von seinen Installationsprogrammen abhängig. Den Bauch interessiert nicht, was dem Kopf passt, ob die Intuition logisch oder moralisch richtig ist. Den Bauch interessiert nur, dass der Mensch mit seiner Intuition den eigenen Programmen folgt und keinen Schaden erleidet.

Diese als kurze Einführung in das Thema Intuition gedachten Hinweise sind nur mit weiteren Erkenntnissen, Vertiefungen und Beispielen, z. B. nach *Busch* vollständig zu verstehen. Die Intuition ist im Bereich Konstruktion und Entwicklung nicht zu ersetzen, da viele Lösungsideen intuitiv entstehen. Grundlagenkenntnisse zum Denken mit dem Bauch sorgen für Erklärungen für so manche Entscheidung.

Die Bedeutung von Kreativität, Intuition und Methodik sollte allen Konstrukteuren bewusst sein, die gute Lösungen für Aufgaben und Probleme suchen, weil erst das sinnvolle Nutzen durch entsprechende Ergänzungen aller drei für den Erfolg sorgt.

5.4.6 Brainstorming

Brainstorming ist eine Methode zur Förderung der Kreativität einer Gruppe bei der Lösung eines bestimmten Problems durch gegenseitige Anregung des intuitiven und des kreativen Denkens.

Der Ablauf für dieses Verfahren wurde von *Osborn* vorgeschlagen. Eine Gruppe besteht aus 4 bis 9 aufgeschlossenen Menschen aus unterschiedlichen Erfahrungsbereichen. Die Methode eignet sich vor allem für klar definierte Probleme, die nicht zu komplex sind.

Die Teilnehmer sollen für ein Problem, das vor der Sitzung erläutert wird, eine große Anzahl von Ideen frei äußern (Gedankensturm), die ohne schöne Formulierungen frei sichtbar für alle notiert werden. Diese Gedanken sollen die Teilnehmer anregen und für neue Vorschläge sorgen. Der Ablauf ist als Übersicht in Tabelle 5.6 dargestellt.

FH HANNOVER	**Brainstorming (Gedankensturm)**	Datum: Blatt-Nr.
Ablauf: Gruppe von aufgeschlossenen Menschen aus unterschiedlichen Erfahrungsbereichen produziert neue Ideen ohne Vorurteile und lässt sich von geäußerten Gedanken zu weiteren neuen Vorschlägen anregen.		
Grundregeln: 1. Keine Kritik ! 2. Quantität vor Qualität ! Viele Ideen ! 3. Ideen anderer aufgreifen und weiterentwickeln ! 4. Alles ist erlaubt ! Freies Gedankenspiel !		
Randbedingungen: 1. Sitzungsraum ohne Störungen in angenehmer Umgebung. 2. Anzahl der gleichberechtigten Teilnehmer 4 bis 9. 3. Neutraler Moderator hält alle Ideen unbewertet und vollständig fest. 4. Zeitlichen Verlauf planen, z. B. arbeitsfreien Vormittag mit 1 bis 2 Stunden vorsehen.		
Gezielte, präzise Problemformulierung:		
Ideensammlung:		

Tabelle 5.6: Brainstorming – Vorgehen und Ablauf

Entscheidend für den Erfolg von Brainstorming ist die Einhaltung folgender Regeln:

- Quantität vor Qualität; d. h., bei steigender Anzahl geäußerter Ideen vergrößert sich die Chance, dass sich besonders brauchbare darunter befinden.

- Kein Konkurrenzdenken; d. h., die einzelnen Teilnehmer sollen nicht aus persönlichen Gründen Gedanken oder Ideen zurückhalten und auch Ideen anderer übernehmen.
- Keine Kritik; d. h., ***Killerphrasen*** wie „Das geht nicht!“ oder „Das haben wir schon immer so gemacht!“ sind verboten.
- Sitzungsort möglichst außerhalb der gewohnten Arbeitsatmosphäre.
- Teilnehmer möglichst aus unterschiedlichen Bereichen jedoch aus einer hierarchischen Ebene. Dadurch wird ein sehr großes Wissensgebiet abgedeckt und es entwickelt sich kein Konkurrenzdenken.
- Teilnehmerzahl sollte sich auf 4 bis 9 Mitarbeiter beschränken.

Die Auswertung der Ideen erfolgt von Fachleuten, die systematisch ordnen und überprüfen, was realisierbar ist. Anschließend wird die Gruppe erneut die Ideen diskutieren und weiterentwickeln.

Vorteilhaft wird Brainstorming eingesetzt, wenn

- noch kein realisierbares Lösungskonzept vorliegt,
- das physikalische Geschehen einer möglichen Lösung noch nicht erkennbar ist,
- das Gefühl vorherrscht, mit bekannten Vorschlägen nicht weiterzukommen oder
- eine völlige Trennung vom Konventionellen angestrebt wird.

Von Brainstorming-Sitzungen sollten keine großen Überraschungen oder Wunder erwarten werden, da Fachleuten schon vieles bekannt ist, oder weil nicht realisierbare Lösungen genannt werden. Meist entstehen nur ein oder zwei Gedanken, die weiterentwickelt werden. Dies wäre schon ein sehr gutes Ergebnis.

5.4.7 Brainwriting

Die Ideen und Lösungsansätze werden nicht mündlich vorgetragen, sondern aufgeschrieben. Die Prinzipien sind die gleichen wie beim Brainstorming: Anregung der Gedanken durch wechselseitige Assoziation, Aufgreifen und Weiterentwickeln von Vorgängerideen. Als Hilfsmittel können Karten für je eine Idee und eine Pinnwand benutzt werden, um die Ideen allen vorzustellen.

Diese Methode ist auch als ***Solo-Brainstorming*** durchführbar, indem nach der Durchsicht aller Informationen zu einem Problem in 20 bis 30 Minuten alles aufgeschrieben wird, was einem einfällt, selbst wenn es völlig abwegig erscheint. Die Auswertung erfolgt auch hier erst später. Um schneller an die Lösung zu gelangen, gibt es sehr viele Checklisten-Verfahren, wie z. B. das System der ***Fragenreihe der W-Wörter***: Wer – Was – Wo – Wann – Warum – Weshalb – Wozu?

5.4.8 Methode 635

Diese Methode wurde von *Rohrbach* durch Weiterentwicklung des Brainstormings aufgestellt. Die wichtigsten Hinweise enthält ein beispielhaft in Tabelle 5.7 vorgestelltes Formblatt. Auch für diese Methode, als schriftliche Form des Brainstorming, sind kreative, aufgeschlossene Mitarbeiter verschiedener Bereiche aus einer Hierarchieebene einzuladen.

FH HANNOVER	**Methode 635**	Datum: Blatt-Nr.

Ablauf:

6 Gruppenmitglieder schreiben jeweils 3 Vorschläge auf, die 5 mal weiterentwickelt werden. Die 3 Lösungsideen werden weitergegeben, vom nächsten Mitglied weiterentwickelt und aufgeschrieben. Für 3 Lösungsideen sind jeweils ca. 5 Minuten vorgesehen.

Randbedingungen:

1. Sitzungsraum ohne Störungen in angenehmer Umgebung.
2. Anzahl der gleichberechtigten Teilnehmer 6.
3. Kein Moderator erforderlich, Protokoll entsteht automatisch.
4. Zeitlichen Verlauf planen, z. B. arbeitsfreien Vormittag mit 1 bis 2 Stunden vorsehen.

Gezielte, präzise Problemformulierung:

Idee 1:	Idee 2:	Idee 3:

Tabelle 5.7: Methode 635 – Vorgehen und Ablauf

Die ***Methode 635*** ist ein Verfahren zur Ideenfindung für Probleme, indem
- 6 Gruppenmitglieder
- 3 Vorschläge aufschreiben, die
- 5-mal weiterentwickelt werden.

Das vorgegebene Problem wird gemeinsam analysiert und genau definiert. Für die drei Lösungsideen sind für jeden Teilnehmer 5 Minuten vorgesehen. Die ersten drei Lösungen werden dann problemlos in 5 Minuten aufgeschrieben. Bei den letzten Umläufen sind Abweichungen von der Zeitvorgabe möglich.

Der Einsatz dieser Technik erfolgt in drei Phasen:

a) Vorbereitung

- Einladung von 6 Teilnehmern unterschiedlicher Bereiche
- Erarbeiten eines geeigneten Formblatts für diese Methode (z. B. Tabelle 5.7)
- Sicherung der Störungsfreiheit der Gruppensitzung

b) Durchführung

Nach Bekanntgabe der Regeln, des Themas und des Skizzierens seiner Problematik wird in folgenden Schritten vorgegangen:

- Jeder Teilnehmer schreibt auf seinen Vordruck 3 Lösungsalternativen
- Weitergabe der Vordrucke an den Nachbarn
- Nach der Durchsicht dieser Alternativen entwickelt jedes Mitglied die notierten Lösungsansätze weiter und schreibt diese dann ebenfalls auf den Vordruck
- Die Vordrucke werden wieder weitergegeben und die bisherige Vorgehensweise wiederholt

Vorteile	Nachteile
Verlauf ohne Diskussion	Keine Rückfragen möglich bei Missverständnissen
Kritik an den Beiträgen anderer ausgeschlossen	Empfinden von Leistungsdruck
Gleiche Beteiligung aller	Weniger spontan und dynamisch
Kein Moderator erforderlich	Begrenzter Raum zur Ideendarlegung
Protokoll entsteht automatisch	nicht alle Ideen werden mitgeteilt
Nachdenken in Ruhe	Anzahl der Ideen begrenzt
Auch für größere Gruppen geeignet (Formulare laufen 6 Takte weit)	

Tabelle 5.8: Methode 635 – Vorteile und Nachteile

c) Auswertung

Als Ergebnis müssten auf 6 Vordrucken jeweils 3 × 6 Ideen, also theoretisch insgesamt 108 Ideen vorliegen. Praktisch sind oft nur 60 bis 70 Ideen zu erreichen. Die Auswertung erfolgt in gleicher Weise wie beim Brainstorming.

Gegenüber dem Brainstorming ergeben sich Vorteile und Nachteile nach Tabelle 5.8.

Ein strenges Vorgehen nur nach der einen oder der anderen Methode ist erfahrungsgemäß nicht zu empfehlen. Die angegebenen Methoden sind gegebenenfalls in Kombination so anzuwenden, wie sie sich am besten nutzen lassen und den größten Erfolg sichern. Erfahrungen und Problemstellungen bestimmen ebenfalls das Vorgehen.

5.4.9 Mind Mapping

Eine ***Mind Map*** ist eine ***Gedankenlandkarte***. Das Erstellen von Gedankenlandkarten erfolgt durch Umsetzen von Ideen und Gedanken in ein Bild. Nach *Herzog* wird dadurch erreicht, die bildwirksamen Fähigkeiten zu aktivieren und die Sinne möglichst umfassend und abwechslungsreich anzusprechen. Die Methode wurde von *Tony Buzan* in den 70er-Jahren entwickelt. Die Grundidee von *Buzan* ist, Informationen nicht einfach untereinander zu schreiben, sondern diese von einem zentralen Begriff in der Mitte eines Blattes weiter zu entwickeln. Die Methode ***Mind Mapping*** hat das Ziel, die geistigen Fähigkeiten des Menschen zu nutzen und weiter auszubauen.

Konstrukteure nutzen das bildwirksame Arbeiten mit Skizzen und Zeichnungen schon immer als sehr wirksame Methode zur Darstellung und Weiterentwicklung der Gedanken für technische Lösungen. Deshalb soll hier als Erweiterung der Arbeitsweise von Konstrukteuren die Methode Mind Mapping mit möglichen Anwendungen für das Entwickeln von Lösungsprinzipien vorgestellt werden.

Eine Mind Map ist nach *Buzan* eine bunte, visuelle Form von Notizen, die allein oder gemeinsam mit einer Gruppe zu entwickeln ist. Die zentrale Idee, ein Bild oder eine Aufgabe wird in die Mitte eines Blattes im Querformat geschrieben. Davon ausgehend, also von innen nach außen, sind Äste zu zeichnen, die mit Hauptideen versehen mit der zentralen Idee verbunden sind. Von den Hauptideen sind Verzweigungen mit Unterideen einzutragen, die Themen enthalten, die gründlicher zu untersuchen sind. Die Verzweigungen sind mit Ästen zu versehen, an denen die Ideen noch detaillierter anzugeben sind. Die Verbindung der Äste in Form einer Baumstruktur zeigt auch den Zusammenhang von allen Ideen. Mind Maps zeigen also eine tiefere und breitere Aufbereitung der Ideen, als eine einfache Ideenliste.

Das Thema einer Mind Map steht immer in der Mitte eines Blattes und wird von einem Linienzug umschlossen. Die davon ausgehenden Verzweigungen gliedern das Thema in einzelne Bereiche, die mit Stichworten für die Ideen zu versehen sind. Die Stichworte haben die Bezeichnung **Schlüsselwort**. Jedes Schlüsselwort ist so zu wählen, dass damit ein Gedanke verbunden wird. Das Wort als Schlüssel ist eine Hilfe, den Gedanken immer wieder zu öffnen. Als Schlüsselworte für Mind Maps sind einfache Substantive zu wählen.

Beispiel: Entwicklung einer Mind Map für die Darstellung der eigenen Fähigkeiten in drei Stufen zeigen die Bilder 5.4 und 5.5. Das erste Bild zeigt das Thema in der Bildmitte und auf den Hauptästen die Fähigkeitsbereiche jeweils nur mit einem Wort. Das zweite Bild enthält Nebenäste mit Schlüsselworten für Begriffe der Hauptäste. Das dritte Bild 5.5 ist die Gedankenlandkarte, die im Original natürlich mit fünf unterschiedlichen Farben pro Ast erstellt wurde. Auch die Bilder sind farbig. Die Gedankenlandkarte wirkt mit den Farben und Bildern erheblich anregender.

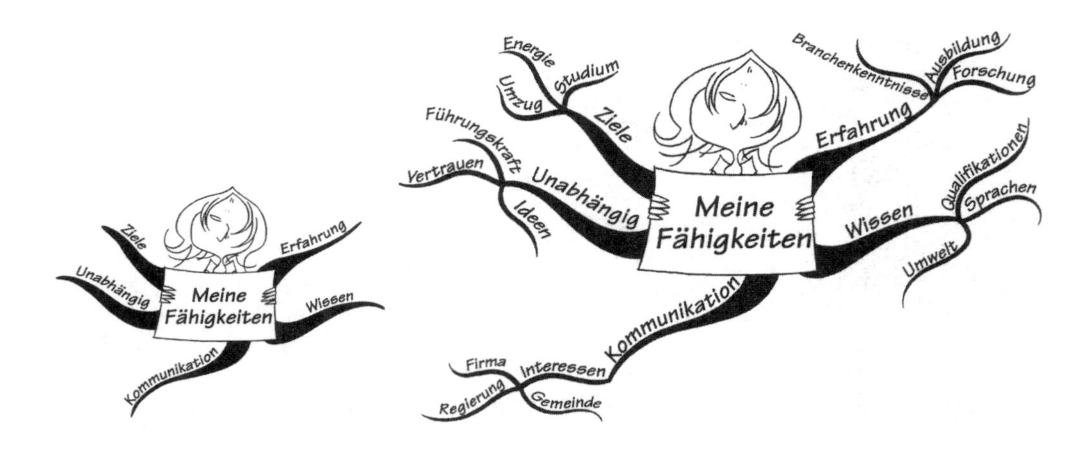

Bild 5.4: Mind Map - Meine Fähigkeiten, erste Schritte (*Buzan*)

Die ***Funktion einer Mind Map*** ergibt sich nach *Buzan* durch einen Vergleich mit der üblichen Vorgehensweise bei der Erledigung von Aufgaben. Die Aufgaben oder die Ideen werden in der Regel von oben nach unten auf ein weißes Blatt Papier geschrieben und nach der Erledigung durchgestrichen. Wenn die Liste weitestgehend abgearbeitet ist, wird eine neue Liste erstellt mit den Resten der Punkte aus der alten Liste. Das führt irgendwann zu dem Gefühl, dass die Listen als Steuerung empfunden wurden und nicht umgekehrt.

Diese Arbeiten mit Listen, Buchstaben, Zahlen, Abläufen und Linien sind Fähigkeiten der linken Gehirnhälfte. Die Beschäftigung nur mit diesen Elementen schränkt die Kreativität beim Brainstorming ein. Kreativität erfordert jedoch auch den Einsatz von Fantasie, die der rechten Gehirnhälfte zuzuordnen ist. Die rechte Gehirnhälfte ist für die geistigen Fähigkeiten zuständig, wie die Interpretation von Farben, Bildern, Rhythmen und das räumliche Bewusstsein.

Mind Maps beschäftigen die rechte und die linke Gehirnhälfte, wenn sie nicht nur Buchstaben und Zahlen, sondern auch Farben und Bilder zur Darstellung einsetzen. Durch den Einsatz beider Hälften des Gehirns tritt eine gegenseitige Versorgung und Verstärkung ein, die das eigene kreative Potenzial steigert. Die Schlüsselelemente der Funktionsweise des Gehirns und der Gedankenlandkarte sind die Gleichen:

Fantasie und Assoziation

Im Gehirn werden durch Assoziieren Ideen vervielfältigt und multipliziert. Mind Maps arbeiten mit den beiden wichtigen Prinzipien der Fantasie und der Assoziation. Durch das Entwickeln von Mind Maps wird das Gehirn dazu gebracht zwischen den Ideen Assoziationen zu finden. Dies ergibt sich auch aus der Baumstruktur, in der jeder Ast mit dem vorhergehenden verbunden ist.

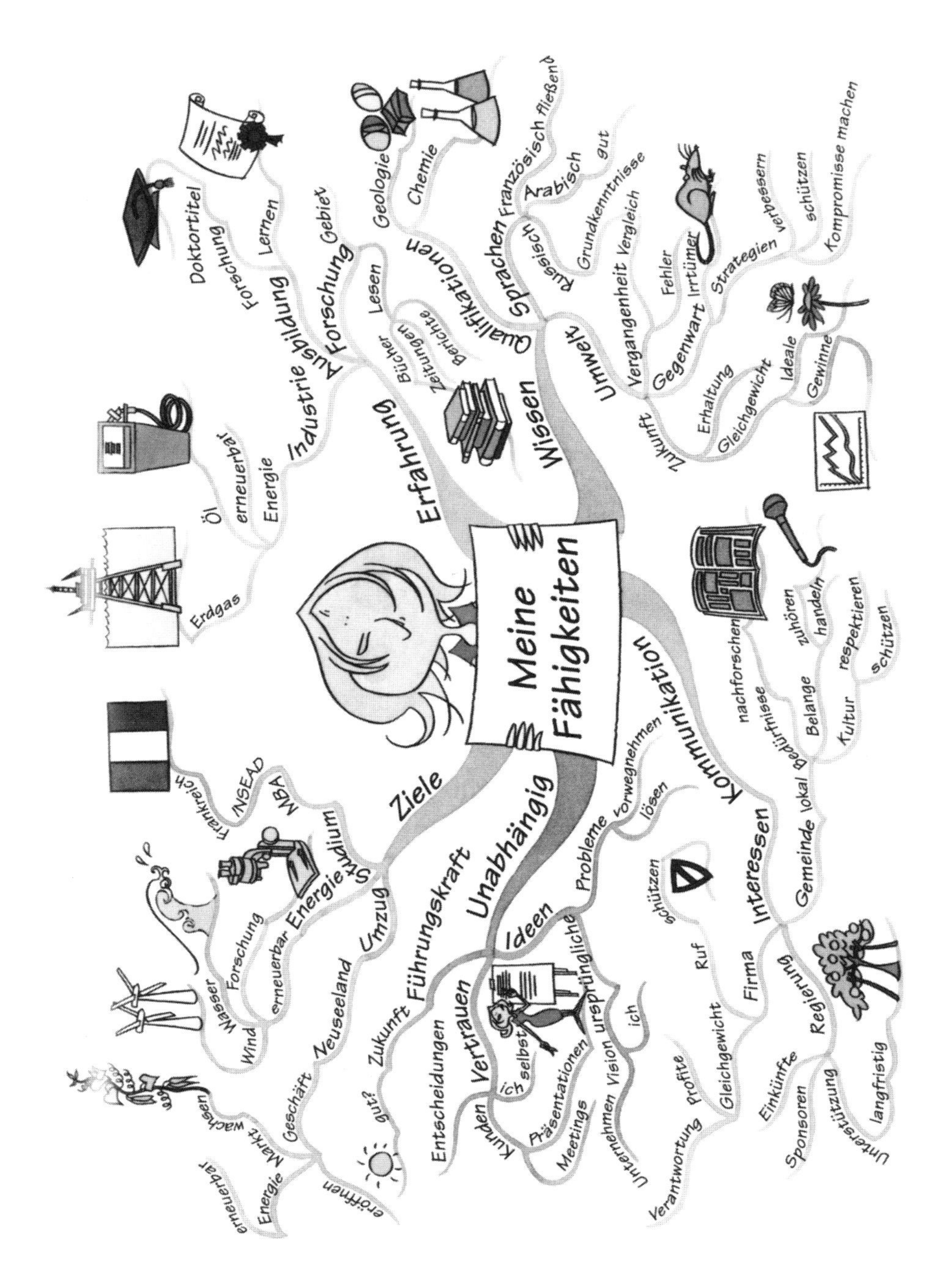

Bild 5.5: Mind Map – Meine Fähigkeiten (*Buzan*)

Mind Maps sind ein wertvolles Denk-Werkzeug, weil die Aufmerksamkeit des Erstellers stets auf den Kern der Aufgabe gelenkt wird und sich durch Assoziationen und Fantasie wichtige Folgerungen ergeben. Mind Maps sind nach *Buzan* ein Abbild der natürlichen, bildhaften Denkprozesse und -fähigkeiten des Gehirns.

Gehirn und Mind Maps arbeiten mit Bildern umgeben mit einem Netzwerk von Assoziationen

Grundregeln für das Aufstellen von Mind Maps sind nach *Buzan* und *Herzog* bekannt und sollen hier vorgestellt werden, bevor die Anwendung an einem Beispiel gezeigt wird.

Eine Mind Map ist als Baumstruktur zu entwickeln, um die Gedanken zu zeigen und deren Verbindungen darzustellen. Die Hauptäste sind mit Schlüsselworten zu versehen, die direkt mit dem Thema als Ausgangspunkt zu verbinden sind. Die Äste und Zweige sind mit Ideen und Gedanken mit den Hauptästen zu verbinden. Die Gedankenlandkarte enthält auf einem Blatt sehr viele Ideen, Begriffe und Fakten und behandelt ein Thema bildwirksam.

- Eine Mind Map ist auf einem quer liegenden Blatt in der Mitte zu beginnen und mit farbigen Stiften zu zeichnen. Dadurch ist es möglich die Gedanken in alle Richtungen auszubreiten.
- Das Thema als Ausgangspunkt ist anschaulich darzustellen durch Skizzen, Bilder, Symbole oder Farben. Das Arbeiten mit Farben regt die Fantasie an und wirkt im Gehirn anregend wie Bilder.
- Gedanken zum Thema liefern Ideen, die wie beim Brainstorming ohne Wertung aufzuschreiben sind. Die Ideen sind spontan zu erfassen, ohne durch weiteres Nachdenken daraus Lösungen zu entwickeln. Alle Gedanken sind aufzuschreiben und mit einer Linie mit der Idee zu verbinden, mit der dieser Gedanke zu verknüpfen ist.
- Die Verbindungen mit dem Bild in der Mitte erfolgt durch Hauptäste, die am Bild dicker und zum Rand dünner darzustellen sind. Die Hauptäste sind mit Nebenästen und Verzweigungen wie bei einem Baum zu verbinden. Dadurch sind Assoziationen wie im Gehirn möglich und das Verstehen und Behalten wird leichter. Gleichzeitig entsteht eine grundlegende Struktur für die Gedanken.
- Die Länge der Äste oder Linien ist so wählen, wie das Wort oder das Bild lang sind. Jedes Wort und jedes Bild muss allein auf einem eigenen Ast stehen. Gekrümmte Äste sind geeigneter als gerade Linien, da sie den Ästen von Bäumen entsprechen und für das Betrachten angenehmer sind.
- Die Hauptgedanken sind als Schlüsselworte auf die dickeren Äste zu schreiben, die direkt an das Thema in der Blattmitte anzufügen sind. Auf jede Linie ist nur ein Wort zu schreiben. Ganze Sätze sind nicht aufzuschreiben da diese einengen können, und weil mit Schlüsselworten mehr zu bewirken ist und die Mind Map flexibler bleibt.
- Für jeden Gedanken ist ein Zweig zu zeichnen. Die folgenden Gedanken sind als neue Zweige zu ergänzen. Die wichtigsten Gedanken sind den Ästen zugeordnet, die mit den dicken Ästen wie bei einem Baum zu verbinden sind. Das Ergänzen von Zweigen ist auch später noch möglich.

- Bilder, Symbole und Skizzen sind unbedingt auch bei den Gedanken zu verwenden, da ein Bild anregt, dem eigenen Gedächtnis weiterhilft und mehr aussagt als tausend Worte. Abkürzungen sind zu vermeiden.

Die Methode Mind Mapping ist nach *Buzan* für alle Alltagsaktivitäten einsetzbar und ist in zunehmenden Umfang auch für berufliche Bereiche nutzbar. Nach *Herzog* sind folgende Bereiche besonders geeignet, für die einige Beispiele genannt werden:

- Konzepterstellung: Brainstorming, Präsentationen, strategische Planung
- Dokumente: Berichte, Produktbeschreibung, technische Dokumentation, Projektstatus
- Organisation: Tagesplanung, Checklisten, Gesprächsvorbereitung, Bereichsübersicht
- Informationsmanagement: Informationen strukturieren, übersichtliche Berichte

Besondere Vorteile ergeben sich durch das Erstellen von Gedankenlandkarten mit einem PC-Programmen, wie z. B. dem Mindjet®MindManager®, das ausführlich von *Herzog* beschrieben vorliegt. Bei diesem Programm ist außerdem die direkte Koppelung mit allen Microsoft®-Programmen vorhanden, was ein sehr effektives Arbeiten ermöglicht.

Mind Maps für den Bereich Entwicklung und Konstruktion sind aus Veröffentlichungen weniger bekannt. Sie bieten sich jedoch an, da Konstrukteure schon immer bildwirksam mit Skizzen arbeiten. Mind Maps sind mit anderen Ideenfindungsmethoden gut zu kombinieren. Die Ergebnisse der Methode Brainstorming oder der Methode 635 sind gut geeignet, um die vielen Ideen als Mind Map strukturiert aufzuarbeiten und ein übersichtliches Ergebnis zu erhalten. Für Konstrukteure, die gern schriftlich ihre Gedanken und Ideen darstellen, sind Mind Maps mit den übersichtlich gezeichneten Denkstrukturen gut geeignet. In der Entwicklung sind damit die beiden Gehirnhälften der Konstrukteure, die kreativ-fantasievolle und die sachlich-abstrahierende, gut einzusetzen. Bild 5.6 zeigt als Beispiel erste Ergebnisse eines Brainstormings als Mind Map.

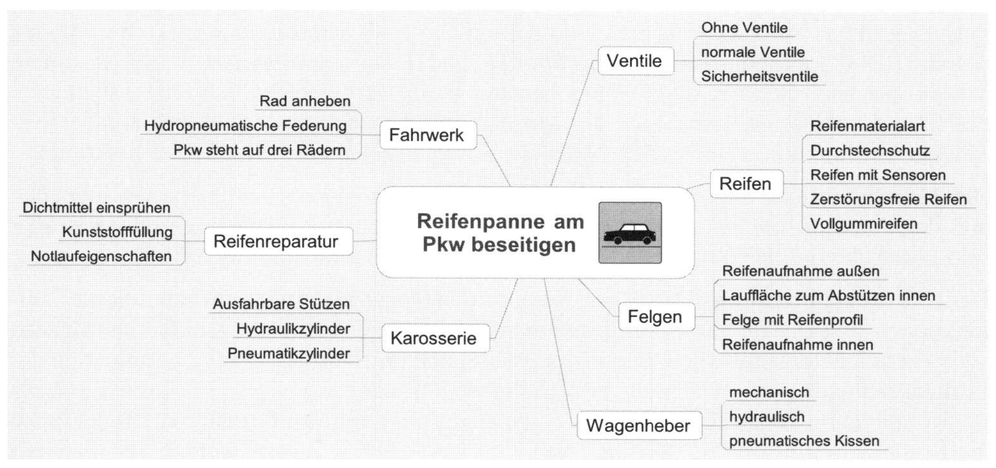

Bild 5.6: Mind Map – Reifenpanne am Pkw beseitigen

5.4.10 Methode Morphologischer Kasten

Die ***systematischen Methoden*** zur Ideenfindung wurden entwickelt, um zu einer Aufgabe möglichst viele Lösungen zu finden, indem schrittweise vorgegangen wird. Durch Analyse und Zerlegung in Teilaufgaben ergeben sich viele Lösungselemente, die systematisch geordnet und ausgewertet werden. Diese Methoden haben den Vorteil, dass die optimale Lösung sehr wahrscheinlich relativ nahe erreicht wird. Während bei den kreativen Methoden nicht sicher ist, ob es nicht noch bessere Lösungen gibt. Die kreativen Methoden lassen sich hier aber auch sehr gut einsetzen, um Anregungen zu erhalten für das systematisch zu erarbeitende Lösungsfeld.

Die Methode des ***Morphologischen Kastens*** wurde von *Zwicky* mit dem Ziel entwickelt, zu einem gegebenen Problem ein vollständiges Lösungssystem aufzubauen, das alle denkbaren Lösungsmöglichkeiten in geordneter Form enthält.

Der Begriff „***Morphologie***" kann auf verschiedene Art und Weise erklärt werden. In jedem Fall wird auf eine Ordnung verwiesen. Ordnung beim Denken führt zu der Definition: „Morphologie bezeichnet die Lehre vom geordneten Denken". Morphologie besteht dann daraus, Denkregeln und Denkprinzipien darzulegen, die in schwierigen Situationen ein vernünftiges, zielgerichtetes und richtiges Vorgehen ermöglichen. Da außerdem jede Methode nur eine Anweisung ist, wie etwas durchgeführt werden kann, ist Morphologie eine Methodenlehre, die unabhängig vom Fachgebiet Prinzipien der Problemlösung bereitstellt.

Das Prinzip des Morphologischen Kastens beruht auf einer systematischen

- Zerlegung komplexer Aufgaben in Teilaufgaben,
- Variation von Lösungselementen,
- Kombination von Lösungselementen zu neuen Gesamtlösungen.

Für konstruktive Aufgaben hat sich eine Zerlegung der Gesamtfunktion in Teilfunktionen bewährt. Die Zuordnung von ***Teilfunktionen*** und ***Lösungselementen*** erfolgt in einem Kasten, der auch Schema oder Matrix genannt wird, weil er eigentlich eine Tabelle mit Zeilen und Spalten ist. Die Größe des Morphologischen Kastens ergibt sich aus der Anzahl der Teilfunktionen und aus der Anzahl der Lösungselemente für jede Teilfunktion.

Der Morphologische Kasten entsteht durch die Anordnung der Teilfunktionen in Zeilen und der Funktionsträger/Lösungselemente in den Spalten einer Tabelle. Funktionsträger sind konstruktive Elemente (Teile, Baugruppen usw.), die eine Funktion erfüllen.

Der Konstrukteur ermittelt durch eine Funktionsanalyse aus der Gesamtfunktion die Teilfunktionen und die für diese Teilfunktionen bekannten Funktionsträger, die als Skizzen oder Text eingetragen werden. Die Lösungsvarianten ergeben sich durch Kombination der Lösungselemente unter Beachtung von Unverträglichkeiten. Dabei ist es hilfreich, jeweils die Kombination bei zwei aufeinander folgenden Zeilen durchzuführen und anschließend die Kombination mit dieser Kombination. Die Lösungen 1, 2 usw. werden also dadurch entwickelt, dass der Konstrukteur für jede Teilfunktion ein Lösungselement auswählt, das Zusammenwirken gedanklich kombiniert und auf Verträglichkeit prüft. Die so gefundenen

Lösungselemente werden jeweils für eine Lösungsvariante markiert, durch einen Linienzug verbunden und ergeben eine Lösung, wie Bild 5.7 zeigt.

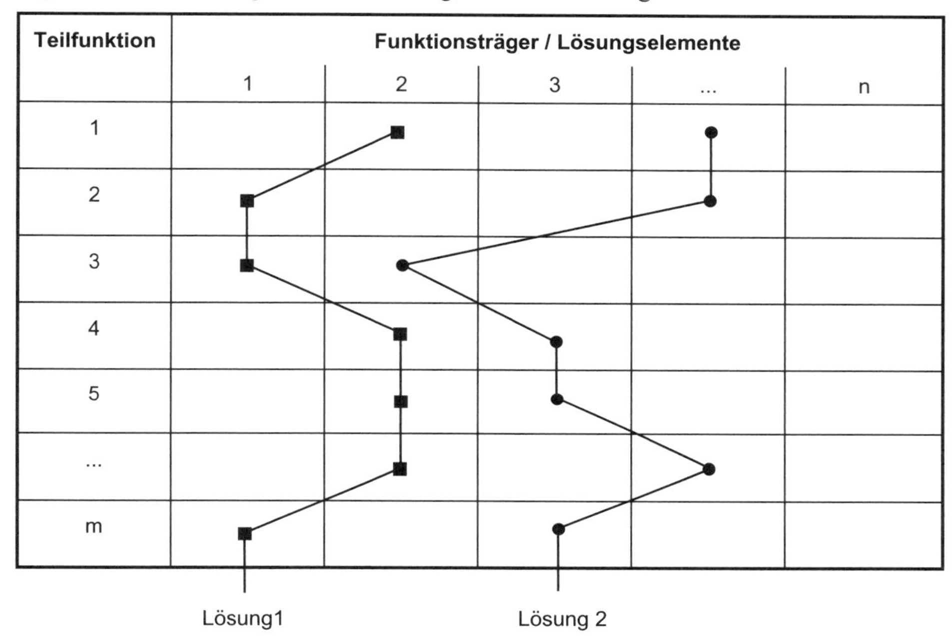

Bild 5.7: Methode Morphologischer Kasten

Die Anzahl der Lösungen ergibt sich aus dem Produkt der Anzahl der eingetragenen Lösungselemente aller Teilfunktionen. Für den in Bild 5.7 dargestellten Morphologischen Kasten wären mit 7 Teilfunktionen also theoretisch $5 \times 5 \times 5 \times 5 \times 5 \times 5 \times 5 = 78.125$ Gesamtlösungen möglich, wenn alle Felder mit Lösungselementen ausgefüllt wären.

Beispiel: Der Morphologische Kasten für Armbanduhren nach *Boesch*, der 1954 aufgestellt wurde und als Auszug im Bild 5.8 vorgestellt werden soll.

Eine Analyse der eingetragenen Lösungselemente zeigt, dass zum einen nur der Kenntnisstand des Bearbeiters und zum anderen nur der Stand der Technik enthalten sind. Sehr vorteilhaft ist diese geordnete Sammlung für das Einarbeiten und Weiterentwickeln, wenn der Stand der Technik neue Lösungselemente zulässt. Die eingetragenen Lösungselemente ergeben theoretisch durch beliebiges Kombinieren die sehr große Zahl von $5 \times 5 \times 4 \times 5 \times 4 \times 5 \times 4 = 40.000$ Lösungen. (Das Original ermöglicht 120.900 Lösungen.) Wenn z. B. 99 % dieser Lösungen nicht zu realisieren sind, so verbleiben noch 400 Lösungen, die näher untersuchen werden könnten. Das bedeutet, dass der Konstrukteur sehr viele gedankliche Kombinationen durchführen muss, um zu erkennen, welche Lösungselemente zu guten Lösungsvarianten führen. In der Regel werden im ersten Schritt 3 bis 5 Lösungsvarianten ermittelt, skizziert und bewertet.

Als Ergebnis sind die Lösungselemente für eine mechanische und für eine elektrische Armbanduhr eingetragen, die 1954 erfunden wurde. Die Lösungselemente für eine Quarzarmbanduhr fehlen jedoch, weil diese Technik damals noch nicht bekannt war.

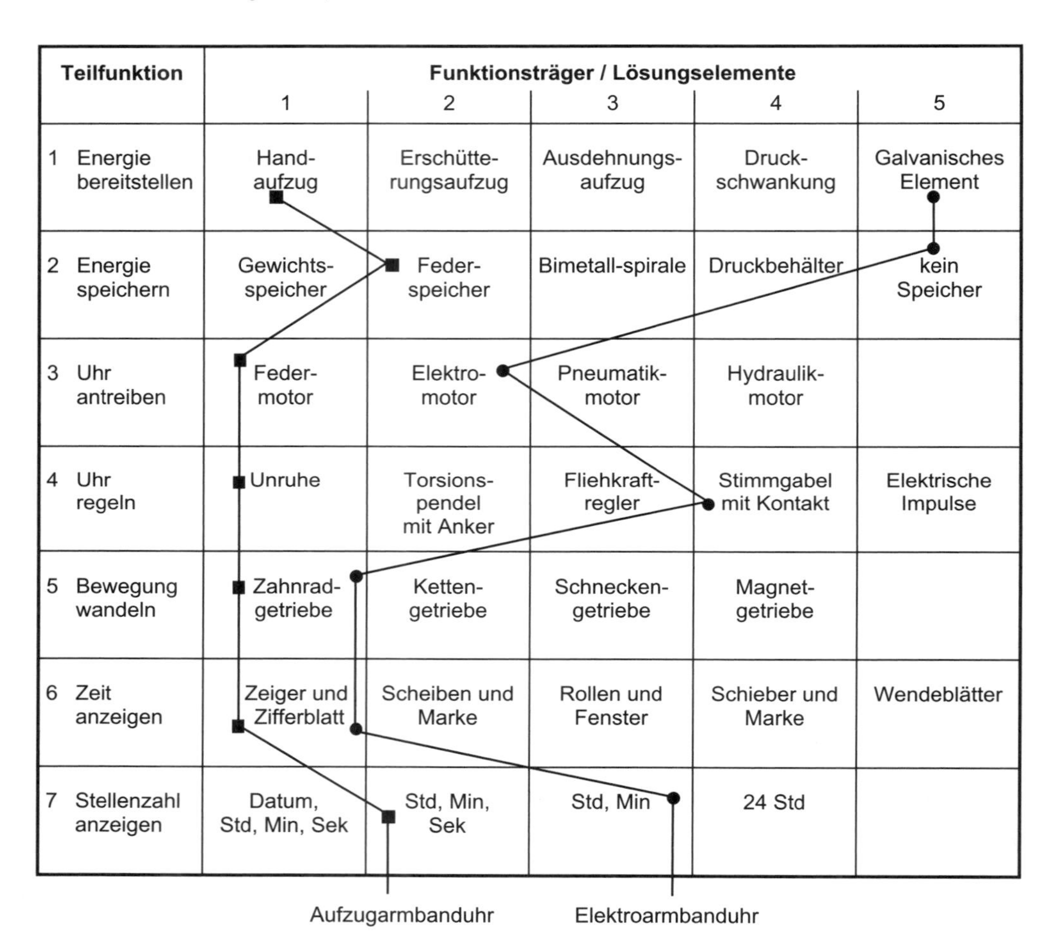

Teilfunktion	**Funktionsträger / Lösungselemente** 1	2	3	4	5
1 Energie bereitstellen	Hand-aufzug	Erschütte-rungsaufzug	Ausdehnungs-aufzug	Druck-schwankung	Galvanisches Element
2 Energie speichern	Gewichts-speicher	Feder-speicher	Bimetall-spirale	Druckbehälter	kein Speicher
3 Uhr antreiben	Feder-motor	Elektro-motor	Pneumatik-motor	Hydraulik-motor	
4 Uhr regeln	Unruhe	Torsions-pendel mit Anker	Fliehkraft-regler	Stimmgabel mit Kontakt	Elektrische Impulse
5 Bewegung wandeln	Zahnrad-getriebe	Ketten-getriebe	Schnecken-getriebe	Magnet-getriebe	
6 Zeit anzeigen	Zeiger und Zifferblatt	Scheiben und Marke	Rollen und Fenster	Schieber und Marke	Wendeblätter
7 Stellenzahl anzeigen	Datum, Std, Min, Sek	Std, Min, Sek	Std, Min	24 Std	

Bild 5.8: Morphologischer Kasten für Armbanduhren (Auszug nach *Boesch*)

Mit dem Morphologischen Kasten können Lösungen für neue Aufgaben erarbeitet, ein Stillstand in der Entwicklung kann neu belebt werden, und es werden Lücken erkannt, wenn für eine Teilfunktion nur sehr wenige Lösungselemente gefunden wurden. Diese Lücken können mit kreativen Methoden geschlossen werden.

Tabelle 5.9 enthält alle Schritte der Methode als Arbeitsblatt zusammengefasst. Nach dem Erarbeiten der einzelnen Schritte des Ablaufs hat sich als besonders wichtig herausgestellt, dass für jede Lösungsvariante eine Freihandskizze erstellt wird, damit in der folgenden Bewertung durch eine Gruppe eine Vorauswahl stattfinden kann mit dem Ergebnis, welche der Lösungsvarianten weiterzuverfolgen sind.

FH HANNOVER	**Methode Morphologischer Kasten**	Datum: Blatt-Nr.:
Aufgabe/Produkt:		

Ablauf:

- Aufgabe analysieren und lösungsneutrale Funktionsbeschreibung erarbeiten
- Zerlegen der Gesamtfunktion in Teilfunktionen
- Formblatt mit Zeilen- und Spalten-Nummern als Morphologischen Kasten verwenden
- Eintragen der Teilfunktionen in die linken Zeilenfelder eines Morphologischen Kastens
- Lösungselemente/Funktionsträger durch systematisches Suchen für jede Teilfunktion ermitteln und in die Spalten eintragen als Text oder mit einfachen Skizzen
- Kombination der verschiedenen Lösungselemente für jede Teilfunktion zu Lösungsvarianten
- Prüfen der physikalischen und geometrischen Verträglichkeit der Lösungselemente
- Skizzen/Entwürfe der Lösungsvarianten anfertigen
- Bewerten der Lösungsvarianten
- Optimale Lösung auswählen und realisieren

Hinweis: Den Morphologischen Kasten aufstellen ohne Lösungsvarianten einzutragen und für jede Lösung eine Kopie anfertigen, sodass jeweils nur eine Lösung eingetragen ist, die skizziert und bewertet wird.

Skizze der Lösungsvariante:

Bewertung der Lösungsvariante:

Vorteile	**Nachteile**

Bemerkung:

Entscheidung:

Tabelle 5.9: Methode Morphologischer Kasten

5.4.11 Methode der Ordnenden Gesichtspunkte

Die Methode der ***Ordnenden Gesichtspunkte*** nach *Hansen* sucht für als notwendig erkannte Maßnahmen Ordnende Gesichtspunkte (OGP), ermittelt für die OGP die unterscheidenden Merkmale (UM) und vereinigt die UM dann zu Lösungen (Skizzen). Die formulierten Oberbegriffe (OGP) werden systematisch in Unterbegriffe (UM) aufgeteilt.

Dieses Vorgehen ermöglicht den Weg, alle Lösungen einer Aufgabe zu erkennen. Statt aus der Erfahrung und Erinnerung denkbare Lösungen aufzuzeichnen und diese weiterzuentwickeln, wird eher eine optimale Lösung erreicht, wenn durch Abstrahieren Oberbegriffe geschaffen und diese dann systematisch geordnet in einer Tabelle dargestellt werden.

Beispiel: Klemmeinrichtung mit hoher Zentrierfähigkeit. Als Teilaufgabe sind erforderliche Maßnahmen zu überlegen, wie die beweglichen Klemmstücke in bestimmter Art zu verbinden sind. Durch Ordnen der verschiedenen Möglichkeiten sind Ordnende Gesichtspunkte OGP zu schaffen, deren verschiedene mögliche Ausführungen durch unterscheidende Merkmale UM zu kennzeichnen sind. Die Tabelle 5.10 enthält OGP, UM und Beispiele für die Teilaufgabe.

Nr.	Ordnende Gesichtspunkte (OGP)	Unterscheidende Merkmale (UM)	Beispiele
1	Bewegungsform der Klemmstücke	1. geradlinige Schiebung	Führungen
		2. Drehung	Kolben
		3. radiale Bewegung	Keil
		4. axiale Bewegung	Kurven
2	Anordnung um den zu klemmenden Körper	1. Segmente innen	Spanndorn
		2. Segmente außen	Spannbuchse
3	Anzahl der Klemmflächen	1. drei	Spannflächen
		2. vier	Kraftverteilung
		3. sechs	Genauigkeit
		4. acht	Oberflächendruck
4	Bewegungsverbindung der Klemmstücke	1. elastisches Material	Stahl
		2. Gelenke	Formgestalt
		3. Schlitzform	gerade
		4. Schlitzanordnung	axial

Tabelle 5.10: Klemmeinrichtung mit hoher Zentrierfähigkeit (nach Hansen)

In allen bekannten oder unbekannten Klemmeinrichtungen muss aber jeder OGP mit mindestens einem unterscheidenden Merkmal vertreten sein. Durch Kombination einer bestimmten Mindestzahl dieser unterscheidenden Merkmale als Lösungselemente ergeben sich Prinziplösungen. Als Richtlinie lässt sich daraus ableiten:

- Ordnende Gesichtspunkte sind für Teilaufgaben zu suchen und festzulegen.
- Pro OGP müssen mindestens zwei UM auffindbar sein, sonst ist er nicht brauchbar.
- Unterscheidende Merkmale für die OGP sind zu erarbeiten und zu ordnen.
- Lösungen ergeben sich dann durch Kombinieren der unterscheidenden Merkmale.
- Skizzen zur Darstellung der Beispiele sind hilfreich.

Ordnende Gesichtspunkte sind Oberbegriffe für bestimmte Bestandteile der für ein Lösungsprinzip zu erarbeitenden Alternativen. Den OGP (Klassifizierungsmerkmale) sind jeweils wieder durch verschiedene Ausführungen bestimmte ***unterscheidende Merkmale*** (Varianten) zuzuordnen.

Eine zweckmäßige Form der Darstellung dieser Methode ist ein ***Ordnungsschema***. Ein Ordnungsschema ist nach *Dreibholz* eine zweidimensionale Tabelle, die aus Zeilen und Spalten besteht. Die in die Zeilen und Spalten einzutragenden Parameter werden unter Ordnenden Gesichtspunkten zusammengefasst. Es handelt sich also um eine Ordnung von Merkmalen eines Lösungsfelds. Je nach Anwendungsfall können nur die Zeilen- oder nur Spaltenparameter eingetragen werden.

Ebenso ist eine weitere Aufgliederung möglich, die zu mehr Übersicht führt, wie das Beispiel Konstruktionskatalog noch zeigen wird. Auch der Morphologische Kasten kann als Ordnungsschema betrachtet werden. Einige Beispiele für den Grundaufbau zeigt Tabelle 5.11

Die Ordnenden Gesichtspunkte und die Parameter auszuwählen erfordert den höchsten Aufwand, weil damit ja bereits das gesamte Lösungsfeld gedanklich strukturiert wird. Die systematische und geordnete Darstellung von Informationen bzw. Daten hat Vorteile:

- Ein Ordnungsschema regt zum Suchen nach weiteren Lösungen in bestimmten Richtungen an.
- Wesentliche Lösungsmerkmale und entsprechende Kombinationsmöglichkeiten für Weiterentwicklungen werden leichter erkannt.
- Der Konstrukteur erhält einen Speicher von Lösungselementen als Hilfsmittel und zur Anregung für neue Ideen

Ordnende Gesichtspunkte für physikalische Effekte

Die Nutzung physikalischer Effekte für neue Lösungen wird durch Übersichten in Tabellenform unterstützt. Ein Ordnungsschema physikalischer Effekte dient dem Konstrukteur als Anregung bei der Umsetzung von Ideen. Ordnende Gesichtspunkte sind Energiearten, physikalische Effekte und Erscheinungsformen, denen die Merkmale mechanisch, hydraulisch, pneumatisch, elektrisch, magnetisch, optisch, thermisch, chemisch und biologisch zugeordnet werden können. Prinzipienübersichten sind gut aufbereitet in Katalogform nach *Koller, Kastrup* vorhanden.

Physikalische Effekte sind elementare, abgrenzbare physikalische Erscheinungen, die auf der Grundlage der Erhaltungssätze (Masse, Energie, Impuls, Drall) und der Gleichgewichtssätze (Kräfte, Momente) durch Beziehungen von physikalischen Größen zueinander beschrieben werden können.

Das physikalische Ursache-Wirkungsdenken sowie die Eigenschaften und Anwendungsmöglichkeiten physikalischer Gesetze müssen Konstrukteure kennen. Produktfunktionen werden oft physikalisch realisiert. Es gibt aber auch chemische oder biologische Effekte.

Beispiel: Physikalische Effekte der Kraftverstärkung in einem Konstruktionskatalog nach Bild 5.10.

Ordnender Gesichtspunkt für die Spaltenbenennung / Ordnender Gesichtspunkt für die Zeilenbenennung		Spaltenparameter				
		s1	s2	s3	s4	
Zeilenparameter	z1					
	z2					
	z3					
	z4					

a) Ordnungsschema – Aufbau 1

Nummerierung durch laufende Nummer / Ordnender Gesichtspunkt für die Zeilenbenennung		1	2	3	4	
Zeilenparameter	z1					
	z2					
	z3					
	z4					

b) Ordnungsschema – Aufbau 2

		1	2	3	4	
s1	z1					
	z2					
	z3					
	z4					
s2	z1					
	z2					
	z3					
	z4					
s3	z1					
	z2					
	z3					
	z4					

c) Ordnungsschema – Modifizierter Aufbau

Tabelle 5.11: Allgemeiner Aufbau von Ordnungsschemata (nach *Dreibholz*)

Ordnende Gesichtspunkte für bestimmte Bereiche können allgemein Tabellen entnommen werden, die in verschiedenen Fachbüchern zu finden sind, z. B. in *Pahl/Beitz*.

Der **OGP Geometrie** ist durch die unterscheidenden Merkmale Art, Form, Lage, Größe und Zahl zu beschreiben, wobei unter Geometrie auch Flächen und Körper eingeordnet werden.

Beispiel: Variation der Geometrie bei der Verbindung von Wellen und Naben.

Die bekannten Welle-Nabe-Verbindungen können durch die Merkmale Art, Form, Lage, Größe und Zahl geordnet und systematisch weiterentwickelt werden. Bild 5.9 zeigt die Geometrievarianten.

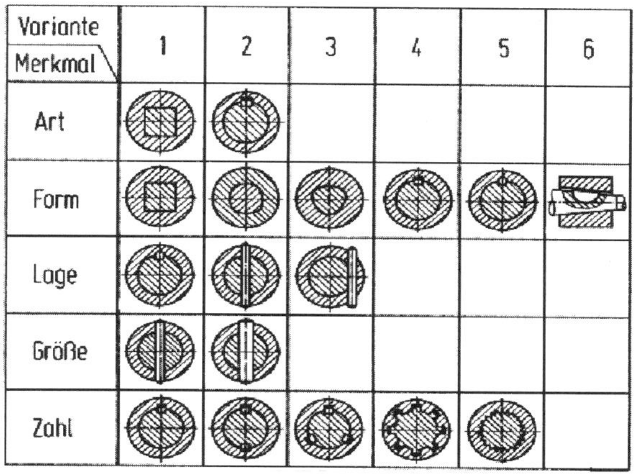

Variante / Merkmal	1	2	3	4	5	6
Art						
Form						
Lage						
Größe						
Zahl						

Bild 5.9: Geometrievarianten von Welle-Nabe-Verbindungen (nach *Pahl/Beitz*)

Solche Ordnungsschemata werden beim Konstruktionsprozess häufig als Hilfsmittel eingesetzt. Sie können als ***Lösungskataloge*** mit geordneter Speicherung von Lösungen je nach Art und Komplexität in allen Phasen zur Lösungssuche dienen.

Effekte der Physik sind heute so umfangreich bekannt, das Konstrukteure gut beraten sind hier gezielt Anregungen für neue Lösungen zu suchen. Als Effekte der Physik werden allgemein beobachtbare physikalische Erscheinungen gekennzeichnet. Dieser Begriff gilt auch für andere Erscheinungen in der Physik mit der gleichen Tragweite. Um die Effekte nicht in spezieller Fachliteratur suchen zu müssen und die dazugehörigen Anwendungen selbst zu überlegen sind die Arbeiten von *Ardenne/Musiol/Klemradt* zu nutzen. Die Effekte der Physik und die besonders hervorzuhebenden beschriebenen Anwendungen sind von den Autoren sehr gut aufbereitet und nach einheitlichen Gesichtspunkten geordnet vorhanden:

- Beschreibung des Effekts,
- Sachverhalt,
- Kennwerte, Funktionen,
- Anwendungen,
- Literatur.

5.4.12 Methode Konstruktionskatalog-Einsatz

Kataloge sind eine geordnete Sammlung bekannter und bewährter Lösungen für bestimmte konstruktive Aufgaben oder Teilfunktionen. ***Konstruktionskataloge*** enthalten systematisch geordnete Darstellungen und Eigenschaften über Objekte, Operationen und Lösungen:

- Physikalische Effekte
- Wirkprinzipien
- Prinzipielle Lösungen für komplexe Aufgaben
- Maschinenelemente
- Normteile
- Werkstoffe
- Zukaufteile

Bisher gab es dafür nur sehr verteilt vorliegende Informationen, die auch noch nach sehr unterschiedlichen Kriterien gegliedert waren. Beispiele enthalten:

- Fach- und Handbücher
- Firmenkataloge
- Prospektsammlungen
- Normenhandbücher

Teilweise sind in diesen Quellen auch Angaben über Berechnungsverfahren, Lösungsmethoden sowie Konstruktionsregeln enthalten.

Konstruktionskataloge wurden entwickelt, um beim methodischen Konstruieren folgende Ziele zu erreichen:

- Schneller, aufgabenorientierter Zugriff zu den Lösungen.
- Möglichst ein vollständiges Lösungsfeld anbieten, das ergänzbar sein sollte.
- Leichte Auswahl der Lösungselemente durch die Merkmale des Zugriffteils.
- Anwendbar beim konventionellen und auch beim rechnerunterstützten Konstruieren.

Die VDI-Richtlinie 2222 Blatt 2 regelt heute den ***Aufbau von Konstruktionskatalogen***. Dort ist vereinbart, dass alle Kataloge aus vier Teilen bestehen:

- Gliederungsteil (mit Ordnenden Gesichtspunkten und unterscheidenden Merkmalen)
- Hauptteil (mit Bildern und Schemaskizzen)
- Zugriffsteil (mit Lösungseigenschaften)
- Anhang (mit Literaturangaben oder Lieferantennamen)

Gliederungsgesichtspunkte bestimmen den Aufbau des Konstruktionskatalogs. Die Ordnenden Gesichtspunkte beeinflussen die Handhabbarkeit und den schnellen Zugriff.

Der Hauptteil enthält Lösungen oder Elemente als Skizze oder Schema je nach Anwendung. Die Auswahlmerkmale können aus einem Zugriffsteil und einem Anhang mit technischen Daten, Normen oder Verwendungshinweisen bestehen.

Beim Arbeiten mit Konstruktionskatalogen sollte der Konstrukteur einige kritische Überlegungen durchführen, um nicht systematisch falsche Lösungen zu erzeugen. Die Kataloge haben z. B. den Vorteil, dass sofort eine Übersicht der bekannten Lösungselemente vorhanden ist. Dies ist jedoch abhängig von den Kenntnissen des Erstellenden und von der Aktualität des Inhalts. So sind z. B. Kataloge, die Verbindungstechniken in Fertigung oder Montage beschreiben, nur dann sinnvoll, wenn auch die neuesten Verfahren berücksichtigt werden. Sonst besteht die Gefahr, dass der Konstrukteur veraltete Technik einsetzt.

Das ***Aufbauschema der Konstruktionskataloge*** zeigt Tabelle 5.12, und ein Beispiel als Auszug aus einem Katalog für Kraftverstärkung enthält Bild 5.10. Die Zahl der verfügbaren Konstruktionskataloge ist insbesondere durch Arbeiten von *Roth* relativ groß. Eine Übersicht mit Angabe der Verfasser enthält Tabelle 5.13. Ausführliche Literaturangaben zu verfügbaren Katalogen sind im Literaturverzeichnis zu finden.

Gliederungs-gesichtspunkte			**Hauptteil**		**Zugriffsteil Auswahlmerkmale**		
1	2	3 usw.	Lösungen, Elemente		1	2	3 usw.
1	1.1	1.1.1		1			
		1.1.2		2			
	1.2	1.2.1		3			
		1.2.2	Anordnungsbeispiele,	4	Beurteilung oder		
		1.2.3	Gleichungen,	5	Beschreibung		
		1.2.4	Schaubilder	6	der Lösungen		
2	2.1	2.1.1		7	oder Elemente		
		2.1.2		8			
		2.1.3		9			
	usw.	usw.		10			

Tabelle 5.12: Aufbau von Konstruktionskatalogen (nach VDI 2222)

Konstruktionskataloge werden nach ihrem Inhalt und Verwendungszweck eingeteilt:

- ***Objektkataloge*** enthalten aufgabenunabhängig die für das Konstruieren notwendigen grundlegenden Sachverhalte, insbesondere aus den Bereichen Physik, Geometrie, Technologie, Werkstoffe.
- ***Operationskataloge*** enthalten Verfahrensschritte oder Verfahren, die für das methodische Konstruieren nützlich sind sowie deren Anwendungsbedingungen und Einsatzkriterien. Beispiele sind Verfahren zur Erzeugung von Gestaltvarianten, zur Lösungsauswahl oder zur Festigkeitsberechnung.
- ***Lösungskataloge*** enthalten eine möglichst vollständige Sammlung von Lösungselementen, skizzierten Lösungsprinzipien oder vereinfachte Entwurfsskizzen. Beispiele sind Lösungssammlungen für Kaufteile, Normteile oder Wiederholteile.

Gliederungsteil		Hauptteil		
Gliederungs-gesichtspunkte		Lösungen		
Art der beteiligten Körper	Spezieller Effekt	Gleichung	Anordnungsbeispiel	
1	2	1	2	Nr.
Fest-körper	Keil	$F_2 = \cot(\alpha + 2\rho)F_1$	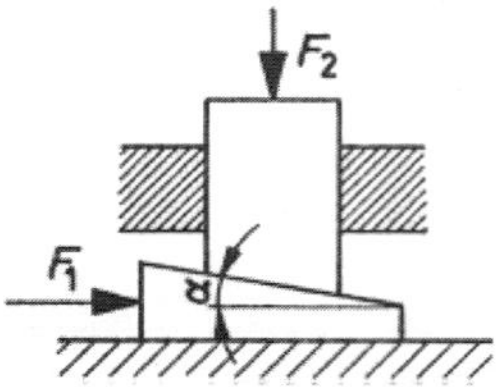	1
	Kniehebel	$F_2 = \cot \alpha \cdot F_1$	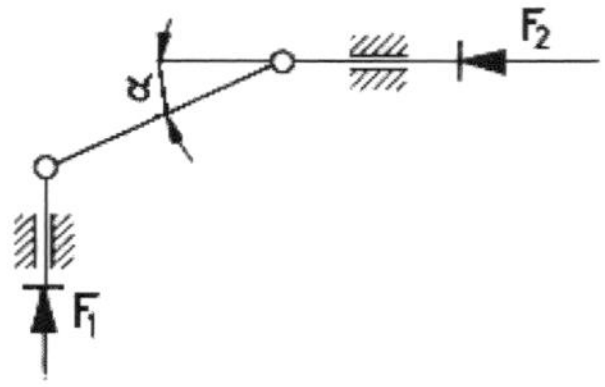	2
	Hebel	$F_2 = \frac{l_1}{l_2} F_1$	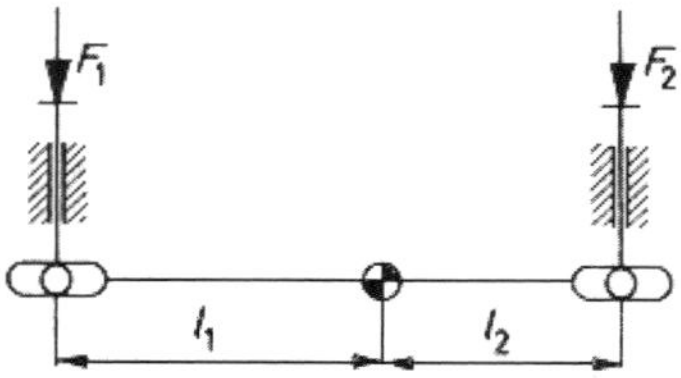	3
	Flaschenzug	$F_2 = F_1 + F_0$	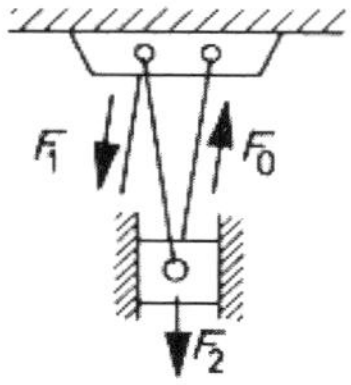	4
Fluid	Druckaus-breitung	$F_2 = \frac{A_2}{A_1} F_1$	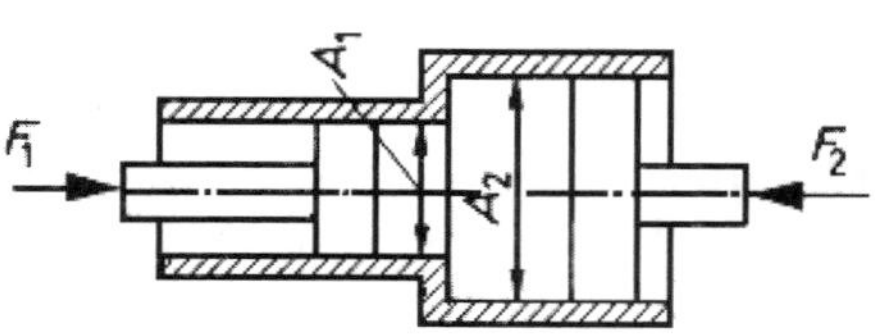	5

Bild 5.10-1: Konstruktionskatalog Kraftverstärkungen (nach *Roth, Franke, Simonek*)

	Zugriffsteil					
	Auswahlmerkmale					
	Verstärkungsfaktor	Hub s	Einfluss der Reibung auf Verstärkung	Baulänge l	Zahl der Führungen	Zusätzliche Eigenschaften
Nr.	1	2	3	4	5	6
1	$V = \cot(\alpha + 2\ \rho)$ $V_{max} \approx 10$	$s_{2\,max} = \frac{1}{V} \cdot l$	Steigender Reibwert mindert die Verstärkung	$l = V \cdot s_{2\,max}$	3 Schubführungen	Bewegungssperrung in einer Richtung für $\alpha < \rho$
2	$V = \cot\ \alpha$ $V_{max} \to \infty$	$s_{2\,max} \approx 0{,}6\ l$	geringer Einfluss infolge von Drehgelenken	$l \approx 1{,}7\ s_{2\,max}$	2 Schub- 2 Drehführungen	progressive Kraftverstärkung
3	$V = \frac{l_1}{l_2}$ $V_{max} \to \infty$	$s_{2\,max}$ beliebig (Rad) $\approx 2\ l_2$ (Hebel)		$l \approx 2\ d$ (Rad) $l = l_1 + l_2$ (Hebel)	2 Schub- 1 Drehführungen	Übertragung unbegrenzter Bewegungen (Rad)
4	$V = 2n$ n untere Ösenzahl $V_{max} \approx 8$	abhängig von Seillänge	Reibung begrenzt die maximale Verstärkung	$l > s_{2\,max}$	1 Schubführung	einfache Kraftleitung und Richtungsumlenkung möglich
5	$V = \frac{A_2}{A_1}$ V_{max} begrenzt durch Dichtproblem	—	kaum Einfluss bei Wahl eines geeigneten Mediums		2 Schubführungen	

Bild 5.10-2: Konstruktionskatalog Kraftverstärkungen (nach *Roth, Franke, Simonek*)

FH HANNOVER	**Verfügbare Konstruktionskataloge**	Blatt-Nr. 1/1
Anwendungsgebiet	**Objekt**	**Autor**
Grundsätze Konstruktionskataloge	Aufbau von Katalogen, Zusammenstellung verfügbarer Katalog- und Lösungssammlungen	Roth
Prinziplösungen	Physikalische Effekte Effekte der Physik und ihre Anwendungen Erfüllen von Funktionen Prinziplösungen zur Konstruktion	Roth Ardenne, Musiol, Klemradt Koller Koller, Kastrup
Verbindungen	Schlussarten, feste Verbindungen, Nietverbindungen Verbindungen, Spielbeseitigung bei Schraubpaaren Geschweißte Verbindungen an Stahlprofilen Nietverbindungen Klebeverbindungen Spannelemente Verschraubungsprinzipien, Schraubverbindungen Spielbeseitigung bei Schraubpaarungen Elastische Verbindungen Welle-Nabe-Verbindungen	Roth Ewald Wölse, Kastner Kopowski, Grandt, Roth Fuhrmann und Hinterwalder Ersoy Kopowski Ewald Gießner Roth, Diekhöhner und Lohkamp, Kollmann
Führungen, Lager	Geradführungen, Rotationsführungen Gleit- und Wälzlager Lager und Führungen	Roth Diekhöhner Ewald
Antriebstechnik, Krafterzeugung, Kraftleitung	Kraft mit einer anderen Größe erzeugen, Einstufige Kraftmultiplikation, Reibsysteme Schraubantriebe Mechanische Huberzeugung Elektrische Kleinmotoren Antriebe, allgemein Krafterzeuger, mechanisch Wegumformer mit großer Übersetzung	Roth Kopowski Raab, Schneider Jung, Schneider Schneider Ewald
Kinematik, Getriebelehre	Lösungen von Bewegungsaufgaben mit Getrieben Gliederketten und Getriebe, Mechanische Rücklaufsperren, Gleichförmige übersetzende Getriebe Mechanische Huberzeuger Zwangsläufige kinematische Mechanismen, Handhabungsgeräte	VDI 2727 Blatt 2 Roth Raab u. Schneider VDI 2222 Blatt 2 VDI 2740
Getriebe	Stirnradgetriebe Spielbeseitigung bei Stirnradgetrieben, Mechanische einstufige Getriebe mit konstanter Übersetzung	VDI 2222 Blatt 2, Ewald Diekhöhner und Lohkamp
Sicherheitstechnik	Gefahrstellen, Trennende Schutzeinrichtungen	Neudörfer
Ergonomie	Anzeiger, Bedienteile	Neudörfer

Tabelle 5.13: Übersicht vorhandener Konstruktionskataloge (nach *Pahl/Beitz*)

5.4.13 Methode Problemlösungsbaum

Die Methode ***Problemlösungsbaum*** nach *Schlicksupp* wird eingesetzt, um alle Alternativen zu erfassen, die sich zu einer Fragestellung anbieten, und diese in geordneter Form darzustellen. Die Baumstruktur mit sich verzweigender Struktur ist typisch und als Ergebnis zu sehen. Jede Verzweigung erfolgt nach einem bestimmten Kriterium zur Differenzierung des untersuchten Bereichs. Zuerst ist zu versuchen solche Unterscheidungskriterien zu finden, die eine elementare Aufgliederung bewirken. Erst in den Folgeverzweigungen werden weniger entscheidende Unterschiede zwischen den Alternativen beschrieben. Eine Rangordnung der Gliederungskriterien ist von den besonderen Bedingungen des Anwendungsfalls abhängig und lässt sich nicht allgemein festlegen.

Beispiel: Problemlösungsbaum für Transportsysteme nach Bild 5.11 mit Aufbauprinzip

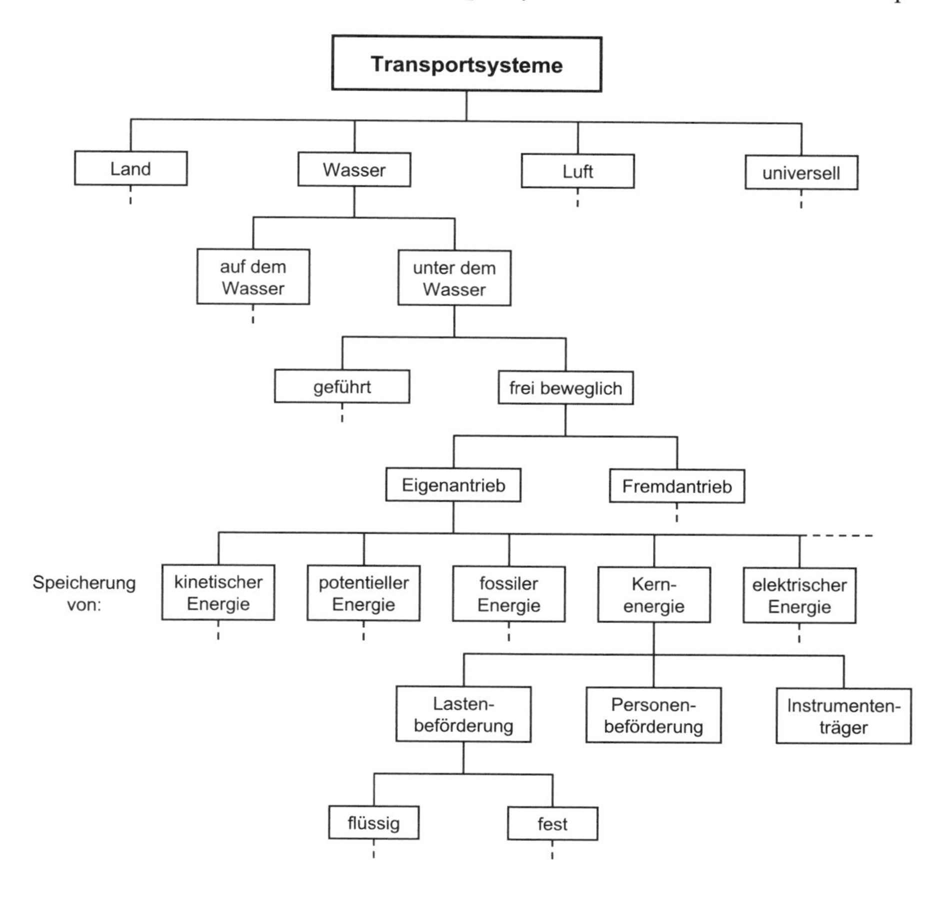

Bild 5.11: Problemlösungsbaum für Transportsysteme (nach *Schlicksupp*)

Die Aufstellung eines Problemlösungsbaums erfordert sehr gutes Fachwissen über den jeweiligen Sachbereich. Am günstigsten wird der Problemlösungsbaum bei der Lösung komplexer Probleme durch Einzelpersonen oder durch Kleingruppen von zwei bis drei Personen angewendet. Es hat keinen Sinn, diese Methode mit Laien durchzuführen. Bei komplexen Problemen können Problemlösungsbäume schnell unübersichtlich werden, wenn mehr als fünf Gliederungsstufen aufeinander folgen und sehr feine Differenzierungen bei den jeweiligen Alternativen dargestellt werden sollen. Dann ist es sinnvoller, mehrere Problemlösungsbäume parallel oder nacheinander anzulegen.

5.5 Konstruieren mit Zulieferkomponenten

Prinziplösungen als Konzept für eine Neukonstruktion enthalten heute immer häufiger Komponenten, die die Konstrukteure nicht mehr selbst entwickeln, sondern von Zulieferern aus Katalogen entnehmen. Da in der Praxis die Konstruktionsphasen nicht streng getrennt nacheinander behandelt werden, führt die Lösungssuche für bestimmte Funktionen oft direkt auf ein Zulieferprodukt, das nicht mehr entworfen, gestaltet, gefertigt und erprobt werden muss.

Konstrukteure, die gute Kenntnisse über am Markt vorhandene ***Zulieferkomponenten*** haben, denken und arbeiten sehr häufig mit diesen Produkten, sodass bereits in der Konzeptphase auf diese Möglichkeit hingewiesen werden soll. Die folgenden Ausführungen enthalten grundlegende Hinweise, die in Anlehnung an Veröffentlichungen von *Birkhofer* und nach eigenen Erfahrungen zusammengestellt wurden.

Neuentwicklungen von wirtschaftlich überzeugenden Produkten enthalten oft einen beachtlichen Anteil von bekannten Lösungselementen, die zugekauft werden. So entfallen nach *Birkhofer* im Lastwagen- und Omnibusbau ca. 45 % der Materialkosten auf zugekaufte Bauteile, bei Verpackungsmaschinen sind Werte von 70 % üblich und bei Montageautomaten sogar über 90 %.

Zulieferungen sind Fertigprodukte, die von einem Zulieferunternehmen entwickelt, hergestellt und vom Kunden in dessen Produkte neben den Eigenteilen integriert werden. Damit entfällt für das Unternehmen der gesamte Entwicklungsprozess mit allen Vor- und Nachteilen. Bei den Zulieferungen ist zu unterscheiden:

- Fremdentwicklungs- und Fremdfertigungsteile (Teile, die im Kundenauftrag entwickelt bzw. gefertigt werden.)
- Katalogteile (Teile, die fremdentwickelt und produziert werden. Sie werden unabhängig von Kundenauftrag beim Zulieferer entwickelt, hergestellt und von diesem am Markt angeboten.)
- Zulieferkomponenten (Begriff, der sowohl die Einzelteile als auch die komplexen technischen Produkte umfasst, die z. B. als Baugruppen vom Zulieferer hergestellt werden, wie Linearführungssysteme, Messsysteme usw.)

Gründe für den verstärkten Einsatz von Zulieferkomponenten ergeben sich durch den Rationalisierungsdruck in den Unternehmen und die schon sehr früh erkannte Möglichkeit der Steigerung der Produktivität durch Arbeitsteilung. Durch den Einsatz dieser Komponenten wird eine Verringerung der Fertigungstiefe in den Unternehmen angestrebt.

5.5.1 Zulieferkomponenten und Eigenentwicklungen im Vergleich

Zulieferkomponenten und Eigenentwicklungen lassen sich nur durch eine differenzierte Betrachtungsweise vergleichen. Beide unterscheiden sich hinsichtlich ihrer Eigenschaften und den Auswirkungen auf die einzelnen Phasen des Produktlebenslaufs und der davon betroffenen Bereiche. Mit zunehmender Produktkomplexität steigen die Einflussfaktoren und erfordern üblicherweise eine technisch-wirtschaftliche Beurteilung.

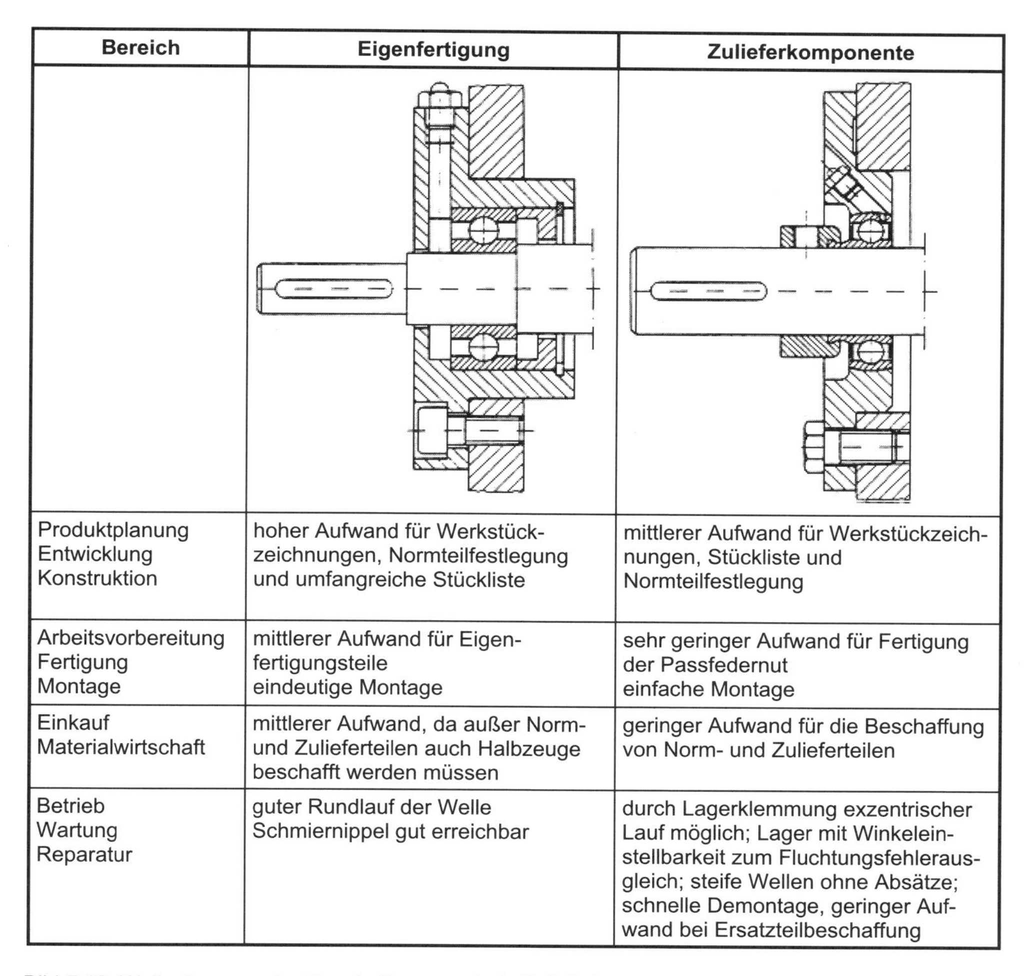

Bereich	Eigenfertigung	Zulieferkomponente
Produktplanung Entwicklung Konstruktion	hoher Aufwand für Werkstückzeichnungen, Normteilfestlegung und umfangreiche Stückliste	mittlerer Aufwand für Werkstückzeichnungen, Stückliste und Normteilfestlegung
Arbeitsvorbereitung Fertigung Montage	mittlerer Aufwand für Eigenfertigungsteile eindeutige Montage	sehr geringer Aufwand für Fertigung der Passfedernut einfache Montage
Einkauf Materialwirtschaft	mittlerer Aufwand, da außer Norm- und Zulieferteilen auch Halbzeuge beschafft werden müssen	geringer Aufwand für die Beschaffung von Norm- und Zulieferteilen
Betrieb Wartung Reparatur	guter Rundlauf der Welle Schmiernippel gut erreichbar	durch Lagerklemmung exzentrischer Lauf möglich; Lager mit Winkeleinstellbarkeit zum Fluchtungsfehlerausgleich; steife Wellen ohne Absätze; schnelle Demontage, geringer Aufwand bei Ersatzteilbeschaffung

Bild 5.12: Wellenlagerung in Eigenfertigung und als Zulieferkomponente (nach *Birkhofer*)

Als Beispiel soll eine überwiegend eigengefertigte Wellenlagerung und eine im Wesentlichen aus Zulieferkomponenten bestehende hinsichtlich technischer und wirtschaftlicher Eigenschaften im Bild 5.12 verglichen werden. Allgemein kann kaum entschieden werden, welche Lösung eingesetzt werden soll, da je nach Anforderungen die bessere Rundlaufeigenschaft oder wegen des geringeren Entwicklungsaufwands die Zulieferkomponente bevorzugt werden soll.

Die wachsende Bedeutung der Zulieferkomponenten für die Konstruktion kann an der zunehmenden Zahl der Fachmessen und an der erheblich gestiegenen Zahl der Zulieferkataloge erkannt werden, die heute schon umfangreich auf elektronischen Medien bzw. im Internet angeboten werden. Der Trend geht heute weg von den Einzelkomponenten hin zu umfassenden und hochwertigen Problemlösungen für den Kunden. Der Zulieferer nimmt dabei wegen seiner Stellung als Lieferant zunehmend die eines Beraters und Entwicklers ein, auf dessen Kenntnisse der Kunde angewiesen ist.

5.5.2 Produktentwicklung mit Zulieferkomponenten

Einsatzbereiche für Zulieferkomponenten ergeben sich aus den bereits dargestellten Überlegungen und sollen hier kurz erläutert werden. In jedem Fall muss aber darauf geachtet werden, dass auch eventuelle Nachteile zusätzlich beurteilt werden müssen.

Herstellkosten senken

Zulieferer haben im eigenen Unternehmen wirtschaftliche Vorteile. Sie können wirtschaftlicher produzieren, weil höhere Stückzahlen und Losgrößen mit ausgereifter Fertigungstechnologie für einen großen Markt hergestellt werden. Zulieferer nutzen eine optimierte Produkt- und Produktionstechnik. Sie haben die Erfahrungen vieler Einsatzfälle, die bei Eigenfertigung fehlen oder nur mit hohem Aufwand zu erreichen wären. Standardprodukte werden fast immer zugekauft (Lager, Motoren, Ventile) und zunehmend auch Sonderkomponenten. Sie können viele Anwendungen berücksichtigen und abdecken. Zulieferkomponenten werden oft mit großer Funktionsintegration realisiert, die wirtschaftliche und gleichzeitig vielfältig einsetzbare Produkte ergeben. Der Anpassungs-, Fertigungs- und Montageaufwand verringert sich dadurch erheblich.

Produkt- und Konstruktionsleistung steigern

Konstrukteure sollten neben den üblichen Maschinen- und Antriebselementen auch komplette Systeme einsetzen, die in hervorragender Qualität am Markt angeboten werden. Die konstruktive Tätigkeit für Eigenfertigungsanteile wird dadurch stark reduziert, während das Auswählen von Zulieferkomponenten immer wichtiger wird.

Hochwertige Produkte realisieren

Die Beratung der Konstrukteure durch Ingenieure der Zulieferer bei der Erstellung von Angeboten für schwierige Aufgabenstellungen ist vorteilhaft für beide Seiten. Auf diese Weise kann der Zulieferer seine Produkte und seine Erfahrungen fachgerecht darstellen, und der Konstrukteur spart sich viel Arbeit. Die Produktqualität kann ohne direkte zusätzliche Kosten gesteigert werden. Schriftlich ausgearbeitete Angebote aufgrund spezifizierter Aufgabenstellungen binden darüber hinaus den Zulieferer in eine Gewährleistungspflicht ein, die über die übliche Produkthaftung hinausgeht.

Termine verkürzen

Der Einsatz von Zulieferteilen wird in der Regel dazu führen, dass die Produktentstehungs- und Realisierungsphase verkürzt wird, wenn diese statt eigengefertigter Bauteile und Baugruppen eingesetzt werden. Die Zeitersparnis in der Konstruktion ist vergleichsweise gering. In der Teilefertigung und Montage ergibt sich die wesentliche Reduzierung des Zeitbedarfs und damit der Kosten.

Wird z. B. ein Planetengetriebe als Zulieferkomponente ausgewählt, so muss eine vollständige Klärung aller Schnittstellen erfolgen. Neben dem Platzbedarf sind technische Daten zur Berechnung von Drehzahlen und Drehmomenten erforderlich, die Auslegung muss überprüft werden und Gespräche mit verschiedenen Lieferanten kosten auch Zeit.

Entwicklungsrisiko senken

Neu- und Anpassungskonstruktionen haben in der Regel einen hohen Änderungsanteil, da die eigenen Fähigkeiten überschätzt und die technischen und wirtschaftlichen Risiken unterschätzt werden. Das bedeutet in vielen Fällen hohen Änderungsaufwand, Nachbesserungen beim Kunden oder Rückrufaktionen sowie ein erhebliches Überschreiten der geplanten Kosten und Termine.

Beispiel: Ein Linearantrieb, der als Eigenentwicklung und mit Zulieferkomponenten nach *Birkhofer* konstruiert wurde, soll untersucht werden. Trotz der einfachen Aufgabenstellung ergaben sich bei der ausgeführten Maschine erhebliche technische und wirtschaftliche Probleme, die aufwendig nachgebessert werden mussten. Der gesamte Antrieb wurde in Zusammenarbeit mit dem Außendienst eines Zulieferers überarbeitet und durch zugekaufte Lineareinheiten ersetzt. Die Eigenfertigung beschränkte sich auf Anschlussteile. Der Aufwand in den Unternehmensabteilungen war nur noch sehr gering, und vom Kunden gab es keine Reklamationen. Die im Vergleich zu den ***Herstellkosten*** der Eigenfertigung höheren ***Beschaffungskosten*** der Zulieferkomponenten sind sehr viel niedriger, als die durch Änderungen bedingten Gesamtkosten der Eigenfertigung. Bild 5.13 zeigt den Linearantrieb als Eigenentwicklung und Bild 5.14 die Lösung mit Zulieferkomponenten.

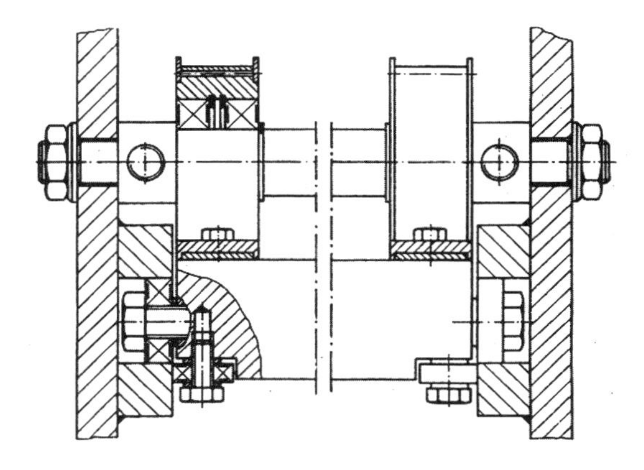

Bild 5.13: Linearantrieb als Eigenentwicklung (nach *Birkhofer*)

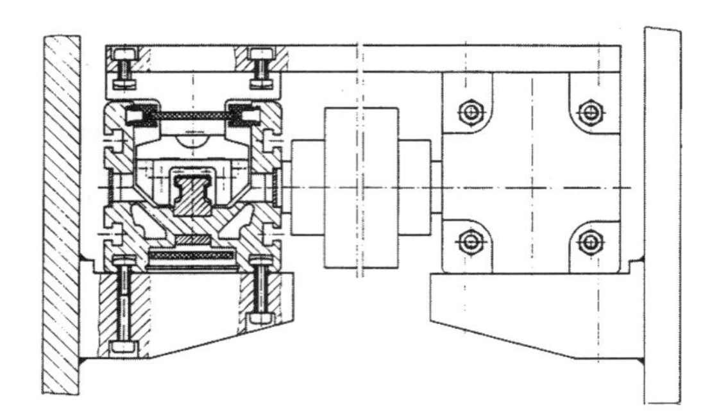

Bild 5.14: Linearantrieb mit Zulieferkomponenten (nach *Birkhofer*)

Bild 5.15 zeigt, dass die Kostenanteile für Material und Fertigung bei der Eigenfertigung sehr viel geringer sind als beim Einsatz von Zulieferkomponenten. Dafür sind die Montagekosten mehr als doppelt so hoch. Der entscheidende Anteil kommt jedoch aus dem Bereich Versuch, Nacharbeit und Reklamation. In diesem Bereich sind die Vorteile erprobter Zulieferkomponenten besonders groß.

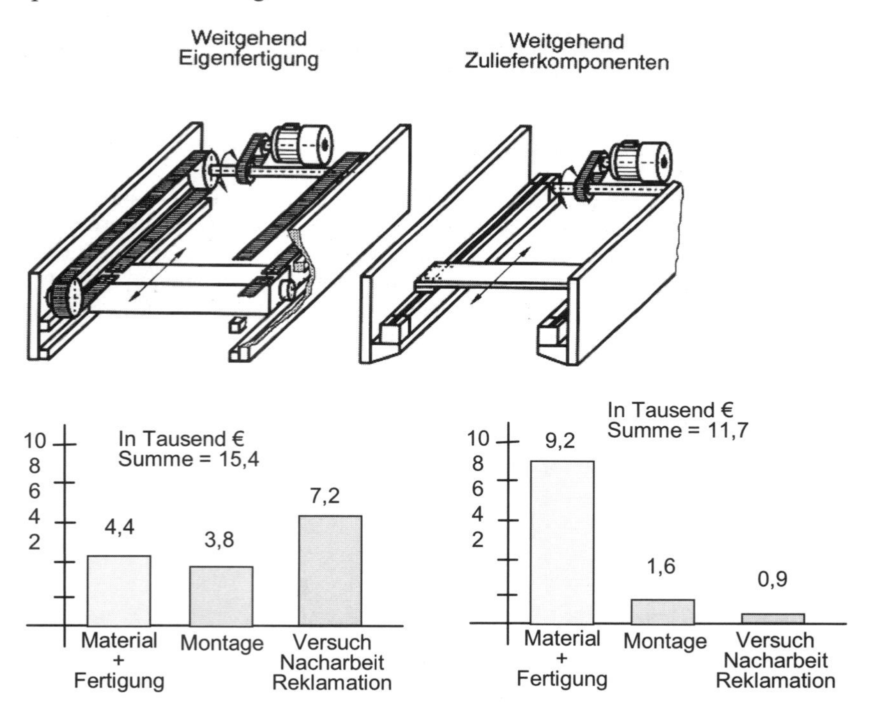

Bild 5.15: Variantenvergleich mit Kostenangaben (nach *Birkhofer*)

5.5.3 Zulieferorientiertes Konstruieren

Die Konstruktionsarbeit verlagert sich beim Konstruieren mit Zulieferkomponenten weg von der gestalterischen Tätigkeit hin zur Recherche nach geeigneten Zulieferkomponenten und deren optimale Einbindung in das Gesamtprodukt. Zulieferorientiertes Konstruieren muss daher durch geeignete Recherchesysteme zum Finden von Zulieferern und Zulieferkomponenten und durch Methoden zur schnellen, zielgerichteten und fehlerfreien Konfiguration komplexer Zulieferungen unterstützt werden.

Zulieferorientiertes Konstruieren umfasst alle Tätigkeiten zur Informationsbeschaffung über Zulieferkomponenten sowie die Nutzung der technologischen Kompetenz und des Leistungsumfangs von Zulieferunternehmen im Konstruktionsprozess.
Technologische Kompetenz von Zulieferern ist gegeben durch die Fähigkeit zu einer kostengünstigen und qualitativ hochwertigen Produktion, die abnehmerspezifisch ausgerichtet ist und kundengerechte Produkte anbietet.
Der Leistungsumfang reicht von der Fertigung spezifischer Teile für den Abnehmer bis zur eigenverantwortlichen Entwicklung von Komponenten durch den Zulieferer mit entsprechender Initiative und Risikobereitschaft bei Entwicklungsprozessen.

In der Konstruktion wird häufig nach Zulieferkomponenten als Lösungen für Produktfunktionen gesucht. Für die Konstruktion und den technischen Einkauf eines Unternehmens sind daher Systeme, die eine ***funktionsorientierte Recherche*** ermöglichen, von grundlegender Bedeutung. Bekannte Systeme wie Bezugsquellennachweise und Lieferdatenbanken bieten zur Zeit jedoch ausschließlich die Möglichkeit zur ***benennungsorientierten Suche*** nach Zulieferkomponenten. Auch die schon häufig geforderte Aufnahme von Sachmerkmalleisten in Kataloge würde bereits eine Verbesserung bringen, weil die Übersichtlichkeit und die Vergleichbarkeit ähnlicher Komponenten verschiedener Hersteller erheblich effektiver für die Konstrukteure wäre.

Solche Recherchesysteme sollten aber auch den Zugriff auf nichttechnische Eigenschaften wie Lieferzeiten oder Transportkosten und herstellerbezogene Eigenschaften wie Lieferantenimage, Unternehmenscharakter oder Kundendienstqualität ermöglichen.

Fehlende Normen und Richtlinien zur Kataloggestaltung und die medienbedingten Nachteile des gedruckten Zulieferkataloges führen zu Problemen für die praktische Arbeit beim Auswählen geeigneter Zulieferkomponenten:

- Die sichere und eindeutige Ablage gedruckter Kataloge im Unternehmen ist vielfach wegen ungeeigneter Benennungen der Produkte problematisch und erfordert hohen Aufwand zur Pflege und Aktualisierung.
- Veraltete, unvollständige oder missverständliche Kataloginhalte be- oder verhindern die Auswahl geeigneter Zulieferkomponenten.
- Berechnungsvorschriften und -verfahren müssen vom Konstrukteur mit dem Taschenrechner mühsam nachvollzogen werden. Fehlende, falsche oder veraltete Werte und Einheiten sind eine permanente Fehlerquelle.

- Kostenbewusstes Konstruieren wird erheblich erschwert durch die häufige Trennung der technischen Informationen von den wirtschaftlichen Informationen (Preise, Rabatte, Lieferzeiten). Fehlende Preise führen zu unnötigen Anfragen beim Zulieferer.
- Die Entwicklung mit Einsatz von CAD-Systemen und weg vom Zeichenbrett wird durch gedruckte Kataloge behindert. Die mühsame Übernahme der Katalogdaten in ein CAD-System bedeutet unnötige Arbeit für den Konstrukteur. Die Zulieferer bieten ihre Produkte in der Regel als CAD-Dateien an, aber viele noch nicht als 3D-CAD-Dateien.
- Durch unübersichtlich gestaltete und didaktisch nicht genügend durchdachte Kataloge können komplexe Zulieferkomponenten nur unter hohem Zeitaufwand und fehleranfällig konfiguriert werden.
- Katalogformate, Art der Katalogbindung und Farbgestaltung der Inhalte werden als formale Gestaltungskriterien nicht beachtet und führen zu unnötig erschwertem Weiterverarbeiten von Informationen für den Konstrukteur oder den Einkäufer.

Einsatz elektronischer Zulieferkataloge

Elektronische Zulieferkataloge werden von den Unternehmen in Form von Disketten, CD-ROM oder direkt in Netzen wie Internet oder firmenintern als Intranet zur Verfügung gestellt. In der Regel handelt es sich um moderne Datenbanken, die entsprechend dem Stand der Technik laufend verbessert werden.

Der Konstrukteur erhält alle Informationen in geordneter Form als grafische Darstellungen Texte, Tabellen, technische Zeichnungen, Prinzipskizzen, Kosten und Bestelltexte. Auch Funktionen zur Berechnung auswahlrelevanter Eigenschaften von Zulieferkomponenten sind vorhanden. Der Konstrukteur bekommt also alle zur Auswahl und Auslegung einer Zulieferkomponente notwendigen Informationen rechnerintegriert zur Verfügung gestellt. Die Anbindung an CAD-Systeme ist ebenso möglich wie der rechnerunterstützte Informationsaustausch zwischen Zulieferer und Kunden.

Die am Markt verfügbaren Offline-Produktkataloge werden zum Online-Katalog weiterentwickelt, um dem Abnehmer und dem Zulieferer mehr Nutzen zu bieten. Der kostengünstige und schnelle Zugriff auf aktuelle Produktinformationen ist auf der Grundlage des World Wide Web (WWW) im Internet möglich. Damit verbunden sind gleichzeitig umfangreiche zusätzliche Dienste, wie Berechnungen, Kosten, Konfiguration, 3D-CAD-Dateien usw. Durch den Einsatz dieser modernen Hilfsmittel haben Konstrukteure bereits bei der Suche nach Lösungselementen für die Konzeption neuer Produkte erhebliche Vorteile, die die Entwicklungszeiten verkürzen, die Qualität verbessern, die Produktkosten senken und die Funktionalität erhöhen.

5.6 Lösungen entwickeln mit Bionik

Die Natur hat in Ihrer Entwicklungsgeschichte so viele ausgezeichnete Vorbilder geschaffen, dass der Konstrukteur in seinem Bestreben gute Lösungen zu entwickeln, immer häufiger Strukturen und Systeme aus der Natur zum Lösen von Aufgaben in der Technik nutzen möchte. Die Erkenntnisse können zu vielseitig anwendbaren und neuartigen Lösungen führen. Konstrukteure, die sich intensiv mit der Natur beschäftigen, erkennen dort vielfältige Prinzipien, die konsequent umgesetzt zu sehr guten technischen Lösungen entwickelt werden können. Hier sollen nur die wichtigsten Grundlagen genannt und einige Beispiele vorgestellt werden, mit dem Ziel, für die vorhandene Literatur zu diesem Thema mit umfangreichen Anwendungsbeispielen Interesse zu wecken, um dann auch Anregungen für die Lösung der eigenen Aufgaben zu entdecken.

Im Laufe der Jahre sind unterschiedliche Definitionen für den Begriff Bionik festgelegt worden, die z. B. bei *Nachtigall* nachzulesen sind. Einprägsam ist das Zusammensetzen des Begriffs aus zwei Worten: **Bionik** = **Bio**logie und Tech**nik**. Weitere Definitionen sind:

Bionik als Wissenschaftsdisziplin befasst sich systematisch mit der technischen Umsetzung und Anwendung von Konstruktionen, Verfahren und Entwicklungsprinzipien biologischer Systeme. (*Neumann*)

Bionik betreiben bedeutet Lernen von den Konstruktions-, Verfahrens- und Entwicklungsprinzipien der Natur für eine positivere Vernetzung von Mensch, Umwelt und Technik. (*Nachtigall*)

5.6.1 Technische Biologie und Bionik

Die Zusammenhänge zwischen Natur und Technik können mit den Begriffen „Bionik" und „Technische Biologie" erklärt werden. Bionik bezeichnet das Lernen von der Natur als Anregung für eigenständig-konstruktives Arbeiten. Der Ingenieur kopiert nicht einfach nur die Natur, sondern entwickelt eigenständig eine technische Lösung aus den Angaben, die er von den Biologen erhält. Die Zusammenarbeit von Biologen und Ingenieuren ist für gute Ergebnisse eine wichtige Voraussetzung.

Bevor Bionik eingesetzt werden kann, müssen technisch-biologische Erkenntnisse vorhanden sein, die sich im Wesentlichen aus physikalisch-technischen Untersuchungen ergeben. Diese Arbeitsweise bezeichnet *Nachtigall* als Technische Biologie, die er wie folgt definiert: ***Technische Biologie*** untersucht und beschreibt Konstruktionen, Verfahrensweisen und Evolutionsprinzipien der Natur unter Einbeziehung der Analysen- und Deskriptionsverfahren von Physik und Technik.

In der Technischen Biologie wird die Natur aus der Sicht Ingenieurs untersucht, um Konstruktionen, Strukturen und Verfahrensweisen zu erkennen, die physikalisch beschreibbar sind. Mit der Bionik werden diese Erkenntnisse so aufbereitet, dass eine technische Anwendung möglich ist. Technische Biologie und Bionik sind stets als Einheit zu sehen, da ohne das Erforschen der Grundlagen die Voraussetzungen für mögliche technische Anwendungen fehlen.

Beispiel: Arbeitsverfahren für das Zusammenwirken von Technischer Biologie und Bionik nach *Nachtigall* in Bild 5.16. Die Untersuchung der Bauchschuppen einer südamerikanischen Schlangengattung, die auf sehr lockerem Regenwaldboden durch Vor- und Zurückziehen ihrer schuppenbesetzten Haut kriechen, ergab eine einseitig gerichtete Schuppenstruktur. Das technisch-physikalische Basiswissen über Reibungseffekte konnte mit der Technischen Biologie diesen Schuppen eine Funktion zuordnen, die als richtungsabhängige Reibungswirkung einzuordnen ist. Die Bionik hat durch Umsetzung dieses Prinzips in die Technik daraus eine Folie entwickelt, die als Antirutschbelag unter Langlaufski geklebt wird, um das Zurückrutschen am ansteigenden Hang zu verhindern.

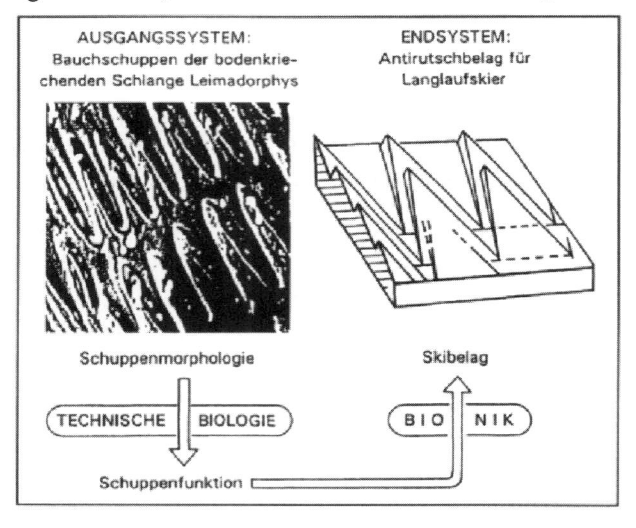

Bild 5.16: Beispiel für Arbeitsverfahren der Technischen Biologie und der Bionik (*Nachtigall*)

Bionik ist ein methodisches Prinzip im heuristischen Bereich (Heuristik = Findekunst), das aus bereits in der Natur gelösten Problemen Ansätze für technische Problemlösungen aufzeigt.

Als grundlegende Methode wird die Bildung von Analogien genutzt:

- Für technisch zu realisierende Funktion biologische Systeme mit analogen Funktionen suchen
- Funktionsmerkmale vergleichen
- Möglichkeiten einer Übertragung struktureller Merkmale des biologischen Systems untersuchen
- Übertragung auf das gedanklich vorweggenommene technische System überprüfen

Analogiebildung setzt nach *Hill* die Modellierung biologischer Systeme zum Zweck der Übertragung auf technische Konstruktionen voraus.

5.6.2 Bionischer Denk- und Handlungsprozess

Das Gewinnen von Erkenntnissen über Funktionen, Strukturen und Organisationsformen biologischer Systeme und deren kreative Übertragung auf technische Sachverhalte ist nach *Hill* auf unterschiedliche Weisen möglich. Biologische Systeme können entweder direkt genutzt werden oder indirekt durch das Auslösen von Assoziationen auf der Grundlage von Funktions-, Struktur- und Organisationsprinzipien. Die direkte Nutzung der komplexen biologischen Systeme hat gegenüber den technischen Systemen den Vorteil, das Umweltbelastung und Rohstoffvergeudung nicht erforderlich sind.

Der **bionische Denk- und Handlungsprozess** wird ausführlich mit Beispielen von *Hill* behandelt und soll hier in Anlehnung vorgestellt werden.

Bionik erfordert bei der Umsetzung die Anwendung von strategischen Denk- und Handlungsmethoden. In der Bionik ist die Analogiebildung die Basismethode, um Lösungsideen zu gewinnen.

Im **Konstruktionsprozess** bedeutet die Funktion Analogien zu bilden, in den Bereichen Technik, Natur und Gesellschaft funktionelle und/ oder strukturelle Merkmale nach dem Prinzip der Ähnlichkeit zu erkennen und für die Problemlösung zu nutzen.

Das Erkennen der Naturformen, das Vordringen zum Prinzip durch Analyse und Abstraktion und dessen kreative Umsetzung in eine technische Lösung ist im Allgemeinen die konkrete und praktische Anwendung des Erkenntnisprinzips. Der Weg von der lebendigen Anschauung zum abstrakten Denken und von diesem zur Praxis ist der Weg der Erkenntnis und Umgestaltung der Wirklichkeit (Bild 5.17).

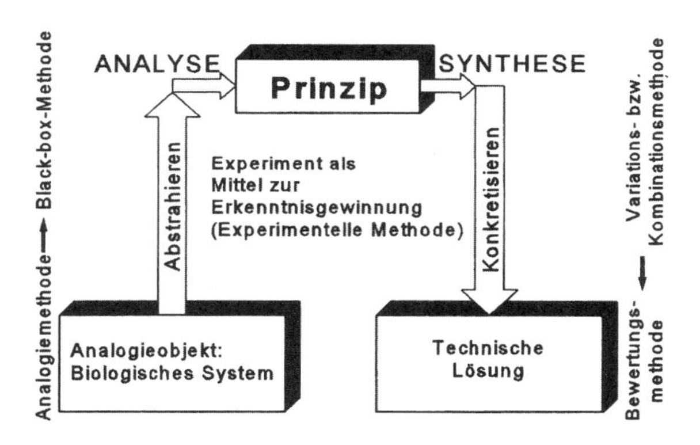

Bild 5.17: Bionischer Denk- und Handlungsprozess (*Hill*)

Mit der **Analogiemethode** werden ähnlich funktionierende Systeme aus der Natur analysiert und deren Strukturen abstrahiert, um das zugrunde liegende Prinzip zu erkennen. Das so gewonnene Prinzip ist durch Variation und/oder Kombination von Strukturelementen in eine geeignete technische Lösung umzusetzen. Durch Synthese unter Beachtung der Anforderungen und Wünsche erfolgt das Konkretisieren.

Das Abstrahieren ist besonders wichtig, um mit dem Analysieren das Prinzip des biologischen Vorbilds zu erkennen. Unter ***Abstrahieren*** ist das Hervorheben wesentlicher Merkmale aus einer großen Anzahl von Merkmalen eines Objektes zu verstehen.

Beispiel: Das folgende Bild 5.18 enthält ein Beispiel für den bionischen Denk- und Handlungsprozess. Dargestellt ist die Umsetzung des Fußgewölbeprinzips in eine Brückenkonstruktion.

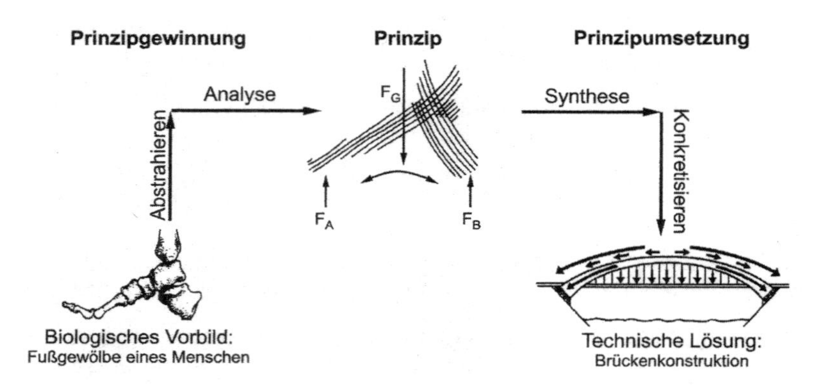

Bild 5.18: Vom biologischen Vorbild zur technischen Lösung (*Hill*)

5.6.3 Ausblick und Hinweise

In der Natur laufen komplexe Prozesse ab, die sich selbst organisieren, materialarm, regelungssicher und recyclingfreundlich sind. ***Biologische Systeme*** sind nach *Hill* dynamische, selbstorganisierende und multifunktionale Konstruktionen. Deshalb sind sie für die Lösung von technischen Problemen so wichtig.

Beispiel: Für die Lösung der technischen Aufgabe Untergrund-Parkanlage gibt es in der Natur das Gebilde Wespennest, von dem die Anordnung und Speicherung in mehreren Etagen bekannt ist (Bild 5.19).

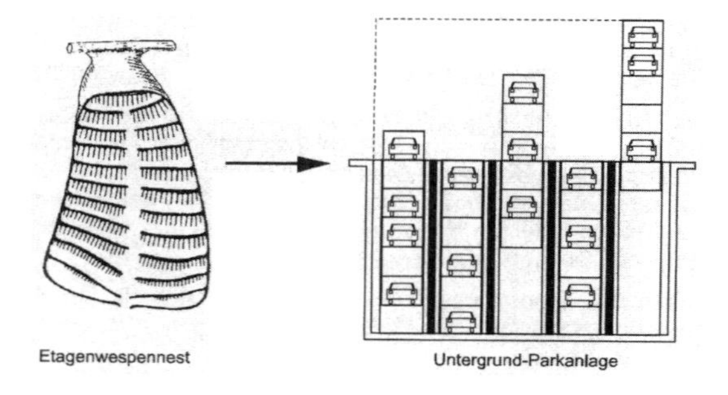

Bild 5.19: Ähnliche Strukturen in Natur und Technik (*Hill*)

Einige weitere Beispiele für die Bionik:

- Klettverschlüsse nach biologischen Vorbildern der Haut von Kleintieren
- Ähnlichkeiten zwischen Orientierungssystem der Fledermäuse und der Radartechnik
- Röhrenknochen und Halme zeigen, dass Hohlkörper unter bestimmten Umständen höhere Festigkeit haben als massive Stäbe

- Strukturen von Bäumen für die Gestaltung der Träger für große Dachflächen
- Reifenentwicklungen nach Untersuchungen der Laufflächen der Eisbärenpfoten
- Wulstbug an Schiffen entsprechend der Kopfform schnell schwimmender Fische
- Selbstreinigende Oberflächen von technischen Gütern nach Untersuchungen der Lotuspflanzen
- Waschmaschinentrommeln mit nach innen gewölbter, wabenförmig strukturierter Oberfläche in Anlehnung an in der Natur vorkommende, selbstorganisierende Materialien (Fa. Miele, Gütersloh)

Die Natur ist eine wichtige Quelle für Ideen, die der Konstrukteur nur erkennen muss. Das Erkennen, Weiterdenken und Umsetzen für das Lösen eigener Aufgabe kann entsprechende Ansätze für technische Konstruktionen liefern. Bionik basiert auf sorgfältiger Naturbeobachtung. Die Frage lautet: „Gibt es in der Natur ein ähnliches Problem, wie ist es gelöst und welche technische Realisierung ist möglich?"

Bionik ist außerdem ein ideales Kreativitätstraining für Ingenieure. Dies beweisen die Erfolge der mit Hilfe der Bionik gefundenen innovativen Produkte.

Hilfsmittel sind als Ordnungssystem zur systematischen Lösungsfindung mit einem Katalog biologischer Strukturen in Form von Strukturkatalogen nach *Hill* bekannt. Biologisches Design mit systematischem Katalog für bionisches Gestalten mit Konstruktionen als Gegenüberstellungen aus Biologie und Technik sind nach *Nachtigall* vorhanden. Diese und weitere Fachliteratur sind neben vielen Bildbänden mit sehr guten Beispielen für den Ingenieurbereich nutzbar, um das notwendige Grundlagenwissen für fachliche Abstimmungen mit Biologen zu lernen.

Die Natur ist nicht nur für die Technik als Ideenlieferant interessant, sondern auch für viele Forschungsgebiete und für Unternehmen. Unternehmensprozesse können nach Vorbildern der Natur gestaltet werden und werden nach *Baumgartner-Wehrli* unter dem Begriff Bioting – eine Wortkombination aus Biologie und Marketing – erläutert. Ebenso sind Untersuchungen bekannt, um neue Gestaltungsprinzipien für soziale Organisationen als selbstorganisierende Organisationseinheiten nach Erkenntnissen aus der Natur zu gewinnen. Für das Führen von Unternehmen wird nach *Malik* in Zukunft mehr aus den biologischen Wissenschaften als aus den Wirtschaftswissenschaften zu lernen sein.

Das Entwickeln von Lösungen mit Bionik ist ein sehr aufwendiges und gründlich durchzuführendes Verfahren, um neue Konzepte zu finden. Das Vorgehen ist nur durch intensive Zusammenarbeit von Biologen und Ingenieuren erfolgreich möglich.

5.7 Lösungen entwickeln mit Mechatronik

In der Konzeptphase erfolgt die prinzipielle Festlegung einer Lösung. Für neue Produkte bedeutet dies alle bekannten Wege nach dem Stand der Technik zu untersuchen und insbesondere auch neue Erkenntnisse umzusetzen, die sich durch die Mechatronik ergeben. Der Begriff Mechatronik wurde in den 70er-Jahren in Japan durch Zusammenfassen von Fachgebieten für die Robotertechnik als Kunstwort geschaffen:

Mechatronik = **Mecha**nik und Elek**tronik**

Heute sind verschiedene Begriffserklärungen bekannt, die sich aus unterschiedlichen Erkenntnissen und Anwendungen ergeben haben. Hier soll der Begriff nach *Hanselka* verwendet werden:

Mechatronik ist eine interdisziplinäre Wissenschaft, bei der mechanische, elektrische bzw. elektronische und informationsverarbeitende Komponenten miteinander kombiniert werden. Der mechanischen Struktur werden Aktoren, Sensoren und eine Regelung hinzugefügt, die mechanisch umgesetzte Funktionen ersetzen oder neue Funktionen ermöglichen.

Die in Bild 5.20 dargestellte Wissensbasis enthält die Fähigkeiten und Kenntnisse für die im Kern angegebenen Gebiete der Mechatronik, hier aus der Sicht der Produktentwicklung. Als Eckpunkte sind die Fachgebiete Maschinenbau, Elektrotechnik, Informationsverarbeitung und Effekte der Physik angegeben, aus denen Grundwissen für die Entwicklung mechatronischer Produkte vorhanden sein muss. Das Expertenwissen aus den Fachgebieten ist dann jeweils aufgabenbezogen zusätzlich erforderlich.

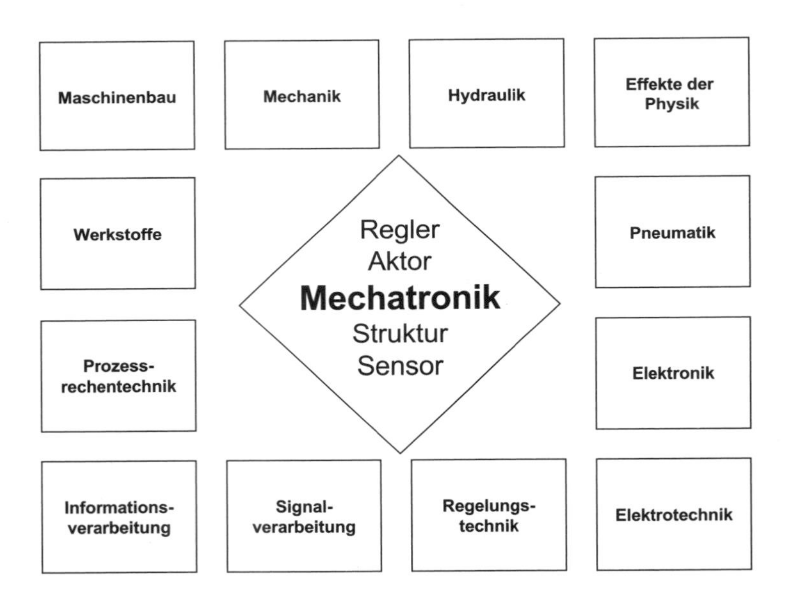

Bild 5.20: Wissensbasis für die Mechatronik

5.7.1 Übersicht und Einführung

Die Mechatronik hat sich im Laufe der Jahre durch die Anforderungen an Produkte entwickelt, deren Funktionen erst durch das Zusammenwirken von Komponenten aus den Fachgebieten Maschinenbau, Elektrotechnik, Mess-, Steuerungs- und Regelungstechnik sowie der Informationsverarbeitung zu realisieren sind. Für die Schnittstellen der mechanischen, elektrischen und elektronischen Teilsysteme sind inzwischen geeignete Komponenten vorhanden. Mit entsprechender Informationsverarbeitung sind damit die Grundlagen für ganz neue Konzepte bekannt. Ohne Kenntnisse der Mechatronik fehlt ein wesentlicher Bereich in der Produktentwicklung. Gerade in der Konzeptentwicklung sollte eine Gruppe aus den genannten Fachgebieten zusammenarbeiten, um das notwendige Wissen der jeweils anderen Fachgebiete sofort zu nutzen.

Konstrukteure aus dem Bereich der mechanischen Konstruktion haben schon seit vielen Jahren mit Entwicklern aus den Bereichen Elektrotechnik, Elektronik und Steuerungstechnik sowie Beratungsingenieuren der Zulieferer zusammengearbeitet, um die Anforderungen an moderne Maschinen zu realisieren. Die zunehmende Automatisierung forderte auch den Einsatz von elektronischen Komponenten aus dem Bereich Mess-, Steuerungs- und Regelungstechnik sowie der Informationsverarbeitung. Die Mechatronik verknüpft die Fachgebiete mit der dafür erforderlichen Informations- und Signalverarbeitung. Das hat dazu geführt, die Informatik als Fachgebiet einzufügen, obwohl diese nur anwendungsbezogen zur Verarbeitung von Daten und Informationen eingesetzt wird.

Zu einem mechatronischen System gehören Aktoren, Sensoren und Regler, die an eine mechanische Struktur anzupassen sind. Die mechanische Konstruktion denkt in Funktionen und versuchte bisher diese mechanisch zu realisieren. Seit einigen Jahren sind elektronisch gesteuerte Komponenten bekannt, die die mechanischen Funktionen ersetzen. Das mechanische System wird um neue Funktionen erweitert und verbessert dadurch die Produkteigenschaften.

Der Einsatz von Aktoren und Sensoren sowie die Entwicklung der Struktur durch Anordnung der Komponenten sind Aufgaben des Maschinenbaus. Die Regelungstechnik, die Signalverarbeitung und die Leistungselektronik zur Ansteuerung der Komponenten werden von der Elektrotechnik übernommen. Das Zusammenwirken beider Fachgebiete erfolgt in der Mechatronik.

5.7.2 Grundlagen mechatronischer Systeme

In technischen Systemen erfolgt allgemein der Umsatz von Energie, Stoff und Information. Eingangsgrößen werden in dem System in Ausgangsgrößen gewandelt, wie im Kapitel 2 beschrieben.

In ***mechatronischen Systemen*** wird vorrangig der Energiefluss und der Informationsfluss gestaltet. Kräfte und Momente mit den entsprechenden Bewegungen ergeben den Energiefluss, der auf die Systemgrenze einwirkt. Der Energiefluss ist auch durch elektrische Ströme möglich, die über die Systemgrenzen fließen. Der Informationsfluss ergibt sich durch die Verarbeitung von Signalen der Sensoren, die im Prozessor verarbeitet werden und zu Stellgrößen für Aktoren führen. Dazu gehören auch entsprechende Anzeigen als Rückmeldung der Regler, die nach regelungstechnischen Kriterien einzusetzen sind. Die Struktur eines mechatronischen Systems, also die Anordnung der Komponenten, ist von der mechanischen Konstruktion festzulegen. Die Grundstruktur mechatronischer Syteme mit dem prinzipiellen Aufbau enthält Bild 5.21. Die Sensoren und die Aktoren sind das Bindeglied zwischen Energie und Information.

Zu einem mechatronischen System gehören nach *Koriath/Römer*:

- eine mechanische Grundstruktur für ein bestimmtes Verhalten der Bewegungen mit Kräften und Momenten
- Sensoren, die zum Erfassen der Informationen über das System oder die Umgebung geeignet sind
- Prozessoren, die die Informationen auswerten und nach bestimmten Regeln daraus Signale für die Stellgrößen erzeugen
- Aktoren, die die Stellgrößen umsetzen in Kräfte, Bewegungen, elektrische Spannungen oder andere Größen und damit auf das Grundsystem oder die Umgebung einwirken.

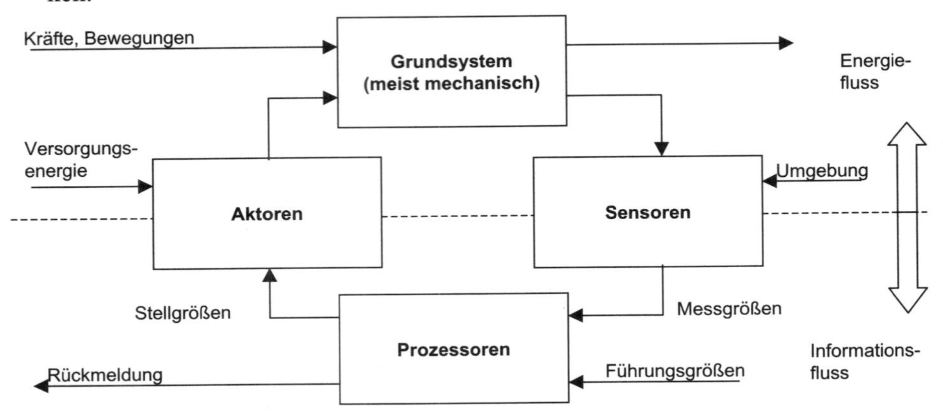

Bild 5.21: Grundstruktur mechatronischer Systeme (nach *Koriath/Römer)*

Die ***Grundstruktur mechatronischer Systeme*** ist für alle Komponenten und Teilsysteme sowie für komplexe Gesamtsysteme geeignet. Sie ist jeweils, entsprechend angepasst, die Basis für die Entwicklung.

Die ***Funktionen der Mechatronik*** sind für die Beschreibung der mechatronischen Komponenten aus den verschiedenen Bereichen erweitert worden gegenüber den Funktionen der Konstruktion. Das Grundprinzip der technischen Systeme mit Eingangs- und Ausgangsgrößen zur Beschreibung einer Aufgabe bleibt jedoch erhalten. Die Umsetzung im System ist mit folgenden mechatronischen Funktionen zu beschreiben.

- Kinematische Funktionen für den Einsatz von mechanischen Elementen, um geeignete Bewegungen zur Lösung der Aufgabe zu realisieren (Beispiel: Getriebedrehzahlen)
- Dynamische Funktionen für die Untersuchung der Kräfte und des Antriebsverhaltens für Größe und Art der Bewegungen und deren Übertragung (Beispiel: Drehmoment-Drehzahl-Verhalten)
- Mechatronische Funktionen für die Beschreibung der regelungstechnischen Komponenten, der Sensoren und aller weiteren Komponenten sowie deren Ausführung und Übertragung. Die Teilsysteme können dann als mechatronische Funktionsmodule festgelegt werden, mit denen das Gesamtsystem zu analysieren ist. (Beispiel: Positionsmesssysteme)

Die Entwicklung von mechatronischen Funktionsmodulen sorgt für Wiederverwendbarkeit. Damit sind mechatronische Systeme und komplexe Gesamtsysteme für unterschiedliche Anwendungen mehrfach einsetzbar und einfacher zu realisieren.

5.7.3 Aktoren

Aktoren oder Stelleinrichtungen sind Komponenten, die Kräfte oder Drehmomente bereitstellen, um Bewegungen auszuführen. Aktoren können allgemein nach der Energie, die für die Erfüllung ihrer Funktion erforderlich ist, eingeteilt werden, denen die verschiedenen Aktortypen zuzuordnen sind. Als Energiearten für die Aktoren sind nach *Czichos* bekannt elektrische Energie, Strömungsenergie, thermische Energie und chemische Energie, deren Wirkung nach bestimmten Prinzipien genutzt wird. In den Literaturhinweisen sind umfangreiche Beschreibungen vorhanden. Hier sollen nur drei Beispiele vorgestellt werden.

Elektrische Aktoren sind elektromechanische Energiewandler, z. B. Hubmagnete oder elektrische Maschinen, also Elektromotoren. Sie wandeln elektrische in mechanische Energie um. Regelbare Elektromoren gibt es für fast alle Anforderungen.

Hydraulische Aktoren sind hydraulische Antriebe, die die durch Pumpen verdichteten Flüssigkeiten in mechanische Energie umwandeln. Lineare Bewegungen werden durch einen Hydraulikzylinder, rotatorische Bewegungen durch einen Hydraulikmotor erzeugt. Der Einsatz erfolgt, wenn große Kräfte und hohe Dynamik gefordert sind.

Pneumatische Aktoren sind pneumatische Antriebe, die die durch Verdichter komprimierte Luft in mechanische Bewegungen umwandelt. Lineare Bewegungen werden durch einen Pneumatikzylinder, rotatorische Bewegungen durch einen Pneumatikmotor erzeugt. Der Einsatz erfolgt für kleine bis mittlere Stellkräfte und wenn eine hohe Dynamik gefordert wird.

5.7.4 Sensoren

Sensoren sind technische Komponenten, die die zu erfassenden physikalischen oder chemischen Größen in der Regel in elektrisch auswertbare Signale umwandeln. Sensoren werden deshalb auch als Wandler bezeichnet. Da ohne geeignete Sensoren eine Entwicklung neuer mechatronischer Systeme nicht möglich ist, haben die Sensoren in der Mechatronik eine besondere Bedeutung. Hier kann nur in einer Übersicht eine Einteilung der Sensoren für unterschiedliche Eingangsgrößen nach *Czichos* mit Beispielen vorgestellt werden:

- **Sensoren für geometrische Größen** (Längen, Formen, Dehnung)
- **Sensoren für kinematische Größen** (Wege, Winkel, Geschwindigkeiten, Drehzahlen, Beschleunigungen)
- **Sensoren für dynamische Größen** (Kraft, Drehmoment, Druck)
- **Sensoren für Einflussgrößen** (Temperatur, Feuchte)

Zu diesem Fachgebiet gehören die gesamte Messtechnik und gute Kenntnisse über die Anwendung der Effekte der Physik. In der Fachliteratur sind Beschreibungen von Sensoren umfangreich vorhanden.

5.7.5 Ausblick und Hinweise

Das Einordnen von Produkten mit der Eigenschaft „mechatronisch" nimmt zu. Die Verbesserung und Erweiterung der Produkte durch den Einsatz mechatronischer Komponenten ersetzt mechanisch realisierte Funktionen durch elektronische und ermöglicht neue zusätzliche Funktionen. Dies ist ein Merkmal für den Entwicklungsfortschritt.

Beispiel: Im Werkzeugmaschinenbau erfolgte die Entwicklung und Konstruktion numerisch gesteuerter Werkzeugmaschinen, also von Werkzeugmaschinen mit CNC-Steuerungen (CNC = Computerized Numerical Control) durch eine Weiterentwicklung der manuell bedienten, mechanisch gesteuerten Werkzeugmaschinen über die numerisch gesteuerten Werkzeugmaschinen. Voraussetzungen waren jeweils die dafür erforderlichen Kenntnisse und die von Zulieferern entwickelten Baugruppen, also die regelbaren elektrischen Antriebe, die numerischen Steuerungen und die Positionsmesssysteme mit der entsprechenden Software für die Steuerung des Arbeitsablaufs.

Die Entwicklung erfolgte stets von einer Gruppe die aus Konstrukteuren des Maschinenbaus und der Elektrotechnik zusammengesetzt wurde. Die Abstimmung über die einzusetzenden Antriebe, die Steuerung, die Positionsmesssysteme usw. erfolgte stets im Team, das bei Bedarf um Messtechniker und Inbetriebnehmer erweitert wurde. Die für die Informationsverarbeitung notwendige Software wurde mit Unterstützung der Steuerungshersteller abgestimmt und installiert. Dieses Vorgehen war überall Stand der Technik. Ein Vergleich mit der Mechatronik zeigt sofort, dass Werkzeugmaschinen mechatronische Produkte sind.

Dementsprechend sind auch in anderen Fachgebieten ähnliche Entwicklungen vorhanden. Die Anwendungsgebiete der Mechatronik sind ausgehend von den Robotern, Werkzeugmaschinen, Automobile, Haushaltsgeräte, Freizeitprodukte usw. Bekannte Beispiele sind Autofocus in Fotoapparaten, Bremsanlagen mit Antiblockiersystem (ABS), Funkfernsteuerung zur Türöffnung usw.

Die in diesem Abschnitt erläuterten Grundlagen haben vor allem den Zweck Kenntnisse zu vermitteln und zu erkennen, wann es sinnvoll ist, über mechatronische Produkte nachzudenken. VDI 2206 enthält eine Entwicklungsmethodik für mechatronische Systeme.

In der Konstruktionsphase Konzipieren über mechatronische Systeme nachzudenken ist nur dann erforderlich, wenn in der Konstruktionsphase Planen entsprechende Anforderungen festgelegt wurden, um die Kundenforderungen zu erfüllen. Da damit in der Regel umfangreichere Untersuchungen, bis zur Neuentwicklung von Sensoren, anfallen können, muss der Aufwand gerechtfertigt sein. Dann sollte jedoch eine Organisation geschaffen werden, die dafür sorgt, dass eine Gruppe von Entwicklern aus den Fachgebieten der Mechatronik durch Zusammenwirken ein mechatronisches System entwickelt, das die Basis ist für ein gutes Produkt.

5.8 Bewerten von Lösungsvarianten

In diesem Arbeitsschritt müssen die Prinziplösungen als konkrete Lösungsvorschläge beurteilt werden, um eine objektive Entscheidungsgrundlage zu erhalten. Dafür sind ***Bewertungsverfahren*** entwickelt worden. Diese sind so aufgebaut, dass sie allgemein zur Beurteilung von Lösungsvarianten in jeder Konstruktionsphase einsetzbar sind.

Das große Lösungsfeld, das bei der Prinziperarbeitung geschaffen wurde, muss möglichst früh auf eine sinnvolle Lösungsanzahl reduziert werden. Dabei ist besonders sorgfältig vorzugehen, um nicht gute Lösungen zu übersehen oder um zu verhindern, dass die falschen Kriterien zu Fehlentscheidungen führen.

5.8.1 Grundlagen der Bewertung

Bewerten ist ein Vergleichen von Eigenschaften nach vorgegebenen Zielen. Eine Bewertung soll den Wert bzw. den Nutzen einer Lösung in Bezug auf vorher aufgestellte Zielgrößen ermitteln. Die Zielgrößen sind unbedingt erforderlich, da der Wert einer Lösung nicht absolut, sondern immer nur für bestimmte Anforderungen gesehen werden kann. Deshalb ist eine aktuelle Anforderungsliste als Grundlage für die Formulierung der ***Bewertungskriterien*** zu nutzen. Eine Bewertung führt zu einem Vergleich von Lösungsvarianten untereinander.

Wenn die Bewertungskriterien unterschiedliche Bedeutung für den Gesamtwert einer Losung haben, kann dies durch eine Gewichtung berücksichtigt werden, in dem Gewichtungsfaktoren zugeordnet werden. ***Gewichtungsfaktoren*** sind reelle, positive Zahlen, die die Bedeutung eines Bewertungskriteriums gegenüber anderen angeben.

Bewertungsmethoden müssen folgende Punkte erfüllen:

- Der Erkenntnisstand der Lösungsprinzipien muss ausreichend sein.
- Der Aufwand für die Bewertung muss gering sein.
- Das Verfahren muss weitgehend durchschaubar, wiederholbar und leicht zu lernen sein.

5.8.2 Vorteil-Nachteil-Vergleich

Der Vergleich von Vor- und Nachteilen ist nach *Ehrlenspiel* die häufigste und am schnellsten durchführbare Methode der Bewertung, wie z. B. mit Tabelle 5.14 gezeigt.

Bewertung der Lösungsvariante:	
Vorteile	**Nachteile**
Bemerkung:	
Entscheidung:	

Tabelle 5.14: Vorteil-Nachteil-Vergleich

Eine Lösungsalternative wird relativ zu einer vorhandenen oder auch zu einer gedachten idealen Lösung bewertet, Dabei sollte vorher klar sein, welches die Vergleichslösung ist und es ist eine Kriterienliste zu erstellen, die der Reihe nach abgearbeitet wird. Als Beispiel kann eine Bewertung von einfachen Zulieferteilen betrachtet werden, die meist nur nach Funktion, Kosten und Betriebssicherheit zu beurteilen sind.

5.8.3 Dominanzmatrix

Dieses auch als paarweiser Vergleich bekannte Verfahren, wird mehrfach von verschiedenen Autoren vorgestellt. Es beruht auf einer Bewertung der Lösungsvarianten mit 0 oder 1 und wird eingesetzt, wenn für viele Lösungsvarianten schnell eine erste Rangfolge ermittelt werden soll. Ein Beispiel für eine ***Dominanzmatrix*** zeigt Tabelle 5.15.

		Variante						
		1	2	3	4	5	6	7
	1	–	1	0	1	0	1	0
Im	2	0	–	0	1	0	0	0
Vergleich	3	1	1	–	1	0	1	0
zu	4	0	0	0	–	0	0	0
Variante	5	1	1	1	1	–	1	1
	6	0	1	0	1	0	–	0
	7	1	1	1	1	0	1	–
	Summe	3	5	2	6	0	4	1
	Rang	4	2	5	1	7	3	6

Tabelle 5.15: Dominanzmatrix (nach *Pahl/Beitz*)

Bei diesem Grobvergleich von Lösungsvarianten wird in einer Gruppe gearbeitet, wenn eine relativ feine Bewertung zu aufwendig und nicht gesichert ist. Die Varianten sind paarweise hinsichtlich eines Bewertungskriteriums miteinander zu vergleichen. Es wird jeweils nur binär entschieden, welche von beiden Varianten die stärkere ist. Dabei ist jeweils paarweise zu überlegen, ob eine Variante im Vergleich mit einer anderen besser (1) oder schlechter (0) ist und dementsprechend ist in die Matrix 0 oder 1 einzutragen. Durch die Summe der Punkte für jede Variante ergibt sich dann die gesuchte Rangfolge.

Eine Anwendung ergibt sich für Alternativen, von denen mehr qualitative Eigenschaften als quantitative bekannt sind, wie z. B. bei der Vorauswahl von Anwendungssoftware von unterschiedlichen Anbietern bei zehn bis fünfzehn Angeboten. Bei dem vergleichsweise geringen Aufwand ist keine hohe Aussagequalität zu erwarten.

5.8.4 Paarweiser Vergleich

Der ***paarweise Vergleich*** wird zur Ermittlung der relativen Wichtigkeit von Anforderungen angewendet. Es handelt sich um eine Gewichtung, die ermittelt wird, in dem die einzelnen Anforderungen jeweils mit allen anderen Anforderungen verglichen werden. Dafür wird eine Matrix erstellt, in der die Anforderungen in die Zeilen und Spalten so einzutragen sind, dass auf der Diagonalen gleiche Anforderungen aufeinander treffen. Die Diagonale bleibt frei, da gleiche Eigenschaften nicht gegeneinander bewertbar sind, wie Tabelle 5.16 zeigt. Die Bewertung erfolgt im Team, in dem die Häufigkeit der Nennungen gezählt wird. Als Bewertungskriterien haben sich bewährt: „3 = ist wichtiger", „2 = ist gleich wichtig" und „1 = ist weniger wichtig".

Paarweiser Vergleich	**Vergleiche...**				
Bewertung: 3 ..ist wichtiger 2 .. gleich wichtig 1 .. weniger wichtig **Mit....**	1.	2.	3.	4.	5.
1.		3	2	2	1
2.	1		1	2	2
3.	2	3		3	1
4.	2	2	1		2
5.	3	2	3	2	
Summe	8	10	7	9	6
Rang/ Position	3	1	4	2	5

Tabelle 5.16: Paarweiser Vergleich

In die Zeilen und Spalten sind jeweils die gleichen Bewertungskriterien einzusetzen. Der Vergleich erfolgt zeilenweise, sodass alle Spaltenanforderungen mit der 1. Zeilenanforderung verglichen werden usw. Das jeweilige Ergebnis wird oberhalb der Diagonale eingetragen. Die untere Diagonalseite ergibt sich durch Eintragen der Ergänzungswerte, sodass jeweils zwei Vergleichszahlen, die spiegelbildlich zur Diagonalen liegen, in der Summe 4 ergeben (3 + 1 = 4, 2 + 2 = 4). Danach sind die Spaltensummen zu berechnen und als Gewichtung der Anforderungen einzutragen. Die höchste Summe erhält Position/Rang 1 usw. Die so ermittelte Rangfolge wird für die Bewertung verwendet, wobei die höchste Punktzahl dann der Position 1 zuzuordnen ist usw., um die Bedeutung der Anforderungen zu erfassen (s. a. Kapitel 4).

5.8.5 Erkennen von Bewertungskriterien

Bewertungskriterien sind erforderlich, um Lösungsvarianten zu beurteilen,. Diese ergeben sich aus den Zielgrößen, die für technische Aufgaben vor allem aus den Forderungen der Anforderungsliste bestehen. Außerdem können noch allgemeine Bedingungen aus dem Anforderungskatalog hinzukommen, die für die Lösungen zu beachten sind. Die Ziele können technische, wirtschaftliche und sicherheitstechnische Gesichtspunkte mit unterschiedlicher Bedeutung enthalten.

Nach *Pahl/Beitz* sollten folgende Voraussetzungen beim Aufstellen der Ziele möglichst erfüllt sein:

- Anforderungen und Bedingungen möglichst vollständig erfassen, damit keine wesentlichen Gesichtspunkte unberücksichtigt bleiben.
- Ziele müssen unabhängig voneinander sein und dürfen andere Ziele nicht beeinflussen (Sicherheit darf nicht wegen ungünstiger Kosten vernachlässigt werden).
- Eigenschaften sind bei vertretbarem Aufwand der Informationsbeschaffung möglichst quantitativ, zumindest aber qualitativ mit Worten konkret zu erfassen.

Aus den ermittelten Zielen leiten sich unmittelbar die Bewertungskriterien ab. Alle Kriterien sind wegen der späteren Zuordnung zu den Wertvorstellungen positiv zu formulieren, d.h. mit einer einheitlichen Bewertungsrichtung versehen wie beispielsweise:

- „geräuscharm Antrieb“ und nicht „lauten Antrieb vermeiden“
- „hoher Wirkungsgrad“ und nicht „große Verluste“
- „wartungsarm“ und nicht „Wartung erforderlich“

5.8.6 Bewertung mit Punkten

Durch Vergeben von Werten wird die eigentliche Bewertung durchgeführt. Dabei ergeben sich die Werte durch die Vorstellungen des Konstrukteurs von den Eigenschaften der Lösungsalternative. Sie sind also mehr oder weniger subjektiv, wenn die Bewertung nur durch den Konstrukteur allein durchgeführt wird. Erst das ***Bewerten durch eine Gruppe*** aus unterschiedlichen Bereichen eines Unternehmens ermöglicht ein objektiveres Ergebnis. Bewährt hat sich eine Gruppe aus Mitarbeitern der Fertigung, der Montage, der Arbeitsvorbereitung, des Vertriebs und der Konstruktion. Häufig wird dadurch ein verbessertes neues Konzept entstehen, das viele Vorteile aller Varianten enthält oder es wird ein ganz neuer Weg weiterverfolgt.

Bei der üblichen ***Punktbewertung*** werden Vorstellungen über die Wertigkeit einer Lösung durch die Vergabe von Punkten ausgedrückt. Hier soll nur die ***Wertskala*** nach VDI 2225 und deren Bedeutung vorgestellt werden, da diese sich für Bewertungen in der Konzeptphase bewährt hat. Die Punktbewertung nach VDI 2225 arbeitet mit einer Wertskala von 0 bis 4 Punkten und ist damit entsprechend den Kenntnissen über die nur teilweise bekannten Eigenschaften der Konzeptvarianten ausreichend genau.

Die Bedeutung der Punkte und einfache Merkhilfen nach *Pahl/Beitz* enthält Tabelle 5.17.

Punkte	Bedeutung	Merkhilfe für Bewertung
0	unbefriedigend	weit unter Durchschnitt
1	gerade noch tragbar	unter Durchschnitt
2	ausreichend	Durchschnitt
3	gut	über Durchschnitt
4	sehr gut (ideal)	weit über Durchschnitt

Tabelle 5.17: Wertskala nach VDI 2225

Die extremen Punkte 0 und 4 sind nur bei extremen Eigenschaften zu vergeben. Die Vergabe der Punkte 2 und 3 für alle Kriterien führt in der Regel nicht zu einem brauchbaren Ergebnis. Die Null zu vergeben bedeutet, dass ein Bewertungskriterium nicht erfüllt wird und dass die Lösungsvariante ausscheidet.

Die ***technische Wertigkeit*** W_t kann als Anhalt für die Güte einer Lösung nach VDI 2225 für jede Variante ermittelt werden. Sie errechnet sich aus dem Verhältnis der erreichten Punktzahl der Variante zur maximal erreichbaren Punktzahl mal der Anzahl n der festgelegten Bewertungskriterien:

$$W_t = \frac{\text{Summe der Punkte } P \text{ je Variante } V}{\text{Anzahl } n \text{ der Bewertungskriterien} \cdot \text{maximale Punktzahl } P_{max}}$$

$$W_t = \frac{P_1(V_1) + P_2(V_2) + \ldots + P_n(V_n)}{n_{max} \cdot P_{max}} = \frac{\sum P_{Variante}}{n_{max} \cdot P_{max}}$$

Falls die Bewertungskriterien nicht gleichwertig sind, können ***Gewichtungsfaktoren*** mit der Summe der Gewichte = 1 vergeben werden. Die Punkte werden mit $g = 0{,}2$; $g = 0{,}05$ usw. als Gewichtungsfaktoren multipliziert, und die sich aus dem Produkt $P \cdot g$ ergebenden Punkte sind für die Bewertung zu addieren. Für die Gewichtung sind jedoch erneut Kriterien festzulegen. Mit der Gewichtung ist die technische Wertigkeit zu berechnen:

$$W_t = \frac{P_1 \cdot g_1 + P_2 \cdot g_2 + \ldots + P_n \cdot g_n}{(g_1 + g_2 + \ldots + g_n) \cdot P_{max}} = \frac{\sum P \cdot g}{P_{max} \cdot \sum g}$$

Zur Beurteilung wird die erreichte Technische Wertigkeit in Bereiche eingeteilt:

- Sehr gute Lösung $W_t > 0{,}8$
- Gute Lösung $W_t = 0{,}7$
- Unbefriedigende Lösung $W_t < 0{,}6$

Haben sich bei der Bewertung weniger als 60 % für eine Lösungsvariante ergeben, so ist das Konzept zu überarbeiten oder die Entwicklung abzubrechen.

Die VDI 2225 schlägt vor, für die Bestimmung der Gesamtwertigkeit einer Variante zusätzlich zur ermittelten Technischen Wertigkeit die Wirtschaftliche Wertigkeit zu berechnen. Die ***wirtschaftliche Wertigkeit*** W_w soll eine Aussage zu den Kosten eines Konzepts für ein neues Produkt ermöglichen. Sie ist als Verhältnis der Herstellkosten einer Ideallösung zu der einer Konzeptvariante zu ermitteln:

$$W_w = \frac{\text{Herstellkosten einer wirtschftlichen Ideallösung}}{\text{Kalkulierte Herstellkosten der Lösungsvariante}}$$

Die Herstellkosten sind eigentlich in dieser Phase nur zu schätzen, da für eine Kalkulation die Daten fehlen. Da die Abschätzung der Kosten für Lösungsvarianten in dieser Phase aber sehr schwierig ist, wird hier darauf verzichtet. Bei Bedarf ist die VDI 2225 heranzuziehen. In der VDI 2225 wird ausdrücklich darauf hingewiesen, dass die technische Wertigkeit allein zunächst nur einen allgemeinen Überblick gibt. Es ergibt sich nur eine Aussage, ob die gewählte Lösung aus technischer Sicht Aussicht auf Erfolg hat.

5.8.7 Bewertungspraxis in der Konzeptphase

Eine Bewertung sollte schnell und überschaubar mit Hilfe von ***Bewertungskatalogen*** und Bewertungslisten erfolgen. Ein Bewertungskatalog enthält die wichtigsten Merkmale einer Konstruktion in geordneter Form, sodass mit den ebenfalls eingetragenen Beispielen und Hinweisen die ***Bewertungskriterien*** festgelegt werden können. Die Bewertungskriterien werden in eine ***Bewertungsliste*** eingetragen. Diese wird im Kopf mit dem Produktnamen versehen und sollte auch das Entwicklungsziel enthalten. Die Anzahl der zu bewertenden Lösungsvarianten ist in der Regel kleiner als fünf und die Bewertungskriterien sollten die Zahl fünfzehn nicht überschreiten.

Die Bewertung ist immer in einer Gruppe durchzuführen. Die Bewertung erfolgt stets so, dass jedes Bewertungskriterium vergleichend bei allen Varianten zu untersuchen und zu beurteilen ist. Die Punktzahl ist dann in ein Formblatt einzutragen und für jede Variante ist die Summe der Punkte für alle Bewertungskriterien zu addieren. Mit der maximalen Punktzahl, die sich aus dem Produkt der Summe aller Bewertungskriterien mit der Punktzahl vier ergibt, ist die Technische Wertigkeit zu berechnen. Für zwölf Bewertungskriterien ergibt sich also beispielsweise die Punktzahl $P_{max} = 48$. In dem Feld „Bemerkung mit Variantenangabe" können Hinweise zur Verbesserung von einzelnen Bewertungskriterien eingetragen werden. Der Bewertungskatalog ist in Tabelle 5.18 enthalten und die Bewertungsliste als Formblatt in Tabelle 5.19.

Beispiele für bewährte **Bewertungskriterien**: Funktionserfüllung, einfacher Aufbau, Energiebedarf, Betriebssicherheit, Fertigungsaufwand, Prüfaufwand, Montageaufwand, hoher Wirkungsgrad, einfache Bedienung, geräuscharmer Betrieb, wartungsarmer Betrieb aber auch Zulieferabhängigkeit, Ersatzteilbeschaffung, Wettbewerbstrend.

Die Bewertung in der Konzeptphase ist erforderlich, weil rechtzeitig Schwierigkeiten und besondere Kriterien erkannt werden müssen. In dieser Phase sind schon Kenntnisse erforderlich, um mit technischen Daten, Skizzen, schematischen Darstellungen, Überschlagsrechnungen und unter Nutzung von Wettbewerbslösungen Konzepte zu bewerten.

KT	Bewertungskatalog für die Konzeptphase	Blatt-Nr. 1/1
Hauptmerkmal	**Nebenmerkmale**	**Beispiele / Hinweise**
Funktion	Hauptfunktion Nebenfunktion	Eigenschaften des gewählten Lösungsprinzips oder der Konzeptvariante Eigenschaften erforderlicher Lösungselemente
Wirkprinzip	Prinzipienwahl Wirkung Störgrößen Kenntnisse	einfache und eindeutige Funktionserfüllung ausreichend gering Aufwand für Einarbeitung, Unsicherheit, Erfahrungen sammeln oder beschaffen
Gestaltung	Komponenten Raumbedarf Werkstoffe Auslegung	geringe Zahl mit einfachem Aufbau, Zulieferkomponenten gering Standardwerkstoffe keine besonderen Verfahren, Wirkungsgrad
Sicherheit	Sicherheitstechnik Schutzmaßnahmen Arbeitssicherheit Umweltsicherheit	unmittelbare Sicherheitstechnik bevorzugen keine zusätzlichen Maßnahmen erforderlich hoher Standard gegen Unfälle, Betriebssicherheit gewährleisteter Schutz
Ergonomie	Schnittstelle Belastungen Design	Mensch – Maschine - Beziehung Grenzwerte für Bediener einhalten Formgestaltung und Funktion
Fertigung	Fertigungsverfahren Teile Vorrichtungen	wenige und bekannte Verfahren geringe Zahl einfacher Teile keine oder einfache Vorrichtungen
Prüfung	Messen Prüfen	wenige Messungen erforderlich einfache und sichere Prüfungen durchführen
Montage	Montageaufwand Montagevorrichtung Montagerichtungen	leichte und schnelle Montage keine oder einfache Vorrichtungen eine Montagerichtung einhalten
Transport	Transportarten	normale Einrichtungen und Transporthilfen einsetzen
Gebrauch	Einsatz Lebensdauer Bedienung	einfacher Betrieb lange Lebensdauer, geringer Verschleiß leichte und sinnfällige Bedienung
Instandhaltung	Wartung Inspektion Instandsetzung	geringe und einfache Wartung geeignete Beachtung einfache Demontage u. einfache Teile, Ersatzbeschaffung
Recycling	Verwertung Entsorgung	Kreislaufwirtschaft erfüllen problemlose Beseitigung
Aufwand	Kosten Termin	Betrieb und Nutzung mit niedrigen Kosten einhalten durch Beseitigen von Schwachstellen
Kosten	Herstellkosten	Abschätzung kostenintensiver Teile und Prinzipien
Markt	Beurteilung Wettbewerbstrend	Marktbedarf, kostendeckend zu verkaufen Vergleich von Prinzipien, Marktanteile

Tabelle 5.18: Bewertungskatalog für die Konzeptphase

KT	**Bewertungsliste**	Blatt-Nr.

Ziel:

Wertskala nach VDI 2225 mit Punktvergabe P von 0 bis 4 :
0 = unbefriedigend, 1 = gerade noch tragbar, 2 = ausreichend, 3 = gut, 4 = sehr gut

Bewertungskriterien nach Bewertungskatalog für die Konzeptphase.
Gewichtungsfaktoren g vergeben, wenn Bewertungskriterien nicht gleichwertig sind.

Konzeptvarianten			A		B		C		D	
Nr.	Bewertungskriterium	g	P	P*g	P	P*g	P	P*g	P	P*g
1										
2										
3										
4										
5										
6										
7										
8										
9										
10										
11										
12										
13										
14										
15										
Summen	Σ									
Technische Wertigkeit W_t										
Technische Wertigkeit W_t mit Gewichtung										
Rangfolge										

Bemerkung mit Variantenangabe und Kriterien-Nr. :

Entscheidung:	Datum: Bearbeiter:

Tabelle 5.19: Bewertungsliste

KT	**Bewertungsliste** Wagenheber	Blatt-Nr. 1/1

Ziel: Pkw Radbereich heben zum Radwechsel

Wertskala nach VDI 2225 mit Punktvergabe P von 0 bis 4 :
0 = unbefriedigend, 1 = gerade noch tragbar, 2 = ausreichend, 3 = gut, 4 = sehr gut

Bewertungskriterien nach Bewertungskatalog für die Konzeptphase.
Gewichtungsfaktoren g vergeben, wenn Bewertungskriterien nicht gleichwertig sind.

Konzeptvarianten			A		B		C		D	
Nr.	Bewertungskriterium	g	P	P*g	P	P*g	P	P*g	P	P*g
1	Funktionserfüllung	0,2	4	0,8	2	0,4	3	0,6		
2	Einfacher Aufbau	0,1	3	0,3	3	0,3	3	0,3		
3	Betriebssicherheit	0,2	4	0,8	2	0,4	4	0,8		
4	geringer Fertigungsaufwand	0,1	4	0,4	1	0,1	1	0,1		
5	einfache Montage	0,05	3	0,15	3	0,15	3	0,15		
6	lange Lebensdauer	0,1	3	0,3	3	0,3	3	0,3		
7	verschleißfreie Bauteile	0,1	3	0,3	3	0,3	3	0,3		
8	wartungsarmer Betrieb	0,1	4	0,4	3	0,3	3	0,3		
9	Ersatzteilbeschaffung	0,05	3	0,15	3	0,15	3	0,15		
10										
11										
12										
13										
14										
15										
Summen	Σ	1	31	3,6	23	2,4	26	3,0		
Technische Wertigkeit W_t			0,86		0,64		0,72			
Technische Wertigkeit W_t mit Gewichtung				0,9		0,6		0,75		
Rangfolge			1	1	3	3	2	2		

Bemerkung mit Variantenangabe und Kriterien-Nr. :

Nr.	Bemerkung		
1	Variante A ist für einen Entwurf geeignet		
2			
3			

Entscheidung: Variante A weiterverfolgen	Datum: 01.06.07 Bearbeiter: Conrad

Tabelle 5.20: Bewertungsliste Wagenheber

Beispiel: Die Bewertung erfolgt für das Beispiel Wagenheber, das als Übungsaufgabe mit verschiedenen Lösungskonzepten in einem Bild im Kapitel 10 vorgestellt wird. Die Variante A entspricht 1.1 2.1, die Variante B entspricht 1.5 2.1 und die Variante C entspricht 1.4 2.1.

In der Tabelle 5.20 ergibt sich für die neun Bewertungskriterien die Punktzahl P_{max} = 9 mal 4 = 36 und damit für die Variante A folgende Rechnung. Für Variante A ist die Summe der Punkte 31, die zu teilen ist durch 9 mal 4 = 36, das ergibt dann W_t = 0,86. Mit der eingetragenen Gewichtung g für alle Bewertungskriterien ergibt sich für Variante A die Summe 3,6; die zu teilen ist durch g_{max} = 1 mal P_{max} = 4 , das ergibt den Wert für W_t = 0,9. Wie die Tabelle 5.20 zeigt, ergibt sich auch durch die Gewichtung keine andere Rangfolge.

Bei einem ***Bewertungsverfahren*** sind folgende Punkte zu beachten:

- Entwicklungsziel mit Hilfe der Anforderungsliste formulieren und in die Bewertungsliste eintragen.
- Bewertungskriterien mit Hilfe eines Bewertungskatalogs festlegen.
- Gleichwertige Bewertungskriterien formulieren und nur bei sehr unterschiedlicher Bedeutung eine Gewichtung vorsehen.
- Bewertungskriterien in eine Bewertungsliste eintragen.
- Punktbewertung nach VDI 2225 vergleichend für alle Varianten durchführen.
- Berechnen der Technischen Wertigkeit nach VDI 2225.
- Vergleich der Bewertungsergebnisse der Lösungsvarianten durchführen.
- Technische Wertigkeiten sollten Werte > 0,6 haben.
- Varianten mit nahezu gleicher Punktsumme dürfen nicht zur Entscheidung für eine Variante mit 2 oder 3 Punkten mehr führen. Besser wäre eine erneute Bewertung unter Beachtung von Beurteilungsunsicherheiten, Schwachstellen und Gleichwertigkeit der Bewertungskriterien.
- Varianten mit einer Schwachstelle sind besonders zu prüfen und zu überarbeiten.
- Kombination von guten Teillösungen der bewerteten Varianten zu einer neuen Variante kann für die Zielerfüllung sinnvoll sein.

5.9 Qualitätssicherung beim Konzipieren

Die Ergebnisse des Konzipierens haben wesentlichen Einfluss auf die Qualität eines Produkts. Ein schlechtes oder unvollständig durchdachtes Lösungsprinzip wird auch mit sehr viel Aufwand in den folgenden Arbeitsschritten Entwerfen und Ausarbeiten nicht besser.

Deshalb ist vor der Freigabe des Konzepts zum Entwerfen sehr gründlich zu prüfen, ob alle Anforderungen in ein erfolgversprechendes Lösungskonzept umgesetzt wurden. Es gilt also bereits in dieser Konstruktionsphase Maßnahmen zu realisieren, die die Qualität sichern, um mögliche Fehler zu vermeiden.

Die folgende Aufstellung ist, wie beim Planen, als Unterstützung zu verstehen, um wesentliche Gesichtspunkte nicht zu übersehen.

Als qualitätssichernde Maßnahmen empfiehlt VDI 2247 E:

- Konstruktionsmethodik anwenden
- systematische Lösungsfindung nutzen
- Morphologischen Kasten aufstellen
- Informationssysteme nutzen, z. B. Konstruktionskataloge und technische Datenbanken
- kompetente Fachleute einschalten
- Qualifizierung von Lieferanten sicherstellen
- gesicherte Spezifikation beschaffen
- Organisationspläne aufstellen
- Schnittstellen standardisieren
- Checklisten und FMEA einsetzen
- frühere Anforderungslisten nutzen

Durch diese Maßnahmen werden folgende potenzielle Fehler vermieden:

- Lösungsideen werden übersehen, weil nicht funktionell, sondern gegenständlich gedacht wird
- Verpassen technologischer Trends
- fehlerhafte Bestellungen und Lieferungen
- Schnittstellenprobleme durch fehlende Standards und Versäumnisse
- vergessene Anforderungen
- Fehleinschätzungen

FMEA ist eine Methode zur vorbeugenden System- und Risikoanalyse in der Entwicklung und Planung von Produkten. Die Fehler-Möglichkeits- und Einfluss-Analyse (FMEA) wird eingesetzt, um im Entwicklungsstadium eines Produktes Fehler zu vermeiden. Die Grundlagen dieser Methode werden im Kapitel 6.8 behandelt.

Außerdem sind die Ergebnisse der Methode QFD – Quality Function Deployment – nach Kapitel 4.5 zu beachten.

5.10 Zusammenfassung

Die Konstruktionsphase Konzipieren ist besonders wichtig, da hier mit dem Entwickeln von Lösungsprinzipien alle wesentlichen Anforderungen an ein neues Produkt umzusetzen sind. Entsprechend umfangreich sind die Methoden, die für diese Phase bekannt sind.

Das Abstrahieren sorgt dafür, dass der Konstrukteur gedanklich entwickelt, was eigentlich zu überlegen ist, um mit lösungsneutralen Formulierungen den Kern der Aufgabe zu erkennen. Für das Ermitteln der Funktionen wird die Funktionsanalyse vorgestellt. Das Arbeiten mit Funktionen und der Funktionsstruktur wird als Grundlage für das Suchen von Lösungsprinzipien behandelt.

Methoden für das Entwickeln von Lösungsprinzipien werden eingeteilt nach konventionellen, kreativen und systematisch-analytischen Methoden vorgestellt. Behandelt werden jeweils nur die Methoden, die in Praxis auch häufiger angewendet werden. Zu jeder dieser Methoden sind allgemeine Regeln und Hinweise sowie ein Beispiel angegeben.

Damit sind Einsatzmöglichkeiten zu erkennen und es steht eine Auswahl nach den persönlichen Neigungen zur Verfügung. Hingewiesen werden soll insbesondere auf die Methode Konstruktionskatalog-Einsatz. Durch die vielen bekannten Konstruktionskataloge lassen sich viele Lösungsalternativen sofort im Vergleich mit Daten und Informationen erkennen und für Anregungen nutzen. Da sich die Methoden gegenseitig ergänzen und je nach Aufgabenstellung unterschiedlich sinnvoll sein können ist eine Auswahl durch den Konstrukteur erforderlich. Auch hier gilt, dass erst das Anwenden zeigt, ob sich gute Ergebnisse erzielen lassen.

Kreativität und Intuition sind wesentliche Eigenschaften, die Konstrukteure als Talent mitbringen sollten. Damit zu erkennen ist, welche Bedeutung diese Eigenschaften haben, sind die Grundlagen zum Nachdenken mit Literaturhinweisen angegeben.

Mind Mapping als kreative Methode hat das Ziel, die geistigen Fähigkeiten des Menschen zu nutzen und weiter auszubauen. Eine Mind Map ist eine Gedankenlandkarte, die auch für die Konstruktionsphasen sinnvoll einsetzbar ist. Konstrukteure nutzen das bildwirksame Arbeiten mit Skizzen und Zeichnungen und können Mind Mapping als Ergänzung für die Tätigkeiten beim Entwickeln und Konstruieren sinnvoll einsetzen.

Das Konstruieren mit Zulieferkomponenten sollte schon in der Konzeptphase einbezogen werden, um nicht für Teilbereiche das Rad neu zu erfinden. Das setzt gute Kenntnisse der am Markt angebotenen Produkte voraus und der dahinter stehenden Firmen. Das Einbeziehen von Zulieferern in die Konzeptphase ist gut zu überlegen, mit den richtigen Partnern aber sehr effektiv. Die modernen Kommunikationsmittel durch Internet und Intranet sowie Informationstechnologien unterstützen diesen Bereich.

Die Bionik als Fachgebiet zum Entwickeln von Lösungen gehört in den Bereich dieser Konstruktionsphase, da die vielen Anregungen aus der Natur mit entsprechendem Aufwand zu sehr guten Konzepten für neue Lösungen führen können. Hier sind zwar nur die Grundlagen und die Vorgehensweise dargestellt, aber mit den Hinweisen auf die Fachliteratur zu diesem Thema ist ein Einstieg möglich und wird sehr empfohlen.

Die Erkenntnisse und Vorgehensweisen der Mechatronik als interdisziplinärer Wissenschaft sind hier ebenfalls schon einzusetzen, weil für entsprechende Aufgabenstellungen nur durch das Zusammenwirken unterschiedlicher Fachgebiete gute Lösungsprinzipien zu entwickeln sind. Auch hier können nur die Grundlagen und wichtige Begriffe behandelt werden, alles Weitere steht in guter Fachliteratur. Der Konstrukteur sollte erkennen, wann die Erkenntnisse der Mechatronik für die Lösungsentwicklung sinnvoll ist und dann entsprechend handeln.

Die Entscheidung über Lösungen, die weiter zu verfolgen sind, erfolgt durch das Bewerten. Dafür sind Bewertungsmethoden bekannt, die bei der Entscheidungsfindung unterstützen. Die Anwendung kann gute Ergebnisse liefern, schließt aber nicht aus, dass intuitive Entscheidungen zu besseren Ergebnissen führen können.

Die Qualitätssicherung beim Konzipieren fasst noch einmal die qualitätssichernden Maßnahmen zusammen. Damit sollten bestimmte Fehler zu vermeiden sein. In der Praxis zeigt sich jedoch, dass neben diesen Regeln Erfahrungen vorliegen, die bestätigen, dass ein gutes Konzept ganz wesentlich von den Fähigkeiten der Konstrukteure abhängig ist.

6 Konstruktionsphase Entwerfen

Das ***Entwerfen*** ist die dritte Phase des Konstruierens und wird als typischer Arbeitsschritt für Ingenieurarbeit im Konstruktionsbüro eingeordnet. In dieser Phase erfolgt die grafische Darstellung der technischen Gebilde, die als Lösungsprinzipien unter Beachtung der Anforderungen der Aufgabe gedanklich entwickelt wurden. Ideenskizzen sowie erste Auslegungsberechnungen werden als konstruktive Lösung gestaltet und dargestellt. Das Ergebnis dieses Arbeitsschritts ist ein ***Entwurf*** mit festgelegter Gestalt und Anordnung aller Elemente eines Produkts sowie allen Angaben zur Herstellung und Beschaffung dieser Elemente. Das grundlegende Vorgehen wurde bereits im dritten Abschnitt erwähnt.

Ein Entwurf wird konventionell mit Bleistift und Radiergummi am Zeichenbrett erarbeitet. Das rechnerunterstützte Entwerfen mit 2D-CAD-Systemen hat in vielen Arbeitsbereichen das Zeichenbrett ersetzt. Der Einsatz von 3D-CAD/CAM-Systemen ermöglicht die dreidimensionale Modellierung der Entwurfsarbeiten mit neuen Möglichkeiten und Methoden.

6.1 Allgemeine Forderungen an technische Produkte

Technische Produkte müssen für den gesamten Produktlebenszyklus die Forderungen erfüllen, die als Übersicht in Bild 6.1 dargestellt sind. Dazu gehören die Forderungen des Marktes, der Produktion, des Gebrauchs und des Nutzens für den Kunden unter Beachtung der Eigenstörungen und der Umwelt.

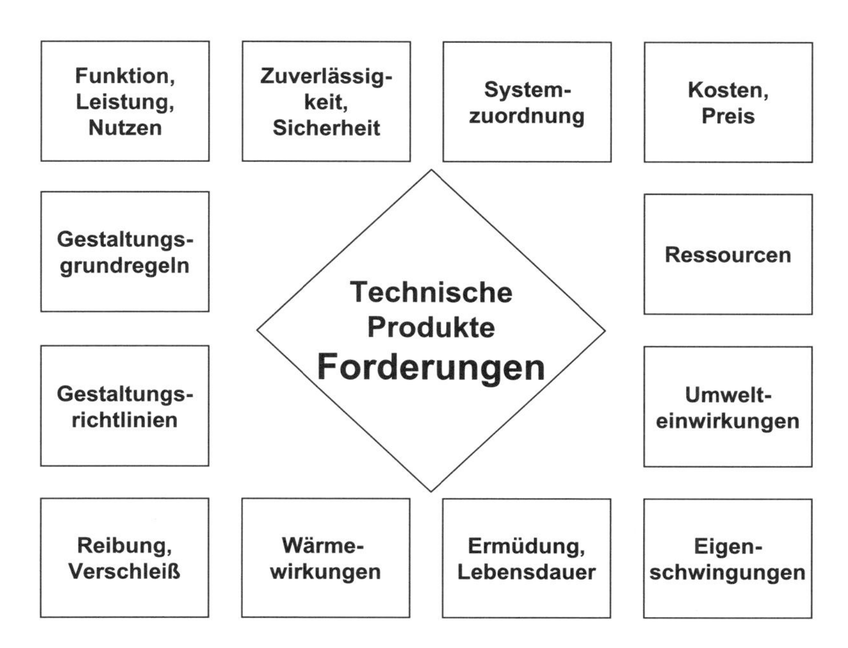

Bild 6.1: Wissensbasis für Forderungen an technische Produkte

Die ***Produktgestaltung*** erfolgt in der Praxis so, dass bestimmte Forderungen und Bedingungen zu erfüllen sind. Diese umfassen das gesamte Produktleben, also von der Entwicklung über die Produktion und den Gebrauch bis zur Entsorgung. Technische Produkte müssen deshalb sehr viele Bedingungen erfüllen, die produktspezifisch unterschiedlich und als entsprechende Produkteigenschaften erforderlich sind. ***Restriktionen*** sind allgemein als Einschränkung oder Vorbehalt bekannt. Forderungen und Bedingungen können hier mit der gleichen Bedeutung wie Restriktionen verwendet werden.

Für technische Produkte sind viele Bedingungen durch Regeln und Richtlinien so aufbereitet worden, dass diese als Sammlung von Erfahrungen zusammengefasst vorliegen. Für die Produktgestaltung sind aus der Vielzahl der Richtlinien die allgemeinen und die speziellen durch den Konstrukteur auszuwählen und einzusetzen. Dies geschieht in der Regel gedanklich, da es viel zu aufwendig wäre, alle theoretisch möglichen Lösungen zu gestalten, um dann aufgrund bestimmter Restriktionen doch nur eine weiterzuverfolgen.

6.2 Arbeitsschritte beim Entwerfen

Das **Entwerfen** umfasst alle Tätigkeiten zur gestalterischen Festlegung von Einzelteilen und deren Anordnung in Baugruppen und Produkten, sodass das Lösungsprinzip unter Beachtung technischer und wirtschaftlicher Kriterien realisiert wird. Dafür sind erforderlich:

- Festlegung der Hauptabmessungen
- Untersuchung der räumlichen Verhältnisse
- Wahl von Werkstoffen
- Berechnung der Auslegungsgrößen
- Ergänzung des Lösungsprinzips
- Festlegung von Fertigungsverfahren
- Gestaltung aller Bauteile und Verbindungen
- Festlegung von Baugruppen
- Festlegung der Teilearten
- Festlegung der Zulieferteile
- Analyse auf Schwachstellen
- Bewertung und Auswahl

Um diese Forderungen umzusetzen, muss der Konstrukteur sich Klarheit verschaffen über den Umfang des Entwurfs und über den Bereich, mit dem er anfangen möchte. Häufig wird er auch hier beim Kern der Aufgabe beginnen, den er sich ja schon durch Skizzen und Lösungsprinzipien erarbeitet hat.

Als Ergebnis entstehen Grobentwürfe mit den wichtigsten Angaben und Darstellungen oder Feinentwürfe, die bereits alle konstruktiven Einzelheiten enthalten. Die Entwürfe müssen unter Beachtung der geforderten Funktionen insbesondere eine wirtschaftliche Lösung ergeben, die die neuesten Technologien berücksichtigt. Die Entwurfsarbeit wird immer durch regelmäßig durchgeführte Fortschrittsgespräche und Beratungsgespräche begleitet. Durch die ***Fortschrittsgespräche*** in der Konstruktion wird sichergestellt, dass alle Informationen und Erfahrungen umgesetzt werden. Die ***Beratungsgespräche*** finden mit Mitarbeitern anderer Abteilungen oder mit Zulieferern statt, um z. B. Fertigung, Montage, oder Handelsteile rechtzeitig zu berücksichtigen. Vor dem letzten Arbeitsschritt, der Konstruktionsphase Ausarbeiten, wird gemeinsam mit Mitarbeitern der technischen Bereiche in ***Freigabegesprächen*** entschieden, ob der vorliegende Entwurf weiterverfolgt werden soll, oder ob noch weitere Untersuchungen erforderlich sind.

Beim Entwerfen müssen viele Informationen umgesetzt werden, da Normen, Werkstoffe, bewährte Detaillösungen, Wiederholteile, Zulieferteile mit allen Angaben exakt berücksichtigt werden müssen. Außerdem ist dieser Vorgang gekennzeichnet durch

Entwerfen und Verwerfen.

Das bedeutet, viele Ideen der Gestaltung und Anordnung können erst nach der Darstellung beurteilt werden und stellen sich dann als gut oder nicht brauchbar heraus. Außerdem müssen erkannte Fehler beseitigt und viele Größen durch mehrfache Ansätze optimiert werden. Ebenso müssen Änderungen und deren Auswirkungen eingearbeitet werden. Deswegen ist ein konsequentes Vorgehen nach einem Ablaufplan nicht möglich. Der Konstrukteur wird also sein Vorgehen festlegen und anpassen nach der Art der Aufgabe, nach dem Umfang der Aufgabe, nach der Informationsbereitstellung und nach den Gesprächsergebnissen

Die ***Entwurfszeichnungen*** werden nach den Regeln des Technischen Zeichnens angefertigt, sodass einheitliche Darstellungen mit firmenspezifischen Besonderheiten vorliegen.

Die ***Auslegung*** und die eingesetzten Berechnungsverfahren erfolgen mit den bekannten Regeln und Gesetzen der technischen Grundlagenfächer, der speziellen Fachgebiete und der allgemeingültigen Regeln und Vorschriften, die den Stand der Technik darstellen. Deshalb werden heute sehr viele Auslegungen und Berechnungen mit Rechnerunterstützung durchgeführt, mit dem Ziel, den gesamten Produktentwicklungsprozess mit 3D-CAD/CAM-Systemen durchgängig zu erledigen.

Die ***Gestaltung*** ist ein wesentlicher Schwerpunkt des Entwerfens. Beim ***Grobgestalten*** werden erste Abmessungen festgelegt, die sich häufig durch Erfahrungswerte und Überschlagsrechnungen ergeben. Das Ergebnis enthält alle wichtigen Formen und Flächen und wird als ***Funktionsteil*** bezeichnet. Das ***Feingestalten*** erfolgt anschließend durch die Festlegung aller Einzelheiten indem entsprechende Formelemente, Maschinenelemente und Gestaltungsrichtlinien für einen endgültigen Entwurf so eingesetzt werden, dass ein ***Fertigteil*** entsteht. Anschließend ist je nach vorgesehenem Fertigungsverfahren noch ein ***Rohteil*** zu gestalten, das z. B. für ein Gussteil oder ein Schweißteil erforderlich ist. Für das Gestalten sind einige Methoden bekannt, die die Erfahrungen guter Konstrukteure durch systematische Untersuchungen umsetzen und anwendbar machen.

Trotzdem können bei den Entwurfsarbeiten Schwierigkeiten auftreten, die auch durch sehr sorgfältiges Gestalten nicht zu beseitigen sind. Dann ist es günstiger, mit dem verbesserten Erkenntnisstand das Vorgehen in der Konzeptphase zu überprüfen und dort neue, bessere Lösungen zu suchen. Aber auch bei sehr günstig erscheinenden Prinziplösungen können noch Schwierigkeiten im Detail auftreten. Sie entstehen oft, weil manche Eigenschaften falsch beurteilt oder unterschätzt wurden. Beim Entwerfen ist also ein flexibles Vorgehen der Konstrukteure erforderlich, das auch durch Arbeitsstil, Organisationsfähigkeiten und breites Technikwissen geprägt ist.

Das Gestalten beginnt stets beim ***Kern der Aufgabe***, indem nach einer Auslegungsrechnung die funktionsbestimmenden Elemente unter Beachtung der geforderten Werkstoffe skizziert werden. Dies sind z. B. bei einem Zahnradgetriebe die Zahnräder und deren Anordnung, die sich aus den Anforderungen ergeben, bei einem Ventil die Stelle, die den Stofffluss öffnet oder schließt und bei einer Werkzeugmaschine die Elemente, die den Fertigungsprozess im Arbeitsraum bestimmen, also die Werkzeugbewegungen relativ zum Werkstück. Daraus ergeben sich die ersten Abmessungen, die mit den Anschluss- und Schnittstellen, der Einbaulage und den werkstoffabhängigen Gestaltungselementen zu einem Grobentwurf führen. Das Feingestalten umfasst die endgültigen Abmessungen, die Toleranzen, Passungen und Oberflächenangaben, die Werkstoffe, die Normteile sowie Fertigung, Montage, Transport usw.

6.3 Anwendung der Arbeitsschritte beim Entwerfen

Das grundlegende Vorgehen beim Entwerfen ist bereits bekannt, sodass vor der Behandlung von Regeln und Richtlinien an einem einfachen Beispiel die Vorgehensweise gezeigt wird. Eine konventionell gelöste Entwurfsaufgabe wird Schritt für Schritt umfangreich erläutert, um die wesentlichen Überlegungen zu verstehen. Anschließend wird im Vergleich dazu das Vorgehen beim rechnerunterstützten Entwerfen kurz erläutert.

6.3.1 Gelenkige Aufhängung entwerfen und gestalten

Es ist eine gelenkige Aufhängung zu konstruieren, die eine geführte Pendelbewegung ermöglicht. Die Aufhängung soll mit einer lösbaren Verbindung an einem Stahlgerüst montiert und für einen Schwenkwinkel kleiner als 60° bei einer maximalen Winkelgeschwindigkeit von 1 s^{-1} ausgelegt werden. Als Zugkraft wirken 750 N + 50 N und als Axialkraft weniger als 100 N. Die Anschlussbohrung soll einen Durchmesser von 10 mm haben. Es sollen einmalig 50 Stück hergestellt werden mit Herstellkosten, die 35 € je Stück nicht überschreiten. Für die Anwendung im Freien ist bei hoher Betriebssicherheit eine Lebensdauer von mehr als 10 000 Stunden zu gewährleisten. Das Lösungskonzept ist als Skizze in Bild 6.2 dargestellt und soll eine geeignete stoffliche Gestalt erhalten. Nach dem Aufstellen der Anforderungsliste sind alle Teilschritte der Entwurfsarbeit mit Skizzen vorzustellen.

Umfang der Aufgabe:

1. Aufstellen einer vereinfachten Anforderungsliste.
2. Schrittweises Entwickeln der Lösung mit allen Arbeitsschritten, kurzen Erläuterungen und Skizzen.

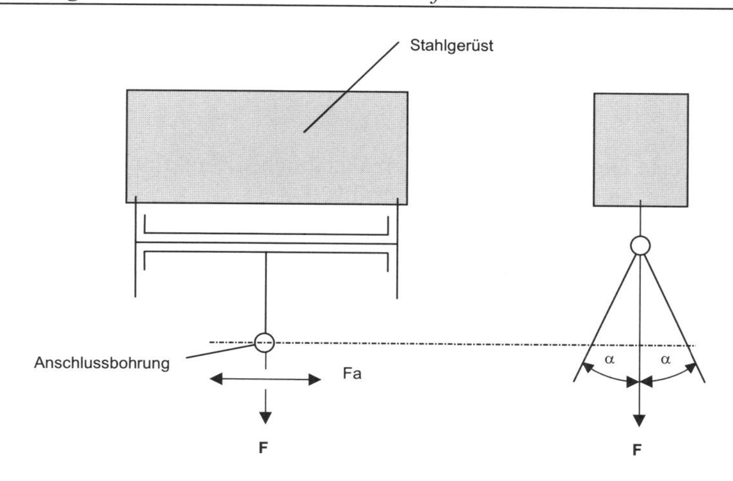

Bild 6.2: Skizze einer gelenkigen Aufhängung (nach *Bachmann, Lohkamp, Strobl*)

Lösung: Gelenkige Aufhängung

zu 1.) Aufstellen einer vereinfachten Anforderungsliste

FH HANNOVER		**Anforderungsliste**		F = Forderung W = Wunsch
Auftrags-Nr.: KNL 5		Projekt Gelenkige Aufhängung		Bearbeiter: Conrad
Anforderungen				
F W	Nr.	Bezeichnung	Werte, Daten, Erläuterung, Änderungen	Verantwortlich, Klärung durch:
F	**0**	Funktion: Geführte Pendelbewegung unter Belastung ermöglichen		**Conrad**
F	**1**	Schwenkwinkel	**≤ 60°**	
F	**2**	Zugkraft F	**750 N + 50 N**	
F	**3**	Axialkraft F_a	**≤100 N**	
F	**4**	max. Winkelgeschwindigkeit	**1 s^{-1}**	
F	**5**	Lebensdauer L	**≥ 10 000 h**	
F	**6**	Anschlussbohrung	**10 mm**	
F	**7**	Montage an Stahlgerüst		
F	**8**	Stückzahl einmalig	**50 Stück**	
F	**9**	Herstellkosten Euro/ Stück	**≤ 35 €**	
F	**10**	Anwendung im Freien		
F	**11**	hohe Betriebssicherheit		
Einverstanden: Bytzek		Datum: 18.12.02		Blatt: 1/1

Tabelle 6.1: Anforderungsliste gelenkige Aufhängung (nach *Bachmann*, *Lohkamp*, *Strobl*)

Zu 2.) Schrittweises Entwickeln der Lösung mit allen Arbeitsschritten, kurzen Erläuterungen und Skizzen.

2.1 Grobgestalten

Ziel ist die schrittweise Gestaltung eines grobmaßstäblichen, funktionsfähigen Entwurfes, der die Anforderungen der Anforderungsliste erfüllt.

Dafür können selbstverständlich mehrere Entwürfe gestaltet werden, aber aus Platzgründen wird hier nur einer ausgearbeitet. Die nachfolgend beschriebenen Teilschritte können von Fall zu Fall verschieden sein, außerdem kann das schrittweise Arbeiten mit Wiederholung von Teilschritten erforderlich sein.

2.1.1 Grobgestalt ermitteln

- Zuordnen von Wirkflächen nach Form, Lage und Größe.
- Herstellen einfacher Verbindungen der Wirkflächen durch weitere einfache Flächen bzw. stofferfüllte Körper, damit über die Wirkflächen die Aufgaben erfüllt werden können, z. B. Kräfte übertragen, Bewegungen ausführen usw.
- Dabei ist besonders darauf zu achten, dass die erforderlichen Bewegungsmöglichkeiten gewährleistet sind, keine Zusammenstöße beweglicher Bauteile und keine statischen Überbestimmungen entstehen.
- Aus der Vielfalt der möglichen Flächen- und Körperformen, -lagen und -größen nur die einfachsten auswählen.

Die in Bild 6.3 dargestellte Grobgestalt besteht aus den Wirkflächen Zylinderfläche 1 zum Ermöglichen der Pendelbewegung und zum Übertragen der Kraft F (A 1, 2), den Ebenen 2 zum Übertragen der Axialkräfte (A 3), und der Zylinderfläche 3, die die Anschlussfläche darstellt (A 6).

(A = Anforderung mit Nr. der Anforderungsliste)

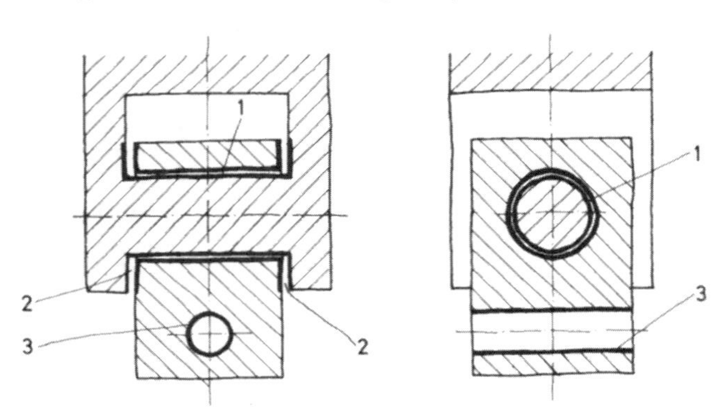

Bild 6.3: Grobgestalt der gelenkigen Aufhängung (nach *Bachmann, Lohkamp, Strobl*)

2.1.2 Anschlüsse und Zusammenbau berücksichtigen

- Anschlüsse an andere Bauteile oder Produkte sind unter Beachtung der Anschlusszeichnungen bzw. -bedingungen (Aufstellungsort) zu berücksichtigen.
- Handhabung und Bedienmöglichkeiten sind zu beachten.
- Unterteilen der Grobgestalt durch Teilfugen, um Fertigung und Montage zu ermöglichen bzw. zu vereinfachen. Hier treten meist neue Teilfunktionen auf, z. B. Bauteile verbinden.
- Relativlagen der Bauteile durch Anschlagflächen, Absätze, Zentrierungen, Verspannungen usw. festlegen. Besonders ist darauf zu achten, ob Zusammenbau und Demontage überhaupt möglich sind.

Die entsprechenden Änderungen unter Beachtung der Anforderung Nr. 7 sind im Bild 6.4 eingezeichnet.

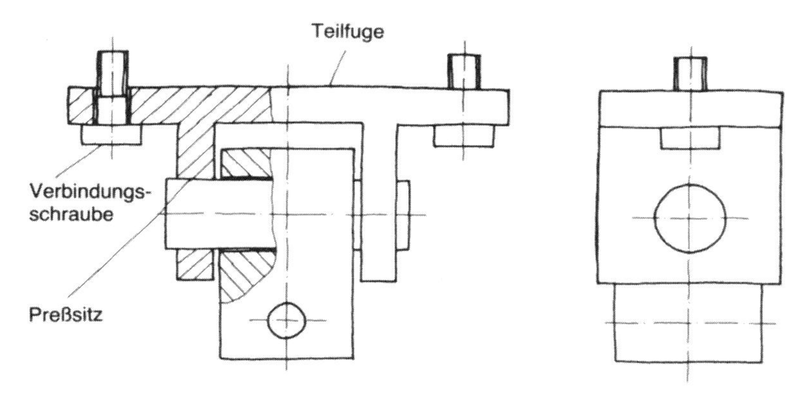

Bild 6.4: Zusammenbau berücksichtigen (nach *Bachmann, Lohkamp, Strobl)*

2.1.3 Kraftfluss und Beanspruchungen berücksichtigen

- Anstreben kurzer direkter Wege von einer Krafteinleitungsstelle zur anderen, Umwege ergeben unnötige Biegung! Durch diese Maßnahme ergeben sich steife und kleine Konstruktionen. Steife Konstruktionen mit direkten Kraftleitungswegen sind besonders dann erforderlich, wenn unvermeidbare Schwingungen klein zu halten sind.
- Vermeiden scharfer Kraftumlenkungen und schroffer Querschnittsänderungen wegen Kerbwirkung.
- Versuchen, alle Querschnitte gleich hoch zu beanspruchen, d. h. Bauteile gleicher Festigkeit anstreben. Dadurch ergibt sich bei kleiner Baugröße eine gute Werkstoffausnutzung.

Diese Gesichtspunkte sind in folgender Skizze (Bild 6.5) berücksichtigt.

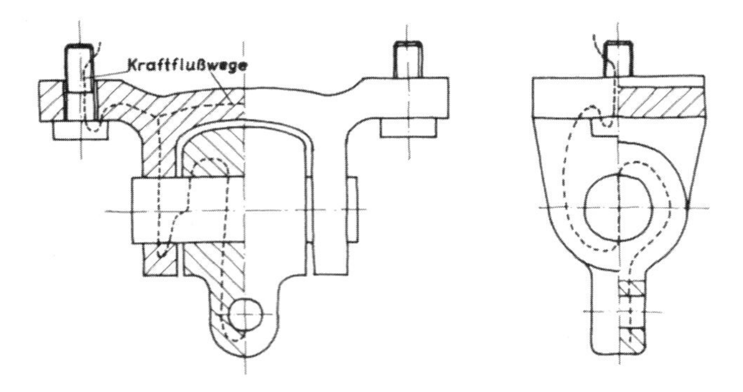

Bild 6.5: Kraftfluss und Beanspruchung beachten (nach *Bachmann, Lohkamp, Strobl)*

2.1.4 Reibungs- und verschleißmindernde Gesichtspunkte

- Feststellen von Gleit- und Verschleißstellen
- Treffen von Maßnahmen, um Reibung, Erwärmung, Verschleiß und Reibbeanspruchung zu vermindern; z. B. geschmierte Lager vorsehen. Wo sich Verschleiß nicht vermeiden lässt, für Austauschmöglichkeit der Verschleißteile sorgen.
- Wählen der Schmierung nach Ort und Art: Schmierstoffe, Schmiereinrichtungen. Dabei die Zugänglichkeit der Schmierstellen, evtl. nötige Abdichtungen, Kontrollmöglichkeit, Wartung und Entlüftung beachten.
- Korrosionsschutzmaßnahmen wie Anstriche, Verzinken, Beschichten usw. gehören auch zu den verschleißmindernden Gesichtspunkten.

Zur Verminderung des Verschleißes wurde eine Gleitbuchse (Gleitlager) vorgesehen und im Bild 6.6 eingezeichnet.

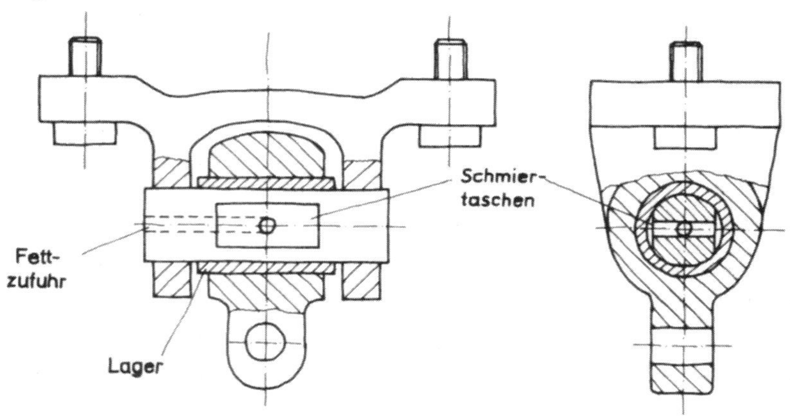

Bild 6.6: Lager und Schmierung beachten (nach *Bachmann, Lohkamp, Strobl)*

2.1.5 Analyse des Grobentwurfs

- Suchen nach Schwachstellen, indem überprüft wird, ob alle Anforderungen der Anforderungsliste erfüllt sind.
- Beachten, dass Stand und Regeln der Technik eingehalten werden.

Die Darstellung im Bild 6.6 unter *2.1.4* lässt folgende Schwachstellen erkennen:

- Zwei Anschlussschrauben stützen beim Pendeln nicht genügend ab.
- Aus Sicherheitsgründen sollten die Befestigungsschrauben gesichert sein.
- Aus Sicherheitsgründen und wegen des Auswechselns sollte der Lagerbolzen nicht nur mit einem Presssitz, sondern formschlüssig gesichert sein (siehe Anforderung Nr. 11).

Die Beachtung der Schwachstellen und der genannten Gesichtspunkte ergibt einen geänderten, jedoch noch nicht bemaßten Entwurf im Bild 6.7.

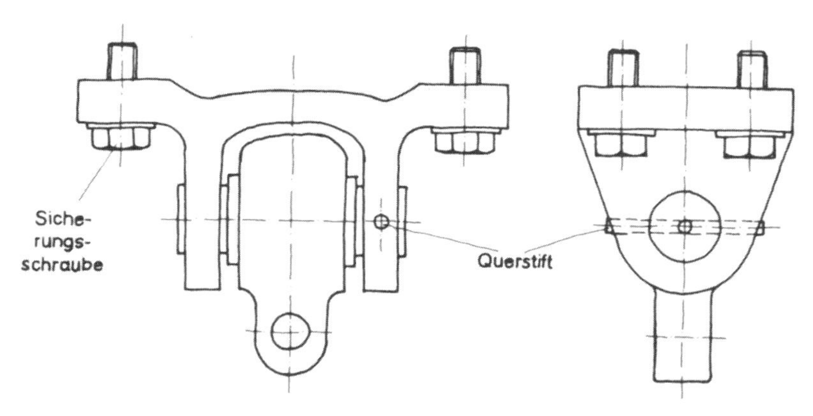

Bild 6.7: Entwurfsvariante mit Verbesserungen (nach *Bachmann, Lohkamp, Strobl)*

2.2 Feingestalten

Der Grobentwurf erfüllt nun die Anforderungen der Anforderungsliste, aber auf die Abmessungen wurde bisher noch nicht systematisch geachtet. Ziel des Feingestaltens ist es nun, einen maßstäblichen Entwurf unter Beachtung der Anforderungen der Aufgabenstellung zu erstellen.

2.2.1 Dimensionieren

- Treffen von Lastannahmen. Darunter ist das Ermitteln der erforderlichen Daten (z. B. Maße, Leistungen, Belastungen, Drehzahlen usw.) zu verstehen unter Beachtung zeitlicher Änderungen (z. B. Beschleunigungskräfte).
- Wählen der Werkstoffe unter Beachtung der im Betrieb vorhandenen Werkstoffe und Halbzeuge.

- Berechnungen durchführen. Je nach den Anforderungen auf Tragfähigkeit (Spannungen, Verformungen), Erwärmung, Lebensdauer usw. Abschätzen, ob der Berechnungsaufwand und die erzielte Genauigkeit im richtigen Verhältnis zu den Ergebnissen stehen.
- Wählen der Hauptabmessungen, Querschnitte und Formen der Bauteile. Hierbei schon an die Herstellung, vorhandene Fertigungsmöglichkeiten und an die Normung denken.

Diese Teilschritte sind oft zur Entwurfsverbesserung ganz oder teilweise zu wiederholen, also auch ein Iterationsvorgang: Entwerfen und Verwerfen.

Das Aufzeichnen des Entwurfs sollte jetzt zur besseren Vorstellung der Abmessungen im Maßstab 1:1 erfolgen. Im Entwurf in Bild 6.8 sind nur wenige Maße eingetragen.

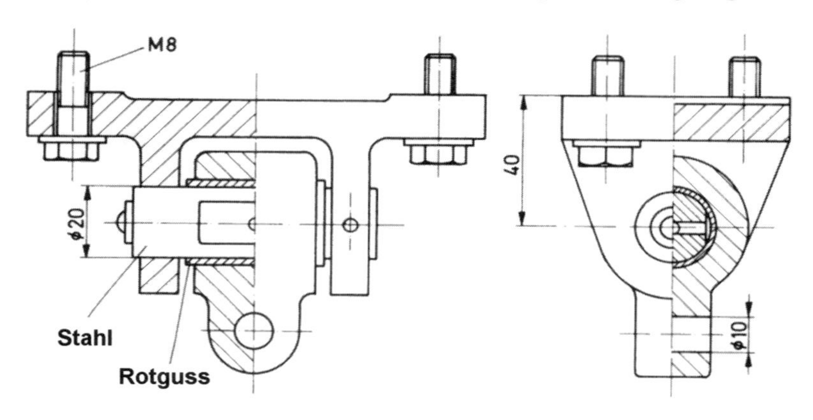

Bild 6.8: Maßstäblich gezeichneter Entwurf (nach *Bachmann, Lohkamp, Strobl)*

2.2.2 Fertigungs- und montagegerechtes Gestalten

Für die maßstäblich zu erstellenden Zeichnungen sind viele Gesichtspunkte zu beachten, insbesondere:

- Feststellen, welche Bauteile oder Baugruppen gefertigt werden müssen, welche im Betrieb vorhanden sind (Werknormen beachten) und welche kostengünstig zugekauft werden können (z. B. Normteile, Maschinenelemente). Bei Verwendung von Kaufteilen müssen die Herstellerangaben nach Katalogen sowie Termine und Kosten sorgfältig beachtet werden.
- Wählen der Fertigungsverfahren für die Bauteilherstellung unter Beachtung der Stückzahlen, der Werkstoffart, der erforderlichen Maß- und Formgenauigkeit sowie der vorhandenen Fertigungseinrichtungen in Zusammenarbeit mit der Arbeitsvorbereitung.
- Oberflächenbehandlung (z. B. Härten) und Oberflächenbearbeitung, Toleranzen und Passungen nur dort vorsehen, wo sie aufgrund der Funktion wirklich erforderlich sind.

- Montagegerechtes Gestalten bedeutet auch, an Transport, Verpackung und Aufstellen am Bestimmungsort zu denken.

Der unter Berücksichtigung von Fertigung und Montage geänderte Entwurf wurde wegen der geringen Stückzahl als Schweißkonstruktion gewählt (Anforderung Nr. 8, Bild 6.9).

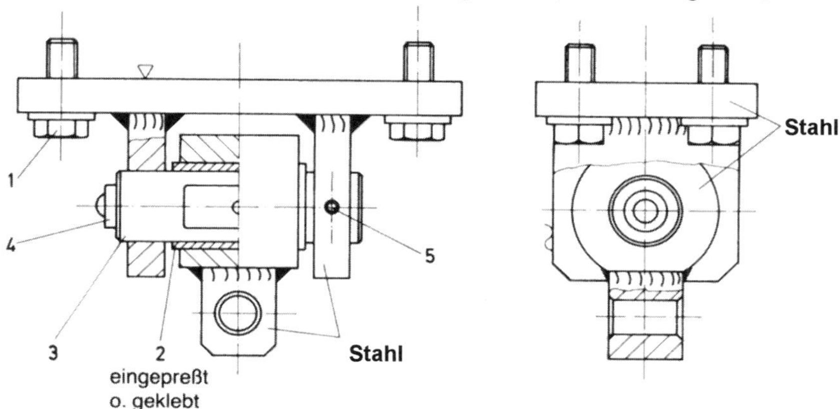

Zukaufteile: 1 Sicherungsschrauben, 2 Lagerbuchse eingeklebt, 3 Lagerbolzen, 4 Schmiernippel DIN 3402, 5 Spannstift DIN 1481. Wegen der besseren Übersicht ohne Maßeintragung.

Bild 6.9: Berücksichtigung von Fertigung und Montage (nach *Bachmann, Lohkamp, Strobl)*

2.2.3 Bewertung der Entwürfe

Im Entwurfsstadium ist eine Bewertung erforderlich, um zu erkennen, ob eine weitere Bearbeitung ein erfolgreiches Produkt ergibt, welche Entwürfe nicht weiter verfolgt werden sollen und welche Verbesserungen notwendig sind. Die Bewertung kann nach der VDI-Richtlinie 2225 durchgeführt werden. Vereinfacht kann nur mit einer Begründung der Vor- und Nachteile mehrerer Entwürfe eine Entwurfsauswahl stattfinden. Da für das vorgestellte Beispiel schon während der Entwurfsarbeiten alle wichtigen Punkte vergleichend geklärt wurden und nur ein Entwurf gezeichnet wurde, soll hier keine Bewertung durchgeführt werden.

2.2.4 Beseitigen der Schwachstellen

Die bei der Bewertung festgestellten Schwachstellen werden beseitigt durch:

- Ändern des Entwurfs unter Berücksichtigung aller vorgenannten Punkte, d. h. Ändern der Gestalt und/oder des Lösungsprinzips mit dem Ziel, eine bessere Konstruktion zu erreichen.
- Festlegung und Änderung besonders sorgfältig zu gestaltender Bereiche, wie z. B. Verbindungs-, Kraftübertragungs-, Lager- und Kerbstellen.

Der neu aufgezeichnete, so genannte bereinigte Entwurf der gelenkigen Aufhängung enthält in Bild 6.10 eine Bundbuchse und Anlaufscheiben statt der glatten Buchse. Die Maße wurden wegen der besseren Übersichtlichkeit weggelassen.

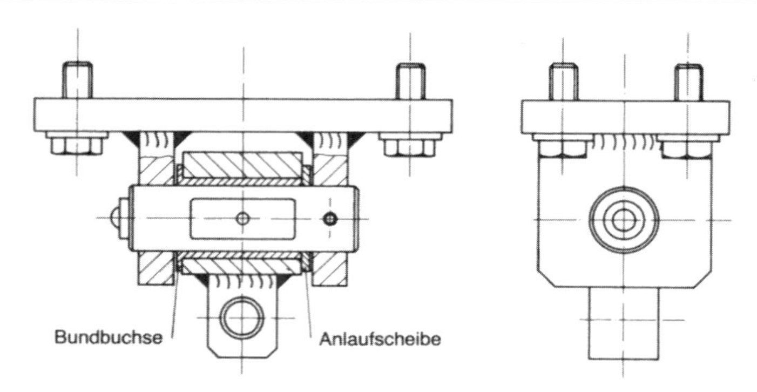

Bild 6.10: Bereinigter Entwurf (nach *Bachmann, Lohkamp, Strobl)*

6.3.2 Entwerfen mit 3D-CAD/CAM-Systemen

Der Einsatz von Rechnern zum Entwerfen in der Konstruktion hat für einige Arbeitsschritte das Vorgehen verändert. Für die Aufgabenstellung „Gelenkige Aufhängung" soll dies im Vergleich erläutert werden. Das Erstellen einer Anforderungsliste ist mit einem CAD-System nicht sinnvoll und wird deshalb mit einem PC durchgeführt.

Das **Grobgestalten** erfolgt durch Nachdenken und mit Freihandskizzen auf Papier, da CAD-Systeme diesen Arbeitsschritt noch nicht unterstützen. Das bedeutet, dass alle Überlegungen, die als Unterpunkte beim Grobgestalten beschrieben wurden, auch beim rechnerunterstützten Konstruieren erforderlich sind, bevor der Rechner eingeschaltet wird. Der Konstrukteur geht also in der Regel mit Freihandskizzen an den CAD-Arbeitsplatz und skizziert Einzelteile mit den wichtigsten Geometrieelementen, die für die Funktionserfüllung notwendig sind. Diese **Funktionsteile** werden als CAD-Modelle gespeichert und anschließend nach den Regeln des eingesetzten Systems zu Baugruppen zusammengesetzt. Dabei ist natürlich unbedingt zu beachten, dass alle Einzelteile so anzuordnen sind, dass jederzeit jedes Teil entfernt und durch ein anderes ersetzbar sein muss. Dieser Zustand ergibt sich z. B. bei erforderlichen Verbesserungen oder dem Einsatz von Wiederholteilen, die schon aus anderen Konstruktionen bekannt sind. In den CAD-Systemen sind für diesen Vorgang unterschiedliche Regeln einzuhalten. Bei einigen Systemen wird vor dem Zusammenbau ein Modell, ein sog. Skelettmodell, erzeugt, das nur aus Bezugsebenen, Bezugsachsen oder Bezugspunkten besteht, auf die alle Teile zu referenzieren sind. Der Vorteil besteht dann darin, dass jedes Teil entfernt werden kann, ohne das andere davon abhängige Teile mit gelöscht werden. Weitere Hinweise enthält Kapitel 9.

Das **Feingestalten** erfordert ebenso wie beim manuellen Konstruieren das Nachdenken, um mit dem notwendigen Fachwissen aus den Funktionsteilen die Fertigungsteile zu gestalten. Die beim manuellen Entwerfen angegebenen Überlegungen sind also ebenso erforderlich. Das Umsetzen am Modell des Einzelteils im CAD-System erfolgt dann durch weiteres Modellieren der Funktionsteile, die im System immer weiter verfeinert werden und sofort die Auswirkungen auf den Baugruppenentwurf zeigen. Das Ergebnis des Feingestaltens sind fertigmodellierte Einzelteile, die **Fertigteile**, und ein Baugruppenentwurf, der bewertet werden kann und dessen Schwachstellen anschließend zu beseitigen sind.

Die Dateien der Fertigungsteile, die ein **Rohteil** erfordern, z. B. ein Gussteil, werden der Fertigung geschickt, die daraus durch Simulation am gleichen CAD-System ein gussgerechtes Rohteil entwickelt. Aus den Modellen der Einzelteile sind anschließend im CAD-System mit allen erforderlichen Angaben technische Zeichnungen anzufertigen. Mit den in der Regel als Datei vorliegenden **Normteilen** und **Handelsteilen**, sowie mit **Zulieferteilen** kann die Baugruppe vervollständigt und als Montagezeichnung erstellt werden.

Zusammengefasst ist festzustellen, dass die Konstruktionsarbeit für die Lösungsentwicklung nach wie vor im Kopf des Konstrukteurs erfolgt, dass er jedoch durch das rechnerunterstützte Konstruieren bei vielen Arbeitsschritten sehr sinnvoll unterstützt wird.

6.4 Grundsätze für das Entwerfen

Das Entwerfen wird heute durch viele systematisch aufbereitete Erfahrungen guter Konstrukteure unterstützt. Die Erkenntnisse wurden zu Grundsätzen, Regeln, Prinzipien und Richtlinien zusammengefasst, wie die Übersicht in Bild 6.11 zeigt. Um die Unterschiede zu erkennen und zum Verständnis sollen wichtige Begriffe erläutert werden.

Entwerfen umfasst alle Tätigkeiten zur grafischen Darstellung von technischen Gebilden. Die Gestaltung und Anordnung aller Elemente eines Produkts sowie alle Angaben zur Herstellung und Beschaffung dieser Elemente werden festgelegt.
Gestalten bedeutet, die Gestalt eines Elements durch die geometrisch beschreibbaren Merkmale Form, Größe und Oberfläche festzulegen. Ein Produkt wird durch die Gestalt seiner Elemente, deren Zahl und Lage bestimmt. Dabei ergibt sich die Größe jeweils aus den Abmessungen und die Lage der Elemente entspricht deren Anordnung.
Konstruktionsgrundsätze sind produktspezifische Kenntnisse, die als theoretische oder praktische Grundlagen für das Entwerfen von Produkten beachtet werden müssen. Sie werden in der Regel in Form von Werknormen, Technischen Anweisungen oder als Konstruktionsmappen in den Unternehmen erstellt und gepflegt.
Gestaltungsgrundregeln sind gestaltbestimmende Vorschriften, die als Grundregeln stets gelten. Sie werden allgemeingültig formuliert und sind vorrangig einzuhalten.
Gestaltungsprinzipien sind konstruktionsbestimmende Grundsätze, bei denen es sich in der Regel um systematisch geordnete Erkenntnisse bewährter konstruktiver Lösungen handelt.
Gestaltungsrichtlinien sind Konstruktionsregeln, die besondere Eigenschaften in Verbindung mit dem Wort gerecht beschreiben und die bei der Gestaltung zu beachten sind.
Gestaltungsbewertung ist eine abschließende vergleichende Beurteilung von Gestaltvarianten mit Kriterien nach vorgegebenen Zielen. Diese Bewertung erfolgt in der Regel von Mitarbeitern aus den Bereichen Konstruktion, Arbeitsvorbereitung, Fertigung, Montage und Qualität mit anschließender Freigabe für das Ausarbeiten.

Die hier aufgelisteten Begriffe werden in den folgenden Abschnitten ausführlich mit Beispielen erläutert. Die im Bild 6.11 angegebenen Prinzipien und Richtlinien sind nicht vollständig. Sie sind nur eine erste Übersicht der behandelten Prinzipien und Richtlinien. Für weitere Hinweise ist ausreichend Fachliteratur vorhanden, z. B. von *Hoenow/Meißner*.

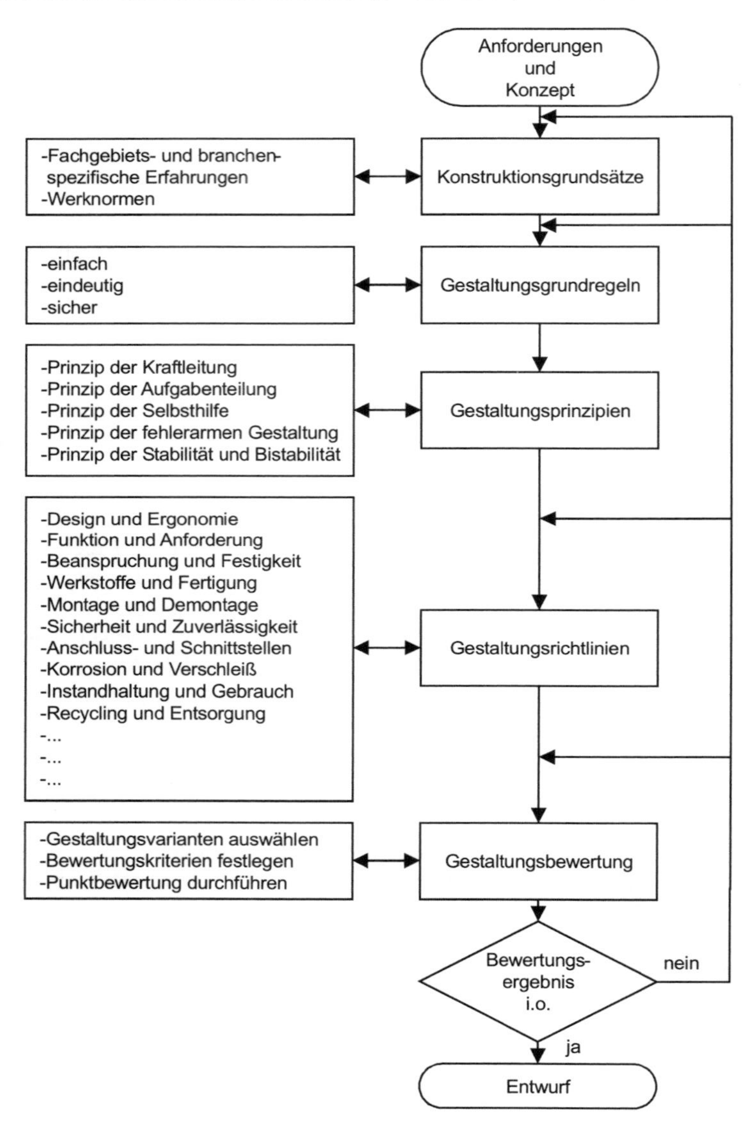

Bild 6.11: Übersicht Gestaltung

6.5 Gestaltungsgrundregeln

Gestaltungsregeln sind gestaltbestimmende Vorschriften, die als Grundregeln stets gelten. Sie werden allgemeingültig formuliert und sollten vorrangig eingehalten werden.

Fast alle Gestaltungsarbeiten werden durch die Einhaltung der folgenden Grundregeln zu besseren Ergebnissen führen, weil dadurch die allgemeinen Ziele beim Entwerfen erreicht werden.

Die Beachtung der ***Grundregeln*** *eindeutig, einfach und sicher* bei der *Gestaltung* ergeben

- Erfüllung der technischen Funktion
- Wirtschaftlichkeit in der Herstellung und im Gebrauch
- Sicherheit für Mensch, Maschine und Umwelt

Die dafür einzuhaltenden Maßnahmen sind in allgemeiner Form im Bild 6.12 enthalten.

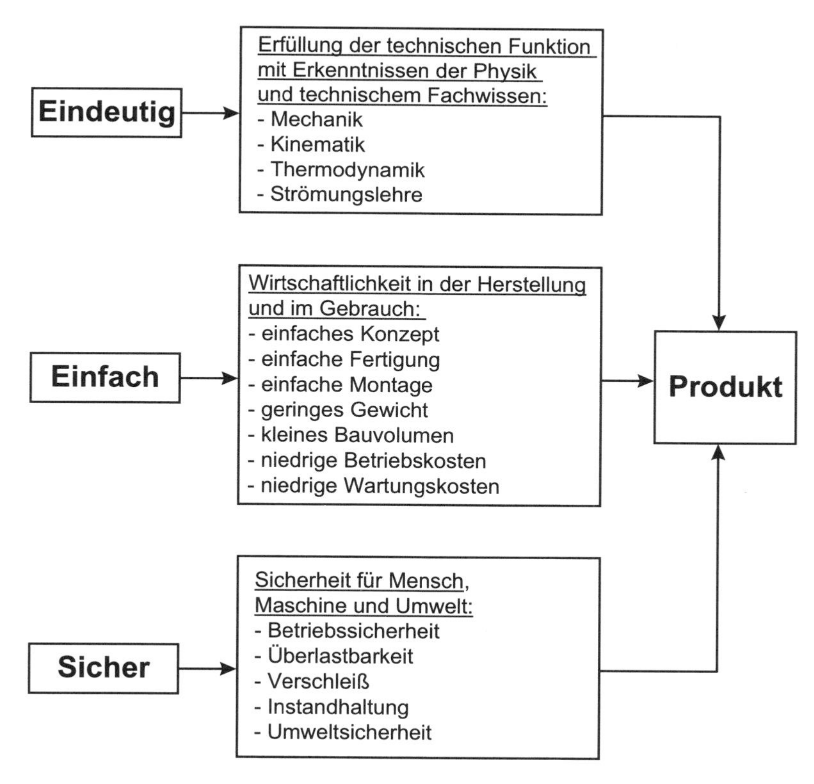

Bild 6.12: Grundregeln der Gestaltung

Die umfangreich bekannten Gestaltungsregeln haben fast alle als Grundlage die Forderung, eindeutige, einfache und sichere Lösungen zu schaffen:

- Eindeutige Lösungen sind besser zu beurteilen, da die Umsetzung des Lösungsprinzips ohne zusätzlichen Aufwand erkennbar und gewährleistet ist.
- Einfache Lösungen zeichnen sich durch wirtschaftliche Herstellung und wirtschaftlichen Gebrauch aus. Einfache Gestaltung hat Auswirkungen auf Fertigung und Montage des Produkts; einfache Konzepte senken die Wartungskosten.
- Sichere Lösungen arbeiten ohne Störungen im Betrieb, gefährden niemanden und gewährleisten Umweltsicherheit.

Gute Lösungen erfordern die Verbindung der Gestaltungsgrundregeln so, dass alle eingehalten sind und sie sich gegenseitig unterstützen.

6.5.1 Grundregel „Eindeutig“

Diese Grundregel kann für alle Merkmale und Eigenschaften des Produkts angewandt werden. Von einer eindeutigen Funktionsbeschreibung über ein eindeutiges Wirkprinzip und eindeutige Beanspruchungen für die Auslegung gibt es jeweils viele Gesichtspunkte, die beim Gestalten zu beachten sind. Die eindeutige Erfüllung der technischen Funktion ist fast immer dann gegeben, wenn der Konstrukteur ohne viel Aufwand die Auslegungsgrößen berechnen kann, indem er z. B. statisch bestimmte Anordnungen festlegt.

Beispiele:
- Eindeutiges Wirkprinzip: Festlager – Loslager ⇔ Schwimmende Lagerung
- Eindeutige Auslegung von Welle-Nabe-Verbindungen
- Eindeutige Montagefolge aufgrund der konstruktiven Gestaltung, die zwangsläufig Verwechslungen ausschließt.
- Eindeutige Trennstellen zwischen verwertungsunverträglichen Werkstoffen und für die Demontage zum Recycling.

Beispiel: Das Bild 6.13 zeigt zwei Lagerungen. Im Bildteil a sind eindeutige Wellenlagerungen dargestellt, die als Beispiele für Festlager-Loslager-Anordnung typisch sind. Die Axialkräfte werden eindeutig von dem jeweils durch Ringe und Schultern festgelegten Innen- und Außenring des linken Lagers übertragen. Das rechte Lager ist dann das Loslager, das so angeordnet ist, dass eine axiale „Beweglichkeit“ des Außenrings im Gehäuse bzw. auf der Innenfläche des Zylinderrollenlagers vorgesehen wird. Die Festlager-Loslager-Anordnung ist eindeutig und wird in der Regel eingesetzt.

Die Kombination von zwei Welle-Nabe-Verbindungen erhöht nicht das übertragbare Moment, da nicht eindeutig ist, ob die Passfeder oder ob der Pressverband trägt. Beide Verbindungen beeinträchtigen sich gegenseitig und sind nicht mehr einschätzbar.

Wenn die Passfederberechnung ergibt, dass das Drehmoment nicht übertragen werden kann, ist eine andere Welle-Nabe-Verbindung, z. B. mit Hilfe eines Konstruktionskatalogs, auszuwählen.

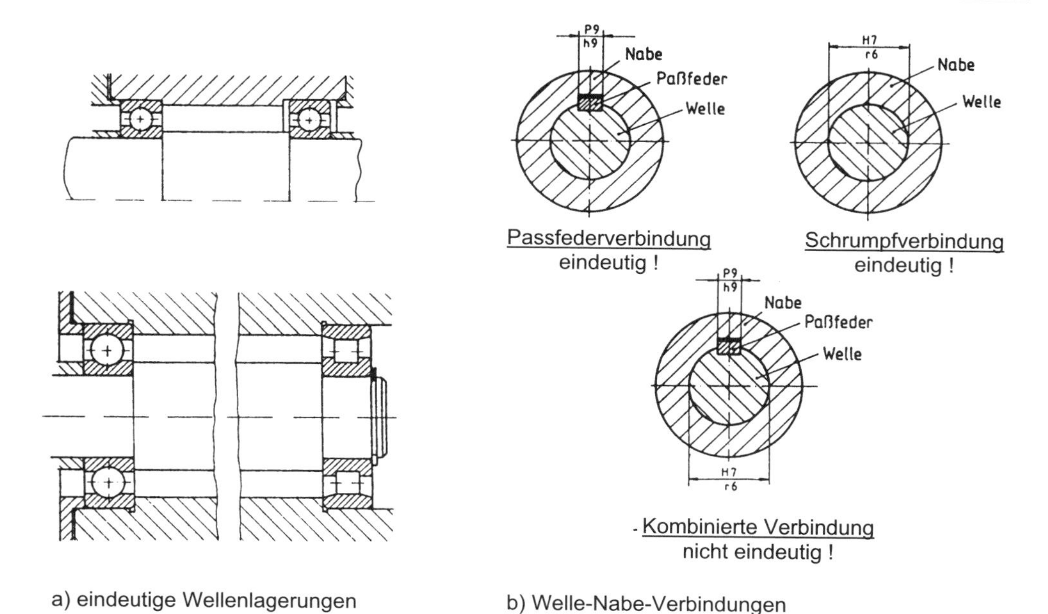

Bild 6.13: Beispiele für die Grundregel „Eindeutig" (nach *Steinhilper, Röper*)

6.5.2 Grundregel „Einfach"

Einfach bedeutet hier einfaches Konzept mit einfachen Teilen, die ohne besonderen Aufwand mit normalen Fertigungs- und Montageverfahren hergestellt werden können. Also keine zusammengesetzten und unübersichtlichen Teile und eine Montage mit geringerem Aufwand. Wenige und einfache Elemente eines Produkts sind kostengünstig und vermeiden Störungen im Betrieb.

Die Teilegestaltung muss aber funktionsgerecht erfolgen, sodass z. B. bestimmte Abmessungen und Formen notwendig sind. Der Konstrukteur wird sehr schnell merken, dass er Kompromisse eingehen muss, da nicht alle Grundregeln vollständig eingehalten werden können. Schon die Festlegung Serienprodukt statt Einzelprodukt, macht Gussteile im Wettbewerb mit gefügten Einzelteilen einfacher. Eine geringe Teileanzahl mit einfacher Gestaltung ist stets positiv für ein Produkt. **Beispiele:**

- Einfache Funktionen mit möglichst wenigen Teilfunktionen sind die Voraussetzung für eine einfache Erfüllung mit einfachen Elementen.
- Einfache Auslegung wird bei Bauteilen mit geometrisch einfacher Gestaltung durch weniger Rechen- und Versuchsaufwand ermöglicht.
- Einfache Montage durch leicht erkennbare Teile und Reihenfolge der Montage sowie nur einmal notwendige Einstellvorgänge.
- Einfaches Recycling durch Verwendung verwertungsgeeigneter Werkstoffe, durch einfache Demontagevorgänge und durch einfache Teile.

Beispiele: Bild 6.14 zeigt Teile mit einfacher Gestaltung, die durch Wertanalyse geschaffen wurde. Obwohl die Gestaltung der Teile ohne Kommentar selbsterklärend ist, muss festgestellt werden, dass häufig erst durch die zu hohen Kosten von Bauteilen intensiv untersucht wird, wie eine Vereinfachung möglich ist. Die Ursachen für nicht einfache Teile sind häufig Termindruck oder unklare bzw. geänderte Anforderungen für die Konstrukteure.

Der Abstandhalter im Bildteil a wird durch die einteilige Bauweise trotz höherer Materialkosten in den gesamten Herstellkosten günstiger, sodass sich „Einfach" und „Kostengünstig" ergänzen. Ähnlich verhält es sich mit der Schrankbefestigung in Bildteil b, die einfachen Teile sind auch hier kostengünstiger.

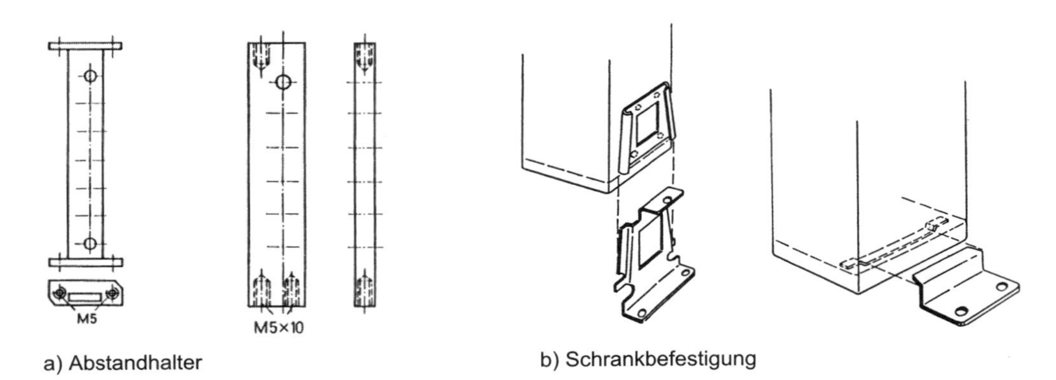

a) Abstandhalter b) Schrankbefestigung

Bild 6.14: Beispiele für die Grundregel „Einfach" (nach *Voigt*)

6.5.3 Grundregel „Sicher"

Sicher als Grundregel hat den Zweck, die technische Funktion beim Einsatz eines Produkts zuverlässig zu gewährleisten und dabei weder den Menschen noch die Umgebung zu gefährden. ***Sicherheit*** ist beim Konstruieren stets zu beachten, um Risiken an Gefahrenstellen zu erkennen und zu beseitigen bzw. davor zu warnen. In der Praxis haben sich abgestufte Maßnahmen bewährt, die folgerichtig anzuwenden sind.

Die ***Drei-Stufen-Methode*** nach DIN 31000 wird in Tabelle 6.2 mit dem Wirkprinzip und den Aussagen der alten Maschinenrichtlinie (98/37/EG) nach DIN EN 292 verglichen.

Sicherheitstechnik DIN 31000	**Wirkprinzip**	**Maschinenrichtlinie (98/37/EG) DIN EN 292**
unmittelbare	Gefahr vermeiden	Gefahren beseitigen oder minimieren
mittelbare	gegen Gefahren sichern	Gegen nicht zu beseitigende Gefahren notwendige Schutzmaßnahmen ergreifen
hinweisende	vor Gefahren warnen	Benutzer über Restgefahren unterrichten

Tabelle 6.2: Methoden der Sicherheitstechnik

Das Anwenden der Methoden der Sicherheitstechnik erfolgt stets in der Reihenfolge: unmittelbare Sicherheitstechnik (z. B. sicheres Gestalten), mittelbare Sicherheitstechnik (z. B. Schutzhauben) oder hinweisende Sicherheitstechnik (z. B. Warnschilder).

Die ***unmittelbare Sicherheitstechnik*** ist grundsätzlich die beste Lösung, weil systembedingt überhaupt keine Gefährdung auftreten kann. Den Schutz durch ***mittelbare Sicherheitstechnik*** oder nur durch ***hinweisende Sicherheitstechnik*** sollte der Konstrukteur vermeiden oder nur unterstützend einsetzen. Methoden und Beispiele enthält *Neudörfer*.

Bei Rohrleitungssystemen wird das Prinzip des beschränkten Versagens sehr häufig eingesetzt, d. h., Rückschlagventile sind so anzuordnen, dass beim Ausfall einer Schlauchleitung eine definierte Ruhestellung gewährleistet ist (Bild 6.15).

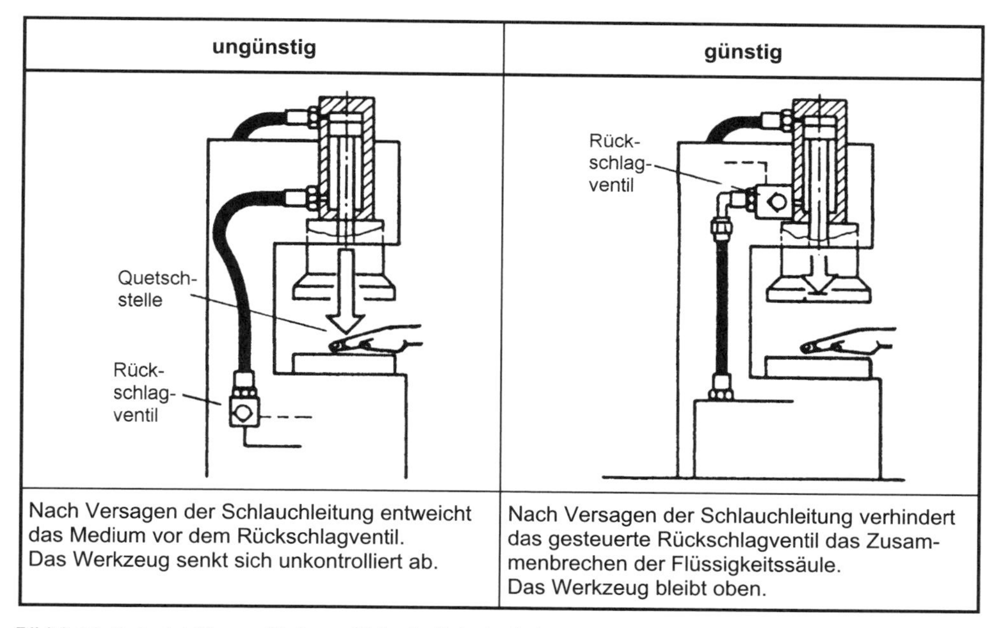

Bild 6.15: Beispiel für unmittelbare Sicherheitstechnik (nach *Neudörfer*)

Für die Hersteller und Inverkehrbringer von Maschinen und Sicherheitsteilen galt bis zum 29.12.2009 die „alte“ Maschinenrichtlinie (98/37/EG), danach ist nur noch die „neue“ ***Maschinenrichtlinie*** (2006/42/EG) in allen Mitgliedstaaten der EG verbindlich. In Deutschland erfolgte die Umsetzung im GPSG (Geräte- und Produktsicherheitsgesetz), 9. Verordnung. Damit ist deren Kenntnis und Anwendung für alle Konstrukteure Pflicht. Ausführliche Erläuterungen sind z. B. bei *Klindt* u. a. oder bei *Krey*, *Kapoor* vorhanden.

Für das methodische Vorgehen ist der Leitfaden Sichere Maschinen der *SICK AG* bekannt, der in sechs Schritten den Ablauf praxisorientiert mit Anwendungen beschreibt:

Schritt 1: Risikobeurteilung/Schritte 2 bis 4: Risikominderung durch die Drei-Stufen-Methode, Stufe 1 – Sicheres Gestalten, Stufe 2 – Technische Schutzmaßnahmen, Stufe 3 – Benutzerinformationen über Schutzmaßnahmen/Schritt 5: Gesamtvalidierung (Abnahmetest fertiger Produkte)/Schritt 6: Inverkehrbringen.

6.6 Gestaltungsprinzipien

Gestaltungsprinzipien sind Grundsätze, die die Konstruktion bestimmen. Es handelt sich in der Regel um systematisch geordnete Erkenntnisse bewährter konstruktiver Lösungen. Aus den Prinzipien kann die konkrete Gestalt abgeleitet werden, sodass sie bei bestimmten Voraussetzungen den Grundregeln übergeordnet sind.

Übergeordnete Prinzipien zur zweckmäßigen Gestaltung sind in der Konstruktion bekannt, da deren Anwendung in Veröffentlichungen erläutert worden sind. Beispielsweise gibt es Prinzipien zur Minimierung von Herstellkosten, des Raumbedarfs, des Gewichts oder das von *Leyer* vertretene Prinzip des Leichtbaus.

In einem Entwurf für ein technisches Produkt werden jeweils nur einige Prinzipien angewendet, da nicht alle Prinzipien die geforderten Eigenschaften unterstützen oder verbessern können. Insbesondere werden sich die geeigneten Prinzipien für den Konstrukteur aus den Anforderungen an das Produkt und aus den Möglichkeiten der Realisierung des Produkts in Fertigung und Montage ergeben. Die Nutzung der Prinzipien setzt deren Kenntnis voraus und führt in der Regel zu besseren Entwürfen für neue Erzeugnisse. Von den vielen bekannten Gestaltungsprinzipien sollen hier auch nur einige kurz erläutert werden, um deren Bedeutung zu erkennen.

Wichtige Gestaltungsprinzipien als Übersicht:

Prinzipien der Kraftleitung beschreiben Regeln und Erfahrungen, um Kräfte oder Momente durch Elemente, Baugruppen oder Maschinen zu leiten.

Beispiel: Bild 6.16 zeigt die vereinfachte Kraftleitung in einer Drehmaschine, die durch das Werkstückgewicht in der Maschine verursacht wird.

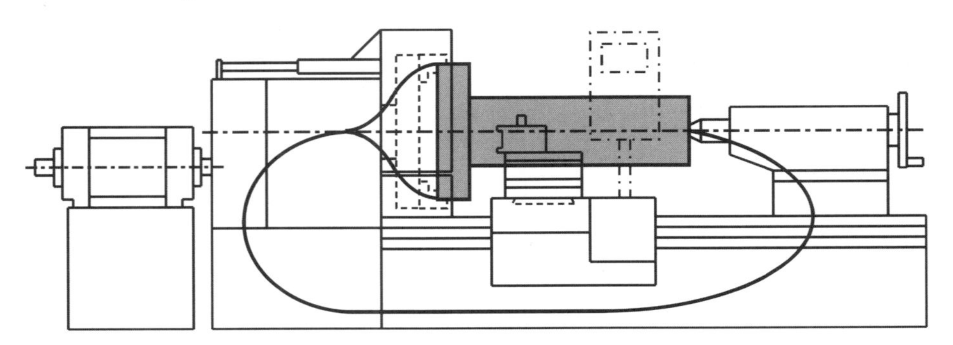

Bild 6.16: Drehmaschine mit Kraftleitung durch das Werkstückgewicht (nach *Fa. Wohlenberg*)

Prinzip der Aufgabenteilung ist zur Aufteilung von Funktionen in Teilfunktionen einzusetzen. Den Teilfunktionen sind verschiedene Lösungselemente zuzuordnen. Die Aufgabenerfüllung ist besser und es ergibt sich ein eindeutiges Verhalten der Bauteile. Die Vorteile komplexer Bauteile, die mehrere Funktionen erfüllen, sind zu beachten.

Beispiel: Das Bild 6.17 enthält für die Aufgabenteilung bei unterschiedlichen Funktionen eine Lagerung mit jeweils einem Lager für die Aufnahme der Radial- und der Axialkräfte.

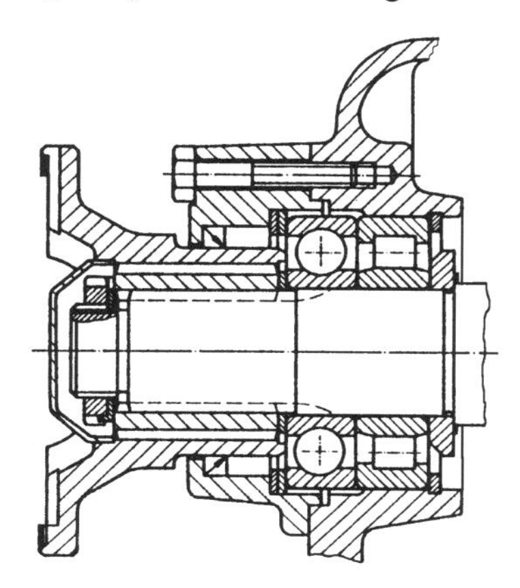

Bild 6.17: Wälzlageranordnung für Radial- und Axialkraftaufnahme (nach *Pahl/Beitz*)

Prinzip der Selbsthilfe zur sinnvollen Verbindung von Teilfunktionen und der damit verbundenen Ausnutzung unterstützender Hilfswirkungen. Eine bessere Lösung ergibt sich nach diesem Prinzip, wenn sich durch bestimmte Anordnung von Elementen die gewünschten Wirkungen verstärken lassen und damit auch vor einem Versagen schützen.

Beispiel: Bild 6.18 zeigt ***selbstverstärkende Lösungen*** für Dichtungen. Die Dichtlippe bzw. der Dichtring wird mit steigendem Innendruck stärker angepresst und verstärkt durch diese Hilfswirkung die Dichtungsfunktion.

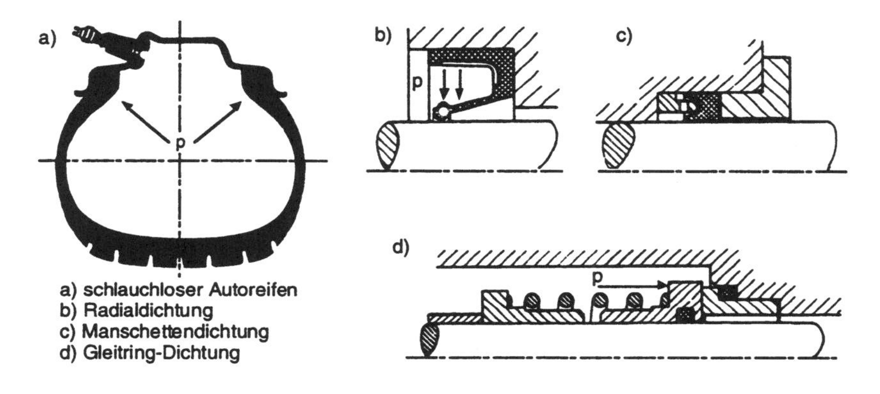

Bild 6.18: Beispiele selbstverstärkender Dichtungen (nach *Pahl/Beitz*)

Selbstschützende Lösungen nutzen die Hilfswirkung im Überlastfall durch andere Kraftleitungswege oder durch andere physikalische Wirkungen.

Beispiele: Druckfedern, die beim Bruch auf ihren Drahtwindungen aufliegen und damit noch eine eingeschränkte Kraftübertragung bewirken. Ein weiteres Beispiel sind Kupplungen, die bei Bruch oder starkem Verschleiß ihrer elastischen Elemente noch Drehmomente durch Anschläge übertragen können, wie Bild 6.19 zeigt.

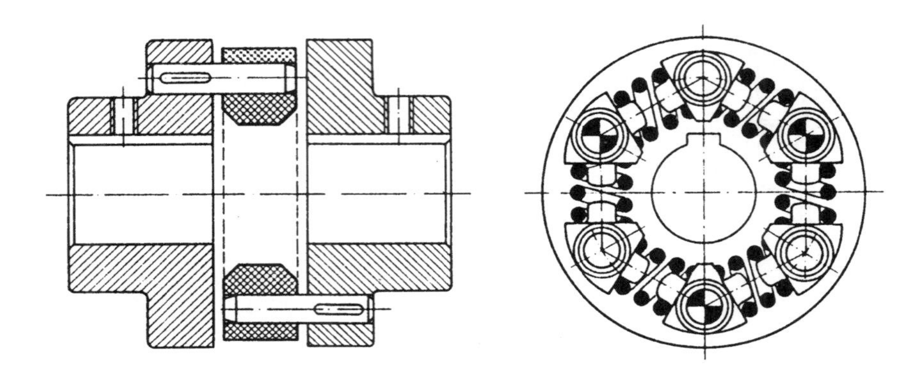

Bild 6.19: Selbstschützende Lösung einer Kupplung (nach *Fa. Hochreuter & Baum*)

Dieser erste Einblick in wichtige Gestaltungsprinzipien zeigt bereits deren Bedeutung für gute Konstruktionen. Umfangreiche Erläuterungen mit entsprechenden Beispielen und Hinweisen zu allen Prinzipien sind der Fachliteratur zu entnehmen.

Hier soll nur ein Teil der Prinzipien der Kraftleitung etwas ausführlicher erläutert werden, d. h., es werden die Grundlagen der kraftflussgerechten Gestaltung behandelt.

6.6.1 Prinzipien der Kraftleitung

Diese Prinzipien beschreiben die Regeln für die häufig wiederkehrende Aufgabe, Kräfte oder Momente zu leiten. Dafür wird der Kraftfluss als anschauliche Größe verwendet. Der Begriff ***Kraftfluss*** ist ein physikalisch nicht definierbares, aber sehr anschauliches Vorstellungsbild bei der Leitung von Kräften. Der Kraftfluss ist eine Hilfsvorstellung aus der Strömungsmechanik für die Funktionsanalyse und die Gestaltung von Produkten. Es wird gedanklich angenommen, dass Kräfte bzw. Momente wie eine Flüssigkeit durch ein System strömen. Der Kraftfluss beschreibt gedanklich den Weg einer Kraft und/oder eines Momentes in einem Bauteil vom Angriffspunkt der Kraft bis zur Stelle, an der die Kraft durch eine Reaktionskraft und/oder ein Reaktionsmoment aufgenommen wird. Der Kraftfluss wird im Gleichgewichtszustand also durch Kraft und Gegenkraft oder Moment und Gegenmoment geschlossen. Eine örtlich höhere Dichte der Kraftflusslinien zeigt eine örtlich höhere Beanspruchung eines Bauteiles an, z. B. an beiden Enden des Stabes an der Krafteinleitungsstelle, wie ein Kraftflusslinien-Modell im Bild 6.20 zeigt.

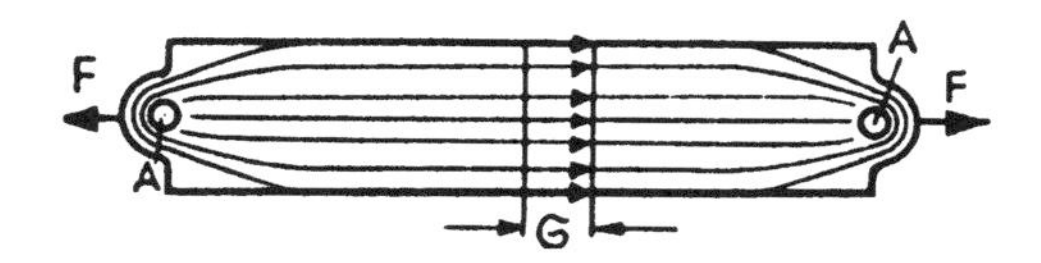

Bild 6.20: Kraftflusslinien-Modell (nach *Müller*)

Der Kraftfluss soll möglichst ohne Richtungsänderung weitergeleitet werden, damit keine einseitige Verdichtung der Kraftflusslinien erfolgt, was eine Erhöhung der Spannungen bedeuten würde. Die Verdichtung ist umso größer, je stärker deren Umlenkung erfolgt, d. h., je größer der Umweg ist, den der Kraftfluss bewältigen muss.

Folgerungen aus einem Kraftflusslinienbild:

- Der Kraftfluss sucht sich den kürzesten Weg. Die Kraftlinien drängen sich in engen Querschnitten zusammen, in weiten dagegen breiten sie sich aus.
- Eine Querschnittsänderung für den Kraftfluss bewirkt eine Spannungsänderung.
- Die Spannungen werden höher, d. h., die Spannungsspitze wird größer, je stärker die Querschnittsänderung oder je schärfer eine Kerbe ausgeführt wird bzw. je schroffer die Umlenkung und je stärker die Verdichtung der Kraftflusslinien werden.

Zähe Werkstoffe haben die Eigenschaft, dass sie sich selbst vor zu hohen Spannungsspitzen schützen, wenn die Streck- oder Fließgrenze überschritten wird und ein Fließen des Werkstoffes eintritt, das sich als plastische Verformung auswirkt.

Bohrungen, Nuten, Rillen und Absätze bewirken wie Kerben eine örtliche Kraftflusslinienverdichtung und damit eine Spannungserhöhung.

Abbau von Spannungsspitzen durch Leitung der Kraftflusslinien

Zu hohe und damit zu gefährliche Spannungsspitzen können durch die folgenden konstruktiven Maßnahmen verhindert werden:

- Weiche Querschnittsübergänge durch große Übergangsradien
- Mehrstufige Querschnittsänderung mit kleinen Absatzsprüngen
- Konische Querschnittsänderungen
- Entlastungskerben oder Entlastungsnuten
- Überlagerung von Kerben vermeiden

Beispiel: Der Kraftfluss bewirkt Spannungen im Bauteil oder über Verbindungen in einer Baugruppe, wie in der im Bild 6.21 dargestellten Schraubverbindung. Die angezogene Schraube wird gedehnt durch eine Zugspannung, die Platten werden durch eine Druckspannung gestaucht und im Kopf bzw. in der Mutter tritt durch Umleitung des Kraftflusses Biegung mit Querkraft und Schub auf.

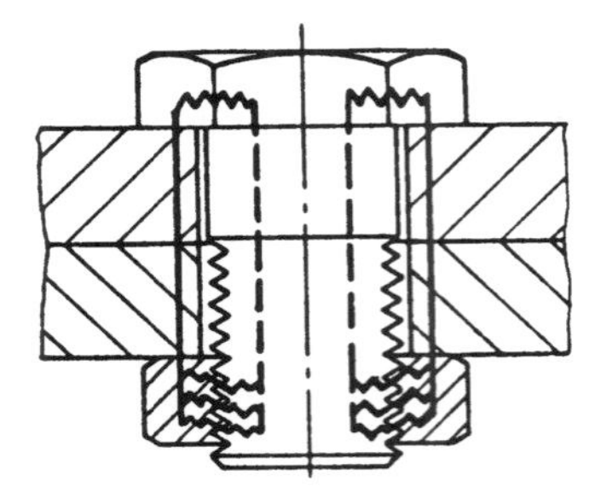

Bild 6.21: Kraftfluss in einer Schraubverbindung (nach *Müller*)

Regeln über den Kraftfluss werden in vielen Fachbüchern genannt. Hier sollen in Anlehnung an Veröffentlichen von *Müller* einige vorgestellt werden, die aus Erfahrungen und Überlegungen bekannt sind.

Grundsätze zum Kraftfluss:

- Jede statische Verspannungskraft erzeugt einen geschlossenen Kraftfluss.
- Wird nur ein Teil eines statisch belasteten Systems betrachtet, an dessen Schnittstellen Kräfte oder Momente angreifen, so verläuft der zugehörige Kraftfluss zwischen diesen Schnittstellen.
- Jede Massenkraft (Gewichtskraft, Fliehkraft) erzeugt einen offenen Kraftfluss.
- Verlaufen in einem Bauteil mehrere Kraftflüsse, so überlagern sie sich.
- In Richtung der Kraftwirkung geleitete Kräfte erzeugen Zug oder Druck. Quer zu ihrer Wirkungsrichtung geleitete Kräfte erzeugen Schub mit Biegung.
- In Richtung der Momentenachse geleitete Momente erzeugen Torsion. Quer zur Momentenachse geleitete Momente erzeugen Biegung ohne Querkraft.

Aus den Grundsätzen zum Kraftfluss werden in Anlehnung an *Ehrlenspiel* Regeln genannt und mit Beispielen erläutert.

6.6.2 Regeln zur kraftflussgerechten Gestaltung

***Regel 1*: Kraftfluss eindeutig führen**

Überbestimmungen oder Unklarheiten der Kraftübertragung vermeiden.
Ein Beispiel dafür ist eine Fest-/Loslager-Anordnung nach Bild 6.13.

***Regel 2*: Für steife, leichte Bauweisen den Kraftfluss auf kürzestem Wege führen**

Biegung und Torsion vermeiden, Zug und Druck mit voll ausgenutzten Querschnitten bevorzugen.
Merksatz: „Kräfte und Momente nicht spazieren führen".

Symmetrieprinzip bevorzugen. (Bsp.: Innenbackenbremsen, Doppelschrägverzahnungen)

Beispiel: Bild 6.22 zeigt eine Presse mit Zugankern. Die symmetrische Presse mit den Zugankern wird leichter und bei hohen Materialanteilen kostengünstiger als die unsymmetrische C-Presse, die im ganzen Gestell Biegebeanspruchung hat. Dadurch sind Verformungsprobleme besonders zu beachten. Der Arbeitsraum bei C-Pressen ist für den Bediener aber besser zugänglich. An den Ecken ist zu erkennen, dass es unbeanspruchte Zonen (UZ) gibt, an denen Material eingespart werden könnte.

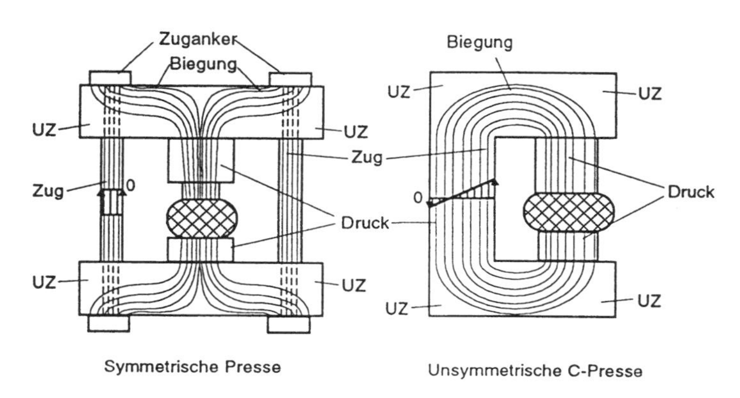

Bild 6.22: Kraftflussgestaltung in Pressengestellen (nach *Ehrlenspiel*)

Zugbeanspruchung ergibt leichte Konstruktionen, Biegebeanspruchung schwere.

Beispiel: Der im Bild 6.23 dargestellte Lagerbock enthält Hinweise, wie Biegespannungen verringert werden können.

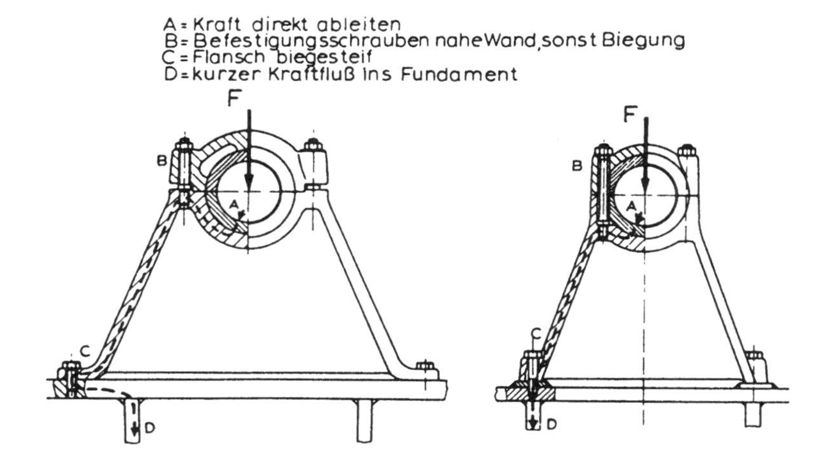

Bild 6.23: Kraftflussgerechte Gestaltung eines Lagerbockes (nach *Müller*)

Beispiel: Gleichartige äußere Belastungen an Bauteilen mit verschiedener Form und rechteckigen Querschnitten gleicher Breite für gleiche Belastung und gleiche Beanspruchung sind in Bild 6.24 dargestellt. Bei allen drei Bauteilen ist die maximale Zugspannung an den mit einem Pfeil gekennzeichneten Stellen gleich groß.

Der Sichelträger im Bildteil a) muss für die resultierende Zug- und Biegespannung folgendermaßen ausgelegt werden:

$$d_{\text{erf}} = 2 \cdot a$$

Das Ringelement im Bildteil b) benötigt mit resultierender Zug- und Biegespannung:

$$d_{\text{erf}} = 0{,}5 \cdot a$$

Bildteil c) enthält den Zugstab mit einer Zugspannung und einer erforderlichen Dicke:

$$d_{\text{erf}} = 0{,}2 \cdot a$$

Es lässt sich erkennen, dass durch die unterschiedliche Bauweise in Bildteil a) die 10-fache Dicke und in Bildteil b) die 2,5-fache Dicke gegenüber Bildteil c) benötigt wird, um gleiche Beanspruchung zu ermöglichen.

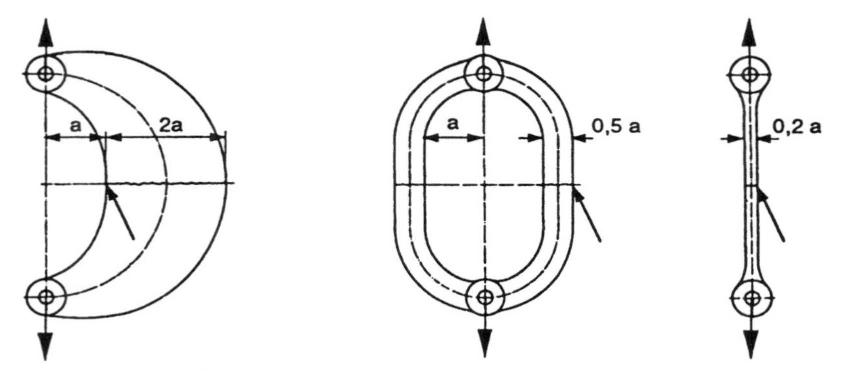

Bei allen drei Gliedern ist die maximale Zugspannung an den mit Pfeil gekennzeichneten Stellen gleich groß

a) Sichelträger b) Ringelement c) Zugstab

Bild 6.24: Abmessungen nach Beanspruchungsart (nach *Ehrlenspiel*)

***Regel 3*: Für elastische, arbeitsspeichernde Bauweisen den Kraftfluss auf weitem Weg führen**

Biegung und Torsion bevorzugen, „den Kraftfluss spazieren führen“.
Beispiele dafür sind Federn, Rohrkompensatoren und die Crashzonen von modernen Pkw-Karosserien.

***Regel 4*: Sanfte Kraftflussumlenkung anstreben**

Scharfe Umlenkungen ergeben Spannungskonzentrationen, die durch Ausrundungen und durch verformungsgerechtes Ein- und Ausleiten des Kraftflusses zu vermeiden sind. **Beispiel:** Das Bild 6.25 zeigt drei Schraubverbindungen. An den verschiedenen Mutternarten kann diese Regel veranschaulicht werden. Bei der normalen Mutter (Bild a) wird die Zugkraft aus dem Bolzen plötzlich in die Mutter umgelenkt. Die Verformungen von Bolzen und Mutter sind zudem entgegengesetzt gerichtet. Deshalb brechen die meisten Bolzen im ersten Gewindegang. Bei der Zugmutter (Bild b) und der Mutter mit Entlastungskerbe (Bild c) sind die Verformungen dagegen gleich gerichtet.

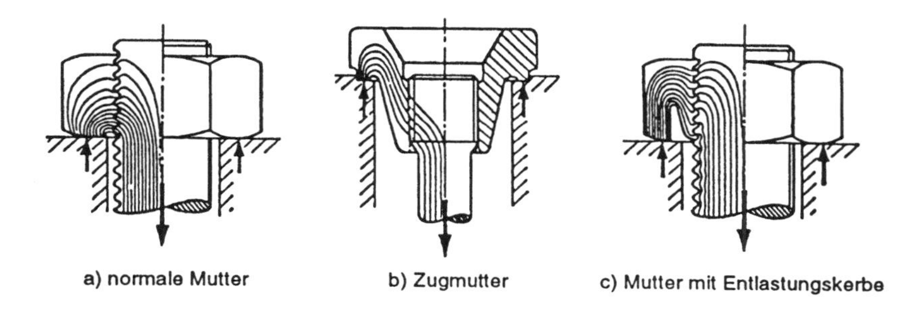

Bild 6.25: Kraftflusslinien in verschiedenen Mutterarten (nach *Ehrlenspiel*)

6.7 Gestaltungsrichtlinien

Gestaltungsrichtlinien sind Konstruktionsregeln, die besondere Eigenschaften in Verbindung mit dem Wort gerecht beschreiben und die bei der Gestaltung zu beachten sind. Sie unterstützen die Grundregeln „Eindeutig", „Einfach" und „Sicher".

Die Verbindung mit dem Wort gerecht, wie z. B. fertigungsgerecht, montagegerecht usw. als Bezeichnung für eine Gestaltungsrichtlinie beschreibt dann, welche Eigenschaft vorrangig beachtet werden soll. Viele Gestaltungsrichtlinien sind Bestandteil eigener Fachgebiete und werden dort ebenfalls umfangreich behandelt. So z. B. ergibt sich bei der Berechnung der Haltbarkeit von Bauteilen eine beanspruchungsgerechte Gestaltung und bei der Behandlung der Fertigungsverfahren eine Vielzahl von Hinweisen für die fertigungsgerechte Gestaltung. Konstrukteure mit einem breiten Technikwissen haben deshalb eine gute Grundlage für die Produktgestaltung. Eine Übersicht wichtiger ***Produkteigenschaften***, die der Konstrukteur kennen sollte, enthält Bild 6.26.

Mit den stark zunehmenden Informationen, die der Konstrukteur für alle diese Richtlinien benötigt, zeigt sich schnell, dass eine rechnerunterstützte Bereitstellung am Arbeitsplatz sehr vorteilhaft sein wird. Außerdem muss beachtet werden, dass viele neue Verfahren mit komplexen Abläufen Stand der Technik werden. Für die Konstrukteure sind dies also große Herausforderungen, insbesondere dann, wenn die Komplexität neuer Produkte und deren Entwicklungszeiten betrachtet wird.

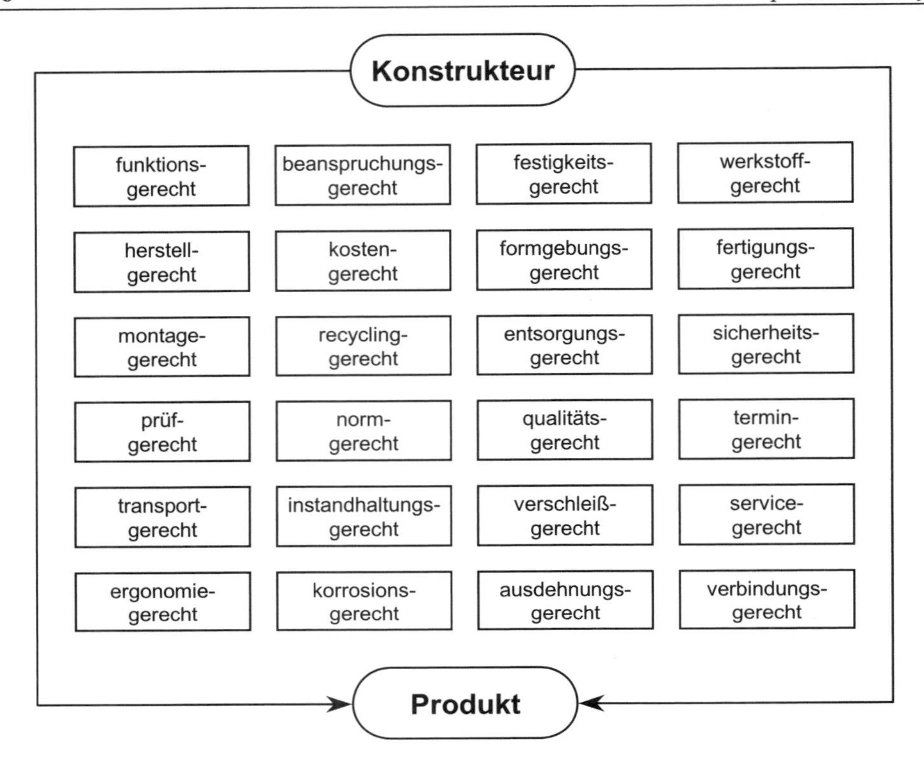

Bild 6.26: Konstrukteur und Produkteigenschaften

Von diesen Gestaltungsrichtlinien kann der Konstrukteur jeweils nur die produktspezifischen anwenden und deren Auswirkungen beim Entwerfen beachten.

Grundsätzlich gelten für alle Konstruktionsaufgaben die in Tabelle 6.3 zusammengefassten Gestaltungsrichtlinien. Die Definitionen mit Einflussgrößen und Merkmalen sowie deren Anwendung sind aus den Grundlagenfächern bekannt. Sie werden in der Regel als Handwerkszeug der Konstrukteure in den Fachgebieten Technisches Zeichnen, Normung, Maschinenelemente und Konstruktionsübungen behandelt und erfordern natürlich auch Kenntnisse aus Mathematik, Mechanik, Festigkeitslehre, Werkstoffkunde usw. Dieses Wissen wird hier vorausgesetzt und kann bei Bedarf nachgeschlagen werden.

Beispiel: Hebel werden in sehr vielen Ausführungen in verschiedenen Produkten eingesetzt. Dementsprechend gibt es für Hebel viele Anwendungen, die stets nach ***grundsätzlichen Gestaltungsrichtlinien*** entworfen werden. Die funktionsgerechte Gestaltung ergibt sich aus dem Einsatzbereich in einer Maschine oder als Bedienteil. Die Kräfte werden beanspruchungsgerecht durch Geometrie und Werkstoffe des Hebels aufgenommen und festigkeitsgerecht nachgewiesen. Wirtschaftliche Fertigung beachtet die Herstellungskosten und schafft eine formgerechte Gestalt mit einem ansprechenden Design. Ein Hebel als Bedienteil in einem Kfz wird sich von einem Hebel in einem Schaltgetriebe wesentlich unterscheiden.

Definition	Einflussgrößen/ Merkmale
1. Funktionsgerechte Gestaltung Funktionsgerechtes Gestalten bedeutet die vollständige Erfüllung der Anforderungen, die für Gebrauch und Anwendung von Produkten erforderlich sind.	Anforderungsliste, Funktionen, technische Daten, Eigenschaften mit Werten, technische Machbarkeit, Vollständigkeit der Merkmale
2. Beanspruchungsgerechte Gestaltung Beanspruchungsgerecht Gestalten bedeutet die Festlegung günstiger Geometrie für Bauteile, um eine optimale Tragfähigkeit bei minimalen Werkstoffaufwand zu erreichen.	Bauteilgestalt, Werkstoff, Querschnittsform, Bauteilabmessungen, Kraftfluss, Beanspruchungsart (Zug, Druck, Biegung, Schub, Torsion)
3. Festigkeitsgerechte Gestaltung Festigkeitsgerecht Gestalten bedeutet die Abmessungen der Bauteile so festzulegen, dass bei gegebenen äußeren Belastungen eine ausreichende Tragfähigkeit vorhanden ist.	Äußere Belastung, geometrische Gestalt, gewählter Werkstoff, Festigkeitsberechnung
4. Werkstoffgerechte Gestaltung Beim Werkstoffgerechten Gestalten werden Eigenschaften und Art des Werkstoffes so festgelegt, dass günstige Werkstoffeigenschaften genutzt und nachteilige ausgeglichen werden.	Werkstoffarten, Werkstoffeigenschaften, Kennwerte, Festigkeitswerte, Werkstoffkosten, Eigenschaften für die Fertigung, Recycling
5. Herstellgerechte Gestaltung Beim Herstellgerechten Gestalten werden Produktionsprozesse für wirtschaftliche Fertigung und Montage zur Erfüllung der Anforderungen analysiert und festgelegt.	Gestalt, Beanspruchung, Toleranzen, Oberflächen, Formgebung, Bearbeitung, Werkzeuge, Werkzeugmaschinen, Montage, Anlagen, Recycling
6. Kostengerechte Gestaltung Beim Kostengerechten Konstruieren werden die Herstellkosten gesenkt durch Verringern des Aufwands für Fertigung, Montage, Material, Prüfung, Transport und Lagerung.	Kosten, Wirtschaftlichkeit, Anzahl der Teile, Anzahl der Fertigungsschritte, Auswahl des Fertigungsverfahrens, Auswahl des Rohmaterials, Menge des Materials, Auswahl des Montageverfahrens, Einzel-, Serien- oder Massenfertigung
7. Formgebungsgerechte Gestaltung Formgebungsgerechte Gestaltung bedeutet technische Produkte nicht nur zweckmäßig und kostengünstig herstellbar, sondern auch formschön zu entwerfen. Design bezeichnet eine formgerechte und funktionale Gestaltgebung sowie die so erzielte Form eines technischen Produkts.	Produktgestalt erhöht den Wert eines Produktes. Design sorgt für Betätigbarkeit und Benutzbarkeit sowie für Sichtbarkeit und Erkennbarkeit durch Menschen. Gestalt ist zu entwickeln aus dem Aufbau (Anordnung), der Form, Farbe und Grafik wie Oberflächen, Symbole und Zeichen.

Tabelle 6.3: Übersicht grundsätzlicher Gestaltungsrichtlinien

6.7.1 Fertigungsgerechte Gestaltung

Beim ***Fertigungsgerechten Gestalten*** werden Gestalt und Werkstoff des zu entwerfenden Produkts so festgelegt, dass mit den vorgesehenen Fertigungsverfahren eine kostengünstige und problemlose Herstellung in guter Qualität erreicht wird.

Das Fertigungsverfahren sollte so gewählt werden, dass die Herstellung ohne besonderen Aufwand möglich ist. Damit ist dann gleichzeitig gewährleistet, dass ein fertigungsgerecht entworfenes Bauteil auch ein kostengünstiges Bauteil ist. Der Konstrukteur sollte also z. B. bei Gussteilen die Freimaßtoleranzen für Gussrohteile beachten und nicht die für spanende Bearbeitung einsetzen. Ebenso ist zu beachten, dass nur die Flächen bearbeitet werden, die für die Funktion notwendig sind.

Die Gestalt der Werkstücke wird entsprechend den Beanspruchungen und Funktionen insbesondere durch die Fertigungsverfahren festgelegt, die für die Herstellung erforderlich sind. Die Fertigung von Werkstücken erfolgt nach Fertigungsverfahren, wie sie in der DIN 8580 in 6 Hauptgruppen aufgeführt sind: Urformen, Umformen, Trennen, Fügen, Beschichten, Stoffeigenschaft ändern. Alle bekannten Fertigungsverfahren sind diesen Hauptgruppen zugeordnet.

Beispiel: Den Einfluss des gewählten Fertigungsverfahrens auf die Gestaltung eines Bauteils zeigen die verschiedenen Ausführungen in Bild 6.27.

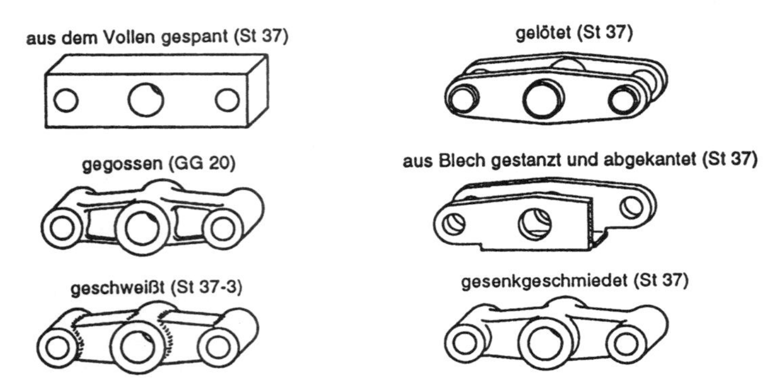

Bild 6.27: Fertigungsverfahren und Gestaltung (nach *Ehrlenspiel*)

Konstrukteure können fertigungsgerecht gestalten, wenn sie gute Kenntnisse der Fertigungsverfahren haben und wenn sie sich rechtzeitig mit Mitarbeitern der zu einer Produktion gehörenden Betriebsbereiche zusammensetzen, wie

- Materialwirtschaft,
- Arbeitsvorbereitung,
- Fertigung,
- Montage und
- Qualitätswesen.

Dazu gehören auch Rohteillieferanten und Zulieferfirmen, um gemeinsam gute fertigungsgerecht gestaltete Werkstücke zu erarbeiten.

Der Informationsaustausch im Unternehmen, der bereits im Bild 1.8 vorgestellt wurde, ist natürlich auch hier besonders wichtig.

Die Anwendung der Grundregeln „Einfach“ und „Eindeutig“ ergeben in Verbindung mit fertigungsgerecht bereits eine sichere Grundlage für eine gute Gestaltung. Eine einfache und eindeutige Fertigung von Werkstücken ist in jedem Fall vorteilhaft.

Ein weiterer Gesichtspunkt sind die firmenspezifischen Werknormen und Erfahrungen. Konstrukteure sollten deswegen regelmäßig Kontakte zur Fertigung pflegen, um deren Fertigungskenntnisse schon bei der Entwurfsarbeit ebenfalls zu berücksichtigen.

Auch wenn manchmal der Eindruck entsteht, dass der Konstrukteur sich eigentlich um alles kümmern muss, was die Umsetzung seiner Ideen in Produkte betrifft, so ist dies bisher häufig noch der sicherste Weg zum Erfolg eines Produkts. Deshalb ist es auch üblich, dass Konstrukteure neben der Einzelteilgestaltung die Baugruppen für Erzeugnisse festlegen und sich überlegen, welche Teilearten gefertigt und welche gekauft werden.

Fertigungsgerechte Gestaltung umfasst in der Regel:

- Erzeugnisgliederung nach Baugruppen und Einzelteilen
- Eigenfertigung oder Fremdfertigung von Werkstücken
- Zulieferteile und Rohteile
- Teilearten als Neu-, Wiederhol- oder Normteile
- Fertigungsabläufe, Fertigungsverfahren und Fertigungsmittel
- Stückzahl, Varianten und Teilefamilien
- Werkstoffwahl und Materialwirtschaft
- Qualitätsprüfung und Qualität
- Zeichnungsangaben

Von diesen Einflussgrößen sollen einige etwas ausführlicher erläutert werden.

Fertigungsorientierte Erzeugnisgliederung

Die Gliederung eines Erzeugnisses in Baugruppen, Fertigungseinzelteile oder Normteile muss beim Entwerfen überlegt und geplant werden:

- Der Konstrukteur legt fest, welche Gestalt die Bauteile erhalten, indem er Flächen und Linien zu Körpern verbindet und mit Formelementen ergänzt. Dabei erkennt er, ob ein Bauteil gefertigt werden muss, ob es als Zulieferteil oder Normteil gekauft werden kann oder ob ein Bauteil aus anderen Konstruktionen als Wiederholteil eingesetzt werden kann.
- Der Konstrukteur gestaltet Fügestellen und Verbindungen und gliedert seinen Entwurf in sinnvolle Baugruppen, damit Fertigung und Montage einfach und eindeutig möglich sind. Dabei überprüft er natürlich, ob nicht ganze Baugruppen übernommen oder als Zulieferkomponenten beschafft werden können.

- Der Konstrukteur legt Werkstoffe, Geometrie, Abmessungen, Toleranzen, Passungen, Oberflächeneigenschaften und Prüfpläne für die Qualitätssicherung fest.

Diese Arbeitsschritte werden stets in Abstimmung mit den betroffenen Unternehmensbereichen durchgeführt, da z. B. die Mitarbeiter der Arbeitsvorbereitung und der Montage die Möglichkeiten der Produktion besser kennen. Über vorhandene Fertigungseinrichtungen und Bearbeitungsmöglichkeiten in einer Firma sollten stets aktualisierte ***Werknormen*** vorhanden sein, um z. B. nicht einen Maschinenständer zu entwerfen, der die Arbeitsraumabmessungen der Werkzeugmaschinen um 100 mm überschreitet.

Beispiel: Eine Werkzeugmaschinenfabrik mit eigener Gießerei, Fräsmaschinen für maximal 8 m Bearbeitungslänge und Kränen, die 20 t heben können, wird für das Produkt Drehmaschine mit 20 m Drehlänge vorrangig Gussteile konstruieren, die weniger als 20 t wiegen und eine Länge von 8 m nicht überschreiten. Das Bett einer solchen Drehmaschine wird dann aus mehreren Teilstücken unter Beachtung der Grenzwerte zusammengesetzt.

Bevor Bauteile als ***Eigenfertigungsteile*** festgelegt werden, muss der Konstrukteur stets untersuchen, ob diese Bauteile als bereits konstruierte Wiederholteile, als Normteile oder als Zulieferkomponenten eingesetzt werden können. Dadurch beeinflusst er die Wirtschaftlichkeit, die Qualität und den Liefertermin positiv, da die Verwendung von bereits entwickelten und erprobten Teilen erhebliche Vorteile gegenüber neuen Eigenfertigungsteilen hat.

Die Entscheidung über Eigen- oder Fremdfertigung hängt von einer Reihe zu klärender Gesichtspunkte ab, wie beispielsweise Stückzahl, Produktart, Kosten, Termine oder Art des Fertigungsverfahrens. Alle Gestaltungsmaßnahmen der Konstrukteure werden durch diese Gesichtspunkte beeinflusst. Außerdem ändern sich viele Einflussgrößen marktabhängig manchmal schon in wenigen Wochen. Deshalb müssen in immer kürzeren Abständen, beispielsweise für jeden neuen Auftrag, die Bedingungen der Fertigung und des Zulieferermarktes überprüft werden, wenn fertigungsgerechte und wirtschaftliche Produkte hergestellt werden sollen. Konstrukteure in der Praxis müssen jedoch auch alle anderen Produkteigenschaften optimieren und insbesondere die Terminsituation beachten.

Integral- und Differenzialbauweise

Der fertigungsgerechte Aufbau von komplexen Bauteilen kann nach verschiedenen Bauweisen erfolgen. Die Anwendung der Differenzial- und Integralbauweise soll etwas näher erläutert werden.

Differenzialbauweise beschreibt die Aufteilung eines Bauteils in mehrere fertigungstechnisch günstige Einzelteile.
Integralbauweise beschreibt das Zusammenfassen mehrerer Einzelteile zu einem Bauteil.

Die Integralbauweise wird für Serienfertigung mit größeren Stückzahlen angewendet. Die Bauteile bestehen aus einem Werkstoff, haben keine Fügestellen im Bauteil, aber meist eine komplexere Gestalt.

Gusskonstruktionen statt Schweißkonstruktionen, Strangpressprofile statt gefügter Normprofile, Schmiedeteile statt zusammengesetzter Einzelteile sind typisch für die Integralbauweise.

Die Differenzialbauweise wird für die Fertigung von Einzelteilen oder bei einer kleinen Anzahl von Bauteilen verwendet. Kennzeichnend ist das Gestalten mit Halbzeugen, Normteilen und Fertigungsteilen, die aus verschiedenen Werkstoffen bestehen können. Die Einzelteile werden gefertigt und gefügt nach den üblichen Verfahren.

Bei sehr großen Bauteilen wird diese Bauweise ebenfalls häufig eingesetzt, da dadurch die Montierbarkeit aus kleineren Einzelteilen und die Transportbedingungen einfacher werden. Außerdem ist die Beschaffung kleinerer Rohteile einfacher und die Anpassung an verschiedene Baugrößen wird unterstützt.

Beispiel: Beide Bauweisen werden vergleichend an einem Funktionsträger in Bild 6.28 vorgestellt. Die Differenzialbauweise aus 11 Einzelteilen ist denkbar für eine Einzel- oder Versuchsmaschine, da sich der Aufwand und die Kosten für ein Feingussteil erst bei größeren Stückzahlen lohnen. Dann ist aber bei dem Integralbauteil eine Fertigungszeitersparnis von 62 % und eine Kostenersparnis von 72 % gegeben.

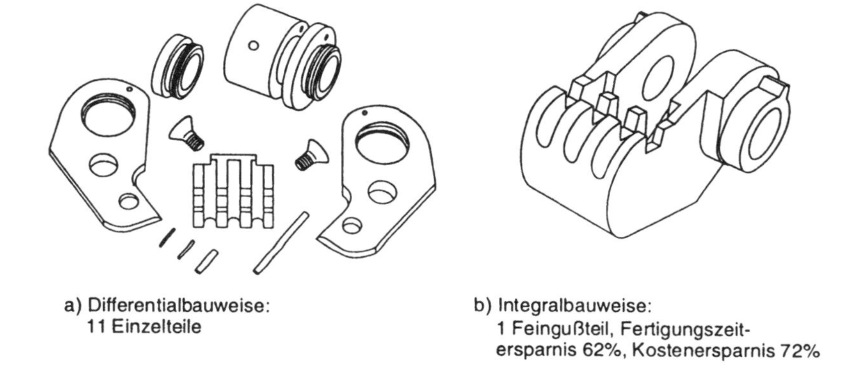

a) Differentialbauweise: 11 Einzelteile

b) Integralbauweise: 1 Feingußteil, Fertigungszeitersparnis 62%, Kostenersparnis 72%

Bild 6.28: Beispiel für Differenzial- und Integralbauweise (nach *Ehrlenspiel*)

Die beiden Bauweisen haben natürlich auch jeweils besondere Vor- und Nachteile, die im Anwendungsfall geklärt werden müssen. Die Integralbauweise hat als Vorteile die geringere Teileanzahl mit Auswirkungen auf Fertigung, Montage und Kosten, die sich aber erst bei Serienteilen einstellen. Der Nachteil besteht in dem Aufwand an Zeit und Kosten für komplexere Rohteilherstellung mit erhöhtem Ausschussrisiko.

Die Differenzialbauweise hat entsprechend entgegengesetzte Vor- und Nachteile. Das Fertigungsrisiko ist geringer und die Kosten für einfachere Einzelteile, Halbzeuge und Normteile sind bei kleinen Stückzahlen günstig. Außerdem können verschiedene Werkstoffe mit besonderen Eigenschaften eingesetzt werden und die Beschaffung der komplexen Rohteile mit langen Lieferfristen entfällt.

Fertigungsgerechte Werkstückgestaltung

Die Werkstückgestaltung nach fertigungstechnischen Regeln ist besonders wichtig, da alle entworfenen Bauteile hergestellt werden müssen. Da damit gleichzeitig Kosten, Zeiten und die Qualität von Produkten beeinflusst werden, müssen Konstrukteure die möglichen Fertigungsverfahren gut kennen. Entsprechend den bereits genannten Kriterien werden auf den Fertigungszeichnungen, die in der Ausarbeitungsphase erstellt werden, alle wichtigen Größen der Bauteile festgelegt. Deshalb ist es sehr wichtig, schon in der Entwurfsphase die notwendigen Fragen einer fertigungsgerechten Gestaltung umfassend zu klären.

Die Entscheidung, ob bei der Gestaltung Eigen- oder Fremdfertigung günstiger ist, wird oft von den Gegebenheiten der eigenen Fertigung beeinflusst. So wird ein Stahlbauunternehmen mit entsprechenden Blechbearbeitungsmaschinen zu mehr Schweißteilen tendieren und die vorhandenen Werkzeugmaschinen werden mit entsprechenden Werkzeugen für die Stahlbearbeitung ausgerüstet sein. Die Konstrukteure werden dann in der Regel Schweißteile gestalten. Die dadurch vorhandene bessere Auslastung der eigenen Fertigung muss jedoch bei den Fertigungskosten so günstig sein, dass nicht durch Fremdfertigung mit anderen Fertigungsverfahren erheblich kostengünstigere Bauteile möglich sind.

Dem Konstrukteur bisher noch weniger geläufig sind die werkstoffseitigen Forderungen und Möglichkeiten mit neuen Fertigungsverfahren, wie z. B. Ultraschallverfahren, Elektronenstrahlschweißen, Materialbearbeitung mit Lasern, Plasmaschneiden, Wasserstrahlschneiden, funkenerosive Bearbeitung und elektrochemische Verfahren.

Auch hier gelten die bekannten Regeln: Grundlagenkenntnisse aus Büchern, Fachkenntnisse aus Fachzeitschriften und Firmenprospekten entnehmen, Seminare besuchen, rechtzeitig Fachleute der Produktion und der Lieferanten einschalten und dann entscheiden.

Gestaltungsrichtlinien zum ***Fertigungsgerechten Gestalten*** *von Werkstücken* sind umfangreich im Schrifttum vorhanden. Fast alle Maschinenelementebücher enthalten Richtlinien zur Gestaltung, außerdem gibt es einige Fachbücher, die umfangreiche Beispielssammlungen enthalten. Deswegen sollen diese hier nicht wiederholt werden. Fertigungsgerechte Gestaltung ist nur dann gegeben, wenn alle Gesichtspunkte des gewählten Fertigungsverfahrens mit den neuesten Erkenntnissen unter Beachtung der Wirtschaftlichkeit genutzt werden. Dies ist aber nur in Gesprächen mit Fertigungsfachleuten möglich, da Veröffentlichungen in Fachbüchern selten auf dem allerneuesten Stand sind.

Da alle Beispiele solcher Gestaltungsrichtlinien stets nur eine besondere Eigenschaft beschreiben, gelten die in der Spalte Erklärung/Regel angegebenen Aussagen nur für wenige ähnliche Gestaltungszonen. So ist z. B. eine fertigungsgerechte Gestaltung durch Bearbeitungsflächen auf einer Ebene erfüllt, aber es ist nichts darüber ausgesagt, wie alle anderen Produkteigenschaften nach Bild 6.26 erfüllt werden können. Der Konstrukteur muss also abwägen, welche Eigenschaften bei der Gestaltung unbedingt einzuhalten sind, welche nur bedingt beachtet werden müssen und welche nicht so wichtig sind.

Um eigene Erkenntnisse übersichtlich zu dokumentieren, erstellen sich Konstrukteure selbst Gestaltungsrichtlinien. Dafür hat sich bewährt, eine Sammlung eigener Erfahrungen beim Gestalten auf einheitlichen Arbeitsblättern nach Tabelle 6.4 festzuhalten.

Kriterium	Beispiel
Namen mit Eigenschaft	Fertigungsgerechte Gestaltung
Verfahrensangabe	Drehbearbeitung von Werkstücken
Grundsatz der Beispiele	Werkzeugeinsatz und Spanvorgang optimieren
Aufgaben/Fehler-Spalte	Werkzeugauslauf beachten, Skizze eintragen
Lösung/Verbesserung-Spalte	Gewindefreistich vorsehen, Skizze eintragen
Erklärung/Regel-Spalte	Eindeutige Übergänge zwischen Gewinde und Wellendurchmesser

Tabelle 6.4: Hinweise für das Aufstellen von Gestaltungsrichtlinien

Beispiele: Das Fertigungsgerechte Gestalten wird in den Bildern 6.29, 6.30 und 6.31 für folgende Verfahren und Grundsätze vorgestellt:

- Drehbearbeitung von Werkstücken; Werkzeugeinsatz und Spanvorgang optimieren
- Bohrbearbeitung von Werkstücken; Werkzeugeinsatz und Spanvorgang optimieren
- Fräsbearbeitung von Werkstücken; Werkzeugeinsatz und Spanvorgang optimieren

Die Aufzählung zeigt, dass nur ein Grundsatz für drei spanende Verfahren mit wenigen Beispielen dargestellt wurde, um typische Gestaltungsfehler von Anfängern zu zeigen. Wichtig ist auch hier, die Methode zu erkennen, die Hilfsmittel selbständig anzuwenden und nicht alle auffindbaren Regeln zum fertigungsgerechten Gestalten zu sammeln.

Neben der Darstellung des fertigungsgerechten Gestaltens für einzelne Fertigungsverfahren muss der Konstrukteur nach *Conrad* auch die Möglichkeiten der modernen Werkzeugmaschinen kennen und bei der Gestaltung von Bauteilen nutzen. Es ist also nicht nur wichtig alle Feinheiten der Gestaltung von Formelementen zu kennen, die durch das Drehen, das Bohren oder das Fräsen möglich sind, sondern zunehmend deren Kombination, also das komplett zu gestaltende Werkstück.

Werkzeugmaschinengerecht Gestalten bedeutet, Kenntnisse der Fertigungsverfahren und der Werkzeugmaschinen beim Konstruieren so anzuwenden, dass mit vorhandenen Werkzeugmaschinen qualitätsgerechte Produkte wirtschaftlich herzustellen sind.

Beispiel: Komplettbearbeitung von einbaufertigen Werkstücken auf einer einzigen Werkzeugmaschine. Die Gestaltung durch den Konstrukteur muss so erfolgen, dass die Bearbeitung durch Drehen, Fräsen, Bohren oder Schleifen in einer oder zwei Aufspannungen ein fertiges Bauteil ergibt. Die Geometrie mit allen Formelementen ist also so zu entwerfen, dass ein wirtschaftlich herzustellendes Rohteil entsteht. Dieses Rohteil wird möglichst in einer Aufspannung durch spanende Fertigung zu einem einbaufertigen Bauteil. Die möglichen Fertigungsoperationen richten sich nach der Ausstattung der vorhandenen Werkzeugmaschinen und sollten mit Fertigungsfachleuten abgestimmt werden.

FH HANNOVER	Gestaltungsrichtlinie Fertigungsgerechte Gestaltung	Blatt-Nr. 1 / 1

Verfahren: Drehbearbeitung von Werkstücken

Grundsatz: Werkzeugeinsatz und Spanvorgang optimieren

Aufgabe / Fehler	Lösung / Verbesserung	Erklärung / Regel
Werkzeugauslauf beachten 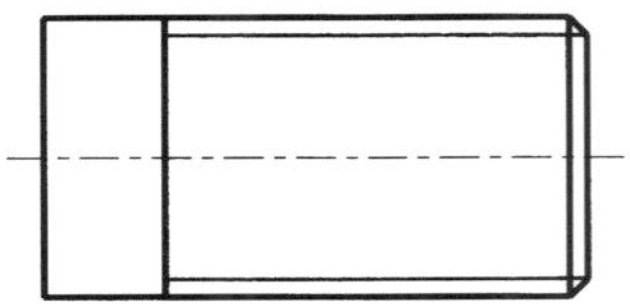	Gewindefreistich vorsehen 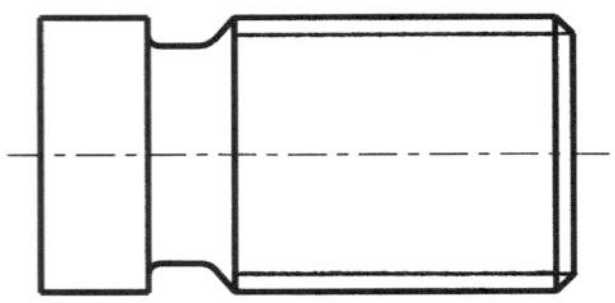	Eindeutige Übergänge zwischen Gewinde und Wellendurchmesser
Übergangsradien stören Werkzeugauslauf 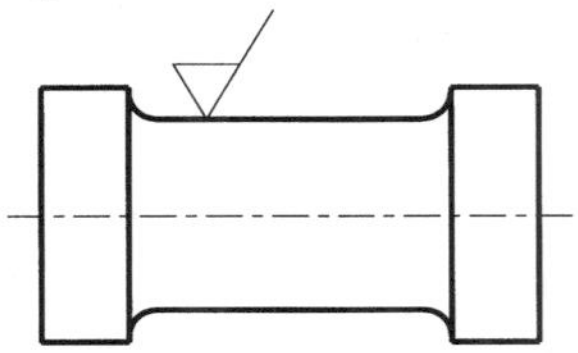	Freistiche an Wellenschulter vorsehen 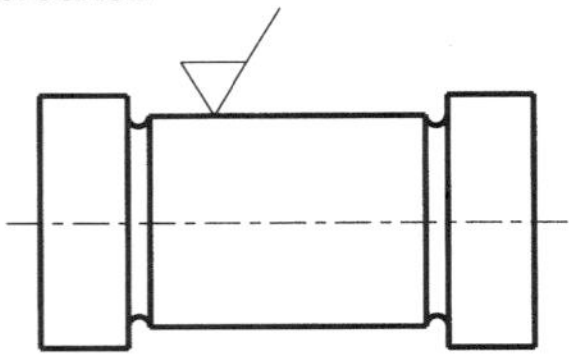	Eindeutige Bearbeitungsflächen für Werkzeuge durch Freistiche schaffen
Innendurchmesser mit Absatz stört Werkzeugauslauf 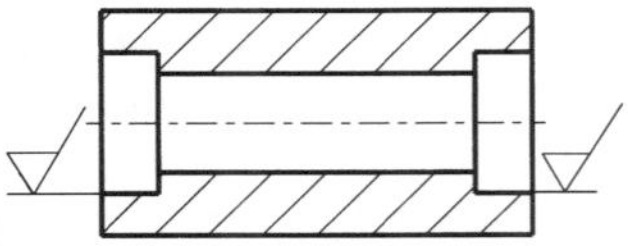	Innendurchmesser ohne Absatz vorsehen 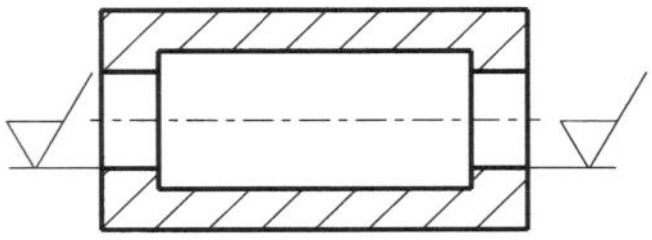	Einfache Bearbeitung gleich großer Innendurchmesser in einer Aufspannung
Außendurchmesser für Lagersitze und Zahnräder mit gleichem Durchmessermaß 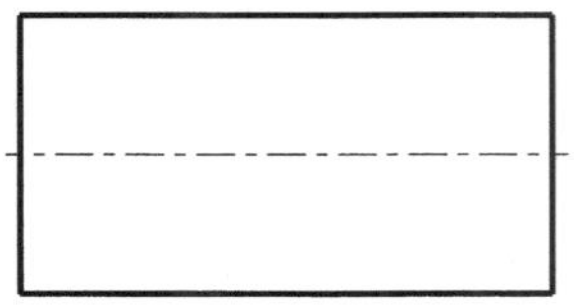	Angepasste Durchmesser und Längen für Lager und Zahnräder 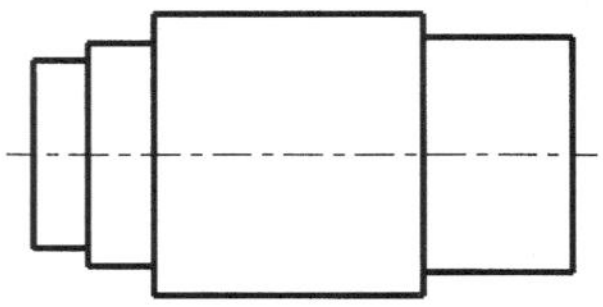	Maße mit Toleranzen für Funktionen der Durchmesser und Längen von Wellenabsätzen festlegen

Bild 6.29: Fertigungsgerechte Gestaltung – Drehbearbeitung

FH HANNOVER	**Gestaltungsrichtlinie** **Fertigungsgerechte Gestaltung**	Blatt-Nr. 1 / 1

Verfahren: Bohrbearbeitung von Werkstücken

Grundsatz: Werkzeugeinsatz und Spanvorgang optimieren

Aufgabe / Fehler	Lösung / Verbesserung	Erklärung / Regel
Bei schrägliegenden Flächen verlaufen die Bohrer oder brechen ab 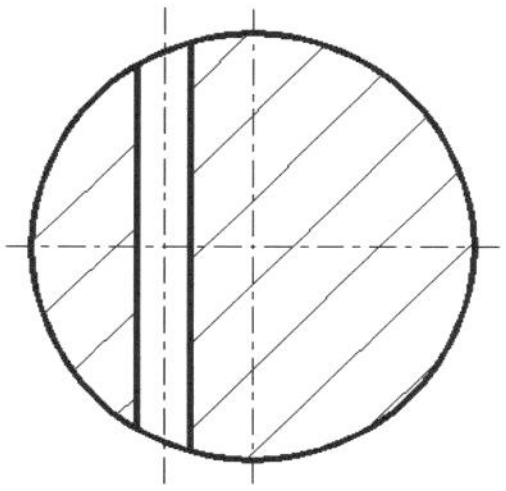	Ansatz- und Auslaufflächen zum Bohren schaffen 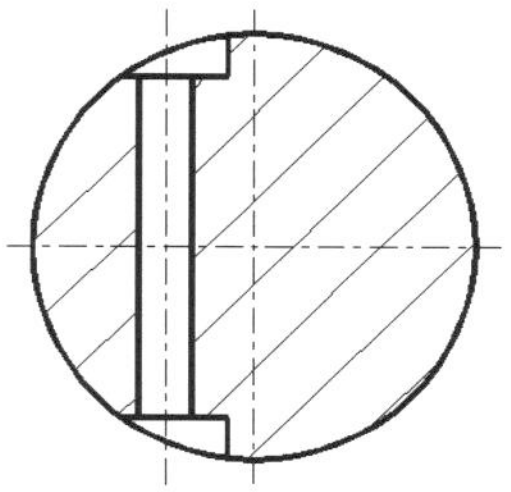	Ansatz- und Auslaufflächen senkrecht zur Bohrungsmitte anordnen
Sacklöcher ohne Bohrkegelspitze 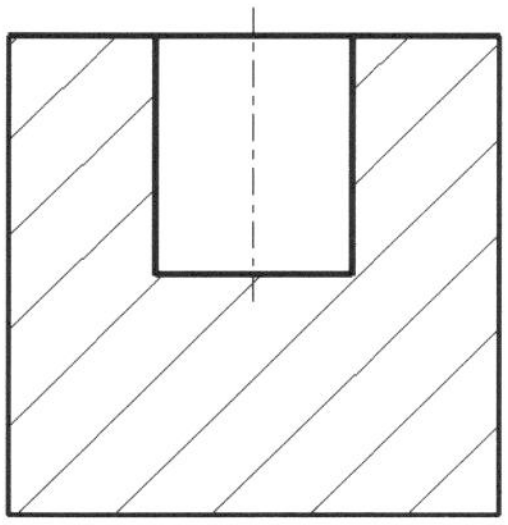	Sacklöcher mit Bohrkegelspitze 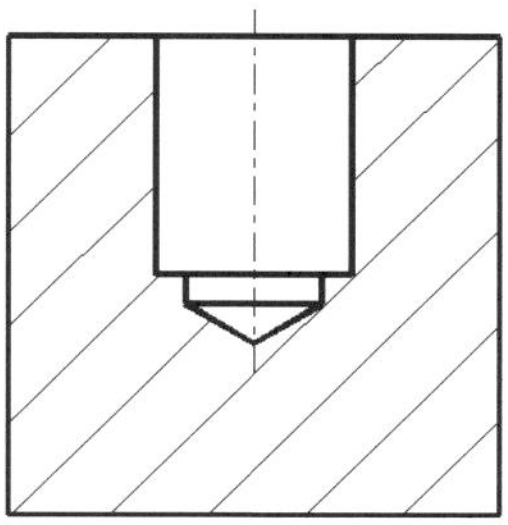	Sacklochgrund nur als Ringfläche nutzen
Keine durchgehenden Bohrungen; ein Sackloch 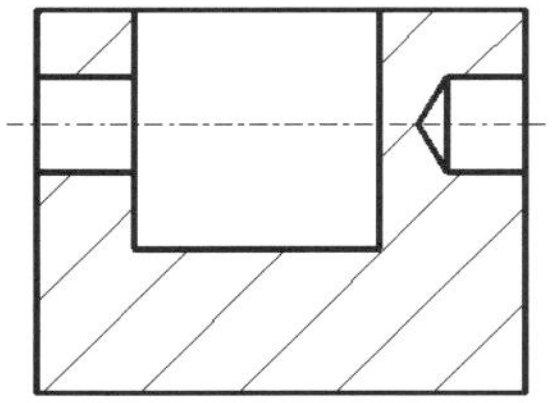	Durchgehende Bohrungen 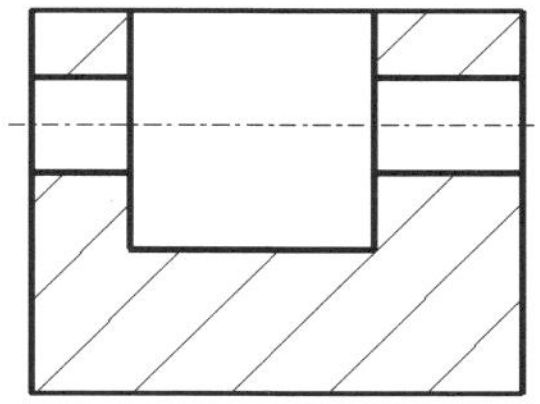	Durchgangsbohrungen statt Sacklöcher vorsehen

Bild 6.30: Fertigungsgerechte Gestaltung – Bohrbearbeitung

FH HANNOVER	**Gestaltungsrichtlinie** **Fertigungsgerechte Gestaltung**	Blatt-Nr. 1 / 1

Verfahren: Fräsbearbeitung von Werkstücken

Grundsatz: Werkzeugeinsatz und Spanvorgang optimieren

Aufgabe / Fehler	Lösung / Verbesserung	Erklärung / Regel
Flächen nicht in gleicher Höhe 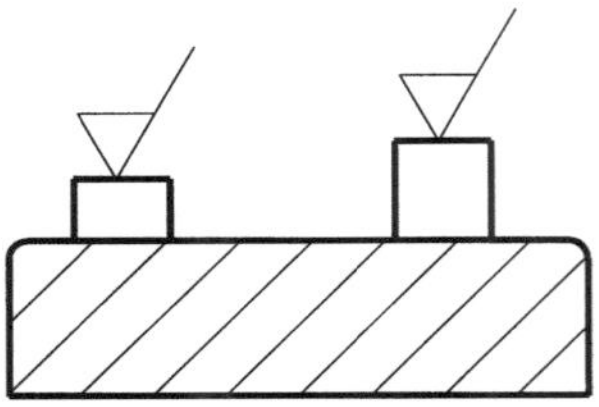	Flächen auf gleicher Höhe anordnen 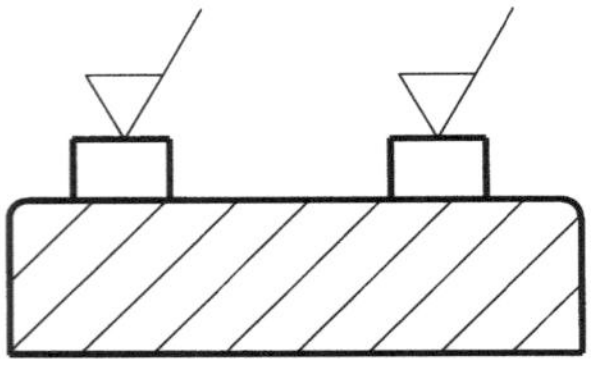	Höhenunterschiede von Flächen in einer Bearbeitungsebene vermeiden
Bearbeitungsflächen nicht rechtwinklig zueinander 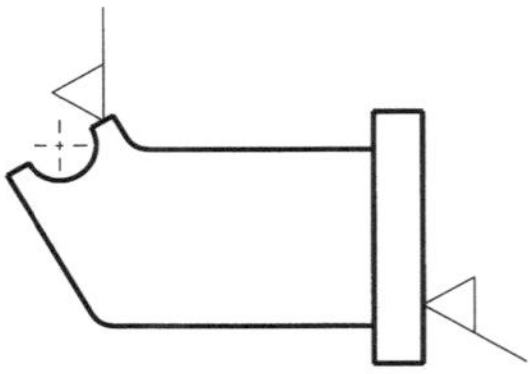	Bearbeitungsflächen rechtwinklig zueinander angeordnet 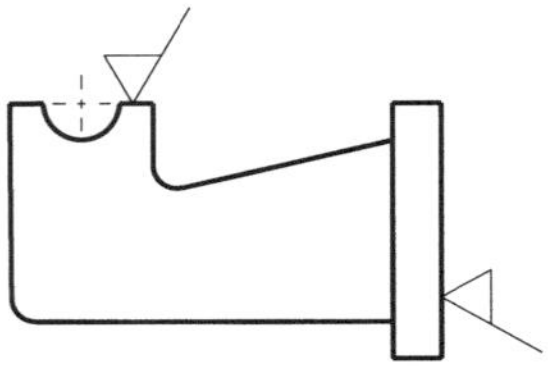	Bearbeitungsflächen rechtwinklig zueinander und parallel zur Aufspannung legen
Spannen des Werkstücks ohne sichere Abstützung 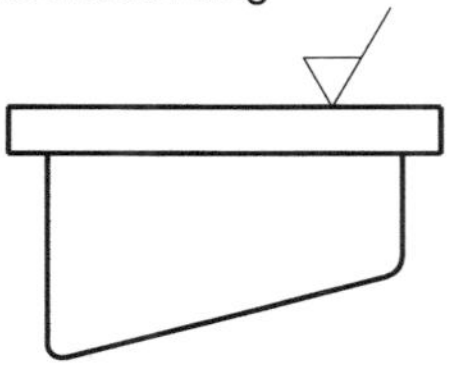	Sicheres Spannen mit angegossener Stütze 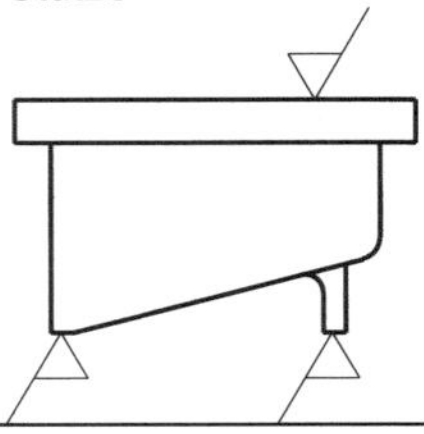	Geeignete Flächen zum Spannen vorsehen, die als Stützen leicht wieder entfernt werden können
Werkzeugauslauf nicht möglich 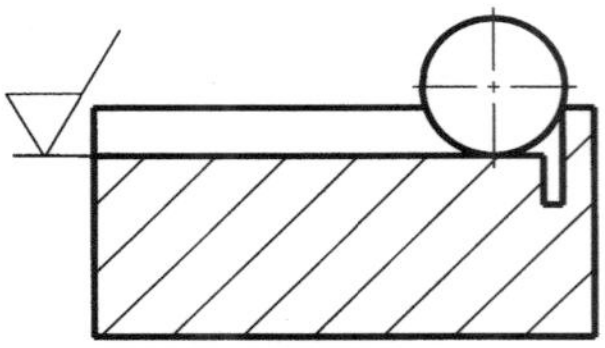	Werkzeugauslauf möglich 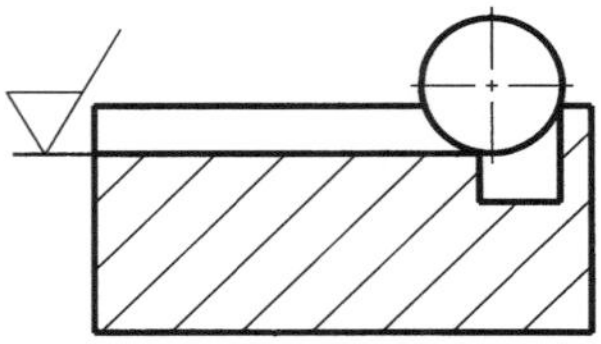	Bearbeitungsflächen so anordnen, dass Werkzeugauslauf möglich ist

Bild 6.31: Fertigungsgerechte Gestaltung – Fräsbearbeitung

Gießgerechte Gestaltung

Das Fertigungsverfahren Gießen gehört zum Urformen und wird deshalb oft vor den Verfahren des Trennens behandelt. In der Praxis wird in der Regel jedoch erst das ***Funktionsteil***, daraus das ***Fertigteil*** und anschließend das **Rohteil** entwickelt, wobei der Konstrukteur jedoch ständig über alle Entwicklungsstufen nachdenkt. Hier sollen nur einige Hinweise auf grundlegende Regeln gegeben werden, die sich aus Untersuchungen in der Praxis nach *Kölz* ergeben haben. Es handelt sich um Erfahrungen und Anforderungen von Gussherstellern und der spanenden Fertigung für sandgeformten Lamellenguss. Die Zusammenfassung als Konstruktionsrichtlinie kann hier nur in Auszügen vorgestellt werden.

Eine Konstruktionsrichtlinie soll Beispiele und Regeln für gute Gestaltung von Gussstücken enthalten, wie z. B. in Bild 6.32 und Bild 6.33. Für Gussstücke sind dies die Bereiche Materialanhäufungen, Querschnittsübergänge, Schrumpfung, Kerne und Hinterschnitte, Putzen und die anschließende spanende Bearbeitung. Empfehlungen für den Umgang mit Radien an Materialanhäufungen sind erforderlich, um lunkerfreie Knotenpunkte zu erzeugen. Gusstoleranzen und Bearbeitungszugaben vervollständigen die Konstruktionsrichtlinie. Der Konstrukteur muss also die Auswirkungen aller Arbeitsschritte beachten. Dies erfolgt durch ***Abstimmungsgespräche*** mit Gießereifachleuten.

Gießgerechtes Gestalten umfasst die Festlegung des Gusswerkstoffs, des Gießverfahrens und die Beachtung aller Teilprozesse des Gießverfahrens. Dazu gehören das Fließen des Materials in alle Gussteilbereiche, das Abkühlen und Schrumpfen des Materials, die Modellherstellung und deren Entnahme aus der Form, das Vermeiden von Kernen und Hinterschnitten, das Putzen der Gussteile und die folgende spanende Bearbeitung.

Dementsprechend sind aus einer Konstruktions-Checkliste nach *Kölz* zu beachten:

Werkstoffgerechtes Gestalten

Wanddickenabhängigkeit der Eigenschaften beachten, ausgeglichene Wanddicken bevorzugen, gerichtete Erstarrung gewährleisten, Schwindungsbehinderung vermeiden, konstruktive Beanspruchbarkeit bei Druck hoch, bei Biegung weniger hoch und bei Zug niedrig, auskragende dünnwandige Teile an dickwandigen Gussstücken vermeiden, Steifigkeit durch Gestalten erhöhen, den geringeren E-Modul beachten.

Formgerechtes Gestalten

Ausreichend Formschrägen anbringen, Hinterschneidungen vermeiden, Formteilungen möglichst in einer Ebene, Formteilung möglichst nicht durch tolerierte Maße legen, Nocken bis zur Formteilung durchziehen, Kernöffnungen (-marken) ausreichend groß gestalten (Stabilität, Gasabfuhr, Putzen), Anzahl der Kerne und Losteile minimieren, scharfe Kanten und zurückspringende Winkel vermeiden, zu kleine Kerne in dickeren Wänden vermeiden.

Gießgerechtes Konstruieren

Ablauf der Formfüllung beim Gießen, Wärmeabfuhr durch die Form, Schwinden beim Abkühlen und dessen zeitlicher Ablauf, Veränderung der Werkstoffeigenschaften mit der Temperatur, Speisung und gerichtete Erstarrung ermöglichen, zu langsame, ungleichmäßige oder kaskadenartige Formfüllung, Materialanhäufungen besonders im Inneren vermeiden, Wanddicken ausgleichen, Spannungsaufbau durch elastische Konstruktion vermeiden (Fischgräten-, Wabenkonstruktion), Spannungen oder Verwerfungen durch Ausgleich der Wanddicken und Auswahl der Querschnitte vermeiden, Spannungen durch Schwindungsbehinderung vermeiden, Querschnittsübergänge gleitend gestalten.

Putz- und bearbeitungsgerechtes Konstruieren

Außen- und Innenflächen für Bearbeitungswerkzeuge zugänglich gestalten, ausreichend große Kernöffnungen vorsehen, Teilungen, Anschnitte und Speiser in zu bearbeitende Bereiche legen, Fenster und Aussparungen voll gießen, um Grate und Putzarbeit zu minimieren, Anschnittflächen sollten nicht profiliert sein, dünnwandige, hervorstehende Gusspartien und scharfe Kanten vermeiden, Aufspann-Stützen angießen, Spanauslauf vorgießen, Anbohrflächen rechtwinklig zur Achse konstruieren, Kerne vermeiden, wenn Passbohrungen erforderlich sind, Abstützen dünner Flanschenden nach innen zum NC-Fräsen, spitze Winkel sind schlecht zu schleifen.

Zum Verständnis der fachlichen Aussagen sollten nach *Kölz* Begriffe bekannt sein:

Begriffe und Definitionen

Form: Vom Modell im Formsand ausgearbeitete Struktur, in die Metall gegossen wird

Hinterschneidung: Konstruktionselement, welches frei hervorsteht; verhindert das Herausheben des Modells aus dem Formsand

Kern: Forminnenteile, die in die Formaußenteile gelegt werden, um im Gussstück Hohlräume sowie Hinterschneidungen zu erzeugen

Kernmarke: Bildet das Lager für den Kern, in der Regel die Verlängerung einer aus dem Gusstück austretenden Kernpartie; dient der Abführung der Kernluft

Kokille: Kühleisen; unterstützt die gerichtete Erstarrung; auch: metallische Dauerform

Losteil: Ermöglicht das Ausformen von Hinterschneidungen; wird erst nach dem Ausheben des Hauptmodells aus der Form gezogen; mit Stiften, Schrauben oder konischen Führungen am Hauptmodell arretiert

Lunker: Schwindungshohlraum, der durch behindertes Nachfließen der Schmelze entsteht

Materialanhäufung: Knotenpunkt beim Zusammentreffen von drei oder mehr Wänden

Modell: Bildet die Guss-Außenkontur (konventionelles Modell) oder sowohl die Innen- und Außenkontur (Naturmodell) des Formhohlraumes, in den die Schmelze fließt

Schrumpfung: Volumenminderung (Grauguss: ca. 1%) bei Erstarren des Metalls; Grund für Eigenspannungen, Verzug und Lunker

Schwindung: Temperaturabhängige Volumenminderung der flüssigen Schmelze

Speiser: Wird beim Vergießen mit flüssigen Metall gefüllt und führt zum Ausgleich der Schwindung flüssiges Metall in das Volumendefizit

FH HANNOVER	**Gestaltungsrichtlinie** **Gießgerechte Gestaltung**	Blatt-Nr. 1 / 2

Verfahren: Konstruktion von Gussteilen für sandgeformten Lamellenguss

Grundsatz: Materialanhäufungen vermeiden

Aufgabe / Fehler	Lösung / Verbesserung	Erklärung / Regel
Querschnittsunterschiede sind zu groß, sie verursachen Spannungen und poröses Gefüge 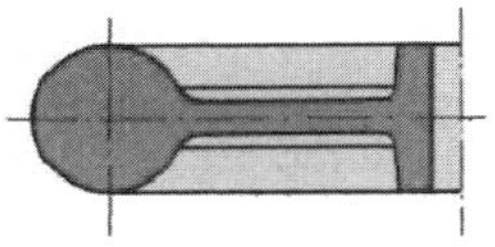	Wanddicken angleichen 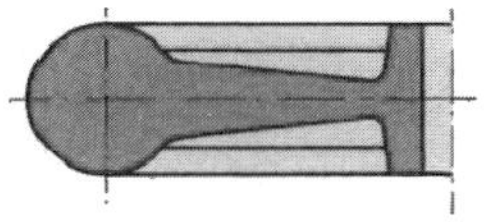	Angleichen der Querschnitte ermöglicht spannungsarme Gussteile mit gleichmäßigem Gefüge
Querschnittsunterschiede zu groß 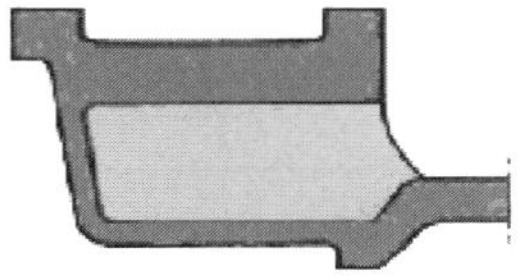	schroffe Übergänge vermeiden 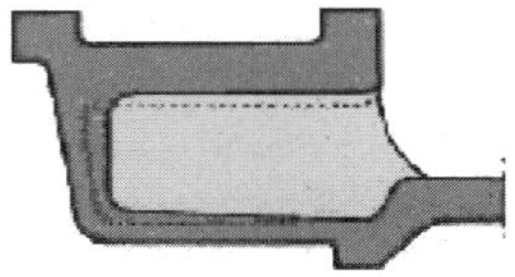	Schroffe Übergänge vermeiden ohne zusätzlichen Werkstoffaufwand, wie durch die gestrichelte Linie gezeigt
Querschnittsunterschiede zu groß 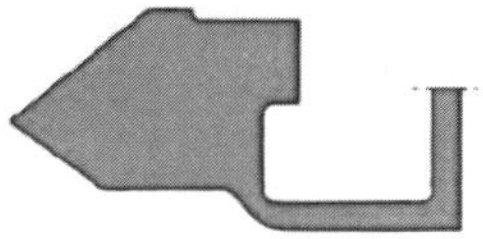	Querschnitte angleichen 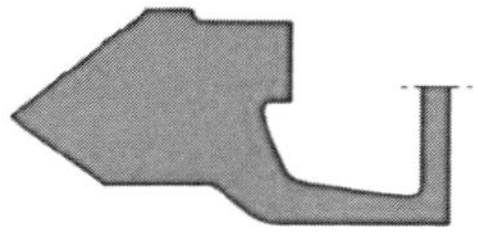	Angleichen der Querschnitte ermöglicht spannungsarme Gussteile mit gleichmäßigem gefüge
Materialanhäufung zu groß 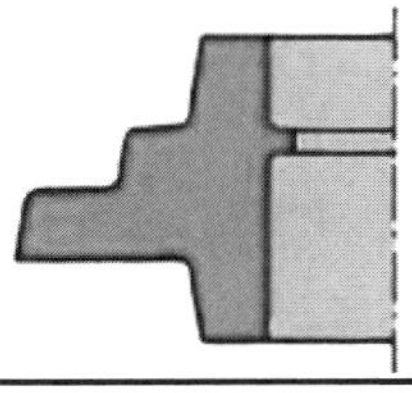	Materialstärke verringern durch gleiche Wandstärken 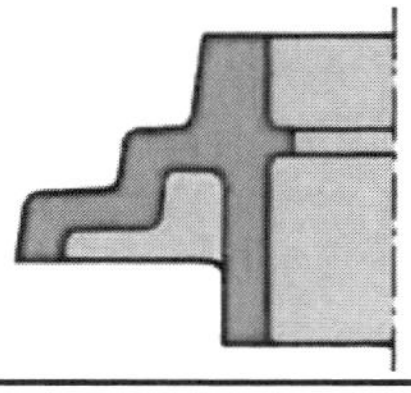	Große Materialanhäufung durch gleiche Wandstärken ersetzen und mit zusätzlichen Rippen Steifigkeit verbessern

Bild 6.32: Gießgerechtes gestalten – Materialanhäufungen vermeiden (nach *Herfurth* u. a.)

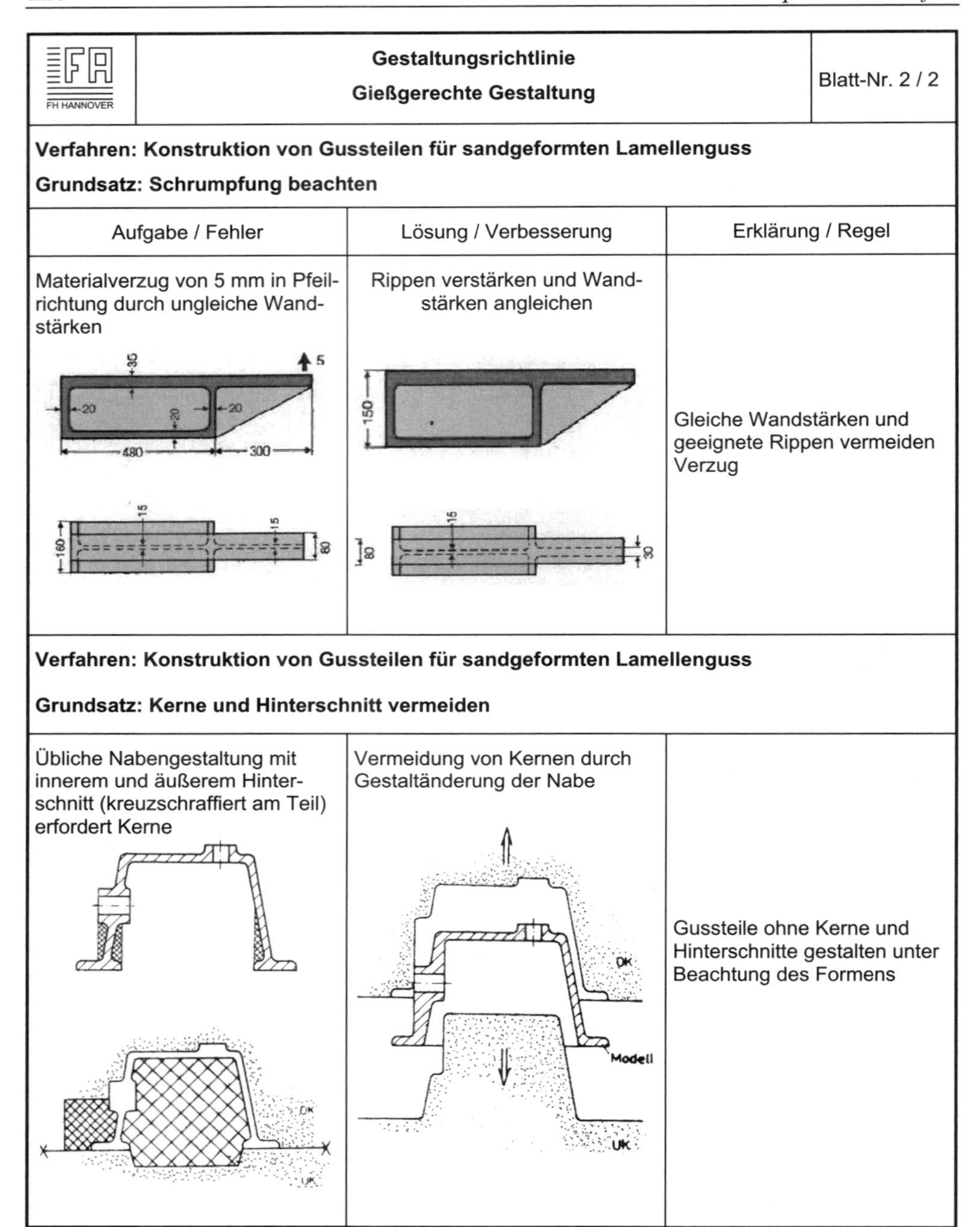

FH HANNOVER	Gestaltungsrichtlinie Gießgerechte Gestaltung	Blatt-Nr. 2 / 2

Verfahren: Konstruktion von Gussteilen für sandgeformten Lamellenguss

Grundsatz: Schrumpfung beachten

Aufgabe / Fehler	Lösung / Verbesserung	Erklärung / Regel
Materialverzug von 5 mm in Pfeilrichtung durch ungleiche Wandstärken	Rippen verstärken und Wandstärken angleichen	Gleiche Wandstärken und geeignete Rippen vermeiden Verzug

Verfahren: Konstruktion von Gussteilen für sandgeformten Lamellenguss

Grundsatz: Kerne und Hinterschnitt vermeiden

Aufgabe / Fehler	Lösung / Verbesserung	Erklärung / Regel
Übliche Nabengestaltung mit innerem und äußerem Hinterschnitt (kreuzschraffiert am Teil) erfordert Kerne	Vermeidung von Kernen durch Gestaltänderung der Nabe	Gussteile ohne Kerne und Hinterschnitte gestalten unter Beachtung des Formens

Bild 6.33: Gießgerechtes Gestalten – Schrumpfung, Kerne und Hinterschnitt (nach *Herfurth /Hoenow*)

Umfangreiche Hinweise mit Regeln und Beispielen für die Gestaltung von Gussstücken sind in der Fachliteratur von *Hoenow/Meißner* oder von *Herfurth/Ketscher/Köhler* für Konstrukteure aufbereitet zu finden.

Als typische Forderung für die Problematik des fertigungsgerechten Konstruierens soll hier eine Überlegung vorgestellt werden, die unter folgendem Titel von *Peukert* veröffentlicht wurde: „***Gießgerechtes Konstruieren*** – ist diese Forderung noch realitätsnah?“

Unter gießgerecht versteht eine Gießerei modellbaugerecht, formgerecht, gießgerecht und putzgerecht, wobei selbstverständlich noch eine optimale Werkstoffwahl für eine besonders wirtschaftliche Lösung zu beachten ist. Das in der angegebenen Literatur ausführlich erläuterte Vorgehen kommt zu dem Ergebnis, dass die Forderung der Gießereien an die Konstrukteure nach gießgerechter Konstruktion nicht mehr zeitgemäß ist. Die Vielfalt der Gusswerkstoffe und Verfahren der Gießereitechnik ist vom maschinenkundlich ausgebildeten Konstrukteur nicht zu überschauen.

Die fertigungsgerechte, wirtschaftliche Gusskonstruktion kann nur in enger Zusammenarbeit mit dem Gießer entstehen und sollte bereits in der Entwurfsphase erfolgen. Ideal wären konstruktiv ausgebildete Gießereiingenieure, die aber noch nicht verfügbar sind.

Für ***Gussteile*** stellt die ZGV-Zentrale für Gussverwendung im deutschen Gießereiverband sehr gute Unterstützung zur Verfügung.

Für ***Schmiedeteile*** liefert die Infostelle Industrieverband Massivumformung e. V. sehr gute Unterlagen und praktische Hilfen.

Für ***Keramikteile*** kommt die anwendergerechte Unterstützung vom Verband der Keramischen Industrie e. V. – Informationszentrum Technische Keramik.

Damit stehen dem Konstrukteur aktuelle Informationen direkt am Arbeitsplatz zur Verfügung, wie diese Beispiele zeigen.

6.7.2 Montagegerechte Gestaltung

Beim ***Montagegerechten Gestalten*** werden Einzelteile und Baugruppen eines Produkts so angeordnet und aufgebaut, dass durch manuelle oder automatisierte Montage mit minimalem und wirtschaftlichem Aufwand alle Produktfunktionen eindeutig festgelegt sind.

Um dies zu erreichen, sind einige Maßnahmen und Erfahrungen zu beachten:

- Bauteile sollen sich möglichst problemlos zu Baugruppen montieren lassen
- Anzahl der zu montierenden Bauteile reduzieren
- Anzahl der Fügeseiten und Fügerichtungen reduzieren
- Kurze und geradlinige Montagewege ermöglichen
- Schlaffe Fügeteile vermeiden bzw. steife Fügeteile anstreben
- Greifen von Fügeteilen erleichtern
- Zuführen von Bauteilen erleichtern
- Positionieren von Bauteilen problemlos ermöglichen

- Fügen von Bauteilen durch einfach herstellbare Verbindungen anstreben
- Positionier- und Justierhilfen (z. B. Fasen) vorsehen
- Fügevorgänge überprüfbar gestalten
- Nutzung vorhandener Montageeinrichtungen beim Gestalten beachten
- Anpassaufgaben vermeiden

Diese beispielhaft aufgelisteten Maßnahmen sind natürlich erst dann zu realisieren, wenn der Konstrukteur sich mit den Funktionen, Tätigkeiten und Abläufen von Montageabteilungen beschäftigt hat. Insbesondere Berufsanfänger können in der Montageabteilung am besten ein Unternehmen kennen lernen, da dort viele Fehler und Schwächen der Mitarbeiter aller Abteilungen sowie der Aufbau- und Ablauforganisation auftreten, und trotzdem qualitätsgerechte Produkte termingerecht produziert werden müssen.

Einige grundlegende Hinweise zur ***Montage*** sollen einen ersten Einblick geben. Insgesamt muss jedoch beachtet werden, dass die Montage ein sehr umfangreicher und schwieriger Bereich ist, da von der manuellen Montage bis zur automatisierten Montage viele Kriterien zu beachten sind. Einerseits stellen Montageautomaten und Roboter an die Montagegerechte Gestaltung üblicherweise höhere Anforderungen als eine manuelle Montage, andererseits haben Monteur und Montageroboter aber auch sehr ähnliche Schwächen, sodass die Betrachtungen der Montagearten gemeinsam durchgeführt werden kann. Wie Beispiele zeigen, sind Gestaltungsmaßnahmen, die einer Montage mit Automaten entgegenkommen, auch für manuelle Montagevorgänge von Vorteil.

Der Montageprozess

Um die grundsätzlichen Vorgänge und Abläufe der Montage schon bei der Entwurfsarbeit richtig umzusetzen, sind hier noch einige Begriffe und Zusammenhänge vorzustellen.

Montieren ist die Gesamtheit aller Vorgänge, die dem Zusammenbau von geometrisch bestimmten Körpern dienen. Dabei kann nach VDI 2860 zusätzlich formloser Stoff wie Dichtmittel, Schmiermittel oder Kleber eingesetzt werden. Die Hauptfunktion der Montage ist das Fügen der Bauteile.

Fügen ist das dauerhafte Verbinden von zwei oder mehr geometrisch bestimmten Körpern oder von geometrisch bestimmten Körpern mit formlosen Stoff (DIN 8593). Als Nebenfunktionen der Montage werden Tätigkeiten durchgeführt, die vor oder nach dem Fügen erforderlich sind, wie Handhaben oder Prüfen.

Beim ***Handhaben*** werden zwei oder mehrere Körper (Bauteile) in eine bestimmte räumliche Anordnung (Position und Orientierung) gebracht. Durch ***Fügen*** erfolgt das Sichern dieser gegenseitigen Beziehung gegen äußere Störungen.

Das ***Prüfen*** dient dazu, sicherzustellen, dass der Zusammenbau wie geplant erfolgt ist.

Diese und alle weiteren ***Montageoperationen*** sind im Bild 6.34 mit Hinweisen und Beispielen dargestellt. Der Montageprozess erfordert Montageoperationen, die sich für die Erfüllung der Montagefunktionen aus einer Reihe von Vorgängen, wie Lagern, Transportieren und Positionieren, zusammensetzen, siehe Bild 6.34.

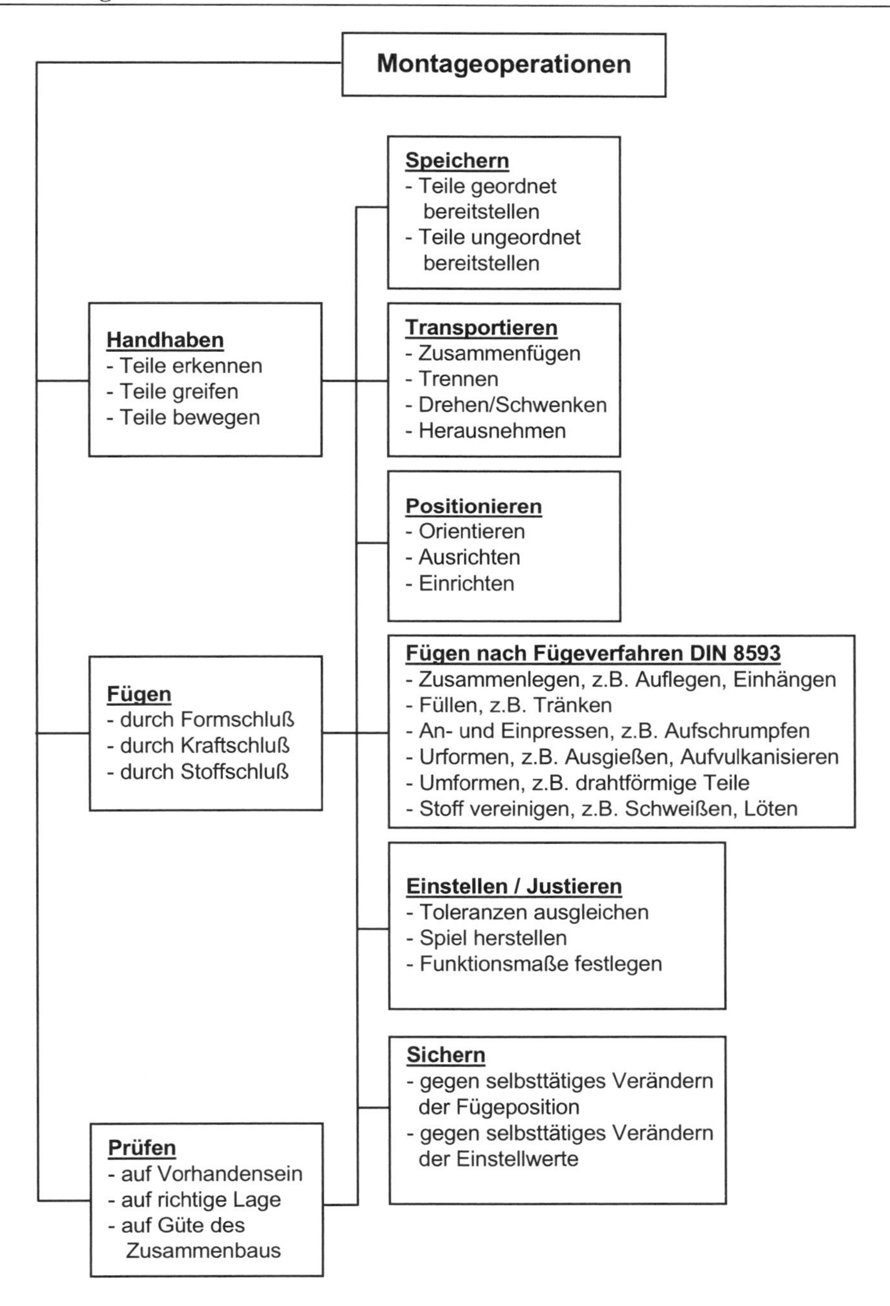

Bild 6.34: Montageoperationen

Der Montageprozess ist Teil des Produktionsprozesses. Der ***Produktionsprozess*** kann in drei Bereiche eingeteilt werden:

- Herstellung der Rohteile durch Urformen oder Umformen
  Ergebnis: Unbearbeitete Rohteile (z. B. Gehäuse)
- Herstellung der Fertigteile durch Trennen, Beschichten oder Stoffeigenschaften ändern
  Ergebnis: Bearbeitete Fertigteile (z. B. Spindeln, Zentrierspitzen)
- Montage durch Handhaben, Fügen und Prüfen
  Ergebnis: Produkte (z. B. Reitstock)

Die Hauptaufgabe der ***Montage*** besteht also darin, Fertigungsteile, Normteile, formlose Werkstoffe (Schmiermittel) und Montagebaugruppen (Reitstockpinole) zu einem komplexen Produkt (Reitstock) zusammenzufügen. Die ***Vormontage*** von Einzelteilen zu Baugruppen wird bei Produkten mit vielen Einzelteilen vorteilhaft angewendet und sollte schon in der Entwurfsphase durch einen modularen Aufbau der Baugruppen berücksichtigt werden. Beispielsweise sollten Getriebewellen so gestaltet werden, dass sie mit Lagern, Zahnrädern und Dichtungen als Vormontagegruppe montiert und ohne besondere Vorrichtungen komplett eingebaut werden können.

Der Bereich „Montage" ist nicht eindeutig und klar definiert. Er wird von Unternehmen zu Unternehmen branchenabhängig unterschiedlich verwendet. Da die Montage oft sehr teuer und kompliziert ist, sollte eigentlich angestrebt werden, die Produkte so zu konstruieren, dass auf das Montieren verzichtet oder es soweit wie möglich vereinfacht werden kann. Das ist nur bei einfachen Aufgaben möglich, bei komplexen Geräten ist die Notwendigkeit der Montage zu akzeptieren.

Die Anwendung der ***Montagegerechten Gestaltung*** erfolgt in der Regel erst in der letzten Phase der Entwurfsarbeiten, in der vorrangig die Daten für die Fertigungszeichnungen festgelegt werden. Die Montagegesichtspunkte können dann aus Zeitgründen häufig nicht mehr optimal berücksichtigt werden. Abhilfe schaffen Gespräche mit Mitarbeitern aus Montage, Planung, Fertigung und Betriebsmittelkonstruktion. Diese müssen unbedingt vor der Freigabe von Entwürfen für das Ausarbeiten durchgeführt werden.

Eine andere, bessere, aber noch zu selten genutzte Vorgehensweise ist, die Montage in der Anfangsphase der Konstruktion mehr zu beachten, um den Produktaufbau und die Teilegestaltung so zu beeinflussen, dass ein optimaler Montageprozess möglich ist. Dies erfordert die Zusammenarbeit von Konstruktion, Montage, Arbeitsvorbereitung und Fertigung schon am Anfang der Entwurfsphase neuer Produkte in einem Projektteam.

Um montagegerecht konstruieren zu können, muss der Konstrukteur wissen, unter welchen Voraussetzungen und Randbedingungen ein Monteur den Produktaufbau in der Montage durchführt. Regelmäßige Abstimmungen mit den Monteuren in der Montage und gemeinsame Gespräche während der Entwurfsarbeiten im Konstruktionsbüro führen zu besseren Produkten und reduzieren den Änderungsaufwand bei Neuentwicklungen.

Das Montagegerechte Konstruieren ist nicht dadurch zu lernen, dass darüber etwas gelesen wird, sondern es muss praktiziert werden.

Gestaltungsrichtlinien zur Montagegerechten Gestaltung

Richtlinien zum ***Montagegerechten Gestalten*** sind umfangreich in mehreren Fachbüchern zu finden. Die wesentlichen Richtlinien lassen sich von den Grundregeln „Einfach“ (vereinfachen, vereinheitlichen, reduzieren) und „Eindeutig“ (Vermeidung von Über- und Unterbestimmungen) ableiten.

Die Erfahrungen aus vielen Konstruktionen sind in umfangreichen Tabellen mit montagegerechter und nicht montagegerechter Gestaltung als Beispiele vorhanden. Außerdem sollten die Einbauhinweise von Unterlieferanten genutzt werden, die z. B. für Wälzlager, Dichtungen oder Meßsysteme vorhanden sind und als Erfahrungen unbedingt beachtet werden müssen.

Für die Gestaltung montagegerechter Einzelteile gilt:

- Teile so gestalten, dass Ordnen der Teile vor der Montage entfällt.
- Lage und Orientierung der Teile durch äußere Merkmale, wie z. B. symmetrische Gestalt, vereinfachen.
- Positionieren durch Fasen, Einführschrägen, Senkungen, Führungen usw. erleichtern.
- Fügestellen gut zugänglich für Werkzeuge und Beobachtung des Montagevorgangs gestalten.

Für die Gestaltung montagegerechter Baugruppen gilt:

- Erzeugnisgliederung mit übersichtlichen, prüfbaren Baugruppen aufbauen, um Montageoperationen mit einfachen Bewegungsarten durchzuführen.
- Toleranzen funktionsgerecht, aber nicht zu eng wählen (keine „Angsttoleranzen“).
- Demontage und Recycling bei der Gestaltung beachten.
- Durch gute Zugänglichkeit Einstellvorgänge vereinfachen oder vermeiden.
- Zahl der Einzelteile und der Fügestellen reduzieren.
- Wiederholbaugruppen gestalten.

Beispiele: Für das Montagegerechte Gestalten werden in den Bildern 6.35 bis 6.37, wie bereits beim Fertigungsgerechten Gestalten beschrieben, Verfahren und Grundsätze nach einheitlichem Aufbau behandelt:

- Montageoperationen
  Montageoperationen reduzieren und vereinfachen
- Bauteile handhaben
  Erkennen, Greifen und Bewegen ermöglichen und vereinfachen
- Bauteile fügen
  Fügestellen reduzieren, vereinheitlichen, vereinfachen

Auch hier wurden als Beispiele für Aufgabe mit Fehler jeweils eine mögliche Lösung mit Verbesserung dargestellt und eine Erklärung bzw. eine Regel angegeben. Diese Beispiele zeigen einige typische Fälle und sollen anregen, sich aus der Vielzahl der veröffentlichten die für den eigenen Bedarf benötigten selbst zusammenzustellen.

FH HANNOVER	Gestaltungsrichtlinie **Montagegerechte Gestaltung**	Blatt-Nr. 1 / 1

Verfahren: Montageoperationen

Grundsatz: Montageoperationen reduzieren und vereinfachen

Aufgabe / Fehler	Lösung / Verbesserung	Erklärung / Regel
Zwei Fügerichtungen und unterschiedliche Montage 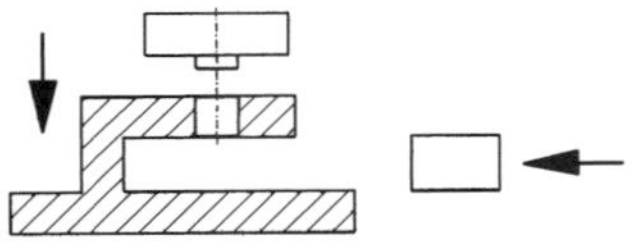	Eine Fügerichtung und einfachere Montage 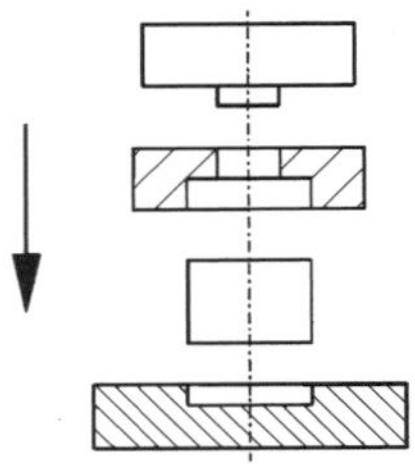	Eine Fügerichtung und einheitliche Montageverfahren anstreben
Montieren von mehreren Einzelteilen erfordert das Halten von mehreren Teilen 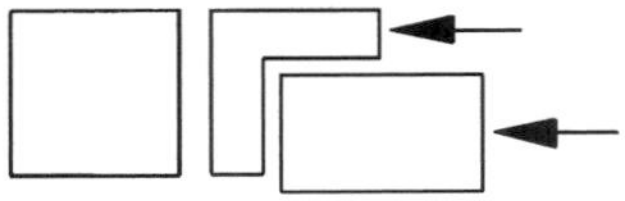	Vormontage von Werkstücken erleichtert das Halten 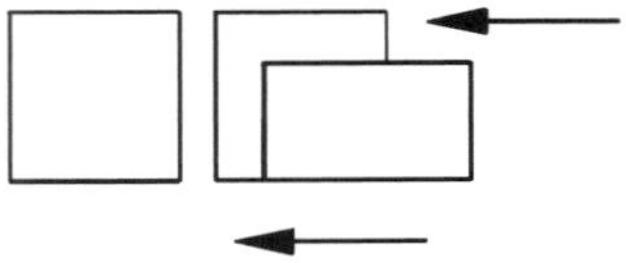	Gleichzeitiges Halten mehrerer Einzelteile vermeiden durch Vormontage oder Vorrichtungen
Zwei Werkstücke mit Verbindungselementen montieren 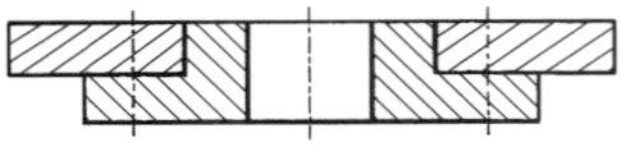	Ein Werkstück ohne Montageoperationen 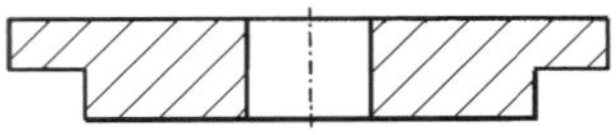	Teile zusammenfassen zu einem Teil durch Integral- oder Verbundbauweise vermeidet Montage

Bild 6.35: Montagegerechte Gestaltung – Montageoperationen

FH HANNOVER	**Gestaltungsrichtlinie** **Montagegerechte Gestaltung**	Blatt-Nr. 1 / 1
Verfahren: Bauteile handhaben **Grundsatz: Erkennen, Greifen und Bewegen ermöglichen und vereinfachen**		
Aufgabe / Fehler	Lösung / Verbesserung	Erklärung / Regel
Werkstücke haben unterschiedliche Bohrungen 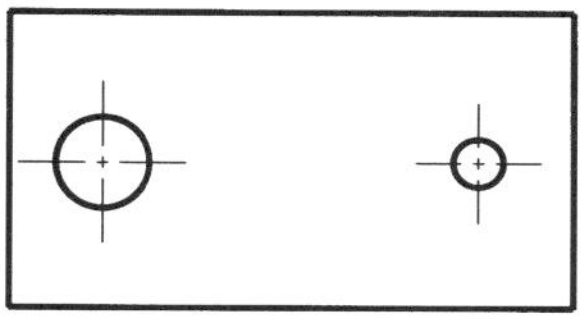	Gleiche Formelemente mit symmetrischer Anordnung 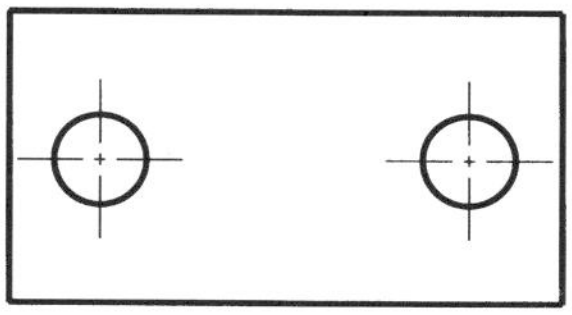	Symmetrische Werkstücke mit gleichen Formelementen ermöglichen eine einfache Lageerkennung
Werkstück lässt sich schlecht greifen 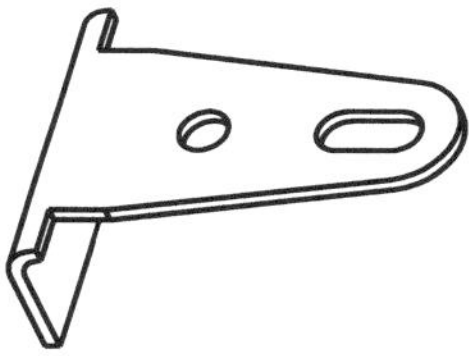	Parallele Flächen zum Greifen 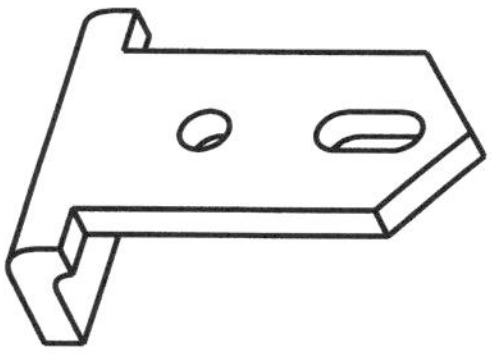	Flächen oder Formelemente parallel anordnen für manuelles und automatisches Greifen
Unsymmetrische Werkstücke lassen sich schlecht erkennen 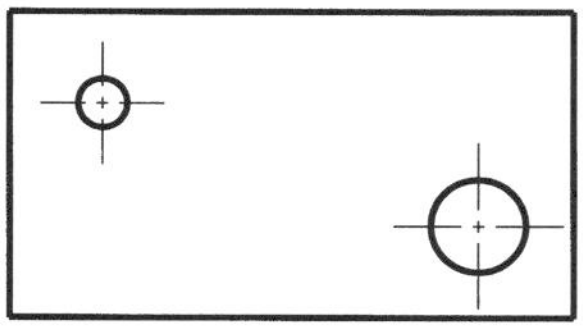	Außenmerkmale zum Erkennen und Ordnen 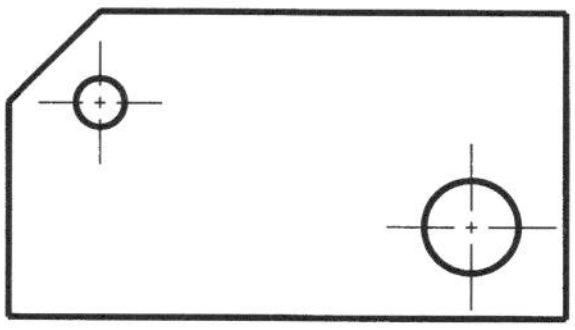	Unsymmetrische Werkstücke sollten äußere Formmerkmale erhalten zum Erkennen und Ordnen
Bewegen der Werkstücke wird beim Auflaufen erschwert 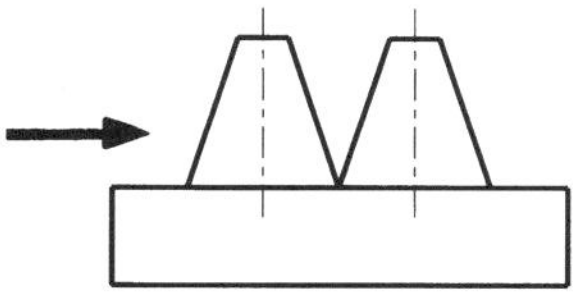	Werkstücke mit Flächenberührung lassen sich verschieben 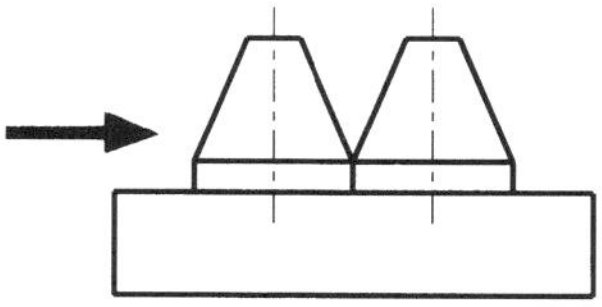	Werkstückbewegungen durch Flächen erleichtern, damit auflaufende Teile nicht aneinander aufsteigen können

Bild 6.36: Montagegerechte Gestaltung – Bauteile handhaben

FH HANNOVER	**Gestaltungsrichtlinie** **Montagegerechte Gestaltung**	Blatt-Nr. 1 / 1

Verfahren: Bauteile fügen

Grundsatz: Fügestellen reduzieren, vereinheitlichen und vereinfachen

Aufgabe / Fehler	Lösung / Verbesserung	Erklärung / Regel
Bohrung mit Deckel durch Schrauben verschließen 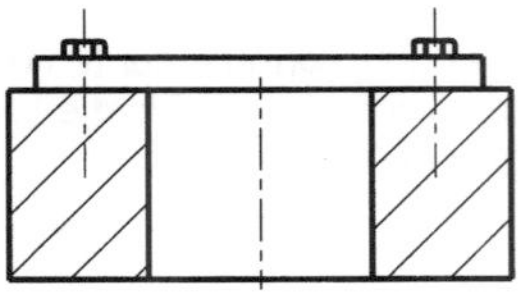	Klemmverschluss als Zulieferteil einsetzen 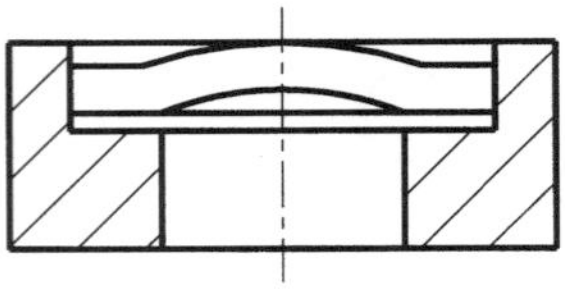	Verbindungselemente reduzieren, z. B. durch Klemm- oder Schnappverbindungen
Flanschfläche mit verschiedenen Gewinden 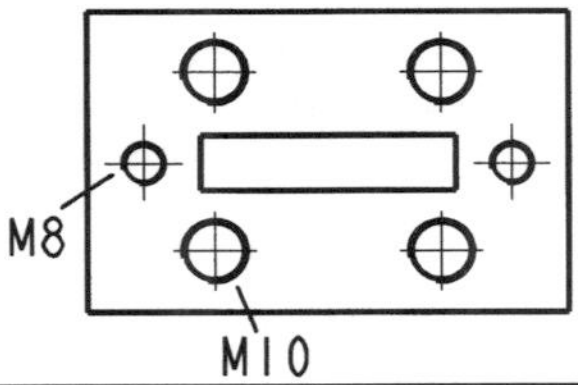 M8 M10	Alle Gewinde mit gleichem Durchmesser 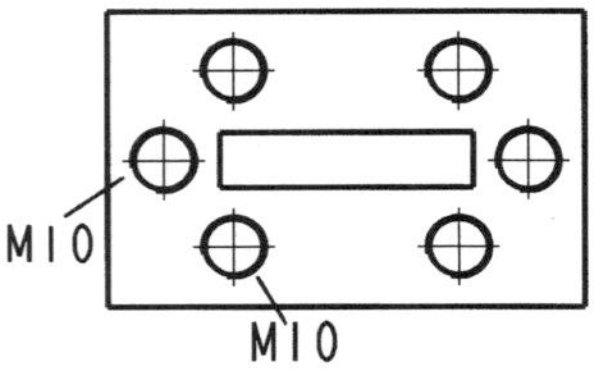 M10 M10	Gleiche Gewinde an einem Werkstück auch für unterschiedliche Funktionen ergeben gleiche Verbindungselemente
Gleichzeitiges Fügen von zwei Verbindungen 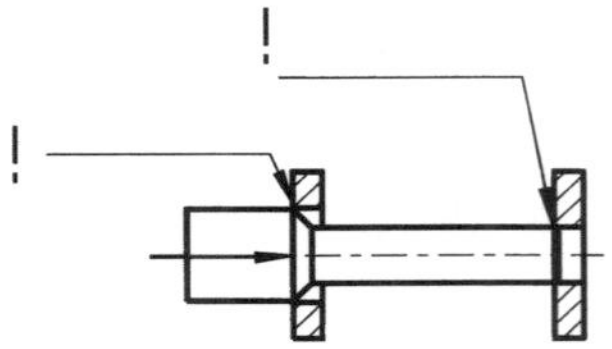 ! !	Fügen nacheinander durch längere Absätze 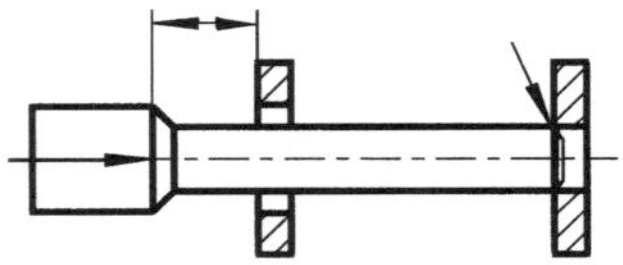	Gleichzeitiges Fügen an mehreren Stellen durch ein Bauteil vermeiden; Positionieren mit Fasen, Konus, Kugelkuppe vereinfachen
Doppelpassung durch falsche Maßtolerierung 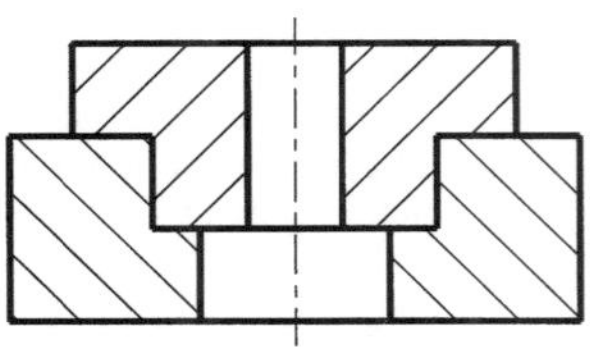	Eindeutige Position 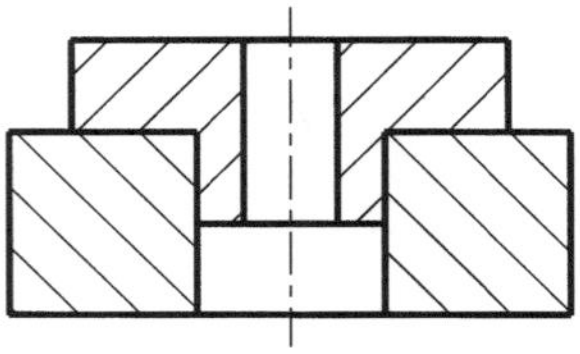	Zur eindeutigen Anordnung und zur Verringerung von Maßtoleranzen Doppelpassungen vermeiden

Bild 6.37: Montagegerechte Gestaltung – Bauteile fügen

6.7.3 Lärmarm konstruieren

Die Konstruktion von neuen Maschinen bedeutet nicht nur die geforderten Funktionen zu erfüllen, sondern auch dafür zu sorgen, dass die Wirkungen auf Mensch und Umwelt zu untersuchen sind. Maschinen und Anlagen benötigen in der Regel Bewegungen, um vorgesehene Aufgabe zu erfüllen. Hinzu kommen ungewollte Bewegungen durch Schwingungen von Maschinenteilen. Bewegungen verursachen Geräusche oder Lärm. Ohne Bewegungen entsteht kein Geräusch. Ein laufender Motor in einem Pkw erzeugt z. B. Geräusche. Im Stillstand, wenn der Motor sich nicht dreht, gibt es keine Bewegungen und deshalb keine Geräusche. Der Konstrukteur muss also dafür sorgen, dass die notwendigen Bewegungen so erfolgen, dass möglichst wenig Geräusche entstehen.

Beim ***lärmarmen Konstruieren*** ist das Geräuschverhalten einer Maschinenkonstruktion zu untersuchen, um zu erkennen, welche konstruktiven Maßnahmen eine geräuscharme Lösung schaffen. Dafür sind Kenntnisse der Maschinenakustik in den Konstruktionsphasen anzuwenden und umzusetzen.

Als Grundlage ist die DIN EN ISO 11688-1 vorhanden, die nach *Dietz/Gummersbach* eine Verknüpfung des Sachsystems „Maschinenakustik“ mit dem Handlungssystem „Konstruktionsmethodik“ herstellt und sich an der Vorgehensweise der Konstrukteure orientiert. Diese Norm behandelt Richtlinien für die Gestaltung lärmarmer Maschinen und Geräte. Damit liegen Konstruktionsregeln vor, die durch verständlich aufbereitete Beispiele zu ergänzen sind, damit Konstrukteure eine praxisnahe Unterstützung erhalten. Eine systematische Sammlung maschinenakustischer Gestaltungsregeln und Beispiele nach *Dietz/Gummersbach* ist für das lärmarme Konstruieren sehr zu empfehlen, da hier nur erste Hinweise zu den Grundlagen gegeben werden können.

Die Grundlagen des lärmarmen Konstruierens sollen in Anlehnung an die anschauliche Darstellung von *Kurtz* als Auszug vorgestellt werden. Lärmarme Maschinen haben erhebliche Vorteile, da sie Mensch und Umwelt schonen und außerdem eine längere Lebensdauer haben. Die Beseitigung der Geräuschursachen durch die erforderlichen konstruktiven Untersuchungen sollte stets zuerst erfolgen.

Das Entstehen von Geräuschen kann mechanisch erfolgen durch Stoß, Reibung oder Wechselkräfte sowie durch Strömungen von Medien, Verbrennungsvorgänge oder explosionsartige Knalle. Luftschall kann direkt durch Gebläse oder Ausblasöffnungen entstehen oder indirekt durch Schwingungen von Maschinenteilen, die dann Luftschall abstrahlen.

Die mechanischen Geräusche in Maschinen entstehen durch Kräfte, die als Anregung wirken, es erfolgt eine Übertragung und die Abstrahlung als Schall nach Bild 6.38.

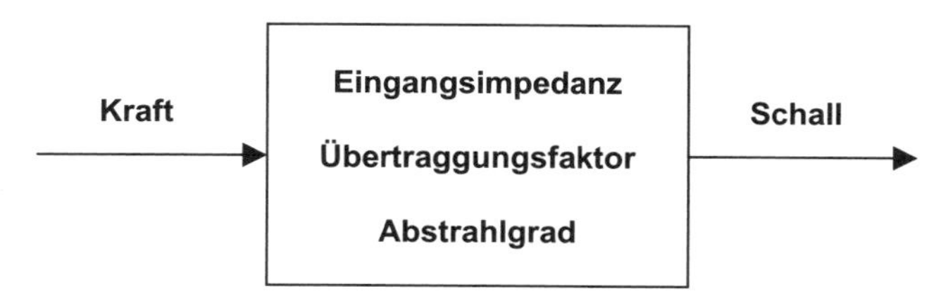

Bild 6.38: Einfluss auf die mechanische Geräuschentstehung (nach *Kurtz*)

Die Anregung durch eine Kraft ist zu beeinflussen durch:

- Verkleinerung von hin- und herbewegten Massen (Massen reduzieren)
- Vermeidung von Unwuchten (Auswuchten)
- Niedrigere Drehzahlen
- Zeitliche Dehnung eines Kraftimpulses (elastisches Material an der Krafteinleitung)

Die Eingangsimpedanz ist zu beeinflussen durch:

- Krafteinleitung an den Stellen einer Konstruktion, an der sich die größten Massen oder die geringsten Nachgiebigkeiten befinden
- Anbringen von Zusatzmassen oder Zwischenlagen

Der Übertragungsfaktor wird beeinflusst durch:

- Verwendung von Werkstoffen mit hoher innerer Dämpfung
- Anbringen von Entdröhnungsmitteln
- Einsatz von Verbundblechen
- Isolation der eigentlichen Schallquelle durch federnde Elemente, biegeweiche Zwischenlagen oder Sperrmassen

Der Abstrahlgrad beeinflusst die Schallabstrahlung, die bei gegebener Bewegungsamplitude umso geringer ist, je kleiner die schwingende Fläche ist.

- Prinzip des hydrodynamischen Kurzschlusses anwenden, indem Lochbleche eingesetzt werden. Dadurch hat die durch Körperschall (Biegeschwingungen) verdichtete Luft direkt am Entstehungsort die Möglichkeit den Druckausgleich zu nutzen.
- Bleche beschichten durch Dämpfungsmaterial (Stahl und Gummi)
- Punktverschweißte Doppelbleche einsetzen (Luftschicht zwischen Blechen dämpft)

Lärmschutz ist durch umfangreiche Vorschriften und Normen sowie durch EU-Richtlinien festgelegt. Die ***Maschinenrichtlinie*** 2006/42/EG regelt die entsprechenden Sicherheitsanforderungen für die Konstruktion lärmarmer Maschinen. Umfangreiche Erläuterungen der Grundlagen und praktische Maßnahmen zum Schutz vor Lärm und Schwingungen liegen nach *Schirmer* und *Reudenbach* vor und sollten Konstrukteuren bekannt sein.

In der Praxis sind daraus Konstruktionsrichtlinien zu entwickeln, um für die herzustellenden Produkte eine Arbeitsunterlage einsetzen zu können. Auszüge sind als Beispiel nach *Spreckelmeyer* im Folgenden ausgeführt. Die Konstruktionsrichtlinie enthält Begriffe und Definitionen, Ansätze zur Schallreduktion und Empfehlungen für primäre und sekundäre Maßnahmen in der Entwicklung. In Anlehnung an *Niemann/Winter/Höhn* gelten:

Begriffe und Definitionen

Schall: Mechanische Schwingungen in elastischen Medien im Hörbereich des Menschen von ca. 16 Hz bis (16 kHz) 20 kHz.

Geräusch: Technisch erzeugter Schall, Mischung aus verschiedenen Frequenzen.

Lärm: Schädliche, störende oder lästige Geräusche.

Körperschall: Mechanische Schwingungen in festen Körpern.

Luftschall: Mechanische Schwingungen in Luft und Gasen.

Schalldruck: Wechseldruck, der sich dem statischen Luftdruck überlagert; kann mit einem entsprechenden Mikrofon gemessen werden.

Schalldruckpegel: Relatives Leistungsmaß des Schalldruckes in Dezibel (dB).

Frequenzbewertung: Das menschliche Ohr empfindet Schalldruck je nach der Frequenz unterschiedlich stark. Die physikalischen Messwerte des Schallpegelmessers werden durch die A-Bewertung an das Empfinden des menschlichen Gehörs angeglichen.

A-Schallleistungspegel: Wichtigste Kenngröße für die Geräuschemission einer Maschine, ein Maß für die gesamte von der Maschine abgestrahlte Schallleistung. Die Schallleistungsbestimmung wird üblicher Weise nach dem Hüllflächenverfahren durchgeführt.

Schallspektrum: Mit Hilfe der FFT (Fast-Fourier-Transformation)-Analyse kann die Frequenzverteilung von Schwingungen und Geräuschen gemessen werden. Durch die Auswertung der Spektren kann auf die Ursachen zurück geschlossen werden.

Addition von Schallquellen: Der energetische Summenpegel der Addition von N Schalldruckpegeln lässt sich mit $L_{p\Sigma} = 10 \cdot \lg\left(\sum_{i=1}^{N} 10^{0,1 \cdot L_{pi}}\right)$dB berechnen. Bei der Addition zweier gleich lauter Quellen (z. B. 80 dB) steigt somit der Gesamtpegel um 3 dB (83 dB) an; bei größer Differenz der Schalldruckpegel entsprechend weniger.

Maßnahmen zur Konstruktion lärmarmer Produkte

Lärmarme Produkte sind durch primäre oder durch sekundäre Maßnahmen erreichbar. Primäre Maßnahmen beeinflussen die Schallquelle und sollen die anregenden Kräfte an der Körperschallquelle reduzieren. Sekundäre Maßnahmen sollen die Übertragung des Körperschalls an abstrahlende Flächen sowie die Abstrahlung als Luftschall reduzieren, siehe Bild 6.39.

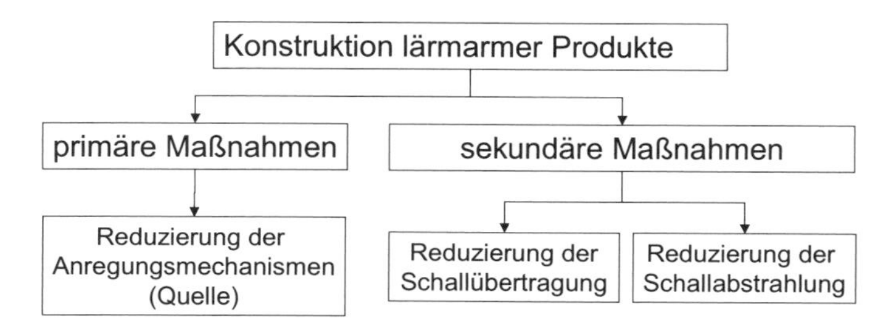

Bild 6.39: Primäre und sekundäre Maßnahmen (nach *Dietz/Gummersbach*)

Grundregel: Maßnahmen zur Minderung von Schwingungen und Geräuschen müssen zuerst bei der leistungsstärksten Quelle ansetzen. Weniger starke Störquellen haben meist wenig Einfluss auf den Gesamtpegel.(nach *Niemann/Winter/Höhn*)

Bei den Konstruktionsregeln unterscheidet die DIN EN ISO 11688-1:

- Generelle Konstruktionsregeln
- Konstruktionsregeln zur Beeinflussung von Schallquellen
- Konstruktionsregeln zur Beeinflussung der Schallübertragung
- Konstruktionsregeln zur Beeinflussung der Schallabstrahlung

In der Beispielsammlung von *Dietz/Gummersbach* sind für alle Regeln praktische Beispiele vorhanden.

Konstruktionsprozess und Schallschutzaufgaben

Die Konstruktion von lärmarmen Maschinen muss stets so erfolgen, dass die Entstehung von Schall zu vermeiden ist. Deshalb sind in allen Phasen des Konstruktionsprozesses folgende Schallschutzaufgaben nach DIN EN ISO 11688-1 nach *Schirmer* zu erledigen.

1. **Konstruktionsphase Planen**: Anforderungen an Geräusch-Zielwerte ermitteln aus Vorschriften, Kundenforderungen, Stand der Technik, Wettbewerbs- und Verkaufserfordernissen und eigenen Erfahrungen.
2. **Konstruktionsphasen Konzipieren und Entwerfen**: Lösungen vergleichen auf der Grundlage schalltechnischer Kenntnisse und Erfahrungen durch schalltechnische Regeln, empirische Formeln, Messdaten, Erfahrung und Beispiele, akustische Modellrechnungen, Akustikwerkstoffe und -bauelemente sowie Dominanz von Teilschallquellen (Luft-, Körper-, Flüssigkeitsschall).
3. **Konstruktionsphase Ausarbeiten**: Geräuschmessung und -verminderung am Versuchsmuster durch Geräuschanalyse, Änderungen am Versuchsmuster, Geräuschkennwertbestimmung und Vergleich mit den Geräusch-Zielwerten.

Die Umsetzung der Schallschutzaufgaben in der Konstruktionsphase Planen erfordert Kenntnisse und Erfahrungen in der Maschinenakustik, um die Geräusch-Zielwerte festzulegen. Das Lösungsprinzip, das als Konzept in der Phase Konzipieren erarbeitet wird, hat den größten Einfluss und sollte sich auf Erfahrungen beim lärmarmen Konstruieren stützen können. Die Phasen Entwerfen und Ausarbeiten erfordern gute Kenntnisse in der Maschinenakustik, die falls erforderlich mit zusätzliche Fachleuten zu lösen sind. In der Phase Ausarbeiten sind entsprechende Versuchseinrichtungen erforderlich, die als Ergebnis auch Konstruktionsänderungen zur Folge haben können.

Gestaltungsrichtlinie

Die folgende Gestaltungsrichtlinie ist ein Auszug aus einer Konstruktionsrichtlinie und enthält Beispiele von primären Maßnahmen zur Schallreduktion an Baumaschinen nach *Spreckelmeyer* (Bild 6.40).

FH HANNOVER	**Gestaltungsrichtlinie** **Primäre Maßnahmen zur Schallreduktion**	Blatt-Nr. 1 / 1
Verfahren: Reduzierung der Anregungsmechanismen **Grundsatz: Anregung verringern oder vermeiden**		
Aufgabe / Fehler	Lösung / Verbesserung	Erklärung / Regel
Unebenheiten auf der Rückenfläche von Riemen laufen über Spannrolle 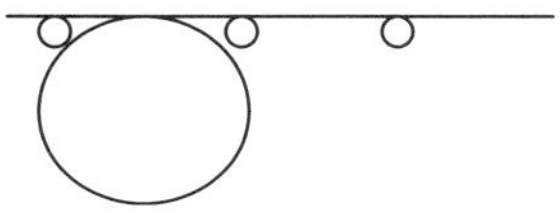	Rückenfläche von Riemen in geschliffener Ausführung einsetzen 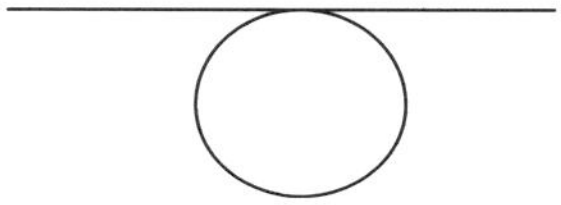	Ebene Oberflächen verhindern Anregungen von Schwingungen
Tragflügelprofil 	Sichelprofil 	Strömungsoptimierte Lüfterprofile benutzen
Geradverzahnung der Getriebe 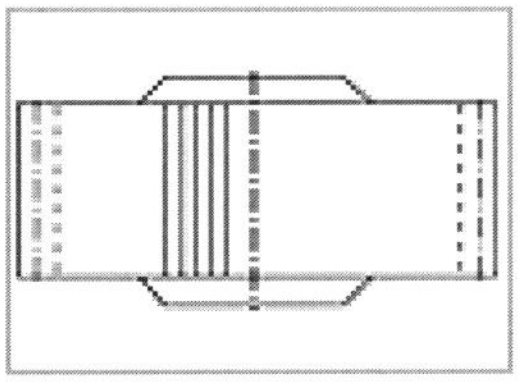	Schrägverzahnte Zahnräder 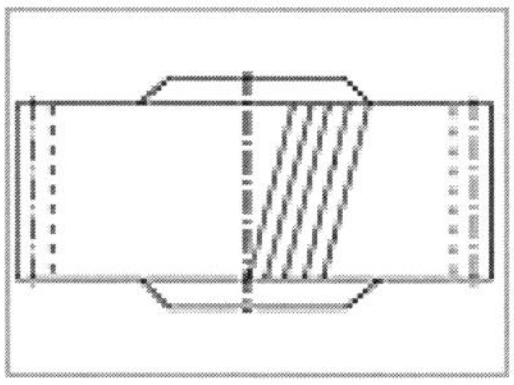	Kraftübertragung zeitlich dehnen
Grundfrequenz = Drehzahl x Flügel-, Zähne- bzw. Kolbenzahl 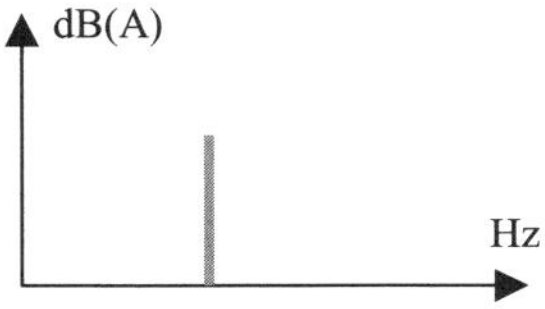 dB(A) Hz	Drehzahl oder Flügel-, Zähne- bzw. Kolbenzahl reduzieren 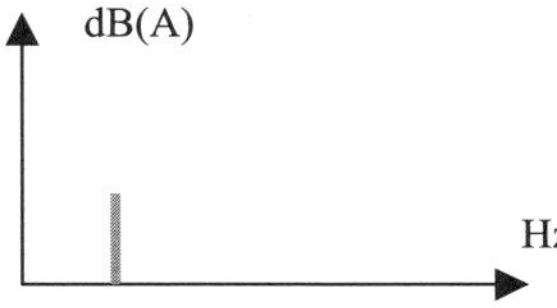 dB(A) Hz	Ausnutzung der A-Bewertung durch Verschieben zu tieferen Frequenzen

Bild 6.40: Primäre Maßnahmen zur Schallreduktion (nach *Spreckelmeyer*)

6.7.4 Recyclinggerechte Gestaltung

Die ***recyclinggerechte Gestaltung*** von Produkten ist ein Bereich der umweltverträglichen Produktgestaltung und damit ein zentrales Thema für die Konstruktion. ***Umweltverträgliche Produkte*** üben in keiner Produktlebensphase negative Wirkungen auf die Umwelt aus. Der Konstrukteur benötigt deshalb Kenntnisse und Richtlinien, um Produkte mit sehr geringer oder gar keiner Belastung der Umwelt zu entwickeln.

Sehr viele Unternehmen entwickeln heute bereits recyclinggerechte Produkte. Die Erfahrungen nach *Quella* zeigen, dass produktspezifische Lösungen technisch und wirtschaftlich erfolgreich sind, Pauschallösungen jedoch nicht den gewünschten Erfolg bringen. Wesentliche Voraussetzung ist jedoch in jedem Fall der Einsatz und die Zusammenarbeit der Mitarbeiter aus allen Bereichen sowie der Kunden und Lieferanten. Deshalb ist die Kenntnis des umfangreichen Fachgebietes Recycling sehr wichtig für Konstrukteure, die verantwortungsbewusst die effektive Reduzierung der Umweltbelastung anstreben.

Die ***Produktverantwortung*** des Konstrukteurs nimmt immer mehr zu. Sie schließt neben den immer schon üblichen Bereichen Produktion und Gebrauch der entwickelten Produkte, auch den Bereich Entsorgung ein, wie Bild 6.41 zeigt.

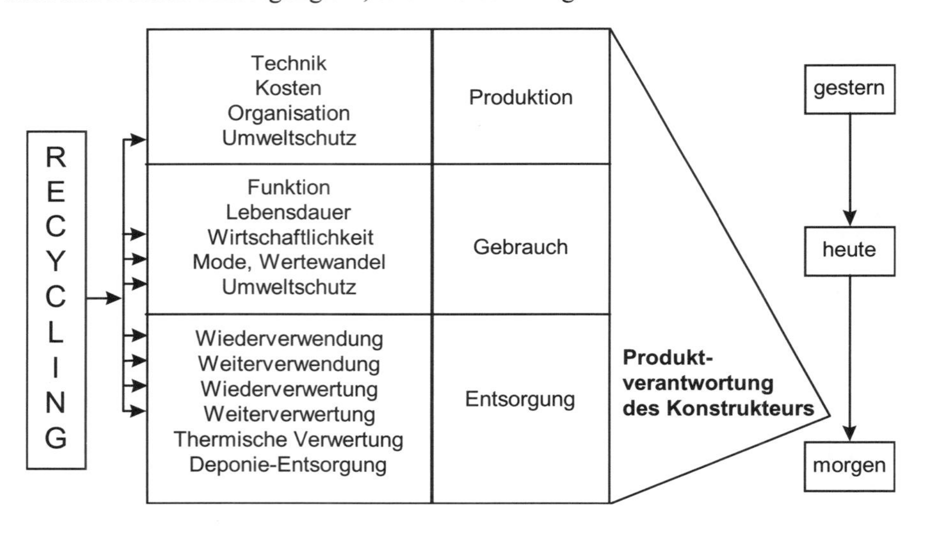

Bild 6.41: Konstruktive Anforderungen und Produktverantwortung (nach *Steinhilper*)

Die Berücksichtigung einer umweltbewussten ***Entsorgung*** durch die Konstrukteure ergibt eine Fülle zusätzlicher und neuer Anforderungen, die bereits heute umzusetzen sind.

Am Beispiel der Automobilentwicklung lässt sich die Problematik sehr gut erkennen, da das Auto als Serienprodukt bei Konstruktion und Entwicklung, Produktion, Gebrauch und Entsorgung im Laufe der Automobilgeschichte Grenzen aufzeigte.

Als weiteres Beispiel können die Geräte der Büro- und Informationstechnik dienen. Durch die komplexe und vielfältige Werkstoff- und Bauteilstruktur ergeben sich für Recycling und Entsorgung umfangreiche Aufgaben.

Produkte mit einer umweltverträglichen Produktgestaltung zeichnen sich dadurch aus, dass alle drei ***Phasen des Lebenszyklus*** – Produktion, Produktgebrauch und Entsorgung – optimal durchlaufen werden. Gesamtheitlich muss in Kreisläufen gedacht werden, wie es ja auch der Gesetzgeber mit dem „Kreislaufwirtschafts- und Abfallgesetz" fordert, das stufenweise bis zum Oktober 1996 in Kraft getreten ist.

Der ideale Produktkreislauf nach *Quella* ist ein Produkt- und Materialkreislauf, in dem durch Vermeidung oder Wiederverwendung von Komponenten Belastungen für die Umwelt entweder gar nicht erst entstehen oder durch längere Lebensdauer von Komponenten möglichst gering werden. Die ***Produktlebensphasen*** zeigen als Kreislauf im Bild 6.42 alle Phasen eines neuen ***umweltverträglich*** gestaltenden Produkts. Die Hinweise werden in diesem Abschnitt erläutert und es gibt in Tabelle 6.7 eine Liste mit Fragen zur Klärung.

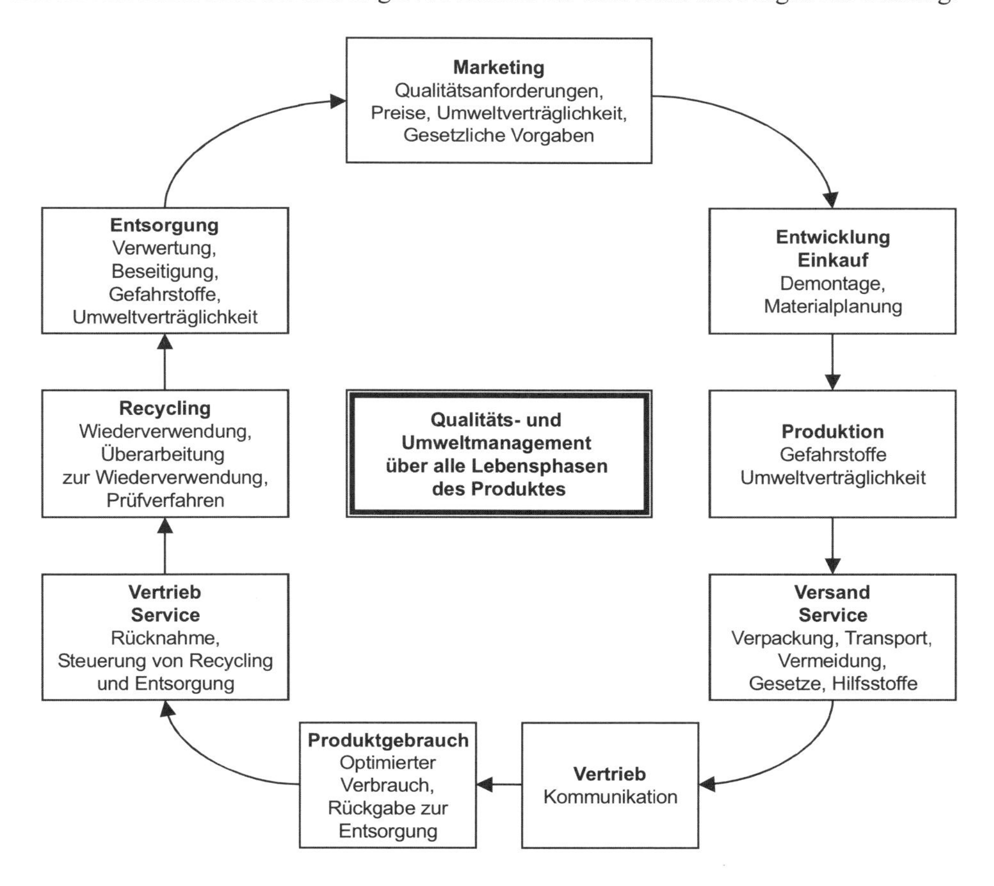

Bild 6.42: Produktlebensphasen als Kreislauf (nach *Quella*)

Das Wort ***Recycling*** kommt aus dem Englischen und bedeutet:

Regenerierung, Wiedergewinnung

Im Duden steht unter Recycling die Erklärung:

Wiederverwendung bereits benutzter Rohstoffe

Die Richtlinie VDI 2243 enthält die Definition:

Recycling ist die erneute Verwendung oder Verwertung von Produkten oder Teilen von Produkten in Form von Kreisläufen.

Diese Definition soll als Basis für die weiteren Ausführungen dienen. Da die *VDI 2243* den neuesten Stand der Technik vorstellt, werden wesentliche Teile der folgenden Ausführungen in Anlehnung an diese Richtlinie dargestellt und um Beispiele, Hinweise und Erkenntnisse ergänzt.

Grundlegende Hinweise

Das Konstruieren recyclinggerechter Produkte hat durch die sehr stark zunehmende Umweltbelastung besondere Bedeutung bekommen. Während in den Veröffentlichungen zum Thema Recycling vor ca. 20 Jahren noch besonderer Wert auf die Rohstoffeinsparung gelegt wurde, ist heute die ***Umweltproblematik*** vorherrschend.

Recyclinggerechte Gestaltung soll dazu beitragen, dass die Entsorgungsproblematik nach der Produktnutzung und die Einsparung von Energie und Werkstoffen entsprechend ihrer herausragenden Bedeutung bei der Konstruktion technischer Produkte mit hohem Stellenwert berücksichtigt werden. Entsprechende Forderungen sollten Bestandteil der Anforderungsliste sein.

Kennzeichnend für das Recycling ist die ***Kreislaufwirtschaft***. Die Kreislaufwirtschaft ist eigentlich aus der Natur sehr genau bekannt, da dort im Wechsel der Jahreszeiten alles in Kreisläufen entsteht und verfällt. Nach der Herstellung und Nutzung eines Produkts wurde bisher der nicht mehr verwendbare Teil auf eine Mülldeponie gebracht. In einer Kreislaufwirtschaft ist jedoch eine erneute Nutzung, entweder des aufgearbeiteten Produkts oder der Werkstoffe des Altprodukts, anzustreben.

Beide Formen eines solchen Produktkreislaufs werden Recycling genannt. Je nachdem, ob das aufgearbeitete Produkt in seiner ursprünglichen oder einer veränderten Funktion eingesetzt wird, wird dies Wieder- oder Weiterverwendung genannt. Die zweite Form wird Wieder- oder Weiterverwertung genannt, je nachdem, ob aus den Altwerkstoffen nach ihrer Aufbereitung die gleichen Werkstoffe oder andere Sekundärwerkstoffe hergestellt werden.

Außer diesem Produktrecycling ist auch ein Recycling der Produktionsrückläufe notwendig. ***Produktionsrückläufe*** sind sowohl Materialreste, als auch die für Fertigungsprozesse notwendigen Hilfs- und Betriebsstoffe.

Jedes Recycling hat für die Entsorgung eine herausragende Bedeutung, da eine Deponielagerung vermieden werden muss. Dabei sollte einer erneuten Nutzung mit Hilfe von Aufarbeitungsprozessen Vorrang vor einer Altstoffverwertung mit Hilfe von Aufbereitungsprozessen gegeben werden.

Sind die Produkt- oder Stoffkreisläufe nicht vollständig zu realisieren, so ist die thermische Nutzung von Altstoffen und Abfällen durch Verbrennung einer Deponielagerung vorzuziehen, wenn die dadurch entstehende Umweltbelastung vertretbar ist. Es sollte stets die ***Prioritätenfolge Abfall*** eingehalten werden:

Vermeidung vor Verwertung vor Beseitigung.

Für die Konstruktionspraxis sind grundlegende Zusammenhänge des Recyclings und Empfehlungen zur recyclinggerechten Gestaltung eine wichtige Basis zur Lösung des Abfallproblems. Zum Recycling gehören aber ebenso Kenntnisse über:

- Einsparung von Rohstoffen (Werkstoffe)
- Schonung von Rohstoffen (Energie)
- Energieeinsparung und Energierückgewinnung (Bremsen von Fahrzeugen, Nutzen der Abgasenergie bei Turboladern, Nutzen der Abwärme von Kühlanlagen)
- Leistungsfähige Aufarbeitungs- und Aufbereitungsverfahren

Diese Fachgebiete sollen hier nicht behandelt werden. Erste Hinweise und weiterführende Literaturangaben enthält die VDI 2243.

Anwendung des Recyclings

Recycling wird heute bereits in verschiedenen Bereichen eingesetzt, wenn es wirtschaftlich ist. Bei Haushaltsgeräten und Kraftfahrzeugen sind bereits entsprechende Beispiele zu finden.

Produktionsrückläufe werden weitgehend wieder- und weiterverwertet, soweit es sich um Werkstoffe handelt. Metallische Werkstoffe oder auch Kunststoffe fallen dabei sortenrein oder leicht trennbar an und sind produktionstechnisch leicht steuerbar (z. B. Blechreste beim Stanzen). Hilfs- und Betriebsstoffe sind problematischer, da die Verwertung und Entsorgung entsprechende verfahrenstechnische Prozesse erfordert.

Beispiele: Die Wieder- und Weiterverwendung von Produkten während ihres Gebrauchs erfolgt unterschiedlich. Beispiele für Wiederverwendung nach Reinigung bzw. Aufarbeitung und Überholung sind:

- Getränkeflaschen
- Autoreifen-Runderneuerung
- Austauschteile für Kfz

Beispiele für Weiterverwendung sind:

- Autoreifen als Stoßfänger oder Schallschutz
- Autofelgen als Grundplatten für Baustellenschilder
- Bodenbeläge aus Kunststoffverpackungen

Eine weitere Zunahme dieser wichtigen Recyclingart auf hohem Wertniveau wird von der Weiterentwicklung leistungsfähiger Aufarbeitungstechnologien, aber auch vom Wandel des Markt- und Käuferverhaltens abhängen. Aufgearbeitete Altteile dürfen nicht mehr als minderwertig betrachtet, sondern mit Neuteilen gleichgesetzt werden.

Voraussetzungen hierfür sind bessere Kenntnisse über das Langzeitverhalten metallischer und vor allem nichtmetallischer Werkstoffe sowie ein Übergang zu einer Modellpolitik mit längeren Verweilzeiten am Markt.

Altstoffe fallen in großen Mengen und verschiedenen Arten an:

- Wegwerfprodukte des täglichen Lebens
- Hilfsprodukte wie Verpackungen
- Industrieprodukte nach längerer Gebrauchsdauer

Günstige Recyclingmöglichkeiten, die zunehmend auch genutzt werden, bestehen bei Einstoffprodukten wie Papier und Glasflaschen. Weiterhin sind Trends zu einer verstärkten Verwertung von Hausmüll durch einfache Trennung von Metallarten und Kunststoffen erkennbar. Bedeutung gewinnt auch die Weiterverwertung separierten Hausmülls als Füllstoff in Verpackungsmaterialien oder sonstigen Nichtmetallkonstruktionen.

Wegen des Anfalls großer und hochwertiger Altstoffmengen hat das Altstoffrecycling von Autowracks und von Haushaltsgeräten bereits einen hohen Standard erreicht, weil leistungsfähige Aufbereitungstechnologien entwickelt wurden. Weitere Verbesserungen der Technologien ergeben sich durch die Kombination von Schredder- und Sortieranlagen mit Demontagestationen.

Der verstärkte Recyclingeinsatz ergibt sich aus der *Entsorgungsnotwendigkeit* für technische Produkte. Die *Wirtschaftlichkeit der Recyclingverfahren* muss aber auch erreicht werden, z. B. durch Weiterentwicklung der Aufbereitungs- und Aufarbeitungstechnologien.

Eine *recyclinggerechte Produktgestaltung* kann einen wesentlichen Beitrag leisten, um die Aufbereitung und Aufarbeitung zu unterstützen. Bei der Betrachtung der Wirtschaftlichkeit sollte der gesamte Herstell-, Nutzungs- und Entsorgungszyklus eines Produktes erfasst werden.
Recyclinggerechte Gestaltung braucht zunächst nicht zu einer Erhöhung der Herstellkosten zu führen, wenn der Konstrukteur die Anforderungen eines geplanten Aufarbeitungs- oder Aufbereitungsverfahrens bereits zu Beginn der Produktgestaltung berücksichtigt. Sind kostenerhöhende Zusatzmaßnahmen bei der Werkstoffwahl oder hinsichtlich demontagefreundlicher Fügeverfahren erforderlich, so wird in der Regel damit auch die Instandhaltung erleichtert.
Schließlich muss erwartet werden, dass sich bei einem verstärkten Altstoff- und Altteile-Recycling neue Wirtschaftszweige bilden oder die Abfallwirtschaft bessere Aufbereitungs- und Ausschlachtmethoden entwickelt.

Die unmittelbare Wiederverwendung und Wiederverwertung kann auch für die Produkthersteller interessant sein, z. B. um die Fertigungseinrichtungen besser auszulasten oder um wertvolle Werkstoffe besser zu nutzen.

In die Wirtschaftlichkeitsbilanz müssen auch die Entsorgungs- und Folgekosten bei konventioneller Deponielagerung oder Verbrennung eingehen. Die Gesamtbilanz eines Produktlebens unter Berücksichtigung sämtlicher Auswirkungen des Produkts auf das Ökosystem wird „***Ökobilanz***“ genannt.

Öko hat als Wortbildungselement mehrere Bedeutungen:

- „Lebensraum“, z. B. Ökologie, Ökosystem,
- „Haushaltung; Wirtschaftswissenschaft“, z. B. Ökonomie.

Ökologisch bedeutet nach Duden: „auf naturnahe Art und Weise erfolgend, der natürlichen Umwelt gerecht werdend“. Beim Aufstellen einer Ökobilanz sind alle Einflussgrößen sehr genau zu erfassen. Neben dem Energieaufwand sind die Belastung von Luft und Wasser ebenso wichtig wie das Gewicht bei der Herstellung eines Produkts.

Die Grundlagen der Ökobilanz-Methodik wurden in der Norm
DIN EN ISO 14040 „Ökobilanz – Prinzipien und allgemeine Anforderungen“
festgelegt.
Ziel einer Ökobilanz ist es, über die Umweltrelevanz eines Produktes oder einer Dienstleistung zu informieren. Dabei sollen alle Lebenszyklusphasen und deren Auswirkungen auf die Umwelt berücksichtigt werden. Ökobilanzen können die Entwicklung von umweltverträglichen Produkten sinnvoll unterstützen.

Eine einheitliche Lösung für ein recyclinggerechtes Produkt wird es nicht geben. Bei der Produktplanung und -entwicklung sollten deshalb Alternativen für einen Produktzyklus untersucht werden. So kann es zweckmäßig sein, Produkte mit hoher Lebensdauer zu entwickeln, wie z. B. ein Langzeitauto. Bei Produkten mit einem schnelleren Wandel der Anforderungen oder der Technologie kann dagegen eine kurzlebigere Modellpolitik mit kürzeren Produktnutzungszeiten und einer hochentwickelten Recyclingstrategie vorteilhaft sein.

Zusammengefasst ist festzuhalten:

- Es gibt keine Alternative zum Recycling als wesentliche Lösung der Entsorgungs-, Ressourcen- und Umweltprobleme.
- Konstrukteure und Unternehmer müssen sich bereits bei der Produktentwicklung dieser Tatsache bewusst sein.
- Regeln zum Durchführen einer recyclinggerechten Produktgestaltung sind sehr hilfreich. Die Beachtung funktionaler, gebrauchsorientierter, sicherheitstechnischer und kostenmäßiger Anforderungen muss bei diesen Regeln gewährleistet sein.

Begriffe zum Recycling

Der sehr weit gespannte Begriff des Recyclings beinhaltet das Recyceln von Stoffen aus festen, flüssigen und gasförmigen Aggregatzuständen. Entsprechend groß und auch unübersichtlich ist das Spektrum der zu beachtenden Gesetzmäßigkeiten aus physikalischen, chemischen, biologischen und technischen Wissenschaften.

Die begriffliche Gliederung des Recyclings, wie beispielhaft in Bild 6.43 gezeigt, ist durch viele Arbeiten bereits soweit erfolgt, dass ein zielgerichtetes Vorgehen möglich ist. Nach VDI 2243 erfolgt die Zuordnung und Gliederung der Begriffe zweckmäßigerweise bei den

- *Recycling-Kreislaufarten*,
- *Recycling-Formen*,
- *Recycling-Behandlungsprozessen*.

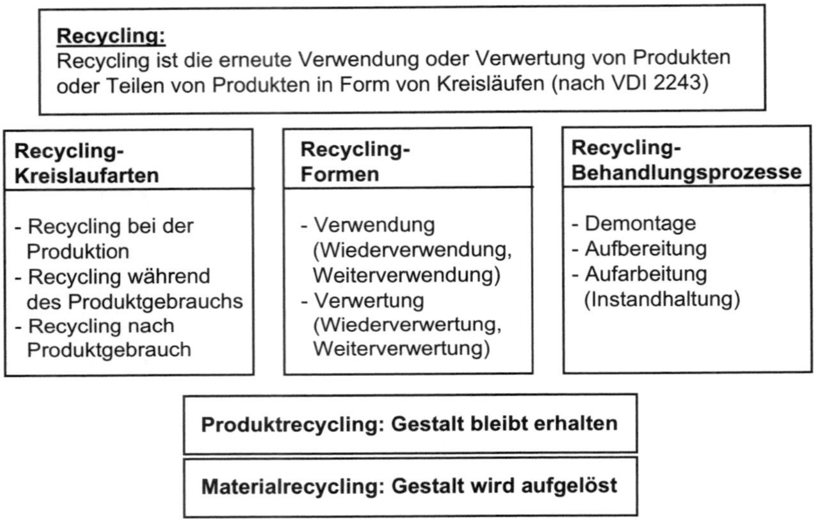

Recycling:
Recycling ist die erneute Verwendung oder Verwertung von Produkten oder Teilen von Produkten in Form von Kreisläufen (nach VDI 2243)

Recycling-Kreislaufarten	**Recycling-Formen**	**Recycling-Behandlungsprozesse**
- Recycling bei der Produktion - Recycling während des Produktgebrauchs - Recycling nach Produktgebrauch	- Verwendung (Wiederverwendung, Weiterverwendung) - Verwertung (Wiederverwertung, Weiterverwertung)	- Demontage - Aufbereitung - Aufarbeitung (Instandhaltung)

Produktrecycling: Gestalt bleibt erhalten

Materialrecycling: Gestalt wird aufgelöst

Bild 6.43: Recyclingbegriffe

Recycling-Kreislaufarten

Recycling-Kreislaufarten beschreiben den Ablauf der Verfahren beim Recycling.
Nach VDI 2243 sind drei Recycling-Kreislaufarten zu unterscheiden:

- Recycling während des Produktgebrauchs,
- Produktions-Rücklaufrecycling,
- Altstoff-Recycling.

Recycling während des Produktgebrauchs ist unter Nutzung der Produktgestalt die Rückführung von gebrauchten Produkten nach oder ohne Durchlauf eines Behandlungsprozesses – z. B. Aufarbeitungsprozesses – in ein neues Gebrauchsstadium (*Produktrecycling*).

Produktions-Rücklaufrecycling ist die Rückführung von Produktionsrückläufen sowie Hilfs- und Betriebsstoffen nach oder ohne Durchlauf eines Behandlungsprozesses – d. h. Aufbereitungsprozesses – in einen neuen Produktionsprozess *(Materialrecycling*).

Altstoff-Recycling ist die Rückführung von verbrauchten Produkten bzw. Altstoffen nach oder ohne Durchlauf eines Behandlungsprozesses – d. h. Aufbereitungsprozesses – in einen neuen Produktionsprozess (*Materialrecycling*).

Der für ein Produkt- oder Materialrecycling nicht mehr verwendbare oder verwertbare Stofffluss endet entweder direkt in der Deponie bzw. Umwelt oder wird vorher noch durch Verbrennung zur Energiegewinnung genutzt. Deponien und Umwelt können gegebenenfalls wieder als Ressourcen genutzt werden.

Die wirklichen Recycling-Kreisläufe sind entsprechend den Produkten erheblich komplexer und müssen z. B. die stofflichen Verflechtungen darstellen. Kreisläufe können auch mehrmals durchlaufen werden.

Die vereinfachte Darstellung der Recyclingkreislaufarten in Bild 6.44 soll einen Überblick geben, um zu erkennen, dass die Nutzung von Rohstoffen mehrfach erfolgen kann.

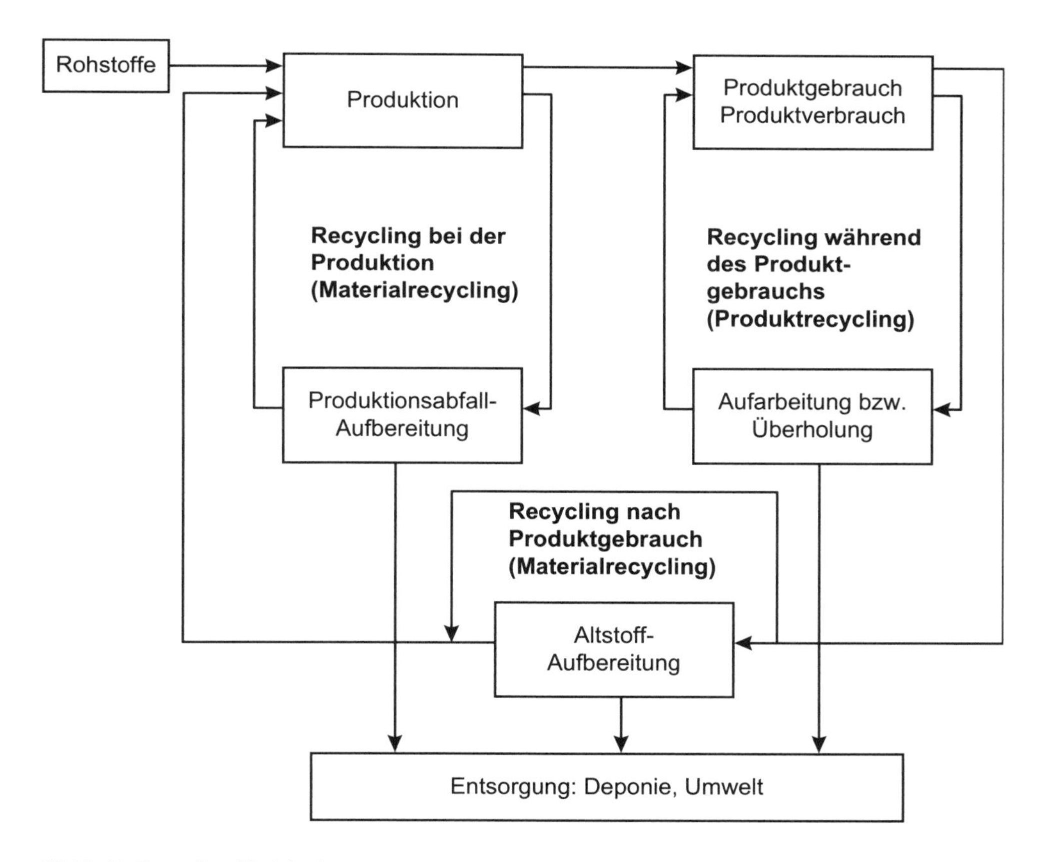

Bild 6.44: Recycling-Kreislaufarten

Recyclingformen

Innerhalb der Recycling-Kreislaufarten sind verschiedene Recyclingformen möglich. Grundsätzlich ist zwischen einer erneuten Verwendung und einer Verwertung zu unterscheiden.

Die ***Verwendung*** ist durch die (weitgehende) Beibehaltung der Produktgestalt gekennzeichnet. Diese Recyclingform findet also auf hohem Wertniveau statt und ist deshalb anzustreben. Je nachdem, ob bei der erneuten Verwendung ein Produkt die gleiche oder eine veränderte Funktion erfüllt, wird zwischen Wiederverwendung und Weiterverwendung unterschieden.

Die ***Verwertung*** löst die Produktgestalt auf, was zunächst mit einem größeren Wertverlust verbunden ist. Je nachdem, ob bei der Verwertung eine gleichartige oder geänderte Produktion durchlaufen wird, ist zu unterscheiden zwischen Wiederverwertung und Weiterverwertung.

Daraus ergeben sich folgende Definitionen der Recyclingformen, die mit Beispielen in Tabelle 6.5 vorgestellt werden.

Recyclingform	Beispiel	Weitere Verwendung
Wiederverwendung	Nachfüllverpackung	gleiche Anwendung
	Mehrwegverpackung	
	Wartung	
	Kfz-Austauschteile	
	Reifenrunderneuerung	
Weiterverwendung	Einkaufstüte	Müllbeutel
	Senfglas	Trinkglas
	Altreifen	Kinderschaukel
Wiederverwertung	Angüsse umschmelzen	gleiche Anwendung
	Späne einschmelzen	
	Kunststoffe umschmelzen	
	Glasscherben umschmelzen	
Weiterverwertung	Stanzabfälle	Kleinteile
	Automobilschrott	Baustahl
	Kunststoffe gemischt	Schallschutzwand
	Kunststoffbatteriegehäuse	Innenkotflügel

Tabelle 6.5: Recyclingformen – Beispiele (nach VDI 2243)

Wiederverwendung ist die erneute Benutzung eines gebrauchten Produkts (Altteils) für den gleichen Verwendungszweck wie zuvor unter Nutzung seiner Gestalt ohne bzw. mit beschränkter Veränderung einiger Teile.

Weiterverwendung ist die erneute Benutzung eines gebrauchten Produkts (Altteils) für einen anderen Verwendungszweck, für den es ursprünglich nicht hergestellt wurde. Sie kann unter Nutzung der Gestalt ohne bzw. mit beschränkter Veränderung des Produkts erfolgen. Dabei kann die erneute Benutzung für einen anderen (bestimmten) Verwendungszweck bereits bei der Herstellung des Produkts berücksichtigt worden sein.

Wiederverwertung ist der wiederholte Einsatz von Altstoffen und Produktionsabfällen bzw. Hilfs- und Betriebsstoffen in einem gleichartigen wie dem bereits durchlaufenen Produktionsprozess. Hierzu ist auch das chemische Recycling von Kunststoffen zur Gewinnung der Materialausgangsstoffe zu zählen. Durch Wiederverwertung entstehen aus den Ausgangsstoffen weitgehend gleichwertige Werkstoffe.

Weiterverwertung ist der Einsatz von Altstoffen und Produktions-Rücklaufmaterial bzw. Hilfs- und Betriebsstoffen in einem von diesen noch nicht durchlaufenen Produktionsprozess. Durch Weiterverwertung entstehen Werkstoffe oder Produkte mit anderen Eigenschaften (Sekundärwerkstoffe) und/oder anderer Gestalt. Hierzu gehört auch das chemische Recycling von Kunststoffen.

Auch innerhalb eines Recycling-Kreislaufs kann eine Recyclingform mehrmals angewendet werden, ehe evtl. die andere Recyclingform durchgeführt wird oder zum Kreislauf mit niedrigerem Wertniveau übergegangen wird. Beispiele: Ein Pkw-Motor wird nach wiederholter Wiederverwendung als Austauschmotor anschließend noch als stationärer Motor weiterverwendet, oder ein Kunststoff wird mehrmals wiederverwertet und anschließend noch als Füllstoff weiterverwertet oder einem chemischen Recycling zugeführt.

Recyclingbehandlungsprozesse

Vor der erneuten Verwendung oder Verwertung müssen die einem Recyclingkreislauf zugeführten Produkte oder Stoffe in der Regel noch einen Behandlungsprozess durchlaufen. Recycling beim Produktgebrauch erfolgt durch eine Aufarbeitung oder Überholung. Dadurch werden die Produktgestalt bzw. die Produkteigenschaften bewahrt oder erhalten. Aufarbeitungsprozesse sind in der Regel fertigungstechnische Prozesse.

Beim Produktionsabfall- und Altstoff-Recycling erfolgt eine Aufbereitung. Diese dient zur Vorbereitung (z. B. durch Zerkleinern oder chemische Zersetzung) der eigentlichen metallurgischen oder sonstigen Verwertung. Aufbereitungsprozesse sind in der Regel verfahrenstechnische Prozesse.

Instandhaltung

Die bekannten Maßnahmen der Instandhaltung unterstützten das Recycling von Produkten durch erneute Verwendung, z. B. nach einer Aufarbeitung.

Als Definition der Instandhaltung gilt nach DIN 31051:
Instandhaltung umfasst sämtliche Maßnahmen zur Bewahrung des Sollzustandes (Wartung), zur Feststellung und Beurteilung des Istzustandes (Inspektion) und zur Wiederherstellung des Sollzustandes (Instandsetzung).

Der Unterschied zwischen Instandhaltungsmaßnahmen und Recyclingprozessen besteht darin, dass Instandhaltung überwiegend zur Erreichung der vorgesehenen Lebensdauer bzw. Nutzungszeit eines Produktes durchgeführt wird, während durch Recycling weitere zusätzliche Nutzungszyklen erreicht werden sollen. Auch zwischen Abläufen und Merkmalen der Aufarbeitung in Serie, also der Austauscherzeugnisfertigung, und der Einzelinstandsetzung gibt es Unterschiede.

Eine strenge Trennung zwischen der Aufarbeitung in Serie und der Instandsetzung ist nicht immer vorhanden und sollte auch nicht festgelegt werden, da sie nicht zweckmäßig ist. Eine aufarbeitungsgerechte Konstruktion fördert stets auch die Instandsetzbarkeit. Statt eine Abgrenzung zu betreiben, sollte besser von einer „Verwandtschaft“ der beiden Begriffe Instandhaltung und Recycling von Produkten nach Bild 6.45 gesprochen werden.

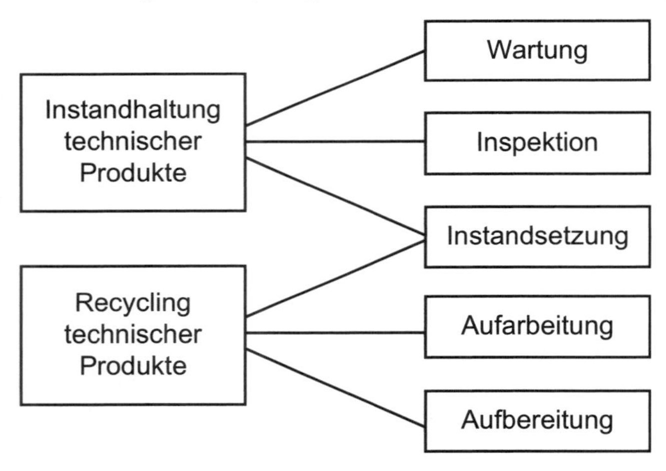

Bild 6.45: Recycling und Instandhaltung (nach VDI 2243)

6.7.5 Konstruktionsablauf mit Recyclingorientierung

Der Entwicklungs- und Konstruktionsprozess mit den vier Phasen

Planen, Konzipieren, Entwerfen und Ausarbeiten

kann mit Empfehlungen zur Recyclingorientierung ergänzt werden.

In die Anforderungsliste sollten bereits Recyclingforderungen aufgenommen werden, die beim Konzept zu beachten sind. Entwurf, Zeichnungen und Stücklisten mit Einzelteilen enthalten dann recyclinggerechte Gestaltung sowie zu bestellende Handelsteile aus entsorgungsgerechten Komponenten.

Recyclinggerechtes Konstruieren betrifft alle Kreislaufarten mit dem Ziel, das Produktionsrücklauf-Recycling, das Recycling beim Produktgebrauch und das Altstoff-Recycling zu begünstigen. Entsprechend sind für einen recyclingorientierten Konstruktionsablauf vor allem die Arbeitsschritte bedeutungsvoll, bei denen der Konstrukteur Festlegungen trifft, die folgende Punkte beeinflussen:

- Produktionsabfall
- Lebensdauer der Bauteile
- Fügeverfahren sowie
- Werkstoffkombinationen

Der Konstrukteur muss sich bei dem bisher schon sehr umfangreichen Informationsbedarf verstärkt Informationen beschaffen, damit eine Recyclingorientierung möglich wird. Die Produktverfolgung endet nicht mehr mit der Übergabe an den Markt (Kunden), sondern muss fortgesetzt werden während der Nutzung, Instandhaltung und gegebenenfalls Aufarbeitung sowie Aufbereitung und Verwertung (Altstoff-Recycling).

Der ***Produktkreislauf*** muss also insgesamt geplant und bei der Produktgestaltung berücksichtigt werden. Die Planung eines Produktkreislaufs ergibt Zusatzinformationen, die der Konstrukteur in die Anforderungsliste aufnehmen muss. Dazu gehören folgende Angaben:

- Recycling-Kreisläufe
- Aufarbeitungs- oder Aufbereitungstechnologien
- Wirtschaftlichkeit (z. B. Wiederverkaufswert, Verschrottungs-, Instandhaltungskosten, Rohstoffpreise)

Besonders wichtig ist, dass ein Recycling überhaupt in der Anforderungsliste gefordert wird, was bereits bei der Produktplanung beachtet werden muss. Die folgenden Gestaltungsempfehlungen der VDI 2243 sind den Kreislaufarten, Formen und Behandlungsprozessen zugeordnet, da eine recyclinggerechte Gestaltung von deren Randbedingungen abhängig ist.

A) Recycling bei der Produktion

Produktions-Rücklaufmaterial fällt in verschiedenen Arten an und wird meist als Schrott bezeichnet. Zu unterscheiden ist:

- Kreislaufschrott oder Eigenschrott (Angüsse und Steiger in Gießereien, Walzenden in Walzwerken; problemlos zur Wiederverwertung aufzubereiten im Rohstoffkreislauf der Werke.)
- Neuschrott (Stanzabfälle, Brennmatten, Schmiedegrade, Späne; getrennte Sammlung erforderlich, Aufbereitung beschränkt sich auf das Zerkleinern und ggf. Paketieren oder Brikettieren.)
- Kunststoffabfall (Reste und Fehlteile)

Außerdem gibt es noch die bereits mehrfach erwähnten Hilfs- und Betriebsstoffe in der Fertigung.

Der Konstrukteur bestimmt über Formgebung und Werkstoff zumindest teilweise die Fertigungstechnologie und beeinflusst damit Art und Menge des Neuschrotts sowie die Wirtschaftlichkeit der Fertigung. **Regeln für den Konstrukteur** können naturgemäß nur das Recycling unterstützen und müssen mit den weiteren Konstruktionszielen und Anforderungen sowie mit der Fertigung abgestimmt werden.

Rücklaufminimierung:

Es sind solche Fertigungsverfahren zu wählen, bei denen möglichst kein Abfall, zumindest aber möglichst wenig Abfall entsteht.

Diese Regel kann weitgehend erfüllt werden, wenn Fertigungsverfahren eingesetzt werden, bei denen die Fertigform des Teils möglichst ohne Stofftrennung erreicht wird (z. B. Feingießen, Genauschmieden, Kaltfließpressen, Halbzeugeinsatz).

Bei stofftrennenden Verfahren kann der Abfall minimiert werden. Produktionsabfälle vermeiden und verwerten ist möglich durch:

- Optimale Schnittanordnung (Schachtelpläne) beim Scheren/Schneiden
- Weiterverwertung von Blechabfällen zu Kleinteilen
- Vermeiden großer Zerspanvolumina (durch Rohteilgestaltung, Halbzeugprofile, Verbundkonstruktionen)

Die Weiterverwertung von Blechabfällen zu Kleinteilen spart bis zu 10 % und eine optimale Schnittanordnung bis zu 25 % des Materialverbrauchs.

Werkstoffvielfalt:

Grundsätzlich sollen möglichst wenige verschiedene Werkstoffe verwendet werden.

Dadurch werden die Wirtschaftlichkeit der Rohstoffproduktion und das Produktionsabfall-Recycling erhöht. Weitere Vorteile ergeben sich durch geringeren Informationsumsatz der Werkstoffdaten im Unternehmen und durch kleinere Lagerbestände.

Recycelbarkeit des Rücklaufmaterials:

Unvermeidbarer Produktionsabfall soll recycelbar sein, und zwar mit möglichst geringem Aufwand und Wertverlust.

Beschichtete Bleche und ähnliche Verbundwerkstoffe lassen sich nur selten wirtschaftlich trennen, wie z. B. Weißblechabfälle nach dem Goldschmidt-Verfahren.

Kunststoffbeschichtungen oder Farbüberzüge können mittels Wärme oder Kälte getrennt werden, aber das wird schnell unwirtschaftlich.

Es ist deshalb anzustreben, Bleche und Verbundwerkstoffe erst nach der abfallgebenden Verarbeitung zu beschichten oder solche Beschichtungen zu wählen, die bei einer Wiederverwertung des Hauptwerkstoffes nicht stören, z. B. Aluminieren statt Verzinken (Werkstoffverträglichkeit).

Thermoplaste als Kunststoffproduktionsabfälle:

Diese unvernetzten Polymere sind nach Möglichkeit sortenrein oder verwertungsverträglich zu sammeln und anschließend direkt oder durch Aufschmelzen zu recyceln. Um die wegen des Polymerabbaus geänderte Werkstoffqualität zu verbessern, kann das Recyclingprodukt mit Neuware vermischt weiterverarbeitet werden.

Duromere und Elastomere als Kunststoffproduktionsabfälle:

Diese vernetzten Polymere sind nur durch Partikelrecycling (weitere Verarbeitung als Füllstoff) oder chemisches Recycling (Solvo-Thermolyseverfahren mit Aufspaltung des Polymers) mit möglichst sortenreinen Ausgangspolymeren für eine erneute Kunststoffherstellung verwertbar.

Betriebsmittel, Hilfsstoffe:

Grundsätzlich sind solche Produktionsverfahren zu bevorzugen, bei denen sich auch die benötigten Betriebsmittel und Hilfsstoffe sowie die ggf. entstehenden Emissionen problemlos recyceln lassen.

Häufig bereiten die als „Begleiterscheinung“ bei der Produktion anfallenden Betriebsmittel- oder Hilfsstoff-Abfälle (z. B. Kühlschmiermittel, Öle, Galvanikschlämme, Dämpfe, usw.) die größten Recyclingprobleme. Abhilfe kann in vielen Fällen durch einen Wechsel des Werkstoffes (z. B. korrosionsbeständiger Werkstoff statt galvanischer Überzüge) oder auch des gesamten Produktionsverfahrens erreicht werden.

B) Recycling während des Produktgebrauchs

Das Recycling während des Produktgebrauchs (Produktrecycling) hat zum Ziel, ein genutztes Produkt einer erneuten Verwendung zuzuführen. Es ist im Maschinenbau in so genannten *Austauscherzeugnis-Fertigungen* verwirklicht. Kfz-Austauschmotoren entstehen z. B. in fünf Arbeitsschritten:

- Demontage
- Reinigung
- Prüfen und Sortieren
- Bauteileaufarbeitung bzw. Ersatz durch Neuteile
- Wiedermontage

Eine solche industrielle Aufarbeitung in Serie wird in vielen Branchen angewendet, wie die Übersicht in Bild 6.46 zeigt.

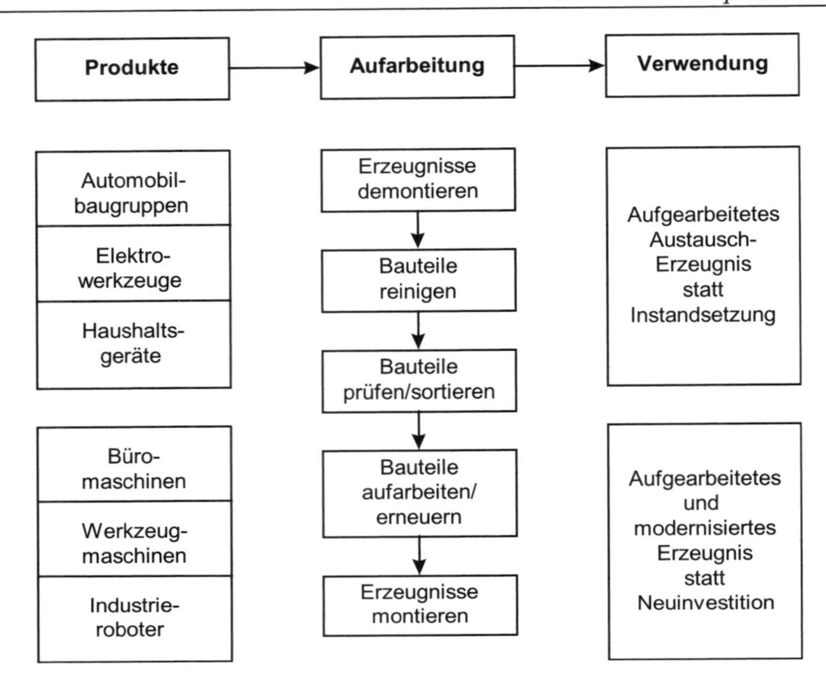

Bild 6.46: Erzeugnisse und Tätigkeiten beim Produktrecycling (nach VDI 2243)

Besonders bei Werkzeugmaschinen wird oft nicht nur eine Aufarbeitung, sondern auch eine Modernisierung (Einbau neuer Steuerungen, Erhöhung der Genauigkeit) durchgeführt. Der Wert des recycelten Produkts wird dadurch höher als der des ursprünglichen Neuprodukts. Die Stückzahlen aufgearbeiteter Kfz-Produkte, wie z. B. Motoren, Getriebe, Anlasser, Lichtmaschinen, erreichen vielfach schon 10 % der Neuproduktion.

In geringem Maße werden Gebrauchsgüter oder deren Baugruppen aufgearbeitet:

- Haushaltsgeräte (Elektrorasierer, Warmwasserbereiter, Elektrowerkzeuge)
- Investitionsgüter (Büromaschinen wie Schreibmaschinen, Kopiergeräte)

In zunehmendem Maße werden auch zahlreiche weitere Produkte in großen Stückzahlen aufgearbeitet:

- Kühlaggregate
- Industrieroboter
- Warenautomaten für Zigaretten, Getränke

Grundlegende Hinweise zur Erläuterung der fünf Fertigungsschritte werden in VDI 2243 unterteilt nach Aufgaben, technologischen Schwerpunkten, Fertigungseinrichtungen und Besonderheiten behandelt. Hier sollen nur die sich daraus ergebenden Konstruktionsregeln vorgestellt und erklärt werden.

Konstruktionsregeln

Der Entwicklungs- und Konstruktionsprozess erhält mit der Berücksichtigung der Anforderungen aus einer aufarbeitungsgerechten Produktgestaltung eine zusätzliche Bedeutung. Die neuen Anforderungen müssen mit den generellen Zielsetzungen wie Funktionstüchtigkeit, Sicherheit, Gebrauchsfreundlichkeit, Wirtschaftlichkeit usw. abgestimmt werden. Die allgemeingültigen Regeln sollen eine bessere Abstimmung von Lebensdauer, Instandsetzbarkeit und Aufarbeitbarkeit ermöglichen.

Maßnahmen zum Begünstigen der fünf Fertigungsschritte in Austauscherzeugnis-Fertigungen:

- Demontagegerechte Gestaltung
- Reinigungsgerechte Gestaltung
- Prüf-/Sortiergerechte Gestaltung
- Aufarbeitungsgerechte Gestaltung
- Montagegerechte Gestaltung

Allgemeingültige, übergreifende Gestaltungsregeln:

- Verschleißlenkung auf niederwertige Bauteile
- Korrosionsschutz, Schutzschichten
- Zugänglichkeit
- Standardisierung

An den Beispielen ist zu erkennen, dass sich die Verwirklichung der Maßnahmen und Regeln häufig ohne höheren baulichen und fertigungstechnischen Aufwand ermöglichen lässt, wenn sie nur rechtzeitig berücksichtigt werden. In einigen Fällen werden dadurch sogar zusätzliche Vorteile erkennbar, die sich auch in der Neuproduktion auswirken. Die Ausführungen werden in Anlehnung an VDI 2243 dargestellt.

Demontagegerechte Gestaltung

Demontage:
Die bei einem Produkt verwendeten Verbindungen der Bauteile müssen leicht lösbar und gut zugänglich sein. Beschädigungen an wiederverwendbaren Teilen sind zu vermeiden.

Anzustreben ist eine Demontage, bei der die zu verbindenden Bauteile und die Verbindungselemente unbeschädigt wiederverwendbar oder zumindest aufarbeitbar sind. Ist dieses Idealziel nicht zu erreichen, sollten wenigstens die Bauteile unbeschädigt bleiben; die Verbindungselemente werden dann durch neue ersetzt.

Die Demontage verursacht bis zu 40 % der Herstellkosten bei der Austauscherzeugnis-Fertigung, da ein hoher Aufwand für das Lösen von schlecht lösbaren und schwer zugänglichen Verbindungen erforderlich ist. Entsprechend sind vorrangig einfach lösbare Form- und Kraftschlussverbindungen einzusetzen, bei denen nur elastische Beanspruchungen bzw. Verformungen auftreten und die leicht zu lösen sind (z. B. Schrauben, Schnapp- und Spannverbindungen, leichte Schrumpf- und Presssitze). Form- und Kraftschlussverbindungen mit plastischen Verformungen der Verbindungselemente (z. B. Niet- und Bördelverbindungen) sind jedoch nur durch Zerstörung lösbar.

Aufwand und Qualität der Demontage werden nicht nur von den Verbindungsarten, sondern auch von der Baustruktur eines Produktes beeinflusst, wie z. B. Anzahl und Anordnung der Baugruppen und Fügestellen.

Werden alle Bauteile in einer Richtung von oben montierbar angeordnet, so entsteht eine hierarchische Baustruktur, die heute sehr einfach als Explosionszeichnung mit einem 3D-CAD-System erzeugt werden kann, wie in Bild 6.47 dargestellt. Damit kann der Konstrukteur bereits in der Entwurfsphase Montage- und Demontageprobleme erkennen und abstellen, bevor die Teile gefertigt werden.

Der Aufwand zur vollständigen Demontage kann daraus ebenfalls erkannt werden. Außerdem wird der Demontageaufwand beeinflusst durch Lage und Gestalt der Fügestellen (Fügeteile) wie z. B. Zugänglichkeit, Verbindungsvielfalt und der Demontagerichtungen.

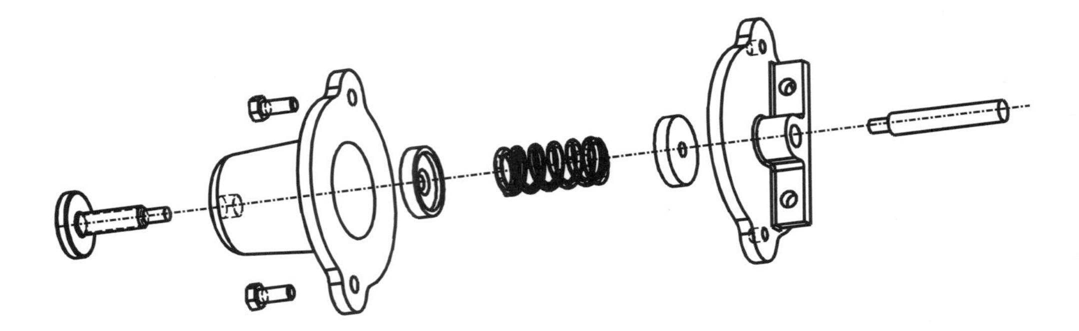

Bild 6.47: Hierarchische Baustruktur

Beispiele: Demontage von Erzeugnissen als Gestaltungsrichtlinie enthält Bild 6.48.

Schweiß-, Klebe- und Lötverbindungen erfordern als Stoffschlussverbindungen besondere Nacharbeit, da beim Lösen durch Zerstören auch die Bauteile an den Fügestellen beschädigt werden. Klebe- und Weichlötverbindungen von Metallteilen können durch thermische Behandlung leicht gelöst werden.

Fügestellen von Verbindungen müssen für eine wirtschaftliche Aufbereitung leicht demontierbar, gut zugänglich und möglichst an den äußeren Produktzonen angeordnet sein.

Da die Demontage in der Regel manuell erfolgt, entstehen hohe Kosten für das Zerlegen. Diese Kosten können nicht durch niedrige Abfallkosten oder den Verkauf der Materialreste zur Verwertung ausgeglichen werden. Wiederverwendbare Komponenten sind bezüglich der Kosten besser zu nutzen.

Eine demontagegerechte Konstruktion verkürzt häufig auch die Montagezeit. Bei Serien- oder Massenprodukten werden durch die Einhaltung dieser Regel Kosten gespart, da sich dann jede Minute Zeiteinsparung sehr positiv auswirkt.

FH HANNOVER	**Gestaltungsrichtlinie** **Recyclinggerechte Gestaltung**	Blatt-Nr. 1 / 1

Verfahren: Demontage von Erzeugnissen

Grundsatz: Verbindungselemente einheitlich, gut zugänglich und beschädigungsfrei lösbar mit Standardwerkzeugen

Aufgabe / Fehler	Lösung / Verbesserung	Erklärung / Regel
Flansch mit verschiedenen Verbindungselementen 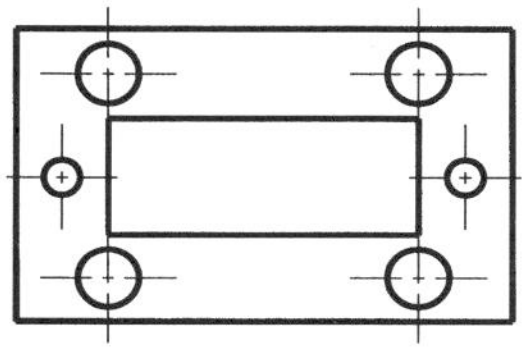	Alle Verbindungselemente sind gleich 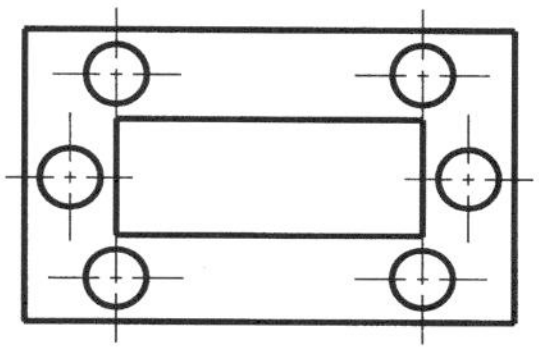	Einheitliche Verbindungselemente lassen sich schnell mit Standardwerkzeugen demontieren
Deckel bei der Demontage innen schlecht zugänglich für Werkzeuge 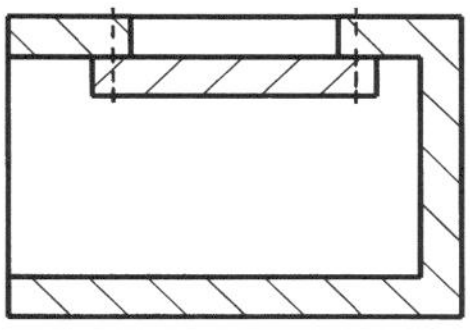	Deckel von außen gut zugänglich 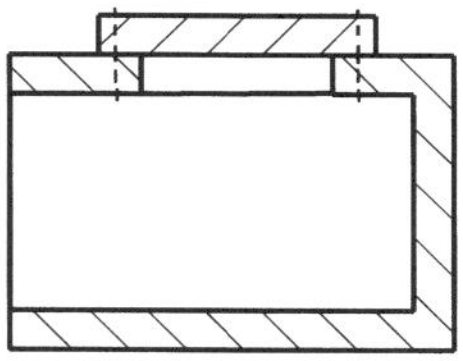	Gute Zugänglichkeit für Demontagewerkzeuge bei außen liegenden Verbindungselementen
Langer Demontageweg für das Entfernen des Lagers 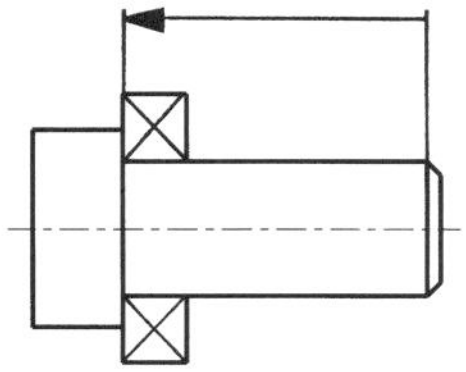	Lager muss nur von kurzem Wellenabsatz abgezogen werden 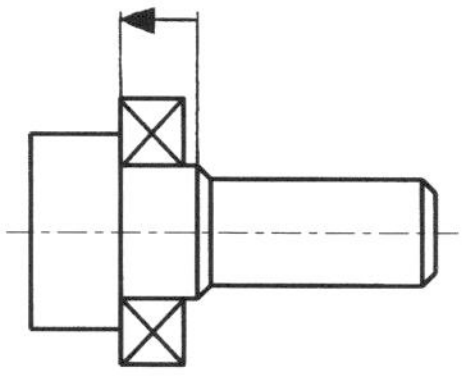	Kurze Demontagewege durch gestufte, funktionsgerechte Wellendurchmesser
Stift wird beim Entfernen beschädigt 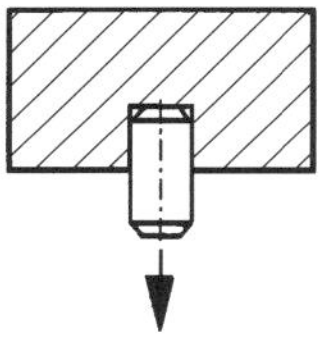	Stift kann mit Dorn ohne Beschädigung entfernt werden 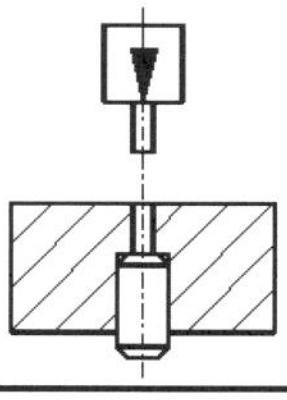	Beschädigungsfreie Demontage durch zusätzliche Formelemente wie Bohrungen, Nuten usw. ermöglichen

Bild 6.48: Recyclinggerechtes Gestalten

Reinigungsgerechte Gestaltung

> **Reinigung:**
> Produkte und deren wiederverwendbare Bauteile müssen so gestaltet sein, dass eine Reinigung durchführbar und mit möglichst entsorgungsunproblematischen Reinigungsverfahren und -medien ohne Beschädigung realisierbar ist.

Die Kosten für die Reinigung von Austauschprodukten werden erst durch Nichtwiederverwendbarkeit von Bauteilen in Form von Materialkosten besonders hervortreten, wenn eine Reinigung unmöglich ist, oder wenn die Bauteiloberflächen durch Reinigung angegriffen und beschädigt werden. Alle Verunreinigungen sollten sich rückstandslos und ohne Beschädigung der Bauteile entfernen lassen. Zu erreichen ist dies durch glatte, widerstandsfähige Oberflächen, das Vermeiden von engen Sacklöchern sowie von unzugänglichen oder zerklüfteten Innenräumen. Insbesondere bei Kunststoffteilen erfordert eine reinigungsorientierte Gestaltung auch eine entsprechende reinigungs- und lösemittel resistente Werkstoffwahl.

Prüf- und Sortiergerechte Gestaltung

> **Prüfen:**
> Zur Verschleißerkennung bzw. Zustandserkennung von verschleißgefährdeten Teilen sind diese so auszuführen, dass sich ihre Wiederverwendbarkeit bzw. ihr Abnutzungsgrad möglichst leicht und eindeutig erkennen lassen.

Die Kosten für Prüf- und Sortieraufgaben werden erst durch fehlende Prüfmöglichkeiten, etwa zur Verschleißerkennung an Teilen, zu einem wichtigen Faktor, weil sonst häufig Bauteile "auf Verdacht" aussortiert werden und zu hohe Kosten für deren Ersatz durch Neuteile entstehen. Diese Forderung ist nicht immer leicht zu erfüllen; ihre Realisierung vereinfacht und sichert aber die Entscheidung über die Wiederverwendung von Teilen erheblich. Am günstigsten sind eingearbeitete Verschleißmarken (z. B. am Autoreifen), die ohne Messung eine Entscheidung ermöglichen, oder auch einfache Prüfmöglichkeiten wie bei der Dicke von Bremsbelägen.

> **Sortieren:**
> Zur Vereinfachung des Sortierens von Bauteilen aus demontierten Produkten sollen Elemente, Bauteile und Baugruppen mit gleicher Funktion in Aufbau, Anschlussmaßen und Werkstoffen standardisiert sein.

Erhöhte Arbeitskosten werden durch unnötige Teilevielfalt verursacht, die einen hohen Sortieraufwand bedeutet. Viele ähnliche, jedoch nicht ganz baugleiche Einzelteile (z. B. Schrauben, Stifte, Scheiben mit geringen Abmessungsunterschieden) sind nicht nur beim Sortieren unerwünscht. Die Kosten entstehen bei Demontage und Montage ebenso wie bei der Lagerhaltung, Bestandsprüfung und bei Bestellungen.

Neben der Standardisierung ist auch die Kennzeichnung von Bauteilen bzw. Werkstoffen als wichtiges Hilfsmittel zur Erleichterung von Sortieraufgaben unverzichtbar. Kunststoffteile sind grundsätzlich zu kennzeichnen, z. B. nach VDA 260, DIN 6120 oder DIN 7728 T1 und T2 oder durch spezielle Werknormen.

Verbesserungen, die durch Standardisierung erreicht werden können, werden nicht nur in der Austauscherzeugnis-Fertigung, sondern auch in der Neuproduktion und im Ersatzteilwesen voll wirksam. Als Beispiel sollen Schrauben genannt werden, die nicht nur im Durchmesser, sondern auch in den Längen einheitlich sein sollten, zumindest innerhalb einer Baugruppe.

Aufarbeitungsgerechte Gestaltung

Bauteileaufarbeitung:
An Bauteilen, die bei der Produktaufarbeitung auf- bzw. nachgearbeitet werden müssen, sind von vornherein entsprechende Aufarbeitungsmöglichkeiten und Materialzugaben sowie Spann-, Mess- und Justierhilfen vorzusehen.

Der Anteil der Kosten für eine Bauteileaufarbeitung kann 10 ... 45 % der Herstellkosten des Austauschproduktes betragen. Meist fehlen jedoch Aufarbeitungsmöglichkeiten an den Bauteilen, sodass zwar geringe Aufarbeitungskosten, dafür aber hohe Materialkosten für Neuteile mit bis zu 70 % Anteil an den Herstellkosten in Austauscherzeugnis-Fertigungen entstehen.

Beispiel: Aufarbeiten eines Gussdeckels, bei dem ein Steg abgebrochen ist. Ein Aufarbeiten ist nur möglich, wenn konstruktiv genügend Wandstärke vorgesehen wurde, um erforderliche Taschen einzufräsen, in die ein neues Blechteil statt des Gussstegs eingesetzt wird.

Montagegerechte Gestaltung

Wiedermontage:
Die Wiedermontage soll einfach und gegen Fehlmontage gesichert, sowie mit gängigen, der Seriengröße in der Austauscherzeugnis-Fertigung entsprechenden Verfahren, möglich sein (d. h. keine Spezialverfahren, insbesondere nicht aus der Massenfertigung).

Der Montagekostenanteil beträgt bis zu 40 % der Herstellkosten von Austauscherzeugnis-Fertigungen. Auch die Neuproduktion ist meist mit hohen Montagekosten belastet. Die montagegerechte Gestaltung ist deshalb eine Forderung, die sowohl für Neu- als auch für Austauschprodukte gilt und zu Vorteilen führt. Die Austauscherzeugnis-Fertigung erfordert manchmal eine spezielle montageorientierte Gestaltung.

Beispiel: Konstruktive Lösung für die Befestigung von Verbindungselementen. Zum Befestigen von Abdeckhauben werden oft angeschweißte Bolzen als kostengünstige Lösung in der Neuproduktion eingesetzt. Dieses Verbindungselement, das sich sehr schnell erstmalig montieren lässt, kann in der Aufarbeitung zu einem hohen Wiedermontageaufwand führen. Abhilfe schaffen eingepresste Gewindebolzen oder eingesetzte Käfigmuttern für Hohlprofile. Da viele Produkte bereits in größeren Stückzahlen aufgearbeitet werden, rechtfertigt dies auch einen höheren Aufwand bei der Neuproduktion.

Eine Übersicht wichtiger Kriterien und Unterschiede zwischen der Montage und der Demontage zeigt Tabelle 6.6, in der insbesondere noch einmal auf die Probleme bei der Demontage von Produkten hingewiesen wird. Die große Typenvielfalt und die stark schwankenden Stückzahlen von Altgeräten erschweren eine Wirtschaftlichkeit.

Montage	Gebrauch	Demontage
– Fügen aller Bauteile erforderlich – Bauteile nicht zerstören – Stückzahlen festgelegt – Typenvielfalt geplant	– Verschmutzung – Korrosion – Zerstörung – Alterung	– Verbindungen müssen zum Teil nicht gelöst werden – Zerstörung bzw. Teilzerstörung von Verbindungen und Bauteilen zulässig – Stückzahlen stark schwankend
Ziel: Sichere Funktionserfüllung	**Ziel:** Lange Gebrauchsdauer ohne Störungen	**Ziel:** Werkstoffspezifische Trennung und Sammlung

Tabelle 6.6: Kriterien für Montage, Gebrauch und Demontage

Allgemeine, übergreifende Regeln

Diese Gestaltungsregeln sollen Möglichkeiten zeigen, um den Neuteileaufwand bei der Aufarbeitung zu vermindern und damit die Wirtschaftlichkeit der Aufarbeitung zu verbessern.

Entscheidend sind hier Verschleiß und Korrosion bzw. Lebensdauer der Teile sowie ihre Demontierbarkeit, Instandsetzbarkeit oder Aufarbeitbarkeit. Folgende ergänzende Regeln für entsprechende konstruktive Maßnahmen sind anzuwenden:

- Verschleißlenkung auf billige, leicht auszutauschende Bauteile
- Korrosionsschutz
- Demontageerleichterung

Verschleiß:
Verschleiß ist möglichst auszuschalten, zumindest zu minimieren. Unvermeidbarer Verschleiß ist auf speziell dafür vorgesehene, leicht nachstellbare, aufarbeitbare bzw. austauschbare Elemente zu beschränken (Prinzip der Aufgabenteilung).

Auch diese Regel berührt grundsätzlich eine Vielzahl konstruktiver und werkstofftechnischer Möglichkeiten, die hier nicht behandelt werden können. Die Verschleißlenkung auf spezielle Elemente ist z. B. von Bremsklötzen, Kohlebürsten, Radreifen, Zahnkränzen usw. bekannt und sollte konsequent genutzt werden. Es sollte auch darauf geachtet werden, dass solche Verschleißteile besonders leicht austauschbar angeordnet werden.

> **Korrosion:**
> Jedes Produkt bzw. Teil ist so zu gestalten, dass es der Korrosion möglichst keine Angriffsflächen bietet oder gegen Korrosion in einfacher und ausreichender Weise geschützt werden kann. Korrosion setzt im Allgemeinen die Wiederverwendbarkeit von Produkten bzw. Teilen herab.

Die Verwirklichung dieser Regel durch konstruktive Möglichkeiten ist umfangreich in der Fachliteratur zum korrosionsgerechten Gestalten enthalten. Hier sollen nur einige Punkte genannt werden:

- Spalte und Sacklöcher in korrosionsgefährdeten Bereichen vermeiden oder abdichten; unvermeidliche Spalte möglichst groß halten,
- scharfe Kanten, raue Oberflächen u. Ä. vermeiden,
- Guss-, Schmiede-, Walzhaut möglichst unversehrt lassen,
- Wasseransammlungen vermeiden, insbesondere Kondensatbildung unterbinden, restfreien Ablauf ermöglichen.

Gegenbeispiele sind die „toten Ecken“ an Kotflügeln und Rahmen von Kraftfahrzeugen, in denen sich Schmutz und Nässe sammeln.

> **Funktion lösbarer Verbindungen:**
> Lösbare Verbindungen müssen für die gesamte Gebrauchsdauer (einschließlich Recycling) funktionsfähig bleiben, d. h., sie dürfen weder festkorrodieren noch nach wiederholtem Lösen die Haltefähigkeit verlieren.

Schraubverbindungen sind besonders anfällig gegen Spaltkorrosion. Die Spaltkorrosion tritt erheblich stärker bei mitverspannten Federringen auf, als bei genügender Vorspannung und satter Auflage.

Abhilfe schaffen geeignete Schraubensicherungen als Sperrzähne mit glatter Randauflage oder Schrauben mit mikroverkapseltem Klebstoff, der erneuert werden kann und auch ein Festkorrodieren im Gewinde verhindert.

Unter gekapselten Verbindungen darf sich kein Kondensationswasser o.ä. sammeln, um dort verstärkte Korrosion nicht zu fördern.

Reibkorrosion kann lösbare Verbindungen unlösbar machen oder die Fügeflächen beschädigen (z. B. an Nabensitzen).

Reibkorrosion kann vermieden werden durch Minimierung von Mikrogleitbewegungen mit Hilfe einer günstigen Verbindungsgestaltung sowie durch hohe Oberflächenhärte.

> **Schutzschichten:**
> Schutzschichten gegen Korrosion und andere zerstörende Einflüsse sind für die gesamte Produktlebensdauer zu bemessen; ist das nicht möglich, so müssen sie sich zumindest einfach und vollständig erneuern lassen.

Das gilt für alle Arten von Schichten, also auch an Kleinteilen und Verbindungselementen, wo dies oft vernachlässigt wird. Schichten sind aber ein Stoffverbund, dessen Eigenschaften sich negativ beim Altstoffrecycling auswirken können. Deshalb müssen sorgfältig gebrauchsverlängernde Wirkung und Recyclingeigenschaften verglichen werden.

Zugänglichkeit:
Zur einfachen Instandsetzung und zur Demontage in der Aufarbeitung ist für eine gute Zugänglichkeit aller Elemente zu sorgen.

Verbindungselemente und Montagestellen sollten ohne Spezialwerkzeuge und ohne Vorrichtungen erreichbar sein.

C) Recycling nach Produktgebrauch

Dieses auch als ***Material-Recycling*** bezeichnete Recycling nach Produktgebrauch soll bewirken, dass die Materialien von Produkten, die nicht mehr benutzt werden, nicht auf einer Deponie landen. Sie können als Werkstoffe gleicher Qualität wiederverwertet oder auch als Werkstoffe mit veränderten Eigenschaften weiterverwertet werden. Dazu sind die Altstoffe bzw. der Schrott so aufzubereiten, dass die Anforderungen des Verwertungsprozesses erfüllt werden. Die Aufbereitung von Einstoffprodukten ist normalerweise unproblematisch, da im wesentlichen nur zerkleinert werden muss. Der Aufarbeitungsprozess von Produkten mit verschiedenen Werkstoffen ist erheblich komplexer.

Verwertbar sind sortenreine Altstoffe oder Altstoffmischungen, die bei der Verwertung verträglich sind. Die Verträglichkeit wird dabei von der Verwertungstechnologie und den Qualitätserwartungen für die „Sekundärwerkstoffe“ bestimmt. Anzustreben sind Sekundärwerkstoffe mit gleicher Qualität wie die Primärwerkstoffe. Das bedeutet, dass die für die jeweilige Verwertungstechnologie und Qualitätsstufe verträgliche bzw. zugelassene Altstoffmischung bekannt sein muss. Außerdem muss das Altprodukt dieser Altstoffmischung entsprechen oder in verträgliche Baugruppen bzw. Bauteile zerlegbar sein. Für solche Trennungen gibt es Aufbereitungsverfahren, die oft auch reinigen, sortieren und zerkleinern. Der Konstrukteur kann durch die Produktgestaltung die Produktstrukturen so beeinflussen, dass sie für Aufbereitungsverfahren geeignet sind.

Die Verwertung von Metallschrott wird schon sehr lange durchgeführt. Dafür sind sog. Altstoffgruppen bekannt, in die ein Altstoff passen muss, um problemlos wieder- oder weiterverwertet werden zu können. Altstoffgruppen enthalten nach Werkstoffarten zusammengestellte Legierungen mit Angabe der höchstzulässigen Elementeanteile und Angaben der zulässigen metallischen und nichtmetallischen Beimengungen (z. B. Aluminium-Altstoffgruppen für Aluminiumlegierungen).

Die Verwertung von Altkunststoffen ist dagegen in einigen Bereichen heute noch problematisch und muss noch durch Forschung geklärt werden. Außerdem ist die gegenseitige Beeinflussung der Verwertungstechnologien und der vorgeschalteten Aufbereitungsverfahren stärker als bei metallischen Werkstoffen.

Konstrukteure kennen im Wesentlichen die Fertigungs- und Montageverfahren für die Aufarbeitung, während Aufbereitungsverfahren häufig unbekannt sind. Die Aufbereitungsverfahren erfordern grundlegende Kenntnisse über werkstofftechnische Zusammenhänge und Technologien.

Konstruktionsregeln

Die folgenden Regeln nach VDI 2243 sind nur Empfehlungen und Anregungen für den Konstrukteur, mit denen er das Altstoffrecycling als wichtigstes Materialrecycling durch Werkstoffwahl und Produktaufbau erleichtern kann.

Altstoff-Verwertung

Der Konstrukteur muss bei der Produktentwicklung bereits an die Rückgewinnung der Werkstoffe und an sonstige Entsorgungsmaßnahmen nach Gebrauchsende denken. Dazu ist es erforderlich, den Produktlebenszyklus und den geeigneten Recyclingweg von vornherein einzuplanen und in der Anforderungsliste festzulegen.

Trotz hoher Lebensdauer, Instandsetzung und Aufarbeitung ist jedes Produkt einmal in seiner Gebrauchsfähigkeit erschöpft. Dann ist die Verwertung der Werkstoffe nach der Auflösung der Produktgestalt erforderlich. Für den Konstrukteur ist die bewusste Auslegung eines Produktes auch hinsichtlich der Schlussphase etwas völlig Neues. Die bisher bestehenden Entwicklungsziele wie sicherheitsgerecht, gebrauchsgerecht, fertigungsgerecht, kostengerecht usw. müssen aber auch beachtet werden.

Kennzeichnung

Entsprechend der generellen Verwertungsforderung ist eine geeignete Aufbereitungs- und Verwertungstechnologie festzulegen und deren Durchführung durch eine gut sichtbare, nicht entfernbare und maschinenlesbare Kennzeichnung an Teilen, Gruppen und/oder am Gesamtprodukt hinsichtlich der verwendeten Werkstoffe, der geeigneten Altstoffgruppen, der Baustruktur mit ihren Demontagemöglichkeiten und weiteren Angaben zu unterstützen.

Für ein wirtschaftliches und qualitativ hochwertiges Materialrecycling sowie für ein chemisches Recycling von Kunststoffteilen ist eine solche Kennzeichnung erforderlich. Möglichkeiten sind für Kfz-Teile und allgemeine Anwendungen durch die Richtlinie VDA 260 seit 1984 und für Verpackungen durch die Norm DIN 6120 seit 1990 bekannt. Da beide Unterlagen nicht so aussagefähig sind und nicht die eigentlich erforderliche eindeutige Kennzeichnung umfassend darstellen, sind neue Vorschläge vorhanden, die von Firmen entwickelt wurden.

Werkstoffwahl

Bauteile sollen grundsätzlich aus wieder- und weiterverwertbaren Werkstoffen bestehen. Ein Recycling ist also den anderen Entsorgungsverfahren Verbrennung und Deponielagerung vorzuziehen. Dies gilt besonders für Kunststoffteile und bedeutet, dass Thermoplaste den Duromeren und Elastomeren vorzuziehen sind. Eine Stoffrückgewinnung kann dann nicht nur durch Materialrecycling, sondern auch durch chemisches Recycling erfolgen.

Einstoffprodukt/-teil

Teile bzw. Produkte aus nur einem Werkstoff sind am besten zu verwerten und deshalb anzustreben.

Kunststoffe und Metalle sollten durch Funktionsintegration, Eigenverstärkungen durch technologische Maßnahmen, Rippenanordnungen und entsprechende Gestaltungsmaßnahmen eine Einstoff-Integralkonstruktion ermöglichen. So sollte z. B. bei Pkw-Stoßstangen das Trägerskelett aus dem gleichen Material bestehen wie der Integralschaum, der durch einen flächenhaften Verbund die Form der Stoßstange ergibt. Fremdverstärkungen durch Fasern, Füllungen und andere Misch- bzw. Hybridbauweisen sollten vermieden werden.

Die Bedienungsfrontplatten für Waschmaschinen, bei denen alle Elemente aus demselben Thermoplast bestehen, einschließlich erforderlicher Federelemente für Schalter, die ebenfalls aus dem gleichen, aber eigenverstärkten Thermoplast gefertigt sind, sind ein weiteres Beispiel.

Werkstoff-Verträglichkeit

Wenn sich ein verwertungsoptimales Einstoffprodukt nicht verwirklichen lässt, sind zumindest nur solche verträgliche Werkstoffkombinationen (auch Lacke und Beschichtungen) als untrennbare Einheit anzustreben, die sich wirtschaftlich und mit hoher Qualität verwerten lassen (Altstoffgruppendenken).

Der Konstrukteur muss zur Erfüllung dieser Regel die Anforderungen der unterschiedlichen Verwertungsverfahren kennen, die auch die Auswahl, des Aufbereitungsverfahrens beeinflussen. Er braucht Informationen, aus denen er für einen bestimmten Werkstoff ersehen kann, mit welchen anderen Werkstoffen dieser gemeinsam problemlos verwertet werden kann.

Geeignet sind Werkstoff-Verträglichkeitsmatrizen, die, mit Bewertungsangaben versehen, eine Zuordnung der unterschiedlichen Werkstoffarten innerhalb einer Werkstoffgruppe (z. B. Aluminiumlegierungen) in Form einer Matrix darstellen. Dafür sollten möglichst wenig Altstoffgruppen definiert werden, deren chemische Zusammensetzung für eine Verwertung günstig ist. Diesen Altstoffgruppen werden die Konstruktionswerkstoffe der Legierungsfamilie zugeordnet. Am weitesten fortgeschritten ist die Definition der Altstoffgruppen bei Aluminiumlegierungen, für Eisenwerkstoffe ist nur ein grober Vorschlag bekannt und für Kunststoffe gibt es erste Ansätze.

Werkstofftrennung

Lässt sich die Werkstoffverträglichkeit für untrennbare Teile und Gruppen eines Produkts nicht erreichen, so sollen diese weiter in werkstoffverträgliche (bzw. Einstoff-) Einheiten aufgelöst werden können. Eine Trennung muss nicht unbedingt zerstörungsfrei erfolgen. Wird eine zerstörungsfreie Trennung angestrebt, um die Möglichkeit einer Aufarbeitung und Wiederverwendung einzelner Teile zu ermöglichen, sind lösbare Verbindungselemente einzusetzen.

Demontagegünstige Baustruktur

Die eine Komplettverwertung störenden Teile und Gruppen eines Produkts, die im Zuge einer partiell getrennten Aufbereitung durch Demontage abgetrennt werden sollen, sollen leicht demontierbar und gut zugänglich an den äußeren Produktzonen angeordnet und gekennzeichnet sein.

Eine Zerlegung in Altstoffgruppen oder eine Abtrennung störender Teile ohne großen Aufwand mit einfachen Werkzeugen und möglichst ungelerntem Personal ist anzustreben. Nur dann ist eine wirtschaftliche Vordemontage auf Schrottplätzen oder in speziellen Aufbereitungsbetrieben vor den kompaktierenden, zerkleinernden und sortierenden Aufbereitungsverfahren durchführbar. Die Demontagefreundlichkeit eines Produktes wird bestimmt durch

- seine Baustruktur
- die Anzahl seiner Baugruppen und Bauteile
- die Gestaltung der Fügestellen und
- die Wahl der Verbindungsverfahren (-elemente)

Ein demontagefreundliches Produkt dient auch einer wirtschaftlichen Aufarbeitung bzw. Wieder- und Weiterverwendung. Gestaltungsrichtlinien für eine demontagegerechte Gestaltung der Fügestellen wurden bereits vorgestellt.

Demontagegünstige Verbindungstechnik

Es sind Verbindungsverfahren bzw. -elemente anzustreben, die auch nach der geplanten Produktnutzungsdauer noch leicht lösbar sind. Anderenfalls sollten von vornherein Verbindungen gewählt werden, die leicht zerstörbar sind, ohne die gefügten Bauteile nennenswert zu beschädigen.

Für Bauteilverbindungen gibt es viele Verfahren und Elemente, die zunächst nach ihrem Tragverhalten und ihren Montageeigenschaften ausgewählt werden.

Recyclinggerechte Verbindungstechnik erfordert zusätzlich die Berücksichtigung von Demontage- und Zerstörungseigenschaften. Da insbesondere die Tragfähigkeit sowie alle weiteren Eigenschaften einer Verbindung stark von der Werkstoffwahl und dem konstruktiven Umfeld abhängen, können qualitative Hinweise nur Tendenzaussagen sein.

Hochwertige Werkstoffe

Besonders wertvolle und knappe Werkstoffe sind gut zu kennzeichnen und zerlegungsgerecht anzuordnen. Bauteile aus hochwertigen Werkstoffen sollten stets aufbereitungsgerecht angeordnet werden, sodass eine getrennte Verwertung möglich ist. Dies gilt auch, wenn diese Teile die Komplettverwertung eines Produktes nicht stören, bzw. mit den übrigen Werkstoffen verträglich sind. Beispiele: Nichtrostende Stähle bei Waschmaschinen und Geschirrspülern.

Gefährdung

Stoffe, die bei der Aufbereitung und/oder Verwertung eine Gefahr für Mensch, Anlage oder Umgebung darstellen (z. B. giftige oder explosive Stoffe), sind in jedem Fall gut zu kennzeichnen und leicht abtrennbar bzw. entleerbar anzuordnen. Beispiele: Frigen in Kühlaggregaten, Benzin und Öle in Kraftfahrzeugen, Kühlöl in Transformatoren.

Recyclinggerecht gestaltete Produkte

Beispiele aus Industrieunternehmen mit zumindest teilweiser Beachtung der Recycling-gesichtspunkte bei der Produktentwicklung kommen zunehmend auf den Markt. Sie zeigen, dass eine recyclinggerechte Produktgestaltung nicht im Widerspruch zu einer funktionsgerechten und wirtschaftlichen Gestaltung stehen muss. Maßnahmen für verwertungsgünstige Baustrukturen sowie Werkstoffe und für eine aufarbeitungsgünstige Produktgestaltung bedeuten in der Regel auch eine Fertigungs-, Montage- und Instandhaltungsvereinfachung, eine Konzentration auf wenige Werkstoffe und eine wirtschaftliche Produktnutzung.

Beispiele: Die folgenden Beispiele aus der VDI 2243 zeigen, wie ein Recycling nach dem Produktgebrauch und ein Produktrecycling während des Produktgebrauchs erleichtert werden kann.

Batteriegehäuse aus PP = Polypropylen:

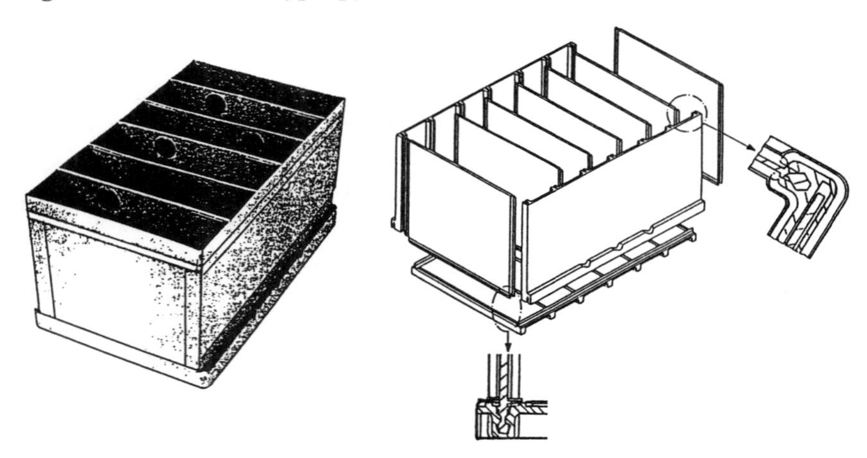

Bild 6.49: Zerlegbar gestaltetes Batteriegehäuse (nach VDI 2243)

Recycling nach Produktgebrauch durch Differenzialbauweise mit zerlegbarer Gehäusekonstruktion nach Bild 6.49. Für das Gehäuse werden Schnappverbindungen und abdichtbare Nut- und Federverbindungen verwendet. Nach dem Gebrauch werden die Säure und die Bleiplatten entfernt und es erfolgt eine Zerlegung des Gehäuses in Einzelteile. Diese können nach Reinigung entweder direkt wiederverwendet oder nach Zerkleinerung und gegebenenfalls Aufwertung wiederverwertet werden. Die bisherige Integralkonstruktion mit einteiligem Gehäuse konnte nur im Schredder zerkleinert werden.

Aufbau eines recyclinggerechten Geschirrspülers:

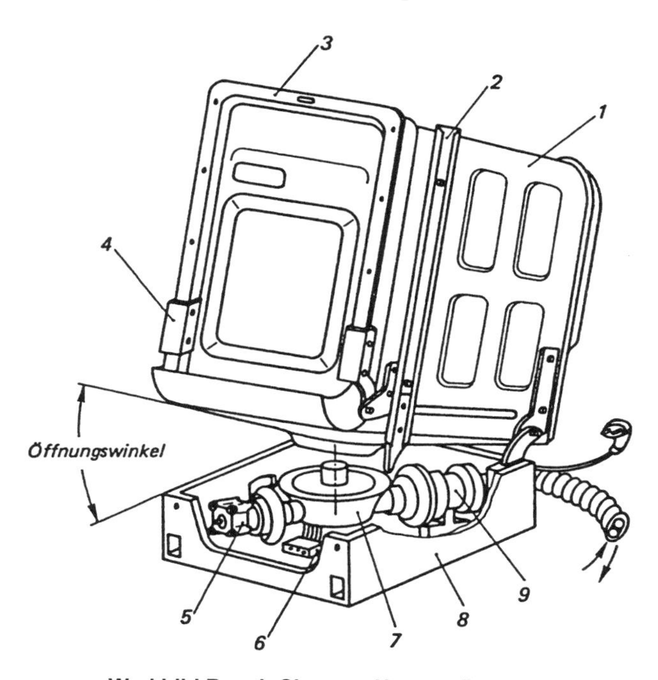

Werkbild Bosch-Siemens Hausgeräte

1 Behälter	6 Anschlußtechnik
2 Rahmen	7 Pumpentopf
3 Tür	8 Montageboden
4 Türscharnier	9 Umlaufpumpe
5 Laugenpumpe	

Bild 6.50: Aufbau eines recyclinggerechten Geschirrspülers (nach VDI 2243)

Recycling während des Produktgebrauchs wird durch konstruktive Gestaltung erreicht, wie im Bild 6.50 gezeigt. Die Trennung von Behälter (Nassbereich) und Zusatzaggregaten (Trockenbereich) ist deutlich zu sehen. In dem Bodenteil sind alle Zusatzaggregate wie Umwälzpumpe, Pumpentopf, Laugenpumpe und Durchlauferhitzer einschließlich aller Anschlussinstallationen untergebracht. Dieses Bodenteil (Montageboden) wurde so gestaltet, dass keine Befestigungselemente für die Aggregate notwendig sind, sondern nur durch den Boden des Geschirrspülergehäuses gehalten werden. Gehäuse und Bodenteil sind durch ein Kippscharnier auf- und zuklappbar, sodass die Aggregate bei der Erstmontage durch den möglichen Öffnungsspalt nach Ankippen des Gehäuses ohne Verbindungselemente leicht montiert und später für eine Aufarbeitung oder ein Altstoffrecycling auch wieder entnommen werden können. Die Verbindung des Pumpentopfes mit der Spülarmlagerung innerhalb des Gehäuses erfolgt durch eine zylindrische Schnappverbindung. Im Innenraum des Gehäuses wurden die Wasserführungsteile ebenfalls konstruktiv zusammengefasst und nur durch Einhängeösen bzw. zwei Schrauben in ihrer Lage fixiert.

Die Beispiele zeigen, dass es möglich ist, den Aufwand für Recycling und Demontage künftig durch konstruktive Maßnahmen zu verringern und die Mehrkosten in der Produktion somit gerechtfertigt sind. Eine geringe Erhöhung der Herstellkosten in der Produktion führt meistens zu einer Verringerung der Gebrauchskosten und zu einer erheblichen Senkung der Entsorgungskosten. Bisher war der gegenläufige Trend üblich. Erst mit der zunehmenden Verantwortung des Konstrukteurs und dem gestiegenen Umweltbewusstsein erhielten niedrige Entsorgungskosten die notwendige Bedeutung.

Zurzeit ist es noch häufig so, dass der Hersteller Produktionskostenvorteile für sich verbuchen kann, während Gebrauchs- und Entsorgungskosten dem Anwender bzw. der Allgemeinheit entstehen. Eine Rücknahmeverpflichtung der Hersteller für gelieferte Produkte und damit auch die Übernahme der Entsorgungskosten wird zurzeit intensiv diskutiert, da der Gesetzgeber entsprechende Verordnungen nach dem Abfallwirtschaftsgesetzes plant bzw. schon umgesetzt hat.

6.7.6 Entsorgungsgerechte Gestaltung

Die Umgestaltung des heutigen Produzierens und Konsumierens wird zur elementaren Voraussetzung unserer weiteren Existenz, da die von der menschlichen Zivilisation verursachten Fehlentwicklungen und Gefahren durch nachsorgende Techniken alleine nicht behoben werden können.

Jeder Ansatz für die Umgestaltung muss von dem unerreichbaren, aber ständig anzustrebenden Ziel der Kreislaufwirtschaft ausgehen, in der keine nicht regenerierbaren Ressourcen (Rohstoffe, Energieträger, Luft und Boden) verbraucht und keine nicht natürlich abbaubaren oder schadstoffbefrachteten Abfälle entstehen.

Die ***Entsorgung*** komplexer Produkte (Kühlschränke, Fernsehgeräte, Computer, Kraftfahrzeuge usw.) zeigt die Problematik besonders deutlich, da diese Produkte in großer Anzahl pro Jahr anfallen. Fernsehgeräte und Kraftfahrzeuge müssen bereits in einer Stückzahl von jeweils ca. 2 Millionen pro Jahr als Abfall entsorgt werden. Die Industrie entwickelt ständig neue Verfahrenstechniken und Werkstoffe mit neuen, in vielen Bereichen verbesserten Eigenschaften, wie z. B.:

- Steigerung der Sicherheit des Verbrauchers
- Kosteneinsparungen
- leichtere Formbarkeit und Verarbeitbarkeit bei der Produktion und
- modisches Design

Nicht unerwähnt bleiben darf in diesem Zusammenhang, dass in den letzten Jahren z. B. durch die Halbierung des Energieverbrauchs von modernen Haushaltsgeräten auch umweltrelevante Fortschritte erzielt wurden. Diesen Vorteilen stehen aber zunehmend größere Nachteile für die Entsorgung gegenüber. Die technische Entwicklung führt dazu, dass:

- die Anzahl der verwendeten Werkstoffe in einem Produkt wächst
- das Spektrum dieser Stoffe, wie z. B. der Kunststoffe, immer breiter wird
- die Verbindungen zwischen den Bauteilen durch Verschweißungen, Verklebungen und Beschichtungen zunehmen und damit dafür sorgen, dass die Produkte immer schwerer demontierbar, also technisch schlechter trennbar werden

Eine angestrebte stoffliche Verwertung (Stoffrecycling) wird durch diese Entwicklungen immer schwieriger.

Die verwendeten Recycling-Konzepte haben aber ihre Grenzen, wie viele Fachleute bereits wissen. Aufgrund der angewendeten Konstruktions- und Werkstofftechnik können zu wenige Produkte nach Gebrauch einer stofflichen Wiederverwertung zugeführt werden. Außerdem verlagert der Recyclingprozess die Schadstoffe nur in das nächste Produkt. Dieses Problem lässt sich durch wenige Beispiele veranschaulichen:

- Zusätze zur Haltbarkeit von Kunststoffen (Additive usw.),
- Oberflächenbehandlungen mit Chrom, Zink usw.,
- Beschichtungen mit Brom zur Reduzierung der Entflammbarkeit.

Ingenieure und Unternehmer, die Produktverantwortung ernst nehmen, müssen dafür sorgen, dass die mit industriellen Techniken geschaffenen Produkte und deren Stoffflüsse nicht offen enden, sondern nach natürlichem Vorbild in Kreisläufen zu schließen. Für Konstrukteure sind Kenntnisse sehr hilfreich, die auf den bekannten Grundregeln des Gestaltens aufbauen und die Entsorgung mit erfassen, wie in Bild 6.51 gezeigt.

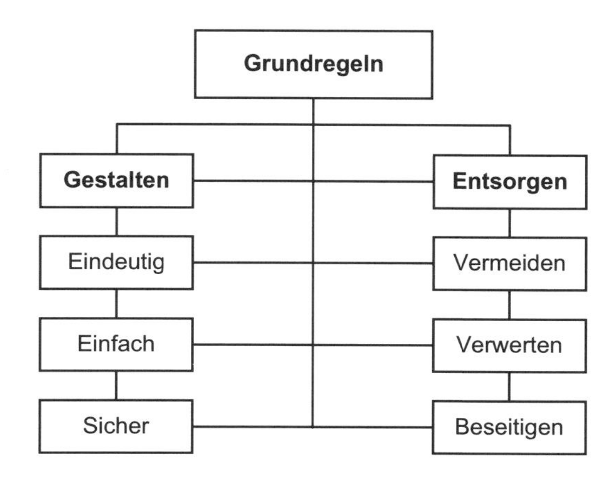

Bild 6.51: Grundregeln entsorgungsgerechter Gestaltung

Ingenieure, die ständig daran arbeiten, Produkte und Produktion technisch zu verbessern, werden immer häufiger den bekannten Lehrsatz umsetzen:

Das gesamte Leistungs- und Kostenprofil eines Produktes wird bereits zu mehr als zwei Drittel in der Konstruktion festgelegt.

Nur unerhebliche Anteile der Produkteigenschaften können danach, in den folgenden Produktentstehungsbereichen, etwa durch verbesserte Herstellverfahren oder durch sachgemäßen Gebrauch, günstig beeinflusst werden.

Zu diesen schon bekannten Aufgaben kommen inzwischen weitere hinzu. Auch die Eigenschaften eines Produktes in Bezug auf seine Entsorgung bzw. seine Eignung zum Recycling werden bei seiner Produktion maßgeblich mitbestimmt. Der Hersteller muss neben Produktion und Gebrauch in Zukunft auch die Entsorgung der Produkte mit bedenken. Dies wird sich auch in den Produktgesamtkosten zeigen.

Die ***Entsorgungskosten*** werden neben den Gebrauchskosten wachsende Anteile an den Produktgesamtkosten haben. Dies wird sich besonders auf die Großserienprodukte auswirken, wenn deren Kostenverteilung nach Bild 6.52 betrachtet wird.

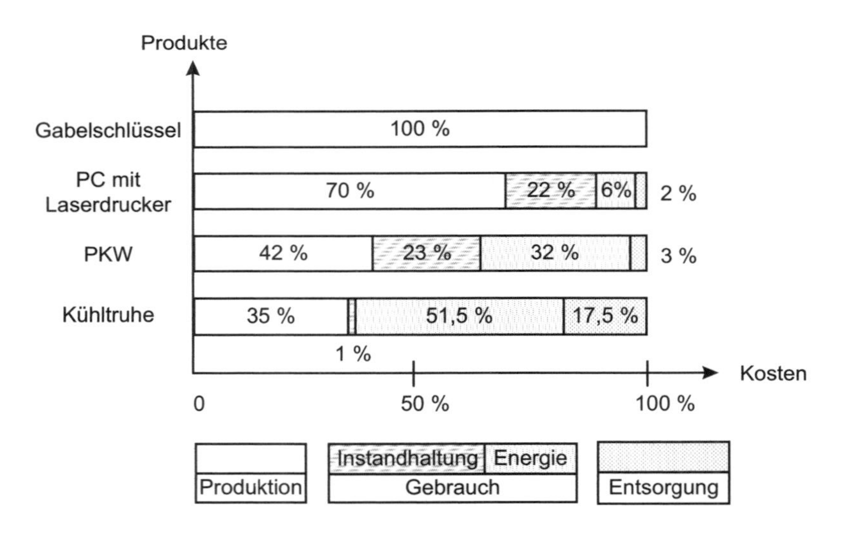

Bild 6.52: Kostenverteilung von Großserienprodukten (nach IPA)

Staatliche Maßnahmen, die in Form von Gesetzen die Abfallentsorgung regeln, gibt es durch ein bundesweites Abfallbeseitigungsgesetz von 1972.

Das Abfallbeseitigungsgesetz wurde 1986 durch das „Gesetz über die Vermeidung und Entsorgung von Abfällen“ (Abfallgesetz – AbfG) ersetzt.

Das Abfallgesetz führte die Prioritätenfolge Abfall ein:

Vermeidung vor Verwertung vor Beseitigung

Die Bundesregierung wurde in Paragraph 14,1 AbfG ermächtigt, folgende Maßnahmen zu erlassen: Kennzeichnungspflicht, Pflicht zu getrennter Entsorgung, Rücknahme- und Pfandpflicht, Bestimmte Beschaffenheit. Das Bundesministerium für Umwelt, Naturschutz und Reaktorsicherheit sorgte durch entsprechende Verordnungsentwürfe dafür, dass die erforderlichen Rechtsverordnungen von der Bundesregierung verabschiedet werden, die dann in die Praxis umzusetzen sind.

Das Kreislaufwirtschafts- und Abfallgesetz von 1994 ist seit Oktober 1996 in Kraft und legt auch die Produktverantwortung fest. Die abfallrechtliche Produktverantwortung bedeutet nach *Quella*, dass der Hersteller bereits bei der Entwicklung neuer Produkte die anfallenden Abfälle beachtet, die das Produkt in Herstellung, Gebrauch und nach Lebenszeitende verursachen wird. Dies bedeutet, dass Produkte langlebig, mehrfach verwendbar und zur Verwertung geeignet sein müssen. Außerdem sind bei der Herstellung vorrangig verwertbare Abfälle und sekundäre Rohstoffe einzusetzen, sowie schadstoffhaltige Produkte zu kennzeichnen. Das Ziel der Abfallvermeidung ist unbedingt einzuhalten.

Ziele und Ansatzpunkte

Die entsorgungsgerechte Gestaltung sollte bei der Entwicklung von Produkten, ausgehend vom Abfallgesetz (Vermeiden vor Verwerten vor Beseitigen), folgende Ziele in der angegebenen Reihenfolge erfüllen:

- Vermeidung von Schadstoffen (bzw. Verminderung von Rohstoffen).
- Wiederverwendung von aufgearbeiteten Produkten oder Produktteilen, z. B. Austauschmotoren, runderneuerte Reifen.
- Wiederverwertung durch Rückgewinnung und stoffliche Verwendung der Werkstoffe möglichst auf dem technisch gleichwertigen Niveau des Ursprungsproduktes.
- Weiterverwertung der Werkstoffe auf einem technisch niedrigeren Niveau als das Ursprungsprodukt, aber auf einem immer noch hochwertigen Niveau.
- Pyrolyse (Zersetzung von Stoffen durch hohe Temperaturen) von Kunststoffen zu chemischen Grundstoffen wie Öl, Benzol usw.
- Beseitigung durch möglichst schadlose Deponierung und Verbrennung. Der Begriff „thermische Verwertung“ wirkt hier irreführend, da es sich lediglich um eine Verbrennung in Müllkraftwerken handelt.

Bei Beachtung dieser Ziele bei der Neukonstruktion von Produkten, gibt es Konflikte:

- Langlebigkeit kontra Produktinnovation und anschließende Entsorgung
- Kunststoffe kontra Metalle
- wertvolle Werkstoffe ("einer für alles") kontra Kostengünstigkeit usw.; also nur für den Einzelfall optimiert, aber nicht generell gelöst

Für die entsorgungsgerechte Gestaltung komplexer Produkte sind bisher keine Regeln und Erkenntnisse in ähnlicher Form wie für die bekannten Gestaltungsrichtlinien vorgestellt worden. Deshalb sollen hier erste Ansatzpunkte aufgezählt werden, die noch durch intensive Untersuchungen zu konstruktionsgerechten Richtlinien aufbereitet werden müssen.

Eine gewisse Überschneidung und Ergänzung mit recyclinggerechten Regeln ist dabei nicht zu vermeiden.

Entsorgungsgerecht Gestalten bedeutet, bereits bei der Konstruktion die Prioritätenfolge Abfall nach dem Abfallgesetz einzuhalten:

Vermeidung vor Verwertung vor Beseitigung

Die Produkte sind so zu gestalten, dass bei der Entsorgung nach einer langen Lebensdauer möglichst wenig Abfall entsteht, der problemlos zu beseitigen ist.

Schadstoffarme Werkstoffauswahl

- Vermeidung von Schwermetallen (cadmiumfreie Farben und Schrauben, keine bleihaltigen Lagermetalle)
- Vermeidung von halogenierten Polymeren (z. B. PVC)
- Vermeidung von formaldehydhaltigen Holz- und Kunststoffen
- Vermeidung konventioneller Lacke, statt dessen Verwendung von Hydrolacken oder noch besser von Pulverlacken
- Verzicht auf Produktion und Verwendung von FCKW
- Verwendung von Polyolefinen, allerdings nicht zu Lasten von Mehrfachverwendung

Vermeidung von Beschichtungen

- Verzicht auf brom- und cadmiumhaltige Beschichtungen

Lebensdauererhöhung

- durch hochwertigere Werkstoffe (nicht zu Lasten der Entsorgungsfreundlichkeit)
- durch Reparaturfreundlichkeit (z. B. leichte Austauschbarkeit von Bauteilen durch Modulbauweise und neue Verbindungstechniken)

Demontagefreundlichkeit

- einfache Demontage als Voraussetzung für alle weiteren Ansätze, denn meistens werden in einem Produkt mehrere Ansätze zum Zuge kommen)
- Vermeidung von Verklebungen und Verschweißungen
- Entwicklung von Klett-, Steck- und Schnappverbindungen sowie Spannverschlüssen

Bauteilkennzeichnung

- Recyclingeigenschaften kennzeichnen

Wiederverwendung einzelner Bauteile nach Aufarbeitung

- Verwendung langlebiger Werkstoffe
- Verstärkung von mechanischen belasteten Stellen

Reduktion der Bauteile zur Erhöhung der Reparaturfreundlichkeit

- Zusammenfassung von Funktionen in einem Bauteil (Zielkonflikte beachten, wenn diese komplexen Bauteile schadstoffbelastet sind)
- Standardisierung (Verwendung von DIN- und Werknormteilen)

Werkstoffminimierung

- Wandreduktion von Gehäusen
- Verkleinerung der Produkte
- Stabilitätsanalyse aller Teile

Werkstoffkennzeichnung zur leichteren Verwertung

- einheitliche Nummerierung oder Kurzkennzeichnung nach DIN
- produktspezifische Kennzeichnung nach Werknormen

Recyclingfreundliche Werkstoffe

- Verwendung wertvoller Werkstoffe (Zielkonflikte möglich bei hohem Energieverbrauch bei der Herstellung der Werkstoffe)
- Werkstoffverträglichkeit
- Einsatz von Thermoplasten, die sortenrein eingeschmolzen und als Regenerate erneut technisch hochwertige Kunststoffe sind

Minderung der Werkstoffvielfalt

- nur eine Kunststoffart pro Baugruppe
- nur eine NE-Metallart pro Baugruppe

Vermeidung von Verpackung bzw. Verwendung von wiederverwendbaren Verpackungen oder recyclingfähigen bzw. biologisch abbaubaren Verpackungsmaterialien

- Verringerung von Verpackungsmaterial
- Einsatz von wiederverwendbaren (z. B. nachfüllbaren) Behältern
- Einsatz von einem einzigen, recyclingfähigen Verpackungsmaterial
- Einsatz von biologisch abbaubaren Verpackungsmaterialien

Entsorgungsprobleme

Analysen der Entsorgungswirtschaft haben schon vor Jahren für Computer Hinweise ergeben, die beachtet werden sollten. Steuereinheit und Monitor müssen einen energiesparenden Ruhezustand aufweisen. Die Geräte müssen leicht demontierbar sein. Es dürfen keine Flammschutzmittel verwendet werden und der Schallpegel darf im Arbeitszustand 55 dB (A) nicht überschreiten. Bestandteile des Computerschrotts sind in Bild 6.53 angegeben.

Die Umweltauswirkungen von Verpackungen sind Gegenstand intensiver Diskussionen, deren Ausmaß und Heftigkeit den Stellenwert von Verpackungsfragen innerhalb der gesamten Umweltproblematik bei weitem übertrifft. Dies ist durch die Präsenz von Verpackungen im Alltag des Konsumenten erklärbar. In der Umweltpolitik werden Verpackungssysteme fast immer aus der Sicht des Abfalls an Einzelhandelspackungen, also lediglich an Hand des für die Allgemeinheit sichtbaren Teils ihrer Endstufe, beurteilt. Es wird kaum berücksichtigt, dass eine ganzheitliche Bewertung der Umweltverträglichkeit sämtliche Auswirkungen bis zur Entsorgung beachten muss.

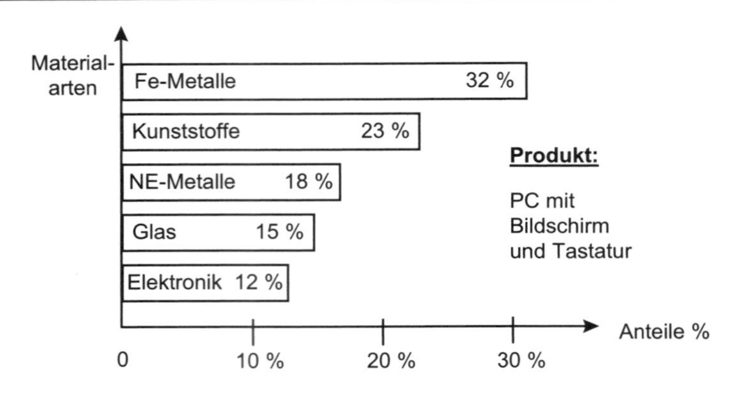

Bild 6.53: Bestandteile des Computerschrotts 1994 (nach Entsorgungswirtschaft)

Die gesamte Problematik der umweltverträglichen Produktgestaltung besteht so lange, bis wirtschaftliche Verfahren eingeführt sind oder entsprechende Verordnungen oder Richtlinien Gesetzeskraft haben.

Maßgeblich sind heute die Richtlinien der Europäischen Union (EU). Für das Recycling von Pkw gilt in der EU ab 1.1.2006 die neue Altauto-Richtlinie, nach der mindestens 85 % eines Altautos verwertet werden, mindestens 80 % davon auf stofflichem Weg. Ab 2015 fordert die EU eine Verwertungsquote von 95 %, mit einem Anteil von mindestens 85 % für das stoffliche Recycling. Außerdem müssen Neufahrzeuge spätestens ab 2004 zu mindestens 95 % wiederverwendbar oder verwertbar sein.

Für Elektro- und Elektronikgeräte, allgemein E-Schrott, hat die EU ebenfalls Richtlinien festgelegt. Diese setzte die Bundesregierung am 20.01.2005 im „Elektro- und Elektronikgerätegesetz (ElektroG)“ in die beiden Richtlinien WEEE und RoHS um. Danach sind vor allem die Hersteller ab Frühjahr 2006 verpflichtet, die Sammlung und fachgerechte Entsorgung ihrer Altgeräte zu organisieren und zu finanzieren. Die RoHS-Richtlinie sieht das Verbot von bestimmten Schwermetallen und Flammschutzmitteln in neuen Geräten vor, die ab Juli 2006 verkauft werden. Ziel des ElektroG ist es, über die Produktverantwortung der Hersteller die umweltgerechte Entsorgung zu gewährleisten. Gerätekategorien und Verwertungsquoten sind in der WEEE-Richtlinie festgelegt.

Ingenieure, die verantwortungsbewusst ihre Aufgaben erledigen, wissen, dass die Technik und die Verfahren zur wirtschaftlichen Umsetzung von Recycling und Entsorgung Zukunftsaufgaben sind. Sie sind aufgefordert, sich entsprechend zu verhalten, und nicht irgendwelche Aussagen ungeprüft für ihr Denken und Handeln zu übernehmen.

Die in der Tabelle 6.7 enthaltenen Fragen dienen zur Unterstützung bei der Durcharbeitung aller Produktlebensphasen, um Produkte mit verbesserter ***Umweltverträglichkeit*** zu entwickeln. Die erzielbaren Erfolge können in der Fachliteratur (*Quella* und *Kahmeyer, Rupprecht*) nachgelesen werden.

Planung
1. Gibt es ein Entsorgungs- und Verwertungskonzept für das Produkt?
2. Gibt es eine Kalkulation der zu erwartenden Verwertungserlöse und Beseitigungskosten?
Herstellung / Zukauf
3. Wird so wenig Material wie nötig eingesetzt?
4. Werden so wenig unterschiedliche Materialien wie möglich eingesetzt?
5. Können die Materialien mit geringem Energieaufwand verarbeitet werden?
6. Wurde bei der Materialauswahl die Verbots- und Vermeidungsliste beachtet?
7. Können die Materialien ohne Schadstoffe verarbeitet werden?
8. Sind nur wenig aufwendige Schutz- oder Emissionsminderungsmaßnahmen erforderlich?
9. Lassen sich die Produktteile mit minimalen Produktionsabfällen herstellen?
10. Wurde die Einsatzmöglichkeit von Recyclingmaterial geprüft?
11. Liegen über alle Zukaufteile/-komponenten konkrete Werkstoff-/Schadstoffinformationen vor?
Dokumentation / Verpackung
12. Sind schadstoffhaltige Produktteile gut sichtbar gekennzeichnet?
13. Sind alle Baugruppen und Bauteile ausreichend für eine Wiederverwendung gekennzeichnet?
14. Sind alle recycelbaren Materialien ausreichend und gut sichtbar gekennzeichnet?
15. Gibt es eine Demontageanweisung mit Angaben zu Art und Verteilung der Schadstoffe?
16. Sind alle Kundendokumente auf chlorfrei gebleichtem (Recycling-)Papier gedruckt?
17. Ist die Produktverpackung wiederverwendbar bzw. recyclingfreundlich, z. B. Karton?
Nutzung
18. Ist das Produkt langlebig?
19. Ist das Produkt leicht reparierbar?
20. Ist das Produkt nachrüstbar/modernisierbar?
21. Ist der Energieverbrauch im Arbeits- und Wartezustand so niedrig wie möglich?
22. Können Gesundheits- oder Umweltbelastungen bei Produktgebrauch ausgeschlossen werden?

Tabelle 6.7-1: Checkliste zur umwelt- und entsorgungsgerechten Produktgestaltung (nach *Quella*)

Demontage und Verwertung
23. Sind alle Schadstoffe an einer Stelle innerhalb des Produkts konzentriert?
24. Sind schadstoffhaltige Produktteile leicht und zerstörungsfrei abzutrennen?
25. Ist die Anzahl der Verbindungen so gering wie möglich?
26. Kommen nur wenige unterschiedliche Verbindungstechniken vor?
27. Sind alle zu lösenden Verbindungen leicht auffindbar und gut zugänglich?
28. Können alle Verbindungen leicht und möglichst zerstörungsfrei gelöst werden?
29. Sind nur wenige Demontageschritte erforderlich?
30. Ist die Demontage mit wenigen Standardwerkzeugen möglich?
31. Werden standardisierte Komponenten und Produktteile verwendet?
32. Ist die Wieder- oder Weiterverwendung von Produkten oder Produktteilen möglich?
33. Sind die Materialien wieder- oder weiterverwendbar?
34. Werden die Materialverträglichkeiten hinsichtlich Recycling berücksichtigt?
35. Werden nur Verbundwerkstoffe verwendet, die sich leicht verwerten lassen?
36. Werden Beschichtungen vermieden?
37. Bestehen die Firmenmarken u. Ä. aus dem Gehäusematerial oder sind sie leicht entfernbar?
38. Sind die nichtverwertbaren Materialien leicht abtrennbar?

Tabelle 6.7-2: Checkliste zur umwelt- und entsorgungsgerechten Produktgestaltung (nach *Quella*)

6.8 Bewerten von Entwürfen

Die Bewertung von Entwürfen erfolgt mit den gleichen Methoden und Hilfsmitteln wie in Kapitel 5 beschrieben. Hier sollen nur ergänzend Hinweise und Erläuterungen zur Vorgehensweise beim Entwerfen genannt werden.

In dieser Konstruktionsphase sind die Eigenschaften des neuen Produkts, durch die jetzt vorliegende Gestaltung aller wesentlichen Bauteile, der Fügestellen und der Verbindungen aller Baugruppen zum Produkt, genauer beurteilbar. Jetzt kann bewertet werden, ob und wie die Anforderungen der Anforderungsliste zu erfüllen und wie gut die Eigenschaften des Produkts zu erwarten sind.

Auch für ein Bewertungsverfahren in der Konstruktionsphase Entwerfen gelten Regeln und angepasste Hilfsmittel. Zur Unterstützung ist in Tabelle 6.9 ein ***Bewertungskatalog*** für die Entwurfsphase enthalten.

Bei einem ***Bewertungsverfahren*** sind folgende Punkte zu beachten:

- Entwicklungsziel mit Hilfe der Anforderungsliste formulieren und in die Bewertungsliste eintragen.
- Bewertungskriterien mit Hilfe eines Bewertungskatalogs festlegen.
- Gleichwertige Bewertungskriterien formulieren und nur bei sehr unterschiedlicher Bedeutung eine Gewichtung vorsehen.
- Bewertungskriterien in eine Bewertungsliste eintragen.
- Punktbewertung nach VDI 2225 vergleichend für alle Varianten durchführen.
- Berechnen der Technischen Wertigkeit nach VDI 2225.
- Vergleich der Bewertungsergebnisse der Lösungsvarianten durchführen.
- Technische Wertigkeiten sollten Werte > 0,6 haben.
- Varianten mit nahezu gleicher Punktsumme dürfen nicht zur Entscheidung für eine Variante mit 2 oder 3 Punkten mehr führen. Besser wäre eine erneute Bewertung unter Beachtung von Beurteilungsunsicherheiten, Schwachstellen und Gleichwertigkeit der Bewertungskriterien.
- Varianten mit einer Schwachstelle sind besonders zu prüfen und zu überarbeiten.
- Kombination von guten Teillösungen der bewerteten Varianten zu einer neuen Variante kann für die Zielerfüllung sinnvoll sein.

Beispiel: Vorschubantriebe für eine Großdrehmaschine bewerten, um das Entwicklungsziel zu erreichen. Die im Bild 6.54 vorgestellten Vorschubantriebe sollten für die Weiterentwicklung bewertet werden. Die Bewertungskriterien und die Vorgehensweise sind als Ergebnis in Tabelle 6.8 enthalten.

Das Beispiel Vorschubantrieb für die z-Achse von Großdrehmaschinen mit großer Drehlänge wurde vor einigen Jahren als Projekt bei einem Werkzeugmaschinenhersteller durchgeführt. Für Konstrukteure von Werkzeugmaschinen sind die technischen Daten und die sich daraus ergebenden Möglichkeiten zum damaligen Zeitpunkt eindeutig. Große Vorschublängen können mit Schräg- oder Schneckenzahnstangen am Drehmaschinenbett realisiert werden. Die Spielfreiheit der eingreifenden Zahnräder kann durch hydrostatische Schneckentriebe oder durch verspannte Doppelritzel mit Schrägzahnstangen erreicht werden. Ein erster Einblick, hier nur zum Nachvollziehen der Bewertungskriterien und der Funktion, ist durch die Darstellung in Bild 6.54 möglich. Die Punktvergabe erfordert erheblich mehr Kenntnisse, die hier nicht erläutert werden sollen.

Besonders hingewiesen werden soll auf die Bewertungskriterien 13 und 14, die mit Aussagen über Kosten eigentlich zur wirtschaftlichen Bewertung gehören. Bei diesem Projekt wurde diese Trennung nicht durchgeführt, weil es sich hier um eine Entscheidungsgrundlage handelte, die auf der Basis der im Bild 6.54 dargestellten Zeichnungen von Wettbewerbern erfolgte. Es lagen also keine eigenen Entwurfszeichnungen und damit auch keine Kostenuntersuchungen vor. In diesem Fall sind also die beiden Kostenkriterien in die technische Bewertung aufgenommen worden. Grundsätzlich ist jedoch stets die Trennung von Technik und Kosten durchzuführen, um eindeutige Bewertungen zu erreichen.

Die Berechnung der Technischen Wertigkeit führt mit $W_t = 0{,}63$ für die Variante A (Hydrostatische Schnecke) zu Rang 2 und mit $W_t = 0{,}78$ für die Variante B (Verspannter Doppelritzelantrieb) zu einem guten Ergebnis.

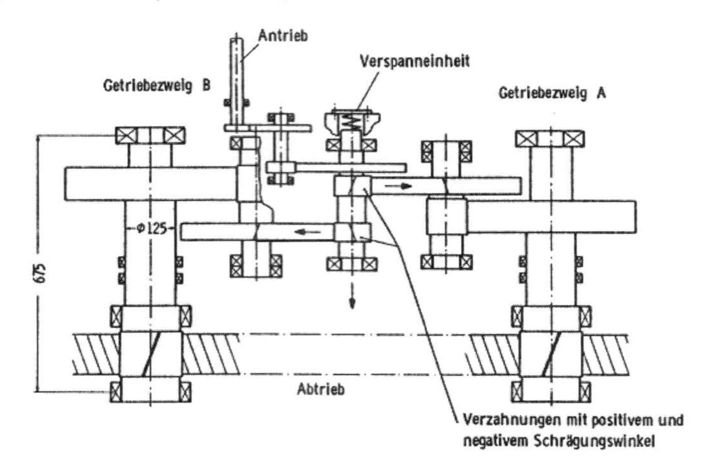

a) Spielfreier Vorschubantrieb mit Zahnstange-Ritzel-System (nach *Fa. Schiess*)

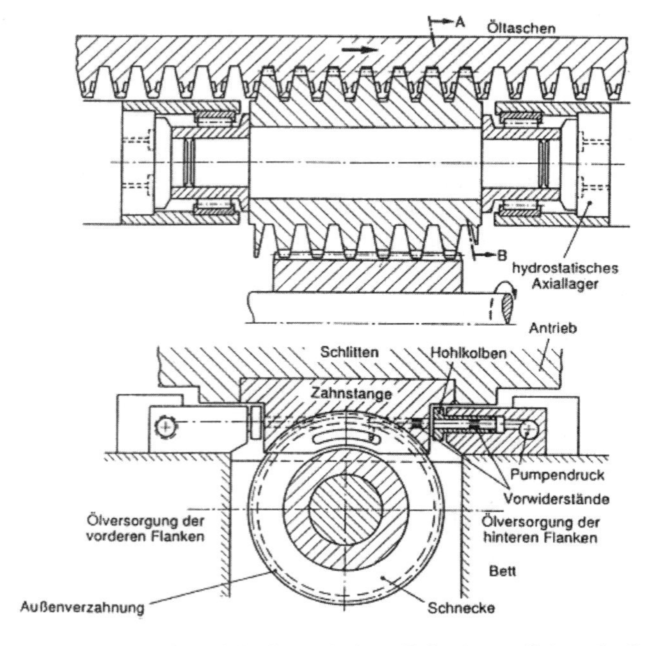

b) Vorschubantrieb mit hydrostatischem Zahnstange-Schnecke-System (*Fa. Ingersoll*)

Bild 6.54: Vorschubantriebe für die *z*-Achse von Großdrehmaschinen

FH HANNOVER	**Bewertungsliste** **Vorschubantrieb für z-Achse**	Blatt-Nr. 1/1

Ziel:

Konstruktionskonzept und Verkaufsargumente für Großdrehmaschinen mit Drehlänge > 10 m

Wertskala nach VDI 2225 mit Punktvergabe P von 0 bis 4 :
0 = unbefriedigend, 1 = gerade noch tragbar, 2 = ausreichend, 3 = gut, 4 = sehr gut

Bewertungskriterien nach Bewertungskatalog für die Konzeptphase.
Gewichtungsfaktoren g vergeben, wenn Bewertungskriterien nicht gleichwertig sind.

Konzeptvarianten			A		B		C		D	
Nr.	Bewertungskriterium	g	P	P*g	P	P*g	P	P*g	P	P*g
1	Umkehrspiel bei 0,05 mm Zahnspiel		4		3					
2	Steifigkeit		3		3					
3	Dämpfung		3		2					
4	Kenntnisse, Erfahrungen		1		3					
5	Zulieferabhängigkeit		3		4					
6	Getriebewirkungsgrad		4		3					
7	Betriebssicherheit		2		4					
8	Eigenfertigungsaufwand		1		3					
9	Prüfaufwand		2		4					
10	Montageaufwand		2		3					
11	Verschleiß und Lebensdauer		4		3					
12	Ersatzbeschaffung		2		3					
13	Betriebs- und Nutzungskosten		2		4					
14	Herstellkosten		1		3					
15	Wettbewerbstrend		4		2					
Summen	Σ		38		47					
Technische Wertigkeit W_t			0,63		0,78					
Technische Wertigkeit W_t mit Gewichtung										
Rangfolge			2		1					

Bemerkung mit Variantenangabe und Kriterien-Nr. :

A	Hydrostatikkenntnisse fehlen		

Entscheidung: Variante B mit spielfreiem Zahnstangen-Doppelritzelantrieb weiterverfolgen	Datum: 02.05.92 Bearbeiter: Con

Tabelle 6.8: Bewertungsliste Vorschubantriebe

FH HANNOVER	Bewertungskatalog für die Entwurfsphase	Blatt-Nr. 1/1
Hauptmerkmal	**Nebenmerkmale**	**Beispiele / Hinweise**
Funktion	Hauptfunktion Nebenfunktion	Erfüllung aller Haupt- und Nebenfunktionen mit geringem Aufwand und bewährten Lösungselementen
Wirkprinzip	Prinzipienwahl Wirkung Störgrößen Kenntnisse	Lösungsprinzip technisch beherrscht; hoher Nutzen; keine Schwachstellen; unempfindlich gegen Störungen; Unsicherheiten durch Versuche geklärt
Gestaltung	Komponenten Raumbedarf Werkstoffe Auslegung	einfache, eindeutige und sichere Teile, Baugruppen, Produkte; genormte Werkstoffe; Normteile; Zulieferkomponenten einsetzen; bewährte Auslegeverfahren vorhanden
Sicherheit	Sicherheitstechnik Schutzmaßnahmen Arbeitssicherheit Umweltsicherheit	unmittelbare Sicherheitstechnik für Mensch, Maschine und Umwelt; Sicherheitsvorschriften eingehalten; Betriebssicherheit gewährleistet
Ergonomie	Schnittstelle Belastungen Design	Bedienung einfach, eindeutig und sicher; Kundengerechte Formgestaltung und Funktion; Arbeitsbelastung unter den Grenzwerten der Normen und Vorschriften
Fertigung	Fertigungsverfahren Teile Vorrichtungen	Verfahren für kostengünstige Teile hoher Qualität; wenige Arbeitsgänge mit sicher beherrschten Verfahren; keine Sonderfertigung
Prüfung	Messen Prüfen	mess- und prüfgerechte Eigenschaften; mit Standardverfahren nachweisbar
Montage	Montageaufwand Montagevorrichtung Montagerichtungen	einfache Montage aller Teile und Baugruppen; wenig Einstellungen und Anpassungen; wenig Spezialwerkzeuge und Vorrichtungen
Transport	Transportarten	Transporthilfen für Montage und Versand
Gebrauch	Einsatz Lebensdauer Bedienung	sicheres Betriebsverhalten; wenig Verbrauchsmaterial; keine Umweltbelastung; lange Lebensdauer; einfach auswechselbare Verschleißteile; Bedienfehler ausschließen
Instandhaltung	Wartung Inspektion Instandsetzung	keine oder einfach durchführbare Wartung; gute Zugänglichkeit; einfache Demontage; große Inspektionsintervalle; Lebensdauerschmierung
Recycling	Verwertung Entsorgung	einfache Demontage; Werkstoffkennzeichnung; Fügestellen leicht trennbar; Austauschteile einsetzbar
Aufwand	Kosten Termin	niedrige Betriebskosten; Terminplanung; Vorabbestellung; termingerechte Anlieferungen
Kosten	Herstellkosten	kostengünstige Lösung; Kostenziel erreicht
Markt	Beurteilung Wettbewerbstrend	alle Kundenwünsche erfüllt; Marktbedarf geklärt; besser als Wettbewerbsprodukte

Tabelle 6.9: Bewertungskatalog für die Entwurfsphase

Eine vergleichende Bewertung von mehreren Entwürfen ist nur bei Serienprodukten oder bei speziellen Konstruktionsaufgaben möglich, weil in der Regel für alle anderen Aufgaben nur ein Entwurf erstellt wird. Für kritische oder schwierige Gestaltungsbereiche eines Entwurfs werden entwurfsbegleitend durch ***Abstimmungsgespräche*** bereits vergleichende Bewertungen durchgeführt und die endgültige Ausführung festgelegt. Dieses Vorgehen hat sich bewährt, weil sich dadurch Entwicklungszeiten und -kosten reduzieren lassen.

Häufig beschäftigen sich die Teilnehmer einer Bewertungsgruppe erst während der Bewertung intensiv mit den Varianten. Dann wird erkannt, welche Teillösungen der verschiedenen Entwürfe gut geeignet sind die Zielsetzung zu erfüllen. Dann ist es üblich die guten Teillösungen in einem neuen Entwurf zu untersuchen und zu realisieren.

6.9 Qualitätssicherung beim Entwerfen

Auch für die Konstruktionsphase des Entwerfens sind viele Maßnahmen bekannt, um Fehler zu vermeiden und Qualität der Produkte zu gewährleisten. Die Entwürfe werden natürlich regelmäßig in der Entwicklungsphase begutachtet, bevor sie abschließend einem Mitarbeiterteam aus verschiedenen Abteilungen eines Unternehmens vorgestellt werden.

Wie bereits bei den anderen Konstruktionsphasen erläutert, können diese Maßnahmen und Hinweise auf Methoden zur Qualitätssicherung nur dann erfolgreich angewendet werden, wenn sich der Konstrukteur intensiv damit beschäftigt und seine Erfahrungen nutzt.

Nach der Auflistung der Maßnahmen zur Fehlervermeidung folgen wieder die durch Beachtung dieser Maßnahmen vermeidbaren möglichen Fehler. Anschließend werden drei Analyseverfahren genannt, von denen die FMEA in einem neuen Abschnitt erklärt wird.

Die qualitätssichernden Maßnahmen in Anlehnung an VDI 2247 E bestehen aus:

- Vorprüfungen der Randbedingungen
- Einsatz gesicherter, standardisierter Auslegeverfahren
- Qualitätssicherungspläne für Software
- Aufstellen von Toleranzplänen
- Werkstoffnormen einhalten
- Werkstoffauswahlsysteme einsetzen
- Technologiekataloge verwenden
- Lösungssammlungen mit Bewertungskriterien nutzen
- Checklisten und FMEA einsetzen
- Gestaltungsrichtlinien beachten
- Makro- und Variantentechnik nutzen
- Fehlerbaumanalyse durchführen
- Fertigungserfahrungen nutzen und umsetzen
- Reklamationserfahrungen nutzen
- Ausfalleffektanalyse durchführen
- Bewertung mit Fachleuten durchführen
- Normen und Vorschriften einhalten

Die Beachtung dieser Maßnahmen führt zur Vermeidung folgender potenzieller Fehler:

- Auslegefehler
- Einsatz fehlerhafter Software
- Benutzung ungeeigneter Software
- Einsatz falsch ausgewählter Werkstoffe
- ungeeignete Halbzeugauswahl
- falsche Wahl der Fertigungstechnologie
- Nichtbeachtung von Randbedingungen
- nicht prüfgerecht gestaltete Werkstücke
- nicht fertigungsgerecht gestaltete Werkstücke
- Nichtbeachtung von Störeffekten und Schwachstellen
- Vorurteile der bewertenden Fachleute
- keine fertigungs- oder montagegerechte Gestaltung

Die ***Fehlerbaumanalyse*** ist eine Methode zur Vermeidung von Fehlern, die auf der Basis logischer Verknüpfungen funktioniert. Mit dieser Methode sind sowohl die Ausfallerscheinungen als auch die Ausfallursachen darstellbar. Ausgehend von einem „unerwünschten Ereignis" (z. B. Druckbehälterbruch) werden alle zu dem unerwünschten Ereignis führenden Fehlerursachen ermittelt. Die Methode wird mit Beispielen in der DIN 25242 und in der VDI 2247 E vorgestellt.

Die ***Ausfalleffektanalyse*** nach DIN 25448 untersucht die Ausfallarten der Komponenten einer Konstruktion und deren Auswirkungen (Effekte). Sie hat den Zweck, Entwürfe von Konstruktionen hinsichtlich des Ausfalls einzelner Komponenten qualitativ zu bewerten. In der Qualitätssicherung ist die Ausfalleffektanalyse unter dem Begriff „Fehler-Möglichkeits- und Einfluss-Analyse" (FMEA) bekannt.

Eine kritische Betrachtung der von der VDI 2247 E vorgeschlagenen Maßnahmen zeigt aber auch, dass eigentlich nur das überprüft wird, was gute Konstrukteure immer schon sehr genau betrachtet haben, bevor sie ihren Entwurf zum Ausarbeiten freigeben. Ebenso ist zu beachten, dass in den Unternehmen die oben genannten Analysen und die in den vorherigen Abschnitten genannten Methoden QFD und ***FMEA*** wegen des großen Aufwands nur bei Serienprodukten oder für besondere Konstruktionsaufgaben, beispielsweise im Sicherheitsbereich, eingesetzt werden, wo der Nutzen gegeben ist.

6.10 Fehler-Möglichkeits- und Einfluss-Analyse (FMEA)

In der Entwicklungs- und Planungsphase mit den Arbeitsschritten des Konzipierens, des Entwerfens und der Produktionsvorbereitung werden wesentliche Voraussetzungen für die Qualität eines Produkts festgelegt. Zwischen Kunden und Lieferanten sind die Anforderungen abgestimmt und in einer Anforderungsliste mit den gesetzlichen Auflagen sowie den anzuwendenden Normen erfasst.

Das Ziel „Qualität“ zu erreichen erfordert die Vermeidung von Abweichungen der festgelegten und vorausgesetzten Anforderungen schon in der Entwicklung. Werden Forderungen nicht erfüllt, wären dies für den Kunden Fehler, die bei Einsatz oder Anwendung des Produktes auftreten.

Fehler ist definiert als Nichterfüllung einer Anforderung (DIN EN ISO 9000:2000).

Fehler aus Kundensicht müssen vermieden werden, Fehler nachträglich zu beheben, ist nicht mehr ausreichend. Der Hersteller eines Produktes muss die Möglichkeit von Fehlern gedanklich prüfen und diese nach der Fehlererkennung erfassen. Mögliche Fehlerursachen sind dann unmittelbar kostengünstig zu beseitigen.

Die wirklichen Ursachen für Produktfehler sind oft Schwachstellen bei der Produktplanung. Sollen Fehler in dieser Phase vermieden werden, so ist eine systematische Betrachtung der Fehlermöglichkeiten am geplanten Produkt durchzuführen. Dadurch sollen die Fehlerursachen der Konzeption bzw. Auslegung des Produkts einschließlich aller Komponenten erkannt, verbessert und beseitigt werden. Diese Vorgehensweise zur Fehlervermeidung reduziert Fehlerkosten und steigert die Kundenzufriedenheit. Sie wurde bereits Mitte der 60er-Jahre entwickelt und als Methode der FMEA eingeführt.

Die ***Fehler-Möglichkeits- und Einfluss-Analyse (FMEA)*** ist eine analytische Methode zur vorbeugenden System- und Risikoanalyse. Nach der *DGQ* dient sie dazu, mögliche Schwachstellen zu finden, deren Bedeutung zu erkennen, zu bewerten und geeignete Maßnahmen zu ihrer Vermeidung bzw. Entdeckung rechtzeitig einzuleiten. Die Methode ist aber auch geeignet, bestehende Produkte oder Prozesse zu verbessern.

Eine FMEA wird durchgeführt mit dem Ziel, mögliche Fehler bei der Produktentwicklung oder bei der Produktplanung von Fertigungs- und Montageverfahren zu erkennen und durch geeignete Maßnahmen zu vermeiden. Bild 6.55 enthält Aufgaben der FMEA.

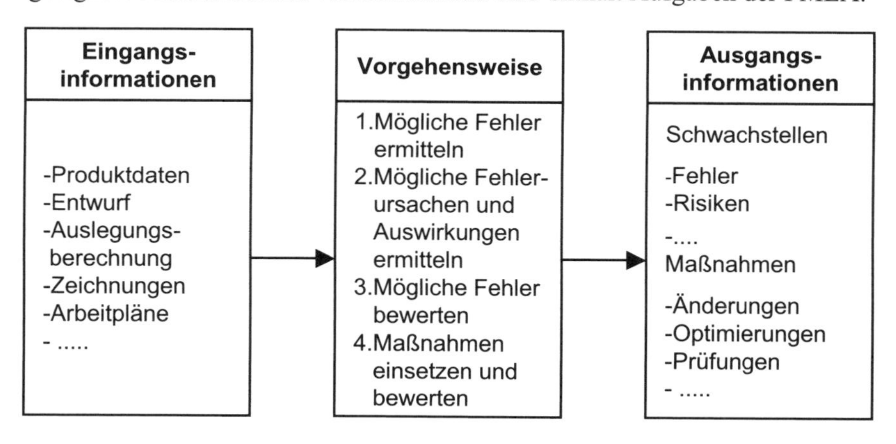

Bild 6.55: Aufgaben der FMEA (nach *Pfeifer*)

Außerdem kann mit Hilfe der FMEA Erfahrungswissen über Fehlerzusammenhänge und Qualitätseinflüsse gesammelt und systematisch aufbereitet werden.

Je nach Einsatzbereich der FMEA werden verschiedene Arten unterschieden:

- Konstruktions-FMEA
- Prozess-FMEA
- System-FMEA

Durch den vorrangigen Einsatz der FMEA für Serienprodukte im Automobilbereich wurden dort zwei Arten festgelegt:

- System-FMEA Produkt
- System-FMEA Prozess

Die Vorgehensweise ist für alle FMEA-Arten gleich. Für den Schwerpunkt Konstruktion wird die System-FMEA Produkt eingesetzt, die einen fertigen Entwurf voraussetzt. Der Entwurf wird auf mögliche Fehler untersucht, gefundene Fehler sind zu bewerten und geeignet zu beseitigen. Das Ziel einer System-FMEA Produkt ist ein konstruktiv einwandfreier Entwurf als Grundlage für ein fehlerfreies Produkt.

Die System-FMEA Prozess analysiert mögliche Fehler aus der Sicht der Fertigung, indem eine FMEA der erstellten Arbeitspläne durchgeführt wird. Die System-FMEA Prozess erfolgt anschließend an die System-FMEA Produkt, wird hier aber nicht weiter behandelt.

Die Methode FMEA sollte nach *Pfeifer* in aufeinander folgenden Schritten nach Tabelle 6.10 erfolgen. Die Vorgehensweise wird mit einem Beispiel erläutert.

Die Durchführung der Analyse sollte nach einem Vorschlag der *DGQ* mit einem einheitlichen Formblatt erfolgen, z. B. VDA 96 oder QS 9000, da sich firmenspezifische Lösungen nicht bewährt haben. In dem folgenden Beispiel wird das VDA 96-Formblatt (Tabelle 6.11) eingesetzt. (VDA – Verband deutscher Automobilindustrie; QS 9000 – Quality System Requirements: Qualitätssystem Forderungen der amerikanischen Automobilindustrie)

Die FMEA erfordert wie viele andere bereichsübergreifende Methoden eine Unternehmensleitung, die diese Methode einsetzen will und von deren Wirksamkeit überzeugt ist. Die Einführung der FMEA setzt entsprechende Schulungsmaßnahmen voraus.

Teamarbeit im Unternehmen und von der Methode überzeugte Mitarbeiter, die gern in einem FMEA-Projekt mitarbeiten, sind erforderlich.

Wichtig ist außerdem nicht zu versuchen, alle Fehler der Entwicklung und Planung eines Produkts festzuhalten, sondern mit einer ABC-Analyse die wesentlichen Fehler, die zu Qualitätsproblemen führen, zu finden und zu beseitigen.

Fehler-Möglichkeits- und Einfluss-Analyse (FMEA)	
1. Organisation vorbereiten	• Produkte, Baugruppen, Teile oder Prozesse, Fertigung, Montage für FMEA auswählen • Verantwortlichen und Team bestimmen • Termine festlegen
2. Inhalte vorbereiten	• Aufgabenstellung systematisch aufbereiten • Analysegegenstand eindeutig strukturieren und beschreiben • Aufgaben im Team verteilen
3. Analyse durchführen	• Mögliche Fehler, Fehlerfolgen und Fehlerursachen erarbeiten • Vorgesehene Maßnahmen beschreiben • Vorhandenen Zustand bewerten nach Bedeutung, Auftreten und Entdeckung
4. Analyseergebnisse auswerten	• Maßnahmen zur Risikominimierung bei allen Schwachstellen beschreiben • Verantwortliche und Termine festlegen • Einheitliches Formblatt anwenden
5. Termine verfolgen und Erfolge kontrollieren	• Geplante Maßnahmen, Termine und Wirksamkeit überwachen • Verbesserten Zustand bewerten

Tabelle 6.10: Vorgehensweise der Methode FMEA (nach *Pfeifer*)

	Fehler-Möglichkeits- und Einfluss-Analyse (FMEA) ☐ System-FMEA Produkt ☐ System-FMEA Prozess									FMEA-Nr.: Seite:
Typ/Modell/Fertigung/Charge:				Sach-Nr.: Änderungsstand:		Verantw.: Firma:				Abt.: Datum:
System-Nr./Systemelement: Funktion/Aufgabe:				Sach-Nr.: Änderungsstand:		Verantw.: Firma:				Abt.: Datum:
Mögliche Fehlerfolgen	B	Möglicher Fehler	Mögliche Fehlerursachen	Vermeidungsmaßnahmen	A	Entdeckungsmaßnahmen	E	RPZ		Verantwortlicher / Termin

B = Bewertungszahl für die Bedeutung: 1 (keine Bedeutung) – 10 (hohe Bedeutung)
A = Bewertungszahl für die Auftretenswahrscheinlichkeit: 1 (unwahrscheinlich) – 10 (hoch)
E = Bewertungszahl für die Entdeckungswahrscheinlichkeit: 1 (hoch) – 10 (unwahrscheinlich)
RPZ = Risikoprioritätszahl: A x B x E

Tabelle 6.11: FMEA-Formblatt (verkürzt) nach VDA 96 (*DGQ*)

Bewertungszahlen als Anhaltswerte für eigene Überlegungen enthält die Tabelle 6.12.

Bewertungszahlen für FMEA				
Beurteilung	**Bewertung**	**Bedeutung B von Fehlerfolgen** **Mögliche Fehlerfolgen**	**Auftretenswahrscheinlichkeit A von Fehlerursachen** **Zeitraum / Wahrscheinlichkeit**	**Entdeckungswahrscheinlichkeit E** **Definition**
Schlecht	10	Verletzung eines Kunden oder eines Mitarbeiters	Mehr als einmal täglich / ≤ 30 %	Mangel infolge eines Fehlers nicht erkennbar
	9	Rechtsverstoß	Einmal alle 3-4 Tage / ≤ 30 %	Einheiten werden gelegentlich auf Fehler geprüft
	8	Produkt oder Leistung werden unbrauchbar	Einmal pro Woche / ≤ 5 %	Einheiten werden systematisch mit Stichproben geprüft
	7	Kunde ist äußerst unzufrieden	Einmal pro Monat / ≤ 1 %	Sämtliche Einheiten werden manuell geprüft
	6	Teilweise Funktionsstörung	Alle 3 Monate / ≤ 0,03 %	Manuelle Prüfung ggf. unter Behebung von Fehlern
	5	Funktionseinbuße führt wahrscheinlich zu Beanstandung	Alle 6 Monate / ≤ 1 pro 10.000	Prozessüberwachung (SPC) und manuelle Prüfung
	4	Verursacht geringe Funktionseinbuße	Einmal pro Jahr / ≤ 6 pro 100.000	SPC mit unmittelbarer Reaktion bei Toleranzüberschreitungen
	3	Verursacht geringe Unannehmlichkeiten; ohne Funktionseinbußen	Alle 1-3 Jahre / ≤ 6 pro 1 Million	SPC wie oben bei 100%iger Überprüfung auf Toleranzüberschreitungen
↓	2	Unbemerkt, geringe Auswirkungen auf die Funktion	Alle 3-6 Jahre / ≤ 3 pro 10 Millionen	Alle Einheiten werden automatisch geprüft
Gut	1	Unbemerkt und keine Auswirkungen auf die Funktion	Einmal alle 6-100 Jahre / ≤ 2 pro Milliarde	Fehler ist offensichtlich; eine Auswirkung auf den Kunden kann verhindert werden

Tabelle 6.12: Bewertungszahlen mit Bewertung für FMEA nach Angaben von *Rath & Strong*.

Beispiel: System-FMEA Produkt für Verstelllasche einer Lichtmaschine nach *Pfeifer*.

1. Organisation vorbereiten

Der relativ hohe Aufwand für eine FMEA erfordert sehr genau zu überlegen, welche Teile, Baugruppen usw. untersucht werden sollten. Hilfen für diesen Schritt bieten firmenspezifische Checklisten mit einer Bewertung zum Erkennen der kritischen Bereiche einer Konstruktion. Anschließend wird ein Verantwortlicher für die FMEA und ein Termin der

Fertigstellung bestimmt. Der Verantwortliche stellt das Team zusammen und legt Projekttermine für Maßnahmen fest.

2. Inhalte vorbereiten

Das zu untersuchende Teilsystem ist so aufzubereiten, dass der Untersuchungsgegenstand durch Darstellung der Struktur und der Funktionen genau beschrieben werden kann. Dazu gehört auch die Angabe der Baugruppe oder des Systems, in dem das Teil später eingesetzt werden soll. Für das Beispiel Verstelllasche ist die Lichtmaschine die Baugruppe, und die Funktionen sind „Lichtmaschinenantrieb gewährleisten“ sowie „Keilriemen vorspannen“.

	Fehler-Möglichkeits- und Einfluss-Analyse (FMEA) ☒ System-FMEA Produkt ☐ System-FMEA Prozess			FMEA-Nr.: 1007 Seite: 1/1
Typ/Modell/Fertigung/Charge: 1990/03/X13		Sach-Nr.:3-8241-002 Änderungsstand: A-1992-07-KC	Verantw.: H. Conrad Firma:	Abt.:TB Datum: 18.12.99
System-Nr./Systemelement: Funktion/Aufgabe: Lichtmaschinenantrieb Keilriemen vorspannen		Sach-Nr.: Änderungsstand:	Verantw.: Firma:	Abt.: Datum:

Mögliche Fehlerfolgen	B	Möglicher Fehler	Mögliche Fehlerursachen	Vermeidungsmaßnahmen	A	Entdeckungsmaßnahmen	E	RPZ	Verantwortlicher/ Termin
Verstelllasche bricht; Lichtmaschine wird nicht angetrieben (lädt nicht)	6	Materialermüdung	Falsches Material benutzt		10	Zugversuch am Rohmaterial 1/Coil	1	60	
			Materialfehler (Verformungsrisse)		8	Prüfung 5 Teile / Stunde	2	96	Fertigungsprüfung Fa. Meier
			Dimensionsabweichungen		2	Prüfung der wichtigen Merkmale (am Fertigteil) 5 Teile / Stunde	4	48	Produkt-Entwicklung
			Tatsächliche Beanspruchung übersteigt Konstruktionsgrundlage		4		10	240	

B = Bewertungszahl für die Bedeutung: 1 (keine Bedeutung) – 10 (hohe Bedeutung)
A = Bewertungszahl für die Auftretenswahrscheinlichkeit: 1 (unwahrscheinlich) – 10 (hoch)
E = Bewertungszahl für die Entdeckungswahrscheinlichkeit: 1 (hoch) – 10 (unwahrscheinlich)
RPZ = Risikoprioritätszahl: A x B x E

Tabelle 6.13: FMEA-Formblatt „Verstelllasche einer Lichtmaschine“ (nach *Pfeifer)*

3. Analyse durchführen

Verwendet wird das Formblatt nach VDA 96 mit den Eintragungen für dieses Beispiel in Tabelle 6.13. In der Kopfzeile wird die Art der FMEA angekreuzt und in die zweite Zeile werden die Stammdaten des Untersuchungsobjekts eingetragen. Die Funktionen werden in das erste Feld der dritten Zeile geschrieben.

Danach sind die möglichen Fehler, die Fehlerfolgen und die möglichen Fehlerursachen anzugeben. Für die Materialermüdung sind fünf Fehlerursachen eingetragen und eine Fehlerfolge. Jeder Fehler mit Folge und Ursachen ist nach Erfahrungen zu analysieren und gefundene Maßnahmen zur Vermeidung sind festzuhalten. Entdeckungsmaßnahmen, wie die vorgesehenen Prüfungen, werden ebenfalls eingetragen.

Anschließend wird das Risiko des Fehlers hinsichtlich Bedeutung „B“, Auftreten „A“ und Entdeckung „E“ bestimmt. Hierzu wird jeweils eine Risikozahl aus dem Bereich 1 (geringes Risiko) bis 10 (hohes Risiko) zugeordnet. Die Bewertung kann nach Tabellen mit Risikozahlen nach VDA oder eigenen Erfahrungen erfolgen. Die Bewertung des Fehlers Materialermüdung 6 entspricht z. B. einer teilweisen Funktionsstörung. Entsprechend wurden die anderen Risikozahlen für die Spalten A, B und E ermittelt und eingetragen.

Die Risikoprioritätszahl „RPZ“ ergibt sich für jede Fehlerursache durch Multiplizieren der Zahlen von A × B × E und liegt entsprechend den drei Bereichen von 1 bis 10 insgesamt im Bereich von 1 bis 1000. Eingetragen sind die Beispiele 6 × 10 × 1 = 60 oder 6 × 4 × 10 = 240 usw.

Dabei ist zu beachten, dass die Risikozahlen subjektiv vergeben werden und damit ein Hauptkritikpunkt der FMEA sind. Maßgeblich sind jedoch nicht die genauen Zahlenwerte, sondern die Einschätzung des Risikos, das durch die Zahlen eine gewisse Richtung erhält.

4. Analyseergebnisse auswerten

Maßnahmen zum Vermeiden der Fehler mit hohen RPZ-Werten werden zuerst durchgeführt, jedoch sollte die subjektive Beurteilung beachtet werden. Maßnahmen sind in der Regel für alle Fehlerursachen zu ergreifen, wobei erst Vermeidungsmaßnahmen und anschließend Entdeckungsmaßnahmen zu behandeln sind.

5. Termine verfolgen und Erfolge kontrollieren

Alle empfohlenen Maßnahmen können nur dann wirken, wenn sie termingerecht umgesetzt werden. Erst dann ist beurteilbar, ob die Fehler beseitigt wurden, oder ob durch die Maßnahmen neue Fehler auftreten können.

Das Formblatt ist entsprechend dem Fortschritt durch abgeschlossene Maßnahmen jeweils zu aktualisieren, neue Maßnahmen sind zu erfassen, neue Risikozahlen sind zu vergeben und die RPZ-Werte werden neu berechnet. Die Auswirkungen der Änderungen sind zu beachten. Bewährt hat sich jeweils ein neues Formblatt anzulegen, damit alle Überlegungen und Ergebnisse nachvollziehbar bleiben.

Für eine FMEA sind folgende Fragen eindeutig zu klären:

Welche Fehler können auftreten und was sind die Ursachen?

Wie groß ist die Wahrscheinlichkeit der Entdeckung des Fehlers?

Wie groß kann der daraus resultierende Folgeschaden sein?

Was muss getan werden, um das Risiko zu vermeiden?

Fehlerfreiheit sichert Kostenvorteile, weil teure Rückrufaktionen vermieden werden. Die Rückrufaktionen für Serienprodukte verursachen auch bei sehr kleinen Teilen sehr hohe Kosten und stellen einen Imageverlust dar, der ebenfalls hohe Kosten bedeutet.

6.11 Zusammenfassung

Das Entwerfen als Konstruktionsphase ist auch schon vor der Entwicklung des methodischen Konstruierens als typischer Aufgabenbereich der Konstruktion bekannt. Die umfangreichen Forderungen an technische Produkte sind in einer Wissensbasis zusammengefasst enthalten. Das Umsetzen des Konzepts in Produkte mit Baugruppen und Einzelteilen zeigt jetzt insbesondere durch konkrete Festlegungen wo die Schwachstellen sind. Deshalb ist diese Phase durch viele Abstimmungen in Gesprächen gekennzeichnet. Das Entwerfen und Verwerfen durch neue Erkenntnisse ist aus der Praxis bekannt.

Die Vorgehensweise beim Grob- und Feingestalten wird an einem Beispiel ausführlich erklärt, um diese Tätigkeiten zu verstehen. Daraus kann jeder für sich erkennen, ob das Konstruieren durch einfaches Lernen und Anwenden eines CAD-Programms sinnvoll ist. Die Grundlagen des Konstruierens müssen als Voraussetzung vorhanden sein. Erst dann ist das Entwerfen mit einem CAD-System möglich. Auf Einzelteile bezogen, wird dann in der Regel erst das Funktionsteil, daraus das Fertigteil und anschließend das Rohteil konstruiert.

Als Grundsätze für das Entwerfen werden die wichtigsten Gebiete behandelt und an Beispielen erklärt. Dazu gehören die Grundregeln, die Gestaltungsprinzipien und eine Auswahl der Gestaltungsrichtlinien. Besonderer Wert wurde auf die Vorstellung von Methoden und Hilfsmitteln gelegt. Der Konstrukteur hat damit die Möglichkeit, sich selbständig die Unterlagen zusammenzustellen, die er für sein Fachgebiet benötigt.

Das lärmarme Konstruieren von Produkten ist aufgrund der Vorschriften und der EU-Richtlinien zum Schutz von Mensch und Umwelt fester Bestandteil der Forderungen an technische Produkte. Deshalb wurden Grundlagen behandelt, einfache Beispiele vorgestellt und Hinweise auf weiterführende Literatur gegeben.

Die Bewertung von Entwürfen ist durch die jetzt konkreter vorliegenden Informationen, Daten und Schnittstellen in jedem Fall durchzuführen. Entsprechende Hinweise und ein Beispiel sind hilfreich für das eigene Vorgehen. Voraussetzung ist natürlich, dass mehrere Alternativen als Entwürfe ausgearbeitet vorliegen.

Die Qualitätssicherung beim Entwerfen stellt zusammengefasst wichtige Kriterien vor, die beim Entwerfen zu beachten sind. Als analytische Methode zur vorbeugenden System- und Risikoanalyse werden die Grundlagen der Fehler-Möglichkeits- und Einfluss-Analyse (FMEA) behandelt und an einem Beispiel die Anwendung erläutert.

Frageliste zum Entwerfen und zur abschließenden Überprüfung

- Wurden für dieses Produktentwicklungsprojekt die richtigen Fachleute ausgewählt?
- Wurden Erfahrungen aus anderen Projekten genutzt?
- Wurde nach einem Projektplan gearbeitet?
- Wurde ein Terminplan aufgestellt und ist dieser eingehalten worden?
- Waren alle Unterlagen der Konstruktionsphasen Planen und Konzipieren vorhanden?
- Wurden alle Anforderungen der Anforderungsliste erfüllt?
- Sind alle Funktionen im Konzept umgesetzt worden?
- Konnte das Konzept ohne größere Änderungen realisiert werden?
- Sind alle erforderlichen Informationen vorhanden?
- Wurden alle Eigenschaften der eingesetzten Werkstoffe geklärt?
- Wurden die Rohteile festgelegt und deren Beschaffung geklärt?
- Welche Grundregeln, Prinzipien und Richtlinien der Gestaltung wurden beachtet?
- Wurden die notwendigen Berechnungen durchgeführt?
- Wurden alle erforderlichen Versuche durchgeführt, ausgewertet und umgesetzt?
- Wurde eine wirtschaftliche Fertigung der Teile untersucht?
- Wurde die Montage aller Baugruppen des Produkts überlegt?
- Wurde der Transport der Teile, der Baugruppen und des Produkte untersucht?
- Wurden die Schnittstellen der Baugruppen untersucht und festgelegt?
- Sind alle Informationen für das Anfertigen von technischen Zeichnungen vorhanden?
- Sind alle Daten für die Stücklisten vorhanden?
- Wurde der Einsatz von Norm-, Kauf- und Wiederholteilen realisiert?
- Wurden Komponenten von Zulieferern berücksichtigt?
- Sind Vorabbestellungen für Teile mit langen Lieferzeiten erforderlich?
- Sind vergleichende Angebote für Kaufteile und Zulieferkomponenten vorhanden?
- Wurden Herstellkosten, Zielkosten und Wirtschaftlichkeit des Entwurfs untersucht?
- Wurde eine Bewertung der verschiedenen Entwürfe in einer Gruppe durchgeführt?
- Wurden alle Vorschriften, Richtlinien und Sicherheitsforderungen erfüllt?
- Wurden alle Maßnahmen zur Qualitätssicherung durchgeführt?
- Sind alle geforderten Produkteigenschaften für den Gebrauch nachgewiesen?

7 Konstruktionsphase Ausarbeiten

Die vierte Phase der konstruktiven Tätigkeiten ist das ***Ausarbeiten***. In dieser Phase werden aus dem zum Ausarbeiten freigegebenen Entwurf alle Informationen so aufbereitet, dass ein Produkt hergestellt werden kann. Es müssen also alle Zeichnungen, Stücklisten und Anweisungen zum Bau und Betrieb eines Erzeugnisses erarbeitet werden. Dafür müssen als Ergebnis der Entwurfsarbeit auf der ***Entwurfszeichnung*** alle Angaben eingetragen sein, die für das Ausarbeiten, also das Aufstellen von Stücklisten und das Anfertigen von Einzelteilzeichnungen, Zusammenbauzeichnungen usw., notwendig sind.

Beispiel: Entwurfszeichnung der Anpassungskonstruktion eines Getriebes, für das eine zusätzliche Zahnradstufe konstruiert wurde. Die wesentlichen Daten, die dieser mit normgerechten Elementen gezeichnete Entwurf für das Ausarbeiten enthält, sind nach Bild 7.1:

- Positions- bzw. Teilenummern von Neuteilen und Wiederholteilen
- Normteilangaben für DIN-Teile und für Werknorm-Teile
- Kaufteilangaben für die Stücklisten
- Bemaßung und Maßketten für die Geometriekontrolle
- Funktionsbestimmende Toleranzangaben
- Geometrische Darstellungen für die Einzelteilzeichnungen
- Daten aus der Entwurfsberechnung

Ausarbeiten umfasst alle Tätigkeiten zur herstellungstechnischen Festlegung von Teilen, Baugruppen und deren Anordnung in einem Produkt durch Zeichnungen, Stücklisten und Anweisungen zum Bau und Betrieb eines Erzeugnisses.
Die ***Arbeitsschritte für das Ausarbeiten*** bestehen aus:

- Einzelteilzeichnungen erstellen
- Berechnungen durchführen
- Baugruppenzeichnungen erstellen
- Montagezeichnungen oder Gesamtzeichnungen anfertigen
- Stücklisten aufstellen
- Fertigungs- und Montageanweisungen festlegen
- Zeichnungs- und Stücklistenprüfung durchführen
- Betriebsanleitungen und Dokumentation erarbeiten

Nach der Erledigung aller Arbeitsschritte erfolgt die Freigabe zur Produktion. Einkauf, Arbeitsvorbereitung und Materialwirtschaft erhalten die Zeichnungen und Stücklisten, um alle Beschaffungen, Bereitstellungen und Planungen für Fertigung und Montage durchzuführen. Alle Ergebnisse werden vor einer Freigabe ständig optimiert und verbessert, um kostengünstigere Fertigungsverfahren, Zulieferteile statt Eigenteile einzusetzen usw.

In diesem Abschnitt wird das grundsätzliche Vorgehen beim Ausarbeiten beschrieben. Der Einsatz von CAD bedeutet im Wesentlichen eine Umstellung von Papier auf Dateien mit der damit verbundenen Nutzung der systemabhängigen Rechnerunterstützung.

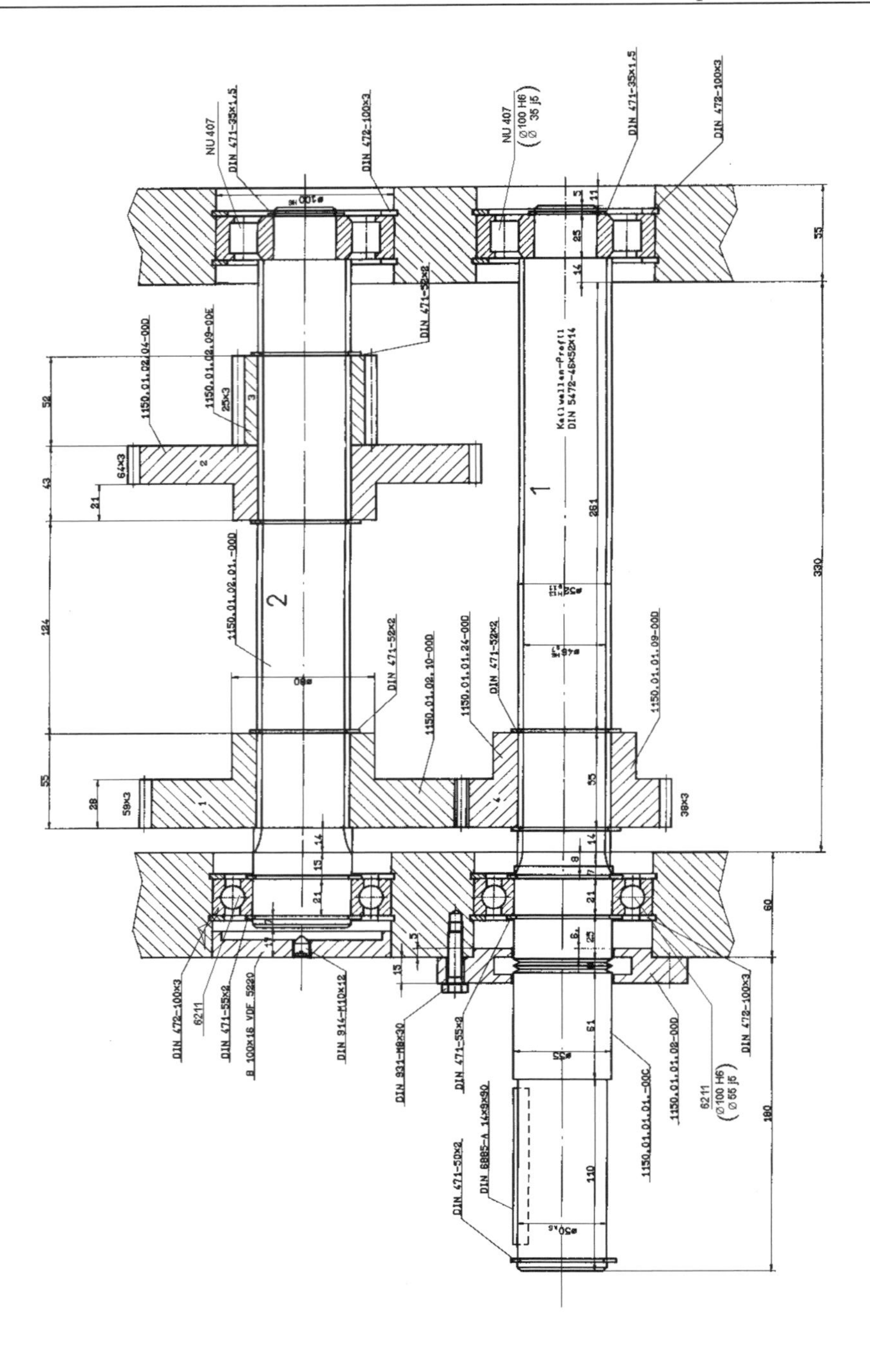

Bild 7.1: Entwurfszeichnung einer Anpassungskonstruktion (nach *Fa. Wohlenberg*)

Nach der Erstellung von Entwürfen mit einem 2D-CAD-System ist im Prinzip eine ähnliche Darstellung als Entwurf im Rechner zum Ausarbeiten vorhanden. Die Arbeitsschritte werden dann auch systemabhängig ähnlich erfolgen wie beim Arbeiten mit einem Zeichenbrett. Dagegen liefert die Vorgehensweise beim Entwerfen mit 3D-CAD/CAM-Systemen vollständige Bauteilinformationen, aus denen dann normgerechte Zeichnungen erstellt werden können. Das Vorgehen wird im Kapitel 9 vorgestellt. Bei solchen Systemen ist es oft erheblich effektiver, die Bauteildaten direkt als Datei an die Folgeabteilungen zu schicken und z. B. mit einem weiteren integrierten Modul am Rechner das NC-Programm zu erstellen, um damit die Teile auf den Werkzeugmaschinen zu fertigen.

7.1 Erzeugnisgliederung

Erzeugnisse, die in Form von Entwürfen vorliegen, müssen beim Ausarbeiten so gegliedert werden, dass eine Herstellung sinnvoll und wirtschaftlich möglich ist. Der Konstrukteur muss also überlegen, welche Eigenfertigungsteile, welche Normteile und welche Zulieferteile entstehen werden und diese dann so zusammenfassen, dass Baugruppen für eine einfache Montage entstehen. Das ganze Erzeugnis wird also gedanklich so gegliedert, dass Zeichnungen und Stücklisten als Ordnungsschema eine Erzeugnisstruktur ergeben. Die Begriffe Erzeugnisgliederung, Erzeugnisstruktur oder auch Produktstruktur sind in DIN 199 bzw. VDI 2215 definiert und werden mit gleicher Bedeutung verwendet.

Ein ***Erzeugnis*** ist ein durch Produktion entstandener, gebrauchsfähiger bzw. verkaufsfähiger, materieller oder immaterieller (z. B. Software) Gegenstand (DIN 199). *Erzeugnisse* sind funktionsfähige Teile, Maschinen oder Geräte, die aus einer Anzahl von Baugruppen und Teilen bestehen und das Produktionsergebnis darstellen. *Baugruppen* bestehen aus zwei oder mehr Teilen und aus Gruppen der Vormontage, die nach Fertigungs- und Montagegesichtspunkten gebildet werden.

Für die Herstellung von Erzeugnissen wird beim Ausarbeiten ein ***Zeichnungs- und Stücklistensatz*** erzeugt, der alle Zeichnungen und Stücklisten für die Produktion des Erzeugnisses und der Baugruppen umfasst.

Unter ***Erzeugnisgliederung*** wird eine Aufteilung des Erzeugnisses in kleinere Einheiten verstanden. Die Erzeugnisgliederung wird auch Erzeugnisbaum, Erzeugnisstammbaum oder Aufbauübersicht genannt, wobei noch Rohteile bzw. Halbzeuge angegeben werden. Die Gliederung eines Erzeugnisses kann übersichtlich als Ordnungsschema aufgebaut werden, das eine Zuordnung der Einzelteile, Gruppen niederer Ordnung und Baugruppen enthält. Die Gliederung erfolgt durch ***Strukturstufen***, die als Gliederungsebenen durch fortschreitende Auflösung eines Erzeugnisses in Baugruppen und Einzelteile entstehen.

Beispiel: Das Erzeugnis Kugelschreiber besteht aus einem Gehäuse und der Mechanik. Ober- und Unterteil des Gehäuses bestehen aus Einzelteilen zur Aufnahme der Mechanik. Die Mine wird in einer Halterung geführt und mit Druckstück bzw. Feder im Gehäuse bewegt. Bild 7.2 zeigt den Erzeugnisstammbaum mit einer Aufgliederung des Erzeugnisses bis auf die Teileebene und mit zugeordneten Zeichnungsarten.

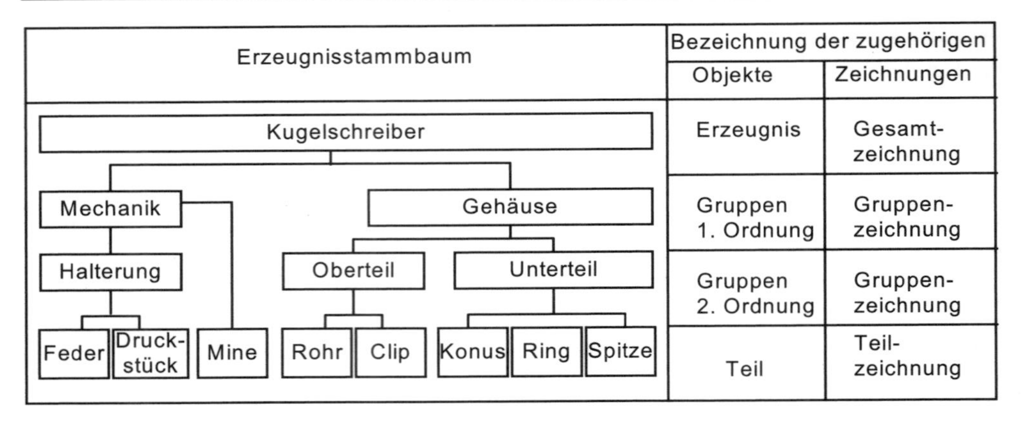

Bild 7.2: Erzeugnisstammbaum für Kugelschreiber (nach *Ockert*)

Die im Bild 7.3 dargestellte ***Erzeugnisstruktur*** enthält die Strukturstufen von Stufe 0 bis Stufe 4, die oft auch als Ebene oder Ordnung bezeichnet werden. Das Erzeugnis hat stets die Stufe 0, während die Gruppen und Einzelteile einer höheren Stufe (Ebene, Ordnung) zugeordnet werden, sodass Rohteile stets in der höchsten Stufe stehen.

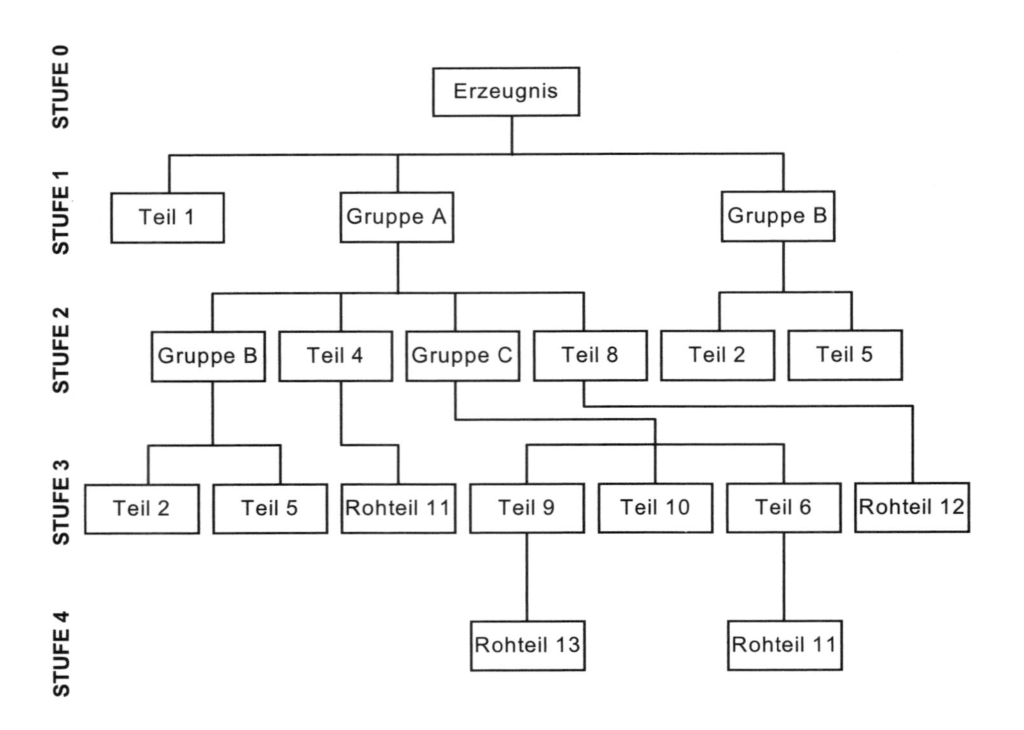

Bild 7.3: Fertigungs- und montageorientierte Erzeugnisstruktur (Beispiel)

Die Erzeugnisgliederung kann nach der Struktur

- funktionsorientiert oder
- fertigungs- und montageorientiert sein.

Eine ***funktionsorientierte Erzeugnisgliederung*** entsteht in der Konstruktion, wenn beim Entwerfen ausgehend von der Funktion Wirkflächen, Lösungselemente und Maschinenelemente als Funktionsgruppen entwickelt werden. Der Vorteil liegt für Konstrukteure in der Wiederverwendbarkeit der Funktionsgruppen.

Beispiel: Formschlüssige Welle-Nabe-Verbindung
- Funktion „Drehmoment übertragen“ von Wellen auf Naben
- Funktionsflächen übertragen Kräfte formschlüssig am Umfang von Welle und Nabe
- Funktionselemente mit Wirkflächen mehrfach anordnen ergibt Keilwelle / Keilnabe
- Funktionsgruppe ergibt sich durch Zusammenwirken von Keilwelle und Keilnabe

Diese Funktionsgruppe ist nach den zu übertragenden Drehmomenten mit den geometrischen Abmessungen aus den Normen auszulegen.

Eine ***fertigungs- und montageorientierte Erzeugnisgliederung*** entsteht durch die Anordnung von Rohteilen, Einzelteilen, Normteilen, Vormontagegruppen und Baugruppen bis zum Erzeugnis durch Planungen und Überlegungen für Fertigung und Montage eines Erzeugnisses. Die Vorteile für fast alle Unternehmensabteilungen haben dazu geführt, dass vorrangig die fertigungs- und montageorientierte Erzeugnisgliederung nach Bild 7.3 eingesetzt wird.

Ein ***Zeichnungs- und Stücklistensatz*** soll fertigungsgerecht aufgebaut werden. Insbesondere bei größeren Erzeugnissen ist der Fertigungs- und Zusammenbaufluss der Bauteilgruppen bei der Montage des Erzeugnisses maßgebend. Dabei werden die Gruppen der Stufe 1 (dienen der Endmontage des Erzeugnisses), die Gruppen der Stufe 2 (dienen dem Zusammenbau der Gruppen der Stufe 1) usw. zusammengefasst (Bilder 7.3 und 7.4).

Die Ziele einer Erzeugnisgliederung sind nach VDI 2215:
- Auftragsabwicklung vereinfachen
- Angebotskalkulation erleichtern
- Normung fördern
- Wiederholteil-Baugruppen erkennen
- Materialdisposition beschleunigen
- Fertigung, Montage und Terminsteuerung verbessern
- Zeichnungs- und Stücklistenaufbau einheitlich für alle Produkte

Erzeugnisgliederungen sind auch eine wichtige Voraussetzung für eine rationelle Herstellung von Produktprogrammen mit vielen Varianten, die als Baureihen- und Baukastensysteme verwirklicht sind. Eine Erzeugnisgliederung beeinflusst sehr stark den Aufbau der Fertigungsunterlagen und auch den Fertigungsfluss. Deshalb ist es zweckmäßig, alle betroffenen Betriebsbereiche wie Konstruktion, Normung, Arbeitsvorbereitung, Fertigung, Montage, Einkauf und Vertrieb bei der Aufstellung zu berücksichtigen. In jedem Fall ist sie produkt- und firmenspezifisch und kann nicht allgemeingültig festgelegt werden.

Gesamtstücklisten bestehen aus der Zusammenstellung aller Stücklisten für ein Erzeugnis oder einen Auftrag. Es werden also alle mechanischen, elektrischen und elektronischen Baugruppen und Teile in Stücklisten zusammengefasst, die übersichtlich angeordnet alles enthalten, was für den Auftrag an den Kunden zu liefern ist.

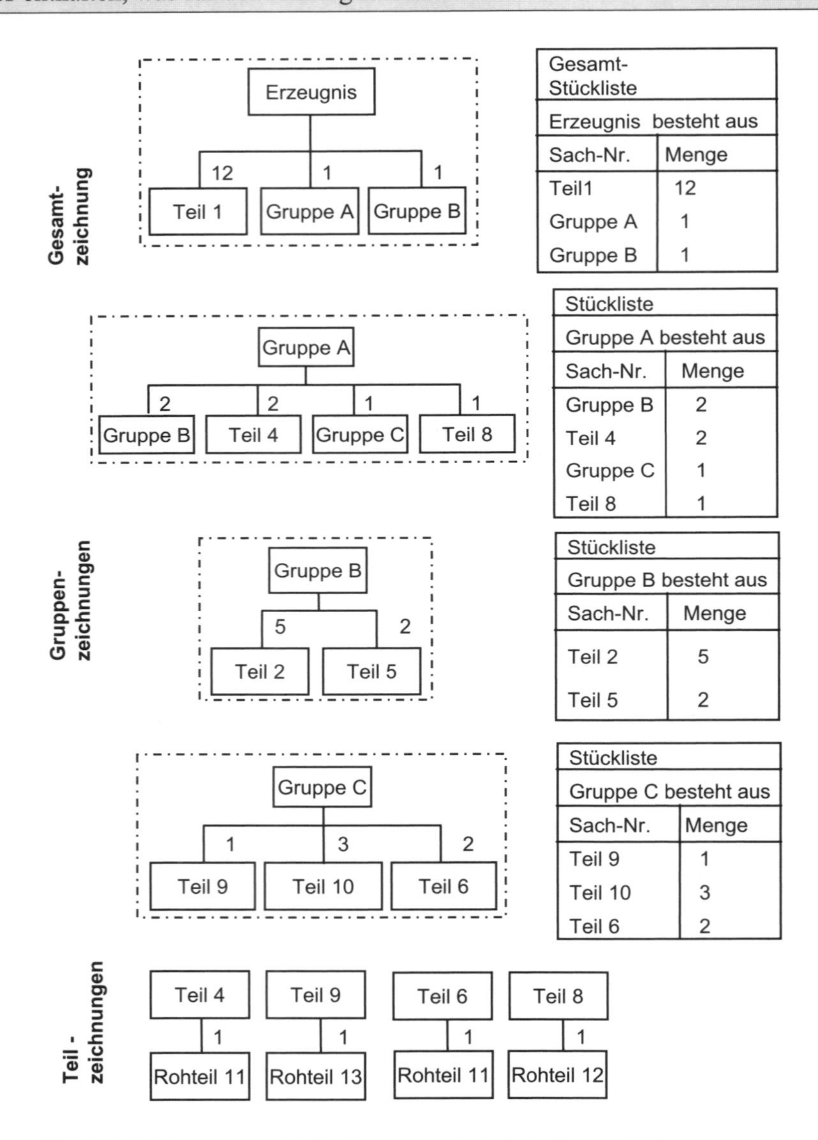

Bild 7.4: Zeichnungs- und Stücklistensatz als Beispiel (nach DIN)

7.2 Zeichnungen

Zeichnungen sind maßstäbliche, aus Linien bestehende, bildliche Darstellungen eines oder mehrerer Teile mit den jeweils notwendigen Ansichten, Schnitten und sonstigen Angaben. Technische Zeichnungen anfertigen und lesen können gehören zum Handwerkszeug aller Ingenieure und stellen als „Sprache" eine wesentliche Grundlage für den Informationsaustausch in der Technik dar.

Die Anfertigung technischer Zeichnungen erfolgt nach Normen und wird als bekannt vorausgesetzt, siehe Kapitel 1. Eine Unterscheidung ist möglich nach der Art der Darstellung, der Art der Anfertigung, nach dem Zeichnungsinhalt, nach dem Zeichnungsaufbau, nachdem Zeichnungseinsatz und nach der Zeichnungsorganisation.

DIN 199 definiert wesentliche Begriffe für technische Zeichnungen. Alle Regeln für den formalen Aufbau von technischen Zeichnungen nach Inhalt, Darstellungsart, Aufbau usw. sind ebenfalls schon seit Jahren durch Normen einheitlich festgelegt. Hier sollen nur kurz einige Angaben zu wichtigen Zeichnungsarten gemacht werden.

Einzelteilzeichnungen enthalten alle erforderlichen Angaben für Herstellung und Prüfung des dargestellten Teiles. ***Gruppenzeichnungen*** sind maßstäbliche Darstellungen der räumlichen Lage und der Form der zu einer Gruppe zusammengefassten Teile mit Angaben zu Fertigung und Montage. ***Zusammenbauzeichnungen*** enthalten alle für den Zusammenbau einer Baugruppe erforderlichen Informationen.

Der ***Zeichnungsinhalt*** von Einzelteilzeichnungen bzw. Fertigungszeichnungen besteht aus Geometrie, Bemaßung, Toleranzen, Oberflächen, Werkstoffen, Schraffur, Symbolen usw.. Eine Gliederung dieser Daten erfolgt in vier Bereiche:

- Geometrische Informationen
- Bemaßungs-Informationen
- Technologische Informationen
- Organisatorische Informationen

Geometrische Informationen sind Linien, Konturen, Flächen, Ansichten, Schnitte und Formelemente für die Darstellung der Werkstücke.

Bemaßungs-Informationen liefern alle Angaben über die Abmessungen der Werkstücke mit Formelementen durch Maßangaben, Toleranzen und Darstellungsangaben.

Technologische Informationen umfassen die Angaben für Werkstoffe, Oberflächen, Qualität und Fertigungsverfahren, die für die Herstellung erforderlich sind.

Organisatorische Informationen stehen im Schriftfeld und sind für den Ablauf im Betrieb erforderlich. Dazu gehören Benennung, Nummern, Unternehmen, Erstellung, Maßstab, Freigabe usw.

Die Einzelteilzeichnung in Bild 7.5 zeigt als Beispiel eine Werkstückzeichnung, die mit dem 3D-CAD/CAM-System Pro/ENGINEER erzeugt, auch ein 3D-Modell enthält.

Beim Detaillieren der Teile müssen diese Informationen beschafft und verarbeitet werden. Außerdem müssen für alle Normteile und die Zulieferteile die genauen Daten vorliegen.

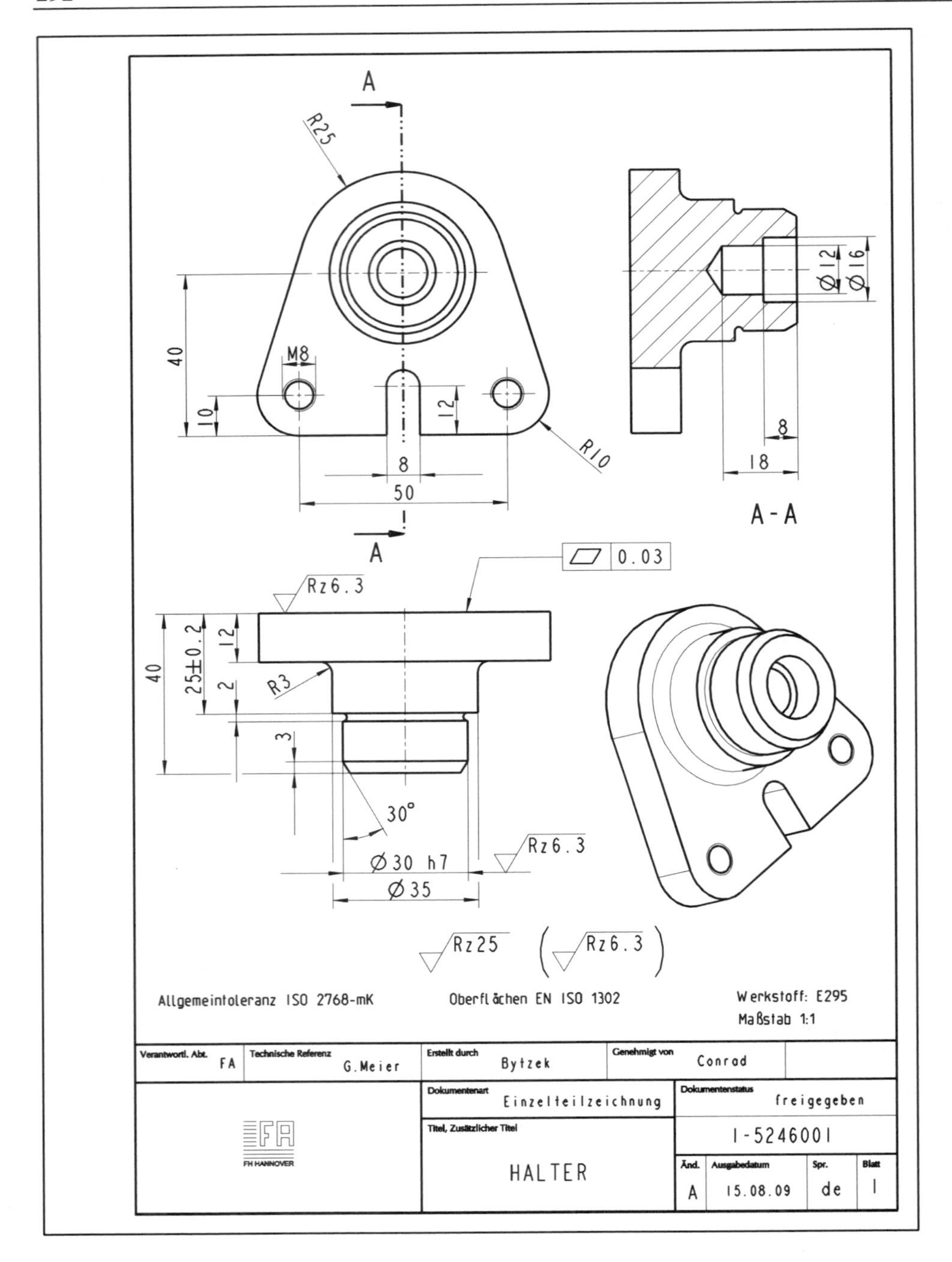

Bild 7.5: Einzelteilzeichnung, mit dem 3D-CAD/CAM-System Pro/ENGINEER erzeugt

Beim Ausarbeiten werden aus dem Entwurf alle Angaben zur Erstellung der *Einzelteilzeichnungen* entnommen. Um aus diesen Daten die Einzelteile zu detaillieren, muss die Gestalt normgerecht dargestellt, alle erforderlichen Formelemente ergänzt, die notwendigen Berechnungen durchgeführt sowie Abmessungen, Toleranzen, Werkstoffe, Fertigungsangaben und Vorschriften eingetragen werden. Bild 7.6 enthält wichtige Gedanken, die bei der Ausarbeitung zu beachten sind.

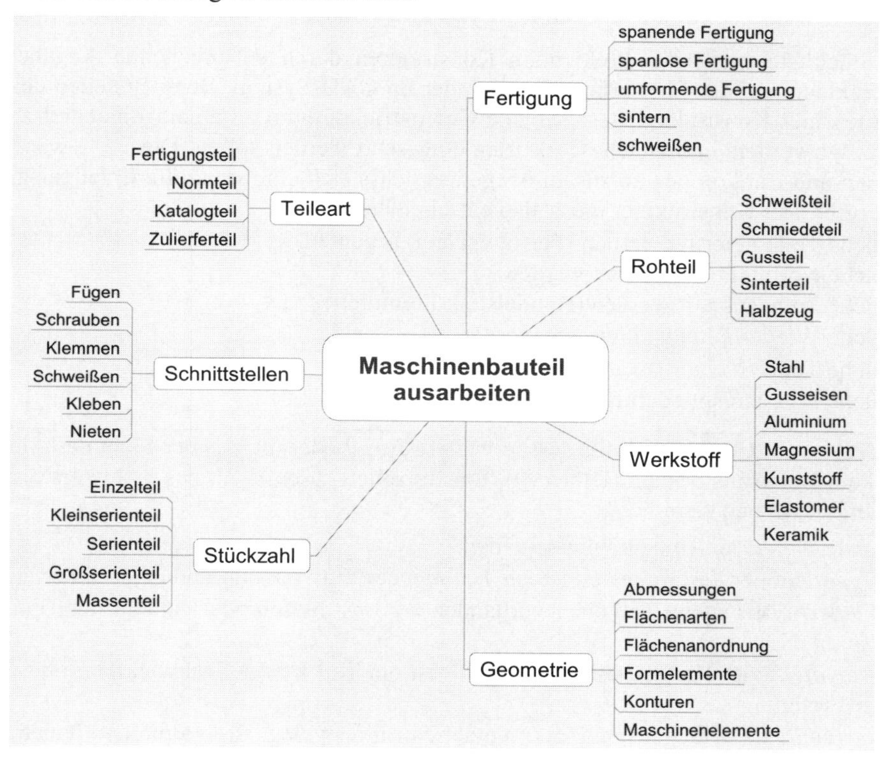

Bild 7.6: Maschinenbauteil ausarbeiten als Mind Map

Für *Gruppenzeichnungen* sind die zu einer Gruppe gehörenden Teile auf einer neuen Zeichnung nach Form und Lage anzuordnen und mit Angaben für Fertigung und Montage zu versehen. Beispiele sind Getriebewellen oder Hydraulikgruppen. Eine ***Gruppe*** besteht aus zwei oder mehreren Teilen und Gruppen niedrigerer Ordnung (Bild 7.4).

Zusammenbauzeichnungen sind stets aus Einzelteilen und Baugruppen neu zu zeichnen bzw. aus CAD-Modellen im System zu generieren, um die notwendige Prüfung aller wichtigen Abmessungen durchzuführen, die sich dadurch zwangsläufig ergibt. Mit den firmenspezifischen Angaben für die Montage, den Positions- oder Teilenummern und den organisatorischen Daten wird die Zeichnung abgeschlossen. Dieser Vorgang ist sehr effektiv mit einem 3D-CAD-System zu simulieren, da der Konstrukteur alle modellierten Teile am Bildschirm montieren kann und sofort Kollisionen oder Abweichungen erkennt.

7.3 Stücklisten

Die ***Stückliste*** ist ein für einen bestimmten Zweck vollständiges, formal aufgebautes Verzeichnis für ein Teil oder eine Gruppe, das alle Teile oder Gruppen mit Angabe von Benennung, Sachnummer, Menge und Einheit enthält. Stücklisten beziehen sich immer auf die Stückzahl eins eines Teiles oder einer Gruppe. Stücklisten sind neben den Zeichnungen erforderlich für die Herstellung eines Erzeugnisses.

Eine Stückliste entsteht indirekt beim Konstruieren durch entsprechende Angaben des Konstrukteurs auf der Entwurfszeichnung oder im CAD-System. Beim Erstellen des Entwurfs legt der Konstrukteur fest, welche Geometriekonturen zu einem Einzelteil zusammengefügt werden, und welche Teilearten eingesetzt werden sollen. Die Teile werden zu Gruppen und Baugruppen so zusammengefasst, dass sich eine sinnvolle Erzeugnisgliederung ergibt. Der Konstrukteur muss also entscheiden:

- welche Teile gefertigt werden (Fertigungsteil, Eigenteil)
- welche Normteile verwendet werden
- welche Teile gekauft werden (Handelsteil, Fremdteil)
- welche Wiederholteile eingesetzt werden
- welche Teile zu einer Baugruppe gehören
- welche Erzeugnisgliederung festgelegt wird

Ein ***Teil*** ist ein Gegenstand, für dessen weitere Aufgliederung aus der Sicht des Anwenders kein Bedürfnis besteht (DIN 199). Ein Einzelteil ist ein Teil, das nicht zerstörungsfrei zerlegt werden kann.

Folgende ***Teilearten*** sind zu unterscheiden:

- ***Eigenteil*** oder Fertigungsteil ist ein Teil eigener Entwicklung und eigener Fertigung.
- ***Wiederholteil*** ist ein Teil einer vorhandenen Konstruktion oder ein mehrfach einsetzbares Teil.
- ***Fremdteil*** oder Handelsteil (Katalogteil) ist ein Teil fremder Entwicklung und fremder Fertigung.
- ***Normteil*** ist ein Gegenstand, der in einer Norm festgelegt ist. Normteile können nach folgenden drei Grundtypen gegliedert werden:
  - *Normteile mit DIN-Nummer* als Zeichnungsnummer, sog. „OZ-Teile" (ohne Zeichnung), z. B. Bolzen DIN 1443. Für Normteile wird keine Zeichnung angefertigt. Jede Norm enthält die Angaben der Normbezeichnung.
  - *Halbzeuge nach DIN*: Halbzeug ist der Sammelbegriff für Gegenstände mit bestimmter Form, bei denen mindestens noch ein Maß unbestimmt ist. Dies sind durch Walzen, Ziehen, Pressen und Schmieden hergestellte Bleche, Profile, usw.
  - *Werkstoffangaben nach DIN*, z. B. E295 nach DIN EN 10025.

Nach dem Festlegen der Teile, der Baugruppen und der Erzeugnisgliederung wird der Konstrukteur sich einen Stücklistensatz überlegen, der für die Produktherstellung sinnvoll ist und alle Stücklistendaten in entsprechende Formulare/Dateien eintragen. Bei einigen CAD-Systemen sind Stücklisten aus den Zusammenbauzeichnungen direkt abzuleiten.

7.3.1 Stücklistenaufbau

Stücklisten bestehen stets aus einem tabellenartigen Stücklistenfeld nach DIN 6771, Teil 2, und einem ***Schriftfeld*** nach DIN EN ISO 7200, da seit Mai 2004 die DIN 6771, Teil 1, zurückgezogen wurde. Genormte Stücklisten werden in Unternehmen selten eingesetzt, da fast jedes Unternehmen andere Vorstellungen von der Nutzung der Stücklistendaten hat, sodass, auch durch den Einsatz der Datenverarbeitung, viele Stücklistenarten entwickelt wurden. Die DIN EN ISO 7200 enthält die Vorgaben für Datenfelder in Schriftfeldern und Dokumentenstammdaten. Für die Übertragung und Darstellung von Informationen gilt die Bedingung, dass die Datenfelder in Bezug auf Feldname, Inhalt der Information und Anzahl der Zeichen definiert ist. Das Schriftfeld ist stets unten rechts auf dem Blatt mit einer Breite von 180 mm anzuordnen und ist für Zeichnungen und Stücklisten gleich. Stücklisten können auf Zeichnungen oder auf DIN A4-Formularen erstellt werden (nach *Klein*).

Die ***Zeichnungsstücklisten*** werden über dem Schriftfeld angeordnet, die Positionen sind aufsteigend und müssen bei Zeichnungsänderungen stets angepasst werden.

Die losen ***Stücklistenformulare*** im DIN A4-Format haben viele Vorteile, da sie unabhängig von Zeichnungen mit beliebiger Blattzahl erzeugt und abgelegt werden können. Weiterhin sind Erstellung, Vervielfältigung, Speicherung, Änderung, Verarbeitung mit einem Stücklistenprogramm so verbreitet, dass in den Unternehmen fast nur noch mit diesen Stücklisten gearbeitet wird. Die EDV-Stücklisten haben außerdem nicht mehr den üblichen DIN-Formularaufbau, sondern sind der Unternehmensorganisation angepasst.

In der DIN EN ISO 7200 wurden Regeln für digitalisierte Dokumente beachtet. Das Schriftfeld enthält nur die notwendige Anzahl der Datenfelder. Außerhalb des Schriftfelds sind andere Datenfelder anzugeben, wenn diese erforderlich sind, wie z. B. Maßstab, Toleranzangaben, Oberflächenangaben, Werkstoff, Kantenzustand, Projektionssymbol. Datenfelder sind eingeteilt in identifizierende, beschreibende und administrative (nach *Klein*).

Im Bild 7.7 sind eine Gruppenzeichnung und die dazugehörige lose Stückliste mit einem einfachen Nummernsystem als ausgefülltes Stücklistenfeld Form A DIN 6771 und einem Schriftfeld DIN EN ISO 7200 dargestellt. Die Trennung von Zeichnungsteilen und Normteilen in der Stückliste ist nicht üblich. Für die Eintragungen in die Stücklistenfelder gilt:

Das ***Stücklistenfeld*** wird zeilenweise ausgefüllt.

- Die Spalte 1 enthält die Positionsnummern zum Auffinden der Teile in der Zeichnung.
- Die Spalte 2 enthält die Menge jedes Teiles für ein Stück des Erzeugnisses, das im Schriftfeld der Stückliste angegeben ist. Die Spaltenunterteilung kann für Varianten genutzt werden. Ohne Varianten wird stets das Feld unmittelbar vor Spalte 3 ausgefüllt.
- Die Spalte 3 wird mit Einheiten der Menge ausgefüllt, z. B. Stck, kg oder m.
- Die Spalte 4 enthält die Benennung des Teils, die unabhängig von der Menge stets in der Einzahl angegeben wird.
- Die Spalte 5 wird mit der Sachnummer oder der Normkurzbezeichnung ausgefüllt. Neben der Sachnummer ist zusätzlich die Normkurzbezeichnung einzutragen.
- Die Spalte 6 wird mit der Normbezeichnung der Werkstoffe oder deren handelsüblicher Bezeichnung ausgefüllt.

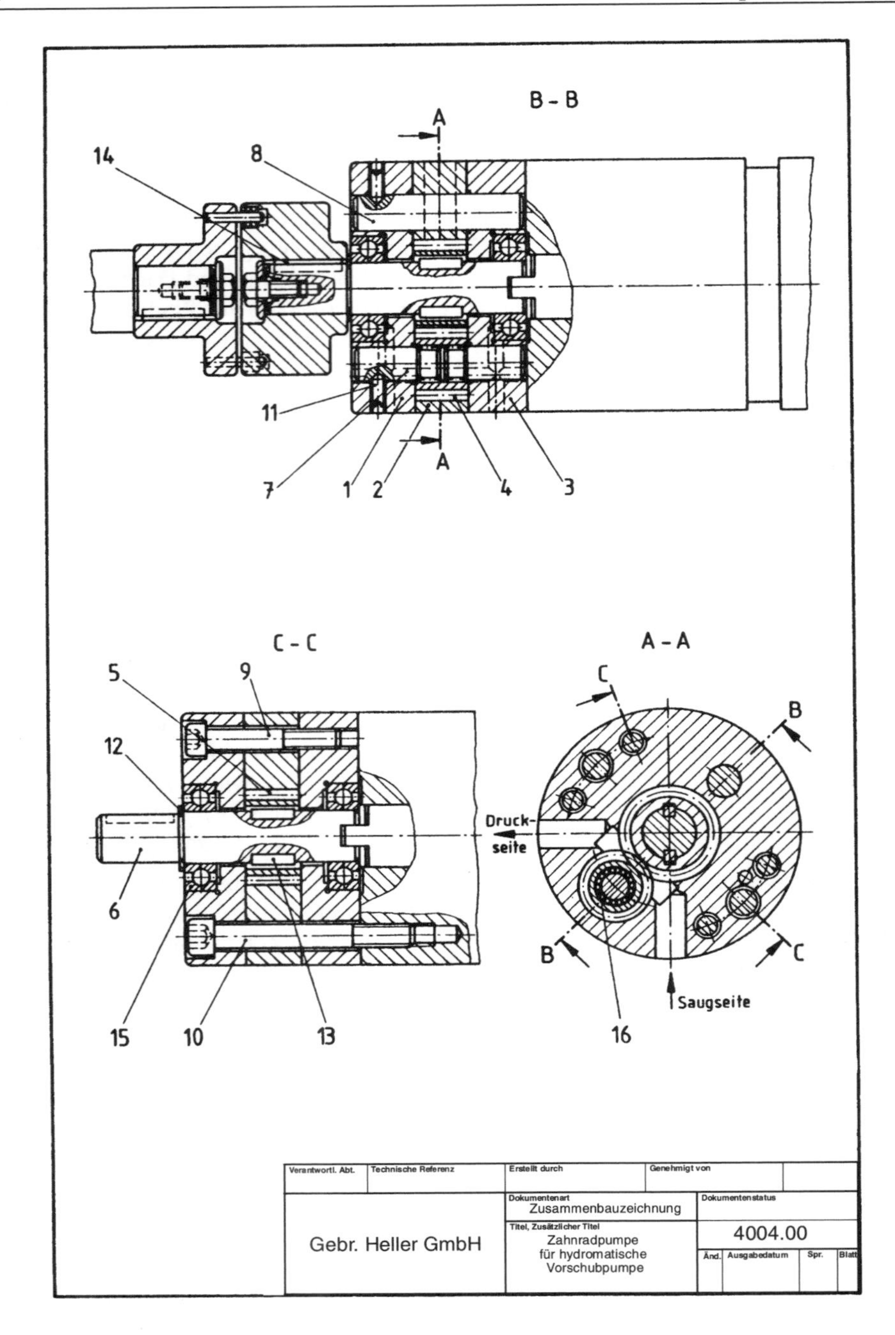

Bild 7.7-1: Gruppenzeichnung mit loser Stückliste A1 DIN 6771 (nach *Hoischen/Hesser*)

Stückliste A1 DIN 6771

1	2	3	4	5	6
Pos.	Menge	Einheit	Benennung	Sach-Nr. / Norm-Kurzbezeichnung	Werkstoff
1	1	Stck	Pumpendeckel	4004.01	EN-GJL-300
					DIN EN 1561
2	1	Stck	Zahnradgehäuse	4004.02	EN-GJL-300
					DIN EN 1561
3	1	Stck	Grundplatte	4004.03	EN-GJL-300
					DIN EN 1561
4	1	Stck	Pumpenzahnrad	4004.04	16 Mn Cr 5
					DIN EN 10084
5	1	Stck	Pumpenzahnrad	4004.05	16 Mn Cr 5
					DIN EN 10084
6	1	Stck	Antriebswelle	4004.06	51 Cr V4
					DIN EN 10083
7	1	Stck	Achse	4004.07	16 Mn Cr 5
					DIN EN 10084
8	1	Stck	Bolzen	4004.08	C45
					DIN EN 10083
9	4	Stck	Zylinderschraube	DIN EN ISO 4762-M10x60	
10	2	Stck	Zylinderschraube	DIN EN ISO 4762-M12x90	
11	2	Stck	Gewindestift	DIN EN 27434-M8x15	
12	1	Stck	Sicherungsring	DIN 471-24x1,2	
13	2	Stck	Passfeder	DIN 6885-8x7x20	E 335+C
					DIN EN 10025
14	1	Stck	Passfeder	DIN 6885-8x7x32	E 335+C
					DIN EN 10025
15	2	Stck	Rillenkugellager	DIN 625-25x52x15	
16	38	Stck	Lagernadel	DIN 5402-2,5x9,8	

Verantwortl. Abt.	Technische Referenz	Erstellt durch	Genehmigt von
FA	Conrad	Wrede	Bytzek

Dokumentenart	Dokumentenstatus			
Stückliste	freigegeben			
Titel, Zusätzlicher Titel	4004.00			
Zahnradpumpe für hydromatische Vorschubpumpe	Änd.	Ausgabedatum	Spr.	Blatt
	A	20.06.2005	de	1

Bild 7.7-2: Gruppenzeichnung mit loser Stückliste A1 DIN 6771 (nach *Hoischen/Hesser*)

7.3.2 Stücklistenarten

Die Stückliste soll außer den Informationen über die Baugruppen und Einzelteile, aus denen ein Erzeugnis zusammengesetzt ist, auch die Erzeugnisgliederung erkennen lassen. Aus der Art, wie diese Gliederung in der Stückliste dargestellt ist, leiten sich die verschiedenen ***Stücklistenarten*** ab. Die Begriffe wurden in Anlehnung an DIN 199 T.2 gewählt.

Beispiel: Für die Erzeugnisgliederung eines Getriebes in Bild 7.8 werden die drei Grundformen der Stücklisten mit einem einfachen Nummernsystem vorgestellt.

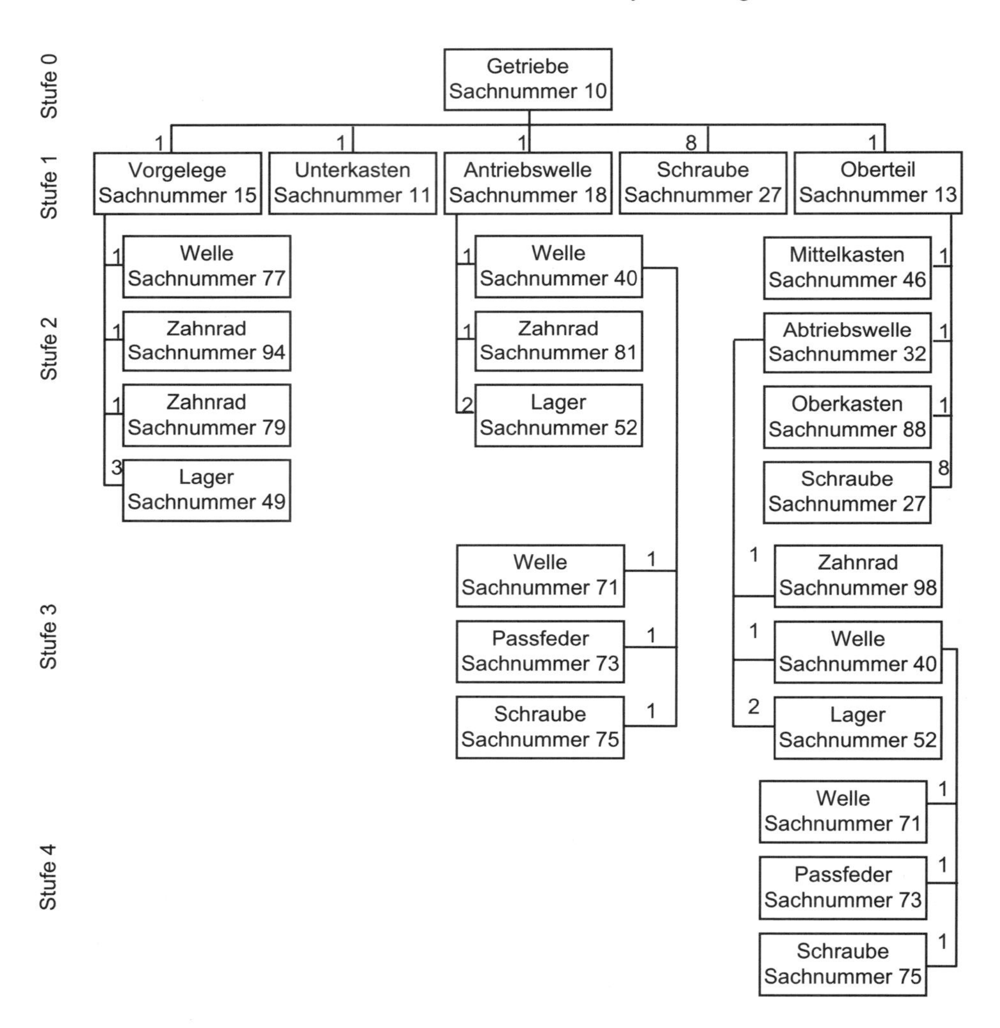

Bild 7.8: Erzeugnisgliederung eines Getriebes (nach *Steinmetz*)

Mengenübersichtsstückliste

Die ***Mengenübersichtsstückliste*** ist die einfachste Form einer Stückliste. Sie enthält je Erzeugnis nur eine Auflistung der Einzelteile mit ihren Sachnummern, Mengenangaben, Benennung, Werkstoff usw.. Jedes Teil bzw. dessen Sachnummer erscheint auch bei mehrfachem Vorkommen im Erzeugnis nur einmal in der Stückliste.

Konstruktive oder fertigungstechnische Gruppierungen sind nur durch Zuordnen von Teilen nach Kriterien, wie z. B. montageorientiert, möglich. Die Stückliste eignet sich daher für einfache Erzeugnisse, Einzelfertigung oder Sonderkonstruktionen sowie für das manuelle Erstellen mit Stücklistenformularen. Tabelle 7.1 enthält die Mengenübersichtsstückliste für das Getriebe mit der Erzeugnisgliederung nach Bild 7.8.

Sachnummer: 10			**Erzeugnis: Getriebe**	
Pos	Menge	Einheit	Benennung	Sach-Nr.
1	1	Stck	Unterkasten	11
2	1	Stck	Oberteil Gruppe	13
3	1	Stck	Vorgelege Gruppe	15
4	1	Stck	Antriebswelle Gruppe	18
5	16	Stck	Schraube	27
6	1	Stck	Abtriebswelle Gruppe	32
7	2	Stck	Welle Gruppe	40
8	1	Stck	Mittelkasten	46
9	3	Stck	Lager	49
10	4	Stck	Lager	52
11	2	Stck	Welle	71
12	2	Stck	Passfeder	73
13	2	Stck	Schraube	75
14	1	Stck	Welle	77
15	1	Stck	Zahnrad	79
16	1	Stck	Zahnrad	81
17	1	Stck	Oberkasten	88
18	1	Stck	Zahnrad	94
19	1	Stck	Zahnrad	98

Tabelle 7.1: Vereinfachte Mengenübersichtsstückliste eines Getriebes (nach *Steinmetz*)

Strukturstückliste

Die ***Strukturstückliste*** enthält je Erzeugnis oder Baugruppe alle Gruppen und Einzelteile in strukturierter Anordnung. Jede Gruppe ist also bis zur höchsten Stufe aufgegliedert. Die Gliederung entspricht in der Regel dem Fertigungsablauf der Gruppen und Teile.

An dem Beispiel zweiteiliger Getriebegehäuse in Tabelle 7.2 soll das grundsätzliche Vorgehen beim Aufstellen von Strukturstufen erklärt werden.

Arbeitsgang	**Stufe**
Einbau in Gesamtmaschine	1
Montage des Getriebes	2
Fertigbearbeitung des vormontierten Gehäuses	3
Vormontieren von Oberteil und Unterteil mit Schrauben und Stiften	4
Spanende Fertigung je Teil bis auf Lagerbohrungen	5
Abguss der Rohteile	6

Tabelle 7.2: Strukturstufen zweiteiliger Getriebegehäuse

Die Strukturstufen werden vom Rohteil mit der höchsten Stufe bis zur einbaufähigen Baugruppe zugeordnet. Damit haben in einer Strukturstückliste alle Rohteile die höchste Stufe und können für die Disposition in der EDV einfach ermittelt werden. Die folgenden Arbeitsgänge sind ebenfalls enthalten und können automatisch mit den entsprechenden Arbeitspapieren und den erforderlichen Teilen für die Vormontage per EDV gesteuert werden. Ohne die Bereitstellung von Schrauben und Stiften ist z. B. keine Vormontage möglich. Die Gesamtmaschine erhält als Erzeugnis wie immer die Stufe 0.

Die Strukturstückliste zeigt die fertigungs- und montageorientierte Gliederung des Erzeugnisses bis zur niedrigsten Stufe. Die Stufe kann durch Einrücken des jeweiligen Elementes in der Liste angegeben werden oder durch Zahlen für die Strukturstufen. Diese Listenart ist vom Konstrukteur zusammen mit Disposition und Arbeitsvorbereitung zu erstellen.

- *Vorteil:*
  Gesamtstruktur des Erzeugnisses bzw. die Struktur der Gruppe kann erkannt werden,
- *Nachteile:*
  Bei hoher Positionszahl wird die Strukturstückliste unübersichtlich und der Änderungsdienst aufwendig. Mehrfach im Erzeugnis verwendete Baugruppen erscheinen mehrfach mit allen Einzelteilen in der Stückliste.

Für das Getriebe des Beispiels ergibt sich die Strukturstückliste in Tabelle 7.3. Die Stufen wurden jedoch nach Bild 7.8 eingetragen.

Sachnummer: 10					**Benennung: Getriebe**			
Stufe								
1	2	3	4	5	Menge	Einheit	Benennung	Sach-Nr.
x					1	Stck	Oberteil (Baugruppe)	13
	x				1	Stck	Mittelkasten	46
	x				1	Stck	Abtriebswelle (Baugruppe)	32
		x			1	Stck	Zahnrad	98
		x			1	Stck	Welle (Baugruppe)	40
			x		1	Stck	Welle	71
			x		1	Stck	Passfeder	73
			x		1	Stck	Schraube	75
		x			2	Stck	Lager	52
	x				1	Stck	Oberkasten	88
	x				8	Stck	Schraube	27
x					8	Stck	Schraube	27
x					1	Stck	Antriebswelle (Baugruppe)	18
	x				1	Stck	Welle (Baugruppe)	40
		x			1	Stck	Welle	71
		x			1	Stck	Passfeder	73
		x			1	Stck	Schraube	75
	x				1	Stck	Zahnrad	81
	x				2	Stck	Lager	52
x					1	Stck	Unterkasten	11
x					1	Stck	Vorgelege (Baugruppe)	15
	x				1	Stck	Welle	77
	x				1	Stck	Zahnrad	94
	x				1	Stck	Zahnrad	79
	x				3	Stck	Lager	49

Tabelle 7.3: Vereinfachte Strukturstückliste eines Getriebes (nach *Steinmetz*)

Baukastenstückliste

Um Stücklisteninhalte in verschiedenen Erzeugnissen und bei Wiederholgruppen unverändert verwenden zu können, ist es zweckmäßig, Gesamtstücklisten in selbständige Teile bausteinartig aufzugliedern. *Wiederholgruppen* sind Gruppen vorhandener Konstruktionen oder mehrfach einsetzbare Gruppen bei einem Erzeugnis.

Die ***Baukastenstückliste*** ist eine Stücklistenform, die grundsätzlich nur einstufig ist und in der alle Teile und Gruppen der nächst tieferen Stufe aufgeführt sind. Sie enthält zusammengehörende Gruppen und Teile, ohne sich auf ein bestimmtes Erzeugnis zu beziehen. Die Mengenangaben beziehen sich nur auf die im Kopf genannte Baugruppe. Die Baukastenstücklisten werden mit anderen Stücklisten zu einem Stücklistensatz zusammengestellt. Eine Erzeugnisgliederung kann auch nur aus mehreren Baukastenstücklisten bestehen. Die Baukastenstückliste des Gesamterzeugnisses wird auch als Hauptstückliste oder Gesamtstückliste bezeichnet.

Vorteile:
- Für Wiederholbaugruppen werden Stücklisten nur einmal erstellt.
- Aufwand bei Änderung der Stücklisten ist gering.
- Rechnerunterstützte Stücklistenverarbeitung kann aus Baukastenstücklisten ohne Probleme Mengenübersichts- und Strukturstücklisten erstellen.
- Wiederholbaugruppen können in größerer Stückzahl hergestellt und bevorratet werden.

Nachteile:
- Baukastenstücklisten zeigen nicht den Gesamtbedarf an Teilen für das Gesamterzeugnis.
- Funktionsbedingte und fertigungstechnische Zusammenhänge sind erst aus dem Stücklistensatz zu erkennen.
- Erschwerte Übersicht durch viele Einzellisten.

Der Baukasten-Stücklistensatz für das Getriebe, entsprechend der Erzeugnisgliederung in Bild 7.8, ist in Tabelle 7.4 dargestellt. Aus der Darstellung in Tabelle 7.4 ist zu entnehmen, dass jetzt 6 Baukastenstücklisten vorliegen, die jeweils aus Einzelteilen und Stücklisten der darunter liegenden Stufe bestehen. Zur Verdeutlichung sind hier die Stücklistenpositionen gekennzeichnet. In Unternehmen ist diese Stücklistenkennzeichnung durch Bezeichnungen oder Stücklistennummern üblich.

Ein Kombinationssystem von Bauteilen und Baugruppen zu Erzeugnissen unterschiedlicher Gesamtfunktion ist als ***Baukasten*** bekannt. Eine ***Baureihe*** besteht dagegen aus funktionsgleichen Maschinen, die nach Größe systematisch gestuft sind, sodass eine Anpassungskonstruktion vorliegt. Sehr oft wird für ein Produkt ein Baukasten mit einer Baureihe kombiniert. Die Baugruppen mit gleichen Funktionen werden dann in unterschiedlichen Größen hergestellt. Beispiele dafür sind die Zahnradgetriebe mit Radsätzen als gleiche Baukastenelemente, die nach einer Baureihe gestuft für größere Leistungen wachsen. Der Baukasten ergibt sich durch den Einsatz von zusätzlichen Stirnradsätzen oder durch Kegelradsätze für andere Übersetzungen bzw. Lage der An- und Abtriebswellen. Diese Kombination ist dann ein Baureihen-/Baukastenprinzip.

Sach-Nr.: 10			Erzeugnis: Getriebe		
Pos	Menge	Einheit	Benennung	Sach-Nr.	Bemerkung
1	1	Stck	Oberteil (Baugruppe)	13	Eigene STÜLI
2	8	Stck	Schraube	27	
3	1	Stck	Antriebswelle (Baugruppe)	18	Eigene STÜLI
4	1	Stck	Unterkasten	11	
5	1	Stck	Vorgelege (Baugruppe)	15	Eigene STÜLI

Sach-Nr.: 13			Baugruppe: Oberteil		
Pos	Menge	Einheit	Benennung	Sach-Nr.	Bemerkung
1	1	Stck	Mittelkasten	46	
2	1	Stck	Abtriebswelle (Baugruppe)	32	Eigene STÜLI
3	1	Stck	Oberkasten	88	
4	8	Stck	Schraube	27	

Sach-Nr.: 18			Baugruppe: Antriebswelle		
Pos	Menge	Einheit	Benennung	Sach-Nr.	Bemerkung
1	1	Stck	Welle (Baugruppe)	40	Eigene STÜLI
2	1	Stck	Zahnrad	81	
3	2	Stck	Lager	52	

Sach-Nr.: 15			Baugruppe: Vorgelege		
Pos	Menge	Einheit	Benennung	Sach-Nr.	Bemerkung
1	1	Stck	Welle	77	
2	1	Stck	Zahnrad	94	
3	1	Stck	Zahnrad	79	
4	3	Stck	Lager	49	

Sach-Nr.: 32			Baugruppe: Abtriebswelle		
Pos	Menge	Einheit	Benennung	Sach-Nr.	Bemerkung
1	1	Stck	Zahnrad	98	
2	1	Stck	Welle (Baugruppe)	40	Eigene STÜLI
3	2	Stck	Lager	52	

Sach-Nr.: 40			Baugruppe: Welle		
Pos	Menge	Einheit	Benennung	Sach-Nr.	Bemerkung
1	1	Stck	Welle	71	
2	1	Stck	Passfeder	73	
3	1	Stck	Schraube	75	

Tabelle 7.4: Vereinfachte Baukastenstücklisten eines Getriebes (nach *Steinmetz*)

Variantenstücklisten

Erzeugnisse mit vielen Varianten haben eine ähnliche Form oder Funktion mit einem hohen Anteil an gleichen Teilen oder Baugruppen und unterscheiden sich oft nur in wenigen Einzelheiten voneinander. Als Beispiel sind Getriebevarianten oder Werkzeugmaschinen-Baugruppen bekannt.

Variantenstücklisten sind Stücklistensonderformen zur Erfassung von Varianten.

Nach DIN 199 ist die *Variantenstückliste* eine Zusammenfassung mehrerer Stücklisten auf einem Vordruck, um verschiedene Gegenstände mit einem in der Regel hohen Anteil identischer Bestandteile gemeinsam aufführen zu können. Die Variantenstückliste enthält die für alle Varianten erforderlichen *Gleichteile* und alle für die verschiedenen Varianten zugeordneten *variablen Teile.*

Die Gleichteile können auch in einer separaten *Stückliste* zusammengefasst werden, die dann den Gleichteilesatz für alle festgelegten Varianten eines Erzeugnisses bildet. Dann können Gleichteile in der Grundstückliste geändert werden, ohne dass die Variantenstückliste geändert werden muss. Alle Erzeugnisvarianten können einer Variantenübersicht entnommen werden, die angibt, welche variablen Teile mit dem Gleichteilesatz zu einer Erzeugnisvariante gehören.

Manuell geführte ***Variantenübersichten*** sind sehr schwerfällig in der Handhabung und erfordern viel Zeitaufwand. Variantenstücklisten können vor allem in Baukastensystemen mit einem hohen Anteil gleicher Bausteine, z. B. Grundbausteinen, rationell sein.

Ein Beispiel aus dem Konsumgüterbereich ist die variable Ausführung eines Kochtopfs:

- Gleichteilesatz GS: Topfkörper und Topfboden
- Variable Teile E 1: Griffhalter 1 und kurzer Griff Form 1
  Variable Teile E 2: Griffhalter 2 und kurzer Griff Form 2
  Variable Teile E 3: Griffhalter 3 und langer Griff Form 3

Die Übersicht in Tabelle 7.5 zeigt die möglichen Erzeugnisvarianten, für die dann die oben genannten Stücklisten aufgestellt werden können.

Varianten	V 1	V 2	V 3
Gleichteilesatz GS	1	1	1
Variable Teile E 1	2		
Variable Teile E 2		2	
Variable Teile E 3			2

Tabelle 7.5: Beispiel Variantenübersicht (nach DIN)

7.3.3 Gliederung der Stücklistenarten

Stücklisten lassen sich nach ihrem Aufbau in 3 Grundformen gliedern:

- Mengenübersichtsstücklisten
- Baukastenstücklisten
- Strukturstücklisten

Neben diesen Grundformen gibt es noch Mischformen und die Sonderformen, wie z. B. die Variantenstücklisten und die firmenspezifischen Stücklisten. Die grundlegenden Begriffe sind in DIN 199 genormt. Eine Übersicht der wichtigsten Arten enthält Bild 7.9.

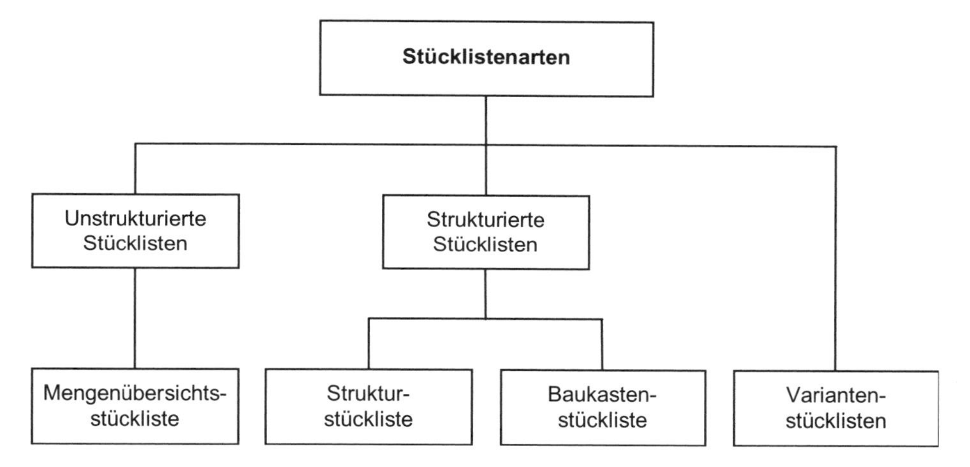

Bild 7.9: Stücklistenarten

Stücklisten bestehen aus Verzeichnissen, die angeben, woraus ein Erzeugnis besteht. Wenn der Konstrukteur wissen will, worin ein Teil enthalten ist, lässt er sich vom System einen ***Teileverwendungsnachweis*** erstellen. Dieser gibt die Verwendung eines Teiles oder einer Baugruppe in verschiedenen Baugruppen oder Erzeugnissen als Liste an. Der Teileverwendungsnachweis ist sehr nützlich bei Änderungen in der Konstruktion oder für die Beschaffungen im Materialwesen.

Mit dem Einsatz von Stücklistenprogrammen haben sich noch viele weitere Stücklistenarten gebildet, deren Bedeutung meist aus dem Namen hervorgeht, wie beispielsweise Bereitstellungsstücklisten, Kalkulationsstücklisten, oder Ersatzteilstücklisten. Sie können bei entsprechender Eingabe aus den Strukturstücklisten per EDV-Programm abgeleitet werden. Beispiel: Ersatzteilkennzeichnung durch den Konstrukteur in einer normalen Stückliste einer Baugruppe ergibt eine Ersatzteilstückliste für die Baugruppe als gesonderten Ausdruck.

Stücklisten werden auch nach Funktion und Verwendungszweck benannt:

Zeichnungs-, **Konstruktions-**, **Dispositions-**, **Ersatzteilstückliste** usw.

7.3.4 Verwendung von Stücklisten

Zu den ***Grunddaten*** der Produktionsplanung und -steuerung in Betrieben gehören nach *Kurbel* Daten über Teile, Stücklisten als Erzeugnisstrukturen, Arbeitsgänge, Arbeitspläne, Betriebsmittel-/Arbeitsplätze und Fertigungsstrukturen. Konstrukteure sind durch das Abstimmen mit den Abteilungen, die diese Daten und Informationen verarbeiten, stets eingebunden. Sie legen die Daten der Teile und die Stücklisten fest und sollten deshalb einige Kenntnisse aus diesen Bereichen haben.

Teile erhalten für die Datenverarbeitung Stammdaten, die alle wesentlichen Informationen über ein Teil enthalten. Diese ***Teilestammdaten*** sind bei neuen Teilen vom Konstrukteur mit der Vergabe einer Nummer anzulegen, sie werden von den anderen Abteilungen entsprechend ergänzt und können sehr umfangreich sein. Zu einem Teilestamm gehören z. B. Teilenummer, Teilebezeichnung, Teilebeschreibung, Teileart, Maßeinheit, Zeichnungsnummer, Werkstoff, Dispositionsart, Datum der Erstanlage, Datum der letzten Änderung usw. Die erforderlichen Teilestammdaten sind von dem im Betrieb eingesetzten ERP-System (ERP = Enterprise Resource Planning) abhängig. Ein ERP-System ist heute in der Regel für die Stücklistenverarbeitung im Betrieb vorhanden.

Stücklisten als die listenförmige Darstellung einer Erzeugnisstruktur (*Kurbel*) enthalten alle wichtigen Daten wie Menge, Einheit, Benennung, Sachnummer, Werkstoff für alle Teile, die zu einer Baugruppe oder zu einem Produkt gehören. Sie sind für die Steuerung der Teile im Unternehmen notwendig. Außerdem sind Stücklisten für die Verwendung in den verschiedenen Abteilungen eines Unternehmens erforderlich:

- Verknüpfung von alphanumerischen Daten mit grafischen Daten (Positions-Nr. oder Sachnummer der Zusammenbauzeichnung wird in die Stückliste übertragen)
- Systematische, normgerechte Auflistung sämtlicher Einzelteile, Baugruppen usw., die zu einem Erzeugnis gehören
- Informationsträger für alle Betriebsabteilungen in knapper, strukturierter Form
- Darstellung des hierarchischen Aufbaus der Baugruppen und Teile im Erzeugnis
- Disposition und Steuerung der Teile im Unternehmen

Zur Unterstützung der Montage ist z. B. ein fertigungs- und montageorientierter ***Stücklistenaufbau*** sinnvoll, weil in den Stücklisten dann zusammengehörige Teile untereinander stehen. Beispielhaft soll eine Getriebewelle betrachtet werden, die als Fertigungsteil in der Stückliste steht. Unmittelbar darunter stehen die dazugehörigen Zahnräder, Passfedern, Sicherungsringe, Wälzlager und Dichtungen. Der Monteur erkennt ohne viel Sucharbeit die Teile, die auf diese Welle zu montieren sind. Auch für die Konstrukteure hat dieser Stücklistenaufbau Vorteile, da alle Teile zugeordnet sind und für Prüfungen oder Wiederverwendungen schnell zu erkennen sind.

Ein weiteres Hilfsmittel für den Einsatz von ***Stücklisten*** als Informationsträger in anderen Abteilungen, für die Wiederverwendung bei ähnlichen Aufträgen oder für die Beantwortung von Fragen, sind Textbausteine. Diese ***Textbausteine*** stehen jeweils auf dem Deckblatt, also der ersten Seite der Stückliste. Sie enthalten alle wichtigen technischen Daten und Hinweise für den Einsatz dieser Stückliste. Dies ist insbesondere bei umfangreichen

Baugruppen sehr hilfreich, weil sofort die Einsatzmöglichkeiten dieser Baugruppe zu erkennen ist. Dadurch wird oft der Zeitaufwand für die Beschaffung und Durchsicht von Zusammenbauzeichnungen gespart.

Tabelle 7.6 zeigt eine Übersicht aus der die besondere Bedeutung der ***Informationen aus Stücklisten*** und deren Verwendung in den verschiedenen Abteilungen eines Unternehmens hervorgeht. Die Konstruktion erstellt die Stücklisten. Alle anderen Abteilungen arbeiten intensiver mit Stücklisten als die Konstruktion. Deshalb müssen Stücklisten von Konstrukteuren sehr sorgfältig aufgestellt und gepflegt werden.

Abteilung	**Informationen / Verwendung**
Vertrieb	Angebotsbearbeitung, Verkaufspreisermittlung, Erzeugnisgliederung
Konstruktion	Dokumentation, Wiederholgruppen, Teileverwendung, Änderungen, Konstruktionsunterlage
Normung	Standardisierung, Teileverwendung, Erzeugnisübersichten
Arbeitsvorbereitung	Arbeitspläne erstellen, Eigenfertigung - Fremdfertigung, Fertigungs- und Montageablaufpläne planen, Betriebsmitteleinsatz planen, Terminplanung
Einkauf	Bedarfsermittlung von Kaufteilen, Rohmaterial, Halbzeug usw.; Zulieferkomponenten, Lieferanten für Beschaffung
Materialwesen	Materialbestand, Bereitstellung und Ausgabe von Rohteilen, Kaufteilen, Lagerteilen, Versand, Lieferumfang
Fertigung / Montage	Übersicht über Erzeugnisumfang, Erzeugnisgliederung, Teilezuordnung zu Aufträgen, Montage - Anleitung
Qualitätswesen	Wareneingang, Lieferantenqualität, Auslieferungsqualität
Rechnungswesen	Vorkalkulation, Nachkalkulation, Auswertungen
Kundendienst	Ersatzteillieferung, Serviceleistungen, Ersatzteilpreisermittlung

Tabelle 7.6: Stücklisteninformationen für Unternehmensabteilungen

7.4 Nummernsysteme

Die Dokumentation der Unterlagen von Erzeugnissen eines Unternehmens, die in Form von Zeichnungen, Stücklisten und Anweisungen für den Bau und Betrieb erforderlich sind, muss geordnet abgelegt werden. Für die Ablage und deren erneute Verwendung haben sich Nummern bewährt, die kurz und eindeutig alle notwendigen Informationen enthalten. ***Nummernsysteme*** liegen vor, wenn für einen Bereich nach bestimmten Regeln das Bilden von Nummern vereinbart wurde. Nummerungssystem oder Schlüsselsystem sind andere Begriffe, die auch in Abwandlungen wie „verschlüsseln“ benutzt werden, um zu beschreiben, dass die Merkmale nach einem System durch Zahlen oder Buchstaben festgelegt wurden.

7.4.1 Nummerungstechnik – Grundlagen

Die allgemeinen Begriffe der Nummerung sind in DIN 6763 festgelegt. Die Definition einer Nummer nach DIN 6763 lautet:

Nummer ist eine Folge von Ziffern oder Buchstaben bzw. Ziffern und Buchstaben.

DIN 6763 unterscheidet je nach Kombination von Zahlen oder Buchstaben:

- Numerische Nummern z. B. 4004-03
- Alphanumerische Nummern z. B. XC 90
- Alphabetische Nummern z. B. ESC-P

Nummernsysteme sind die organisatorischen Hilfsmittel für das Zusammenführen sämtlicher Teile und Unterlagen in einem Betrieb. Eine treffende Kurzform für die Aufgaben eines Nummernsystems lautet:

„Verpackungsmittel für Informationen“.

Der Aufbau eines Nummernsystems ist abhängig von der Organisation einer Firma. Im Allgemeinen wachsen in den meisten Firmen Nummernsysteme im Laufe der Jahre in verschiedenen Abteilungen nebeneinander. Mit Einführung der Datenverarbeitung der Stücklisten muss ein einheitliches Nummernsystem für die ganze Firma festgelegt werden, um jede Information nur einmal abzuspeichern. Bei der Aufstellung von ***Nummernsystemen*** sollten nach *Sudkamp/Stausberg* grundsätzlich folgende ***Anforderungen*** erfüllt werden:

- für alle Abteilungen ein formaler und einheitlicher Aufbau
- Anzahl der Stellen möglichst gering halten
- Teile und Unterlagen eindeutig identifizieren
- Ähnlichteil- und Wiederholteilsuche rechnerunterstützt ermöglichen
- Identifizierung und Klassifizierung erweiterbar anlegen
- EDV-Eingabe mit automatischer Fehlervermeidung durch Prüfziffer

Nummernsysteme für Teile ohne eine weitere Verarbeitung in Stücklistenprogrammen sind in den Unternehmen häufig im Laufe der Jahre gewachsen. Viele Auswertungen und Einsatzmöglichkeiten müssen dann manuell durchgeführt werden.

7.4.2 Arten und Eigenschaften von Nummern

Die beiden wichtigsten Aufgaben von Nummern in Unternehmen sind das Identifizieren und das Klassifizieren. Im Rahmen der Nummerung sind deshalb zwei Nummernarten, die Identifizierungsnummer (Identnummer) und die Klassifizierungsnummer (Ordnungsnummer) interessant und zu unterscheiden.

Identifizieren ist nach DIN 6763 das eindeutige und unverwechselbare Erkennen eines Gegenstandes anhand von Merkmalen (Identifizierungsmerkmalen), mit der für den jeweiligen Zweck festgelegten Genauigkeit. Die sich aus diesem Vorgang ergebende Nummer wird als ***Identifizierungsnummer***, Identnummer oder Identifikationsnummer bezeichnet.

Klassifizieren ist nach DIN 6763 das Bilden von Klassen und/oder Klassifikationssystemen bzw. Klassifikationsnummernsystemen. Ein Klassifikationssystem ist ein Ordnungsschema für Klassen und das Klassifikationsnummernsystem ein Nummernsystem für Klassifikationssysteme. ***Klassifizierungsnummern*** ergeben sich aus diesem Vorgang und beschreiben Gegenstände einer Klasse mit gleichen Merkmalen, die nicht identisch sind.

Tabelle 7.7 enthält zum Vergleich noch einmal wichtige Eigenschaften und Ziele beider Nummernarten.

Kriterien	Identifizierungsnummer	Klassifizierungsnummer
Definition (nach DIN 6763)	Nummer, die einen Gegenstand jeder Art eindeutig und unverwechselbar bezeichnet, d. h. identifiziert.	Aussagefähige Nummer zum Einteilen (Einordnen) von Gegenständen nach bestimmten Gesichtspunkten
Eigenschaften	Kann unabhängig von der Klassifizierungsnummer existieren. Die einfachste Form ist die Zählnummer.	Kann unabhängig von der Identifizierungsnummer vergeben und verändert werden. Muss frei von dispositiven Merkmalen sein.
Ziele	Jede zu einer Sache gehörige Unterlage (Zeichnung, Stückliste, Arbeitsplan, Lagerkarte, Verkaufsunterlage usw.) erhält die Identifizierungsnummer der Sache (Ausnahmen: Varianten, Sorten).	Durch Ordnung der Unterlagen nach Klassifizierungsnummer Rückgriff auf bestehende Lösungen und Entwicklung neuer Lösungsmöglichkeiten, d. h.: - Wiederverwendung von Teilen und Gruppen - Entwicklung von Standardwerten (Zeiten, Kosten usw.) - Standardisierung allgemeiner Lösungen (Formelementen, Abmessungen, Funktionsgruppen, Arbeitspläne usw.)

Tabelle 7.7: Vergleich von Ident- und Klassifizierungsnummern (nach *Bernhardt*)

Eine weitere Aufgabe von Nummern ist das Informieren. Informieren bedeutet, dass eine Nummer Aussagen über die Merkmale eines Gegenstands ermöglicht. Diese ***Informationsnummern*** sind sprechende Nummern, wie z. B. Autokennzeichen oder Papierformate für Zeichnungen.

7.4.3 Ziele der Nummerung

Die Aufgaben der Nummerung werden in der Praxis in unterschiedlicher Kombination oder auch einzeln je nach Art des Nummernaufbaus erfüllt. Eine Nummer dient der

- Identifizierung (eindeutig, unverwechselbar bezeichnen),

- Klassifizierung (Einordnung von Gegenständen in Gruppen bzw. Klassen, die nach vorgegebenen Gesichtspunkten gebildet worden sind.),
- Information (Merkmale nennen) und
- Kontrolle (Verwechslungen vermeiden).

7.4.4 Identnummern

Zur Identifizierung genügt es, die zu benummernden Objekte mit einer laufenden Zählnummer zu versehen. Diese Nummer wird einmalig vergeben und ist zur Kennzeichnung des Objektes da. Sie enthält keine weitere Information. Der Vorteil einer reinen Identnummer liegt in der Gewissheit, dass solch ein Nummernschlüssel vom Aufbau her nie platzen kann. ***Platzen*** bedeutet, dass die Zahl der zu erfassenden Gegenstände größer wird als die vorhandenen Möglichkeiten des Nummernschlüssels. Nachteilig ist jedoch, dass durch die Nummer keine Information über das Produkt selbst und sein Umfeld gegeben wird. Es lassen sich keine Gruppen, Klassen und zusammengehörige Bereiche nach vorgegebenen Kriterien bilden.

Identifizieren bedeutet ein Objekt durch die Zuordnung einer Nummer eindeutig und unverwechselbar zu erkennen oder zu bezeichnen. Dazu ist eine Zählnummer erforderlich, die festgelegt und als Identnummer bezeichnet wird. Anforderungen an Identnummern sind nach *Much/Nicolai*:

- Eindeutigkeit (Jedes Objekt darf nur eine Identnummer haben)
- Beständigkeit (solange wie das Objekt existiert, ändert sich die Identnummer nicht)
- Stellenzahl gering (kurze Nummern sind nicht so fehleranfällig)
- Nummer rein numerisch (vereinfacht die Datenverarbeitung)

7.4.5 Klassifizierungsnummern

Die Klassifizierungsnummer ist die numerische Wiedergabe einer Begriffsordnung bzw. eines Begriffssystems, in dem sachliche und logische Zuordnungen und Gliederungen festgelegt werden. Prinzipiell werden nach *Krauser* zwei Gliederungsarten unterschieden:

- die dezimale Gliederung einer Nummer und
- die dekadische Gliederung einer Nummer.

Sowohl die dekadische als auch die dezimale Klassifizierungsnummer ist das Ergebnis eines nach bestimmten Gesichtspunkten aufgebauten Ordnungsschemas. Die Kriterien sind betriebsspezifisch und sehr vielschichtig; entsprechend zahlreich sind die Systeme.

> Bei der ***dezimalen Gliederung*** einer ***Nummer*** werden für jede Nummernstelle bis zu 10 Begriffe oder Merkmale festgelegt, die jedoch in Abhängigkeit von der davor stehenden Stelle vergeben werden.

Der Vorteil dieses Verfahrens liegt in der Möglichkeit, die einzelnen „Zweige", d. h. bestimmte Folgen der zusammengehörenden Positionen, vollständig unabhängig voneinander zu gliedern und zu verschlüsseln. Das führt zu einer sehr weitgehenden Beschreibung der Einzelteile bei relativ gering bleibender Stellenzahl. Aufbau und Beispiele siehe Bild 7.10.

Die Dekodierung der Nummer ist manuell jedoch nur noch mit Tabellen möglich, umständlich und häufig fehlerbehaftet, da schon bei einer vierstelligen Nummer bei voller Belegung 10.000 abhängige Begriffe oder Merkmale existieren.

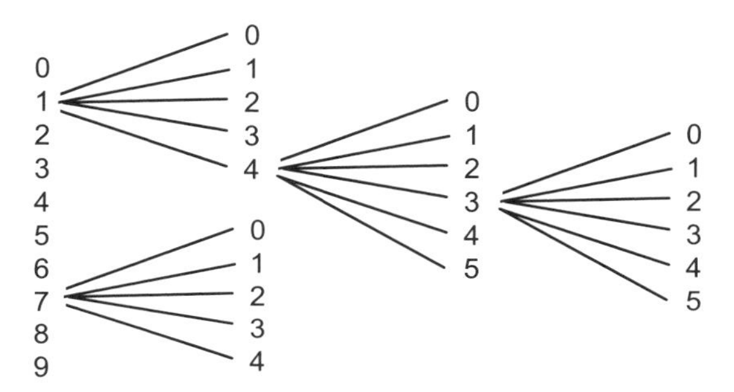

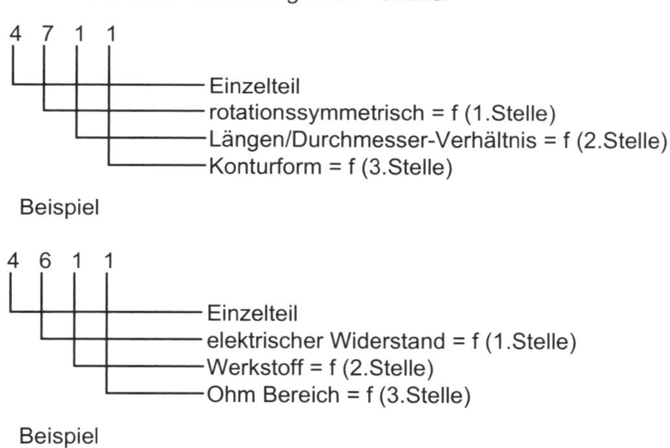

Bild 7.10: Dezimale Gliederung einer Nummer mit Beispielen (nach *Krauser*)

> Bei der ***dekadischen Gliederung*** einer Nummer werden für jede Nummernstelle bis zu 10 Begriffe oder Merkmale festgelegt, die unabhängig voneinander vergeben werden, d.h. eine Nummer an einer bestimmten Stelle steht immer für ein und dasselbe Merkmal.

Die dekadische Klassifizierungsnummer zeichnet sich durch gute Merkbarkeit aus, führt jedoch bei wünschenswerter Beschreibungstiefe zu sehr hohen Stellenzahlen und wird dann wieder unübersichtlich. Es können nur die Stellen zusätzlich belegt werden, die in der Organisation als Reserve eingeplant wurden. Werden durch Erweiterung oder Produktumstellung weitere Gruppen benötigt, so platzt der Nummernschlüssel, was eine kostenintensive Neuorganisation nach sich zieht. Aufbau und Beispiele für die dekadische Gliederung einer Nummer enthält Bild 7.11.

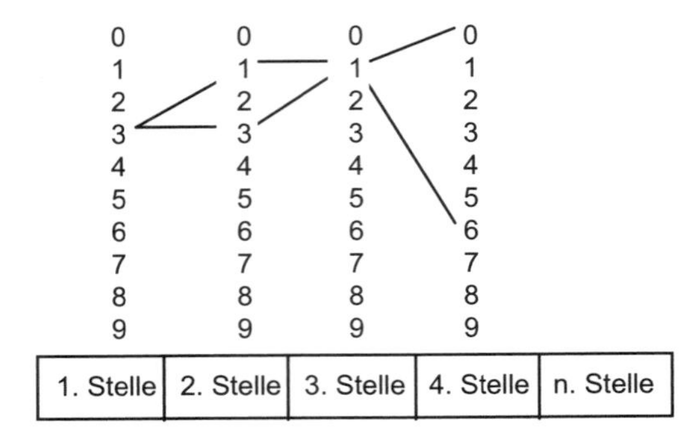

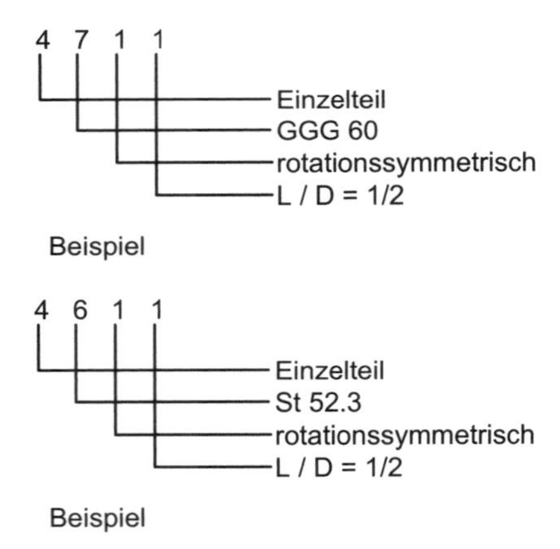

Bild 7.11: Dekadische Gliederung einer Nummer mit Beispielen (nach *Krauser*)

Klassifizierung ist erforderlich, um Nummerungsobjekte in Gruppen bzw. Klassen einzuordnen. Die Klassen sind so zu bilden, dass Nummerungsobjekte eindeutig nur einer Klasse zugeordnet werden können. Ein Klassifizierungssystem ist nur für die Klassifizierung zu entwickeln. Die Identifizierung erfolgt nach anderen Gesichtspunkten. Aufgaben der Klassifizierungssysteme sind nach *Much/Nicolai*:

- Objekte nach bestimmten Kriterien ordnen
- Zusammenführen von gleichen oder ähnlichen Objekten zu Gruppen
- Kennzeichnung der Elemente einer Gruppe mit einer Klassifizierungsnummer
- Einsatz geeignet für Wiederholteil-Verwendung
- Suche nach ähnlichen Teilen, um Arbeitspläne, Kosten usw. zu nutzen

Die Wiederholteilsuche für die Verwendung vorhandener Teile kann durch Nutzen der Klassifizierung oder durch Sachmerkmalleisten erfolgen. Klassifizierung hat sich bewährt, um manuell arbeitende Organisationen zu unterstützen. Sachmerkmalleisten werden eingesetzt, um rechnerunterstützt arbeitende Organisationen zu unterstützen. Klassifizierungssysteme sollten nach folgenden Anforderungen entwickelt werden:

- Systematischer, klar definierter Aufbau der Klassifizierungsnummer mit einer Gliederung der einzelnen Stufen
- Konstante Stellenzahl der Klassifizierungsnummern
- Lange Lebensdauer der Klassifizierung
- Zweckorientierte Gliederung unter Berücksichtigung von Merkmalen, die wirklich notwendig sind

Ein Klassifizierungssystem ist stets zielorientiert zu entwickeln. Als Gliederungskriterien haben sich bewährt:

1. Klassifizierung nach Funktion
2. Klassifizierung nach Form
3. Klassifizierung nach Fertigungsanforderungen
4. Klassifizierung nach Produktabhängigkeit

Zu 1. Eine Klassifizierung nach der Funktion verwendet die Funktionen von Teilen, die in der Regel durch einen Namen erfolgt. Voraussetzung sind eindeutige Begriffe für jedes Funktionsteil. Eindeutige Teilefunktionen sind gegeben, wenn sich aus der Bezeichnung Form und Anwendung so ergeben, dass eine Vorstellung von dem Teil entsteht. Eindeutigkeit erfordert jedoch für gleiche Formen und Funktionen gleiche Namen, was oft nicht gegeben ist.

Zu 2. Eine Klassifizierung nach der Form nutzt die Werkstückform als Ergebnis von Fertigungsprozessen. Das Werkstück wird zur Beschreibung der Form aufgeteilt nach der Hauptform und nach den Formelementen. Aus diesen Größen werden dann die Merkmale beim Aufstellen der Klassifizierung festgelegt.

Zu 3. Eine Klassifizierung nach den Fertigungsanforderungen an ein Werkstück ist durchzuführen, in dem die fertige Form des Werkstücks mit den Genauigkeiten und Oberflächengüten erfasst wird. Dabei wird der Fertigungsprozess der Teile beschrieben, so wie er im Arbeitsplan vorgegeben ist. Die Werkstücke werden nach technologischen Anforderungen beschrieben und zu fertigungstechnisch ähnlichen Gruppen zusammengefasst.

Zu 4. Eine Klassifizierung nach der Produktabhängigkeit erfolgt in der Regel mit einem Verbundnummernsystem. Es handelt sich also nicht um ein reines Klassifizierungssystem, sondern um ein System, in dem die Klassifizierung mit der Identifizierung verbunden ist. Die Teile werden einer Baugruppe zugeordnet, die wiederum zu Baugruppen höherer Stufen zusammengefasst werden, bis ein Erzeugnis vorliegt. (Bsp. Bolzen für einen Kran)

7.4.6 Nummernsysteme

Ein ***Nummernsystem*** ist nach DIN 6763 die Gesamtheit der für einen abgegrenzten Bereich festgelegten Gesetzmäßigkeiten für das Bilden von Nummern. Die gegliederte Zusammenfassung von Nummern zu einem Bereich und die Erläuterungen des Aufbaus der Nummern erfolgen also durch ein Nummernsystem.

Die wesentlichen Aufgaben eines Nummernsystems bestehen darin, zu identifizieren und/oder zu klassifizieren. Bei Nummernsystemen kann die Identifizierung und Klassifizierung unabhängig voneinander aufgebaut werden. Nach den bisher üblichen Vereinbarungen liegt dann ein parallel aufgebautes Nummernsystem vor. Sind der identifizierende und der klassifizierende Teil der Nummer abhängig voneinander, so liegt ein Verbundnummernsystem vor. In Bild 7.12 werden die Nummerungssysteme verglichen.

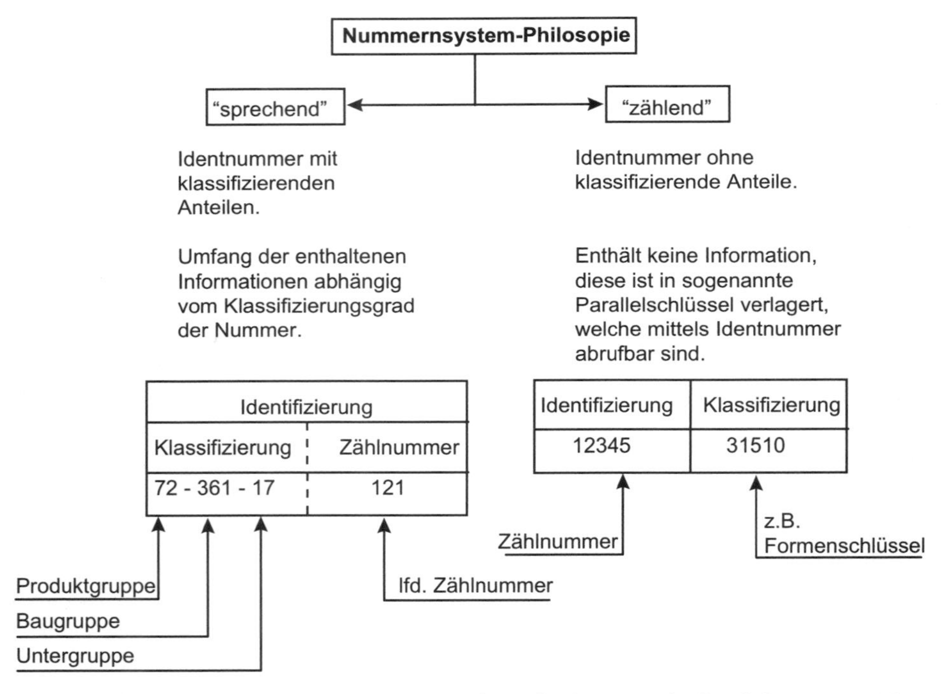

Bild 7.12: Vergleich Nummernsysteme (nach *Bernhardt*)

Parallelnummernsystem

Beim ***Parallelnummernsystem*** wird das Objekt durch einen klassifizierenden Teil beschrieben und durch einen davon unabhängigen identifizierenden Teil eindeutig gekennzeichnet. Wegen der Unabhängigkeit des identifizierenden Teils vom klassifizierenden Teil ist der Schlüssel – im Gegensatz zum Verbundschlüssel – flexibel veränderbar. Allerdings werden mehr Stellen gebraucht.

Der Begriff Parallelnummernsystem hat sich für Nummernsysteme mit den genannten Eigenschaften bewährt und soll hier auch verwendet werden, obwohl in der DIN 6763 dafür eine andere Erklärung steht. Nach DIN 6763 liegen Parallelnummernsysteme dann vor, wenn zu einem vorhandenen Nummernsystem eines Unternehmens ein anderes Nummernsystem, z. B. das eines Lieferanten für die gleichen Teile, parallel besteht.

Beispiele für Parallelschlüssel mit „geringer“ Klassifizierung sind die Flugnummern der Deutschen Lufthansa und die Zugnummern der Deutschen Bahn AG, z. B.:

LH 432 DC10 = Flug Nr. 432 (identifizierend) mit McDonnell Douglas DC 10 (klassifizierend),
IC 651 = Zug Nr. 651 (identifizierend), Zugart: IC-Zug (klassifizierend).

Ein wesentlicher Vorteil dieses Systems ist die Auswertung von Abfragen nach der Klassifikation per EDV. Bei einer Klassifikation nach dem Schema X-XXXX ergeben sich folgende Möglichkeiten, wenn z. B. Schlaucharten mit der EDV gesucht werden sollen:

Bei einer Suche nach Gegenständen mit der Klassifikation 6-4291 bis 6-4293 werden aus dem Speicher der EDV drei Gegenstände angezeigt:

6-4291-013668 Gewickelter Metallschlauch DN38×720
6-4291-013669 Gewickelter Metallschlauch DN38×300
6-4293-001668 Ringwellschlauch DN10×1000

Den ersten fünf Zahlen (klassifizierend) sind Zählnummern (identifizierend) angehängt, die nur das Produkt innerhalb einer Klasse eindeutig kennzeichnen (Schlauchlängen).

Die Eingabe der Klassifizierungsnummer ist also ausreichend, um alle Gegenstände einer Klasse mit vollständigen Angaben am Bildschirm angezeigt zu bekommen.

Verbundnummernsystem

Beim ***Verbundnummernsystem*** wird das Objekt durch einen klassifizierenden Teil in Klassen (z. B. Typengruppen) eingeteilt. Die dann noch fehlende Unterscheidung innerhalb der Klasse erfolgt durch den identifizierenden Teil. Der identifizierende Teil ist also vom klassifizierenden Teil abhängig. Verbundschlüssel kommen mit wenigen Stellen aus und sind gut merkfähig.

Identifizierung und Klassifizierung können nicht voneinander getrennt werden. Dadurch entsteht bei Auswertungen ein erheblicher Aufwand. Außerdem entsteht bei der Änderung der Klassifizierung eine neue Identifizierung. Beispiele sind Bankleitzahlen, Autokennzeichen, Versicherungsnummern oder Mitgliedsnummern von Krankenkassen, bei denen zunächst nach dem Geburtstag klassifiziert, anschließend die einzelne Person durch laufende Nummern identifiziert wird.

Bei den alten europäischen Postleitzahlen klassifizierten die vorangestellten Buchstaben nach dem Land, die nachfolgenden hierarchisch aufgebauten Ziffern identifizierten den Ort. Beispiel:

CH 4500 Solothurn in der Schweiz;
D 4500 Osnabrück (alt).

Postleitzahlen sind gut merkfähig, da für den klassifizierenden Teil Buchstaben und für den identifizierenden Teil Ziffern verwendet werden.

Ein weiteres Beispiel ist die 10-stellige Internationale Standard-Buchnummer (ISBN):

1. Stelle Gruppennummer (Ziffer 3 für Deutschland, Österreich und die deutschsprachige Schweiz);
2. bis 9. Stelle enthalten hintereinander die Verlagsnummer und die Titelnummer (je weniger Stellen die Verlagsnummer beansprucht, um so mehr Titelnummern kann der Verlag vergeben);
10. Stelle ist eine Prüfnummer.

7.4.7 Sachnummern

Die ***Sachnummer*** ist nach DIN 6763 die Identnummer für eine Sache. Als Oberbegriff sind damit alle wichtigen Nummern im technischen Bereich eines Unternehmens gemeint wie z. B. die Erzeugnisnummer, Teilenummer, Materialnummer und Zeichnungsnummer. Sachnummern identifizieren und klassifizieren alle Gegenstände und Unterlagen, die für die Ausführung von Aufträgen notwendig sind. Beispielsweise sind Sachnummern erforderlich für Rohteile, Werkstoffe, Hilfs- und Betriebsstoffe, Vorrichtungen, Montageeinrichtungen oder für Teile, Baugruppen, Erzeugnisse. Sachnummern sind damit ***auftragsunabhängige Nummern***, die allgemein gelten.

Auftragsabhängige Nummern sind Nummern, die nur für Aufträge im Unternehmen vergeben werden und diese eindeutig kennzeichnen. Für Aufträge gibt es bestimmte Merkmale, die firmenspezifisch festgelegt und mit einer auftragsabhängigen Nummer belegt werden. Beispiele für solche Merkmale sind die Auftragsnummer, die Auftragsart, der Auftragsumfang oder die Erzeugnisart.

Sachnummern werden in der Konstruktion für Zeichnungen, Baugruppen usw. vergeben. Sie werden für die Bereitstellung von Informationen verwendet z. B. in Stücklisten, Arbeitsplänen, und in Abteilungen wie Einkauf, Materialwirtschaft, Qualitätssicherung, Kalkulation und Vertrieb.

7.4.8 Sachnummernsystem

Ein ***Sachnummernsystem*** ist ein nach einheitlichen Gesichtspunkten aufgestelltes, aus verschiedenen Klassifizierungs- und Identnummern bestehendes Nummernsystem. Zur Erklärung der verschiedenen Sachnummernsysteme soll der prinzipielle Aufbau von

Nummernsystemen mit einer Übersicht vorgestellt werden, um wesentliche Merkmale zu erkennen. Bild 7.13 enthält die üblichen Nummernsysteme für Sachnummern, die in produzierenden Unternehmen eingesetzt werden.

Die Gliederung unterscheidet systemfreie und systematische Nummernsysteme. Bei den systematischen Nummernsystemen handelt es sich um sprechende Systeme mit einer Klassifizierung in der Nummer. Im Gegensatz dazu hat die systemfreie Nummer einen separaten Klassifizierungsteil, der unabhängig von der Identifizierung ist.

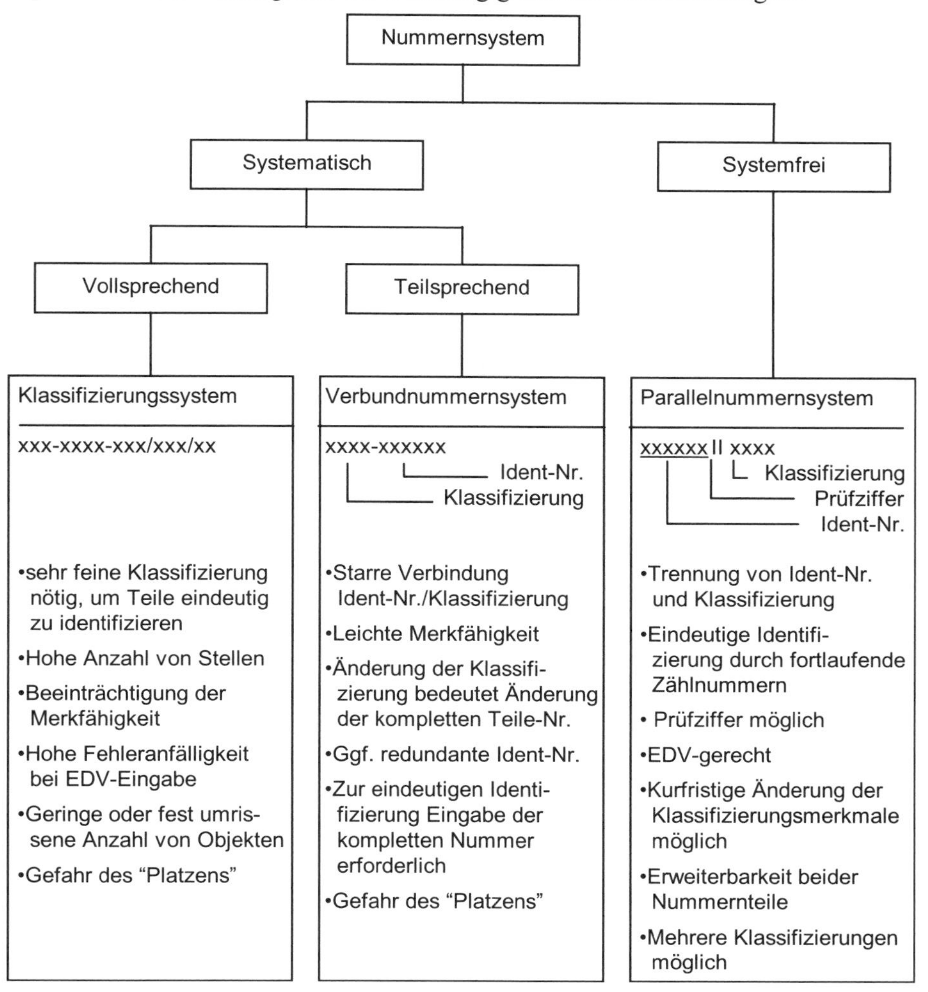

Bild 7.13: Prinzipieller Aufbau von Nummernsystemen (nach *Sudkamp/ Stausberg*)

Das ***Klassifizierungssystem*** beschreibt als vollsprechendes Nummernsystem jedes Nummerungsobjekt eindeutig und unverwechselbar mit Hilfe einer Klassifizierungsnummer.

Jeder, der das Nummernsystem kennt, kann aus der Nummer erkennen, um welches Teil es sich handelt. Ein solches System ist nur dann praktikabel, wenn entweder die Anzahl der Nummerungsobjekte sehr klein und überschaubar ist, oder wenn die Nummer viele Stellen hat.

Das ***Verbundnummernsystem*** besteht als teilsprechendes Nummernsystem stets aus Nummern mit einem klassifizierenden und einem identifizierenden Bestandteil, die zu einer Verbundnummer zusammengefasst sind. Der Einsatz eines teilsprechenden Nummernsystems setzt voraus, dass die Klassen sich möglichst nicht kurzfristig verändern und die Nummerungsobjekte selbst langfristig unverändert bleiben. Eine Veränderung des Klassifizierungssystems würde eine Überarbeitung des gesamten Nummernschlüssels erforderlich machen. Wichtige Merkmale der drei Sachnummernsysteme enthält Bild 7.13.

Das ***Parallelnummernsystem*** hat als systemfreies Nummernsystem, wie oben bereits erwähnt, eine Identifizierungsnummer zum Zählen und eine von dieser unabhängige Klassifizierungsnummer zum Ordnen, die aus einem eigenständigen Nummernsystem zugeordnet wird. Alle verschlüsselten Gegenstände oder Unterlagen werden nur durch die Identnummer eindeutig bestimmt. Die Klassifizierungsnummer liefert zusätzliche Aussagen über den Gegenstand und zeigt die Zugehörigkeit zu einer Klasse, z. B. ob es sich um ein Gehäuse oder um eine Schraube handelt. Die Prüfziffer wird an die Zählnummer angehängt, um die Identnummer zu einer selbstprüfenden Nummer zu machen. Sie ist immer dann erforderlich, wenn die eingegebene Nummer wichtig ist. Eine Prüfziffer kann z. B. aus der Summe aller Zeichen einer Nummer bestehen, was bei der EDV-Eingabe zu einer Fehlermeldung führt, wenn statt sechs nur fünf Zahlen als Identnummer eingegeben werden.

Einteilung der Hauptklassen	
Klasse 0	Organisation, Richtlinien, Normen (Unterlagen)
Klasse 1	Rohmaterial
Klasse 2	Zukaufteile, einschließlich Elektroteile (Artikel fremder Konstruktion)
Klasse 3	Einzelteile eigener Konstruktion
Klasse 4	Baugruppen eigener Konstruktion
Klasse 5	Erzeugnisse
Klasse 6	Hilfs- und Betriebsstoffe
Klasse 7	Werkzeuge
Klasse 8	Vorrichtungen
Klasse 9	Reserve

Tabelle 7.8: Gliederung eines Sachnummernsystems (nach *Bernhardt*)

Die Gliederung eines Sachnummernsystems in zehn Sachnummernbereiche erfolgt durch eine Grobklassifizierung nach den Sachgebieten (Hauptgruppen oder ***Hauptklassen***) im Betrieb. **Beispiel**: Eine häufig anzutreffende Einteilung der Hauptklassen enthält Tabelle 7.8

Da bei jeder Art von Sachnummernsystem eine Klassifizierung erforderlich ist, müssen sehr umfangreiche Untersuchungen im Unternehmen durchgeführt werden, um ein System zu entwickeln, das alle Anforderungen effektiv erfüllt. In der Praxis werden dementsprechend drei *Sachnummernsysteme* unterschieden:

- Klassifizierungsnummernsysteme:
- Verbundnummernsysteme
- Parallelnummernsysteme

Beim Aufbau eines Sachnummernsystems sind alle Bereiche eines Unternehmens einzubinden, damit alle Anwendungen berücksichtigt werden können. Da in der Regel eine rechnerunterstützte Lösung mit einem Stücklistenprogrammen aufgebaut wird und der Einsatz von ***PPS*** (Produktionsplanung und -steuerung) oder ERP (ERP = Enterprise Resource Planning) sowie CAD/CAM-Systemen unbedingt zu beachten ist, sind enorm viele Gesichtspunkte zu berücksichtigen.

7.5 Sachmerkmale

Der Begriff ***Sachmerkmal*** mit allen dazugehörigen Vereinbarungen und Regeln ist in der Sachmerkmalleisten-Normenreihe DIN 4000 festgelegt.

Gründe für die Entwicklung des Fachgebiets Sachmerkmalleisten waren:

- Ähnliche Teile zusammenfassen,
- einheitliche Darstellung der Informationen,
- ausgewählte Merkmale beschreiben und
- einfache Prinzipzeichnungen verwenden.

Sachmerkmale (Eigenmerkmale) beschreiben Eigenschaften eines Objektes unabhängig von dessen Umfeld (z. B. Herkunft, Verwendungsfall). Die Schlüsselweite ist z. B. ein Sachmerkmal, da die Änderung der Schlüsselweite einer Schraube eine andere Schraube ergibt. Sachmerkmale gliedern sich in ***Beschaffenheitsmerkmale*** und in ***Verwendbarkeitsmerkmale***. Diese werden durch die Fragen „Wie ist das Objekt?" und „Was kann und was braucht das Objekt?" ermittelt, wie Bild 7.14 zeigt.

Vor der Behandlung der Sachmerkmalleisten sollen einige grundlegende Begriffe des Fachgebiets Sachmerkmale erklärt werden.

Ein ***Merkmal*** ist nach DIN 4000 eine bestimmte Eigenschaft, die zum Beschreiben und Unterscheiden von Gegenständen einer Gegenstandsgruppe dient. Das Merkmal „Farbe" umfasst die Merkmalausprägung „blau", „rot", „grün" usw.; das Merkmal „Form" umfasst die Merkmalausprägung „kreisförmig", „rechteckig" usw.

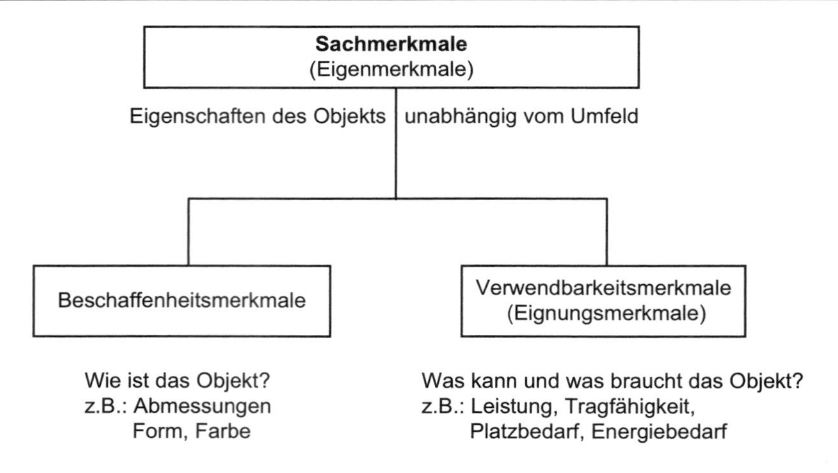

Bild 7.14: Sachmerkmale

Eine ***Merkmalausprägung*** ist ein Zahlenwert mit Einheit oder eine attributive Angabe, also z. B. 2,5 mm, 3,5 kW oder stabförmig, aus Stahl, Nennweite, tropenfest.

Die Gliederung der Merkmale nach ihrer Bedeutung enthält neben den Sachmerkmalen die Relationsmerkmale (Beziehungsmerkmale) wie in Bild 7.15 dargestellt.

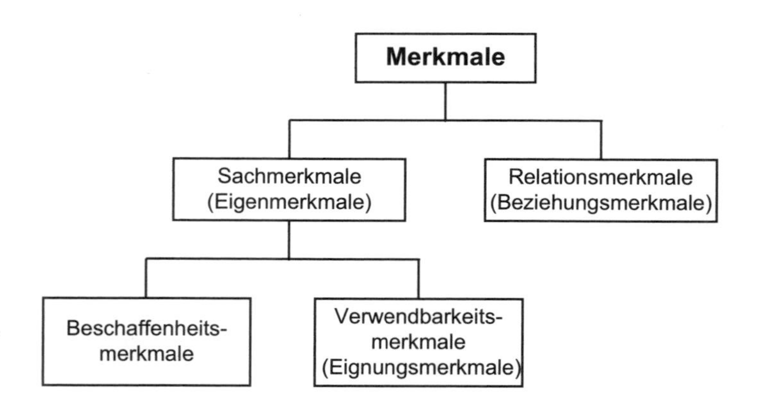

Bild 7.15: Gliederung von Merkmalen nach ihrer Bedeutung (nach *Krauser*)

Ein ***Relationsmerkmal*** ist ein Merkmal, das eine Beziehung von Gegenständen zu ihrem Umfeld kennzeichnet. Eine Änderung der Merkmalsausprägung ergibt keinen anderen Gegenstand. Beispiele sind Herstellkosten, Bestellmenge oder Einbauhöhe und Klemmlänge einer Passfeder.

Die Gliederung der Merkmale nach ihrem Inhalt führt zu Artmerkmalen, Größenmerkmalen oder Bewertungsmerkmalen, die in Bild 7.16 mit Beispielen vorgestellt werden.

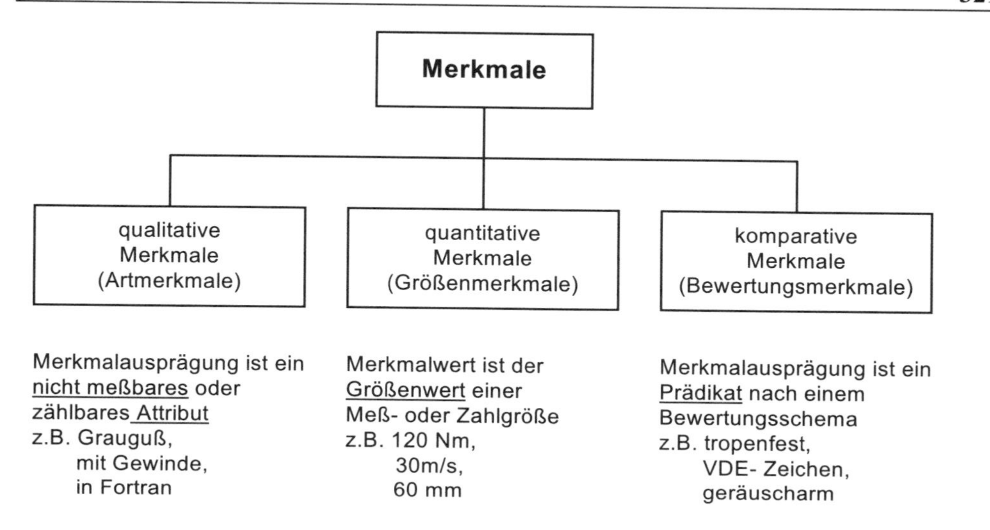

Bild 7.16: Gliederung von Merkmalen nach ihrem Inhalt (nach *Krauser*)

7.5.1 Sachmerkmalleisten

Eine ***Sachmerkmalleiste*** nach DIN 4000 ist die Zusammenstellung und Anordnung von Sachmerkmalen und von Relationsmerkmalen einer Gegenstandsgruppe.

Sachmerkmalleisten dienen dem Zusammenfassen, Abgrenzen und Auswählen von genormten und nichtgenormten Gegenständen, die einander ähnlich sind. Sie beschreiben Gegenstände durch die teileabhängigen Eigenschaften und sind die Grundlage für ein anwenderfreundliches Informationssystem.

Die DIN 4000 besteht inzwischen aus ca. 100 Teilen, die jeweils mehrere Sachmerkmalleisten enthalten. Damit steht dem Konstrukteur schon ein umfangreiches Informationssystem für Norm- und Konstruktionsteile des Maschinenbaus und der Elektrotechnik zur Verfügung. Die Begriffe und Grundsätze im Teil 1 der DIN 4000 erläutern den Aufbau von Sachmerkmalleisten. In Tabelle 7.9 ist der Aufbau mit Hinweisen für die Informationen in den einzelnen Feldern dargestellt.

Teilebeschreibende Nummernsysteme unterscheiden sich von den Sachmerkmalleisten durch die Anzahl und Art der Beschreibungsmöglichkeiten. Für Sachmerkmalleisten sind insgesamt neun teilebestimmende Eigenschaften als Sachmerkmale festgelegt, die nebeneinander in die Felder der Sachmerkmalleiste eingetragen werden. Die Größenwerte oder die Attribute werden als Sachmerkmaldaten jeweils für ein Teil zeilenweise darunter als Sachmerkmalverzeichnis aufgelistet.

3⇓ 1⇓

1 von n	Sachmerkmalleiste DIN 4000-..-.. für								⇐ 2
Merkmal-kennung	A	B	C	D	E	F	G	H	J ⇐ 4
Merkmal-benennung									⇐ 5
Einheit									⇐ 6

1. Feld für die Bezeichnung der Sachmerkmalleiste
2. Feld für die Benennung der Gegenstandsgruppe
3. Feld für die Nummer des Teils einer Sachmerkmalleiste
4. Feld für die Merkmalkennung mit Kennbuchstaben
5. Feld für die zugeordneten Merkmalbenennungen
6. Feld für die zugehörigen Einheiten

Tabelle 7.9: Aufbau einer Sachmerkmalleiste (nach DIN 4000)

Durch die räumlich untereinander stehenden Sachmerkmaldaten erhält der Konstrukteur schnell einen Überblick über alle Teile dieser Sachmerkmalleiste mit wichtigen Größenwerten und Eigenschaften.

Wichtiger Bestandteil der Sachmerkmalleiste ist die ***Bildleiste*** mit Prinzipskizzen der in dieser Sachmerkmalleiste enthaltenden Teile. Damit hat der Konstrukteur sofort eine Vorstellung von den Teilen. Die Prinzipskizzen der Bildleiste haben Buchstaben als Maßzahlen, sodass die Merkmalkennung der Leiste direkt in der Skizze abgebildet ist. Die DIN 4000 hat mit einer Überarbeitung auch einige Begriffe verändert. In den vorhandenen Sachmerkmalleisten nach DIN 4000 werden Sachmerkmale den Kennbuchstaben zugeordnet, während heute dafür der Begriff Merkmalkennung gilt, siehe auch Tabelle 7.9.

Die Sachmerkmalkennung erfolgt durch die 9 Buchstaben A bis H und J, die bei Bedarf mit Index erweitert werden, also z. B. E1; E2.

Jede ***Sachmerkmalleiste*** beschreibt eine Gruppe sich ähnelnder Gegenstände. Beispiele sind nach DIN 4000 mit Angabe der Teilnummer und der Leistennummer:

- Radiallager Teil 12 Leiste 1,
- keilförmige Scheiben Teil 3 Leiste 2,
- nichtschaltbare Getriebe Teil 27 Leiste 1,
- für Drehmeißel Teil 22 Leiste 2.

Jede Sachmerkmalleiste besteht danach aus:

- Benennung
- Bildleiste (Geometrie)
- Sachmerkmalkennbuchstaben oder Merkmalkennung (A bis H und J)
- Sachmerkmalbenennung oder Merkmalbenennung (neun teilebestimmende Eigenschaften)
- Referenzhinweis (Maßbuchstaben oder Formelzeichen, die aus den entsprechenden Normen in die SM-Leisten übernommen werden.); entfällt bei neuen Leisten
- Einheiten (Maßeinheiten der Sachmerkmale)
- Sachmerkmalverzeichnis (Datenzeilen)

Eine Sachmerkmalleiste nach DIN 4000 besteht nur aus der Bildleiste und der Sachmerkmalleiste, jedoch ohne ein ***Sachmerkmalverzeichnis,*** wie Bild 7.17 zeigt. Die Datenzeilen für ein firmenspezifisches Sachmerkmalverzeichnis werden am Rechner angelegt und mit Eingabe der Sachnummer gespeichert. Der Konstrukteur kann diese Verzeichnisse nutzen, um gezielt aus den gespeicherten Teilen das geeignete auszuwählen, da alle Daten dafür übersichtlich geordnet angezeigt werden.

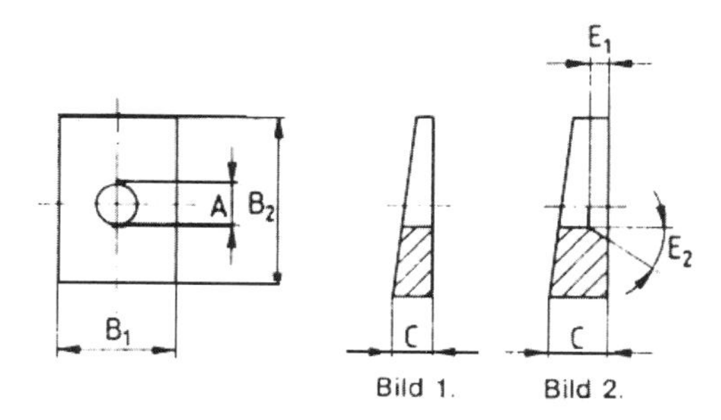

Sachmerkmalleiste DIN 4000-3-2									
Kenn-buchstabe	A	B	C	D	E	F	G	H	J
Sach-merkmal-benennung	Innen-durch-messer	Außen-maß B_1,B_2	Dicke	Neigung	Senktiefe und -winkel E_1,E_2			Werkstoff	Oberfläche und/ oder Schutzart
Referenz-hinweis						-	-		
Einheit	mm	mm	mm	%	mm, °	-	-	-	-

Bild 7.17: Beispiel einer Sachmerkmalleiste für keilförmige Scheiben (nach DIN 4000)

Die Sachmerkmalleisten für Wiederholteilverwendung, insbesondere von Konstruktionsteilen und Baugruppen erfordern Sachmerkmaldefinitionen unter funktionalen Gesichtspunkten. Das Erarbeiten erfolgt analog der Konstruktionsmethodik und ist in der Fachliteratur beschrieben.

7.5.2 Anzahl und Wertigkeit der Sachmerkmale

Die nach DIN 4000 T1 festgelegte Anzahl der Kennbuchstaben innerhalb einer Sachmerkmalleiste mit 9 ergab sich als Ergebnis einer anwendungsbezogenen Vorgehensweise:

- Mit wie vielen Merkmalen sind einfache Teile beschreibbar?
- Wie viel Schreibstellen stehen für Merkmalausprägungen zur Verfügung (A4-Seite, DV-Printer, Bildschirm)?
- Wie viel zur gegenseitigen Abgrenzung relevante Sachmerkmale sind auf einen Blick erfassbar?

Die so gefundenen Begrenzungen durch 9 Sachmerkmale mit insgesamt 70 Schreibstellen hatten sicher ihre Berechtigung, werden aber nicht allen Anforderungen gerecht. Dies gilt besonders für komplexe Bauteile.

Diese Erkenntnis wurde bereits bei der Entwicklung der ***CAD-Normteiledatei*** *nach DIN 4001* umgesetzt. In dieser Normenreihe werden die geometrischen Merkmale von Normteilen in erweiterten Merkmalleisten so aufbereitet, dass daraus Dateien für CAD-Systeme entwickelt werden können. Dieses Vorgehen für das wirtschaftliche Arbeiten mit 2D-CAD-Systemen ist in der DIN V 4000 Teil 100 und 101 beschrieben.

7.5.3 Sachnummernsystem durch Klassifizierung über Sachmerkmale

Für die Aufstellung von ***Sachnummernsystemen*** können die bereits erläuterten und in Bild 7.14 dargestellten Begriffe sehr gut eingesetzt werden.

Klassifizierung ist eine Einordnung von Gegenständen in Gruppen (Klassen), die nach vorgegebenen Gesichtspunkten aufgestellt wurden. Die Klassifizierung über Sachmerkmale nützt die zeitlosen Ordnungskriterien der Sachmerkmale für Gegenstände.

Sachmerkmale beschreiben Eigenschaften eines Objektes unabhängig von dessen Umfeld (Herkunft, Verwendungsfall). Sie können gegliedert werden in Beschaffenheitsmerkmale und Verwendbarkeitsmerkmale.

Beschaffenheitsmerkmale ergeben sich auf die Frage: Wie ist das Objekt? z. B. Abmessungen, Form, Farbe usw.

Verwendbarkeitsmerkmale ergeben sich auf die Frage: Was kann und was braucht das Objekt? z. B. Tragfähigkeit, Platzbedarf, Energiebedarf usw.

Ein **Klassifizierungssystem** soll Gegenstände und Unterlagen nach bestimmten Gesichtspunkten ordnen und dadurch gleiche und ähnliche Sachen zusammenführen. Eine wichtige Voraussetzung für die Klassifizierung ist die Aufstellung einer Begriffsordnung. Die Klassifizierung wird damit solange bearbeitet, bis jeweils nur noch 10 Merkmale in einer Gruppe von Sachen unter einem festgelegten Oberbegriff zusammengefasst sind. Alle Elemente innerhalb einer Gruppe erhalten dann eine Nummer, aus der die Gruppenzugehörigkeit hervorgeht. Als Grundprinzip muss stets gelten:

Zu einer Sache gehört nur eine Nummer und umgekehrt!

Das Produktspektrum eines Unternehmens beeinflusst die Stellenzahl, die damit verbundene Struktur und die einzelnen Klassifizierungsmerkmale. Die Klassifizierungstiefe ist nur soweit vorzunehmen, dass gezielt auf Sachmerkmale zuzugreifen ist.

Beispiel: Im Bild 7.18 ist ein Auszug aus dem Sachnummern-Klassifizierungssystem eines Unternehmens als Übersicht mit einem eingetragenen Klassifizierungsbeispiel dargestellt. Der obere Teil im Bild 7.18 enthält eine vereinfachte Darstellung der Produkte des Unternehmens, für die das Sachnummern-Klassifizierungssystem entwickelt wurde. In der Aufbauübersicht steht unter den Bereichen in der 1. Stufe die Einteilung der Hauptklassen. Diese ist in Tabelle 7.10 noch einmal zum Vergleich mit Tabelle 7.8 dargestellt. Auch hier zeigt sich, dass firmenspezifische Forderungen maßgebend sind und allgemeine Erkenntnisse angepasst angewendet werden. Die produktspezifischen Baugruppen in den beiden Klassen 6 und 7 sind dafür ein Beispiel. Diese Baugruppen müssen besonders umfangreich vorhanden sein und deshalb nicht in einer Klasse sinnvoll unterzubringen. Das Eintragen in die Sachmerkmalleisten sorgt dann für eine vergleichbare Übersicht der Teilearten.

Einteilung der Hauptklassen	
Klasse 0	Betriebsmittel
Klasse 1	Werkzeuge
Klasse 2	Material
Klasse 3	Allgemeine Maschinenelemente
Klasse 4	Elektroelemente
Klasse 5	Produktspezifische Maschinenelemente
Klasse 6	Produktspezifische Baugruppen
Klasse 7	Produktspezifische Baugruppen
Klasse 8	Anlagen - Maschinen
Klasse 9	Organisation

Tabelle 7.10: Sachnummern-Klassifizierungssystem – 1. Stufe (nach *Lederer*)

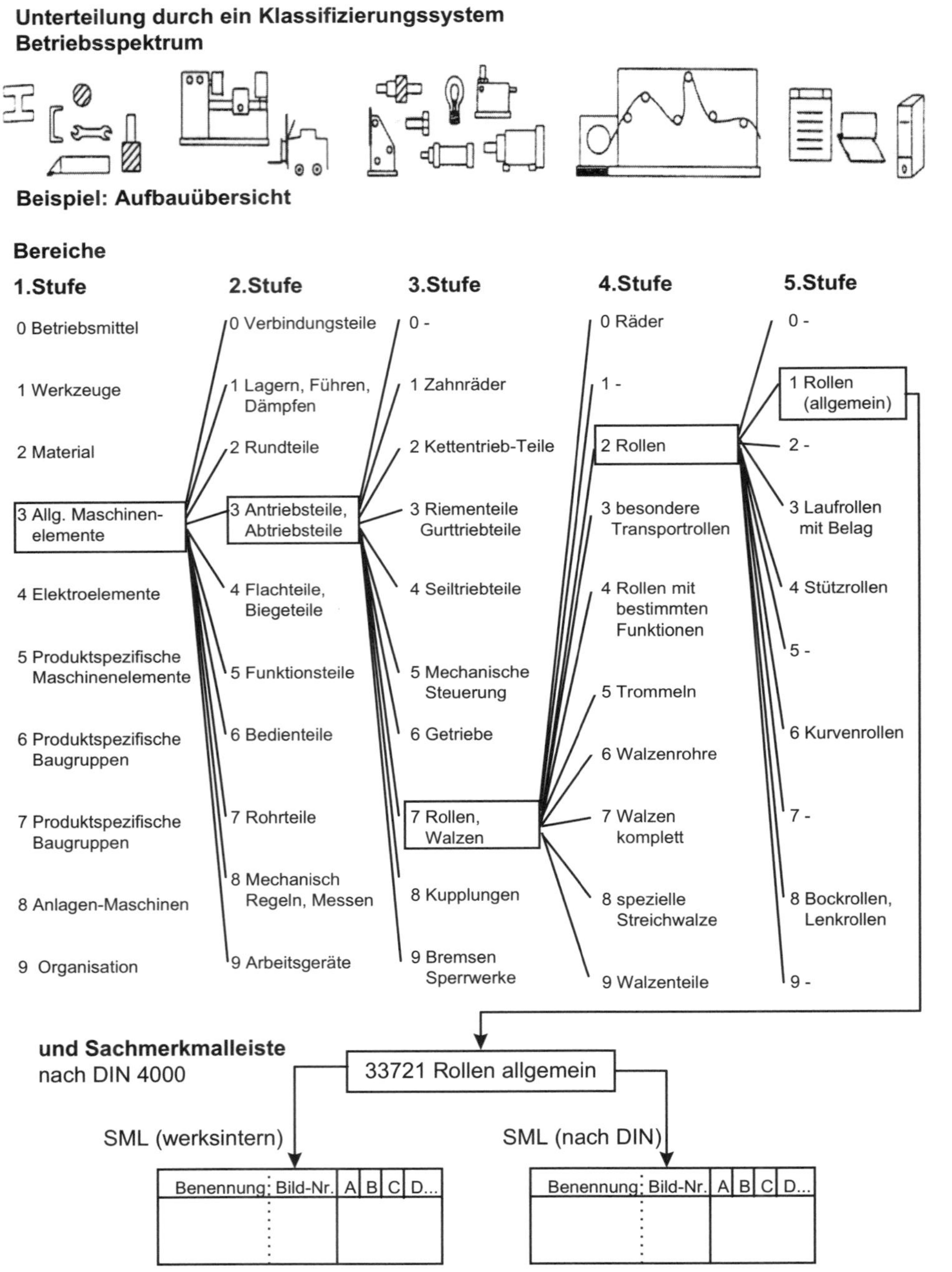

Unterteilung durch ein Klassifizierungssystem
Betriebsspektrum

Beispiel: Aufbauübersicht

Bereiche

1.Stufe	2.Stufe	3.Stufe	4.Stufe	5.Stufe
0 Betriebsmittel	0 Verbindungsteile	0 -	0 Räder	0 -
1 Werkzeuge	1 Lagern, Führen, Dämpfen	1 Zahnräder	1 -	1 Rollen (allgemein)
2 Material	2 Rundteile	2 Kettentrieb-Teile	2 Rollen	2 -
3 Allg. Maschinen-elemente	3 Antriebsteile, Abtriebsteile	3 Riementeile Gurttriebteile	3 besondere Transportrollen	3 Laufrollen mit Belag
4 Elektroelemente	4 Flachteile, Biegeteile	4 Seiltriebteile	4 Rollen mit bestimmten Funktionen	4 Stützrollen
5 Produktspezifische Maschinenelemente	5 Funktionsteile	5 Mechanische Steuerung	5 Trommeln	5 -
6 Produktspezifische Baugruppen	6 Bedienteile	6 Getriebe	6 Walzenrohre	6 Kurvenrollen
7 Produktspezifische Baugruppen	7 Rohrteile	7 Rollen, Walzen	7 Walzen komplett	7 -
8 Anlagen-Maschinen	8 Mechanisch Regeln, Messen	8 Kupplungen	8 spezielle Streichwalze	8 Bockrollen, Lenkrollen
9 Organisation	9 Arbeitsgeräte	9 Bremsen Sperrwerke	9 Walzenteile	9 -

und Sachmerkmalleiste
nach DIN 4000

33721 Rollen allgemein

SML (werksintern)

Benennung	Bild-Nr.	A	B	C	D...

SML (nach DIN)

Benennung	Bild-Nr.	A	B	C	D...

Bild 7.18: Sachnummern-Klassifizierungssystem eines Unternehmens (nach *Lederer*)

Die Klassifizierung von technischen Produkten in einem Unternehmen ist sehr aufwendig und komplex. Da als Ergebnis ein beständiges, anwendungsgerechtes und überschaubares Nummernsystem entstehen soll, muss ein am Erfolg interessiertes Mitarbeiterteam eingesetzt werden. Dieses Team sammelt möglichst viele Sachmerkmale, diskutiert deren Anwendbarkeit und bringt sie in eine Reihenfolge mit dem wichtigsten Sachmerkmal am Anfang. Die so gefundene Klassifizierung ist in ein praxisgerechtes Schema einzuarbeiten.

Als erstes sollte eine Aufteilung aller Gegenstände in Sachnummernbereiche erfolgen, die nach bewährten Lösungen übernommen werden können. Jedem Sachnummernbereich sind eine Anzahl von Klassifizierungen zuzuordnen, die von Firmengröße und Produktspektrum abhängen. Jede Stelle der Klassifizierungsnummer erhält zehn Merkmale und ist dekadisch aufgebaut, d. h., eine Nummer an einer bestimmten Stelle steht immer für ein und dasselbe Merkmal.

Als einheitlicher ***Aufbau*** für häufig verwendete ***Nummernsysteme*** gilt:
- dreistellige oder vierstellige Klassifizierung
- zehn Merkmale je Stelle
- dekadischer Aufbau

Art, Zusammensetzung und Reihenfolge der stelleninternen begrifflichen Unterscheidungen und Unterteilungen stellen kein starres Schema, sondern eine mögliche Version dar. Der Anwender muss vor der Einführung, dieser Klassifizierung durch Probeverschlüsselung die Brauchbarkeit überprüfen und die Klassifizierungsmerkmale gegebenenfalls ergänzen und anpassen. Die Arbeitsschritte zur Klassifizierung über Sachmerkmale werden hier in Anlehnung an *Henjes* vorgestellt. Sie sind als bewährte Vorgehensweise bekannt, sollten aber firmenspezifisch angepasst werden.

Klassifizierung über Sachmerkmale

Die Klassifizierung mit Hilfe von Sachmerkmalen wird schon seit einigen Jahren als bewährte Methode eingesetzt und soll hier schrittweise vorgestellt werden.

Mitarbeiterteam bilden

Eine beständige, allgemeingültige, anwendungsgerechte und überschaubare Klassifizierung kann nur von einem am Erfolg interessierten Mitarbeiterteam geschaffen werden. Ein einzelner Mitarbeiter in einem Unternehmen ist mit dieser Aufgabe überfordert und würde auch nur eine Fachabteilungslösung erarbeiten.

Bei der Klassifizierung von Erzeugnissen, wie z. B. Drehmaschinen, sollte das Team aus Mitarbeitern des Vertriebs, der Konstruktion, der Normung, der Arbeitsvorbereitung, der Fertigung und der Montage bestehen. Die Klassifizierung von Einzelteilen kann in der Regel von Mitarbeitern der Konstruktion, der Normung, der Arbeitsvorbereitung und der Fertigung durchgeführt werden. Der Ablauf der Klassifizierung über Sachmerkmale ist als Übersicht in Bild 7.19 enthalten und wird auf den folgenden Seiten erläutert.

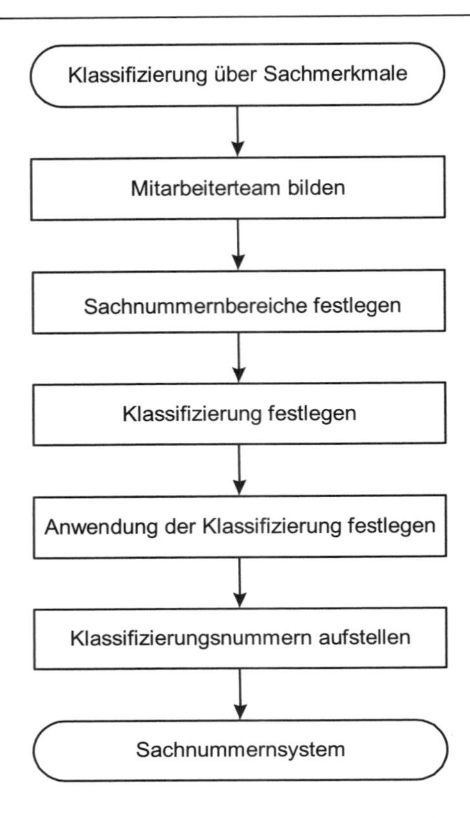

Bild 7.19: Ablauf der Klassifizierung über Sachmerkmale

Sachnummernbereiche festlegen

Vor einer Klassifizierung sollte eine Aufteilung aller Gegenstände über eine Sachnummernhierarchie in so genannte Sachnummernbereiche erfolgen. Bewährte Sachnummernbereiche umfassen:

- Anlagen
- Erzeugnisse
- Baugruppen
- Montagegruppen
- Verbundgruppen
- Einzelteile
- Fertigzeuge
- Halbzeuge
- Rohteile
- Gebindezeuge

Die Begriffe sind in DIN 6789 und DIN 199 genormt. ***Gebinde*** sind bestimmte genormte Mengen von losen Teilen, wie z. B. Farbdosen, Kanister usw. („Blumengebinde").

Klassifizierung erarbeiten

Die Klassifizierung sollte in vier zeitlich getrennten Arbeitsschritten erstellt werden:

- Das Team sammelt möglichst viele Sachmerkmale über die zu klassifizierende Gegenstandsgruppe.
- Das Team diskutiert gründlich die Bedeutung jedes der gesammelten Sachmerkmale.
- Das Team bringt die bestätigten Sachmerkmale in eine Reihenfolge mit dem wichtigsten Sachmerkmal am Anfang.
- Die so gefundene Klassifizierung wird dann in eine der beiden folgenden Anwendungsmöglichkeiten eingearbeitet.

Anwendung der Klassifizierung festlegen

Zwei Anwendungsmöglichkeiten haben sich grundsätzlich bewährt:

Umsetzung der Klassifizierung über Klassifizierungsnummern und Sachmerkmalleisten. Aus der erarbeiteten Klassifizierung werden Klassifizierungsnummern für Gegenstandsgruppen gebildet und die Sachmerkmale in Sachmerkmalleisten nach DIN 4000 übernommen. Dieser Weg ist besonders geeignet für mittlere und größere Unternehmen.

Umsetzung der erarbeiteten Klassifizierung über Klassifizierungssysteme und Sachnummerung. Aus der erarbeiteten Klassifizierung werden einheitliche Klassifizierungsnummern gebildet, die dann als Ordnungskriterien gelten. Die Klassifizierungsnummern können als klassifizierender Nummernteil für eine neue Sachnummer übernommen werden, und zwar sowohl in einem Verbund- als auch in einem Parallelnummernsystem. Bei der Sachnummerung sollte das Prinzip des Parallelnummernsystems vorrangig angewendet werden. Dieser Weg ist für kleine und mittlere Betriebe besonders geeignet.

Klassifizierungsnummern aufstellen

Für die Klassifizierungsnummern haben sich zwei unterschiedliche, praxisgerechte und handliche Schemen als Teilecode zur Verschlüsselung herausgebildet:

- Das Schema X – X X X bietet je Sachnummernbereich 1.000 Klassifizierungsmöglichkeiten.
- Das Schema X – X X X X bietet je Sachnummernbereich 10.000 Klassifizierungsmöglichkeiten.

Für das Schema X – X X X ist die Klassifizierung relativ eng mit gering gefächerter Unterteilung und für wenig Sachmerkmale. Diese Klassifizierungsnummern eignen sich für ganz kleine Unternehmen oder für Betriebe mit einfachem Produktspektrum.

Eine bewährte Aufteilung der Sachnummernbereiche umfasst:

- X – X X X
- 0 = Anlagen
- 1 = Erzeugnisse
- 2 = Baugruppen
- 3 = Montagegruppen
- 4 = Verbundgruppen
- 5 = Einzelteile
- 6 = Fertigzeuge (Normteile u.ä.)
- 7 = Sonstige Fertigzeuge
- 8 = Halbzeuge, Rohteile
- 9 = Sonstige

Jeder Sachnummernbereich wird firmenspezifisch weiter unterteilt.

Das Schema X – X X X X ist für die Klassifizierung relativ weit und aufwendiger zu füllen, erfasst dabei aber mehr Sachmerkmale. Diese Klassifizierungsnummern eignen sich für mittlere Betriebe oder für kleine Unternehmen mit großer Produktpalette. Eine bewährte Aufteilung der Sachnummernbereiche umfasst:

- X – X X X X
- 0 = Anlagen
- 1 = Erzeugnisse A
- 2 = Erzeugnisse B
- 3 = Erzeugnisse C
- 4 = Baugruppen
- 5 = Montagegruppen
- 6 = Verbundgruppen
- 7 = Einzelteile
- 8 = Kaufteile
- 9 = Halbzeuge, Rohteile, Sonstige

Beispiel: Parallelnummernsystem

Sachnummern nach einem Parallelnummernsystem bestehen aus einer Klassifizierungsnummer und einer Identifizierungsnummer, die völlig unabhängig voneinander sind. Die in diesem Beispiel vorgestellte Klassifizierung soll einen ersten Einblick geben. Es handelt sich nicht um ein vollständiges System, das auf eine Firma übertragen werden kann.

Die vollständige Sachnummer für ein Parallelnummernsystem erhält zu der beschriebenen Klassifizierungsnummer noch eine Identifizierungsnummer, die hier sechsstellig gewählt wird:

Sachnummer: X – X X X X – X X X X X X

Sachnummer: Klassifizierung – Identifizierung

Die letzten sechs Zahlen sind die Identnummern, die als reine Zählnummern an die Klassifizierung angehängt werden.

Für die Klassifizierungsnummer wird das Schema X – X X X X als Teilecode gewählt mit Sachnummernbereichen eines Unternehmens, das z B. Getriebe herstellt. Damit sind je Sachnummernbereich 10.000 Klassifizierungsmöglichkeiten gegeben.

Gewählter Sachnummernbereich:

Beispiel: Die Erzeugnisse B sollen Zahnradgetriebe sein, deren Nummern alle dem Sachnummernbereich 2 zugeordnet werden: 2 – X X X X

X – X X X X
0 = Anlagen
1 = Erzeugnisse A
2 = Erzeugnisse B
3 = Erzeugnisse C
4 = Baugruppen
5 = Montagegruppen
6 = Verbundgruppen
7 = Einzelteile
8 = Kaufteile
9 = Halbzeuge, Rohteile, Sonstige

Erste Stelle der Klassifizierung:

Beispiel: Von den Getriebearten erhalten die Stirnradgetriebe die Nummer 4, sodass alle Nummern 2 – 4 X X X für Stirnradgetriebe gelten.

2 – X X X X (Getriebearten)
0 = Richtlinien, Organisation
1 = Schneckengetriebe
2 = Kegelradgetriebe
3 = Schraubradgetriebe
4 = Stirnradgetriebe
5 = ...
6 = ...
7 = ...
8 = ...
9 = ...

Zweite Stelle der Klassifizierung:

Beispiel: Die Normteile für Stirnradgetriebe erhalten die Nummer 4, sodass alle Nummern 2 – 4 4 X X Normteile beschreiben; alle Nummern 2 – 4 2 X X sind Eigenteile für Stirnradgetriebe.

2 – 4 X X X (Teilearten)
0 = Richtlinien, Normen
1 = Montagegruppen
2 = Eigenteile
3 = Fremdteile
4 = Normteile
5 = Elektroteile
6 = Betriebsmittel
7 = Schmiermittel
8 = Hilfs- und Betriebsstoffe
9 = Sonstige

Dritte Stelle der Klassifizierung:

Beispiel: Für die Werkstoffe der Getriebeteile, wie z. B. Zahnräder aus Vergütungsstahl als Eigenteile wird die Nummer 1 festgelegt, sodass sich die Nummern 2 – 4 2 1 X ergeben.

2 – 4 X X X (Werkstoffarten)
0 = Richtlinien, Organisation
1 = Vergütungsstähle
2 = Einsatzstähle
3 = Stahlguss
4 = Allgemeine Baustähle
5 = Gusseisen m. Lamellengraphit
6 = Gusseisen mit Kugelgraphit
7 = Nichteisenmetalle
8 = Nichtmetalle
9 = Sonstige

Vierte Stelle der Klassifizierung:

Beispiel: Alle Gussrohteile für Stirnradgetriebe erhalten die Nummer 5, sodass Gehäuse aus laminarem Grauguss als Fremdteile die Nummern 2 – 4 3 5 5 erhalten. Alle Nummern 2 – 4 2 1 7 sind für Eigenteile aus Vergütungsstahl und werden aus Rundmaterial gefertigt.

2 – 4 X X X (Rohteile, Halbzeuge)
0 = Richtlinien, Organisation
1 = Flachmaterial
2 = Bleche
3 = Profile
4 = Schmiedeteile
5 = Gussteile
6 = Stangenmaterial
7 = Rundmaterial
8 = Rohre
9 = Sonstige

7.5.4 Methode zum Erarbeiten von Sachmerkmalen

Die methodische Vorgehensweise bei der Aufbereitung, Verarbeitung und Anwendung von ***Sachmerkmalen für Teilearten*** in Unternehmen, die in vielen Abmessungen und Varianten auftreten, kann in Anlehnung an *Pflicht* in sechs Arbeitsschritten erfolgen, die hier vorgestellt werden. Durch Einsatz dieser Methode können folgende Ziele erreicht werden:

- Entwicklung eines effizienten Systems zum gezielten Finden und Auswählen von Wiederholteilen,
- Reduzierung der Suchzeiten für bewährtes Know-how,
- Minimierung der Einführungs- und Verwaltungskosten für Neuteile,
- Beschleunigung beim CAD/CAM-Prozess ohne Variantenexplosion.

Die systematische Verarbeitung von Sachmerkmalen in sechs Arbeitsschritten erfolgt in der im Bild 7.20 angegebenen Reihenfolge, die zu durchlaufen ist.

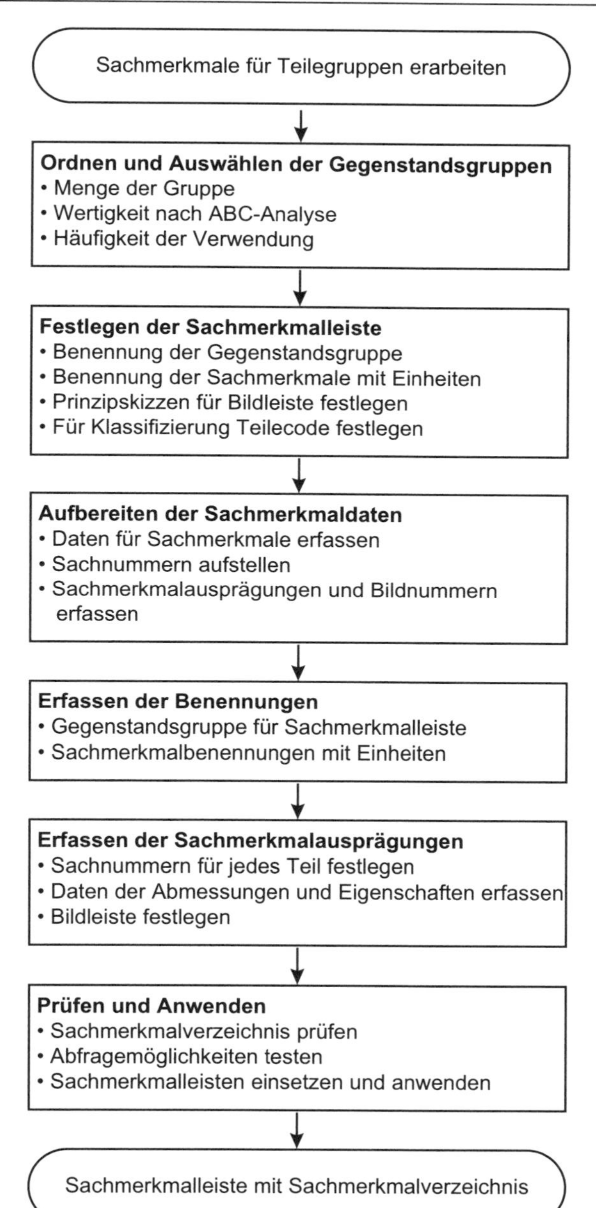

Bild 7.20: Ablauf der Sachmerkmalerarbeitung für Teilegruppen (nach *Pflicht*)

Ordnen und Auswählen der Gegenstandsgruppen

Um die unterschiedlichen Teilearten mit ihren Mengen und Anteilen zu ermitteln, ist zunächst eine Analyse des Istzustandes aller eingeführten Teile durchzuführen.

Nach den Mengenanteilen können Prioritäten festgelegt werden, z. B. Halbzeuge vor Einzelteilen, Einzelteile vor Baugruppen usw., um einen hohen Nutzen zu erreichen.

Für die Abgrenzung der Gegenstandsgruppen gilt die technische oder technologische Ähnlichkeit und/oder die alternative Verwendung der Gegenstände zur Funktionserfüllung. Die Hilfsmittel zum Ordnen und Auswählen sind im Wesentlichen:

- Benennungsliste, alphabetisch geordnet,
- Zeichnungen,
- Normen,
- Kataloge,
- Dokumentationen.

Die Prioritäten innerhalb einer Teileart sind von der Menge je Gegenstandsgruppe, der Wertigkeit nach ABC-Analyse und der Verwendungshäufigkeit abzuleiten. Die ABC-Analyse ist eine Methode zur Auswahl von Produkten oder von Produktteilen, wobei in der Regel die Kosten untersucht werden.

Festlegen der Sachmerkmalleiste

Für diesen Arbeitsschritt ist es erforderlich, Teilecode, Bilder, Benennung der Gegenstandsgruppe und der Sachmerkmale mit deren Einheiten festzulegen.

Die Ergebnisse der Normungsarbeit für Sachmerkmale werden in der Normenreihe DIN 4000 veröffentlicht und stehen damit der Allgemeinheit zur Verfügung. Der Anwender sollte sich also erst informieren, ob für die ausgewählten Gegenstandsgruppen die Sachmerkmalleisten vorhanden sind. Wenn das der Fall ist, wählt der Anwender die zutreffenden Sachmerkmalleisten aus. Sonst muss er die beschreibenden Sachmerkmale A bis J festlegen. Die Stellenzahl des einzelnen Sachmerkmals ist variabel, alle neun Sachmerkmale sind mit max. 70 Schreibstellen festgelegt. Die unterschiedlichen Feldlängen und Arten werden durch Bildschirmnummern gekennzeichnet und tabellarisch erfasst.

Als Teilecode wird ein fünfstelliger numerischer Schlüssel gewählt, der schon als Schema X – X X X X für Klassifizierungsnummern genannt wurde. Durch ihn erfolgt die Zuordnung von ähnlichen Gegenständen zu einer Gegenstandsgruppe.

Unterschiedliche Ausführungen und Formen werden neben den Sachmerkmalen durch grafische Darstellungen gekennzeichnet. Jeder einzelnen Darstellung wird eine Bildnummer zugeordnet.

Als Beurteilungskriterien bei der sachlichen Abgrenzung der Gegenstandsgruppen sind die technische Ähnlichkeit und die alternative Einsetzbarkeit der Gegenstände heranzuziehen. Gleichnamige Benennungen führen nicht zum Ziel, da z. B. ein Werkzeughalter sowohl Schaufelstiel als auch Halter für verschiedene Maschinenwerkzeuge sein kann.

Die Benennung der Gegenstandsgruppe wird in einem verbindlichen Katalog festgelegt. Zum erfolgreichen Suchen können Referenzbenennungen erfasst werden.

Der Aufbau der heute bekannten Sachmerkmalverzeichnisse aus alphanumerischen Daten kann mit den Sachmerkmalbenennungen und deren Einheiten als Versuch angesehen werden, die fehlende Grafik zu ergänzen.

Aufbereiten der Sachmerkmaldaten

Nach dem Festlegen der Sachmerkmalleisten sind jetzt alle zur Gegenstandsgruppe zugehörigen Gegenstände mit ihren Sachnummern, Sachmerkmalausprägungen und Bildnummern zu erfassen. Zum Aufbereiten der Sachmerkmaldaten aus den verschiedenen Dokumentationsunterlagen wird zweckmäßig ein Vordruck verwendet. Vordrucke mit Feldern haben eine geringere Fehlerquote bei der Datenaufbereitung und -erfassung.

Erfassen der Benennungen

Das Erfassen der Benennung der Gegenstandsgruppe, der Sachmerkmale und der Einheiten erfolgt am Bildschirm einer EDV-Anlage mit Hilfe einer Bildschirmmaske. Es werden je Teilecode die Standard- und Referenzbenennungen der Gegenstandsgruppe, die Sachmerkmalbenennungen A bis J und die Einheiten eingegeben, soweit vorhanden.

Erfassen der Sachmerkmalausprägungen

Eine Sachmerkmalausprägung ist nach Art des Sachmerkmals ein Größenwert (12,5 mm, 6,3 kW, 220 V) oder eine attributive Angabe (kreisförmig, aus Stahl, tropenfest).

In dieser Phase erfolgt die Dateneingabe der Sachmerkmalausprägungen und Bild-Nr. je Sachnummer mit Hilfe einer Bildschirmmaske. Die hierbei häufig auftretenden großen Mengen einzugebender Daten können am effektivsten von Datentypistinnen abgearbeitet werden. Ebenso nützlich ist das Duplizieren von Sachmerkmalausprägungen unter neuer Sachnummer mit entsprechenden Änderungen.

Prüfen und Anwenden

Das Ziel aller bisherigen Tätigkeiten ist ein Sachmerkmalverzeichnis, das nach sachlicher Prüfung der Dateneingaben zur Verfügung steht. Die Datenzusammenstellung besteht mindestens aus der Sachnummer, den Sachmerkmalausprägungen und der Bildnummer. Die Ausgabe kann als DV-Liste und/oder Bildschirmanzeige erfolgen. Dem Benutzer werden in der Regel außerdem geboten:

- Stichwortverzeichnis,
- Gruppenverzeichnis (Sortierung nach Teilecode),
- Teilecode mit unvollständigen Suchbegriffen (Matchcode = Kombinationsschlüssel; einfacher Such- und Abfragecode),
- wahlfreie Sortierfolgen (z. B. nach den Sachmerkmalen C/B/A).

Bei umfangreichen Gegenstandsgruppen können Abfragen mit Selektion von ein oder zwei Sachmerkmalausprägungen erfolgen, wobei Wertgrenzen im Sinne von/bis vorgegeben werden können.

Zusatzinformationen wie Teilestatus, Relativkostenzahl, ABC-Analysekennung, Struktur-, Verwendungs-, Arbeitsplan und Lagerbestandskennzeichen dienen als Entscheidungskriterien, wenn mehr als ein Gegenstand zur Wiederverwendung geeignet ist.

Die Grundlagen und Zusammenhänge des Fachgebiets Sachmerkmale sind für Konstrukteure sehr wichtig, weil deren Anwendung erhebliche Vorteile bei der wirtschaftlichen Produktentwicklung hat, vor allem auch beim rechnerunterstützten Konstruieren.

7.6 Qualitätssicherung beim Ausarbeiten

Auch bei der letzten Konstruktionsphase sind einige Regeln bekannt, die die Qualität von Produkten sichern oder verbessern können. Für die Detaillierung, für die Stücklistenerstellung und für die Fertigungsfreigabe ergeben sich nach VDI 2247 E folgende Maßnahmen:

- Teileinformationssysteme nutzen
- Systematische Entfeinerung der Teile durchführen
- Toleranzanalysen durchführen
- Prüfplanung einsetzen
- Stücklistenerstellung eindeutig festlegen
- Fertigungsfreigabe durch Anwenden von eindeutigen Richtlinien

Als Erfolg dieser Maßnahmen können folgende potenzielle Fehler vermieden werden:

- Unnötige Eigenteile detaillieren
- Toleranzen zu fein gewählt
- Toleranzangaben falsch gewählt
- Oberflächenangaben zu fein gewählt
- Zeichnungssymbole falsch eingetragen
- Werknormen nicht beachtet
- Stücklistenfehler
- Fehlerhafte Fertigungseingangsdaten

In der Auflistung stehen die allgemein schon bekannten Fehler, die durch unzureichende Abstimmung mit der Arbeitsvorbereitung, der Fertigung und der Montage auftreten können. Deshalb sollten die Konstrukteure mit der Produktion eindeutige Freigabevereinbarungen erarbeiten und in Form von Werknormen oder vereinfachten Prüfplänen alle wichtigen Einzelheiten erfassen und anwendungsgerecht aufbereiten.

7.7 Qualitätsdenken

Nachdem für alle vier Phasen der konstruktiven Tätigkeiten jeweils Maßnahmen zur Qualitätssicherung genannt wurden, soll hier noch einmal auf die Bedeutung der Qualitätsplanung hingewiesen werden.

Das ***Qualitätsdenken*** beginnt bei der Produktplanung und muss sich in Entwicklung, Konstruktion, Arbeitsvorbereitung, Produktion, Versand und Gebrauch beim Kunden fortsetzen. Da aus Untersuchungen in der Industrie nach *Hering, Triemel, Blank* bekannt ist, dass ca. 70 bis 80 % der Kosten und ca. 80 % der Fehler eines Produktes aus der Konstruktions- bzw. Planungsphase stammen, ist die Qualitätssicherung in diesen Phasen besonders wichtig. Außerdem ist bekannt, dass der Schwerpunkt der Fehlerbehebung in der Produktion und beim Kunden liegt. Die Qualitätssicherung muss also möglichst früh in der Produktentwicklung durchgeführt werden, indem die für die einzelnen Konstruktionsphasen genannten Maßnahmen als Aufgaben der Qualitätsplanung umgesetzt werden. Dies ist sehr wichtig, weil Qualität einer der vier Einflussfaktoren auf ein Produkt ist.

Die Kosten zur Fehlerbehebung können in Abhängigkeit von den Phasen der Fehlerentdeckung durch eine in der Praxis entwickelte einfache Regel, die ***Zehnerregel***, dargestellt werden. Wie Bild 7.21 zeigt, steigen die Kosten von Phase zu Phase jeweils um den *Faktor* 10, d. h., ein Fehler, der in der Entwicklung nicht erkannt wird, kostet später beim Kunden das 100-Fache. Diese Regel wurde durch Untersuchungen der Firma Mercedes Benz AG bestätigt.

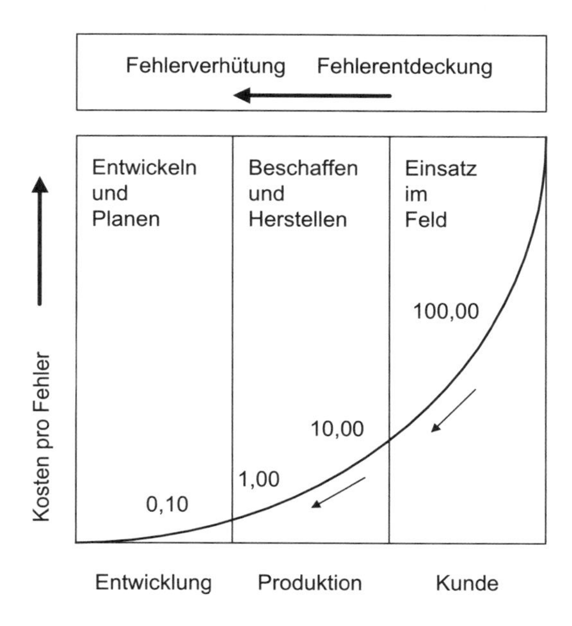

Bild 7.21: Zehnerregel der Fehlerkosten (nach *Hering, Triemel, Blank*)

7.8 Zusammenfassung

Die Konstruktionsphase Ausarbeiten umfasst alle Tätigkeiten, um aus einem freigegebenen Entwurf die für die Herstellung eines Produkts notwendigen Zeichnungen und Stücklisten anzufertigen. Neben guten Kenntnissen des Technischen Zeichnens gehören dazu Stücklisten, Erzeugnisgliederung, Nummernsysteme, Sachmerkmale, Sachmerkmalleisten und das Realisieren der Qualität.

Das Technische Zeichnen wird als Grundwissen vorausgesetzt und deshalb nur als Übersicht vorgestellt.

Stücklisten sind nicht einfach nur bessere Einkaufszettel, sondern haben ganz wesentlichen Einfluss auf alle folgenden Aktivitäten im Unternehmen. Das beginnt mit der Erzeugnisgliederung, die durch gut überlegte Strukturen die Organisation im Unternehmen unterstützt. Stücklisten werden umfangreicher behandelt, da Kenntnisse über den Aufbau nur selten vorhanden sind. Die Stücklistenarten werden mit Beispielen erklärt. Insbesondere die Verwendung der Stücklisten im Unternehmen wird selbst von Konstrukteuren unterschätzt. Die Disposition und die Steuerung der Teile im Betrieb mit PPS- oder ERP-Systemen benötigen Stücklisten. Es werden auch Teilestammdaten vorgestellt, die vom Konstrukteur für jedes neue Teil anzulegen sind.

Nummernsysteme sind für die Stücklisten und für die Ordnung der Teile sowie für viele weitere Aufgaben im Betrieb erforderlich. Deshalb werden Identnummern und Klassifizierungsnummern mit den erforderlichen Erklärungen behandelt. Daraus abgeleitet ergibt sich die Behandlung der Sachnummernsysteme, die als Klassifizierungs-, Verbund- oder Parallelnummernsysteme bekannt sind.

Sachmerkmale und Sachmerkmalleisten nach DIN 4000 sollten eigentlich allen Konstrukteuren bekannt sein, da deren Einsatz insbesondere mit der Datenverarbeitung vorteilhaft ist. Das Aufstellen von Sachnummernsystemen durch Klassifizierung über Sachmerkmale wird mit Beispielen erläutert. Eine Methode zum Erarbeiten von Sachmerkmalen wird ebenfalls behandelt. Diese Themen sind auch zum Verstehen für im Betrieb vorhandene Systeme sinnvoll.

Insbesondere für die Konstruktion von umfangreichen Produkten, von Produkten mit vielen Varianten oder von Produkten, die aus vielen Baugruppen bestehen sind die behandelten Fachgebiete interessant. Kenntnisse darüber unterstützen die Auftragsabwicklung, die Wiederholteilverwendung und die Abläufe im Betrieb.

Die Qualitätssicherung und das Qualitätsdenken sind trotz der ständigen Macht des Kostendenkens auch in dieser Phase wichtig. Dies beweist auch die allgemein bekannte Zehnerregel, die die Wirkung der Fehlerkosten in Folgeabteilungen beschreibt. Der Aufwand für die Qualität sorgt für zufriedene Kunden durch gute Produkte. Maßnahmen, die die Qualität verbessern, ergeben sich in der Regel durch das Vermeiden von Fehlern mit all ihren Folgekosten und durch das Nachdenken über bessere Lösungen. Den kontinuierlichen Verbesserungsprozess wirkungsvoll umzusetzen bedeutet, die Qualitätsstandards ständig zu erhöhen und zu halten.

8 Konstruktion und Kosten

Beim Konstruieren von Maschinen, Anlagen und Geräten ist als wichtigste Forderung die der Wirtschaftlichkeit zu erfüllen, unter Beachtung von Qualität und Kundennutzen.

Wirtschaftlichkeit bedeutet, mit einem Minimum an Aufwand ein Maximum an Erfolg zu erzielen. Die Wirtschaftlichkeit kann dabei in eine funktionsmäßige und herstellungsmäßige Wirtschaftlichkeit unterteilt werden.
Die ***funktionsmäßige Wirtschaftlichkeit*** wird durch den Begriff des Wirkungsgrads, also in allgemeiner Form, dem Verhältnis von Nutzen und Aufwand definiert. Das Streben der Konstrukteure nach hohen Wirkungsgraden und geringsten Verlusten beim Entwickeln von Produkten wird als höchstes Ziel angesehen.
Die ***herstellungsmäßige Wirtschaftlichkeit*** ist durch minimale Herstellungskosten und geringsten Werkstoffaufwand gekennzeichnet, wobei die Sicherheit für Mensch, Maschine und Umwelt stets gewährleistet sein muss. Wirtschaftlich müssen also auch die Einhaltung der erforderlichen Qualität sowie der Betrieb oder Gebrauch und die anschließende Entsorgung sein. Dieses Ziel wird für Konstrukteure immer wichtiger.

Die Grundlagenkenntnisse über Kosten und deren Beeinflussung durch die Konstrukteure vorzustellen ist das Ziel dieses Abschnitts. ***Kostenwissen*** ist ein besonderer Vorteil für die Konstruktion moderner Produkte, weil heute vom Markt vorgegebene ***Kostenziele*** bereits in der Konstruktion umgesetzt werden müssen. Dazu gehören solide Kenntnisse der Kostenrechnung, der durch die Konstruktion beeinflussbaren Kostenarten und insbesondere der Herstellkostenermittlung. Damit können Maßnahmen zum Erreichen von Kostenzielen und das Senken der Herstellkosten umgesetzt werden.

Die Kostenverantwortung der Konstruktion in Bild 8.1 enthält die Selbstkosten aufgetragen über den Bereichen eines Unternehmens, sodass die ***Kostenfestlegung*** mit der ***Kostenentstehung*** für jeden Bereich erkennbar ist. Besonders wichtig ist der hohe Anteil von ca. 70 % der in der Konstruktion festgelegten Kosten für Fertigung und Material. Diesem Wert steht die Verursachung von ca. 6 % in der Konstruktion gegenüber. Für die anderen Bereiche zeigt sich der Trend, dass dort erheblich weniger Möglichkeiten bestehen, den prozentualen Anteil der Kostensenkung zu erhöhen. Ein Beispiel kann diese Aussagen verdeutlichen. Der Konstrukteur legt z. B. für die Verbindung zweier Platten 8 Bohrungen fest. Er kann bereits Kosten senken, wenn er 4 Bohrungen so anordnet, dass die Funktion gewährleistet ist. Die Fertigung kann die Bohrungen nur unwesentlich schneller herstellen und erreicht den Effekt der Einsparung von 50 % der Konstruktion sicher nicht.

Aktivitäten in den Anfangsphasen der Produktentwicklung wirken sich besonders positiv auf die Kosten eines Produkts aus. Es gibt Untersuchungen, die nachweisen, dass der Aufwand für die Entwicklung termingerechter, kostengünstiger Erzeugnisse erhebliche wirtschaftliche Vorteile hat. Fast alle Maßnahmen in den folgenden Abteilungen sind nicht so wirkungsvoll. Außerdem werden dadurch konstruktive Änderungen erforderlich, mit entsprechenden Kosten. Eine ***Kostenbeeinflussung*** sollte also bereits in den ersten Phasen der Konstruktion beginnen.

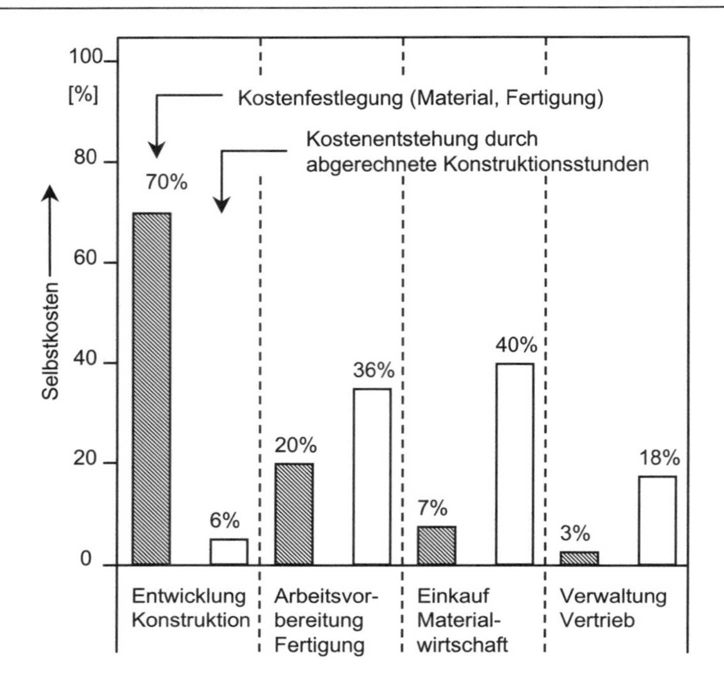

Bild 8.1: Kostenfestlegung und -entstehung in Unternehmensbereichen (nach VDI 2235)

8.1 Kostenbegriffe

Zur Einführung soll ein kurzer Überblick wichtige Kostenbegriffe erläutern. Alle weiteren Kenntnisse sind der Fachliteratur über Kostenrechnung oder den Richtlinien VDI 2234 und VDI 2235 zu entnehmen.

Kosten entstehen durch den Material-, Energie-, Arbeits- und Geldaufwand, der erforderlich ist, um ein Produkt (z. B. Getriebe) herzustellen oder eine Dienstleistung (z. B. Programmierung) auszuführen. Die Gesamtkosten setzen sich zusammen aus Fixen Kosten und Variablen Kosten.

Fixe Kosten sind Kosten, die entstehen, unabhängig davon, ob produziert wird. Beispiele für Fixe Kosten sind Zinsen für Fremdkapital, Kosten für Verwaltung, Löhne, Gehälter und Steuern, die in gewissem Umfang weiter anfallen.

Variable Kosten sind Kosten, die sich produktionsabhängig ändern, also z. B. durch eine höhere Produktion steigen. Werden beispielsweise statt 100 Getrieben pro Woche 200 hergestellt, so wird für die Produktion mehr Material und Energie verbraucht und die Anzahl der Arbeitsstunden steigt. Die Kosten steigen entsprechend, sie ändern sich mit der Produktionsmenge und sind dadurch variabel. Die Auslastung der Maschinen und Anlagen beeinflusst die fixen Kosten, hohe Auslastung senkt also die fixen Kosten pro Stück.

Die ***Gesamtkosten*** für die Herstellung eines Produkts werden nach der *Art der Verrechnung* in Einzelkosten und Gemeinkosten unterteilt.

Einzelkosten sind Kosten, die einem Kostenträger direkt zugeordnet werden können, z. B. Materialkosten und die Fertigungslohnkosten für ein Einzelteil. Kostenträger sind Erzeugnisse oder Dienstleistungen, die die anfallenden Kosten zu tragen haben.

Gemeinkosten sind Kosten, die sich nicht direkt zuordnen lassen, z. B. Gehälter für Unternehmensleitung, Heizung und Reinigung der Betriebs- und Verwaltungsgebäude.

Nach dem *Verhalten bei Beschäftigungsschwankung* werden Kosten unterteilt in:

- Variable Kosten
- Fixe Kosten

Selbstkosten sind die Summe aus Herstellkosten, Entwicklungs- und Konstruktionskosten sowie Vertriebs- und Verwaltungskosten.

Herstellkosten sind die für die Herstellung von Produkten erforderlichen Materialkosten und Fertigungskosten mit den dazugehörigen Sondereinzelkosten der Fertigung, z. B. für Betriebsmittel, die diesem Produkt zugeordnet werden können. Die Herstellkosten enthalten jeweils Anteile von variablen und fixen Kosten.

Kostenrechnung

Die Grundkenntnisse der Kosten- und Wirtschaftlichkeitsrechnung brauchen Konstrukteure zum kostengünstigen Konstruieren. Die Kostenrechnung hat nach *VDI 2234* drei Ziele:

- Ermittlung der voraussichtlichen Kosten von Aufträgen durch Vorkalkulation für Angebotspreise
- Vergleich der anfallenden Kosten mit der erstellten betrieblichen Leistung zur Kontrolle der Wirtschaftlichkeit von Prozessen
- Erfassung der tatsächlich angefallenen Kosten eines Auftrags durch Nachkalkulation

Die Kostenrechnung erfasst, verteilt und untersucht angefallene Kosten durch Antworten auf folgende Fragen:

- **Welche** Kosten sind angefallen? **Kostenarten**, z. B. Material-, Fertigungslohnkosten
- **Wo** sind Kosten angefallen? **Kostenstellen**, z. B. spanende Fertigung, Montage, Vertrieb
- **Wofür** sind Kosten angefallen? **Kostenträger**, z. B. Drehmaschine, Werkzeug

Die Kosten werden also nach Kostenarten getrennt und auf Kostenstellen umgelegt bzw. Kostenträgern zugeordnet. Die Kosten werden anschließend in den zuständigen Unternehmensbereichen ausgewertet. (nach *Ehrlenspiel, Kiewert, Lindemann*)

Kostenarten sind nach Ursachen und Zweck benannte Kosten. Hauptgruppen sind Einzelkosten, Gemeinkosten und Sondereinzelkosten.

Kostenstellen sind Orte der Kostenentstehung bzw. Teilbereiche der Kostenerfassung, z. B. Fertigungs(kosten)stellen wie Dreherei, Fräserei usw.

Kostenträger sind Leistungseinheiten (Produkte, Erzeugnisse; Auftragseinheiten; Serien) des Betriebes, die Kosten tragen (müssen) bzw. verursachen.

Für eine ***Früherkennung der Kosten*** ist jedoch wesentlich, mit Kostenkenntnissen die Kosten abschätzen zu können, statt sie im Einzelnen genau zu berechnen. Durch umfangreiche Untersuchungen haben sich verbesserte Möglichkeiten der Kostenerkennung ergeben, die nachfolgend vorgestellt werden sollen.

8.2 Kosteneigenschaften

Die Ursachen für das geringe Interesse der Konstrukteure, die Kosten zu berücksichtigen, sind vielfältig und oft begründet in den Abläufen im Unternehmen. Nach Untersuchungen von *Ehrlenspiel* und eigenen Erfahrungen gibt es dafür folgende Gründe:

- *Trennung von Technik und Betriebswirtschaft*
  (Technik ist Sache der Ingenieure – Kosten sind Sache der Kaufleute)
  Alle technischen Entscheidungen beim Konstruieren haben Auswirkungen auf die Kosten. Die getrennte Behandlung von Technik und Kosten ist falsch.
- *Kosten sind geheim*
  Ohne Kostenwissen kann nicht kostengünstig konstruiert werden. Konstrukteure müssen Kostendaten vertraulich behandeln.
- *Kosten sind betriebs- und entscheidungsabhängig*
  Kosten unterliegen anderen Regeln als technische Gesetzmäßigkeiten und werden in den Unternehmen von verschiedenen Faktoren beeinflusst.
- *Kostendaten unterliegen großen Streuungen*
  In jedem Betrieb müssen die Kostendaten firmenspezifisch festgelegt werden, weil z. B. Zeitfestlegungen der Fertigungsvorbereitung unterschiedlich sind. Gleiche Teile werden in verschiedenen Betrieben mit unterschiedlichen Herstellkosten gefertigt.
- *Kostendaten*
  Aufbereitete Daten über Kosten zur schnellen Übersicht für Konstrukteure fehlen oft, weil die Kostenrechnung andere Ziele hat.
- *Kostenbeurteilung*
  Kostenermittlung nach den ersten unvollständigen Unterlagen beim Planen oder Konzipieren ist schwierig und ungenau. Schätzungen sind aber besser als keine Kostenangaben.
- *Kosten senken*
  Durch Zusammenarbeit und Schulung sind Maßnahmen umzusetzen, die das Senken der Kosten als Gemeinschaftsaufgabe betrachten und unterstützen.

Die in den letzten Jahren durch den Markt erzwungenen Kostensenkungen für Produkte und das marktpreisorientierte Entwickeln nach Kostenzielen hat in den Unternehmen einige Veränderungen bewirkt, und ein Teil der genannten Punkte wurde bereits umgesetzt.

8.3 Einflussgrößen auf die Herstellkosten

Konstrukteure können nur in Zusammenarbeit mit allen Abteilungen eines Unternehmens kostengünstig konstruieren. Neben Arbeitsvorbereitung, Fertigung, Montage, Einkauf und Vertrieb gehören auch die Zulieferer dazu. Außerdem gibt es noch außerbetriebliche Größen.

In der Konstruktion lassen sich insbesondere Anteile der Herstellkosten beeinflussen:

- **Materialkosten**: Geringe Teileanzahl, wenig Material, kostengünstige Werkstoffe, kleine Werkstücke
- **Fertigungskosten**: Geringe Teileanzahl, einfache Werkstückgestaltung, wenig Bearbeitungsoperationen, kostengünstige Fertigungsverfahren, wenige Standard-Werkzeuge, Komplettbearbeitung in einer Aufspannung
- **Montagekosten**: Geringe Teileanzahl, einfache Handhabung, wenige Fügeoperationen, kurze Fügewege, einfache Standard-Werkzeuge, kostengünstige Montage

Hier sollen von den vielen Einflussgrößen auf die Herstellkosten in Anlehnung an *Ehrlenspiel,* nur folgende, grundlegende Einflüsse kurz vorgestellt werden:

- Anforderungen reduzieren (Aufgabenstellung prüfen)
- Lösungsprinzip (Lösungskonzept vereinfachen)
- Baugröße (Abmessungen und Materialeinsatz reduzieren)
- Stückzahl (Standardisierung und Normung nutzen)

8.3.1 Anforderungen

Die Anforderungsliste legt alle Forderungen und Wünsche des Kunden fest und damit natürlich auch weitgehend die Kosten. Nicht nur die Angabe der Herstellkosten, sondern auch die technischen Daten und Eigenschaften der geforderten Ausführung sind nur mit Kosten zu realisieren. Werden z. B. hohe Genauigkeiten und hohe Belastungen einer Werkzeugmaschine gefordert, so sind diese nur durch kostenintensive Fertigung und mit genauen, aber teuren Komponenten erreichbar.

Die Zusammenarbeit von Konstruktion und Vertrieb vor der Auftragsvergabe in Form von fachlicher Beratung beim Kunden unter Nutzung vorhandener Standardlösungen, statt teurer kundenspezifischer Sonderkonstruktionen, ist ein seit Jahren bewährtes Mittel, um Kosten zu beeinflussen. Konstrukteure lernen außerdem, kundenorientiert zu denken und erhalten gute Einblicke in die Vorstellungen der Kunden.

Bei neu zu konstruierenden Baugruppen oder ganzen Erzeugnissen sollte unbedingt ein Kostenziel festgelegt werden, weil nur dadurch gewährleistet ist, dass die Kosten stets mit untersucht werden. Die oft anzutreffende Formulierung „niedrige Herstellkosten“ ist sehr bequem, aber völlig ungeeignet. Die anfallenden Kosten werden dann einfach akzeptiert, obwohl sie zu hoch sind.

8.3.2 Lösungsprinzip

Mit der Festlegung eines Lösungsprinzips werden die Kosten in erheblichem Umfang beeinflusst. Beispiele lassen sich umfangreich finden, wenn z. B. der Ersatz der vielen mechanischen Baugruppen und Elemente durch elektrische oder elektronische Lösungen in modernen Werkzeugmaschinen betrachtet wird.

Beispiel: Zwei Schalter wurden von *Ehrlenspiel* unter diesem Gesichtspunkt untersucht und vergleichend gegenübergestellt. Das Bild 8.2 zeigt einen Folienschalter und einen elektromechanischen Schalter mit Hinweisen zum Konzept. Kosten und Baugröße wurden durch Einsatz neuer Werkstoffe und neuer Fertigungsverfahren sehr stark gesenkt, wie den Daten in Bild 8.2 zu entnehmen ist. Der Folienschalter ist zwar nur für kleinere Ströme geeignet und hat keinen Druckpunkt, aber er hat nur 50 % der Teile und ist nur 0,5 mm dick. Die Funktionsvereinigung von Druckknopf und Feder durch die elastische Deckfolie und die aufgedruckte Leiterbahn ist wichtig für dieses Konzept.

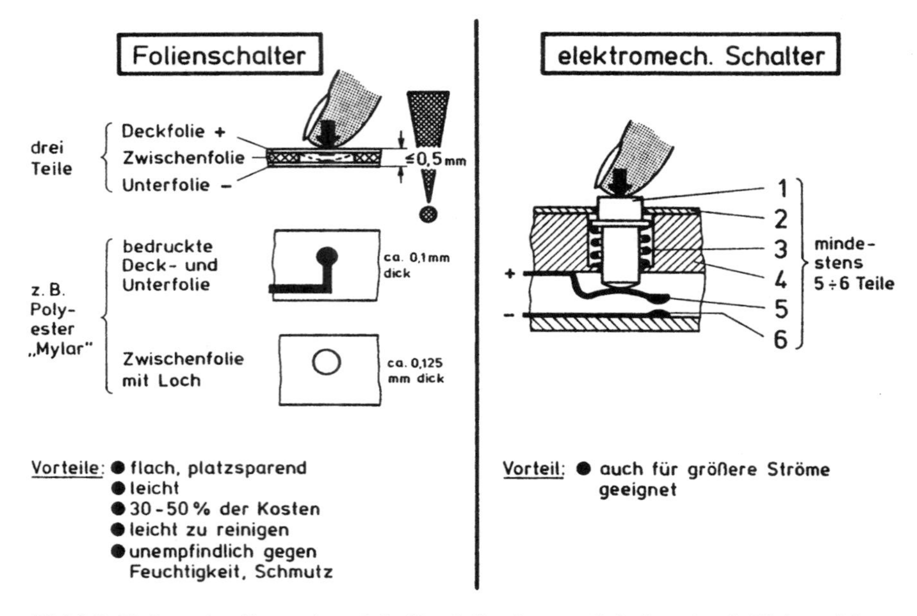

Bild 8.2: Einfluss des Konzepts auf die Herstellkosten von Schaltern (nach *Ehrlenspiel*)

Aus diesen Beispielen ist die große Bedeutung der Kostenbeeinflussung durch intensive Überlegungen in der Konzeptphase zu erkennen. Obwohl sich in dieser Phase die Kosten nach einfachen Skizzen am wenigsten beurteilen lassen, sollte der Konstrukteur durch Kostenschätzungen, mit viel Erfahrung und durch Abstimmungsgespräche mit anderen Abteilungen ein kostengünstiges Lösungsprinzip erarbeiten. Das Bild 8.3 enthält eine allgemeine Darstellung der ***Kostenbeeinflussung und -beurteilung***, die den vier Konstruktionsphasen zugeordnet wurde. Außerdem sind noch der Verlauf der Änderungskosten und der Bearbeitungsaufwand beim Konstruieren eingetragen.

Insbesondere der enorme Anstieg der ***Änderungskosten*** in der Ausarbeitungsphase spricht für rechtzeitige Entscheidungen im Bereich der ersten beiden Phasen.

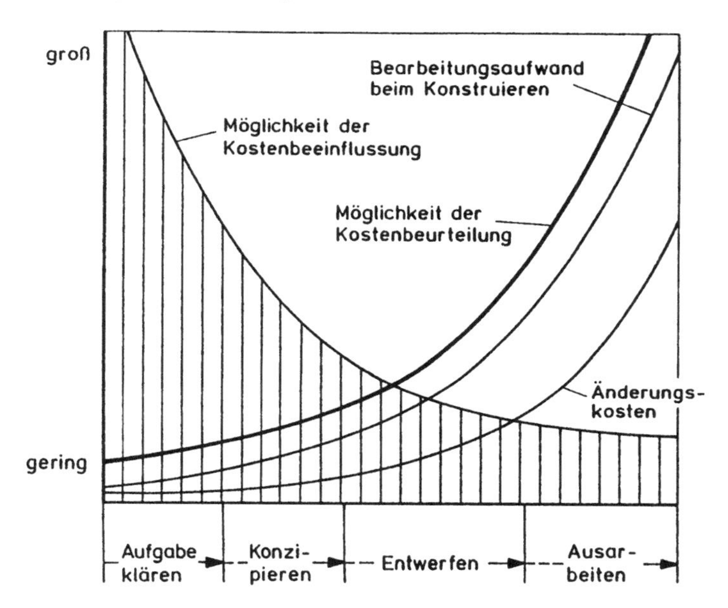

Bild 8.3: Kostenbeeinflussung und -beurteilung im Konstruktionsprozess (nach *Ehrlenspiel*)

8.3.3 Baugröße

Die Größe von Bauteilen ist ein entscheidender Faktor für die Kosten. Der sog. Kleinbau ist als kostengünstige Lösung seit langem bekannt, da z. B. die Materialkosten mit der Größe steigen. Untersuchungen belegen, dass beispielsweise die masseabhängigen Kostenanteile von Zahnrädern volumenproportional steigen.

8.3.4 Stückzahl

Die Kosten pro Stück sind davon abhängig, ob ein Bauteil in Einzelfertigung oder als Serienteil hergestellt wird. Dabei darf natürlich nicht übersehen werden, dass die Einflüsse der Stückzahl erst durch intensive Gespräche mit Produktionsfachleuten zu aussagekräftigen Ergebnissen führen. Diese bekannte Regel hat viele Gründe, wie z. B.:

- Optimierte Konstruktion für Serienteile
- Einsatz von Werknormteilen und -baugruppen
- Bessere Einkaufsbedingungen für große Mengen
- Verwendung leistungsfähiger Fertigungsverfahren
- Aufteilung einmaliger Kosten, z. B. von Vorrichtungen, Werkzeugen, Modellen
- Senkung der Fertigungszeiten für Serienteile

8.4 Kostengünstig Konstruieren

Die Arbeitsschritte beim methodischen Konstruieren werden nach jeder der vier Phasen durch Festlegungen abgeschlossen. Der Konstrukteur hat dann alle Eigenschaften, einschließlich der Kosten, durch seine Kenntnisse festgelegt. Ein Nachweis der wirklichen Eigenschaften kann jedoch erst erfolgen, wenn das Erzeugnis als funktionsfähige Einheit existiert. Dann sind auch die Herstellkosten durch Nachrechnung feststellbar.

Eine Beeinflussung der Kosten durch Berechnungen, bereits in den ersten Phasen der Entwicklung, kann der Konstrukteur nur durch Erfahrung oder gefühlsmäßig erreichen, weil ihm keine Hilfsmittel oder Methoden bekannt sind. Er muss also darauf warten, dass in der Fertigungsvorbereitung oder in der Kalkulation die Kosten der Teile oder Baugruppen berechnet werden. Überschreiten dann die Kosten die angenommenen Beträge, müsste der Konstrukteur die inzwischen bearbeiteten Aufträge unterbrechen, die vorhandenen Zeichnungen ändern und den „langen Regelkreis" erneut durchlaufen. Bei Einzelfertigung sind außerdem Materialbestellungen und Lieferzeiten zu beachten. Wie bereits in Bild 8.3 dargestellt, nehmen der Bearbeitungsaufwand und analog dazu die Änderungskosten in der Ausarbeitungsphase stark zu. Dieser mehrfache Durchlauf bedeutet, dass bereits für normale Teile ein Aufwand wie für Serienteile betrieben wird. Da dieser Aufwand nur in ganz besonderen Fällen zu rechtfertigen ist, findet also keine Abstimmung über die Herstellkosten statt, wenn kein Kostenziel vorhanden ist. Dieser Ablauf ist in Bild 8.4 Teil a vereinfacht dargestellt.

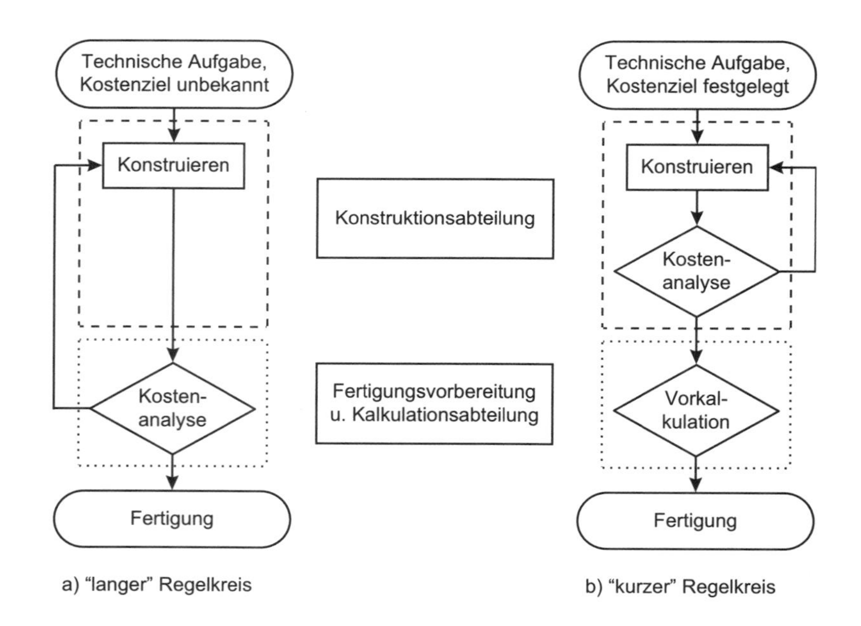

Bild 8.4: Kostenanalyse während der Konstruktion (nach *Ehrlenspiel*)

Abhilfe bietet eine ***Kostenanalyse*** bereits in der Konstruktion. Die Kosten müssen bereits beim Konstruieren ermittelt werden und nicht erst nachträglich, wenn durch Zeichnungen bereits alles festgelegt ist. Dafür benötigen die Konstrukteure Kosteninformationen, die sie sinnvoll in den ersten Phasen der Entwicklung einsetzen können. Mit einem Kostenziel und Hilfsmitteln zum Erkennen von Kosten könnten diese bereits in der Konstruktion ohne Mehraufwand für nachträgliche Zeichnungsänderungen berücksichtigt werden. Dadurch wäre ein „kurzer Regelkreis" gegeben. Dieser Ablauf ist ebenfalls in Bild 8.4 im Teil b dargestellt.

Als Hilfsmittel zur ***Kostenerkennung in der Konstruktion*** sind bisher z. B. bekannt:

- Beratungsgespräche mit Fertigungsvorbereitung, Fertigung und Montage
- Beratungsgespräche mit Lieferanten von Rohteilen
- Beratungsgespräche mit Zulieferern
- Kosteninformation als Werknormen mit Erfahrungswerten
- Analyse von Vor- und Nachkalkulationen gelieferter Erzeugnisse
- Abteilungsübergreifende Zusammenarbeit
- Rechnergestützte Kosteninformationssysteme

Die ***Beratungsgespräche*** sind allgemein bekannt und werden auch umfangreich genutzt. Diese Fertigungs- und Kostenberatung der Konstruktion ist die wirkungsvollste Methode, schnell wirkende Maßnahmen zur Kostensenkung umzusetzen. Bewährt hat sich diese Zusammenarbeit auch mit Einkauf, Materialwirtschaft und Vertrieb. In Unternehmen kleiner und mittlerer Größe werden solche Beratungen regelmäßig bei Bedarf durchgeführt, um die Erfahrungen der Mitarbeiter zu nutzen. Neben dem Informationsaustausch erhält der Konstrukteur viele Hinweise auf „teure Ecken", die gemeinsam beseitigt werden.

Die firmenspezifischen Kostendaten sind vertraulich und werden nicht veröffentlicht. Rechnerunterstützte ***Kosteninformationssysteme*** sind z. B. als Module für CAD-Systeme mit dem Ziel entwickelt worden, bereits beim Konstruieren für bestimmte Elemente Informationen über Herstellkosten nutzen zu können. *Ehrlenspiel* beschreibt z. B. solch ein Kosteninformationssystem, das natürlich wie alle manuellen Kosteninformationen firmenspezifisch aufbereitet und laufend aktualisiert werden muss.

Die eigentlich wünschenswerten Daten und Informationen zum ***Kostengünstigen Konstruieren*** kennt jeder Konstrukteur von dem Festigkeitsgerechten Konstruieren. Festigkeitswerte sind allgemeingültig und firmenunabhängig, Herstellkosten sind firmenspezifisch und oft nur als Erfahrungswerte aus Vor- und Nachkalkulationen bekannt.

Die festigkeitsgerechte Konstruktion wird erarbeitet, indem der Konstrukteur nach Skizzen die Kräfte und Momente berechnet, erste Abmessungen festlegt und diese mit Werkstoffdaten nach den Methoden der Festigkeitslehre selbst nachrechnet. Die Ergebnisse werden bewertet, und das weitere Vorgehen wird festgelegt. Entweder werden andere Abmessungen, eine andere Gestaltung oder ein anderer Werkstoff gewählt. Da die Festigkeitslehre ein bekanntes Fachgebiet ist, das jeder Konstrukteur beherrscht, kann dieser sofort selbständig entscheiden, welche Maßnahmen für ein sicheres Bauteil erforderlich sind. Die ***Vorhersage der Bauteileigenschaften*** wird damit oft unbewusst durchgeführt.

Wichtig ist, dass der Konstrukteur das Berechnen der Festigkeit im „kurzen Regelkreis“ in der Konstruktion selbst erledigt, während die Kostenermittlung wegen fehlender Kenntnisse, Daten und Hilfsmittel nicht in gleicher Form erledigt werden kann. Die Berechnung der Festigkeit und der Kosten von Bauteilen in der gleichen Konstruktionsphase zeigt also erhebliche Unterschiede. Festgelegte Bauteilsicherheiten sind sicher einzuhalten, während festgelegte Kostenziele nur mit erheblich größerem Aufwand angenähert erreicht werden.

Die ***Kurzkalkulation*** ist eine zeitlich und sachlich vereinfachte Kalkulation. Eine Kurzkalkulation kann nur die Einflüsse berücksichtigen, die der Konstrukteur kennt und die er beim Konstruieren festlegt. Beispielsweise können Kostendaten für die Herstellung von bestimmten Formelementen nach verschiedenen Fertigungsverfahren dafür eingesetzt werden. Um die Kosten genauer voraussagen zu können, sollte der Konstrukteur gute Kenntnisse der Fertigungstechnik haben, um nach kostengünstigen Verfahren zu gestalten. Der Einsatz von Kurzkalkulationsverfahren in der Konstruktion ist z. B. möglich, wenn entsprechende Kostendaten von ähnlichen Produkten vorliegen.

Bei einer ***Vorkalkulation*** als Kalkulation für Planungszwecke müssen noch viele Größen geschätzt werden, da z. B. nicht bekannt ist, welche Werkzeugmaschinen eingesetzt werden und welche Probleme bei der Fertigung auftreten können. Die Vorkalkulation ist ungenau, setzt aber früher ein als die Istkostenerfassung.

Da der Bereich der Herstellkosten von Lösungsalternativen am Anfang groß ist, darf die Ungenauigkeit der Kostenaussage ebenfalls größer sein. Sie muss am Anfang nur den Konstrukteur dabei unterstützen, die richtigen Entscheidungen zu fällen.

In Betrieben mit Serien- und Massenfertigung wird der dargestellte „lange Regelkreis“ in Bild 8.4 über Arbeitsvorbereitung und Kalkulation stets mehrfach durchlaufen, sodass hier die Garantie für eine kostengünstige Konstruktion eher gegeben ist.

Als Alternative wird bei Einzel- und Kleinserienfertigung eine Vergleichskalkulation aufgebaut, um für ähnliche, immer wiederkehrende Bauteile oder Baugruppen kostengünstigere Varianten zu bekommen.

8.5 Kostenermittlungsverfahren

Die Berechnung der Herstellkosten mit Hilfe von ***Kostenermittlungsverfahren*** muss einfach und schnell durchgeführt werden können, wenn sie erfolgreich beim Konstruieren zum Einhalten eines bestimmten Kostenziels wirkungsvoll eingesetzt werden soll. Um dieses Ziel zu erreichen, ist eine möglichst frühe Kostenbestimmung durch den Konstrukteur oder gemeinsam mit einem Kalkulator durchzuführen.

Zur Ermittlung der Herstellkosten dürfen nur die durch den Konstrukteur festgelegten Lösungselemente berechnet werden, da beim Konzipieren noch keine fertigungsbestimmenden Daten bekannt sind. Außerdem soll das Kalkulieren einfach und schnell gehen, um das Konstruieren nicht aufzuhalten. Die dadurch bedingte Ungenauigkeit ist nur dann sinnvoll, wenn sich schon sehr früh Entscheidungshilfen für den Konstruktionsprozess ergeben. Es kommt nach *Ehrlenspiel* nur darauf an, dass Ungenauigkeiten der Kalkulationsergebnisse erheblich kleiner sind, als die Unterschiede der Kosten der konstruktiven Alternativen.

Bekannte Kostenermittlungsverfahren nach *Ehrlenspiel* sind:

- Kostenschätzung aus Erfahrung praktisch ohne schriftliche Unterlagen
- Kostenschätzung aus einem Feld bekannter ähnlicher Varianten
- Gewichtskostenkalkulation
- Kalkulation über den Materialkostenanteil (Materialkostenmethode VDI 2225)
- Kalkulation über leistungsbestimmende Parameter (technische Merkmale, die Haupteinflussgrößen auf die Kosten darstellen)
- Abschätzen der Kosten in Bemessungsgleichungen (VDI 2225)
- Kurzkalkulation mit Unterschiedskosten nach *Rauschenbach*
- Kurzkalkulation mit konstruktiven und fertigungstechnischen Einflussfaktoren
- Kurzkalkulation mit Werkstück-Klassifizierungssystemen
- Kurzkalkulation mit Formeln, die über Regressionsrechnung oder mathematische Optimierungsstrategien gewonnen wurden
- Kalkulation mit Hilfe von Ähnlichkeitsgesetzen

Für die Anwendung dieser Kalkulationsverfahren sind Skizzen der Lösungselemente oder Entwurfszeichnungen erforderlich. Auch vorhandene Kostenkalkulationen von ähnlichen Teilen sind hilfreich. Alle Verfahren sind also erst in der Entwurfsphase oder in der Ausarbeitungsphase wirksam und nicht in der Konzeptphase. In der Konzeptphase aus Anforderungen oder nach Funktionsbeschreibungen die späteren Herstellkosten zu berechnen, ist nur möglich, wenn die technische Verwirklichung dieser Anforderungen oder Funktionen bereits bekannt ist, da dann auch die Kosten bekannt sind.

Die aufgezählten Kostenermittlungsverfahren werden in der Fachliteratur, aufbereitet für Konstrukteure, z. B. von *Ehrlenspiel* behandelt.

8.6 Relativkosten

Relativkosten sind schon seit einigen Jahren als Hilfsmittel zum kostengünstigen Konstruieren bekannt. Bereits 1964 wurde mit der VDI-Richtlinie 2225, Blatt 2, ein erster Katalog von Relativkosten für Werkstoffe veröffentlicht.

Umfangreiche Forschungsarbeiten führten schließlich zu allgemein zugänglichen Veröffentlichungen, z. B. von *Ehrlenspiel*, sowie von Normen und Richtlinien, aus denen die wesentlichen Aussagen und Beispiele übernommen wurden. Mit DIN 32990, DIN 32991 und 32992 stehen allgemeingültige Grundlagen zur Verfügung.

Relativkosten sind Bewertungszahlen zum Kostenvergleich von Lösungsvarianten. Eine Lösung, meist die kostengünstigste oder am häufigsten verwendete, wird als Bezugsgröße gewählt und die Verhältnisse der Kosten der anderen Lösungen zu den Kosten des Bezugsobjekts als Relativwerte angegeben. Relativkosten eignen sich nicht für Kalkulationen. Sie eignen sich grundsätzlich nur für den Vergleich technisch gleichwertiger Lösungen und haben den Zweck, den Konstrukteur schnell und zuverlässig auf die kostengünstigste Lösung hinzuführen. Manche der veröffentlichten firmenspezifischen Relativkosten vergleichen nicht immer technisch gleichwertige Lösungen.

8.6.1 Vorteile und Nachteile

Gegenüber den Absolutkosten, die die Kosten in Euro bezogen auf eine Einheit (z. B. Euro/Stück, Euro/kg, Euro/m) angeben, haben die Relativkosten folgende Vorteile:

- Die Relativkosten aus wenigen Ziffern sind leicht merkbar.
- Relativkosten ändern sich im Laufe der Zeit weniger als Absolutkosten, vor allem, wenn das Bezugsobjekt mit der Relativkostenzahl 1 so gewählt ist, dass sich die Kosten der Lösungsvarianten in gleicher Weise ändern.
- Durch die breite Verwendung von Relativkosten werden kostengünstige Lösungen in den Konstruktionen bewusst bevorzugt und verwendet und damit die Herstellkosten gesenkt. Ferner ergeben sich für die einzelnen Aufträge geringere Durchlaufzeiten im ganzen Betrieb.
- Relativkostenzahlen überwinden leichter die innerbetrieblich leider immer noch oft vorhandenen Hürden „Kosten sind geheim" und „Kosten sind Sache der Kaufleute" zwischen den Bereichen Konstruktion und Rechnungswesen. Gleiches gilt für überbetriebliche Vergleichsrechnungen.

Relativkosten können in der Lehre zur Ausbildung von Konstruktionsingenieuren im kostengünstigen Konstruieren verwendet werden. Gerade dieser Punkt wird heute noch relativ wenig genutzt, deswegen wird hier dieses Thema behandelt.

Natürlich haben Relativkosten auch Nachteile:

- Das Anwendungsprofil bzw. die Anwendungsmöglichkeit für Relativkostenkataloge ist begrenzt, bzw. nicht unbeschränkt. Konstrukteure arbeiten nur mit Informationen zu Kosten, wenn diese bei wirtschaftlicher Bereitstellung einfach und übersichtlich sind.
- Relativkostenzahlen sind nicht für die Ermittlung von „exakten" Kostenangaben, d. h. für Kalkulationen, geeignet.
- Das notwendige Erarbeiten und Aktualisieren von Relativkosten erfordert erheblichen Aufwand und Kosten.
- Die Übertragbarkeit von überbetrieblich in Gemeinschaftsarbeit ermittelten Relativkostenzahlen ist für den Anwender ohne eine rechnerische Überprüfung nicht möglich.

8.6.2 Erarbeiten und Aktualisieren

Auswahlkriterien nach DIN/ANP (ANP = Arbeitskreis Normenpraxis) ***für Relativkostenobjekte*** sind z. B.:

- Kostenintensität (Anteil am ganzen Produkt; A-Teile der ABC-Analyse)
- Häufigkeit der Wiederholanwendung
- Variantenzahl (Anzahl ähnlicher Teile; Teilefamilien)
- Häufigkeit des Vorhandenseins in verschiedenen Produkttypen
- Vorhandensein technisch gleichwertiger Lösungsalternativen
- Verwendbarkeit der Relativkosten betriebsspezifisch oder überbetrieblich (Firmenverbund)

Damit die Aussagen der Relativkosten richtig eingeordnet werden können, müssen stets alle Informationen nachvollziehbar dokumentiert werden, um bei einer Aktualisierung alle Einflussgrößen richtig umzusetzen. Außerdem müssen beim Erstellen von ***Relativkostenkatalogen*** stets alle für die Erfüllung einer Funktion anfallenden Kosten erfasst werden, damit ein Vergleichen sinnvolle Aussagen liefert.

Grundsätzlich ist rechnergestütztes Erstellen und Aktualisieren von Relativkosten zweckmäßig, wobei beachtet werden muss, dass die manuelle Beschaffung der notwendigen Informationen den größten Aufwand bedeutet.

Das Aktualisieren von Relativkostenkatalogen wird notwendig, wenn sich

- Materialkosten
- Einkaufspreise oder
- Lohnkosten

stark ändern. Dann muss schnell reagiert und z. B. mit einfachen Faktoren umgerechnet werden.

Ein weiterer Grund für eine Aktualisierung liegt vor bei Änderungen von:

- technischen Eigenschaften des Produkts
- Abnahmebedingungen
- Fertigungstechnologien
- Kostenrechnungsverfahren

Der Aufwand für die erforderliche Berechnung und Aufbereitung der Relativkostenkataloge richtet sich nach den vorliegenden Daten und nach der Qualität der Dokumentation vorhandener Unterlagen.

8.6.3 Darstellung und Beispiel

Relativkosten werden als Zahlenwerte aufgestellt und können entsprechend DIN 32991 in Form von ***Relativkostenblättern*** und diese wieder als Katalog dargestellt werden. In den Unternehmen ist eine Eingliederung der ***Relativkostenzahlen*** in die technischen Daten der Werknormblätter vorteilhaft.

Noch günstiger ist die Aufnahme in ein EDV-System. Relativkosten sind ein wesentlicher Bestandteil eines Kosteninformationssystems, das die Kostenberücksichtigung beim rechnerunterstützten Konstruieren (CAD) bereitstellt. Die Ausgabe der Daten von Kosteninformationsunterlagen kann alphanumerisch oder grafisch erfolgen. Grafische Darstellungen prägen sich besser ein als Tabellen. Grafische Darstellungen können in Form von Flächendiagrammen in den bekannten Varianten, z. B. als Balkendiagramm erfolgen. Grafische Darstellungen in Koordinatensystemen ergeben Kennliniendiagramme.

Beispiel: Bild 8.5 zeigt aus DIN 32991 Teil 1 ein Kennliniendiagramm. Dieses enthält die Relativkostenzahlen für Schraubverbindungen mit Zylinderschrauben nach DIN 912 und Sechskantschrauben nach DIN 931 Teil 1 in den Größen M 6 bis M 20 mit der eingerahmten Bezugsgröße.

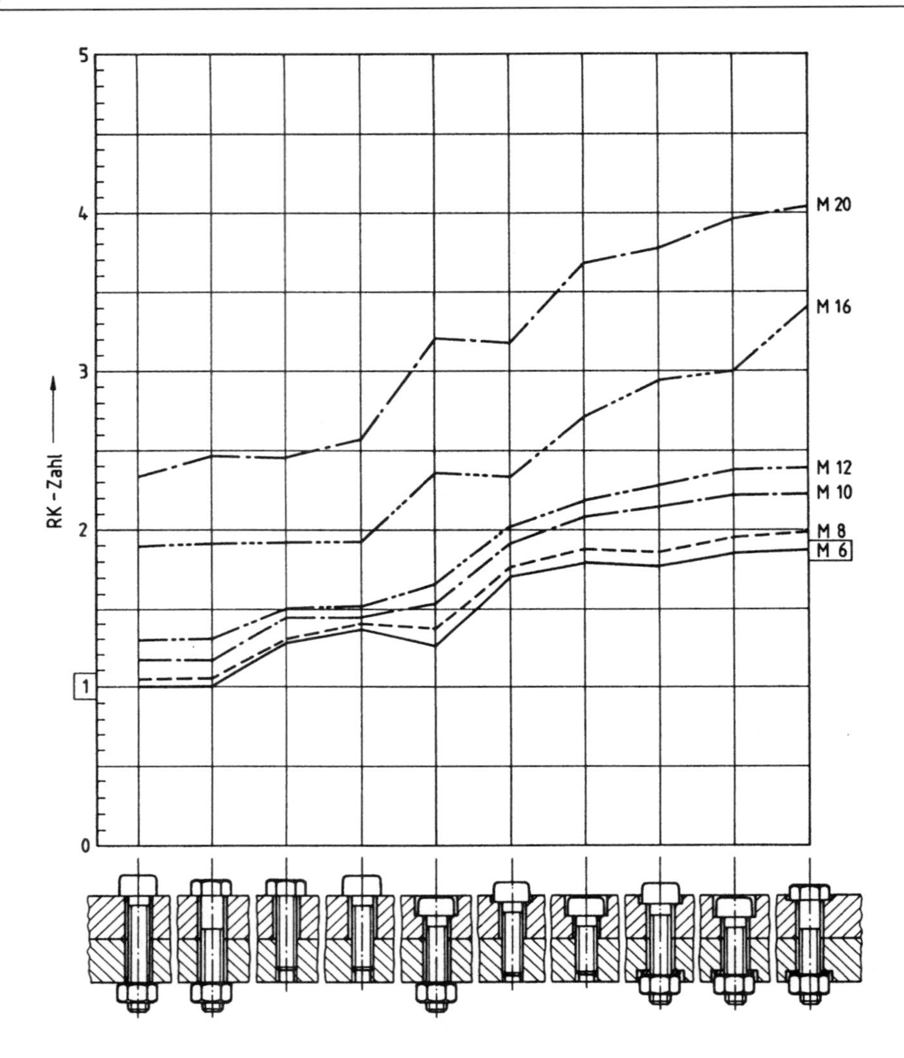

Bild 8.5: Relativkostenzahlen für Schraubverbindungen (nach DIN 32991)

Das Diagramm enthält viele Informationen, die für Konstrukteure nützlich sind. So ist zu erkennen, dass z. B. große Schraubverbindungen mehr Kosten verursachen als kleine oder um wie viel teurer eine Durchsteck-Schraubverbindung im Vergleich zu einer versenkten Gewinde-Schraubverbindung ist. Das Bezugsobjekt mit der Relativkostenzahl 1 für eine Durchsteckschraube M 6 ist gekennzeichnet.

8.6.4 Gültigkeit der Relativkosten

Relativkosten können stets erarbeitet werden, wenn Lösungsvarianten bekannt sind. Wegen der großen Streuungen der Kosten eigengefertigter Teile ist zu beachten, dass folgende Relativkosten nicht überbetrieblich gültig erarbeitet werden können:

- Gestaltungszonen
- Toleranzen
- Teile gleicher Funktion (z. B. Deckel, Flansche)
- Fertigungsoperationen

Diese sind besonders bei Einzel- und Kleinserienfertigung nur innerbetrieblich nutzbar und müssen vom einzelnen Fertigungsbetrieb, entsprechend seinen Fertigungseinrichtungen und seiner Kostenrechnung, selbst erstellt werden.

Dagegen sind Relativkosten von käuflichen Teilen, Baugruppen, Fremdfertigungen, Werkstoffen, Schmier- und Hilfsstoffen, die einen großen Markt und viele Anbieter haben, eher überbetrieblich erstellbar. Das Preisniveau muss jedoch in etwa einheitlich sein. Die zu erwartenden Streuungen liegen, insbesondere durch Rabattvereinbarungen, im zweistelligen Prozentbereich. Da Relativkosten nicht über Jahre konstant bleiben, sollten regelmäßige Überprüfungen und Aktualisierungen durchgeführt werden.

8.6.5 Einsatz der Methode

In mehreren Unternehmen wird seit einigen Jahren mit Relativkosten gearbeitet. Einige Erfahrungen werden im Folgenden in Anlehnung an die Veröffentlichung „Kosteninformationen zur Kostenfrüherkennung“ vorgestellt.

Als Anforderungen an ein ***Informationssystem für Relativkosten*** gelten:

- genügend genaue Aussagefähigkeit
- einheitlicher und logischer Katalogaufbau
- eindeutige Suchstrategien
- gute Zugriffsmöglichkeit
- übersichtliche Darstellung
- Ergänzungsfähigkeit
- Aktualisierbarkeit
- Integrierbarkeit
- EDV-gerechte, standardisierte Programmbausteine

Ein wesentlicher Faktor für die Anwendung von Relativkosten ist eine allgemeinverständliche und den Anforderungen des Praktikers entsprechende Aufbereitung. Die Relativkostendarstellung verwendet als bewährtes Hilfsmittel den Relativkostenkatalog.

> ***Relativkostenkataloge*** sind Zusammenstellungen von Relativkosten in Form von Tabellen, Diagrammen und einfachen technischen Zeichnungen für Einzelteile, Gestaltungselemente usw.

Beim rechnerunterstützten Konstruieren und beim Einsatz von Stücklistenprogrammen können Relativkosten stets aktualisiert abgerufen werden. Der Konstrukteur hat dann auch die Möglichkeit, Kosteninformationen direkt zu nutzen. Voraussetzung dafür ist ein gutes Klassifizierungssystem für die Teile und Gruppen sowie eine effektive Datenverarbeitung des CAD- und PPS-Systems. Der Anwender erhält damit Entscheidungshilfen zur Auswahl alternativer Lösungen nach Kostengesichtspunkten. Die Darstellung muss so sein, dass sich der Konstrukteur schnell und übersichtlich informieren kann.

Die Zusammenstellung eines Relativkostenkatalogs nach individuellen Betriebsbelangen kann jedes Unternehmen aufgrund der erarbeiteten und vom DIN herausgegebenen beispielhaften Relativkostenblätter durchführen.

Die Einführung und die Anwendung der Relativkosten in der Konstruktion bedeuten einige Umstellungen im gewohnten Ablauf. Dem Konstrukteur wurden bisher die Kosten seiner Konstruktionen vorenthalten. Somit entwickelte sich eine Konstruktionsdenkweise, die ausschließlich auf Funktionen, unabhängig von den Funktionskosten, ausgerichtet war. Erst mit der Wertanalyse wurde im Konstruktionsbüro an Kosten gedacht.

Durch die Anwendung von Relativkosten werden die Konstrukteure dazu angehalten, nicht nur in Funktionen zu denken, sondern auch die Funktionskosten zu berücksichtigen. Schon kurze Zeit nach der Einführung von Relativkosten bildet sich speziell bei den Konstrukteuren ein Kostenbewusstsein heraus und sie bekommen ein gutes Kostenwissen, sodass mehr und mehr nach folgendem Leitsatz konstruiert wird:

Nicht so gut wie möglich, sondern nur so gut wie nötig.

Es kann auch nicht Aufgabe eines Konstrukteurs sein, den Kostenrechner, den Arbeitsplaner und den Wertanalytiker in sich zu vereinigen. Kosteninformationen müssen überschaubar, aussagefähig, aber nicht zu detailliert sein. Dazu eignen sich nach den vorliegenden Erfahrungen Relativkostendarstellungen. Auch die Arbeitsvorbereitung, die Fertigung und die Wertanalyse wenden mit Erfolg die Relativkostenkataloge an.

Vor dem Einführen von Relativkostenunterlagen muss der Konstrukteur durch betriebsinterne Schulungen mit den Unterlagen vertraut gemacht werden. Jeder Konstrukteur erhält nach den Schulungen einen Relativkostenkatalog. Die Anwendung der Kosteninformationsunterlagen kann in der Konstruktion vom Vorgesetzten und von der Zeichnungsprüfstelle überwacht werden. Eine Kontrolle der richtigen und sinnvollen Anwendungen der Relativkosten während der Einarbeitungsphase ist empfehlenswert.

Für die Erstellung und Aktualisierung von Relativkosten entstehen erhebliche Kosten. Trotzdem sollte jedes Unternehmen damit arbeiten. Kleinere und mittlere Firmen können sich dabei mit den allgemein anwendbaren Unterlagen vom DIN behelfen, wenn es nicht möglich ist, diese Kostenblätter selbst zu erarbeiten.

Beispielhaft für Maschinenbaufirmen kann der bei der Firma *Voith* eingeführte Systemaufbau empfohlen werden, der in Bild 8.6 dargestellt wird. Der ***Relativkostenkatalog*** ist Bestandteil der Voith-Werknormung.

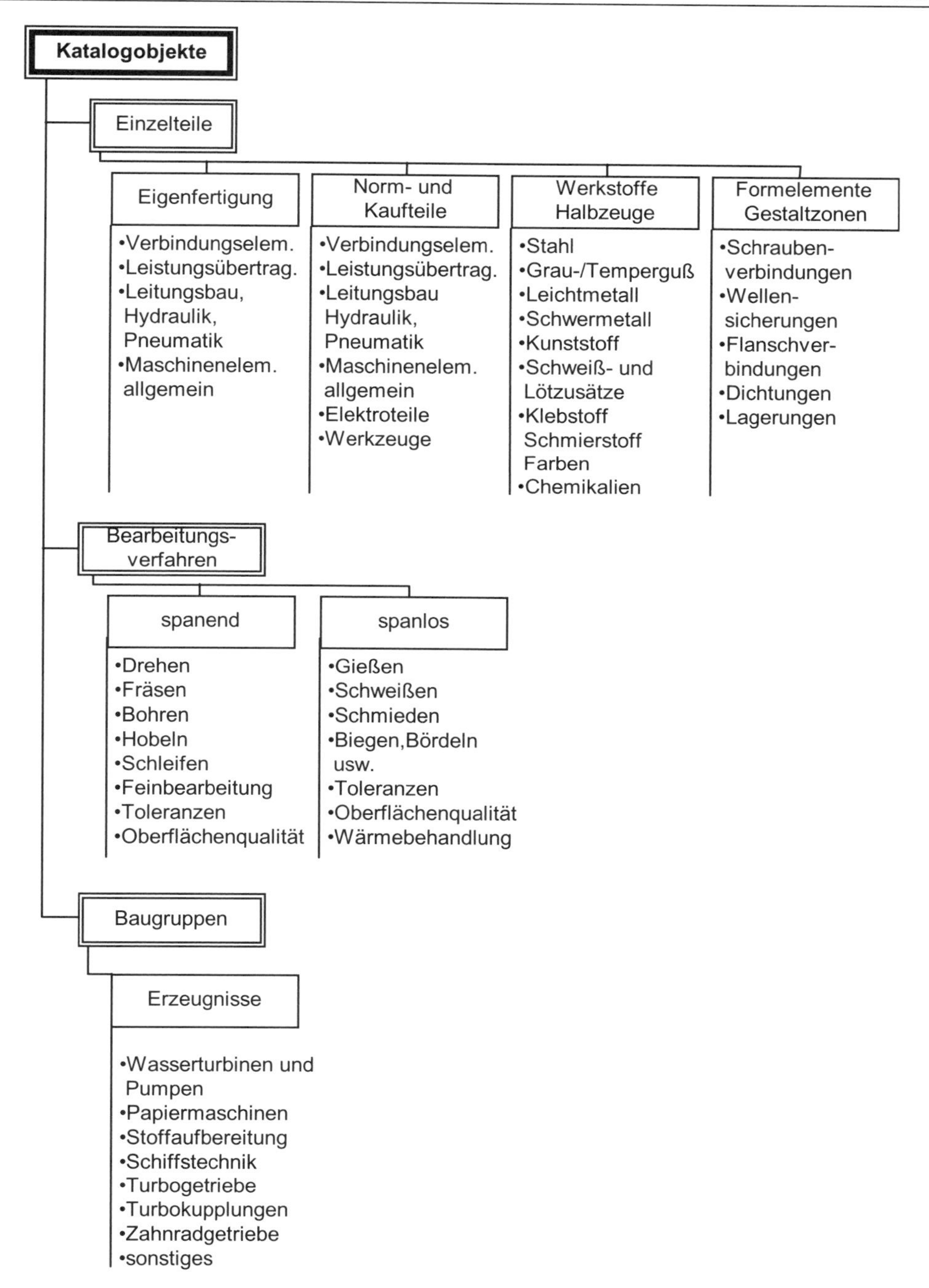

Bild 8.6: Relativkostenkatalog (nach *Fa. Voith*, Heidenheim)

8.7 ABC-Analyse

Die ***ABC-Analyse*** ist eine Methode zur Auswahl von Produkten oder Produktteilen, wobei in der Regel die Kosten untersucht werden. Dementsprechend findet die ABC-Analyse Anwendung beim kostengünstigen Konstruieren und bei der Wertanalyse.

Die ***Wertanalyse*** ist eine Methode zur Gestaltung und Verbesserung von Produktkosten. Für die Auswahl von Wertanalyse-Untersuchungsobjekten, also kostenintensiven Produkten, bietet sich die ABC-Analyse an. Eine ABC-Analyse ergibt ebenso Hinweise auf Produkte oder Produktteile, für die Sachmerkmal-Leisten aufgestellt werden sollen.

Bei der ABC-Analyse werden nach *Ehrlenspiel* Teilmengen einer Gesamtmenge hinsichtlich einer Eigenschaft so geordnet, dass drei Klassen entstehen. Als Eigenschaften werden häufig Kosten, Gewicht, Umsatz oder Zuverlässigkeit untersucht. Die Klasse A hat die größten Anteile an der interessierenden Eigenschaft, Klasse B mittlere, Klasse C nur noch geringe. Die Unterteilung erfolgt nach freiem Ermessen.

Zweck der ABC-Analyse ist eine Dreiteilung einer Gesamtmenge hinsichtlich der interessierenden Eigenschaft, um Schwerpunkte für ein Vorhaben zu finden, d. h. Wesentliches von Unwesentlichem zu trennen. Die Definition der Klassen kann firmenspezifisch auch nach anderen Kriterien erfolgen.

Zur Auswahl von Untersuchungsobjekten können bei diesem Verfahren auch alle Erzeugnisse eines Unternehmens nach fallendem Jahresumsatz geordnet werden. Die addierten Jahresumsätze ergeben durch Auftragen über den Anteilen der Fabrikate häufig den in Bild 8.7 dargestellten Kurvenverlauf. Dieser Kurvenzug kann variieren. In der Regel zeigt er jedoch, dass wenige Erzeugnisse den Hauptanteil am Jahresumsatz ausmachen. Diese Hauptumsatzträger sollten als erstes, z. B. durch Wertanalyse, untersucht werden, weil sich dann der größte Erfolg einstellt. Wird bei dieser Methode das zu analysierende Produkt- bzw. Teilespektrum nach den jeweils verursachten Kosten geordnet, dann stellt sich dabei im allgemeinen heraus, dass von einem verhältnismäßig kleinen Prozentsatz der Produkte bzw. Teile ein überproportionaler Anteil an Kosten verursacht wird (A-Teile).

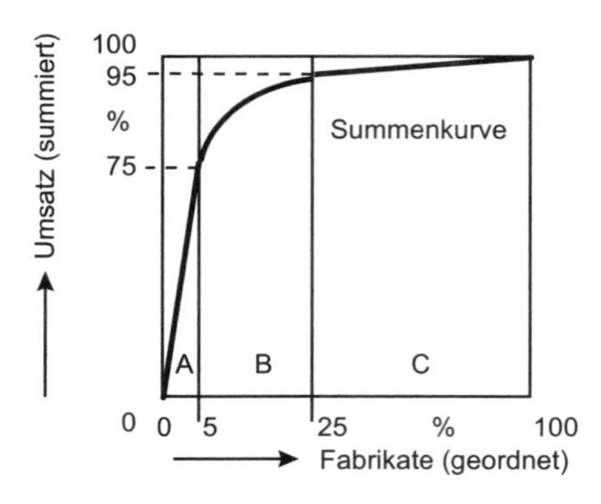

Die ABC-Analyse gliedert die Umsatzverteilung in drei Abschnitte:

Abschnitt A:
5 % der Erzeugnisse machen 75 % des Umsatzes

Abschnitt B:
20 % der Erzeugnisse machen 20 % des Umsatzes

Abschnitt C:
75 % der Erzeugnisse machen 5 % des Umsatzes

Bild 8.7: ABC-Analyse mit einer Summenkurve der Umsätze (nach *Voigt*)

Vorgehen und Beispiele

Beispiel: Turbinengetriebe zum Kennenlernen der Methode in Anlehnung an *Ehrlenspiel*, mit Erläuterung der Schritte zur Erstellung einer ABC-Analyse.

Schritt 1: Festlegen des Untersuchungsumfanges und des Zwecks
ABC-Analyse der Bauteile eines Turbinengetriebes und den Anteilen an den Herstellkosten (ohne Montage und Probelauf). Zweck: Kostensenkung bzw. Kostenschätzung.

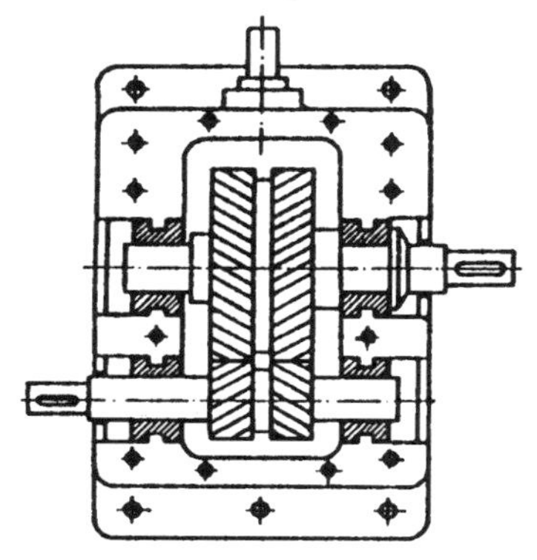

Turbinengetriebe in Einzelfertigung

Leistung	10.000 kW
Drehzahl	9000 / 3000 min^{-1}
Achsabstand	450 mm
Gewicht	2500 kg

Kostenstruktur des Getriebes nach Bauteilen		
Teil		HK (Teile)
Gussgehäuse (Grauguss) 13.420.-		28 %
Rad (31CrMoV9)	12.600,-	26 %
Ritzelwelle (15CrNi6)	10.000,-	21 %
Radwelle (C45N)	6.680,-	14 %
2 Radlager	2.400,-	5 %
2 Ritzellager	2.000,-	4 %
2 Dichtungen, 2 Deckel	1.000,-	1,5 %
Rohrleitungen	300,-	0,5 %
Herstellkosten der Teile	**48 400,-**	100 %
Montage	5.280,-	
Probelauf	2.880,-	
Fertigungsrisiko (Ausschuss)	4.800,-	
gesamte Herstellkosten Getriebe	**HK = 61.360,-**	

Kostenstruktur der Bauteile nach Kostenarten		
Materialkosten	Rüstkosten	Fertigungskosten aus Einzelzeiten
Kaufpreis 45 % Modellanteil 23 %	8 %	24 %
44 %	10 %	46 %
26 %	25 %	49 %
45 %	10 %	45 %
Kaufteil		
Kaufteil		
Kaufteil		
Kaufteil		

%-Angaben bezogen auf Herstellkosten HK des Teiles

Die Kostenstruktur der Bauteile nach Kostenarten bezieht sich immer auf die als 100 % angesetzten Herstellkosten für jedes Bauteil.

Bild 8.8: Technische Daten und Bauteilkosten eines Turbinengetriebes (nach *Ehrlenspiel*)

Schritt 2: Sammeln der Mengengrößen mit den Daten der interessierenden Eigenschaft

In Tabelle 8.1 ist die Teileliste des Turbinengetriebes nach den Positionsnummern der Zusammenstellungszeichnung geordnet angegeben. Die Auflistung ist bezüglich der Herstellkosten ungeordnet.

	interessierende Menge		**interessierende Eigenschaft**	
Pos.	Benennung (Teileart)	Stück pro Getriebe	Stückkosten	Kosten pro Getriebe
1	Gehäuse	1	13.420,-	13.420,-
2	Deckel	2	250,-	500,-
3	Rad	1	12.600,-	12.600,-
4	Radwelle	1	6.680,-	6.680,-
5	Radlager	2	1.200,-	2.400,-
6	Ritzelwelle	1	10.000,-	10.000,-
7	Ritzelwellenlager	2	1.000,-	2.000,-
8	Dichtungen	2	250,-	500,-
9-15	Rohrleitungen	40	-	300,-
			Gesamte Herstellkosten der Teile	48.400,-

Tabelle 8.1: Teileliste eines Turbinengetriebes ohne Kleinteile (nach *Ehrlenspiel*)

Schritt 3: Ordnen der Mengengrößen nach fallendem Anteil an der interessierenden Eigenschaft. Festlegen der Klassen A, B, C

In Tabelle 8.2 sind die Teilearten geordnet nach ihrem Beitrag zu den Herstellkosten eingetragen. Der prozentuale Anteil ist als Einzelbetrag und kumuliert mit Prozentzahlen angegeben.

Pos.	Benennung (Teileart)	Kosten der Teile pro Getriebe	Anteil an gesamten Teile-Herstellkosten		Klasse	Teile-zahl absolut	kumulierte Teilezahl %
			einzeln	kumuliert			
1	Gehäuse	13.420,-	28 %	28 %		1	5,5 %
3	Rad	12.600,-	26 %	54 %	A	2	11 %
6	Ritzelwelle	10.000,-	20,5 %	74,5 %		3	16,5 %
4	Radwelle	6.680,-	14 %	88,5 %		4	22 %
5	Radlager	2.400,-	5 %	93,5 %	B	6	33,3 %
7	Ritzelwellenlager	2.000,-	4 %	97,5 %		8	44,4 %
2	Deckel	500,-	1 %	98,5 %		10	55,5 %
8	Dichtungen	500,-	1 %	99,5 %	C	12	66,6 %
9-15	Rohrleitungen	300,-	0,5 %	100 %		18	100 %

Tabelle 8.2: Teileliste eines Turbinengetriebes geordnet nach Herstellkosten (nach *Ehrlenspiel*)

Danach sind folgende Aussagen möglich, die als ***Summenkurve*** in Bild 8.9 dargestellt sind:

- Nur ca. 16 % der Teile (A-Teile: Gehäuse, Rad und Ritzelwelle) verursachen schon rund 75 % der Teile-Herstellkosten. Bei Kostensenkungsmaßnahmen ist diesen Teilen besondere Aufmerksamkeit zu schenken.
- Rund 56 % der Teile sind C-Teile, also von untergeordneter Bedeutung. Sie haben einen Anteil von rund 2,5 % der Herstellkosten der Teile. Um die Herstellkosten eines Turbinengetriebes abzuschätzen, ist für diese Teile ein pauschaler Zuschlag zu machen, während die Kosten der A-Teile relativ genau zu ermitteln sind.

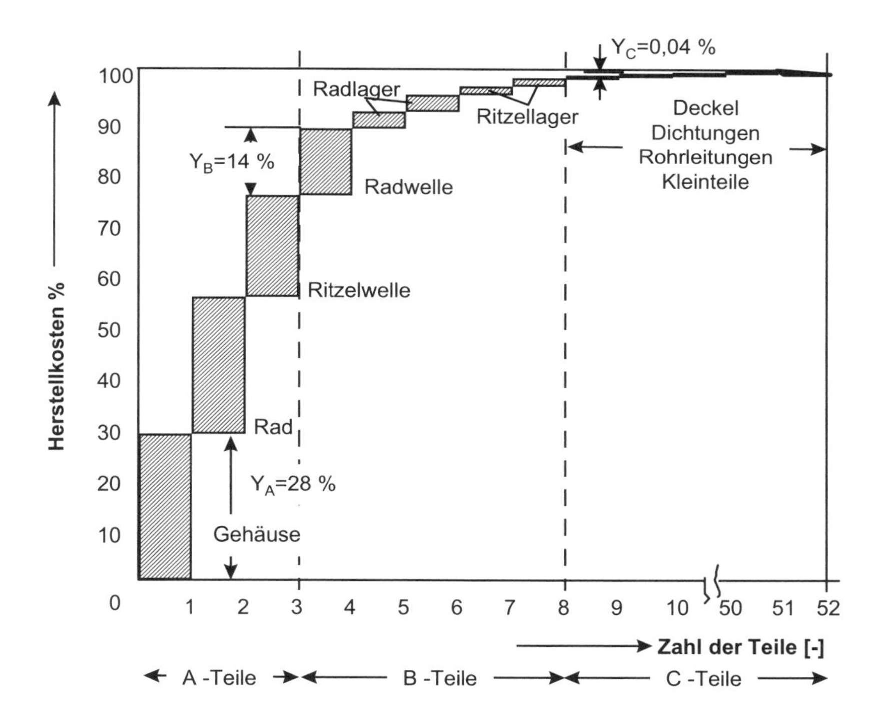

Bild 8.9: Summenkurve der ABC-Analyse eines Turbinengetriebes (nach *Ehrlenspiel*)

Aus dieser Untersuchung ergeben sich folgende Fragen und Aufgaben für den Konstrukteur:

- Das Gehäuse aus Grauguss ist teuer, fertigungsgerechter Konstruieren?
- Das Radmaterial ist wegen der Nitrierfähigkeit teuer, Einsatzhärten oder nur Ringe auf die Welle aufschrumpfen ist zu untersuchen.
- Der hohe Materialkostenanteil von ca. 50 % der Herstellkosten der bearbeiteten Teile bedeutet, Materialkosten sind zu reduzieren.

Beispiel: Elektrobaugruppe

Auch für Einzelteile einer Baugruppe aus der Elektrotechnik, mit Herstellkosten von ca. 200,- Euro, lassen sich nach *Voigt* durch die ABC-Analyse Schwerpunkte feststellen.

Die Herstellkosten werden hierfür pro Teil aufgelistet, mit der Anzahl der Teile multipliziert und in Prozenten ausgedrückt eingetragen. Anschließend erfolgt eine Einteilung in die drei Bereiche A, B und C mit den üblichen Grenzen 75, 20 und 5 %.

Diese Vorgehensweise ist in Tabelle 8.3 dargestellt.

Lfd. Nr. der Teile	Anzahl der Einzelteile	Anteilige Herstellkosten insgesamt Euro	Summe der Herstellkosten Euro	Herstellkosten in % der Gesamtherstellkosten	Bereich Abschnitt
1	1	32,40	32,40	16,5	
2	1	29,10	61,50	31,3	
3	1	26,20	87,70	44,6	
4	1	18,30	106,00	53,9	A
5	1	17,00	123,00	62,5	
6	2	15,50	138,50	70,4	
7	1	12,20	150,70	76,6	
8	1	9,10	159,80	81,2	
9	4	9,10	168,90	85,9	
10	1	7,40	176,30	89,6	B
11	3	7,30	183,60	93,3	
12	1	3,50	187,10	95,1	
13	5	3,40	190,50	96,9	
14	5	2,90	193,40	98,3	
15	3	1,10	194,50	98,9	
16	2	1,05	195,55	99,4	C
17	1	0,90	196,45	99,89	
18	6	0,30	196,76	100,0	

Tabelle 8.3: ABC-Analyse einer Elektrobaugruppe (nach *Voigt*)

Grafisch lässt sich daraus in Bild 8.10 eine Summenkurve darstellen, die sich aus dem Auftragen der Herstellkosten über den Teilen ergibt. Es ist zu erkennen, dass die sieben A-Teile einen Anteil von ca. 75 % der Herstellkosten haben.

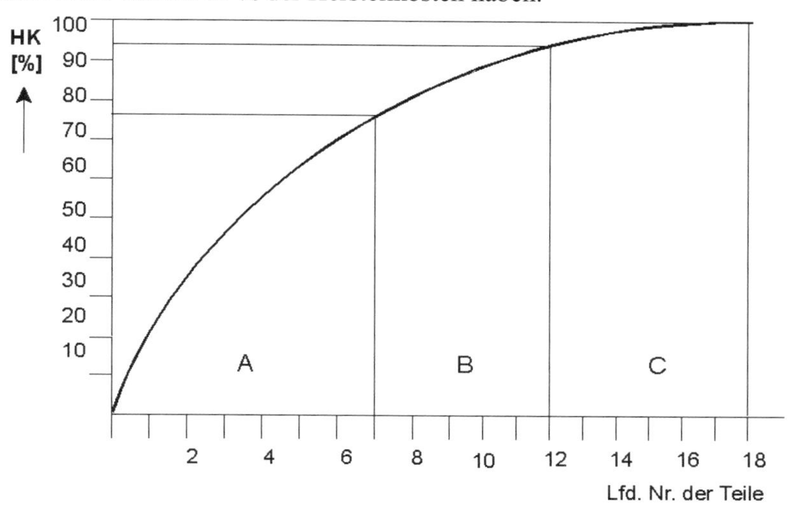

Bild 8.10: ABC-Analyse und Summenkurve für eine Baugruppe (nach *Voigt*)

Die flache Form der Summenkurve ergibt sich aus dem Anteil der Teile, die zusammen 75 % der HK darstellen, im Verhältnis zu allen 18 Teilen. In der Praxis tritt diese Unstimmigkeit gegenüber dem theoretischen Verlauf häufig auf. Sie ist jedoch für die abzuleitende Entscheidung unbedeutend.

Das Addieren der auf die Teile bezogenen Kosten führt noch nicht zu den Gesamtkosten eines Erzeugnisses. Oft ist es zweckmäßig, in die Analyse auch die Montage-, Prüf-, Verpackungskosten usw. einzubeziehen.

Die Summe aller dieser tabellierten und gruppierten Kosten ergibt die vorher kalkulierten Gesamtherstellkosten. Bei Erweiterung der Analyse um die erwähnten Kostenbestandteile zeigt sich, wie kostenintensiv Montage- und Prüfarbeiten sein können.

Wenn die Untersuchung eine spezielle Zielsetzung verfolgt, z. B. Senken der Fertigungskosten, dann kann die Teilegruppierung im Rahmen der ABC-Analyse auch nach anderen Kosten, z. B. Fertigungskosten, vorgenommen werden. Geeignet für eine solche Gliederung sind auch Einkaufs- und Lagerteile.

Bei der Serien- und Massenfertigung wird meist der Umsatzanteil (Stückzahl x Wert) über der Teilekategorie (A-, B- und C-Teile) aufgetragen. Es ist sinnvoll, die A-Teile näher zu untersuchen, da bei ihnen die Wahrscheinlichkeit größer ist als bei B- oder C-Teilen, große Einsparungen zu erzielen.

8.8 Wertanalyse

Wertanalyse ist eine Methode zur Gestaltung und Verbesserung von Produktkosten.

In den folgenden Ausführungen wird die Methode der ***Wertanalyse*** vorgestellt. Es handelt sich um eine erste Einführung, die die Grundlagen dieser Methode darstellt. Zum Einstieg wird mit zwei Beispielen nach *Voigt* ein Eindruck von der Leistungsfähigkeit der Methode vermittelt.

Beispiel 1: Ein Elektromotor als Antrieb für eine Spezialpumpe wurde durch eine Wertanalyse untersucht, wobei hier die Funktion „Lager schützen" auf der Antriebsseite betrachtet werden soll. Der Istzustand besteht aus einer Lagerabdeckung aus Aluminiumdruckguss wie im Bild 8.11a gezeigt.

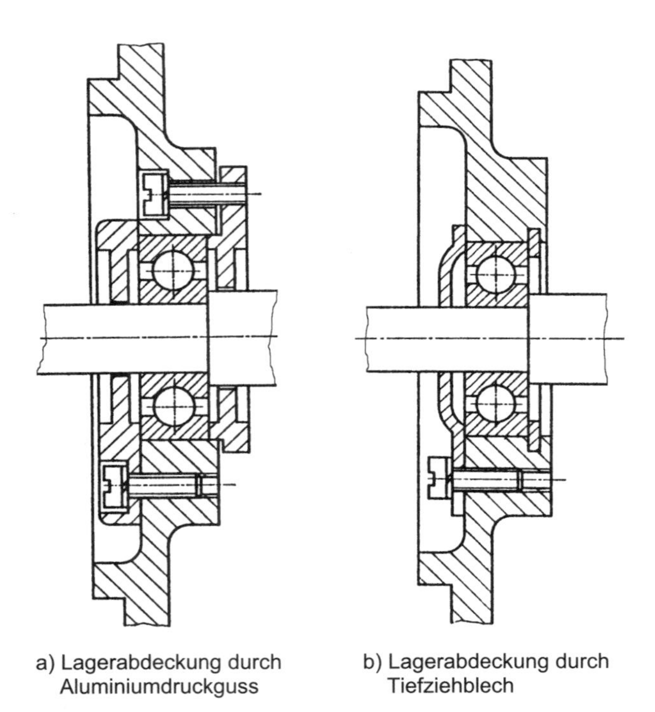

Bild 8.11: Wertanalysebeispiel Lagerabdeckung (nach *Voigt*)

Vorschlag: Das Aluminiumdruckgussteil wird durch ein Tiefziehteil aus Blech nach Bild 8.11b ersetzt. Die Kosten konnten durch diesen Vorschlag um 46 % gesenkt werden.

Die Analyse ergab, dass das Blechteil zur Zeit der Entwicklung aus Designgründen nicht gewählt wurde. Niemand hatte damals beachtet, dass die Abdeckung von außen nicht zu sehen ist, wenn Motor und Pumpe verschraubt sind.

Beispiel 2: Der Einbau von Lagerplatten erfordert sechs Träger zum Abstand halten. Außerdem sind an den Trägern Schaltelemente befestigt, die durch Nocken betätigt werden. Diese Schalterträger bestehen im Istzustand nach Bild 8.12a aus Rechteckrohr mit Bohrungen und an den Stirnflächen sind Rechteckplatten angeschweißt.

Vorschlag: Nach Untersuchung verschiedener Varianten wurde die Lösung nach Bild 8.12b als kostengünstigste Variante ermittelt. Die Materialkosten steigen dabei fast um 50 %, während die Lohnkosten um 58 % sinken. Insgesamt ergibt sich eine Einsparung von 50 % gegenüber dem Istzustand.

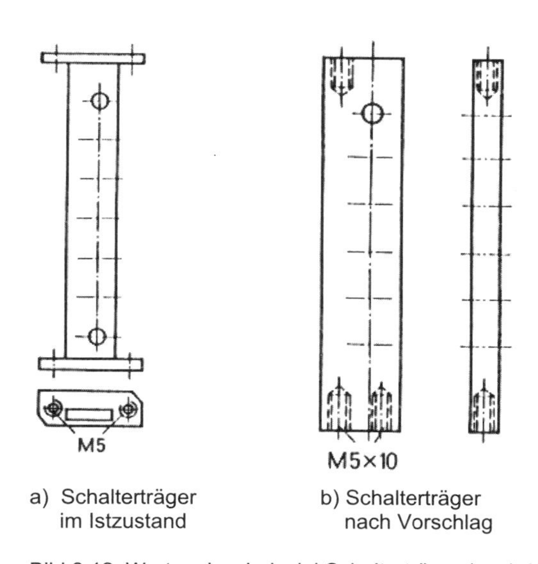

Bild 8.12: Wertanalysebeispiel Schalterträger (nach *Voigt*)

Auch wenn hier nichts über den Aufwand gesagt wurde und wenn bedacht wird, dass diese Beispiele bereits 1974 veröffentlicht wurden, sind die Auswirkungen einer funktionsorientierten Denkweise, einer einfachen konstruktiven Gestaltung und der Vorteil von Kostenwissen zu erkennen.

8.8.1 Entwicklung der Wertanalyse

Die Wertanalyse wurde von *L. D. Miles* im Jahr 1947 entwickelt, um komplexe Beschaffungsprobleme zu lösen. Durch den Mangel an Material und Handelsteilen zur damaligen Zeit mussten Ersatzlösungen gefunden werden. Die Erfahrung zeigte, dass diese oft auch noch kostengünstiger waren und bessere Eigenschaften hatten.

Den sich daraus ergebenden Effekt einer Wertverbesserung hat *Miles* methodisch aufbereitet und mit Elementen wie Teamarbeit, Funktionsbeschreibungen, Analysen sowie Ideenfindungskonzepten zu einem Arbeitsplan verbunden.

Als Definition legte *L. D. Miles* fest:

„***Wertanalyse*** ist eine organisierte Anstrengung, die Funktionen eines Produktes für die geringsten Kosten zu erstellen, ohne dass die erforderliche Qualität, Zuverlässigkeit und Marktfähigkeit des Produktes negativ beeinflusst werden."

Der Begriff Produkt wurde schon bald nicht nur als gegenständliches Objekt, sondern ganz allgemein als jede Art von Leistung verstanden, sodass sich die Wertanalyse zu einer sehr vielseitig einsetzbaren Methode entwickelte.

Die Wertanalysemethode verbreitete sich aufgrund ihrer Erfolge sehr schnell in den USA und in Europa. Es entstanden Einrichtungen, die sich um die Wertanalyse-Ausbildung, den Erfahrungsaustausch und die Weiterentwicklung der Methode kümmerten. In der Bundesrepublik Deutschland wurden die Aktivitäten vom Zentrum Wertanalyse des VDI übernommen.

Inzwischen wird die Wertanalyse als ein wirkungsvolles Instrument des Managements zur ***Wertverbesserung*** bestehender Leistungen (Value Analysis) und zur ***Wertgestaltung*** (Innovation) neuer Leistungen (Value Engineering) genutzt. Obwohl die Wortelemente „Wert" und „Analyse" die Vorgehensweise dieser kooperativen Problemlösungstechnik nur unvollkommen wiedergeben, hat sich der Begriff Wertanalyse im deutschsprachigen Raum inzwischen durchgesetzt.

Die Wertanalyse wurde nach der DIN 69910 zu einem System entwickelt, das die drei Systemelemente „Methode", „Management" und „Verhaltensweisen" einsetzt und das Verfahren durch einen Arbeitsplan unterstützt.

8.8.2 Grundbegriffe der Wertanalyse

Die ***Wertanalyse*** lässt sich nach dem Zentrum Wertanalyse beschreiben als eine

- schrittweise, anwendungsneutrale Vorgehensweise
- bei der die Funktionen eines Objektes
- unter Vorgabe von Wertzielen
- durch interdisziplinäre Teamarbeit
- ganzheitliche Problembetrachtung und
- mit Hilfe von Kreativitätstechniken
- hinsichtlich Nutzen und Aufwand

entwickelt bzw. verbessert werden.

Die ***Wertanalyse nach DIN 69910*** ist definiert als ein System zum Lösen komplexer Probleme, die nicht oder nicht vollständig algorithmierbar sind. Sie beinhaltet das Zusammenwirken der Systemelemente

- Methode
- Verhaltensweisen
- Management

bei deren gleichzeitiger und gegenseitiger Beeinflussung mit dem Ziel einer Optimierung des Ergebnisses. (algorithmierbar: Durch geschlossene Lösungen oder numerische Verfahren berechenbar.)

Diese beiden Definitionen der Wertanalyse werden hier zusätzlich genannt, da sie aus den Standardveröffentlichungen stammen und häufig zitiert werden. Außerdem müssen noch einige Begriffe und deren Zusammenhang erläutert werden, um die Bedeutung obiger Definitionen vollständig zu verstehen. Dies erfolgt mit Hilfe der Begriffe nach DIN 69910.

Der ***Zweck der Wertanalyse*** besteht darin, den Wert eines Objektes durch Analyse nach einem bestimmten Verfahren zu erhöhen. Den Wert zu erhöhen bedeutet z. B., den Nutzen, die Funktion oder die Ergebnisse zu verbessern und die Kosten zu senken. Als Objekt ist alles zu bezeichnen, was durch eine Wertanalyse untersucht werden soll.

Nach *Ehrlenspiel* wird die Wertanalyse in 60 % der Fälle zum Kostensenken von vorhandenen Produkten eingesetzt, die dadurch eine Wertverbesserung erfahren. Der Einsatz der Methode beim Entwickeln neuer Produkte durch Wertgestaltung ist erheblich effektiver, da kein Aufwand für Änderungen erforderlich ist.

Wertanalyse-Objekt (WA-Objekt)

Das ***Wertanalyse-Objekt*** ist ein entstehender oder bestehender Funktionenträger, der mit Wertanalyse behandelt werden soll. WA-Objekte können z. B. sein:

- Erzeugnisse
- Dienstleistungen
- Produktionsmittel und -verfahren
- Organisations- und Verwaltungsabläufe
- Informationsinhalte und -prozesse

Die ***Wertverbesserung*** ist die wertanalytische Behandlung eines bereits bestehenden Wertanalyse-Objektes. Beispiele für eine Wertverbesserung:

- Verbesserung der Haltbarkeit eines Massenartikels
- Rationalisierung eines Herstellprozesses

Die ***Wertgestaltung*** ist die Anwendung der Wertanalyse beim Schaffen eines noch nicht bestehenden Wertanalyse-Objektes. Beispiele für eine Wertgestaltung:

- Kommunikationsabläufe in der Verwaltung eines Betriebes
- Entwicklung eines neuen Produktes

Da bei der Wertgestaltung in der Regel keine vergleichbaren Objekte vorliegen, müssen die Ziele für das angestrebte Ergebnis während des WA-Projektes erst hergeleitet oder festgelegt werden. Denkbar sind eindeutige Angaben mit Kostenziel in der Anforderungsliste.

Funktion

Die ***Funktion*** in der ***Wertanalyse*** wird im Sinne der Worte „funktionieren" oder ausführen benutzt. Eine Funktion ist mit einem Hauptwort und einem Tätigkeitswort zu formulieren. Durch die Funktion wird die Aufgabe oder der Zweck eines Erzeugnisses beschrieben.

In der Wertanalyse hat sich also nach dem gleichen Grundprinzip wie auch in der Konstruktionslehre eine Beschreibung der Funktionen mit *Substantiv und Verb* durchgesetzt, um durch eine lösungsneutrale Beschreibung viele alternative Lösungsansätze zu finden. Beispiele sind aus den vorherigen Abschnitten ausreichend bekannt. Insbesondere gelten hier auch die Aussagen über sinnvolle Abstraktion nach Abschnitt 5.

Zusätzliche Eigenschaften, die nicht durch Funktionen beschrieben werden können, sind durch Vorgaben festzulegen. Hierbei handelt es sich z. B. um Mengenangaben, Gesetze, Vorschriften, allgemeine Gestaltungsregeln oder Normen und Standards.

Als Funktionenarten unterscheidet die DIN 69910 Gebrauchs- und Geltungsfunktionen:

- ***Gebrauchsfunktion*** ist eine Funktion des WA-Objektes, die zu dessen sachlicher Nutzung (z. B. technischer, organisatorischer Art) erforderlich ist. Sie sind in der Regel quantifizierbar.
- ***Geltungsfunktion*** ist eine ausschließlich subjektiv wahrnehmbare, personenbezogene Wirkung eines WA-Objektes, die nicht zu dessen unmittelbarer sachlicher Nutzung erforderlich ist. Dazu gehören z. B. Aussehen, Komfort oder Prestige, die üblicherweise nur mit Methoden der Meinungsforschung bewertbar sind.

Beispiele beider Funktionenarten enthält Tabelle 8.4.

Wertanalyse-Objekt	Gebrauchsfunktion	Geltungsfunktion
Bleistift	Linien fixieren Mine halten Mine schützen u. a.	Aufmerksamkeit erzeugen u. a.
Schreibtisch	Arbeitsfläche bieten Ablage ermöglichen u. a.	Repräsentation ermöglichen u. a.
Lack	Korrosion verhindern u. a.	Aussehen verbessern u. a.
Vordruck	Information speichern EDV-Einsatz zulassen u. a.	Verwaltungsimage fördern u. a.

Tabelle 8.4: Beispiele für Gebrauchs- und Geltungsfunktionen (nach Zentrum Wertanalyse)

Die Anforderungen der Benutzer von Erzeugnissen schwanken zwischen den Gebrauchs- und Geltungsfunktionen, wie die Beispiele Automobil oder Schreibgerät zeigen. Die allgemeine Bedeutung zeigt die Darstellung in Bild 8.13.

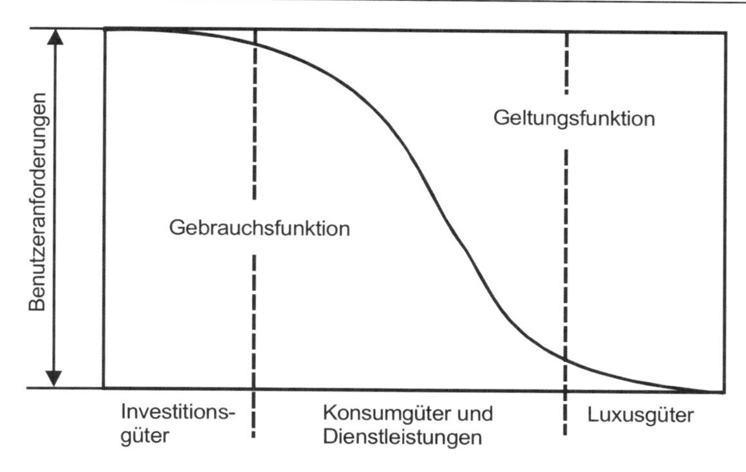

Bild 8.13: Benutzeranforderungen bei WA-Objekten (nach Zentrum Wertanalyse)

Wert

> ***Wert*** ist der in Geld ausgedrückte gleichwertige Ersatz einer Sache. Eine Erhöhung des Wertes bedeutet, den Nutzen zu verbessern und die Kosten zu senken. Der Wert stellt die niedrigsten Kosten dar, die nötig sind, festgelegte Funktionen einer Leistung zuverlässig zu erfüllen. Für Kunden ist der Wert eines Produktes der höchste Geldbetrag, den sie bereit sind, dafür auszugeben. Für Hersteller ist der Wert der niedrigst mögliche Kostenbetrag, um eine Funktion in der gewünschten Qualität zuverlässig zu gewährleisten.

Da viele Größen Einfluss auf den Wert haben, wie z. B. der Stand der Technik, die vorhandenen Informationen und das Team während der Durchführung des WA-Projektes, sollten Wertbegriffe festgelegt werden, die die Nutzung berücksichtigen. Nach *Hoffmann* bedeutet dies, dass weder der billigste noch der teuerste Bleistift unbedingt den höheren Wert aufweist; sondern der mit der längsten Schreibdauer pro Geldeinheit. Entsprechendes gilt für diejenigen Autoreifen, die zuverlässig die meisten gefahrenen Kilometer pro Euro ermöglichen.

Allgemein gilt, dass möglichst früh in der Entwicklung von Erzeugnissen Wertanalyse eingesetzt wird, weil sich dadurch der Nutzen erhöht und die möglichen Änderungskosten noch gering sind. Diese Wertgestaltung ist effektiver als eine Wertverbesserung, weil damit gleichzeitig vermieden wird, dass Konstrukteure zusehen müssen, wie die unter Termindruck erzeugten Produkte auf einmal mit viel Zeitaufwand wieder geändert werden.

Bild 8.14 zeigt den Kostenverlauf pro Leistungseinheit über dem Lebensalter von Erzeugnissen oder Dienstleistungen. Enthalten sind die effektive Wertverbesserung einschließlich des Änderungsaufwands, der Änderungsaufwand und die potentielle Wertverbesserung ohne Änderungsaufwand. In dem Bild sind außerdem Hinweise auf die Phasen der Entwicklung und Nutzung, sowie auf die Wertgestaltung und auf die Wertverbesserung zu finden.

Wertverbesserung bedeutet die Überarbeitung vorhandener Produkte oder auch Konstruktionen mit WA-Methoden, um durch entsprechende Änderungen den Wert zu verbessern. Während die ***Wertgestaltung*** die Entwicklung neuer Produkte durch den gleichzeitigen Einsatz von WA-Methoden beeinflusst, um den Wert zu gestalten.

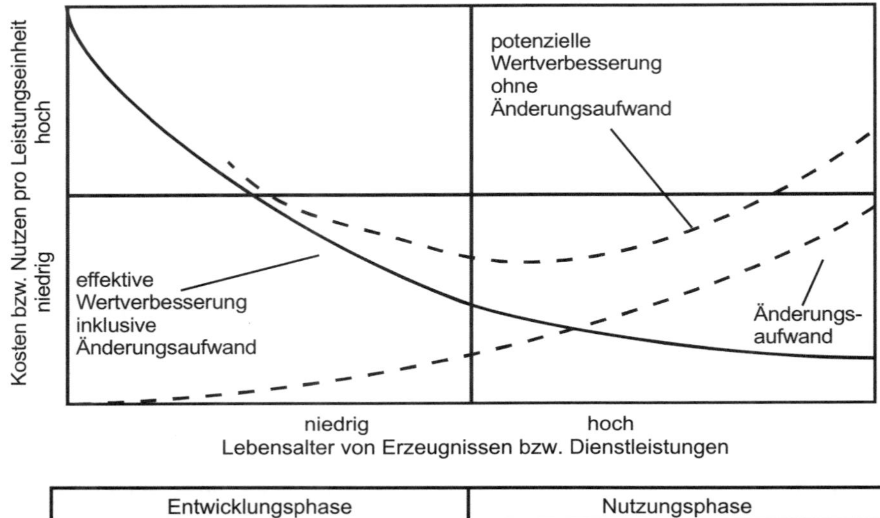

Entwicklungsphase				Nutzungsphase	
Idee	Entw./ Konstr.	Versuch/ Test	Realis./ Planung	Investition	Produktion, Dienstleistungserbringung
Wertgestaltung (nur bei Einzelerstellung)				Wertverbesserung	
(bei Mehrfacherstellung/Mehrfachanwendung)					

Bild 8.14: Wertverbesserungen und Änderungsaufwand in Abhängigkeit von Lebensalter und Lebensphasen (nach Zentrum Wertanalyse)

8.8.3 Auswahlkriterien für Wertanalyseprojekte

Der relativ hohe Aufwand für Wertanalyseprojekte ist trotz der bekannten Leistungsfähigkeit der Wertanalyse als Problemlösungsmethode zu beachten. Vor einem Einsatz dieser Methode sollte nach Veröffentlichungen des Zentrums Wertanalyse stets geprüft werden, in welchem Umfang die ***Auswahlkriterien für WA-Aufgaben*** erfüllt sind. Nur wenn alle vier Auswahlkriterien positiv beantwortet werden, lohnt sich der Einsatz der Wertanalyse. Je nach Problemsituation kann die Vorgehensweise angepasst werden. Die 4 Kriterien sind:

- *Komplexe Aufgabenstellung*
  Die Aufgabenstellung ist nur mit Informationen aus allen betroffenen Bereichen und mit einem entsprechend zusammengesetzten Team effektiv lösbar.

- *Anspruchsvolle Wertziele*
  Wertziele sind z. B. Unternehmensergebnisse oder das Erreichen einer definierten Leistungsqualität. Wertverbesserungen sollten nicht unter 15 % liegen, sonst liegen häufig nur Rationalisierungsmaßnahmen vor, die oft wirtschaftlicher mit Hilfe des Spezialwissens eines Fachmannes zu lösen sind. Eine Wertverbesserung von 15 % ist auch bei Großserienfertigung erreichbar, wenn nur die beeinflussbaren Teilsysteme untersucht werden.
  Wertgestaltungsaufgaben erfordern dagegen in der Regel umfangreiche Vorarbeiten, bevor der geplante Nutzen in der Praxis nachweisbar ist. Bei der Klärung der Wertziele zeigt sich häufig erst, in welchem Umfang der Auftraggeber bereit ist, das Problem zu akzeptieren und Veränderungen wirklich umzusetzen.
- *Lösungskonzept nicht vorhanden*
  Ein Lösungskonzept im Sinne der Wertanalyse ist ein geprüfter, entscheidungsreifer Handlungsvorschlag, um ein angestrebtes Ziel zu erreichen. Wenn kein Lösungskonzept vorliegt, kann nicht entschieden werden, wie die Aufgabe gelöst werden soll.
- *Speziellere Bearbeitungsmethoden nicht verfügbar*
  Die Problemstellung beeinflusst die Bearbeitungsmethode maßgeblich. Zusätzlich sind Wissensstand, Bildungsniveau und Kreativität der Beteiligten als Kriterien zu beachten.

8.8.4 Wertanalyse-System nach DIN 69910

Entsprechend der Definition der Wertanalyse müssen alle für die Problemlösung wichtigen Einflüsse möglichst vollständig berücksichtigt werden. Diese Forderung ergibt sich aus der Notwendigkeit des Zusammenwirkens der Systemelemente „Methode“, „Verhaltensweisen“ und „Management“. Die Systemelemente sind in der DIN 69910 eindeutig festgelegt und werden z. B. in Veröffentlichungen des Zentrums Wertanalyse vollständig mit umfangreichen Beispielen erklärt. Schon *L. D. Miles*, der Entwickler dieses Verfahrens, hat dreizehn Regeln zusammengestellt, die beim Bearbeiten von WA-Projekten stets zu beachten sind.

Grundregeln für das Bearbeiten von Wertanalyse-Projekten nach *L. D. Miles*:

1. Verallgemeinerungen vermeiden
2. Kosten feststellen und prüfen
3. Informationen aus besten Quellen beschaffen
4. Zerlegen, verfeinern, erfinden
5. Schöpferische Phantasie entwickeln
6. Hindernisse kennen, erkennen und überwinden
7. Spezialisten oder Berater fragen
8. Kosten für Toleranzen und besondere Anforderungen ermitteln und berücksichtigen
9. Funktionale Produkte oder Objekte von Zulieferanten verwenden
10. Lieferantenerfahrungen nutzen
11. Spezielle Verfahren und Effekte auf Anwendbarkeit prüfen
12. Anwendbare Normen beachten
13. Geld des Unternehmens wie das eigene ausgeben

Die ***Methode*** ist ***nach DIN 69910*** eine Anleitung für das Vorgehen und umfasst:

- Orientierung an konkreten Zielen
- Denken und Arbeiten in Funktionen
- Trennen der schöpferischen von der bewertenden Phase
- Arbeiten in bereichsübergreifend zusammengesetzten Zielen

Hier sollen von dieser Methode die Grundschritte aus dem ***Arbeitsplan der DIN 69910*** vorgestellt werden, da der Arbeitsplan wichtiger Bestandteil der Wertanalysearbeit ist.

Der Arbeitsplan besteht aus Grundschritten, Teilschritten sowie Anmerkungen und Beispielen, die in der Norm erläutert werden.

Grundschritt 1: Projekt vorbereiten
Grundschritt 2: Objektsituation analysieren
Grundschritt 3: Sollzustand beschreiben
Grundschritt 4: Lösungsideen entwickeln
Grundschritt 5: Lösungen festlegen
Grundschritt 6: Lösungen verwirklichen

Ein Vergleich mit dem Vorgehen beim methodischen Konstruieren zeigt viele ähnliche Arbeitsschritte. Eine Wertanalyse-Schulung unterstützt auch das methodische Arbeiten.

Die ***Verhaltensweisen*** der Vorgesetzten und der Mitarbeiter bestimmen den Erfolg. Ein erfolgreicher Einsatz der Wertanalyse ist nur zu erwarten, wenn alle direkt oder indirekt damit befassten Personen bereit sind, durch ihr Verhalten Wertanalyse zu fördern.

Das ***Management*** aktiviert und fördert bereichsübergreifende Wertanalyse-Projektarbeit. Wenn die Wertanalyse erfolgreich eingeführt und auf Dauer angewendet werden soll, ist eine der wichtigsten Voraussetzungen, dass die Geschäftsführung bzw. die zuständigen Führungskräfte das System Wertanalyse kennen, einsetzen wollen und die erforderlichen Aktivitäten ermöglichen und unterstützen.

Die drei Systemelemente *Methode, Verhaltensweisen* und *Management* beeinflussen sich gegenseitig und müssen zusammenwirken, wenn die angestrebten Ziele erreicht werden sollen.

Die Durchführung von Wertanalyseprojekten in Unternehmen ist von Kriterien abhängig:

- Aktive Unterstützung durch die Geschäftsleitung
- Akzeptanz im ganzen Unternehmen
- Einordnung in die Organisation
- Geeignete Mitarbeiter für Wertanalyse-Teams
- Freistellung für Wertanalyse-Schulungen
- Umsetzung der Ergebnisse der Wertanalyse

Die Erfolge der Wertanalyse sind nachweisbar durch Kostensenkungen und bessere, marktgerechte Produkte sowie durch eine höhere Motivation der Mitarbeiter.

8.9 Methode zur Kostenanalyse

Allgemeine Erfahrungen zum Senken der Kosten in der Konstruktion werden nach *Heil* als ***Methode zur Kostenanalyse*** vorgestellt. Sie wurde von der Wertanalyse abgeleitet und vereinfacht.

Die **Kostenanalyse** hat das Ziel, mit Hilfe von Checklisten für Funktion, Material und Fertigung, Kosten zu erkennen und Maßnahmen zur Senkung der Herstellkosten festzulegen.

Damit besteht die Möglichkeit, Ideen und Kontrollen vor und nach der Konstruktionsarbeit durch abteilungsübergreifende Zusammenarbeit umzusetzen, die helfen, Kosten zu erkennen und Maßnahmen zur Kostensenkung festzulegen. Die Teilnehmer aus den Bereichen Konstruktion, Arbeitsvorbereitung und Einkauf werden bei Bedarf durch Fachleute aus der Produktion, dem Vertrieb oder dem Service beraten. Nach dem Vorstellen der Konstruktion mit den geforderten Eigenschaften werden alle Teilnehmer aufgefordert, neue kostengünstige Lösungsideen zu entwickeln.

Erarbeitet werden in der Regel Verbesserungen von Erzeugnissen, Baugruppen oder Einzelteilen, von denen Zeichnungen, Kalkulationen und Arbeitspläne vorliegen sollten. Als Kostenziel ist nach *Heil* eine Reduzierung der Herstellkosten von ca. 20 % möglich. Die Reihenfolge der Checklisten entspricht dem Konstruktionsablauf. Die Darstellungen in den folgenden Bildern enthalten jeweils in Tabellenform die Fragen zur Klärung und die zugeordneten Maßnahmen/Abhilfen in vereinfachter, allgemeiner Form:

- Klärung der Funktion nach Tabelle 8.5
- Klärung des Materials nach Tabelle 8.6
- Klärung der Fertigung nach Tabelle 8.7

Wie bereits erwähnt, handelt es sich hier ebenfalls um eine Methode, die erfahrene Konstrukteure während der Konstruktionsarbeit laufend einsetzen, wenn sie kostengünstig konstruieren. Dieses Vorgehen ist für unerfahrene Konstrukteure vorteilhaft anzuwenden, weil sie damit erkennen, wo Kosten gesenkt werden können. Jede der drei Checklisten wird in Form einer Tabelle vorgestellt, die neben Fragen erste Maßnahmen und Abhilfen enthält.

Klärung der Funktion	**Maßnahme/Abhilfe**
Sind die Funktionen der Baugruppe bzw. des Bauteils geklärt?	Informationen beschaffen
Ist die Funktionserfüllung eindeutig, einfach und sicher?	Bauteil umgestalten
Sind die Funktionen in ein anderes Bauteil integrierbar? (Integralbauweise)	Bauteile zusammenlegen
Müssen Funktionen auf mehrere Bauteile übertragen werden? (Differentialbauweise)	Bauteile umgestalten
Ist der Materialaufwand und/ oder der fertigungstechnische Aufwand für die Funktionserfüllung gerechtfertigt?	Nächstes Bauteil betrachten

Tabelle 8.5: Klärung der Funktion (nach *Heil*)

Klärung des Materials	**Maßnahme/Abhilfe**
Kann eingesetztes Rohmaterial oder Kaufteil kostengünstiger beschafft werden?	Bauteil neu anfragen
Ist alternativ kostengünstigeres Material einsetzbar? (Materialeigenschaften)	Neues Material anfragen; Werkstoff prüfen
Können Norm- bzw. Standardteile (Baukasten) verwendet werden?	Zeichnung ändern
Ist das Rohteil aus einem anderen Halbzeug herstellbar?	Zeichnung ändern; Arbeitsplan ändern
Kann der Verschnitt durch Gestaltung reduziert werden? (Gestaltungsrichtlinien)	Zeichnung ändern; Arbeitsplan ändern
Ist das Rohteil durch Gießen, Schmieden oder Sintern, bzw. als Biegeteil herstellbar?	Zeichnung ändern; Arbeitsplan ändern
Kann das Halbzeug bzw. das Rohteil vorbehandelt bezogen werden?	Halbzeug, Rohteil anfragen; Zeichnung ändern; Arbeitsplan ändern

Tabelle 8.6: Klärung des Materials (nach *Heil*)

Klärung der Fertigung	**Maßnahme/Abhilfe**
Wird optimale Fertigungstechnologie kostengünstig im Haus beherrscht?	Bauteil auswärts anfragen; Bezugsart ändern
Passt das Bauteil in das firmenspezifische Teilespektrum? (Maschinenpark!)	Bauteil auswärts anfragen; Bezugsart ändern
Muss das Bauteil im Haus gefertigt werden? (Fertigungstiefe, Wertschöpfung)	Bauteil auswärts anfragen; Bezugsart ändern
Sind vorgegebene Fertigungszeiten gerechtfertigt?	Vorgabezeiten ändern
Ist die Reihenfolge der benötigten Arbeitsgänge fertigungstechnisch optimal?	Arbeitsfolge ändern
Ist das Bauteil auf kostengünstigeren Maschinen fertigbar?	Andere Maschine einsetzen
Andere Verfahren bzgl.: - Werkstofftrennung, - Fügen und Montage, - Oberflächenbehandlung möglich?	Andere Maschine einsetzen
Dienen alle bearbeiteten Flächen der Funktionserfüllung?	Zeichnung ändern; Arbeitsplan ändern
Müssen alle Wirkflächen bearbeitet werden?	Zeichnung ändern; Arbeitsplan ändern
Sind geringere Oberflächenqualität und Toleranzen möglich?	Zeichnung ändern; Arbeitsplan ändern
Sind unterschiedliche Abmessungen vereinheitlichbar oder verringerbar?	Zeichnung ändern; Arbeitsplan ändern

Tabelle 8.7: Klärung der Fertigung (nach *Heil*)

8.10 Herstellkostenermittlung durch Kalkulation

Die Ermittlung der ***Herstellkosten*** gehört zum Grundwissen eines Konstrukteurs, um kostenbewusst zu arbeiten. Da die Kalkulationsverfahren für Entwicklung und Konstruktion nach *Ehrlenspiel, Kiewert, Lindemann* ausführlich erläutert vorliegen, werden hier nur die Grundlagen der im Maschinenbau weit verbreiteten differenzierten Zuschlagskalkulation vorgestellt. Die folgenden Darstellungen und Anhaltswerte wurden in Anlehnung an diese Untersuchungen aufbereitet.

Die ***Zuschlagskalkulation*** hat als Kennzeichen den prozentualen Gemeinkostenzuschlag zu den Einzelkosten. Die differenzierte oder differenzierende Zuschlagkalkulation unterscheidet zwischen direkt und nicht direkt zurechenbaren Kosten und berechnet für die verschiedenen Kostenstellen im Unternehmen individuelle Gemeinkostenzuschläge.

Eine Struktur mit weiteren Kostenanteilen bis zum Verkaufspreis enthält ein Kalkulationsschema des Maschinenbaus im Bild 8.15 als differenzierte ***Zuschlagskalkulation***.

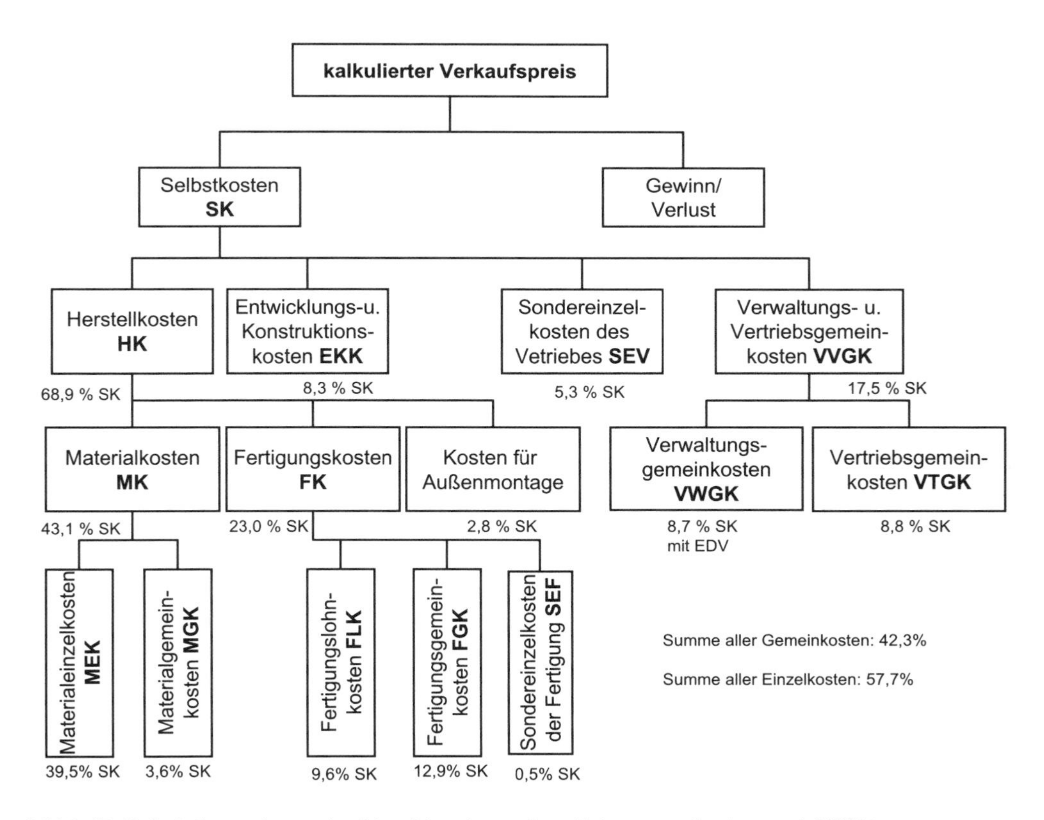

Bild 8.15: Kalkulationsschema des Maschinenbaus ohne Entsorgungskosten nach VDMA-Kennzahlenkompass 2006 (nach *Ehrlenspiel*)

Daraus ist zu entnehmen, dass es z. B. Gemeinkosten für Material, Fertigung, Verwaltung und Vertrieb sowie Einzelkosten für Material und Fertigung gibt. Außerdem sind alle wesentlichen Anteile für die Herstellkostenberechnung gut zu erkennen.

In diesem Schema sind auch Mittelwerte als prozentuale Anteile, bezogen auf die Selbstkosten nach VDMA (Verband Deutscher Maschinen- und Anlagenbau e.V.), enthalten.

Die ***Materialkosten*** errechnen sich nach dem Kalkulationsschema als Summe aus Einzel- und Gemeinkosten für Material. Sie schwanken im Maschinenbau zwischen 15 und 60 % und sind ein bedeutender Kostenanteil eines Produkts. Der Gemeinkostenzuschlagsatz für Material beträgt 5 bis 20 %. Die Tabelle 8.8 enthält Regeln für ***Materialkostengünstiges Konstruieren.***

<table>
<tr><th colspan="4">Materialkosten MK senken</th></tr>
<tr><td>Kaufteilkosten</td><td colspan="2"></td><td>Enge Zusammenarbeit mit
- Einkauf/ Logistik
- ausgewählten Lieferanten
- Anpassungsaufwand beachten
- Auswirkung auf Gemeinkosten MGK beachten</td></tr>
<tr><td rowspan="6">Rohmaterial-kosten</td><td rowspan="3">Brutto-Volumen</td><td>Kleinbau, Leichtbau</td><td>Günstige Konstruktionsbedingungen, z. B.
- Parallelschaltung
- Überlastbegrenzung
- Drehzahl erhöhen
- hochfestes Material einsetzen und ausnutzen mit Zug/ Druck statisch statt Biegung</td></tr>
<tr><td>Sparbau</td><td>z. B.
- Wandstärken verringern
- Blechüberstände beim Schweißen vermeiden
- andere Fertigungsverfahren (Schweißen statt Gießen, Bleche abkanten,....)</td></tr>
<tr><td>Abfall senken</td><td>z. B.
- Guss-Stücke genauer gießen (Kernversatz)
- stark abgesetzte Drehteile nicht aus dem Vollen fertigen
- bei Blechkonstruktionen auf Ausnutzung der Tafel achten
- Ausschuss verringern</td></tr>
<tr><td rowspan="2">Kosten pro Volumen K_V</td><td>Kostengünstiges Material verwenden</td><td>z. B.
- Massenwerkstoffe
- Halbzeuge
- fertigungsgünstiges Material zum Spanen, Umformen usw. einsetzen</td></tr>
<tr><td>Oberflächenbehan-deltes Material ver-wenden</td><td>z. B. bei Korrosion und Verschleiß
- gehärtete Stähle
- plattierte Werkstoffe
- galvanisch behandelte Werkstoffe
- kunststoffbeschichtete Werkstoffe</td></tr>
<tr><td colspan="2">Gemeinkosten MGK</td><td>- genormtes Material (Werknorm)
- Gleichteile, Teilefamilien, Baureihen, Baukästen</td></tr>
</table>

Tabelle 8.8: Regeln für Materialkostengünstiges Konstruieren (nach *Ehrlenspiel, Kiewert, Lindemann*)

Die in der Tabelle 8.8 verwendeten Begriffe sind im Folgenden erläutert. Die Rohmaterialkosten sind aus dem Materialvolumen (Bruttovolumen V) und den spezifischen Werkstoffkosten K_V (Kosten/Volumen) zu berechnen. Ein Bezug auf das Gewicht ist ebenfalls sinnvoll, aber beim Konstruieren ergibt sich erst das Volumen. Dabei ist zu beachten, dass die Gesamtheit der Werkstoffeigenschaften maßgebend ist, damit die Materialkosten $V{\cdot}K_V$ insgesamt abgesenkt werden.

Materialkosten haben einen Umfang, der bedeutende Auswirkungen auf die Herstellkosten eines Produktes hat. Hier sollen Begriffe und Regeln nach *Ehrlenspiel, Kiewert, Lindemann* dargestellt werden. Zu den Materialkosten gehören insbesondere die Kosten für Kaufteile und für Halbzeuge, also im Maschinenbau das Rohmaterial. Die Materialkosten *MK* ergeben sich aus der Summe der Materialeinzelkosten *MEK* und der Materialgemeinkosten *MGK*. Die Materialeinzelkosten *MEK* berechnen sich aus der verbrauchten Materialmenge multipliziert mit dem Wert pro Mengeneinheit. Die Materialgemeinkosten *MGK* werden mit dem Materialgemeinkostenzuschlagsatz aus den Materialkosten berechnet. Die Materialgemeinkosten enthalten z. B. die Raumkosten für Lager, Kosten der Wareneingangskontrolle usw..

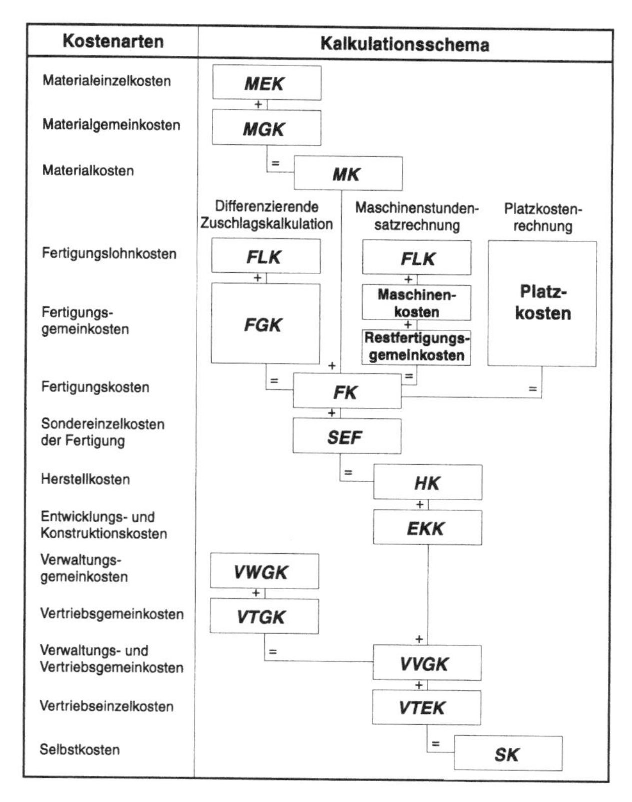

Bild 8.16: Kalkulationsschema und Kostenarten
(nach *Ehrlenspiel, Kiewert, Lindemann*)

Unter Kleinbau sind Maßnahmen zu verstehen, die die Baugröße von Produkten verringern, insbesondere durch Eingriff in das Konzept des Produkts. Die Maßnahmen für den Leichtbau ergeben sich durch die Wahl eines leichteren Werkstoffes (Stoffleichtbau) und durch das gestalterische Ausnutzen der Festigkeit hochfester Werkstoffe (Formleichtbau). Sparbau wird realisiert durch Einsparen von Materialvolumen ohne Änderung des konstruktiven Entwurfs oder der Materialart, z. B. durch geringere Blechdicken oder Wanddicken.

Die ***Fertigungskosten*** errechnen sich aus der Summe von Einzel-, Gemein- und Sondereinzelkosten der Fertigung. Die prozentualen Anteile enthält Bild 8.15. Dabei ist zu beachten, dass in den Fertigungskosten auch die Montage enthalten ist. Der Gemeinkostenzuschlagsatz für die Fertigung beträgt 200 bis 500 %. Sondereinzelkosten der Fertigung sind Kosten für Vorrichtungen, Modelle usw., die für bestimmte Fertigungsaufgaben erforderlich sind.

Die ***Herstellkosten*** als Summe aus Material- und Fertigungskosten werden in der Praxis auch *HK1* genannt. Die Berücksichtigung der Entwicklungs- und Konstruktionskosten ergibt dann *HK2*.

Die konventionelle ***Vorkalkulation*** zur Ermittlung der Herstellkosten erfolgt nach einem Kalkulationsschema mit Kostenarten für die differenzierende Zuschlagskalkulation, die Maschinenstundensatz- und die Platzkostenrechnung wie in Bild 8.16 dargestellt.

In diesem Schema sind im Bereich der Fertigungskosten zwei Alternativen eingetragen, die eine genauere Vorkalkulation ermöglichen.

Die ***Platzkostenrechnung*** ermittelt die Fertigungskosten aus den Kosten für einen Arbeitsplatz und berücksichtigt die Dauer der Nutzung. Es sind sowohl für Maschinen- als auch für Handarbeitsplätze alle Kostenanteile bis auf die Sondereinzelkosten der Fertigung enthalten. Die Platzkostenrechnung hat den Vorteil, dass bestimmte Maschinen oder Anlagen eigene Kostenstellen sind. Mit etwas mehr Aufwand ergibt sich eine verursachungsgerechtere Kostenermittlung.

Die ***Maschinenstundensatzrechnung*** erfasst neben den Fertigungslohnkosten die Maschinenkosten und die Restfertigungsgemeinkosten für Fertigungssteuerung, Qualitätskontrolle usw. Sie wird in einigen Unternehmen statt der Platzkostenrechnung eingesetzt. Der Maschinenstundensatz enthält sämtliche auf eine Zeiteinheit (Stunde) umgelegten Kosten einer Maschine bzw. Produktionsanlage zur Vorkalkulation.

Beispiel: Herstellkostenermittlung durch konventionelle Vorkalkulation. Für einen einfachen Lagerbock aus Grauguss sind die Herstellkosten zu berechnen. Die Zeichnung in Bild 8.17 enthält die erforderlichen Formelemente für die Aufnahme einer Welle mit Wälzlagern, die vier Durchgangsbohrungen zur Befestigung mit Schrauben und die zu bearbeitenden Flächen. Es sollen Losgrößen von 1, 5 und 20 Stück gefertigt werden.

Gegeben sind für die Gussausführung: Gewichtskostensatz 2 €/kg, Rohteilgewicht 7 kg, Materialgemeinkostenzuschlagfaktor 15 %, Modellkosten 600,- €. Die Vorbearbeitung des Gussteils erfordert eine Rüstzeit von 10 min pro Los und eine Einzelzeit von 10 min pro Stück, der Platzkostensatz beträgt 1,00 €/min. Die Fertigbearbeitung erfolgt mit einer

Rüstzeit von 30 min pro Los und einer Einzelzeit von 40 min pro Stück, der Platzkostensatz beträgt 2,00 €/min.

Gesucht sind die Herstellkosten für alle Losgrößen. Vorkalkulation für Stückzahl 1:

Modellkosten = Kosten für Gussmodell: MOK = 600 €

Materialkosten MK = Materialeinzelkosten MEK + Materialgemeinkosten MGK

Materialeinzelkosten = Rohteilgewicht · Gewichtskostensatz:

$$MEK = 7 \text{ kg} \cdot 2 \text{ €/kg} = 14 \text{ €};$$

Materialgemeinkosten = Materialeinzelkosten · Materialgemeinkostenzuschlagfaktor:

$$MGK = 14 \text{ €} \cdot 0{,}15 = 2{,}1 \text{ €}$$

Fertigungskosten FK = (Rüstzeit t_R + Einzelfertigungszeit t_E) · Platzkostensatz PK

Fertigungskosten FK für Vorbearbeitung FK_{vor} und Fertigbearbeitung FK_{fer} berechnen.

$$FK_{vor} = (10 \text{ min} + 10 \text{ min}) \cdot 1 \text{ €/min} = 20 \text{ €}$$

$$FK_{fer} = (30 \text{ min} + 40 \text{ min}) \cdot 2 \text{ €/min} = 140 \text{ €}$$

Herstellkosten für 1 Stück: $HK = MOK + MK + FK_{vor} + FK_{fer}$

$$HK = 600 \text{ €} + 16{,}1 \text{ €} + 20 \text{ €} + 140 \text{ €} = 776{,}1 \text{ €}$$

Herstellkosten für n Stück: Modellkosten und Rüstzeiten durch Stückzahl n teilen.

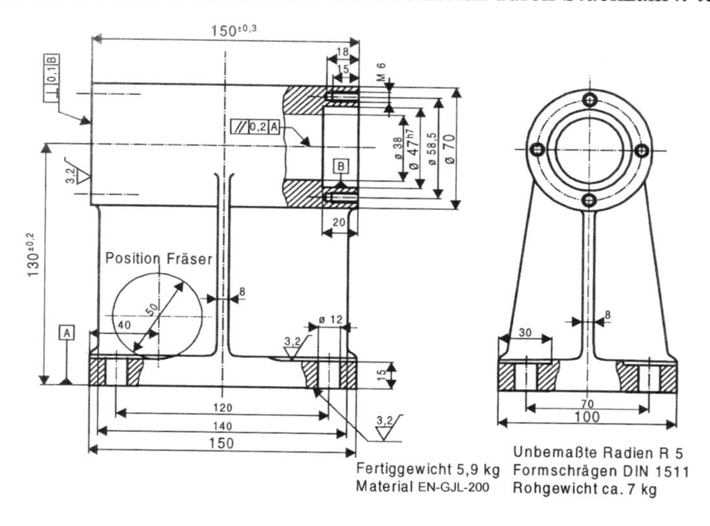

Bild 8.17: Lagerbock aus Grauguss (nach *Ehrlenspiel, Kiewert, Lindemann*)

Die Ergebnisse in der Tabelle 8.9 zeigen eindeutig den Einfluss der Modellkosten und der Stückzahl. Für alle Losgrößen wird das gleiche Fertigungsverfahren eingesetzt.

Graugussteil				1 Stck/Los	5 Stck/Los		20 Stck/Los	
Modellkosten *MOK*				600 €	120 €		30 €	
Materialeinzelkosten *MEK*	7 kg		2 €/kg	14 €	14 €		14 €	
Materialgemeinkosten *MGK*			15 %	2,1 €	2,1 €		2,1 €	
Materialkosten *MK*				16,1 €	16,1 €		16,1 €	
Fertigungsplan	t_R	t_E	*PK* (€/min)		t_R		t_R	
Vorbearbeitung	10 min	10 min	1,00	20 €	2 min	12 €	0,5 min	10,5 €
Fertigbearbeitung	30 min	40 min	2,00	140 €	6 min	92 €	1,5 min	83 €
Fertigungskosten *FK*				160 €	104 €		93,5 €	
Herstellkosten *HK* / Stück				776,1 €	240,1 €		139,6 €	

Tabelle 8.9: Berechnungsergebnisse Vorkalkulation Grauguss-Lagerbock

8.11 Zusammenfassung

Neue Produkte sind erfolgreich, wenn sie in geforderter Qualität, zu vordefinierten Kosten in möglichst kurzer Zeit realisiert werden und einen möglichst hohen Nutzen für den Kunden haben. Um dies zu erreichen, ist die Konstruktion gefordert insbesondere die Herstellkosten zu erfassen und diese durch geeignete Maßnahmen zu senken, ohne die Qualität negativ zu beeinflussen. Es ist z. B. nicht sinnvoll für ein Produkt Angebote für Komponenten nur nach dem günstigsten Preis auszuwählen, sondern Kriterien zu schaffen, die auch die Qualität als Wert erfassen und dies dem Einkauf klar zu machen. Die Folgekosten mangelnder Qualität werden den Fachabteilungen zugeordnet, nicht dem Einkauf.

Dafür ist grundsätzliches Wissen über Kosten erforderlich, das für Konstrukteure zusammengefasst vorgestellt wird. Dazu gehören auch Einflussgrößen auf die Herstellkosten und Kenntnisse über das Kostengünstige Konstruieren sowie über Kostenermittlungsverfahren.

Relativkosten als Bewertungszahlen zum Kostenvergleich von Lösungsvarianten haben sich in einigen Firmen bewährt und werden oft nur nicht eingesetzt, weil die notwendigen Kenntnisse darüber fehlen. Nach den angegebenen Erläuterungen und Hinweisen sollten die Grundlagen bekannt sein, um damit Einsatzmöglichkeiten zu erkennen.

Die ABC-Analyse ist als Methode zur Auswahl von Produkten oder Produktteilen bekannt und wird hier zum Untersuchen der Kosten mit Beispielen erläutert.

Die Wertanalyse als Methode zur Gestaltung und Verbesserung von Produktkosten ist schon sehr lange bekannt und liefert insbesondere durch die Wertgestaltung für die Konstruktion gute Ergebnisse, wenn diese Methode geschult und gewollt eingesetzt wird.

Checklisten für Funktion, Material und Fertigung als Methode zur Kostenanalyse können auch einen Beitrag zur Kostensenkung leisten.

Die Herstellkostenermittlung durch Kalkulation beschreibt das grundsätzliche Vorgehen und ist mit dem Beispiel und der dazugehörigen Aufgabe als Einstieg geeignet. Ein Kalkulationsschema und Hinweise zum Materialkostensenken werden erklärt.

9 Rechnerunterstütztes Konstruieren

Der Einsatz von Rechnern zur Unterstützung der konstruktiven Aufgaben wird mit der schnell fortschreitenden Entwicklung der Informationstechnik zu einem wesentlichen Faktor für die Produktentwicklung. Die Unternehmensstrukturen, die Märkte, der Bedarf an neuen Produkten, die Nutzung neuer Technologien und das Internet haben Einflüsse, die die Vorgehensweise beim Konstruieren und Produzieren maßgeblich beeinflusst haben *(Spur, Krause)*.

Die Prozessorientierung hat die ablauforientierten Aufgaben ersetzt, sodass immer häufiger Prozessketten mit digitalen Prozessbeschreibungen in den Firmen genutzt werden *(Conrad)*. Aus den Geometriemodellen der 2D-CAD-Systeme sind inzwischen virtuelle 3D-Produktmodelle geschaffen worden, die alle Aufgaben der Prozessketten unterstützen können.

Produktdatenmanagement-Systeme, mit allen Funktionen für die Produktentstehung und Produktherstellung, werden immer wichtiger. Sie enthalten auch die notwendigen Verwaltungs- und Speicherfunktionen, um einen rechnergestützten Arbeits- und Informationsfluss im Unternehmen zu schaffen. Die Freigabe für die Produktion wird jedoch noch physikalisch-technische Versuche mit entsprechenden Messungen sowie Praxistests erfordern, um bestimmte Effekte zu bestätigen, die durch Simulation und Berechnungen allein nicht vollständig zu erfassen sind.

In Zukunft werden nach *Spur, Krause* alle komplexeren Produkte virtuell entwickelt.

9.1 CAD/CAM – Begriffe und Systeme

Die Beschäftigung mit dem Thema CAD bedeutet im ersten Schritt den Umgang lernen mit einer neuen Begriffswelt. Diese Begriffswelt entstammt im Wesentlichen den Software-Entwicklungszentren; d. h. Fachenglisch gespickt mit Computerchinesisch. Viele Begriffe lassen keine eindeutige Übersetzung zu und sind bereits fester Bestandteil der CAD-Expertensprache. Eine weitere Abkürzungs- und Namensvielfalt ergibt sich aus den Bezeichnungen der Hardware, Software und den Systemabkürzungen. Wesentlicher Punkt ist also eine klare Zuordnung der Begriffe mit den erforderlichen Erläuterungen, um die Zusammenhänge zu verstehen:

Im Bereich der EDV ein bestimmtes Gebiet zu beherrschen, ist nur zu 15 % eine Frage des Technologiewissens, aber zu 85 % eine Frage der Terminologie.

Der Umgang mit einem Computer zur Unterstützung fast aller Tätigkeiten im Unternehmen wird heute als selbstverständlich angesehen, sodass häufig von ***CA-Techniken*** gesprochen wird. Die CA-Akronyme, d. h. die englischsprachigen Buchstabenabkürzungen aus den Anfangsbuchstaben der Teilbegriffe im Bereich der Rechnerunterstützung, gehören also schon zum täglichen Sprachgebrauch.

Die EDV-Unterstützung aller technisch organisatorischen Bereiche eines Unternehmens führt in der Zukunft zu einem durchgängigen Informationsfluss vom Auftragseingang über den Entwurf eines Produkts bis zur Montage und dem Versand an den Kunden.

Die Information wird zum Produktionsfaktor!

Bevor in einem Unternehmen mit CA-Techniken sinnvoll gearbeitet werden kann, müssen folgende Punkte bekannt sein:

- Bei allen CA-Techniken ist das A = Aided = Unterstützung die wichtigste Größe.
- Die Funktionen müssen den Abteilungen eindeutig als Aufgaben und Tätigkeiten zugeordnet werden.
- Der Informationsfluss muss für das ganze Unternehmen bekannt sein.
- Der Materialfluss (Teilefluss) ist zu klären.
- Neue Organisationsstrukturen mit integriertem EDV-Einsatz für durchgängigen Informationsfluss müssen gefunden werden.

Auf diesen Kenntnissen aufbauend werden die neuen Begriffe, deren Definitionen und Funktionszuordnungen im folgenden in Anlehnung an die inzwischen sehr verbreiteten Definitionen einer Arbeitsgemeinschaft, die vom AWF (Ausschuss für Wirtschaftliche Fertigung e.V.) veröffentlicht wurden, vorgestellt.

9.1.1 CAD – Computer Aided Design

Das rechnerunterstützte Konstruieren wird allgemein als ***CAD*** bezeichnet. CAD ist ein Sammelbegriff für alle Aktivitäten, bei denen die EDV direkt oder indirekt im Rahmen von Entwicklungs- und Konstruktionstätigkeiten eingesetzt wird.
Dies bezieht sich im engeren Sinn auf die graphisch-interaktive Erzeugung und Manipulation einer digitalen Objektdarstellung, z. B. die zweidimensionale Zeichnungserstellung oder durch die dreidimensionale Modellbildung.

Objekte können beispielsweise sein:

- Einzelteile
- Baugruppen
- Erzeugnisse
- Anlagen
- Leiterplatten
- Bauwerke etc.

Die digitale Objektdarstellung wird in einer Datenbank abgelegt, die auch anderen betrieblichen Abteilungen für weitere Aufgaben zur Verfügung steht. Im weiteren Sinne bezeichnet CAD allgemeine technische Berechnungen mit oder ohne graphische Ein- und Ausgabe.

Funktionszuordnungen:

- Entwicklungstätigkeiten
- Technische Berechnungen
- Konstruktionstätigkeiten
- Zeichnungserstellung

Die Funktionszuordnung gibt also wesentliche Aufgaben und Tätigkeiten an, die mit den jeweils definierten CA-Techniken in den entsprechenden Unternehmensabteilungen durchgeführt werden.

CAD ist im Unternehmen in der Regel keine eigene Abteilung, sondern wird dem Bereich Entwicklung und Konstruktion zugeordnet, wie im Bild 9.1 gezeigt.

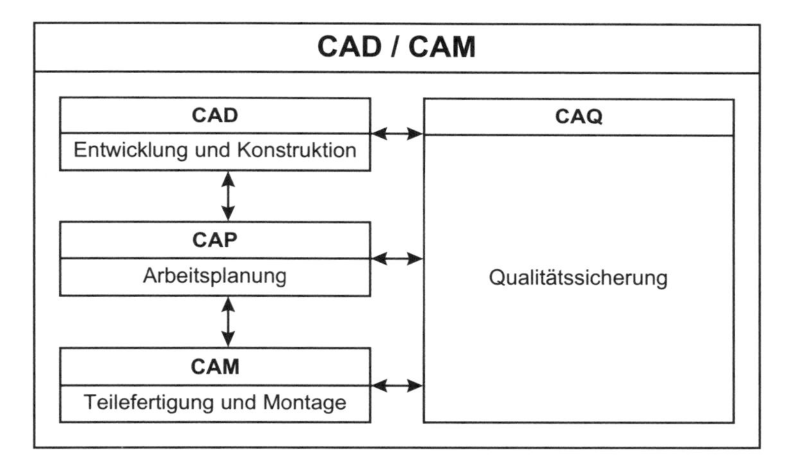

Bild 9.1: Zuordnung und Informationsaustausch der CA-Techniken (nach AWF)

9.1.2 CAP – Computer Aided Planning

CAP bezeichnet die EDV-Unterstützung bei der Arbeitsplanung. Hierbei handelt es sich um Planungsaufgaben, die auf den konventionell oder mit CAD erstellten Arbeitsergebnissen der Konstruktion aufbauen, um Daten für Teilefertigungs- und Montageanweisungen zu erzeugen.

Darunter wird verstanden:

- rechnerunterstützte Planung der Arbeitsvorgänge und der Arbeitsvorgangsfolgen
- Auswahl von Verfahren und Betriebsmitteln zur Erzeugung der Objekte
- rechnerunterstützte Erstellung von Daten für die Steuerung der Betriebsmittel des CAM

Ergebnisse des CAP sind Arbeitspläne und Steuerinformationen für die Betriebsmittel des CAM.

Funktionszuordnungen:

- Arbeitsplanerstellung
- Betriebsmittelauswahl
- Erstellung von Teilefertigungsanweisungen
- Erstellung von Montageanweisungen
- NC-Programmierung

9.1.3 CAM – Computer Aided Manufacturing

CAM bezeichnet die EDV-Unterstützung zur technischen Steuerung und Überwachung der Betriebsmittel bei der Herstellung der Objekte im Fertigungsprozess.
Dies bezieht sich auf die direkte Steuerung von Arbeitsmaschinen, verfahrenstechnischen Anlagen, Handhabungsgeräten sowie Transport- und Lagersystemen.

Technische Steuerung und Überwachung erfolgt bei den Funktionen:

- Fertigen
- Handhaben
- Transportieren
- Lagern

9.1.4 CAQ – Computer Aided Quality Assurance

CAQ bezeichnet die durch EDV unterstützte Planung und Durchführung der Qualitätssicherung. Hierunter wird einerseits die Erstellung von Prüfplänen, Prüfprogrammen und Kontrollwerten verstanden, andererseits die Durchführung rechnerunterstützter Mess- und Prüfverfahren. CAQ kann sich dabei der EDV-Hilfsmittel des CAD, CAP und CAM bedienen.

Funktionszuordnungen:

- Festlegen von Prüfmerkmalen
- Erstellung von Prüfvorschriften und -plänen
- Erstellung von Prüfprogrammen für rechnerunterstützte Prüfeinrichtungen
- Überwachung der Prüfmerkmale am Objekt

9.1.5 PPS – Produktionsplanung und -steuerung

PPS bezeichnet den Einsatz rechnerunterstützter Systeme zur organisatorischen Planung, Steuerung und Überwachung der Produktionsabläufe von der Angebotsbearbeitung bis zum Versand unter Mengen-, Termin- und Kapazitätsaspekten.

ERP – Enterprice Resource Planning – Planung von Unternehmensressourcen steht als Begriff ERP-Systeme für die neue Generation von PPS-Systemen zur Unterstützung prozessorientierter Vorgänge der Logistik, Finanzen, Controlling, Personalwirtschaft usw.

Die **Hauptfunktionen** der PPS sind:

- Produktionsprogrammplanung
- Mengenplanung
- Termin- und Kapazitätsplanung
- Auftragsveranlassung und -überwachung

9.1.6 CAD/CAM

CAD/CAM beschreibt die Integration der technischen Aufgaben zur Produkterstellung und umfasst die EDV-Verkettung von CAD, CAP, CAM und CAQ. Auf der Basis der im CAD erzeugten digitalen Objektdarstellung werden im CAP Steuerinformationen erzeugt, die im CAM zum automatisierten Betrieb der Fertigungseinrichtungen eingesetzt werden. Die entsprechenden Aufgaben werden im Rahmen des CAQ für Mess- und Prüfeinrichtungen durchgeführt.

CAD/CAM ist mehr als die Verbindung von CAD und NC-Programmierung. Eine Zuordnung der Begriffsdefinition und das Zusammenwirken im Unternehmen können dem Bild 9.1 entnommen werden. Dabei ist zu beachten, dass in der Regel die CA-Techniken bestimmten Bereichen im Unternehmen zugeordnet werden.

Die seit einigen Jahren eingesetzten ***3D-CAD/CAM-Systeme*** mit Volumenmodellen, wie z. B. Pro/ENGINEER von Parametric Technology Corporation (PTC), wurden entwickelt, um die Schwächen der 2D-CAD-Systeme zu überwinden und um die in Bild 9.1 vorgestellten Bereiche der Unternehmen mit einem System abzudecken. Die Systeme sind unter Ausnutzung der Leistungsfähigkeit der modernen Hardware modulartig aufgebaut und können alle Daten von der Produktidee über Entwicklung, Konstruktion, Berechnung, Arbeitsvorbereitung mit NC-Programmierung, Baugruppenmontage, Vorrichtungskonstruktion, Qualitätssicherung usw. als integrierte Lösung mit einer gemeinsamen Datenbasis verarbeiten. Damit ist es also möglich, mit einem System alle erforderlichen Arbeitsschritte unter der gleichen Bedieneroberfläche zu bearbeiten und alle Daten für ein Produkt dort zu speichern.

Die enorme Leistungsfähigkeit kann nicht durch diese kurzen Hinweise erkannt werden, das schafft nur die Benutzung eines 3D-CAD/CAM-Systems. Die Benutzung ist jedoch nur nach entsprechender Schulung und Einarbeitung möglich, wobei zu beachten ist, dass der gesamte Umfang der Produktentwicklung natürlich nicht allein vom Konstrukteur durchgeführt werden kann. Dafür ist wie bisher die abteilungsübergreifende Zusammenarbeit notwendig. Auch wenn bisher nur ein Teil der Unternehmen die 3D-CAD/CAM-Systeme in vollem Umfang einsetzt, so zeigt sich doch, dass ein Konstrukteur jetzt schon gewisse Kenntnisse dieser neuen Systeme haben muss, weil z. B. mit voller Leistungsfähigkeit der Systeme die Entwicklungszeiten und die Durchlaufzeiten im Unternehmen erheblich reduziert werden können. Außerdem wird durch die Vernetzung der Unternehmen und die Kopplung mit den Produktionsplanungs- und -steuerungssystemen (PPS) eine noch bessere Nutzung der Teile- und Stücklistendaten in der Konstruktion erreicht.

9.2 Konstruieren mit 3D-CAD/CAM-Systemen

Die Produktentwicklung wird in zunehmendem Umfang durch den Einsatz von 3D-CAD/CAM-Systemen unterstützt. Die Entwicklung dieser Systeme hat in den letzten Jahren erhebliche Fortschritte gemacht, ist aber noch nicht abgeschlossen, wenn der gesamte Konstruktionsprozess betrachtet wird. Während die ersten 2D-CAD-Systeme insbesondere im Bereich des Ausarbeitens zur Zeichnungsherstellung sehr gute Unterstützung bereitstellen, sind 3D-CAD/CAM-Systeme für das Entwerfen besser geeignet. Für die ersten beiden Phasen, Planen und Konzipieren, sind noch keine CAD-Systemmodule bekannt. Es laufen jedoch umfangreiche Untersuchungen, auch in diesen Bereichen eine CAD-System-Unterstützung zu entwickeln. Zur Zeit ist die Ingenieurarbeit der Konstrukteure nicht durch Computer ersetzbar.

Ein Problem wird nicht im Computer gelöst, sondern in irgendeinem Kopf.
(*Charles Kettering*)

Die Nutzung der Informationstechnik für die Lösung konstruktiver Aufgaben ist jedoch schon sehr weit entwickelt, wie im Abschnitt 9.5 dargestellt. Ein Vergleich der Unterstützung des Konstrukteurs durch Konstruktionsmethodik zum Arbeiten mit 3D-CAD/CAM-Systemen in Tabelle 9.1 zeigt die „weißen Flecken" im Bereich Planen und Konzipieren, die durch die 3D-Systeme noch nicht unterstützt werden.

Ein einfaches Anwendungsbeispiel soll die Vorgehensweise der Produktentwicklung mit Hilfe des 3D-CAD/CAM-Systems Pro/ENGINEER der Firma PTC erläutern. Dieses System ist durch seine parametrische und konstruktionselementbasierende Architektur besonders für Maschinenbauanwendungen geeignet.

Der eigentliche Arbeitsablauf ist jedoch unabhängig vom eingesetzten 3D-CAD/CAM-System und kann auch mit jedem anderen 3D-Konstruktionsprogramm in ähnlicher Weise erfolgen. Ziel ist die Darstellung eines durchgängigen methodischen Produktentwicklungsprozesses von der Aufgabenstellung über die Grob- und Feinplanung, die Modellierung der Teile in der CAD-Umgebung und deren Zusammenbau zu einer Baugruppe sowie der Erzeugung von Varianten bis hin zur Übergabe der Daten als NC-Programm über einen so genannten Postprozessor an die Werkzeugmaschinensteuerung.

Zur besseren Veranschaulichung wird die Konstruktion, wie in der Praxis üblich, durch Anforderungen und Wünsche des Kunden aber auch des Fertigungsbetriebes gewissen Einschränkungen unterworfen sein. Diese Einschränkungen bilden die Randbedingungen, die zunächst kurz beschrieben werden.

Beispiel: Der Auftrag besteht aus der Konstruktion einer Vorrichtung. Es sollen zylindrische Werkstücke mit einem Durchmesser von 5 bis 20 mm gegriffen und gehalten werden können. Die Vorrichtung soll zudem die Befestigung an einen Manipulator vorsehen. Außerdem sollen für spätere Folgeaufträge insgesamt drei verschiedene Varianten der Vorrichtung durch Veränderung einiger Parameter erzeugt werden können. Die Baugruppe soll aus mehreren Fertigungsteilen mit möglichst simplem Mechanismus bestehen.

Die Fertigungsteile sollen zudem werkzeugmaschinengerecht gestaltet werden, wobei nur eine Drehmaschine CTX 400 Serie 2 der Firma DMG mit 2 Achsen und C-Achse zur Verfügung steht. Die Arbeitsergebnisse werden nach *Müller* zusammengestellt.

Als erster Schritt des Konstrukteurs gilt es nun die Aufgabe zu klären und die Forderungen und Wünsche an die Vorrichtung in einer Anforderungsliste festzuhalten. Tabelle 9.2 zeigt einen Auszug aus dieser Anforderungsliste.

Konstruktions-phasen	**Aufgaben und Ergebnisse**	**Konstruktionsmethodik**	**3D- CAD/CAM-Systeme**
Planen	Anforderungen festlegen ... Anforderungsliste	- Klären der Aufgabenstellung - Anforderungsliste ausfüllen - PC-Unterstützung vorhanden	
	Funktion festlegen ... Funktionsstruktur	- Gesamtfunktion und Teilfunktionen lösungsneutral formulieren - Black-Box-Methode - Funktionsstruktur aufstellen	
Konzipieren	Physikalische Prinzipien festlegen . . Wirkprinzip	- Systematische Lösungsentwicklung - Lösungselemente für alle Teilfunktionen ermitteln - Morphologischen Kasten aufstellen - PC-Unterstützung vorhanden	
	Geometrie, Bewegungen, Stoffarten festlegen ... Lösungsprinzip	- Handskizzen der Einzelteile - Auslegungsberechnungen - Werkstoffwahl - Prinzipien untersuchen - Lösungsprinzip festlegen	Prinzipien darstellen
Entwerfen	Teile, Baugruppen, Verbindungen festlegen . . . Entwurf	- Handskizzen des Grobentwurfs - Entwurfsberechnungen - Geometrie gestalten - Gestaltungsregeln anwenden - Elemente für Funktionen wählen - Baugruppen festlegen - Entwurfszeichnung erstellen	- Modellierung der Bauteile - Bauteile anordnen und verbinden - Baugruppe untersuchen - Simulation
Ausarbeiten	Fertigungs- und Montageangaben festlegen ... Zeichnungen, Stücklisten	- Handskizzen der Einzelteile mit Formelementen, Gestaltung und Bemaßung - Technische Zeichnungen - Zusammenbauzeichnung - Stückliste aufstellen, auch mit PC-Unterstützung	- Feingestaltung - Einzelteilzeichnungen aus 3D-Modellen ableiten - Zusammenbau- und Explosionszeichnungen ableiten - Stückliste generieren - Finite-Elemente-Methode

Tabelle 9.1: Vergleich von Konstruktionsmethodik und 3D-CAD/CAM-System

FH HANNOVER	Anforderungsliste	F = Forderung W = Wunsch
Auftrags-Nr.: 112524	Projekt Vorrichtung	Bearbeiter: S. Müller

Anforderungen

F W	Nr.	Bezeichnung	Werte, Daten, Erläuterung, Änderungen	Verant-wortlich, Klärung durch:
F	0	Funktion: Aufnehmen, Halten und Transportieren zylindrischer Werkstücke		S. Müller
F	1	Greifkörperdurchmesser	5-20 mm	
F	2	Max. Greiferhöhe	200 mm	
F	3	Max. Greiferbreite	100 mm	
F	4	Max. Greiferlänge	100 mm	
F	5	Zentrisches Greifen des Werkstückes		
F	6	Max. Öffnungs-/Schließzeit	1 s	
F	7	Max. Vorrichtungsgewicht	1 kg	
W	8	Regelbare Greifkraft	0,1 – 50 N	
F	9	Stückzahl einmalig	5 Stück	
F	10	Spielfreie Spannung des Werkstückes		
F	11	Fertigung der Einzelteile auf einer Maschine	CTX 400 Serie 2	
F	12	Kopplung an Krafteinleitung	M8	
F	13	Betriebstemperaturbereich	5 – 60 °C	
F	14	Einbaulage beliebig		
F	15	Wartungsfrei	1,5 Mio. Hübe	
Einverstanden: Conrad		Datum: 07.03.02	Blatt: 1/1	

Tabelle 9.2: Auszug Anforderungsliste Vorrichtung

Der Festlegung aller Anforderungen und Wünsche folgt die Konzeptionsphase.

Zur systematischen Lösungsfindung wird die Methode des morphologischen Kastens verwendet. Dieser hat den Vorteil nahezu alle denkbaren Lösungsmöglichkeiten in strukturierter Form zu enthalten. Für den morphologischen Kasten müssen die Gesamt- und Teilfunktionen ermittelt werden, um als lösungsneutrale Form die Auswahl der geeigneten Lösungsmöglichkeiten zu vereinfachen.

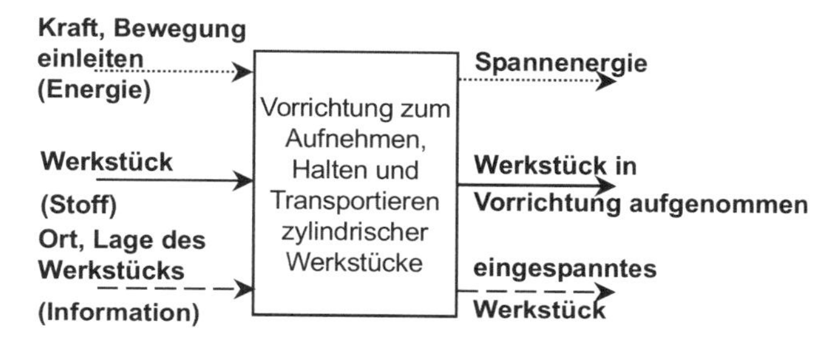

Bild 9.2: Black-Box-Darstellung mit Gesamtfunktion für Vorrichtung

Die Gesamtfunktion ergibt sich als lösungsneutrale Form der Aufgabenstellung. Im hier verwendeten Beispiel ist diese das „Aufnehmen, Halten und Transportieren zylindrischer Werkstücke“. Eine weitere Zerlegung dieser Gesamtfunktion in Teilfunktionen erlaubt es, später die sinnvollsten Teilfunktionslösungen zu kombinieren, um die geeigneteste Gesamtlösung zu finden. Hierbei muss jedoch die Verträglichkeit der Teillösungen untereinander unbedingt beachtet werden.

Teilfunktionen der Vorrichtung:

- Werkstücke aufnehmen
- Werkstücke zentrieren
- Werkstücke halten
- Werkstücke schützen
- Vorrichtung mit Energie versorgen
- Vorrichtung an Manipulator ankoppeln
- Notlauf bei Energieausfall sichern

Danach werden zu jeder Teilfunktion Lösungselemente gesucht, die, unabhängig von der Gesamtfunktion, eine Lösungsmöglichkeit für diese eine Teilfunktion bieten. Diese werden dann in die Zeilen des Morphologische Kastens in Tabelle 9.3 eingetragen.

Zur näheren Betrachtung wurden aus den insgesamt 5^7 ($\approx$ 78.000) möglichen Lösungen drei sinnvolle Kombinationen ausgewählt und weiter verfolgt. Diese Vorabauswahl ist wichtig, um am Ende ein tragbares Gesamtkonzept zu erhalten. Wenn nur die besten Teillösungen ausgewählt werden würden, wäre eine Verkettung der Abläufe unter Umständen nicht möglich. Der Morphologische Kasten mit den gekennzeichneten Lösungselementen für die Lösungen A, B, und C ist der Tabelle 9.3 zu entnehmen.

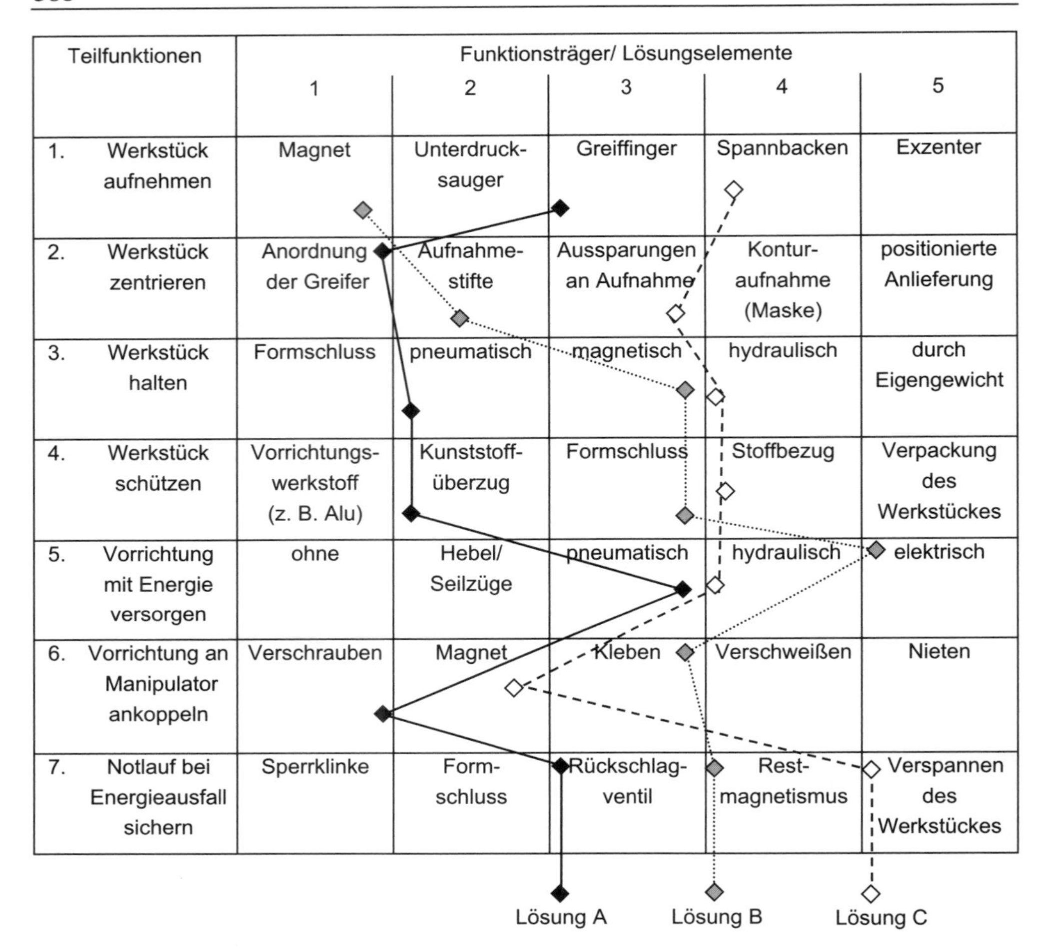

Teilfunktionen	Funktionsträger/ Lösungselemente				
	1	2	3	4	5
1. Werkstück aufnehmen	Magnet	Unterdruck-sauger	Greiffinger	Spannbacken	Exzenter
2. Werkstück zentrieren	Anordnung der Greifer	Aufnahme-stifte	Aussparungen an Aufnahme	Kontur-aufnahme (Maske)	positionierte Anlieferung
3. Werkstück halten	Formschluss	pneumatisch	magnetisch	hydraulisch	durch Eigengewicht
4. Werkstück schützen	Vorrichtungs-werkstoff (z. B. Alu)	Kunststoff-überzug	Formschluss	Stoffbezug	Verpackung des Werkstückes
5. Vorrichtung mit Energie versorgen	ohne	Hebel/ Seilzüge	pneumatisch	hydraulisch	elektrisch
6. Vorrichtung an Manipulator ankoppeln	Verschrauben	Magnet	Kleben	Verschweißen	Nieten
7. Notlauf bei Energieausfall sichern	Sperrklinke	Form-schluss	Rückschlag-ventil	Rest-magnetismus	Verspannen des Werkstückes

Tabelle 9.3: Morphologischer Kasten für Vorrichtung

Die Lösungen A, B und C werden entsprechend Abschnitt 5.4 bewertet. Die Bewertung erfolgt mit einer Bewertungsliste, bei der den drei Varianten nach Bewertungskriterien Punkte gegeben werden. Die Skala reicht dabei von 0 Punkten für eine schlechte Lösungsmöglichkeit bis 4 Punkte für eine sehr gute. Da die Kriterien unterschiedlich wichtig sind, wird noch ein Gewichtungsfaktor g hinzugefügt. Dieses wird nacheinander für jede Teilfunktion durchgeführt. Das Ergebnis der Bewertung enthält die Bewertungsliste Tabelle 9.4.

Das Ergebnis der Bewertung hat die Lösung A als Variante ergeben, die weiter verfolgt werden soll. Als mögliche Ausführung der geforderten Bedingungen soll ein 3-Finger-Zentrischgreifer entwickelt werden. Dieser soll mehrere Greiffinger besitzen, die sich, durch einen inneren Stößel gesteuert, Öffnen und Schließen lassen. Dabei ist ein möglichst simpler Mechanismus anzuwenden, wie der Grobentwurf in Bild 9.3 zeigt.

FH HANNOVER	**Bewertungsliste** Vorrichtung	Blatt-Nr. 1/1

Ziel: Vorrichtung zum Aufnehmen, Halten und Transportieren zylindrischer Werkstücke

Wertskala nach VDI 2225 mit Punktvergabe P von 0 bis 4 :
0 = unbefriedigend, 1 = gerade noch tragbar, 2 = ausreichend, 3 = gut, 4 = sehr gut

Bewertungskriterien nach Bewertungskatalog für die Konzeptphase.
Gewichtungsfaktoren g vergeben, wenn Bewertungskriterien nicht gleichwertig sind.

Konzeptvarianten			A		B		C		D	
Nr.	Bewertungskriterium	g	P	P*g	P	P*g	P	P*g	P	P*g
1	Funktionserfüllung	0,2	4	0,8	1	0,2	3	0,6		
2	Einfacher Aufbau	0,1	3	0,3	4	0,4	3	0,3		
3	Betriebssicherheit	0,2	4	0,8	2	0,4	4	0,8		
4	Eigenfertigungsteile	0,1	4	0,4	0	0,0	1	0,1		
5	Einfache Montage	0,05	3	0,15	3	0,15	3	0,15		
6	Lebensdauer	0,1	3	0,3	3	0,3	3	0,3		
7	verschleißfreie Bauteile	0,1	3	0,3	4	0,4	3	0,3		
8	Wartungsfrei	0,1	4	0,4	4	0,4	3	0,3		
9	Ersatzteilbeschaffung	0,05	3	0,15	3	0,15	3	0,15		
10										
11										
12										
13										
14										
15										
Summen	Σ	1	31	3,6	24	2,4	26	3,0		
Technische Wertigkeit W_t			0,86		0,67		0,72			
Technische Wertigkeit W_t mit Gewichtung				0,9		0,6		0,75		
Rangfolge			1	1	3	3	2	2		

Bemerkung mit Variantenangabe und Kriterien-Nr. :

Entscheidung: Variante A weiterverfolgen	Datum: 9.3.02 Bearbeiter: Müller

Tabelle 9.4: Bewertungsliste Vorrichtung

Nach diesem Konzept entstanden die Bleistift-Handskizzen, die schon einen höheren Detaillierungsgrad aufweisen. Sie befinden sich in den Bildern 9.3 bis 9.7.

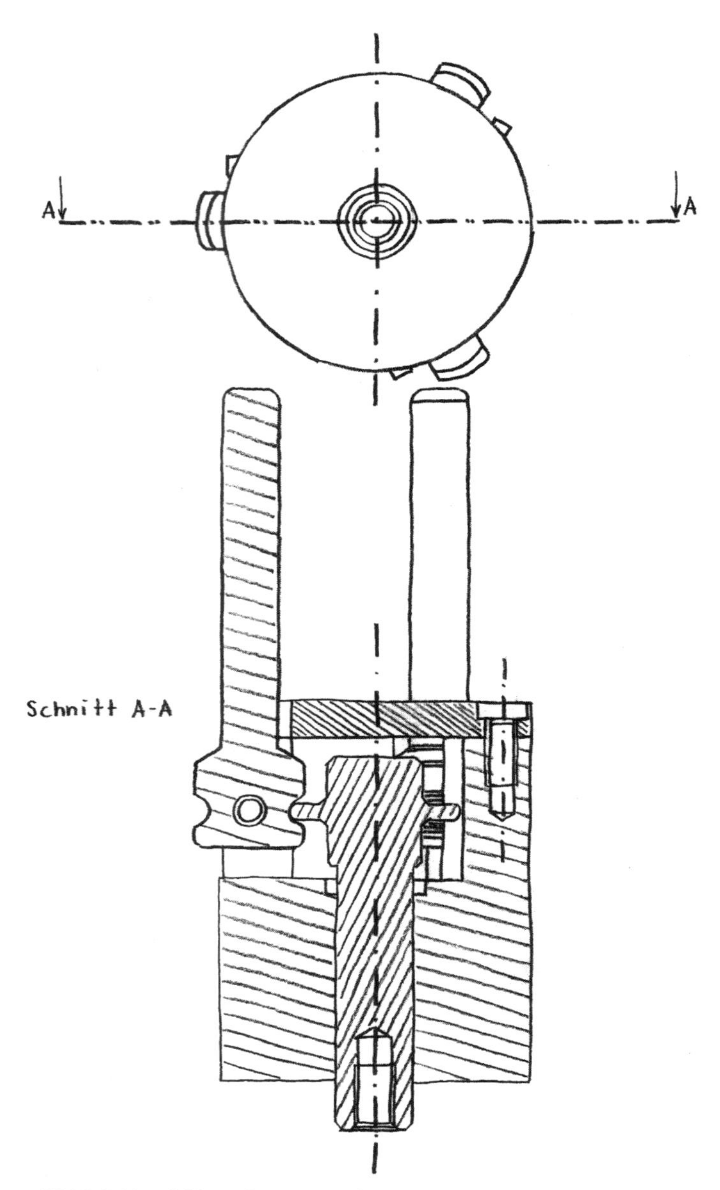

Bild 9.3: Handskizze Grobentwurf

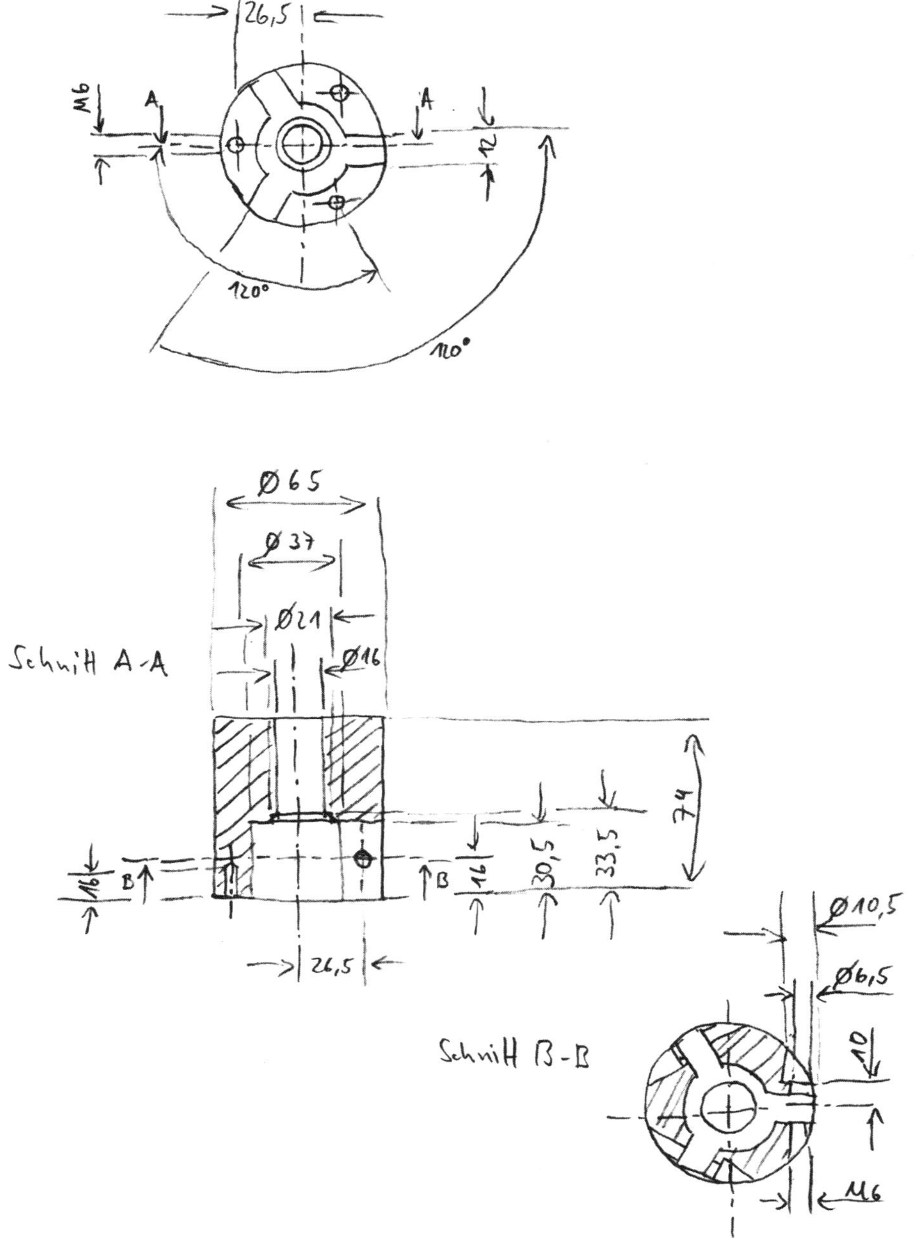

Bild 9.4: Handskizze Gehäuse

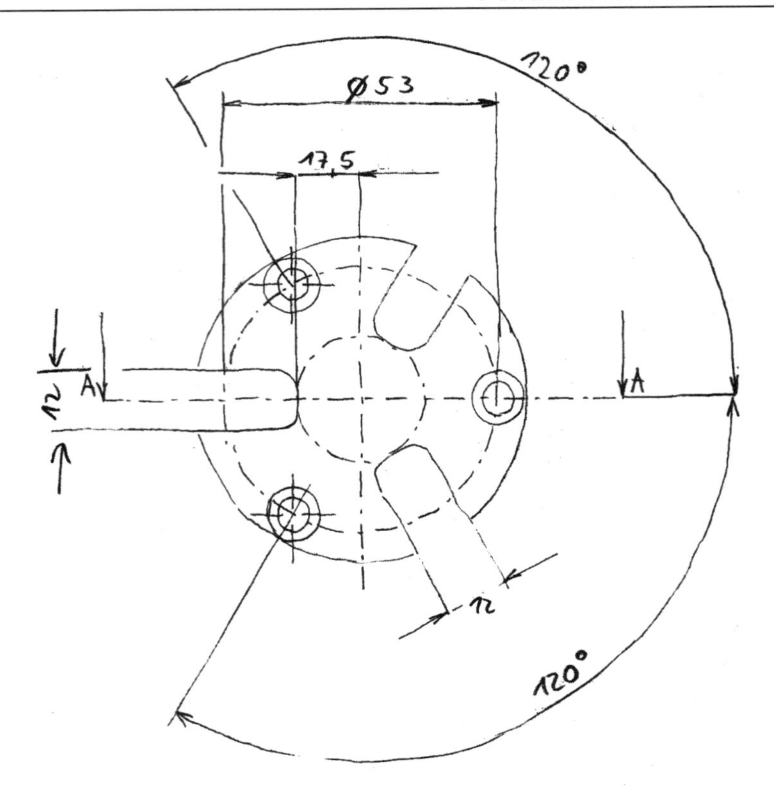

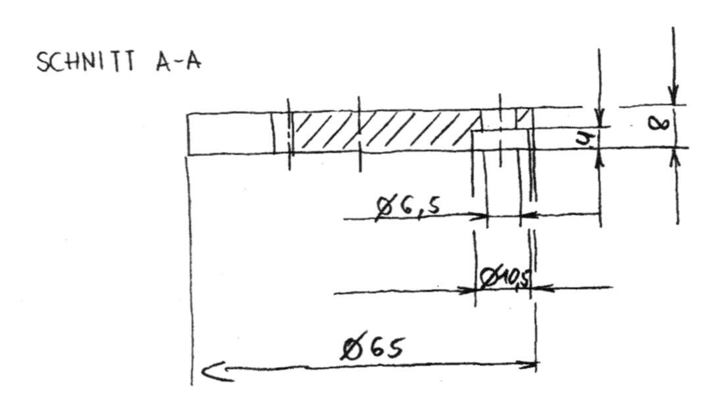

Bild 9.5: Handskizze Deckel

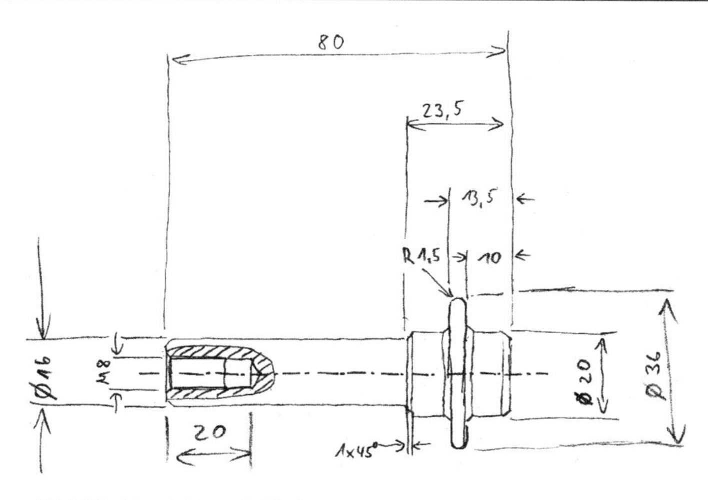

Bild 9.6: Handskizze Stößel

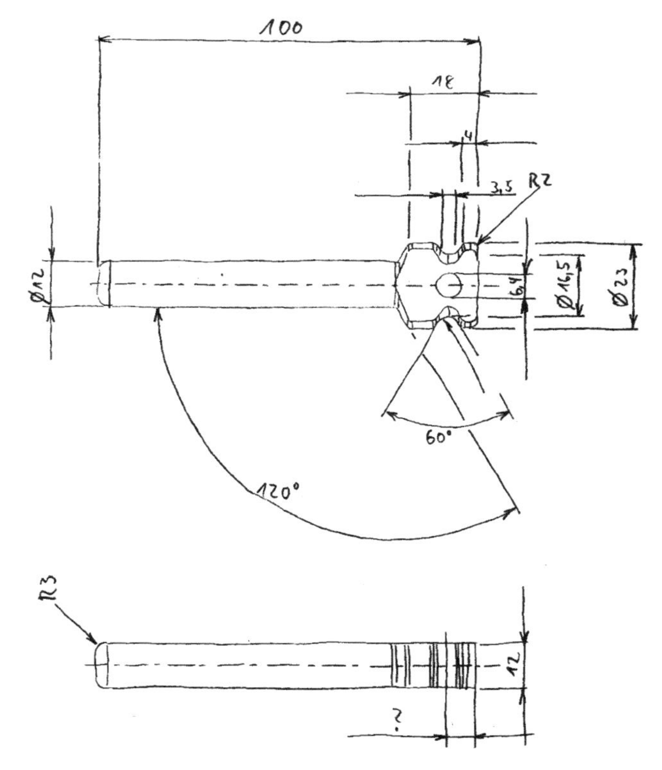

Bild 9.7: Handskizze Greiffinger

Während der Entstehung dieser Handskizzen wird immer weiter von der Entwurfsphase zur Ausarbeitungsphase übergegangen. Dadurch können genauere Angaben, wie zum Beispiel die Bemaßungen, direkt eingetragen werden. Zur Festlegung einiger Maße und zur Sicherstellung der Funktionalität müssen dabei auch einige Rechnungen durchgeführt werden. In diesem Beispiel wäre die Kraftübertragung von ihrer Einleitung am Gewinde des Stößels bis zu ihrer Verwendung an den Greiffingern zu berücksichtigen und für die Dimensionierung der Bauteile zu verwenden. Besonders der Kraftübertragung über den Stößelring in die Nuten der Greiffinger, mit der Umsetzung einer axial wirkenden Kraft in eine Rotationskraft, wäre Beachtung zu schenken. Für dieses Beispiel sind diese Berechnungen jedoch nicht von Belang und werden deshalb nicht aufgeführt.

Zur besseren Verständlichkeit wird im Folgenden noch einmal kurz die Funktionsweise des 3-Finger-Zentrischgreifers erläutert.

Das Lösungskonzept besteht im Wesentlichen aus vier Einzelteilen, die allesamt mit mehr oder weniger großem Aufwand auf einer CNC-Drehmaschine mit C-Achse zu fertigen sind. Zur besseren Veranschaulichung der folgenden Ausführungen soll in Bild 9.8 schon einmal das gewünschte Ergebnis aufgezeigt werden.

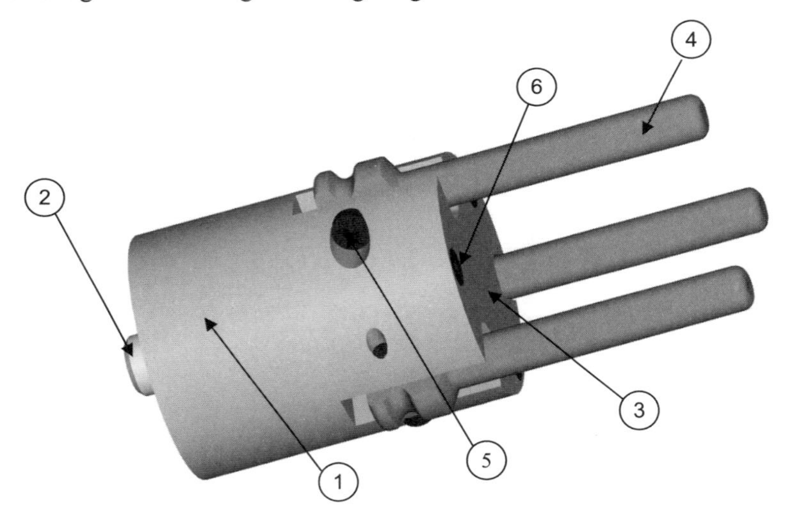

Bild 9.8: 3-Finger-Zentrischgreifer

Das Gehäuse (1) beinhaltet den Stößel (2), der durch eine Nut formschlüssig mit den drei Greifern (4) verbunden ist. Der Deckel (3) schließt das Gehäuse nach oben hin ab und dient zugleich als Wegbegrenzung für den Stößel, der sich im Gehäuse auf und ab bewegen kann. Der Deckel ist durch drei Schrauben M6 (6) mit dem Gehäuse verschraubt. Die drei Greifer sind durch jeweils eine Schraube M6 (5) am Gehäuse befestigt und drehbar gelagert.

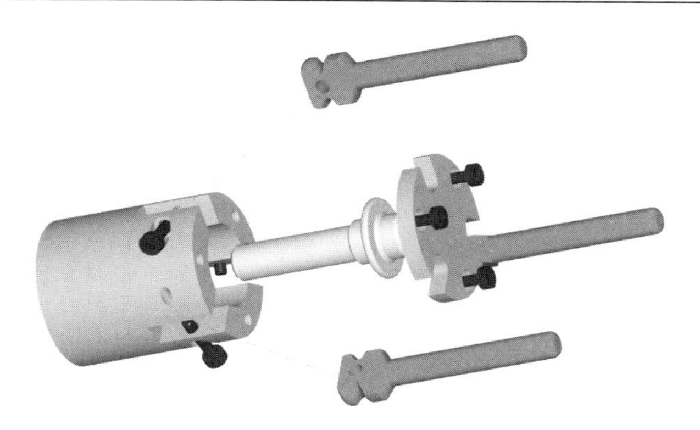

Bild 9.9: Explosionsdarstellung des 3-Finger-Zentrischgreifers

Der Greifer besteht aus einem Gehäuse, in dem sich ein Stößel axial bewegen kann. Nach unten hin wird sein freier Weg durch eine Senke im Gehäuse beschränkt; nach oben erfüllt diese Aufgabe der Deckel. Auf der dem Deckel zugewandten Gehäuseseite befinden sich die drei Greiffinger, die durch Schrauben drehbar gelagert sind (Bild 9.9).

Der eigentliche Mechanismus befindet sich im Inneren des Gehäuses. Hier greift ein den Stößel umgebender Ring in eine Nut, die sich im Greiffinger befindet. Wird nun der Stößel im Gehäuse auf und ab bewegt, so wird diese Linearbewegung aufgrund eines Abwälzens des Ringes in der Nut in eine rotatorische Bewegung umgesetzt. Wird also der Stößel nach unten gezogen, so schließt sich der Greifer und umgekehrt.

Der Ausarbeitungsphase schließt sich dann die Eingabe der Daten in das CAD-System an. In Pro/ENGINEER werden hierbei zunächst die Einzelteile modelliert und dann zu einer Baugruppe zusammengefügt. Durch den virtuellen Zusammenbau der Einzelteile lassen sich unter anderem Konstruktionsfehler, wie zum Beispiel Überschneidungen von mehreren Bauteilen, leicht erkennen. Außerdem ist es möglich sich dreidimensionale Bilder von der Baugruppe anzeigen zu lassen, wie sie in diesem Beispiel schon mehrmals gezeigt wurden. Dadurch können sich auch Außenstehende schnell eine Vorstellung von den zu fertigenden Teilen machen.

In Verbindung mit der Pro/ENGINEER-Option Mechanismus ist es sogar möglich, die virtuell montierte Vorrichtung wie in der Realität durch Simulation zu bewegen. Durch Eingabe der Bewegungsmechanismen, sprich durch Festlegung der Drehpunkte, der Kraft- bzw. Bewegungseinleitung und der Lagerung der Einzelteile, können so definierte Bewegungsabläufe und damit verbunden auch die vorherrschenden Kräfte an jedem Punkt angegeben werden. Der Einsatz des Pro/ENGINEER-Moduls Pro/MECHANICA bietet die Möglichkeit der Bauteilanalyse ähnlich der Finiten-Elemente-Methode (FEM). Es können sowohl statische und dynamische als auch thermische Analysen an Bauteilen durchgeführt werden. Auf nähere Betrachtung dieser Funktionen soll jedoch nicht eingegangen werden.

Aus den modellierten Teilen können dann die entsprechenden Zeichnungen einfach abgeleitet werden.

Bild 9.10 zeigt die Zusammenbau-Zeichnung mit der automatisch erstellten Stückliste.

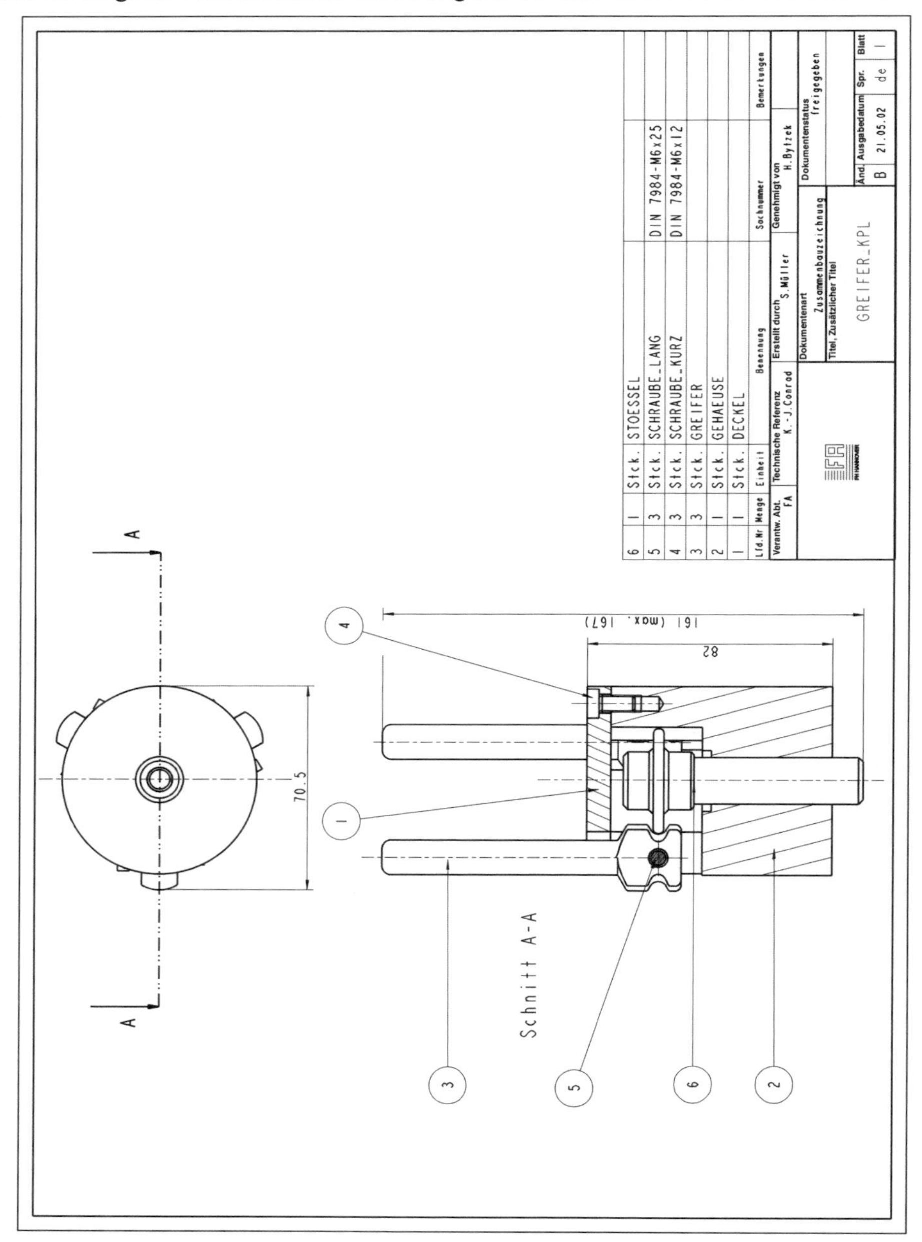

Bild 9.10: Zusammenbau-Zeichnung 3-Finger-Zentrischgreifer

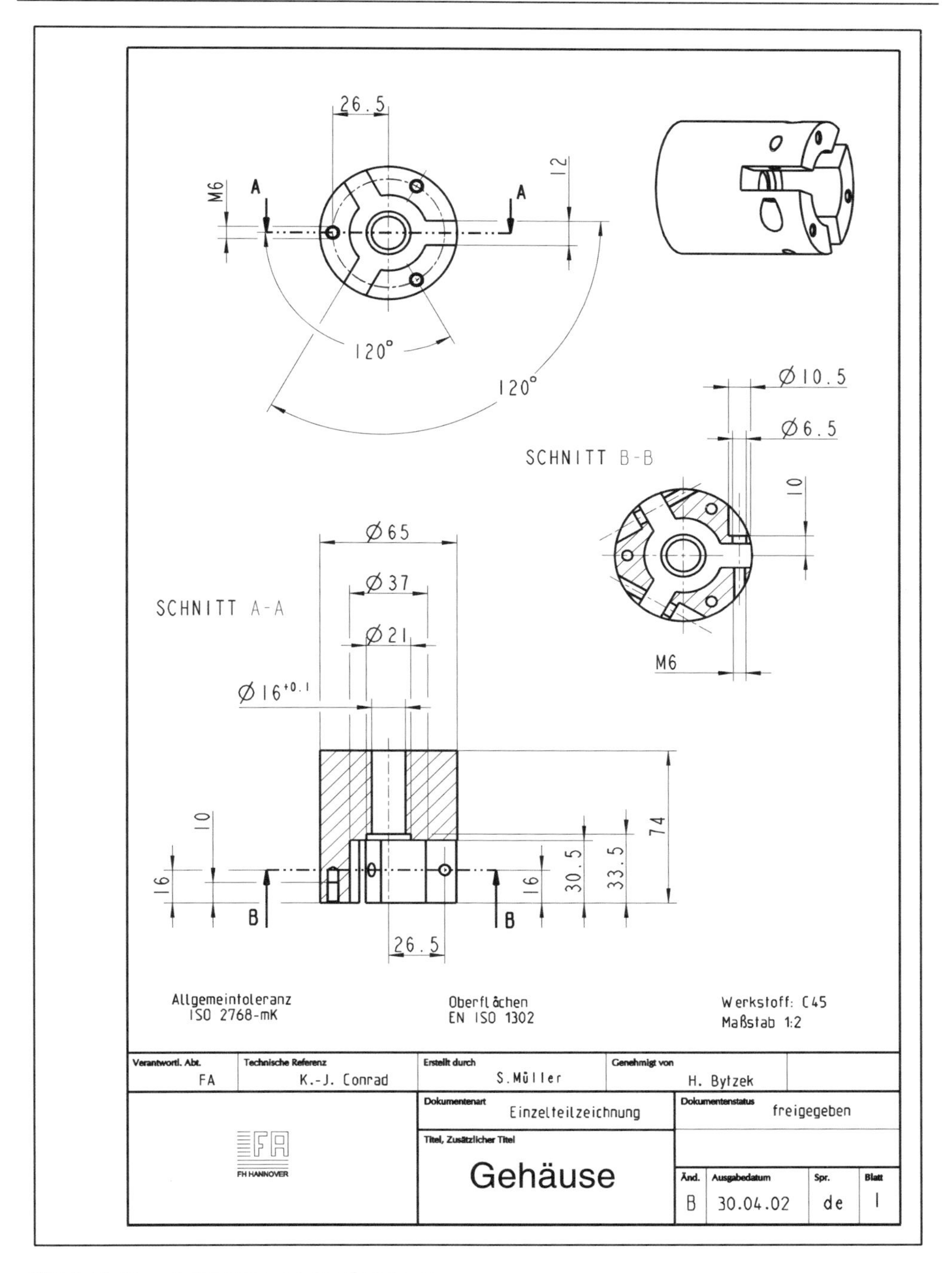

Bild 9.11: Einzelteil-Zeichnung des Gehäuses

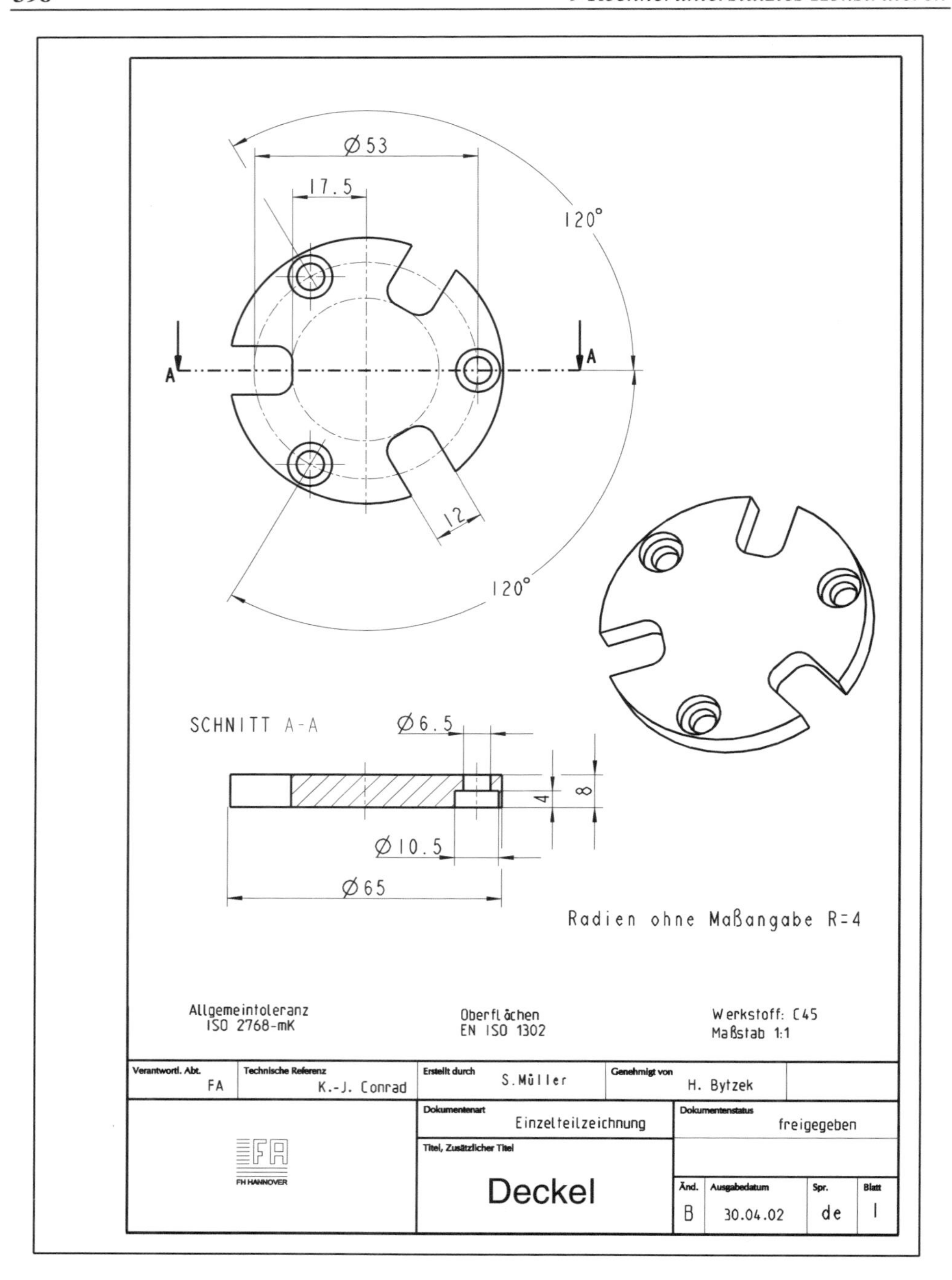

Bild 9.12: Einzelteil-Zeichnung des Deckels

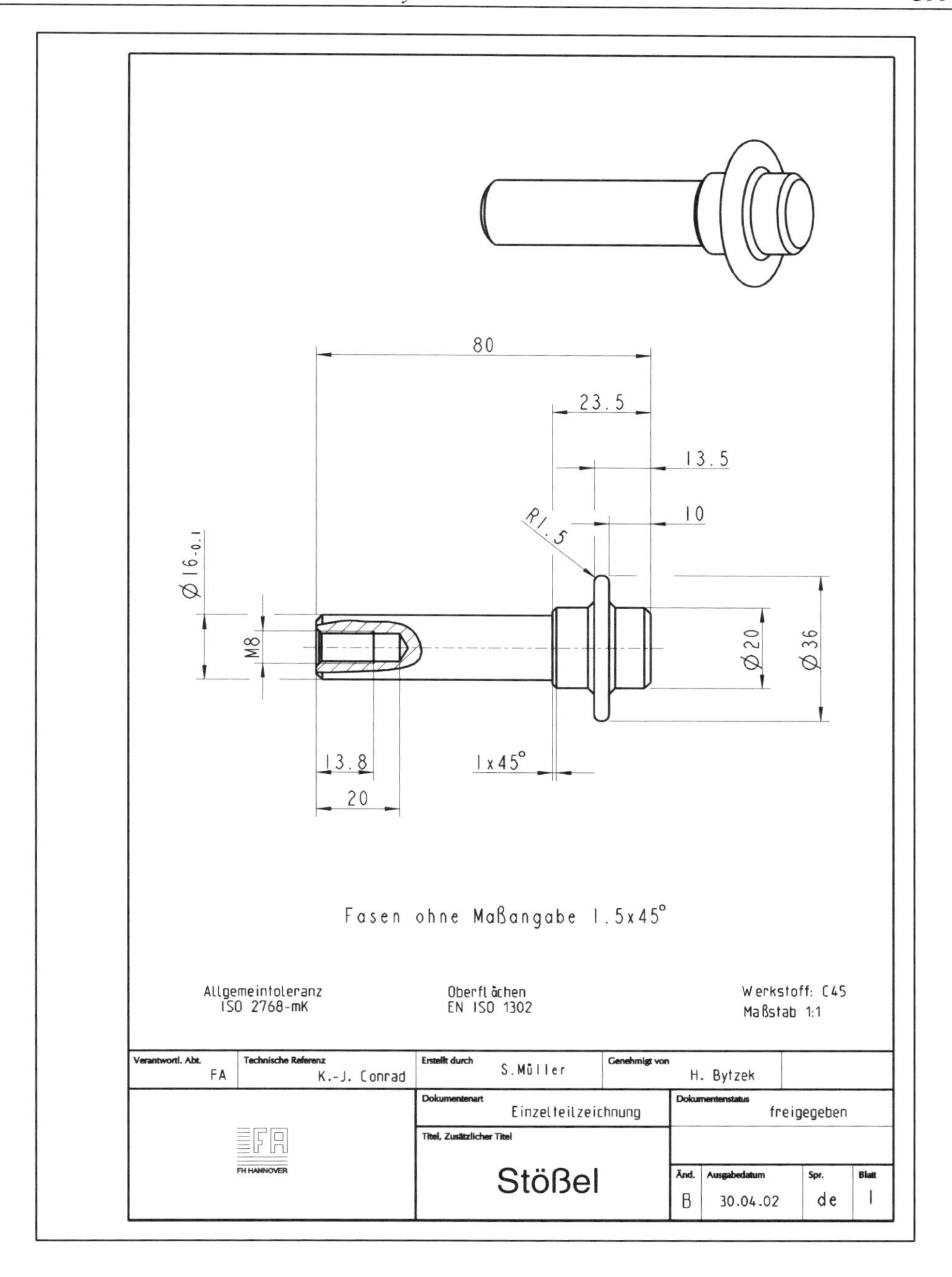

Bild 9.13: Einzelteil-Zeichnung des Stößels

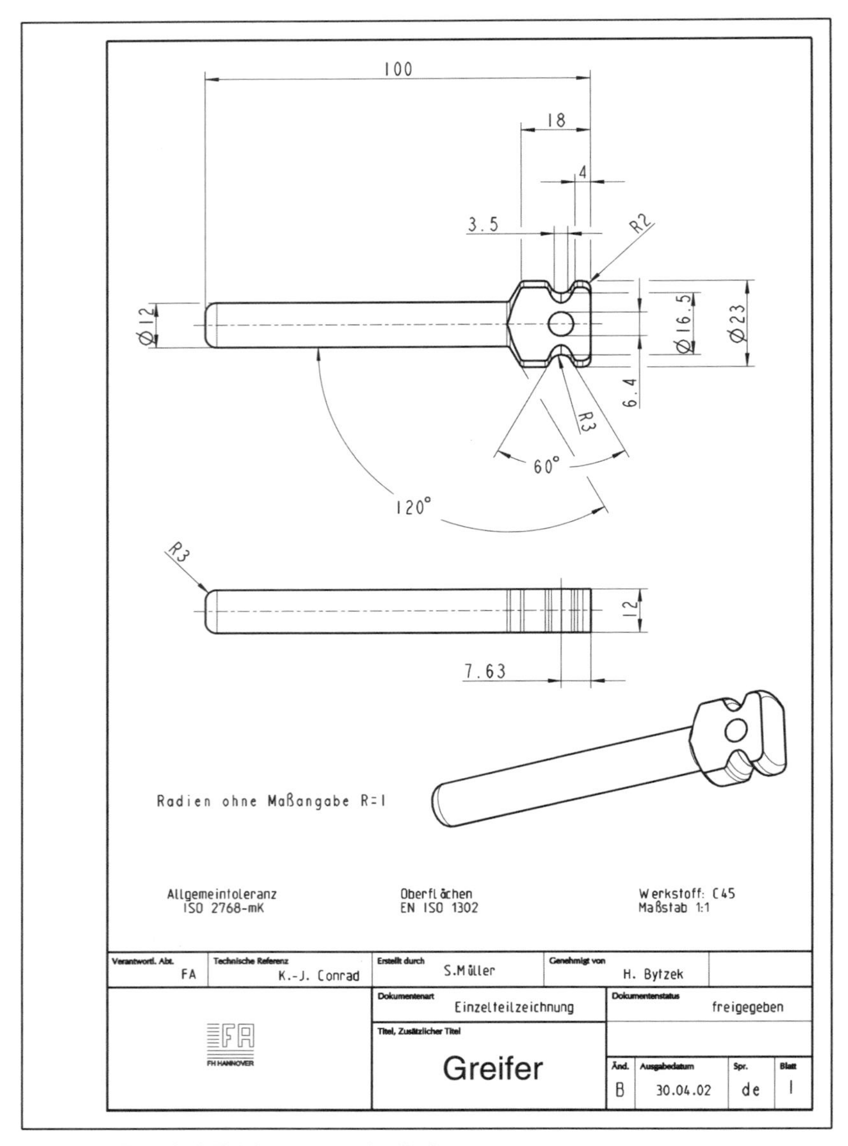

Bild 9.14: Einzelteil-Zeichnung des Greiferfingers

Nach der 3D-Modellierung der Bauteile können sehr einfach technische Zeichnungen im System abgeleitet werden. Der Vorteil dieser Zeichnungen liegt darin, dass sie direkt aus den Modellen abgeleitet werden. Dies bedeutet, dass Änderungen am Teil auch direkt in die Zeichnung und in die Baugruppe übernommen werden. Ähnliche Teile lassen sich daher auch sehr schnell aus „alten“ Zeichnungen erstellen.

Ein weiterer Vorteil der Zeichnungsgenerierung am CAD-System liegt darin, dass sich je nach Bedarf unterschiedliche Ansichten oder Schnitte eines Einzelteils erstellen lassen. Dieses geschieht weitestgehend automatisiert, der Rechner erzeugt selbstständig, nach Festlegung der Schnittebene, die entsprechende Darstellung. Außerdem besteht die Möglichkeit, eine 3D-Ansicht in die Zeichnung einzubauen, die dem Betrachter unmittelbar das Arbeitsergebnis aufzeigen soll. Die Bilder 9.11 bis 9.14 zeigen die technischen Zeichnungen der Einzelteile.

Nach der Modellierung der Einzelteile und dem Zusammenbau der Baugruppe ist es sehr leicht, die vorhandenen Daten zu nutzen, um die geforderten Varianten des 3-Finger-Zentrischgreifers zu erzeugen. Gerade durch den Einsatz solcher Varianten können die Vorteile eines CAD-Systems voll ausgenutzt werden.

Das Hauptmaß in diesem Variantenbeispiel ist der Gehäusedurchmesser, von dem die Einzelteile der Baugruppe abhängen. Die drei Varianten werden in den Ausführungen mit einem 65 mm, 85 mm oder 105 mm großem Gehäusedurchmesser erzeugt. Zur besseren Veranschaulichung sind die drei Varianten in Bild 9.15 abgebildet.

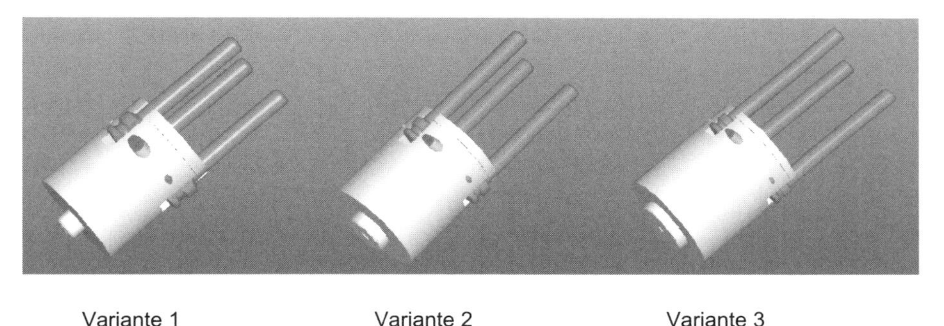

Variante 1 Variante 2 Variante 3

Bild 9.15: Varianten des 3-Finger-Zentrischgreifers

Deutlich zu erkennen sind die Variation der Greiffingerlänge, des Stößeldurchmessers und der Gehäuseabmessungen. Während der Erzeugung solcher Varianten ist jedoch darauf zu achten, dass nicht nur einzelne Maße abgeändert werden, sondern im Hinblick auf die gesamte Baugruppe, die Zusammenbaufähigkeit aller Teile erhalten bleibt. Als simples Beispiel hierfür sei die Änderung eines Schraubendurchmessers genannt. Ohne die Anpassung des zugehörigen Gewindedurchmessers wäre eine spätere Montage nicht mehr möglich. Aufgrund solcher komplexer Zusammenhänge wird in Pro/ENGINEER die Variantenerzeugung über die Programmierung von Beziehungen und dem Anlegen von Familientabellen gesteuert.

Beziehungen sind benutzerdefinierte Gleichungen, die sich aus symbolischen Maßen und Parametern zusammensetzen. Über Beziehungen lassen sich z. B. Werte für Bemaßungen in Bauteilen und Baugruppen definieren und Bedingungen für die konstruktiven Zusammenhänge formulieren. In einem Bauteil können, durch Änderung eines Maßes, alle davon abhängig gemachten Maße automatisch mit geändert werden. Beziehungen können den Wert einer Bemaßung bestimmen.

```
Beziehung                             Parameter                Neuer Wert
--------                             ---------                --- -----
/*** Beziehungen für GEHAUSE:
  /*Festlegung der Längen für d3=65
D4=37                                D4                       3.700000e+01
D5=21                                D5                       2.100000e+01
D6=16                                D6                       1.600000e+01
D0=74                                D0                       7.400000e+01
D2=33.5                              D2                       3.350000e+01
D1=D2-3                              D1                       3.050000e+01
D180=D3-12                           D180                     5.300000e+01
ENDIF
/*Festlegung der Längen für d3<65
IF D3<65
D3=65                                D3                       6.500000e+01
D4=37                                D4                       3.700000e+01
D5=21                                D5                       2.100000e+01
D6=16                                D6                       1.600000e+01
D0=74                                D0                       7.400000e+01
D2=33.5                              D2                       3.350000e+01
D1=D2-3                              D1                       3.050000e+01
D180=D3-12                           D180                     5.300000e+01
ENDIF
/*Festlegung der Längen für d3=85
IF D3==85
D4=57                                D4                       3.700000e+01
D5=41                                D5                       2.100000e+01
D6=36                                D6                       1.600000e+01
D0=94                                D0                       7.400000e+01
D2=33.5                              D2                       3.350000e+01
D1=D2-3                              D1                       3.050000e+01
D180=D3-12                           D180                     5.300000e+01
ENDIF
/*Festlegung der Längen für d3<105 & d3>65
IF D3<105 & D3>65 & D3!=85
D3=85                                D3                       6.500000e+01
D4=57                                D4                       3.700000e+01
D5=41                                D5                       2.100000e+01
D6=36                                D6                       1.600000e+01
D0=94                                D0                       7.400000e+01
D2=33.5                              D2                       3.350000e+01
D1=D2-3                              D1                       3.050000e+01
D180=D3-12                           D180                     5.300000e+01
ENDIF
/*Festlegung der Längen für d3=105
IF D3==105
D4=77                                D4                       3.700000e+01
D5=61                                D5                       2.100000e+01
D6=56                                D6                       1.600000e+01
D0=114                               D0                       7.400000e+01
D2=33.5                              D2                       3.350000e+01
D1=D2-3                              D1                       3.050000e+01
D180=D3-12                           D180                     5.300000e+01
ENDIF
/*Festlegung der Längen für d3>105
IF D3>105
D3=105                               D3                       6.500000e+01
D4=77                                D4                       3.700000e+01
D5=61                                D5                       2.100000e+01
D6=56                                D6                       1.600000e+01
D0=114                               D0                       7.400000e+01
D2=33.5                              D2                       3.350000e+01
D1=D2-3                              D1                       3.050000e+01
D180=D3-12                           D180                     5.300000e+01
ENDIF
```

Tabelle 9.5: Beziehungstabelle für das Gehäuse

Familientabellen sind Sammlungen von Bauteilen, Baugruppen oder Konstruktionselementen, die sich nur in wenigen Eigenschaften wie Größe oder Detaillierung unterscheiden. So lassen sich beispielsweise aus gleichen oder ähnlichen Teilen, die in verschiedenen Größen verfügbar sind, Teilefamilien aufbauen.

Während der Variantenkonstruktion ist zunächst das Gehäuse mit Beziehungen zu ergänzen, da dort bei drei verschiedenen Außendurchmessern auch die sechs M6 Gewindebohrungen neu platziert werden müssen. Außerdem wird die Nut für den Greifer verbreitert und mehrere andere Längen ins Verhältnis gesetzt. Auf nähere Angaben wird aus Gründen der Übersichtlichkeit verzichtet. Die Beziehungen des Gehäuses ergaben sich dann wie in Tabelle 9.5 angegeben.

Zur kurzen Erläuterung muss gesagt werden, dass die Variablen d1,d2,...,d*x* Bezeichnungen für Bemaßungen der Einzelteile oder der Baugruppe sind. Wird der erste Absatz betrachtet, so werden hier alle vom Gehäusedurchmesser abhängigen Maße so geändert, dass sie mit einem Gehäusedurchmesser von 65 mm zusammenpassen (d3 = 65). Es muss jedoch erwähnt werden, dass diese Art von Programmierung sehr umständlich und für diesen Fall unnötig ist, da hier ein Einsatz der Familientabelle nicht mehr zwingend erforderlich ist. Alle Maße des Gehäuses hängen von dem Außendurchmesser ab, der, egal welche Eingaben der Benutzer auf der Oberfläche macht, auf den nächsten vorhandenen Wert (65, 85 oder 105 mm) springt.

Diese Vorgehensweise ist bei einem Gebrauch der Familientabelle nicht nötig, weshalb bei den anderen Bauteilen nur der übliche Weg zur Erzeugung einfacher Beziehungen eingesetzt worden ist. Es kann aber schon an diesem kleinen Beispiel ansatzweise das Potential der Programmierung in Pro/ENGINEER verdeutlicht werden. Die Familientabelle des Bauteils „Gehäuse" enthält Bild 9.16.

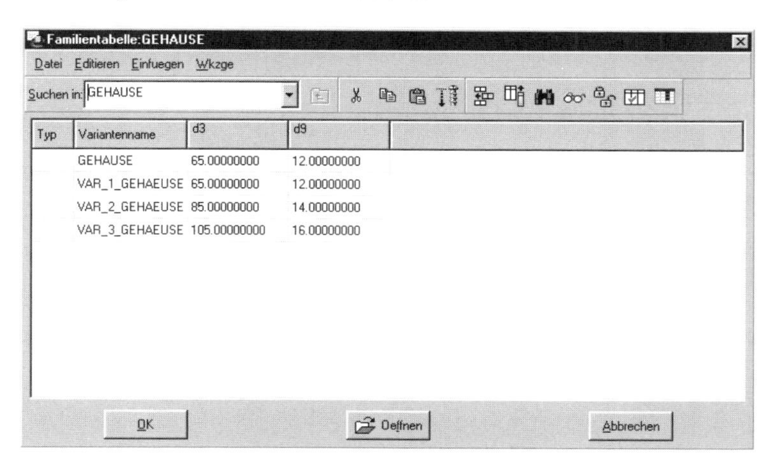

Bild 9.16: Familientabelle für das Gehäuse

Die Angabe d3 steht hierbei für den Außendurchmesser und d9 für die Nutenbreite der Greiferaufnahme des Gehäuses.

Für den Gehäusedeckel wurden folgende Beziehungen festgelegt in Tabelle 9.6:

```
Beziehung                           Parameter                  Neuer Wert
--------                           ---------                  --- -----
/*** Beziehungen für DECKEL:
  /*Festlegung der Längen für d0=65
IF D0==65
D9=D12                             D9                         1.200000e+01
D12=D3                             D12                        1.200000e+01
D11=(D0-30)                        D11                        3.500000e+01
D2=(D0-30)                         D2                         3.500000e+01
D8=(D0-30)                         D8                         3.500000e+01
D15=(D0-12)                        D15                        5.300000e+01
D18=(D0-12)                        D18                        5.300000e+01
D19=(D0-12)                        D19                        5.300000e+01
ENDIF
/*
/*Festlegung der Längen für d0=85
IF D0==85
D9=D12                             D9                         1.200000e+01
D12=D3                             D12                        1.200000e+01
D11=(D0-30)                        D11                        3.500000e+01
D2=(D0-30)                         D2                         3.500000e+01
D8=(D0-30)                         D8                         3.500000e+01
D15=(D0-12)                        D15                        5.300000e+01
D18=(D0-12)                        D18                        5.300000e+01
D19=(D0-12)                        D19                        5.300000e+01
ENDIF
/*Festlegung der Längen für d0=105
IF D0==105
D9=D12                             D9                         1.200000e+01
D12=D3                             D12                        1.200000e+01
D11=(D0-30)                        D11                        3.500000e+01
D2=(D0-30)                         D2                         3.500000e+01
D8=(D0-30)                         D8                         3.500000e+01
D15=(D0-12)                        D15                        5.300000e+01
D18=(D0-12)                        D18                        5.300000e+01
D19=(D0-12)                        D19                        5.300000e+01
ENDIF
/*
```

Tabelle 9.6: Beziehungstabelle für den Deckel

Die zugehörige Familientabelle sieht wie folgt aus:

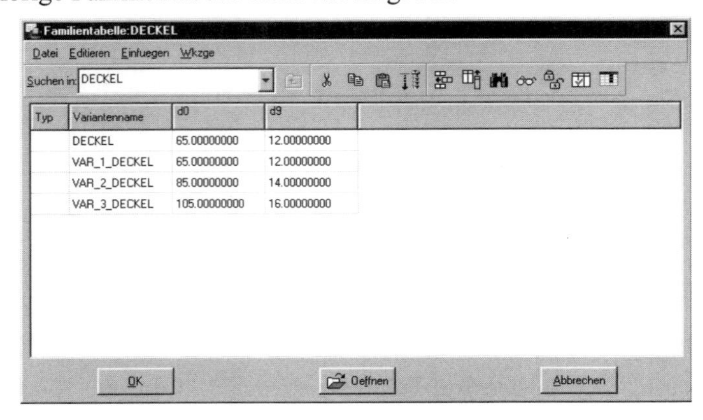

Bild 9.17: Familientabelle für den Deckel

Die Angabe d0 ist hierbei der Außendurchmesser und d9 die Breite der Nutenaussparung für die Greifer. Die Varianten aller anderen Teile werden auf ähnliche Weise erzeugt.

Die so erzeugten Varianten können jederzeit ergänzt, geändert oder auch wieder entfernt werden, ohne die Grundbauteile zu beeinflussen.

Zur CAD/CAM-Kopplung müssen die erzeugten Daten noch in ein NC-Programm konvertiert und in die Werkzeugmaschinensteuerung übertragen werden. Hierfür bietet das Programm Pro/ENGINEER eine integrierte Lösung namens Pro/NC. Es ermöglicht die CAD-Modelldaten der Einzelteile direkt zu übernehmen und in ein Rohteil einzupassen. Dann werden Schritt für Schritt alle nötigen Fertigungsabläufe, wie Fräsen, Drehen oder Bohren an diesem Rohteil durchgeführt, bis das fertige Werkstück mit dem Modellierten übereinstimmt. Die Fertigungsschritte können einzeln am Bildschirm kontrolliert werden, wobei die Abnahme eines Materialabtrages genauso simuliert wird wie die Verfahrwege der unterschiedlichen Werkzeuge. Kollisionsbetrachtungen sind daher ein weiterer wichtiger Augenmerk (Pro/NC-CHECK).

Die Daten werden zunächst in einem neutralen Zwischenformat (CLDATA/DIN 66215) erstellt, die noch über einen Postprozessor in eine der jeweiligen Werkzeugmaschine verständlichen Maschinensprache umgewandelt werden müssen. Dieser Postprozessor ist speziell für die verwendete Werkzeugmaschine anzupassen, sodass Informationen wie Vorschübe, Drehzahlen oder Korrekturwerte entsprechend generiert werden können.

Der Vorteil dieser Programmierung liegt in der Verwendung der vorliegenden Werkstückmodelle, sodass keine erneute Eingabe von Geometriedaten an der Werkzeugmaschine nötig ist. Dadurch verkürzt sich die Programmerstellung und Probleme durch komplexe Werkstückkonturen können frühzeitig erkannt werden.

9.3 Baugruppenkonstruktion mit Skeletttechnik

Die Konstruktion von Baugruppen mit dem 3D-CAD/CAM-System Pro/ENGINEER von PTC kann nach *Rosemann/Freiberger/Goering/Landenberger* durch unterschiedliche Methoden erfolgen. Die ***Top-down-Konstruktionsmethode*** beginnt mit dem Festlegen einer übergeordneten Struktur, die alle Referenzen und Parameter für die Konstruktion enthält. Baugruppen niedrigerer Ordnung sind anschließend festzulegen und zum Schluss die Bauteile, die keiner Untergruppe angehören. Die ***Skeletttechnik*** ist ein Teil dieser Methode.

Als ***Skelett*** wird nach *Berg* die Festlegung aller grundlegenden Definitionen mit Bezügen als Ebenen, Achsen, Punkten oder Kurven bezeichnet. Ein Basisskelett enthält keine Flächen und keine Körper. Skelette sind Bestandteil einer Baugruppe, um als Grundlage zum Übernehmen der Einbaureferenzen zu dienen. Sie sind auch als Volumenkörper nutzbar. Wurde zuvor ein Skelett als vereinfachter Volumenkörper erzeugt, so kann später in diesen die Fertigteilgeometrie kopiert werden.

Die Vorteile einer gemeinsamen Referenzbasis bestehen im problemlosen Einbau und Austausch von Bauteilen in einer Baugruppe. Außerdem können dann alle Konstrukteure, die an einem gemeinsamen Projekt arbeiten, eine gemeinsame Referenzbasis verwenden.

Bei der ***Bottom-up-Konstruktionsmethode*** wird die Baugruppe aus einzeln konstruierten Bauteilen aufgebaut, die nacheinander zu einer Baugruppe zusammenzusetzen sind. Dieses Vorgehen kann die Definition von Schnittstellen und das Anpassen von Bauteilen erfordern. Dabei können, insbesondere bei Baugruppen mit vielen Bauteilen, Probleme auftreten, die Änderungen erfordern.

Nach diesen ersten grundlegenden Hinweisen ist natürlich noch intensive Beschäftigung mit den angegebenen Quellen erforderlich und entsprechend am System zu üben.

Bild 9.18 zeigt den Modellbaum einer Baugruppe, die einfach nur aus drei Klötzen besteht. Einmal sind sie als Einzelteile zusammengebaut worden nach der Bottom-up-Methode. Daneben ist dieselbe Baugruppe nach der Top-down-Methode so aufgebaut, dass alle Bauteile am Skelett selbst referenziert wurden. Die Pfeile zeigen den schematischen Aufbau der Referenzierungen am Skelett. Aus dem schematischen Aufbau ohne Skelett ist zu erkennen, dass das Bauteil 1 nicht gelöscht werden kann, ohne dass auch die Bauteile 2 und 3 gelöscht werden, weil es Referenzierungen zwischen den Bauteilen gibt. Beim Verwenden eines Skeletts kann das Bauteil 1 ohne Folgen gelöscht werden. Das Skelett ist immer das erste Element einer Baugruppe.

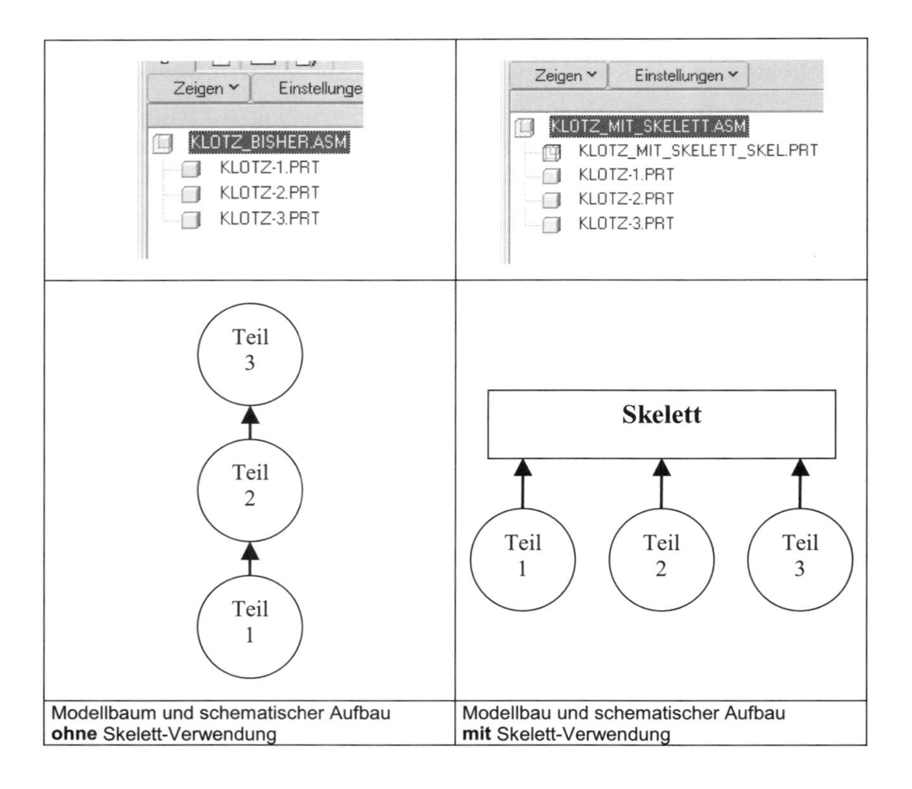

Bild 9.18: Baugruppenstruktur und Skelettverwendung (nach *Bytzek/Wrede*)

Beispiel: Ein Geländer ist als Baugruppe mit der Skeletttechnik zu erstellen.

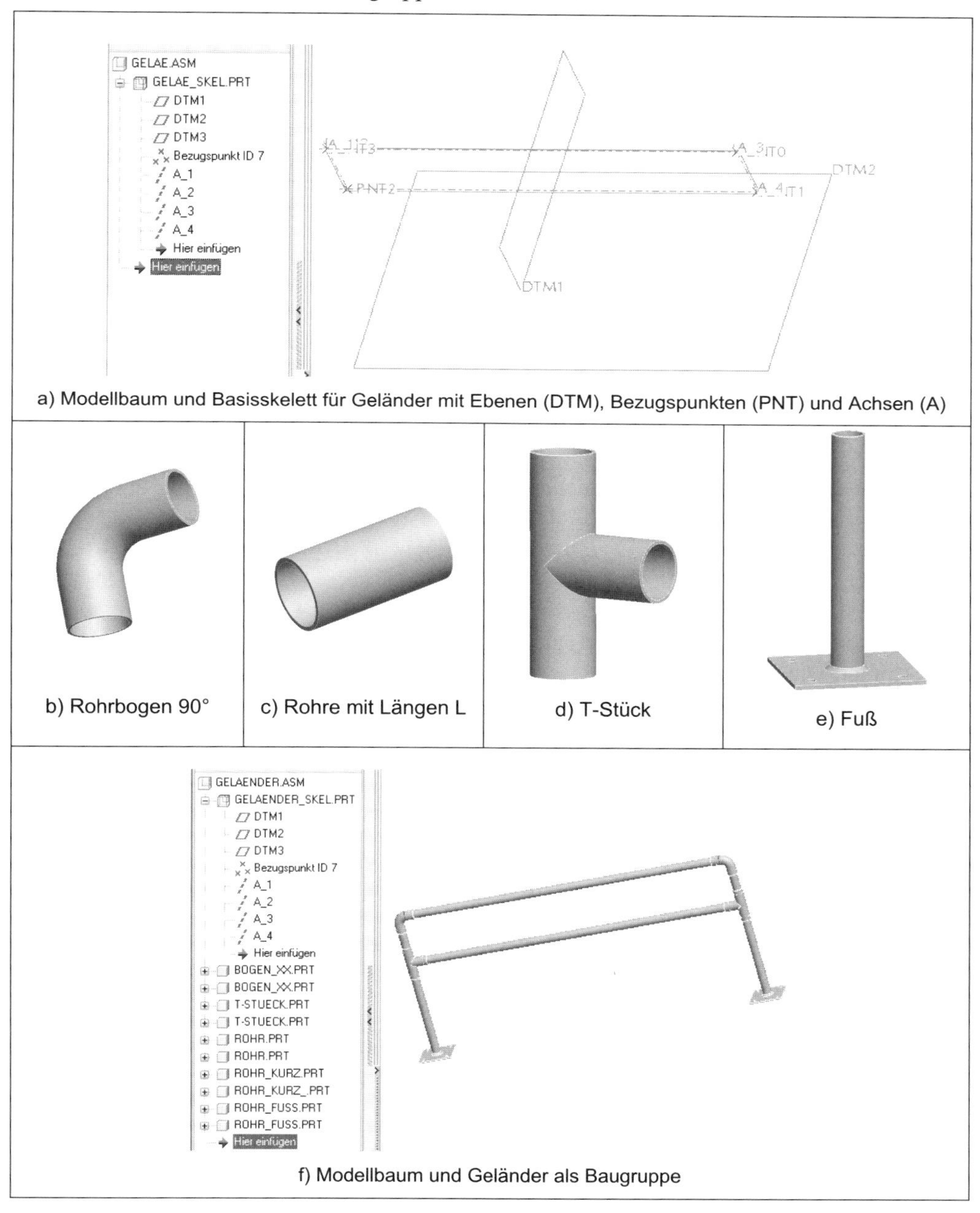

Bild 9.19: Geländer konstruieren nach der Top-down-Methode (nach *Bytzek/Wrede*)

Vor dem Start am System ist zu entscheiden, welche Konstruktionsmethode anzuwenden ist. Für Geländer mit verschiedenen Ausführungen unter Verwendung der vier Bauteile bietet sich die Top-down-Methode an. Im ersten Arbeitsschritt in Bild 9.19a wird das Basisskelett am System entwickelt. Dann sind die Bauteile nach den Bildteilen b) bis e) zu entwerfen oder später aus vorhandenen Dateien zu entnehmen. Das Platzieren der Bauteile hat so zu erfolgen, dass ausschließlich am Skelett auszurichten ist. Das Ergebnis zeigt Bildteil f) mit dem Modellbaum. Mit einem hier nicht dargestellten X-Stück, das im Austausch gegen das T-Stück eingefügt wird, lassen sich noch weitere Geländervarianten erzeugen. Dieser Austausch ist beim Arbeiten mit Skeletten ohne weiteres möglich. Beim Referenzieren auf andere Bauteile und Arbeiten ohne Skelett würde die Baugruppe zusammenbrechen, wenn das T-Stück entfernt wird.

9.4 Produktdatenmanagement-Systeme (PDM)

Produktdatenmanagement-Systeme sollen die technische Dokumentenverwaltung mit der Produktionsdatenverwaltung so verbinden, dass alle Informationen in einem Unternehmen bereichsübergreifend unterstützt werden. Es handelt sich im Kern also um Datenbanken, die firmenspezifisch angepasst werden, sodass der gesamte Informationsfluss und Arbeitsfluss am Bildschirm rechnerunterstützt durchgeführt werden kann.

PDM-Systeme sollen sämtliche CA-Techniken im Unternehmen zusammenführen, um die Produktivität zu verbessern. Für einzelne Abteilungen eines Unternehmens werden zwar oft optimale CA-Komponenten eingesetzt, die aber nicht im Sinne des Gesamtunternehmens optimal sind, da oft ein Daten- und Informationsaustausch nicht möglich oder nicht effektiv ist. Die Integration der CA-Komponenten wie CAD, CAP, CAM, CAQ usw. ist durch PDM-Systeme möglich.

Für PDM-Systeme gibt es auch andere gebräuchliche Begriffe:

- Engineering Document Management (EDM)
- Engineering Data Management (EDM)
- Engineering Database (EDB)

Unabhängig von der Bezeichnung ist die Grundfunktion aller Systeme das Speichern und Verwalten von Produktinformationen, wie Zeichnungen, 3D-Modelle, NC-Programme, technische Dokumente usw. in Datenbanken; also die Verwaltung von produktdefinierenden Daten (Produktmanagement) in Verbindung mit der Abbildung von Geschäftsprozessen (Prozessmanagement).

> PDM-Systeme integrieren alle Komponenten der Wertschöpfungskette eines Unternehmens und verwalten Dokumente nicht nur statisch, sondern kontrollieren auch deren Entstehung, Freigabe und Änderungen.

Zu den wichtigsten Funktionsbereichen von PDM gehören:

- Zeichnungsverwaltung
- Teileverwaltung
- Klassifizierung

- Dokumentenmanagement
- Steuerung der Freigabeprozesse
- Änderungswesen
- Sachmerkmalleisten-Management
- Speicherung aller produktrelevanten Daten
- Kopplung zur kommerziellen EDV, hier insbesondere die PPS-Kopplung
- Steuerung der Bereiche Scannen, Plotten, Vervielfältigen und Archivieren

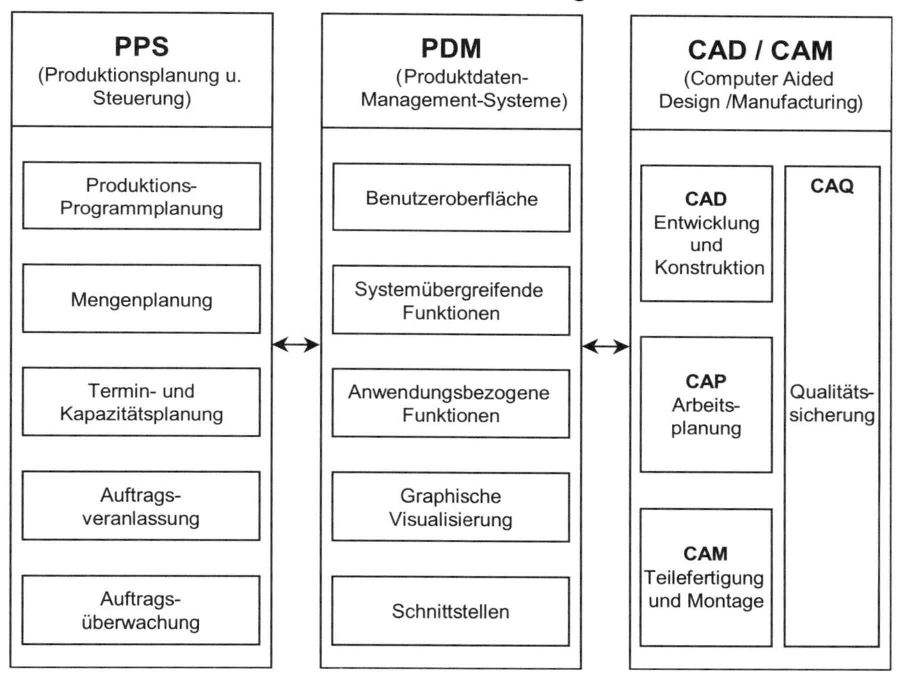

Bild 9.20: PDM als Integrationskonzept

PDM-Systeme können auf der Arbeitsgruppenebene, auf der Abteilungsebene oder auf der Unternehmensebene eingesetzt werden. PDM-Systeme und PPS-Systeme ergänzen sich und zeigen teilweise auch eine Funktionsüberdeckung, sie sollten daher möglichst gekoppelt sein. Die CAD/CAM-Systeme sollten ebenfalls mit dem PDM-System gekoppelt werden, wie im Bild 9.20 vereinfacht dargestellt. PDM schafft also die gemeinsame Basis für PPS und CAD/CAM mit allen dazugehörigen Informationen.

Die im Bild 9.20 für PDM-Systeme angegebenen Bereiche umfassen beispielsweise folgende Funktionen:

- Benutzeroberfläche (Benutzerführung, Mehrsprachigkeit, Standards)
- Systemübergreifende Funktionen (Änderungswesen, Datensicherung, Kommunikation)

- Anwendungsbezogene Funktionen (Zeichnungen, Teile, Stücklisten, Klassifizierung, NC-Daten, Werkzeuge, Betriebsmittel, Methoden beim Management unterstützen)
- Grafische Visualisierung (Scannen manuell erstellter Unterlagen)
- Schnittstellen (Datenbank, Anwenderfunktionen, Produktdatenaustausch)

Der Funktionsumfang ist wegen der geforderten Integration und Datentransparenz sehr groß und kann hier nur angedeutet werden. Weitere Angaben sind der Fachliteratur von *Eigner*, *Hiller*, *Schindewolf*, *Schmich* oder von *Spur*, *Krause* zu entnehmen. Beide Veröffentlichungen waren Grundlage obiger Hinweise. Bei den heute zur Verfügung stehenden PDM-Systemen sind folgende Eigenschaften vorhanden:

- Der Einsatzschwerpunkt liegt in der mechanischen Konstruktion und den folgenden Abteilungen.
- Die funktionalen Stärken sind zur Zeit die Zeichnungsverwaltung, die Klassifizierung, das Sachmerkmalleisten-Management und die Handhabung des Änderungswesens.
- Als Hardware sind fast alle Rechnertypen hoher Leistung einsetzbar.
- Die Softwarebasis eines PDM-Systems ist in jedem Fall eine Standarddatenbank, in der Regel eine Relationale Datenbank.
- Typische Benutzer eines PDM-Systems sind Sachbearbeiter und Manager aller Betriebsbereiche (Konstrukteure, Zeichner, Fertigungsplaner, Betriebsleiter).
- Von sehr großen bis zu sehr kleinen Installationen sind alle Varianten anzutreffen.

Neben den technischen Faktoren nimmt PDM dem Anwender viel Routinearbeit ab, verschafft Übersicht über betriebliche Abläufe und die Gesamtzusammenhänge im Unternehmen. Es ist stets bekannt, welche Auswirkungen die eigene Arbeit hat und welche Notwendigkeiten insgesamt bestehen. Das sorgt bei den Mitarbeitern für Motivation.

9.5 Kennzahlen für den Bereich Konstruktion

Kennzahlen sind absolute und relative Zahlen, die betriebswirtschaftlich relevante Informationen in konzentrierter Aussageform enthalten. Kennzahlen werden in der Regel durch Analysen in verschiedenen Unternehmen ermittelt und enthalten vergleichende Daten über Tätigkeiten, Einsatz von Methoden und Techniken, Rechnereinsatz, Organisation usw.

Die Kennzahlen für den Bereich Entwicklung und Konstruktion bestehen aus Daten und Informationen, die der VDMA nach Umfragen aus deutschen Unternehmen des Maschinen- und Anlagenbaus zusammengestellt hat. Die folgenden Diagramme und Aussagen wurden in Anlehnung an Untersuchungen des VDMA Betriebswirtschaft ausgewählt. Die Auswahl erfolgte mit dem Ziel, einen ersten Eindruck davon zu vermitteln, was in den Unternehmen aktuell ist, um damit jungen Konstrukteuren eine Vergleichsmöglichkeit zu bieten. Sie können aus den Diagrammen die notwendigen Entscheidungen für ihre beruflichen Aufgaben und Perspektiven erkennen.

Die in diesem Abschnitt dargestellten Ergebnisse sind ein Auszug aus den Veröffentlichungen von *Bünting*, *Leyendecker,* VDMA Betriebswirtschaft und VDMA Kennzahlen.

Die Umfrage erfolgte in mittelständischen Betrieben mit unterschiedlichen Mitarbeiterzahlen, verschiedenen Fertigungsarten und typischen Branchen des Maschinen- und Anlagenbaus.

9.5.1 Aufgaben und Tätigkeiten

Die ***Aufgabenschwerpunkte*** im Bereich Entwicklung und Konstruktion werden im Bild 9.21 vergleichend für die Jahre 2007 und 2002 vorgestellt. Die Einteilung in Entwicklung/Konstruktion, Versuch, Anlagenprojektierung und -kalkulation sowie Sonstiges sollte mit den Aussagen im Kapitel 1.5 verglichen werden. Im Bild 9.21 ist eine stetige Zunahme der Tätigkeiten für Projektierung und Kalkulation zu erkennen, die durch Steigerung von Anzahl und Komplexität der Anfragen und der Kostenbeachtung ausgelöst wird. Ebenso ist der Anteil Sonstiges von ca. 30 % für Routinetätigkeiten im Bereich Konstruktion und Entwicklung zu beachten, der für alle Unternehmensarten und -größen gilt. Der Anteil für Entwicklung und Konstruktion hat um ca. 7 % abgenommen und liegt jetzt unter 50 %.

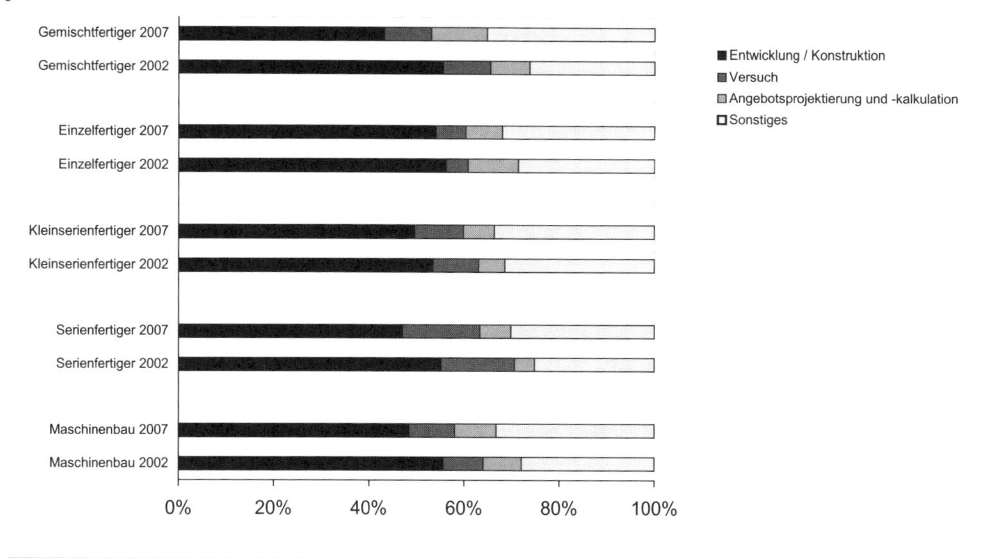

Quelle: VDMA

Bild 9.21: Vergleich der Kapazitäten nach Fertigungsarten (Quelle: VDMA-Kennzahlen)

In Bild 9.21 werden die prozentualen Tätigkeitsanteile der Bereiche Entwicklung und Konstruktion, Versuch, Angebotsprojektierung und -kalkulation sowie Sonstiges unterteilt nach den ***Fertigungsarten*** Gemischtfertiger, Einzelfertiger, Kleinserienfertiger und Serienfertiger sowie für den Maschinenbau im Vergleich der Jahre 2002 und 2007 dargestellt.

Die Schwerpunkte bei den Tätigkeiten können nach den Konstruktionsaufgaben den Fachgebieten zugeordnet werden, die die Konstrukteure in Unternehmen mit den angegebenen Fertigungsarten bearbeiten. Die Fertigungsarten wurden bereits in Kapitel 1.2 erläutert.

9.5.2 Konstruktionsarten

Die drei ***Konstruktionsarten*** Neu-, Anpassungs- und Variantenkonstruktion nach Abschnitt 1.5 werden im Bild 9.22 mit etwas geänderten Bezeichnungen verglichen. In den Konstruktionsabteilungen werden die Kapazitäten so eingesetzt, dass nach VDMA-Kennzahlen für Neuentwicklungen (Neukonstruktionen) 31 %, für Weiterentwicklung (Anpassungskonstruktion) 31 % und für Kundenvarianten (Variantenkonstruktion) 38 % aufgewendet werden. Diese Werte haben sich nur in geringem Umfang verändert.

Bild 9.22 enthält eine Zuordnung der Fertigungsarten zu den drei Konstruktionsarten und die ermittelten Angaben für den Maschinenbau. Kundenvarianten sind bei Einzel- und bei Kleinserienfertigung häufiger zu realisieren, während Weiterentwicklungen bei Serien- und bei Einzelfertigung etwas stärker anfallen. Die Angaben für Neuentwicklungen zeigen einen höheren Anteil bei den Fertigern von Kleinserienprodukten.

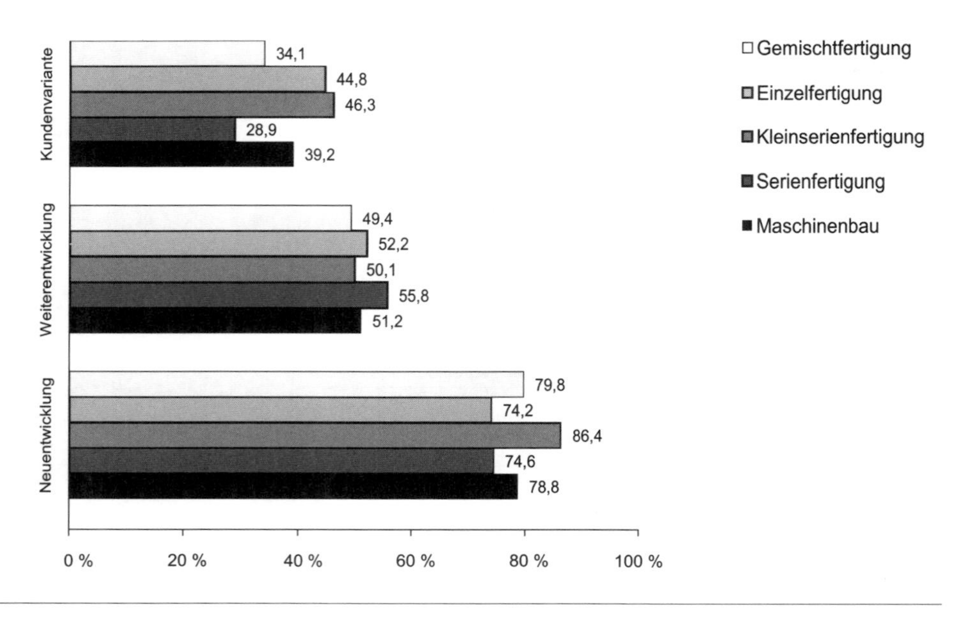

Quelle: VDMA

Bild 9.22: Konstruktionsarten zugeordnet den Fertigungsarten (Quelle: VDMA-Kennzahlen)

9.5.3 Durchlaufzeiten

Die Durchlaufzeit ist die Zeit vom Auftragseingang bis zur Auslieferung des Auftrags. Im Bereich Entwicklung und Konstruktion beginnt die ***Durchlaufzeit*** mit der Übergabe des vollständig geklärten Auftrags aus dem Vertrieb und endet mit der Abgabe aller Zeichnungen, Stücklisten und der Dokumentation an die Produktion. Der Anteil der eigentlichen Auftragszeit ist oft wesentlich geringer als die Durchlaufzeit, weil die Konstrukteure ihre Kapazitäten auch noch für andere Tätigkeiten benötigen, wie z. B. in Bild 9.21 gezeigt. Die Durchlaufzeit wird durch die Konstruktionsart und durch die Fertigungsart des Unternehmens weitestgehend festgelegt. Das Bild 9.23 zeigt eine Darstellung der Untersuchungsergebnisse aus den VDMA-Kennzahlen im Jahr 2007 mit Angabe der durchschnittlichen Durchlaufzeit in Wochen für die drei Konstruktionsarten und unterschieden nach den Fertigungsarten.

Neukonstruktionen benötigen natürlich bei allen Fertigungsarten die größten Durchlaufzeiten, während Weiterentwicklungen nur ca. 50 % dieser Zeiten brauchen. Werden dann Kundenvarianten entwickelt, so fällt der Zeitanteil auf durchschnittlich ca. 20 % gegenüber den Neuentwicklungen.

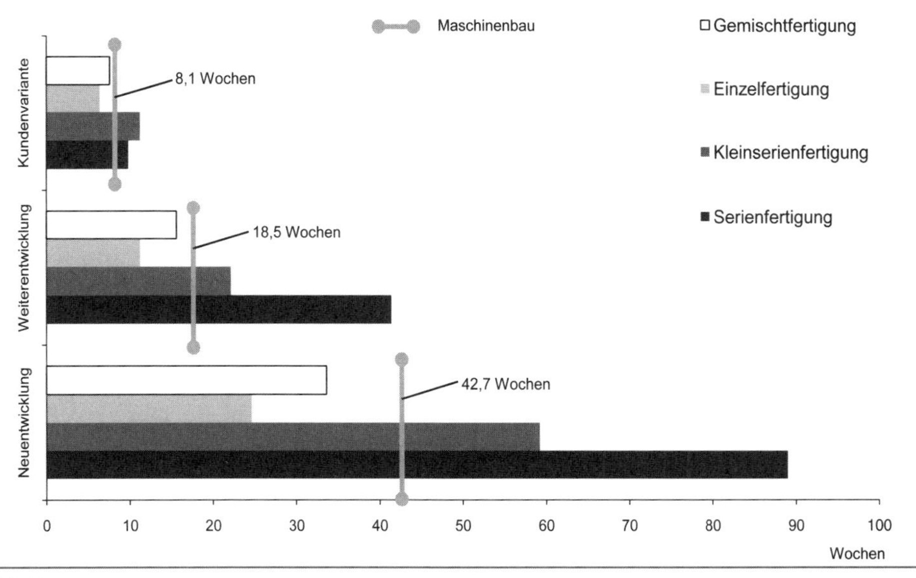

Quelle: VDMA

Bild 9.23: Durchlaufzeiten in Entwicklung und Konstruktion (Quelle: VDMA-Kennzahlen)

Da die Durchlaufzeit wesentlichen Einfluss auf die Lieferzeit von neuen Produkten hat, werden Maßnahmen zur Senkung der Durchlaufzeit in der Konstruktion immer wichtiger. Nach Untersuchungen des VDMA im Jahr 2007 ergeben sich durch die überlappende Arbeitsweise Reduzierungen der durchschnittlichen Durchlaufzeit für einen Auftrag um eine Woche gegenüber 2002 und um 2,5 Wochen gegenüber 1997, wie in Bild 9.24 gezeigt. Das Bild 9.24 enthält die wichtigsten Abteilungen mit Angabe der einzelnen Durchlaufzeiten und die sich daraus ergebende ***Auftragsdurchlaufzeit***.

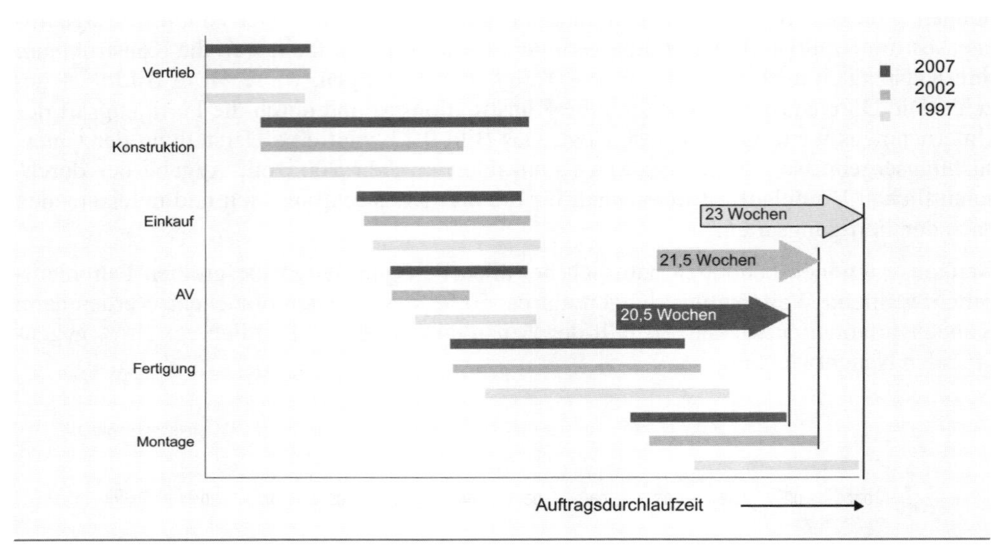

Quelle: VDMA

Bild 9.24: Durchlaufzeitenverteilung in Abteilungen (Quelle: VDMA-Kennzahlen)

Das bisher übliche abteilungsorientierte Abarbeiten der vorhandenen Aufträge endete in der Regel mit der Übergabe aller Zeichnungen, Stücklisten und Beschreibungen nach der vollständigen Fertigstellung in der Konstruktion an die nächsten Abteilungen. Diese Abteilungen konnten erst ab der Übergabe den Auftrag weiterbearbeiten.

Aus den Engpässen, die sich durch solche Arbeitsweise ergeben, wurden in der Praxis Maßnahmen geschaffen, die durch überlappende Arbeitsweise die Auftragsdurchlaufzeit für den ganzen Betrieb verkürzen. Beispiele dafür sind das Konstruieren von Baugruppen oder Erzeugnissen mit mehreren Mitarbeitern, das rechtzeitige Einbinden von Zulieferern, das Vorabbestellen von Komponenten mit langen Lieferzeiten oder das parallele Arbeiten von mechanischer und elektrotechnischer Konstruktion.

Mit den neuen 3D-CAD/CAM-Systemen ergibt sich eine noch effektivere Komponente, weil mit diesen Systemen nicht nur an den gleichen Bauteilen mit zwei Konstrukteuren gearbeitet werden kann, sondern auch in verschiedenen Abteilungen stets die aktuellen Daten einer Konstruktion unmittelbar nach deren Erzeugung vorliegen und für die Vorbereitung der eigenen Lösungen genutzt werden können. Das überlappende Arbeiten erfordert einen erheblichen Aufwand für die Koordinierung aller Arbeiten und klare Regeln für alle Beteiligten, die unbedingt eingehalten werden müssen.

9.5.4 Unternehmensbereiche für Projekte

Für die Neukonstruktion von immer komplexeren und anspruchsvollen Produkten ist für die Unternehmen sehr wichtig, alle Anforderungen der Kunden zu erfüllen. Dementsprechend sind die ***Entwicklungsteams*** so zusammengesetzt, dass die Erfahrungen aller Bereiche des Unternehmens und der Kunden genutzt werden. Für Neuentwicklungen ist die Anzahl der Teammitglieder im Jahr 2007 im Durchschnitt um ca. 10 % auf 7 Mitarbeiter gestiegen, während für Weiterentwicklungen und Kundenvarianten deren Anzahl unverändert blieb.

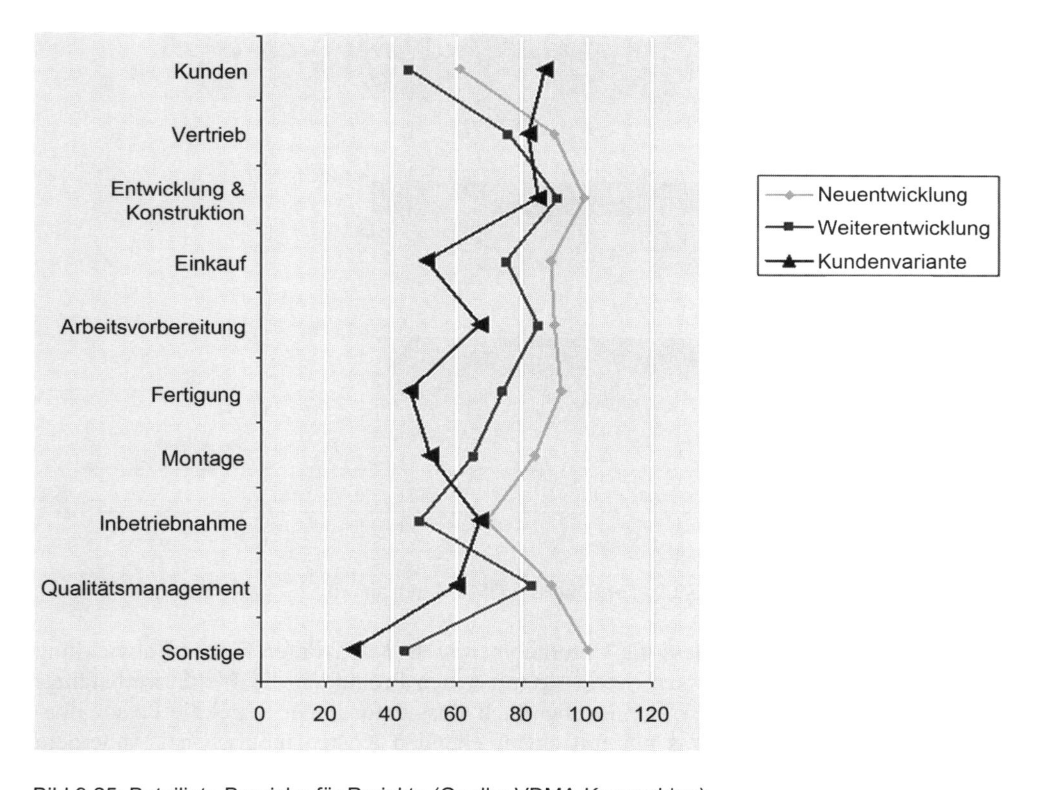

Bild 9.25: Beteiligte Bereiche für Projekte (Quelle: VDMA-Kennzahlen)

Bild 9.25 zeigt die beteiligten Abteilungen für die unterschiedlichen Konstruktionsarten. Besonders auffallend ist die Zunahme der Mitarbeiter aus den Bereichen Inbetriebnahme, Qualitätsmanagement und Sonstige, deren Erfahrungen stärker genutzt werden.

9.5.5 Produktprogramm und zugekaufte Leistungen

Die Angaben der Unternehmen über Ihr ***Produktprogramm*** und die Angaben zum Alter der Produkte, die dem Markt angeboten werden, führte zu drei Gruppen mit unterschiedlichem ***Produktalter***. Produkte sind älter als 5 Jahre, älter als 3, aber jünger als 5 Jahre oder jünger als 3 Jahre. Da bekannt ist, dass insbesondere neu entwickelte Produkte vom Markt gewünscht werden, sollten sich die Unternehmen intensiv mit der Entwicklung neuer Produkte beschäftigen. Bild 9.26 zeigt die Entwicklung der drei Produktgruppen im Zeitraum von 1997 bis 2007 mit einem gegenläufigen Trend, da die Produktgruppe mit Produkten, die jünger als 3 Jahre sind, in diesem Zeitraum abgenommen hat.

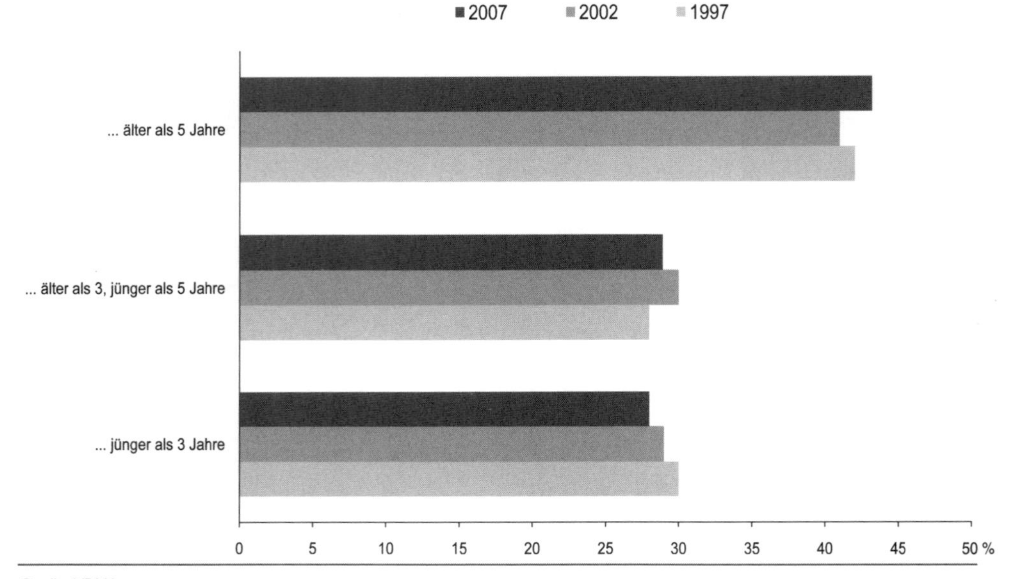

Bild 9.26: Produktanteile nach Produktalter (Quelle: VDMA-Kennzahlen)

Diese Kennzahl zeigt auch, dass die Unternehmen mehr Kapazitäten für die Entwicklung neuer Produkte vorsehen müssen, wenn sie mit neuen Produkten die Wettbewerbsfähigkeit verbessern wollen. Zu beachten ist aber auch, dass dafür in der Regel die Personalkapazitäten zu erhöhen sind, was nur mit entsprechenden Kosten möglich ist. Außerdem sind am Arbeitsmarkt qualifizierte Konstrukteure sehr knapp, da diese Berufsgruppe auch von den Unternehmen noch nicht außergewöhnlich gefördert wird.

Zugekaufte Leistungen im Bereich Entwicklung und Konstruktion sind für bestimmte Aufgaben und in Betrieben mit unterschiedlichen Fertigungsarten in unterschiedlichem Umfang aus der im Bild 9.27 dargestellten Kennzahl zu erkennen. Leistungen für den Bereich Entwicklung und Konstruktion werden zugekauft, wenn die vorhandenen Personalkapazitäten nicht ausreichen, um die anfallenden Arbeiten zu erledigen, also für die Abdeckung von Kapazitätsengpässen. Gründe dafür können zusätzliche Aufträge, Entwicklungsaufträge für neue Produkte, besondere Anforderungen an Aufträge oder einzuhaltende Termine sein. Weitere Aufgaben, die von den Unternehmen genannt wurden, sind der Zukauf von Fremd-Know-how, wie z. B. Bauteilberechnungen mit der Methode der

Finiten Elemente (FEM), oder Kooperationen mit anderen Firmen. Die Konstruktion mechanischer Baugruppen ist immer noch die am häufigsten zugekaufte Leistung.

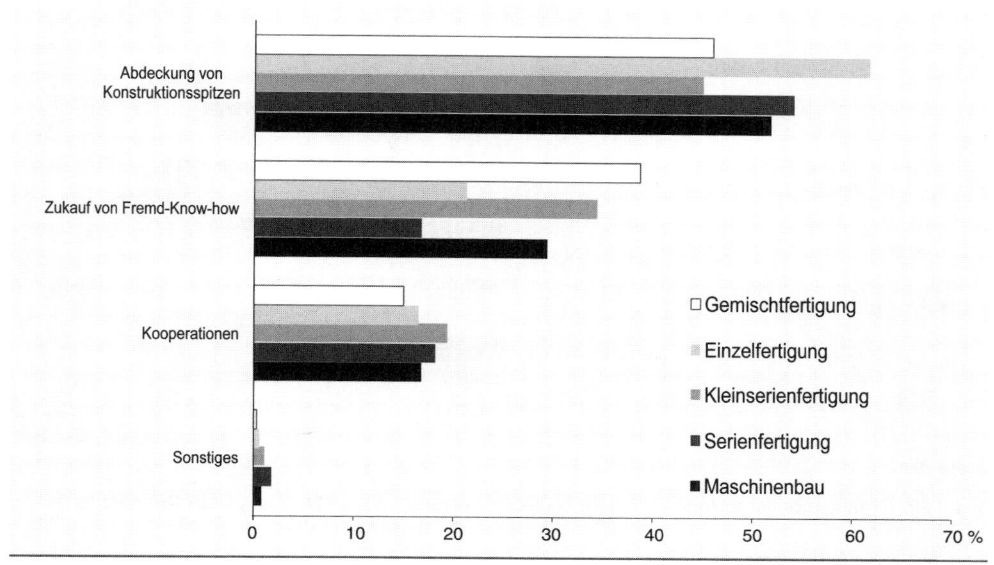

Bild 9.27: Zugekaufte Leistungen im Konstruktionsbereich (Quelle: VDMA-Kennzahlen)

Nach den Fertigungsarten für die Produkte in den Betrieben sind Unterschiede im Bild 9.27 zu erkennen. So hat der Anteil des Zukaufs von Fremd-Know-how bei fast allen Fertigern bis auf die Serienfertiger zugenommen.

9.5.6 Aufgaben und organisatorische Regelungen

Von den Konstrukteuren wird heute erwartet, dass sie neben ihren Fachgebieten auch viele organisatorische Kenntnisse beherrschen, um alle Einflussfaktoren und Anforderungen zu erfüllen, die sich aus den immer komplexer werdenden Aufgabenstellungen ergeben. Neben dem Umsetzen von Pflichtenheften und Lastenheften muss Projektarbeit, Planungsarbeit und ***Wertanalyse*** in zunehmendem Umfang eingesetzt werden. Die ***Qualitätssicherungsmethoden*** FMEA und QFD gehören auch zu ihren Aufgabengebieten, wie bereits in den vorherigen Kapiteln festgestellt. Außerdem werden Kapazitäts- und Terminplanung sowie Projekt-Controlling eingesetzt. Der Konstrukteur muss also nicht nur kreativ arbeiten, sondern auch in zunehmendem Umfang mit systematischen Methoden ziel- und kundenorientiert arbeiten. Bild 9.28 zeigt die ***organisatorischen Regelungen*** in den Firmen.

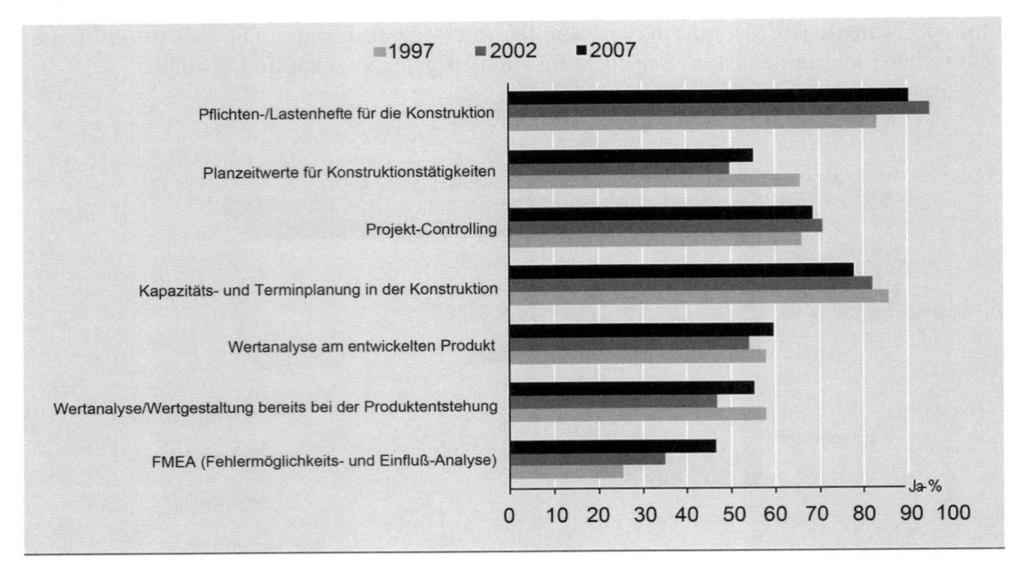

Bild 9.28: Organisatorische Regelungen im Bereich der Konstruktion (Quelle: VDMA Kennzahlen)

Der Bereich Entwicklung und Konstruktion stellt also besonders hohe Anforderungen an seine Mitarbeiter. Die Arbeitsmethoden und die Hilfsmittel der Konstruktionslehre können ebenso hilfreich für die Konstrukteure sein wie die Projektarbeit, eine effektive Organisation und geeignete Rechnerunterstützung.

9.6 Informationstechnik und Konstruktionsprozess

Der Fortschritt der ***Informationstechnik*** hat die Voraussetzungen geschaffen, den ***Konstruktionsprozess*** methodisch durch Rechnerunterstützung zu rationalisieren. Die Entwicklung der elektronischen Rechnertechnologie hat hier, wie auch für andere Produktionsbereiche, den eigentlichen Durchbruch zur Rationalisierung geschafft. Hilfsmittel und Methoden der Informationstechnik sind für den Konstruktionsprozess unentbehrlich geworden.

Die industrielle Güterproduktion hat in den 200 Jahren ihrer Entwicklung erhebliche Veränderungen in der konstruktionsgestalterischen Tätigkeit erlebt. Die wichtigsten Phasen sind in Bild 9.29 dargestellt und werden nach *Spur/Krause* erläutert. Ausgehend von Entwicklung und Bau in der Werkstatt, wurde der arbeitsteilige Tätigkeitsablauf eingeführt. Die zunehmende Industrialisierung erforderte dieses Vorgehen. Anschließend folgte die serien- und normenorientierte Konstruktion, die Werkstückzeichnungen mit allen Einzelheiten für die Fertigung lieferte. ***Konstruktionsmethodik*** schaffte die Möglichkeit, den Konstruktionsprozess in einer allgemeinen, abstrakten Form zu beschreiben. Das ***rechnerunterstützte Konstruieren*** stellte Hilfsmittel zur Verfügung, die die Produktentwicklung sehr stark veränderte.

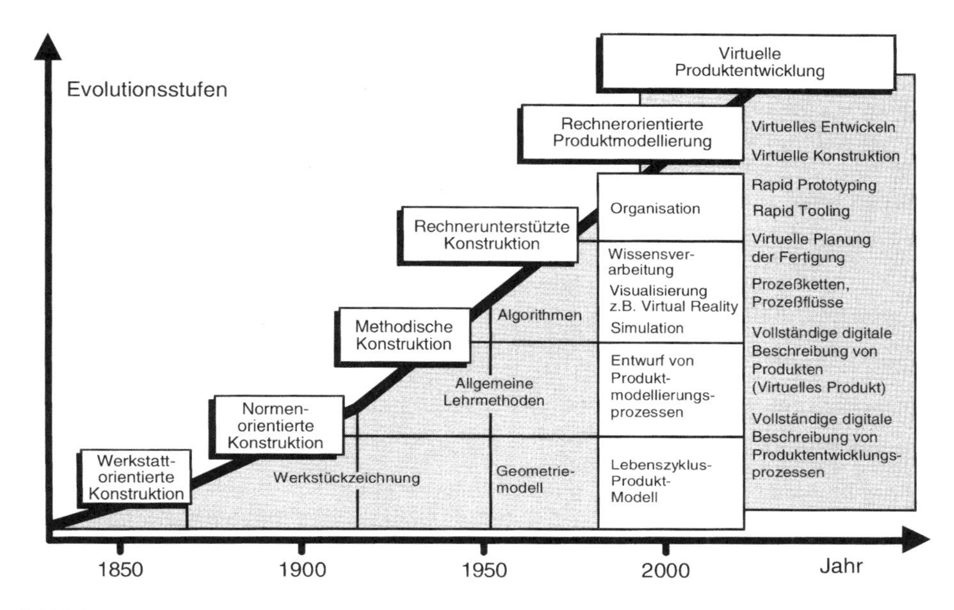

Bild 9.29: Evolutionsphasen des Konstruierens (nach *Spur, Krause*)

Komplexe Berechnungen wie die Finite-Elemente-Methode wurden ebenso möglich wie das geometrische Modellieren von Teilen oder Baugruppen, technische Zeichnungen, Berechnungsergebnisse, Fertigungspläne sowie NC-Programme.

Die verfügbaren Geometriesysteme hatten Vorteile und Mängel, da die interaktive Eingabe der Geometrie erforderlich war. Der Konstrukteur musste die Geometrie aus einzelnen Elementen zu Bauteilen verbinden. Abhilfe brachten 3D-Systeme, die mit entsprechenden Anwendungsmodulen und einer programmtechnischen Konstruktionslogik die Geometrie automatisch generieren, wobei die interaktive Steuerung durch den Konstrukteur erforderlich ist.

Die rechnerorientierte Produktionsmodellierung schafft die Möglichkeiten zusätzlich Funktion, Geometrie und Technologie mit ihren Abhängigkeiten gemeinsam zu behandeln. Die Integration dieser Aufgaben durch 3D-System-Module unter einer gemeinsamen Datenbasis war ein wichtiger Beitrag zur rechnerintegrierten Fabrik.

Produktmodellierungsprozesse stellen Produktmodelldaten zur Verfügung.
Rechnergestützte Konstruktionsprozesse stellen nur Geometriedaten zur Verfügung.

Die ***virtuelle Produktentwicklung*** stellt eine neue Phase beim Aufbau von Anwendungssystemen dar. Der integrierte Rechnereinsatz wird zur wesentlichen Technologie der Rationalisierung. Basis sind neue Strategien und Organisationsformen wie Simultaneous Engineering oder die Zusammenfassung von Entwicklung und Fertigung zu produktionsspezifischen Prozessketten. Die konsequente Nutzung der Informationstechnik beim Produktentstehungsprozess führt zur Ablösung der strengen Arbeitsteilung durch Prozessteams. Prozessteams bestehen aus Mitarbeitern der Bereiche eines Unternehmens, die die Aufgaben als Projekte mit den Methoden des Projektmanagements lösen.

Die ***Produktentwicklung*** ist ein sehr wichtiger Bereich in den Unternehmen, da dort Produktkosten und Innovationen als wesentliche Eigenschaften neuer Produkte maßgeblich beeinflusst werden. Die Produktentwicklung muss außerdem Entwicklungszeiten und Entwicklungskosten einhalten.

Der Bereich Produktentwicklung muss alle Möglichkeiten nutzen, um eine durchgängige Prozesskette zu ermöglichen:

- Geometrieerstellung
- Bauteilberechnung
- Funktionssimulation
- Prototypenherstellung
- Fertigungsdatengenerierung

Die Produktentwicklungszeiten werden durch organisatorische und technologische Maßnahmen verkürzt, indem einzelne Prozesse beschleunigt und parallelisiert werden und die gesamte Prozesskette optimiert wird.

Die Praxis in den Unternehmen benötigt für diese Aufgaben eine durchgängige Rechnerunterstützung in allen Konstruktionsphasen. Insbesondere sind produktspezifische Konstruktionslogiken erforderlich, die die Vorgehensweise des Konstruktionsablaufs als virtuelles Produkt modellieren sowie eine aufgabenbezogene Unterstützung, die alternative Vorgehensweisen zur Verfügung stellt. Dieses ist in Bild 9.30 dargestellt.

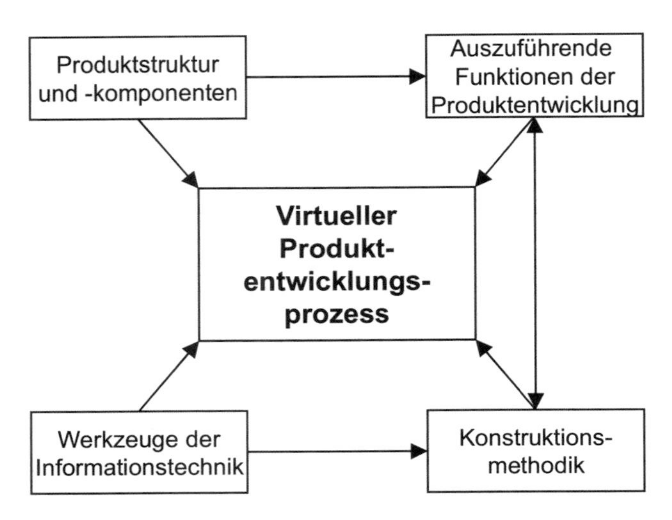

Bild 9.30: Generieren produktorientierter virtueller Produktentwicklungsprozesse (nach *Spur, Krause*)

Das Ziel der rechnerintegrierten Generierung produktorientierter Entwicklungsprozesse ist es, auszuführende Funktionen des Produktmanagements mit den Werkzeugen der Informationstechnik und Konstruktionsmethodik im Produktentwicklungsprozess virtueller Produkte zu integrieren.

Diese grundlegende Veränderung der rechnergestützten Konstruktionstechnik im Sinne einer Virtualisierung der Konstruktionsobjekte kann dazu führen, dass das förmliche, methodische Vorgehen nach der VDI-Richtlinie 2221 angepasst werden muss.

Die Konstruktionstechnik erhielt mit der Weiterentwicklung informationstechnischer Systeme wesentliche Impulse zu einer neuen Gestaltung des Konstruktionsprozesses. Dieser Innovationsvorgang reicht von der Einführung der Datenverarbeitung bis zur Virtualisierung der Produktentwicklung.

Der Begriff Virtualität kommt aus dem Französischen und bedeutet „Wirkungskraft", „Wirkungsvermögen" oder „Wirkungsfähigkeit". Etwas, das der Möglichkeit nach vorhanden ist, wird als „virtuell" bezeichnet. In der Optik wird z. B. unter einem virtuellen Bild ein scheinbares Bild verstanden.

Im wissenschaftlichen Sprachgebrauch bedeutet virtuell eine in der Möglichkeit vorhandene Eigenschaft, die unter gewissen Umständen Wirklichkeit werden kann.

Beim Konstruktionsprozess ist unter einem virtuellen Produkt ein nur in der Möglichkeit vorhandenes Produktmodell zu verstehen, das Eigenschaften hat, die dem wirklichen Verhalten entsprechen.

Ein ***virtuelles Produkt*** zu entwickeln bedeutet die Entwicklung eines Produktmodells, das in digitalisierter Form in einem Rechnersystem manipulierbar gespeichert ist.

Virtualisierung bezeichnet die methodische Überführung eines Konstruktionsprozesses in einen rechnerintegrierten Ablauf mit gleichzeitiger Darstellungsmöglichkeit des wirklichen Verhaltens der zu entwickelnden Objekte.

Produktentwicklung und Produktentstehung lassen sich in eine virtuelle und eine reale Phase unterteilen, wenn der gesamte Ablauf betrachtet wird. Die Leistungsfähigkeit der Informationstechnik ist die Grundlage für die virtuelle Phase der Produktentwicklung. Die Rechnerunterstützung ist nicht nur vom Leistungsstand der Hard- und Software abhängig, sondern auch von den Peripheriegeräten für die Produktentwicklung.

Bausteine virtueller Produktentwicklung sind:

- geometrische Modelliersysteme
- Feature-verarbeitende Systeme
- Graphische Darstellungssysteme
- Datenmanagement-Systeme
- Simulationssysteme
- Wissensbasierte Systeme

Managementsysteme zur Handhabung der Systeme und Schnittstellen gehören ebenfalls dazu.

Von diesen Bausteinen sollen hier nur einige grundlegende Erläuterungen für Simulationssysteme folgen.

Simulationssysteme

Simulation im Bereich der Produktentwicklung wird entsprechend der zunehmenden Bedeutung immer häufiger eingesetzt. Simulation bedeutet hier die Nachbildung eines dynamischen Systems in einem Modell, um zu Erkenntnissen zu gelangen, die auf die Wirklichkeit übertragbar sind (VDI-Richtlinie 3633).

Simulation als Verfahren zur Untersuchung beliebiger dynamischer Systeme sorgt zunehmend dafür, die virtuelle Produktentwicklung zu vervollständigen. Simulation ermöglicht sehr früh Produkteigenschaften, Durchführbarkeit von Fertigungsverfahren oder Fehler zu erkennen.

Moderne 3D-CAD/CAM-Systeme bieten die Möglichkeit Modelle und Prototypen direkt auf der Basis der Konstruktionsdaten zu fertigen, wie z. B. durch Rapid Prototyping.

Rapid Prototyping-Anlagen dienen der Erzeugung von physischen Modellen in kurzer Zeit, verglichen mit der Fertigung auf Werkzeugmaschinen. Das Modell wird schichtweise auf der Basis von 3D-CAD-Daten generiert. Die Wahl der technologischen Daten, die Schichtaufbringung, das Verbinden des Werkstoffes und der Schichten miteinander erfolgt in dieser Anlage.

In der Produktentwicklung wird auch das „Virtuelle Prototyping“ eingesetzt. Darunter sind neue softwareunterstützte Verfahren zu verstehen, die eine realitätsnahe Untersuchung einer Baugruppe, z. B. in der Fertigung und Montage, betreffen. Eine Möglichkeit ist das Arbeiten in einer virtuellen Realität. Der Konstrukteur bzw. Fertigungsplaner wird mit einem so genannten Datenhandschuh und einer Stereobrille in eine künstliche 3D-Welt versetzt, in der er z. B. die NC-Programmierung durchführen kann.

Digital Mock-Up und Virtualisierung der Produktentwicklung

Serienprodukte werden in vielen Unternehmen durch Nutzung physischer Versuchsmodelle (Physical Mock-Up = PMU) untersucht. Diese sollen jedoch schrittweise durch Berechnungen und Simulation ersetzt werden. Mock-Up bedeutet wörtlich übersetzt „Nachbildung“. Durch die gestiegenen Rechnerleistungen wurden die Formen des PMU durch eine digitale Form, ein digitales Versuchsmodell (Digital Mock-Up = DMU) abgelöst. Die dafür erforderliche vollständig digitale, dreidimensionale Beschreibung der Produkte ist heute wirtschaftlich und wird im Flugzeugbau, Schiffbau und Automobilbau erfolgreich eingesetzt.

Zielsetzung des ***Digital Mock-Up*** (DMU) ist die aktuelle, konsistente Verfügbarkeit vieler Sichten auf Produktgestalt, -funktion und technologische Zusammenhänge, auf deren Basis die Modellierung und die Simulation (Experimente) zur verbesserten Auslegung durchgeführt und kommuniziert werden können.

Das primäre, digitale Auslegungsmodell wird auch als Virtuelles Produkt bezeichnet, das spezifisch für die Entwicklungsphase und die Disziplinen der Auslegung die Referenz der Produktentwicklung darstellt.

Neue Produktentwicklungsstrategien, die eine Produktivitätssteigerung als Ziel haben, benötigen eine konsistente Produktbeschreibung, die erreicht wird durch:

- Informationsverarbeitung über Regelkreise zur verbesserten Informationsbereitstellung und Abstimmung
- Parallelisierung der Aufgabenerledigung
- Schnelle Entscheidungsfindung

Concurrent Engineering, sowie der Aufbau von Prozessketten sind Beispiele für solche Strategien. Das vollständig virtuelle Produkt und die damit verbundene Anwendung virtueller Methoden und Techniken in der Produktentwicklung sind notwendig, um die sich immer schneller wandelnden Anforderungen des Marktes zu erfüllen.

Concurrent Engineering (CE) oder ***Simultaneous Engineering*** (SE) sind als Begriffe eingeführt worden, um zu beschreiben, dass die sequentielle Vorgehensweise beim Produktentwicklungsprozess durch eine simultane (zeitparallel, überlappend) zu ersetzen ist. Grundlage dafür ist die Kooperation und Abstimmung der Prozesse durch die Mitarbeiter. Deshalb wird der Begriff Concurrent Engineering (CE) bevorzugt verwendet.

9.7 Zusammenfassung

Das Rechnerunterstützte Konstruieren ist inzwischen soweit verbreitet, dass in diesem Kapitel natürlich nur erste Grundlagen und Hinweise vorzustellen sind. Für weitergehende Informationen stehen viele Veröffentlichungen zur Verfügung.

Die Begriffserklärungen für den Bereich CAD/CAM sollten eigentlich bekannt sein. Es zeigt sich jedoch leider das Gegenteil, da übergreifende Kenntnisse der Praxis oft fehlen. Deshalb sind in kurzer Form die Grundlagen zu CAD/CAM zusammengefasst vorhanden.

Das Konstruieren mit 3D-CAD/CAM-Systemen ist insbesondere für die Konstruktionsphasen Planen und Konzipieren noch nicht bekannt, sodass in einem Vergleich noch einmal gezeigt wird, wie die Aufgaben und Ergebnisse mit Konstruktionsmethodik und wie mit 3D-CAD/CAM-Systemen zu lösen sind. Es gibt jedoch Programme, die die Aufgaben in den Bereichen Planen und Konzipieren unterstützen und es beschäftigen sich einige Forschungsbereiche und Firmen mit der Integration in 3D-CAD/CAM-Systeme.

Ein vollständiges Konstruktionsbeispiel erklärt sehr umfangreich einen möglichen Weg, um ein erstes Konstruktionsprojekt einer selbständig auszuwählenden Baugruppe als Variantenkonstruktion unter bestimmten Randbedingungen auszuarbeiten. Dafür wurden alle wesentlichen Arbeitsschritte behandelt. Dazu gehören auch die wenig beliebten Vorbereitungen, die der Konstrukteur vor der Eingabe in das CAD-System erledigen muss. Es gibt immer noch die Ansicht, dass das Konstruieren am CAD-System ohne weitere Vorkenntnisse erlernbar ist. Auch der Umfang der Vorkenntnisse über Konstruktionsgrundlagen hat sich gegenüber dem manuellen Konstruieren nicht verändert, wird aber leider im Grundstudium häufig viel zu wenig vermittelt.

Dazu gehört auch die Vorstellung, dass in allen Firmen ohne Zeichnungen gefertigt und montiert wird, weil die Daten ja digital zur Verfügung stehen. Wer die Aufgaben und die Voraussetzungen kennt, die erforderlich sind, um aus modellierten Bauteilen auf einer CNC-gesteuerten Werkzeugmaschine Werkstücke in der erforderlichen Qualität zu fertigen, wird diese Vorstellung sehr kritisch sehen. Als Voraussetzungen sind dafür z. B. auch noch die entsprechenden Datenverarbeitungsanlagen mit der erforderlichen Software, entsprechend ausgestattete Werkzeugmaschinen und vor allem gut ausgebildete Mitarbeiter in den Firmen erforderlich. Es gibt sicher in Unternehmen mit Serienfertigung solche Lösungen, aber noch nicht bei vielen mittelständischen Unternehmen mit Einzel- und Kleinserienfertigung, weil die Wirtschaftlichkeit für solche Lösungen dort nicht gegeben ist. Auch eine Montage ohne ausgedruckte Zeichnungen ist noch selten in der Praxis anzutreffen.

Die Baugruppenkonstruktion mit Skeletttechnik wird für das Konstruieren mit einem 3D-CAD/CAM-System vorgestellt. Die Top-down-Konstruktionsmethode setzt diese Technik sehr vorteilhaft ein. Die Grundlagen der Skeletttechnik werden aus der Anwendung mit dem System Pro/ENGINEER von PTC vorgestellt und mit einem Beispiel erläutert. Als weitere Möglichkeit wird die Bottom-up-Konstruktionsmethode vorgestellt, um zu zeigen, dass auch die Erzeugung einfacher Baugruppen aus Einzelteilen möglich ist. Eine Vertiefung durch entsprechende Übungen und das Lernen weiterer Methoden aus der Fachliteratur oder durch spezielle Schulungen ist sehr zu empfehlen.

Produktdatenmanagement-Systeme (PDM) werden in diesem Abschnitt nur als erster Überblick mit Begriffen und Funktionsbereichen sowie wichtigen Eigenschaften vorgestellt. Damit ist eine Grundlage vorhanden, um die vorhandene Fachliteratur zu finden und in Unternehmen bei Anwendungen zuhören zu können.

Kennzahlen für den Bereich Konstruktion bestehen aus Daten und Informationen, die aus Analysen in vergleichbaren Unternehmen ermittelt werden, um Vergleichsmöglichkeiten zu haben. Die vorgestellten Auszüge aus Untersuchungen des VDMA sind geeignet, um zu erkennen, welche Aufgaben, Techniken, Hilfsmittel, Fähigkeiten usw. einzusetzen sind. Durch die angegebenen Vergleichszahlen aus anderen Unternehmen sind auch für junge Konstrukteure Bereiche erkennbar, die intensiver gelernt werden müssen. Außerdem ist zu erkennen, was in der Praxis wirklich in welchem Umfang eingesetzt wird.

Die Auswirkungen der Informationstechnik auf den Konstruktionsprozess wird ebenfalls nur als Übersicht dargestellt, um einige grundlegende Begriffe und Zusammenhänge zu kennen. Die Hardware und Software für die Unterstützung der Tätigkeiten im Bereich Entwicklung und Konstruktion ist heute als Digitale Produktentwicklung bekannt. Dazu gehören insbesondere der Einsatz von 3D-CAD/CAM-Systemen mit Simulation, Visualisierung, Finite Elemente Methoden und der Einsatz von PDM-Systemen. Diese Auswahl deutet schon an, dass solides Ingenieurwissen ergänzt werden muss um gute Kenntnisse zur Bedienung der Systeme und die Bereitschaft zu fachübergreifender Gruppenarbeit. Zu beachten ist, ob das technisch Machbare auch wirtschaftlich zu realisieren ist.

10 Übungsaufgaben

10.1 Aufgabenstellungen

10.1.1 Aufgabenstellungen zu Abschnitt 1

Kenntnisfragen

1. Welche Fähigkeiten und Neigungen sind für das Konstruieren erforderlich?
2. Erklären Sie das Konstruieren.
3. Welche Erkenntnisse und Erfahrungen führten zur Entwicklung der Konstruktionslehre?
4. Welche Erfahrungen sind für das Methodische Konstruieren bekannt?
5. Bei welchen Aufgabenstellungen hat sich das methodische Konstruieren besonders bewährt?
6. Nennen Sie Unternehmensbereiche, die Informationen mit der Konstruktion austauschen.
7. Welche Unternehmenseinteilungen sind nach der Fertigungsart möglich?
8. Skizzieren Sie das schrittweise Entwickeln von Kleinserienprodukten mit Angabe der wichtigsten Arbeitsschritte.
9. Welche Einflussfaktoren sind für ein Produkt maßgebend?
10. Nennen Sie Anforderungen an das Methodische Konstruieren.
11. Was versteht man unter Konstruktionsmethodik?
12. Erklären Sie die drei Konstruktionsarten mit einfachen Skizzen.
13. Skizzieren Sie die Zuordnung von Konstruktionsphasen zu den Konstruktionsarten.
14. Welche Zeitanteile in Prozent werden für die Konstruktionsphasen aufgewendet?
15. Was kann man vom methodischen Konstruieren erwarten? Geben Sie 5 Regeln an, die aus Erfahrung bekannt sind.
16. Nennen Sie 4 Ziele der Konstruktionsmethodik und beschreiben Sie die organisatorischen Ziele.
17. Nennen Sie die wesentlichen Gründe für die unzureichende Nutzung der Konstruktionsmethodik in der Praxis.

Aufgabenstellung 1.1: Kugelschreiber

Für die Entwicklung eines neuen Kugelschreibers soll in einem Arbeitsschritt analysiert werden, welche Lösungsprinzipien für das Herausführen und Versenken der Mine von ausgeführten Geräten bekannt sind. Skizzieren Sie 6 Varianten mit einfachen Prinzipskizzen und geben Sie nur die äußeren Bewegungen an.

10.1.2 Aufgabenstellungen zu Abschnitt 2

Kenntnisfragen

1. Erklären Sie das mechanische System Zahnradgetriebe mit Systembegriffen.
2. Nennen Sie die 3 Gruppen technischer Systeme mit Aufgabe und Beispielen.
3. Skizzieren Sie den vereinfachten Energie-, Stoff- und Informationsumsatz von Drehmaschinen.

4. Auf welche 3 Grundgrößen lässt sich alles physikalische Geschehen in Maschinen zurückführen und welche Methode nutzt diese Erkenntnis (Skizze)?
5. Erklären Sie Funktionsbegriffe in der Konstruktion und nennen Sie 3 Beispiele technischer Funktionen.
6. Nennen und skizzieren Sie Teilfunktion, physikalischen Effekt und Wirkprinzip für ein Beispiel.
7. Erklären Sie die Entwicklungsschritte technischer Systeme mit einem Beispiel.
8. Was versteht man unter intuitivem und diskursivem Denken?
9. Vergleichen Sie Analyse und Synthese (Beispiel).
10. Erklären Sie die Methode des Vorwärtsschreitens (Skizzen).
11. Erklären Sie den Informationsumsatz in der Konstruktion (Skizze).
12. Erklären Sie offene und geschlossene Informationsflüsse für die Konstruktion.

Aufgabenstellung 2.1: Ventilfunktionen

Analysieren Sie die Hauptzeichnung des in Bild 10.1 dargestellten Ventils, in dem Sie für die Teile 1 bis 8 eine geeignete Benennung aufschreiben und anschließend eine Analyse der Funktionen dieser Teile durchführen. Das Ventil ist auch unter der Bezeichnung Hahn bekannt und wird mit einem Vierkantschlüssel betätigt.

Zur Analyse der Funktionen ist zuerst die Gesamtfunktion zu ermitteln und in einem Satz zu beschreiben. Anschließend sind alle Teilfunktionen mit jeweils zwei Worten (Hauptwort und Tätigkeitswort) zu erkennen und den Teilen zuzuordnen.

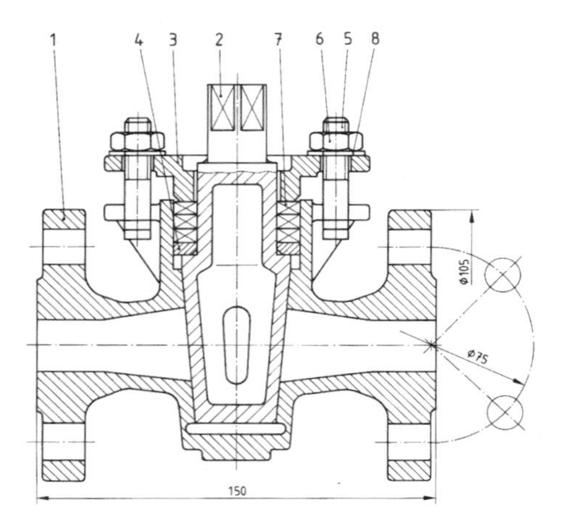

Bild 10.1: Ventil (Bild *Böttcher/Forberg*)

Aufgabenstellung 2.2: Technische Systeme

Technische Systeme sind vereinfacht als Kasten mit Eingangs- und Ausgangsgrößen darzustellen. Dabei wird nichts ausgesagt über das was im Kasten vorgeht, sondern nur über die Beziehung zwischen der Eingangs- und Ausgangsgröße durch das Eintragen der Funktion. In dieser Aufgabe ist in den Kasten die Systembezeichnung einzutragen.

Skizzieren Sie jeweils einen Kasten mit Eingangs- und Ausgangsgrößen und tragen Sie die wesentlichen Größen ein für folgende Systeme:

1. Energiesystem: Elektromotor
2. Stoffsystem: Ventil
3. Signalsystem: Thermometer
4. System mit der Funktion: Benzin produzieren
5. System mit der Funktion: Drehzahl ändern
6. System mit der Funktion: Welle herstellen

Aufgabenstellung 2.3: Schraubpresse

Es soll ein Konzept für die Entwicklung einer Schraubpresse erarbeitet werden. Die Schraubpresse soll Bücher bis zu einem bestimmten Format sowie bis zu einer vorgegebenen Stapelhöhe mit festgelegter Presskraft und Pressdauer zusammenpressen. Durch Voruntersuchungen wurden bereits alle Lösungen ausgeschieden, die die Anforderungen nicht erfüllen, wie z. B. Handantrieb und aufwändige elektrisch-hydraulisch-mechanische Energieumwandlungen. Als einfachste und sicherste Bauart ergab sich eine elektromotorisch angetriebene, zentral auf die Pressplatte wirkende Gewindespindel mit Selbsthemmung. Für diese Bauart soll durch systematische Variation der Anordnungsmöglichkeiten der Bauteile das gesamte Lösungsfeld des Maschinensystems dargestellt werden. Entsprechend dem skizzierten Schema sind alle möglichen Varianten der Schraubpresse als Strichskizzen zu zeichnen und systematisch zu ordnen.

In dem Schema nach Bild 10.2 ist der Antrieb an der Spindel vorgesehen. Am anderen Ende der Spindel befindet sich ein Drehgelenk unter der Pressplatte, die verdrehsicher im Gestell geführt wird (Schubgelenk). Als Varianten sind für alle technisch sinnvollen Lagen des Buchstapels offene und geschlossene Gestelle (wie skizziert), angetriebene Spindeln (wie skizziert) oder Muttern und die Zuordnung von Dreh- bzw. Schubbewegungen für Spindel bzw. Mutter zu untersuchen (Aufgabenstellung nach *Tränkner*).

Umfang der Aufgabe:

1. Aufstellung der Eigenschaften der Varianten nach Ordnungsgesichtspunkten in Tabellenform. Zu beschreiben sind Gestellvarianten, Stapellagen und Spindel- sowie Mutter-Ausführungen (Auflistung in lösungsneutraler Kurzform mit zwei Worten).
2. Erweiterung der Tabelle mit Angabe möglicher Kombinationen.
3. Übersicht der gefundenen Funktionsprinzipien als Strichskizzen analog zu folgendem Schema.

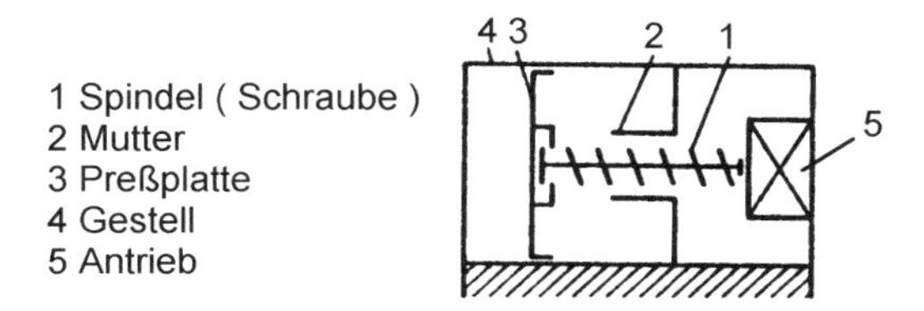

Bild 10.2: Schematische Darstellung einer Schraubpresse (nach *Tränkner*)

Aufgabenstellung 2.4: Schraubengetriebe

Die Übertragung von Bewegungen mit einer Gewindespindel ist als Maschinenelement bekannt und wird häufig eingesetzt. Die allgemeine Bezeichnung aus der Getriebetechnik ist Schraubengetriebe. Schraubengetriebe sind in verschiedenen Grundformen durch die systematische Änderung der Anordnung der Gelenkarten bekannt.

1. Skizzieren Sie eine dreigliedrige Schraubenkette mit Getriebetechniksymbolen und geben Sie an, wo welche Gelenkarten auftreten.

2. Skizzieren Sie die drei Grundformen als einfach gestaltete Baugruppe mit Angabe und Eintragung der Bewegungsarten für Antrieb und Abtrieb.

10.1.3 Aufgabenstellungen zu Abschnitt 3

Kenntnisfragen

1. Was verstehen Sie unter Integrierter Produktentwicklung?
2. Nennen Sie die 6 Arbeitsschritte eines Entwicklungsprozesses.
3. Was ist ein Businessplan?
4. Erklären Sie den allgemeinen Ablauf von Lösungsprozessen.
5. Skizzieren Sie das schrittweise Vorgehen beim Bearbeiten von Ingenieuraufgaben mit Angabe der wichtigsten Arbeitsschritte.
6. Bei der Lösungssuche kann man zwei Abläufe unterscheiden. Nennen Sie diese und erläutern Sie ein Vorgehen.
7. Welche Arbeitsergebnisse erhält man beim methodischen Konstruieren?
8. Nennen Sie die 4 Konstruktionsphasen und geben Sie an, was je Phase festgelegt wird.
9. Nennen Sie die im Konstruktionsalltag zusätzlich zu organisierenden Maßnahmen.
10. Was verstehen Sie unter Können?

Aufgabenstellung 3.1: Bürolocher

Für die Entwicklung eines neuen Zweiloch-Bürolochers mit einer Einstellung für verschiedene genormte Papierbreiten soll eine Funktionsbeschreibung aufgestellt werden. Die Benutzung soll nur manuell mit Handkraft erfolgen. Die Funktionen sind in der üblichen Kurzform anzugeben. Zur Funktionsanalyse sind einfache Strichskizzen mit stichwortartigen Erläuterungen zu erstellen. Umfang der Aufgabe:

1. Black-Box-Darstellung mit Gesamtfunktion
2. Funktionsbeschreibung in der üblichen Kurzform
3. Einfache Strichskizzen zur Funktionsanalyse

Aufgabenstellung 3.2: Nussknacker

Für die Entwicklung eines neuen Nussknackers soll in einem Arbeitsschritt analysiert werden, welche Lösungsprinzipien von ausgeführten Geräten bekannt sind. Nennen Sie 6 Varianten zum Knacken von Nüssen mit Darstellung des Prinzips durch einfache Skizzen.

10.1.4 Aufgabenstellungen zu Abschnitt 4

Kenntnisfragen

1. Nennen Sie wichtige Themen, die für die Anwendung der Konstruktionsphasen bekannt sein müssen.
2. Welche Impulse können eine Produktplanung auslösen?
3. Erläutern Sie das Klären der Aufgabenstellung mit Angabe wichtiger Fragen.
4. Nennen Sie Einflussfaktoren und Merkmale für Anforderungen von Produkten.
5. Vergleichen Sie eine Anforderungsliste mit einem Lastenheft und einem Pflichtenheft.
6. Erläutern Anforderungsarten mit Beispielen.
7. Skizzieren Sie das Vorgehen beim Aufstellen von Anforderungskatalogen.
8. Erklären Sie vier Regeln für das Aufstellen von Anforderungslisten.
9. Definieren Sie Qualität und nennen Sie qualitätssichernde Maßnahmen beim Planen.
10. Erklären Sie QFD.

Aufgabenstellung 4.1: Kronenkorken

Für eine Flaschenabfüllmaschine ist eine Sortiereinrichtung für die aus einem Sack in einen Speicher eingefüllten Kronenkorken zu entwerfen. Die vorgeprägten Deckel sollen entweder alle mit dem Napf nach unten oder nach oben in einer Reihe der Flaschen-Schließeinrichtung zugeführt werden, wie Bild 10.3 zeigt.

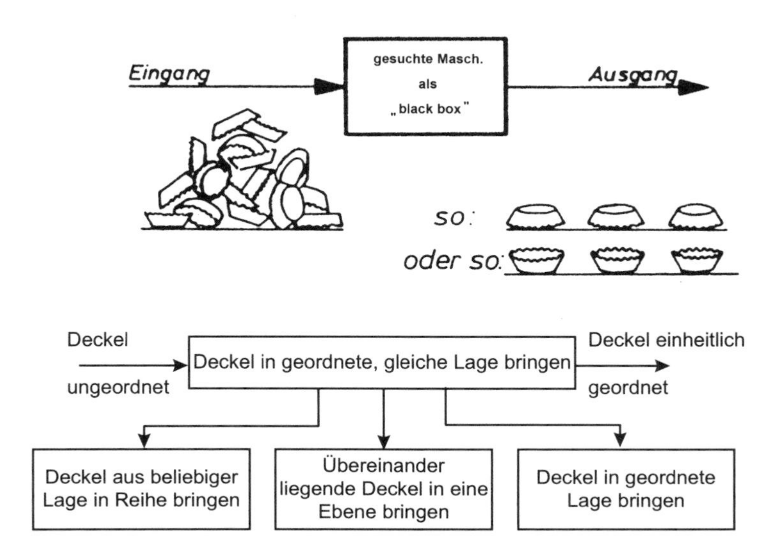

Bild 10.3: Sortieren von Kronenkorken (nach *Ehrlenspiel*)

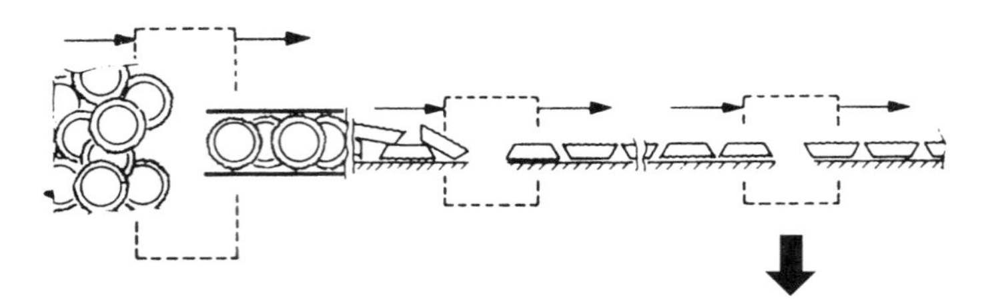

Bild 10.4: Ordnen von Kronenkorken (nach *Ehrlenspiel*)

Da hier nur eine Teilaufgabe bearbeitet werden soll, wird angenommen, dass die Deckel bereits in einer Reihe gefördert werden, aber der Lage nach uneinheitlich sind. Die ausgewählte Aufgabenstellung lautet also:

Deckel in geordnete, gleiche Lage bringen

Wie in Bild 10.4 dargestellt, sollen alle Deckel in die gleiche Lage gebracht werden. Dabei sollen mindestens 100 Deckel pro Minute verarbeitet werden.

Da die Vorschriften zur Verarbeitung von Lebensmitteln einzuhalten sind, darf keine Verschmutzung der Kronenkorken mit Öl, Fett usw. eintreten, nur Wasserkontakt ist zulässig. Für den Betrieb der Anlage stehen Wechselstrom mit 220 V, Druckluft mit 6 bar und Wasser mit 2 bar zur Verfügung. Die Ausführung der Kronenkorken ist in DIN 6099 Teil 1 festgelegt. Für die Herstellkosten der Vorrichtung soll ein Betrag von 100 €, bei einer Stückzahl von 20 pro Jahr, nicht überschritten werden.

Als Wünsche wurden genannt: möglichst geräuscharmer Betrieb mit hoher Betriebssicherheit, weniger als eine Störung pro Jahr, Lebensdauer von wenigstens 8 Jahren, Wartung höchstens einmal pro Woche 5 Minuten.

(Die Aufgabe wurde in Anlehnung an Veröffentlichungen von *Rodenacker* und *Ehrlenspiel* ausgearbeitet.)

Umfang der Aufgabe:

1. Zerlegen der Gesamtfunktion in Teilfunktionen in der üblichen Kurzform.
2. Aufstellen verschiedener Funktionsstrukturen.
3. Lösungssuche für die Teilfunktionen mit Handskizzen:
   3.1 Physikalische Effekte,
   3.2 Konstruktive Elemente.
4. Lösungselemente den Teilfunktionen in einem Morphologischen Kasten zuordnen.
5. Skizzen von drei Konzeptvarianten erstellen.

Aufgabenstellung 4.2: Bewegung wandeln

Skizzieren Sie in normgerechter, vereinfachter Darstellung 6 verschiedene Prinzipien bekannter Ausführungen zur Umwandlung einer Drehbewegung in eine Längsbewegung. Tragen Sie die Bewegungsarten mit Pfeilen ein und nennen Sie die verwendeten Maschinenelemente.

10.1.5 Aufgabenstellungen zu Abschnitt 5

Kenntnisfragen

1. Erklären Sie das Konzipieren und nennen Sie bewährte Arbeitsschritte für diese Phase.
2. Beschreiben Sie Vorgehen und Zweck des Abstrahierens.
3. Erläutern Sie die Methode Funktionsanalyse.
4. Erklären Sie das Finden von Lösungen mit merkmalorientierten Methoden.
5. Erklären Sie die 5 Phasen der kreativen Prozesse.
6. Erklären Sie die Unterschiede zwischen Kreativität und Intuition.
7. Wie erfolgen Vorgehen und Ablauf der Methode Brainstorming?
8. Erklären Sie Mind Mapping.
9. Beschreiben Sie Prinzip und Ablauf der Methode des Morphologischen Kastens.
10. Nennen Sie die Merkmale und Beispiele für die Geometrievarianten von formschlüssigen Welle-Nabe-Verbindungen in einem Ordnungsschema (Skizzen).
11. Welche Forderungen müssen von Konstruktionskatalogen erfüllt werden?
12. Skizzieren Sie den Aufbau von Konstruktionskatalogen als Schema.
13. Beschreiben Sie die drei Arten von Konstruktionskatalogen.
14. Was versteht man unter Zulieferungen und wie kann man diese gliedern?
15. Welche Bereiche eines Unternehmens liefern Aussagen zur vergleichenden Beurteilung der Eigenfertigung und der Zulieferkomponente?
16. Welche Kriterien sprechen für den Einsatz von Zulieferkomponenten?
17. Vergleichen Sie die wichtigsten Kostenanteile eines eigengefertigten mit einem zugekauften Linearantrieb.
18. Erklären Sie wichtige Punkte des zulieferorientierten Konstruierens.
19. Erklären Sie Bionik und technische Biologie.
20. Erklären Sie den bionischen Denk- und Handlungsprozess (Skizze).
21. Erklären Sie Mechatronik.
22. Skizzieren und erklären Sie die Grundstruktur mechatronischer Systeme.
23. Was sind Aktoren und welche gibt es?
24. Was sind Sensoren und für welche physikalischen Größen gibt es Sensoren?
25. Warum werden konstruktive Lösungen bewertet und welche Punkte müssen Bewertungsmethoden erfüllen?
26. Skizzieren und erklären Sie eine Dominanzmatrix für ein Beispiel.
27. Erklären Sie die Bewertung durch paarweisen Vergleich mit dem Schema.
28. Erklären Sie die Punktbewertung nach VDI 2225.
29. Beschreiben Sie das Ermitteln der technischen Wertigkeit.
30. Wie erfolgt die Bewertungspraxis in der Konzeptphase?
31. Welche Punkte sollten bei Bewertungsverfahren beachtet werden?
32. Welche Fehler sind durch den Einsatz qualitätssichernder Maßnahmen beim Konzipieren zu vermeiden?

Aufgabenstellung 5.1: Funktionsanalyse Zahnradpumpe

Für die dargestellte Zahnradpumpe in Bild 10.5 sind die Aufgaben der angegebenen Systemelemente und die sich daraus ergebenden Teilfunktion durch eine Funktionsanalyse zu erarbeiten und in die Tabelle einzutragen.

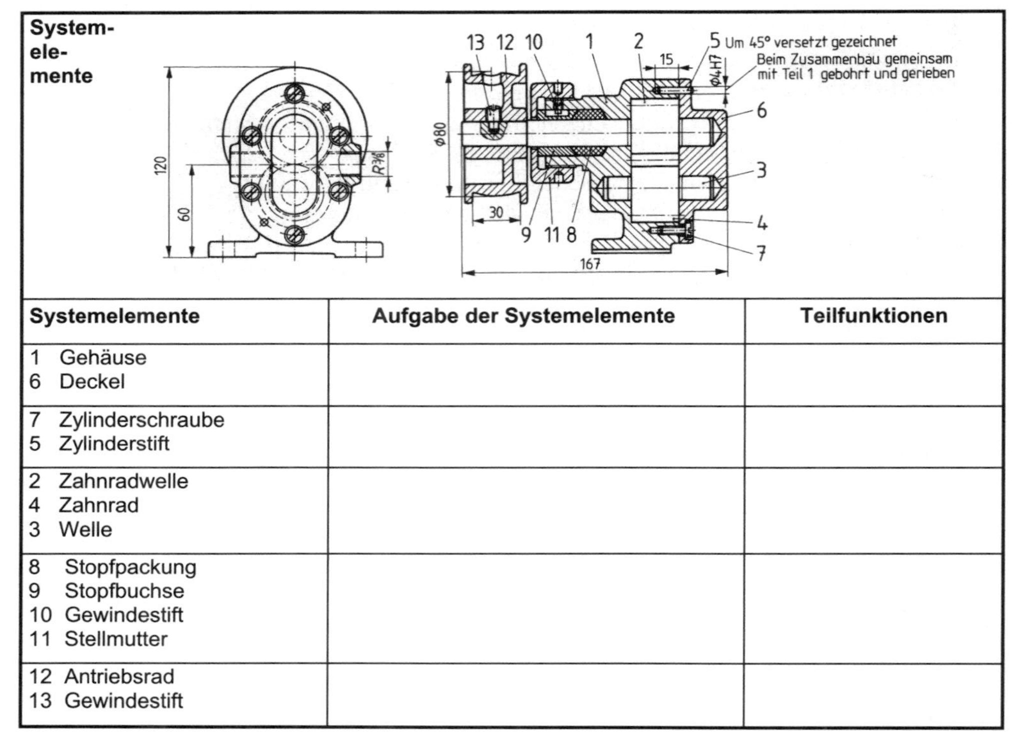

Systemelemente	Aufgabe der Systemelemente	Teilfunktionen
1 Gehäuse 6 Deckel		
7 Zylinderschraube 5 Zylinderstift		
2 Zahnradwelle 4 Zahnrad 3 Welle		
8 Stopfpackung 9 Stopfbuchse 10 Gewindestift 11 Stellmutter		
12 Antriebsrad 13 Gewindestift		

Bild 10.5: Funktionsanalyse einer Zahnradpumpe (Bilder *Böttcher/Forberg*)

Aufgabenstellung 5.2: Wagenheber

Ein Pkw soll zum Auswechseln eines Rades durch eine Person gehoben werden, deren Handkraft sehr viel geringer als die zu überwindende Widerstandskraft beim Heben ist. Um ein Abstürzen des Pkw in gehobener Stellung zu vermeiden, darf eine Senkbewegung nur gewollt und kontrolliert erfolgen.

Die Hebeeinrichtung soll von der Seite her, in der Nähe des auszuwechselnden Rades, an einem bestimmten Punkt des Pkw angesetzt werden.

Die Einrichtung soll bei einfacher Bedienung von Hand mit Handhebel eine maximale Hubkraft von 5 kN erzeugen, wenn eine Handkraft von 100 N eingeleitet wird.

Bei einer Ansatzhöhe über dem Boden von weniger als 200 mm soll eine Hubhöhe von mehr als 200 mm erreicht werden.

Das Eigengewicht soll bei einer größten Baulänge von 550 mm maximal 5 kg betragen.

Es ist eine standsichere Ausführung für unebenen, begrenzt nachgiebigen Untergrund zu realisieren, wobei an eine mechanische Funktionsweise ohne Zugmittel gedacht ist.

Für eine Stückzahl von 400.000 pro Jahr sollen die Herstellkosten geringer als 15 €/Stück sein. (nach *Bachmann, Lohkamp, Strobl*)

Umfang der Aufgabe:

1. Aufstellen einer Anforderungsliste (Ergänzung um technisch sinnvolle Wünsche).
2. Beschreibung der Gesamtfunktion mit einer Black-Box-Darstellung.
3. Angabe der Teilfunktionen in der üblichen Kurzform.
4. Aufstellen einer einfachen Funktionsstruktur mit den beiden wichtigsten Teilfunktionen.
5. Darstellung von geeigneten Lösungsprinzipien für die wichtigsten Teilfunktionen mit einfachen Strichskizzen.

Aufgabenstellung 5.3: Variation von Federarten und -anordnungen

Eine Schraubenfeder ist in der Ausgangslösung als Druckfeder aus Federstahl zu skizzieren. Sie soll auf einer ebenen Platte stehen und ist in der Mitte mit einer Kraft in Richtung der Federachse belastet, die senkrecht wirkt. Für diese Ausgangslösung sind Variationen mit Federn zu skizzieren, die ebenfalls eine senkrecht wirkende Kraft übertragen. Für das Skizzieren der Variationslösungen sind durch Anwenden der Variationsmerkmale G-A-L-F-M-O-S nach *Jorden* Lösungen durch einfache Skizzen einzutragen.

Aufgabenstellung 5.4: Kosmetikbehälter durch Kombination

Für die Entwicklung von Kosmetikbehältern sind durch Kombination der gegebenen Geometriemerkmale der Behälterformen mit den Verschlussformen Varianten in die Matrix nach Bild 10.6 einzutragen.

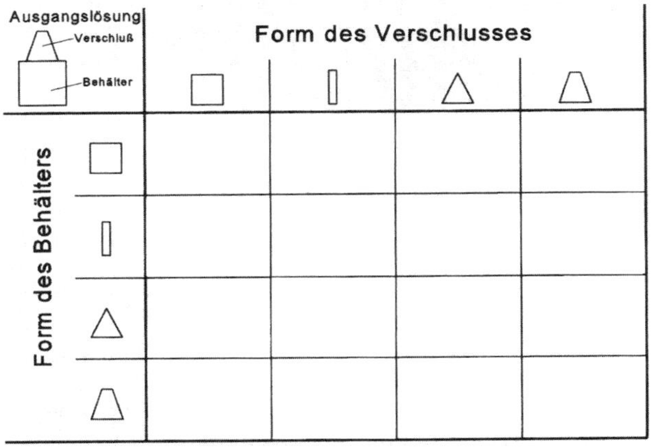

Ausgangslösung
Verschluß
Behälter
Form des Verschlusses
Form des Behälters

Bild 10.6: Kosmetikbehälterkombination (nach *Hill*)

Aufgabenstellung 5.5: Ideenfindung für Hammer

Skizzieren Sie einen Hammer. Überlegen Sie wofür Sie Hammer einsetzen und welche Eigenschaften Hammer haben könnten, ohne an die technische Realisierung zu denken. Skizzieren Sie mögliche Varianten nach Ideen, die auch ausgefallen sein sollten, wie z. B. ein Hammer mit Beleuchtung.

Aufgabenstellung 5.6: Morphologischer Kasten Zahnradpumpe

In einen Morphologischen Kasten für Zahnradpumpen sind für jeweils 5 Teilfunktionen maximal 5 Lösungselemente einzutragen (Text oder Skizze). Danach sind 3 technisch sinnvolle Lösungsvarianten für die Aufgabe „Zahnradpumpe konzipieren" einzutragen und die Anzahl der theoretisch möglichen Lösungsvarianten für den eingetragenen Vorschlag anzugeben.

Teilfunktionen:

1 Drehmoment einleiten
2 Welle/Nabe verbinden
3 Wellen lagern (Lagerart)
4 Wellen abdichten
5 Fördermenge erhöhen

Aufgabenstellung 5.7: Methode 635

Zur Ideensammlung für ein Problem soll die Methode 635 mit einem Formblatt durchgeführt werden. Gesucht sind Ideen für die Lösung der Aufgabe: „Anwendungsmöglichkeiten für Pflanzen oder Pflanzenteile zur Dekoration". Wenn keine Gruppenarbeit möglich ist, sollten mit dem in Abschnitt 5 vorgestellten Formblatt erste Ideen allein gesammelt und eingetragen werden. (nach *Schlicksupp*)

Aufgabenstellung 5.8: Ordnungsschema für Scheibenwischerblätter

Für bekannte Lösungen der verschiedenen Ausführungen und Anordnungen von Wischerblättern am Scheibenwischerarm zur Reinigung von ebenen und gekrümmten Scheiben von Kraftfahrzeugen ist ein Ordnungsschema aufzustellen. Für die unterscheidenden Merkmale Art, Form, Lage, Größe und Zahl sind Varianten mit Stichworten oder einfachen Skizzen einzutragen.

Aufgabenstellung 5.9: Ordnungsschema für Absperrorgane

Die bekannten Ausführungen von Absperrorganen, die als Beispiele auf den folgenden Seiten (Bilder 10.7 und 10.8) dargestellt sind, sind nach der Methode der Ordnenden Gesichtspunkte zu analysieren und als Ordnungsschema in Tabellenform aufzustellen. Die systematische Analyse von Lösungsvarianten soll über das Ermitteln von Ordnenden Gesichtspunkten und unterscheidenden Merkmalen erfolgen. Dafür sind vereinfachte Skizzen der Elemente anzufertigen, die für die Hauptfunktion in den Absperrorganen vorhanden sind. Festigkeits-, Dichtungs- und Gestaltungsprobleme sollen nicht behandelt werden (Quelle: *Pahl*).

Folgende *Arbeitsschritte* sind als Lösungsweg durchzuführen:

1. Funktion von Absperrorganen lösungsneutral formulieren
2. Wirkprinzip der Absperrorgane beschreiben
3. Vereinfachte Skizzen der Elemente für die Hauptfunktion aller Ausführungen
4. Ordnende Gesichtspunkte und unterscheidende Merkmale festlegen
5. Ordnungsschema überlegen und als Tabelle mit den Skizzen nach 3. aufstellen

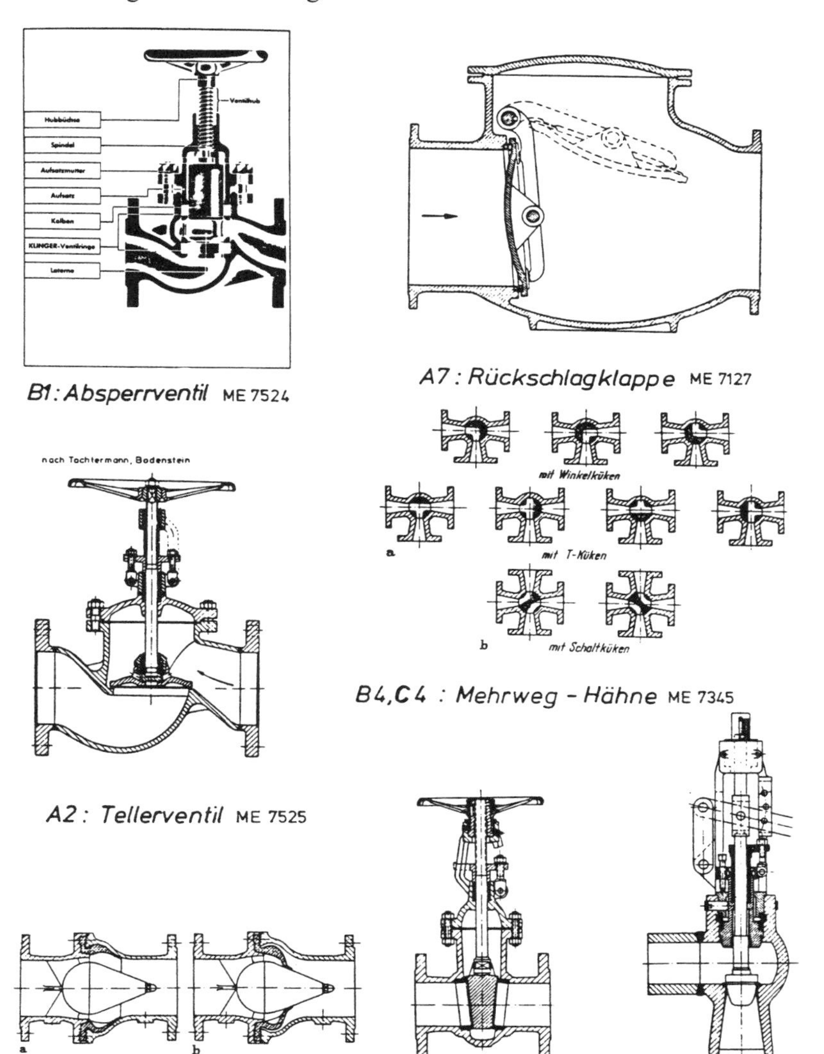

Bild 10.7: Beispiele ausgeführter Absperrorgane (nach *Pahl*)

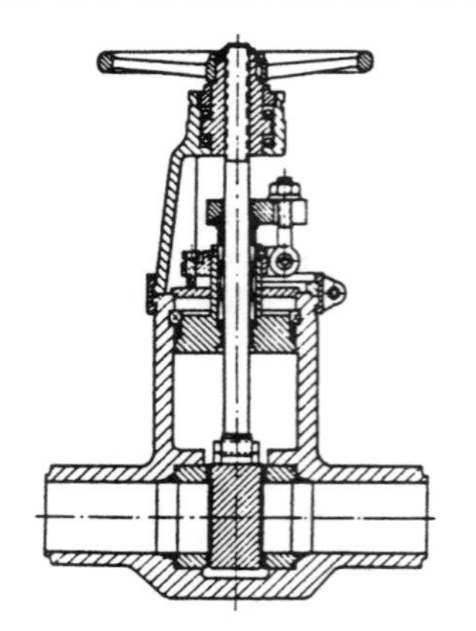

Einplatten-Schieber
mit plangeschliffener Dichtplatte

A1: Plattenschieber ME 7114

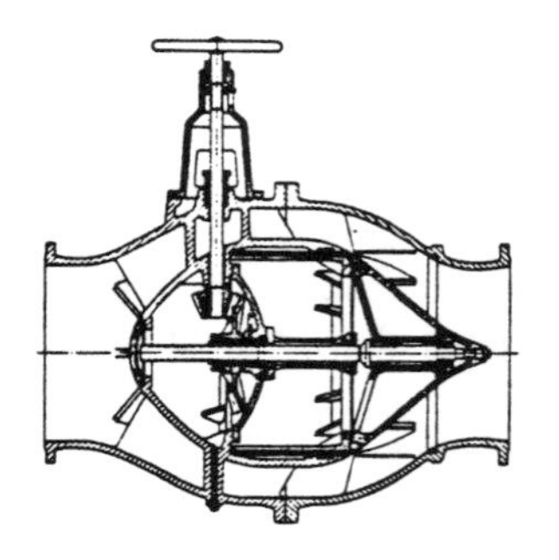

A2, B2: Ringschieber ME 7118

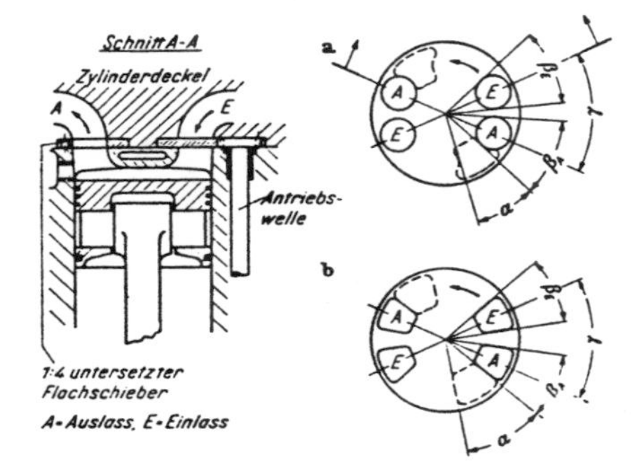

A8: Drehschieber ME 7116

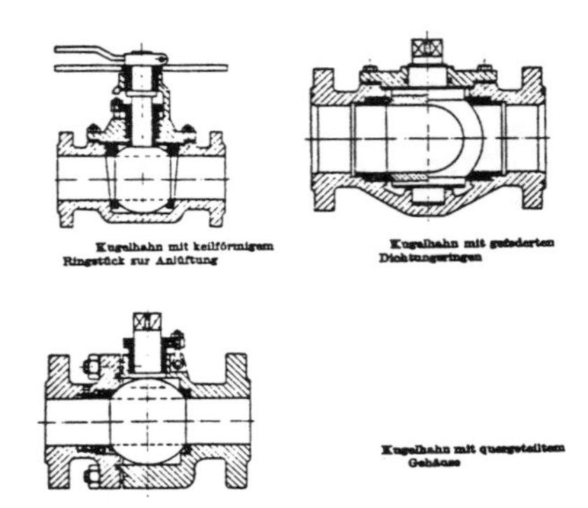

D4, D5: Kugelhahn ME 7117

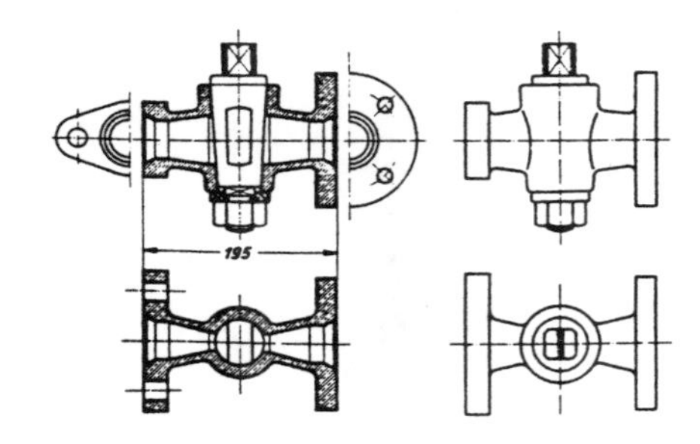

C4, C5: Hahn ME 8315

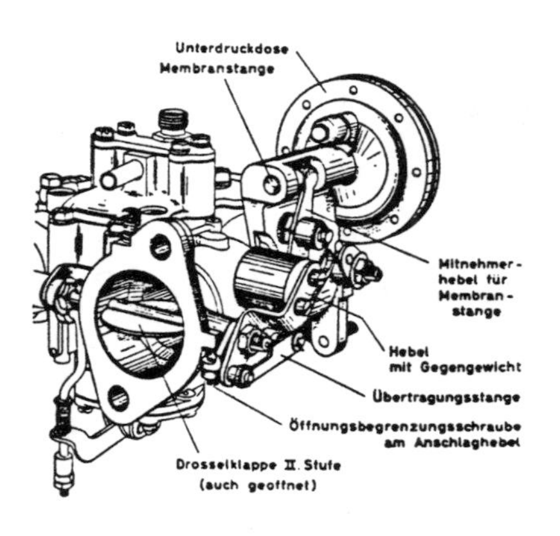

A4: Drosselklappe ME 7115

Bild 10.8: Beispiele ausgeführter Absperrorgane (nach *Pahl*)

Aufgabenstellung 5.10: Verpackungstechnik mit Bioniklösung

Gesucht ist eine Verpackung, die folgende Anforderungen erfüllen muss:

- Lebensmittel über mehrere Monate ohne Qualitätsverlust bei Umgebungstemperaturen von 40 ... 50 °C und direkter Sonneneinstrahlung frisch halten
- seewasserbeständig sein
- hohe Bruchfestigkeit aufweisen, d. h. bei freiem Fall aus 20 m Höhe ohne Schaden
- minimaler Verpackungsmaterialeinsatz
- Verpackung muss voll recycelbar sein

Aufgabenstellung 5.11: Mechatronikkonzepte für Fahrräder

Die bekannten Konzepte von Fahrrädern nach Bild 10.9 sollen weiterentwickelt werden:

- Mechanische Antriebe mit Muskelkraft
- Mechanische Antriebe mit Muskelkraft und Hilfsmotor
- Mechanische Antriebe mit Muskelkraft und zusätzlichem Elektroantrieb, für die wahlweise Muskelkraft oder ein Elektromotor eingesetzt werden.

Neue Lösungen sind als Ideen unter Beachtung moderner Komponenten der Mechatronik zu entwickeln. Ein Brainstorming zur Ideenfindung ist sehr sinnvoll.

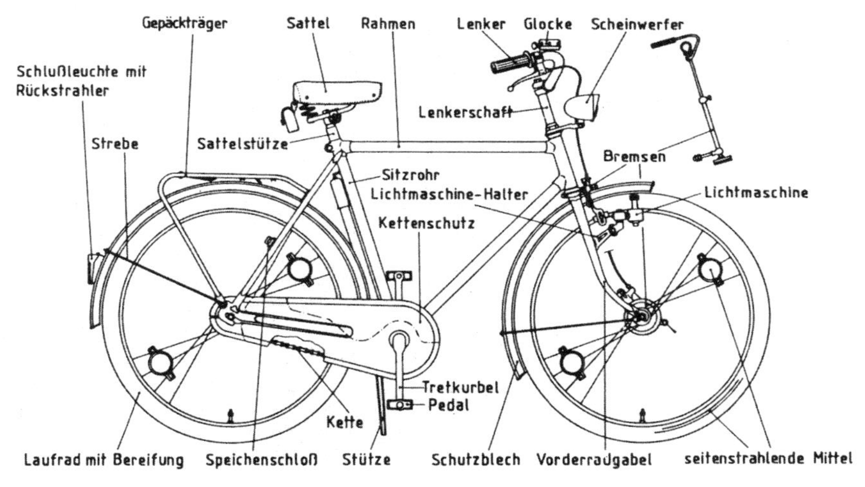

Bild 10.9: DIN-Fahrrad mit Begriffen für die Komponenten (nach DIN 79 100)

10.1.6 Aufgabenstellungen zu Abschnitt 6

Kenntnisfragen

1. Welche allgemeinen Forderungen müssen technische Produkte erfüllen?
2. Was legt der Konstrukteur beim Entwerfen fest?
3. Erklären Sie den Ablauf beim Gestalten als Übersicht (Skizze).
4. Erklären Sie die Grundregeln zur Gestaltung.

5. Erläutern Sie die Grundregel „Eindeutig“ und nennen Sie 3 Beispiele.
6. Erläutern Sie die Grundregel „Einfach“ und nennen Sie 3 Beispiele.
7. Erläutern Sie die Grundregel „Sicher“ mit der Drei-Stufen-Methode nach DIN 31000.
8. Erklären Sie den Begriff Gestaltungsprinzip.
9. Skizzieren Sie zwei Beispiele selbstverstärkender Dichtungen.
10. Erläutern Sie das Prinzip der Kraftleitung.
11. Skizzieren Sie den Kraftfluss in die Schraubverbindung zweier Platten und geben Sie an wo welche Arten von Spannungen auftreten.
12. Welche Regeln gelten für das kraftflussgerechte Gestalten?
13. Nennen Sie die grundsätzlichen Gestaltungsrichtlinien (Beispiel).
14. Erklären Sie fertigungsgerechte Gestaltung.
15. Vergleichen Sie zwei fertigungsgerechte Baustrukturen an einem Beispiel.
16. Skizzieren Sie 3 Beispiele fertigungsgerechter Gestaltung für die spanende Fertigung.
17. Was wird beim Gießgerechten Konstruieren festgelegt?
18. Nennen Sie die 4 Bereiche des Gießgerechten Konstruierens mit je 3 Beispielen.
19. Skizzieren Sie 2 Werkstücke, bei denen Materialanhäufungen vermieden werden.
20. Was versteht man unter montagegerechtem Gestalten?
21. Erklären Sie die 3 Grundfunktionen für die Montage.
22. Was ist für die Gestaltung montagegerechter Baugruppen zu beachten?
23. Skizzieren Sie 3 Beispiele montagegerechter Gestaltung.
24. Erklären Sie das Lärmarme Konstruieren.
25. Erklären Sie die Einflüsse auf die Geräuschentstehung (Skizze).
26. Nennen Sie primäre und sekundäre Maßnahmen für die Konstruktion lärmarmer Produkte (Skizze).
27. Nennen Sie Schallschutzaufgaben, die in den Konstruktionsphasen zu erledigen sind.
28. Skizzieren Sie die Produktlebensphasen als Kreislauf.
29. Wo wird Recycling bereits angewendet?
30. Erklären Sie wichtige Begriffe zum Recycling.
31. Was sind Recyclingkreislaufarten und welche gibt es?
32. Nennen Sie die 4 Recyclingformen mit Beispielen.
33. Vergleichen Sie Recycling und Instandhaltung.
34. Nennen Sie Regeln zur Beeinflussung des Recyclings bei der Produktion.
35. Nennen Sie 5 Konstruktionsregeln für das Recycling während des Produktgebrauchs.
36. Vergleichen Sie Kriterien für Montage, Gebrauch und Demontage.
37. Nennen Sie die Konstruktionsregeln für das Recycling nach Produktgebrauch.
38. Erklären Sie die Grundregeln beim entsorgungsgerechten Gestalten (Skizze).
39. Erläutern Sie die Prioritätenfolge nach dem Abfallgesetz.
40. Was versteht man unter entsorgungsgerechter Gestaltung?
41. Welche Kriterien sind beim entsorgungsgerechten Gestalten zu beachten?
42. Erklären Sie die Methode FMEA.

Aufgabenstellung 6.1: Mind Map für das Entwerfen mechanischer Baugruppen

Das Entwerfen einfacher mechanischer Baugruppen setzt voraus, dass eine geklärte Aufgabenstellung in Form einer Anforderungsliste und ein Lösungskonzept vorliegen. Dann sind wichtige Gedanken für das Entwerfen übersichtlich erforderlich. Erstellen Sie eine Mind Map für das Entwerfen mechanischer Baugruppen. Hinweis: Beachten Sie das Beispiel im Abschnitt 6.3.

Aufgabenstellung 6.2: Fertigungsgerecht gestalteter Lagerbock

Ein Lagerbock mit einer Lagerbohrung von 50 mm Durchmesser und 200 mm Länge soll für unterschiedliche Fertigungsverfahren skizziert werden, sodass 6 Varianten vorliegen. Hinweise zu Ausführung und Werkstoff sind anzugeben. Gegeben sind die Abmessungen Länge = 200 mm, Breite = 100 mm, Höhe = 80 mm und vier Bohrungen für Befestigungsschrauben M 10.

Aufgabenstellung 6.3: Recyclinggerecht gestaltete Kaffeemaschine

Für das Beispiel Kaffeemaschine sollen wichtige Maßnahmen und Regeln genannt werden, die beim Entwicklungsprozess eine recyclinggerechte Gestaltung sicherstellen. Die recyclinggerechte Produktgestaltung ist auch bei kleinen Produkten wichtig, insbesondere, wenn diese in großen Stückzahlen hergestellt werden. Die Verbraucher neigen durch Unkenntnis häufig dazu, solche Produkte einfach in die Mülltonne zu werfen, obwohl entsprechend entwickelte Produkte sehr einfach zerlegt und viele Teile recycelt werden können. Aus hygienischen Gründen wird bei neuen Haushaltsprodukten Recyclingmaterial nur für Bauteile eingesetzt, die nicht mit Wasser in Berührung kommen.

Aufgabenstellung 6.4: Ökobilanz

Die Aufstellung einer Öko-Bilanz beginnt mit einer umfassenden Analyse, die alle Bereiche eines Produktlebens erfassen. Voraussetzung sind umfassende Kenntnisse der Produktlebensphasen. Eine Bilanzierungsgrenze wird vorgesehen, um die Eingangs- und Ausgangsgrößen richtig darzustellen.

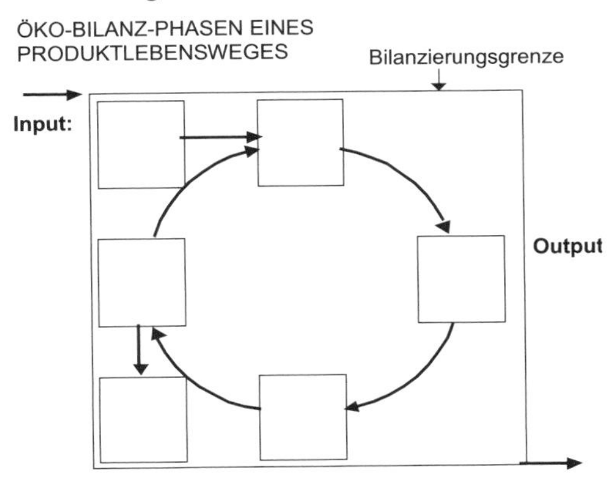

Bild 10.10: Phasen eines Produktlebenswegs
(nach *DaimlerChrysler Umweltbericht 1999*)

In allgemeiner Form beginnt die Untersuchung bei der Rohstoffgewinnung und endet bei der Verwertung oder Entsorgung. Um sinnvolle Aussagen zu erhalten, sind alle wichtigen Phasen eines Produktlebens zu berücksichtigen. Dadurch lassen sich über den gesamten Lebenszyklus eines Produkts die Stoff- und Energieströme, der Ressourcenverbrauch und die Emissionen feststellen. Eine aussagekräftige Öko-Bilanz ist erforderlich, um die ökologische Situation zu beurteilen, daraus zu lernen und neue Ideen zu entwickeln. In das vereinfachte Schema mit Systemgrenzen nach Bild 10.10 sind einzutragen: 1. Phasen des Produktlebensweges, 2. Eingangsgrößen als Input, 3. Ausgangsgrößen als Output

10.1.7 Aufgabenstellungen zu Abschnitt 7

Kenntnisfragen

1. Welche Arbeitsschritte gehören zum Ausarbeiten?
2. Skizzieren Sie Begriff und Aufbau einer Erzeugnisgliederung mit einem Beispiel.
3. Vergleichen Sie die funktionsorientierte mit der fertigungs- und montageorientierten Erzeugnisgliederung.
4. Erklären Sie einen Zeichnungs- und Stücklistensatz (Beispiel).
5. Welche Punkte sind für das Ausarbeiten von Maschinenbauteilen zu beachten?
6. Was ist eine Stückliste?
7. Welche Teilearten gibt es?
8. Welche drei Grundformen der Stückliste gibt es?
9. Erläutern Sie Strukturstücklisten.
10. Skizzieren Sie eine Übersicht der wichtigsten Stücklistenarten.
11. Was ist ein Teileverwendungsnachweis?
12. Erklären Sie Teilestammdaten und Stücklistenverwendung im Betrieb.
13. Was sind Nummernsysteme?
14. Erklären Sie die beiden wichtigsten Aufgaben von Nummernsystemen.
15. Nennen Sie vier Aufgaben einer Nummer.
16. Erklären Sie die 4 Anforderungen an Identnummern.
17. Erklären Sie die Unterschiede zwischen einer dezimalen und einer dekadischen Gliederung einer Nummer.
18. Erklären Sie die 4 Gliederungskriterien eines Klassifizierungssystems.
19. Beschreiben Sie ein Parallelnummernsystem mit einfachen Beispielen.
20. Was sind Sachnummern?
21. Skizzieren Sie den prinzipiellen Aufbau von Nummernsystemen (Skizze).
22. Wie werden die Hauptklassen eines Sachnummernsystems eingeteilt (Beispiel)?
23. Was ist ein Sachmerkmal (Skizze)?
24. Skizzieren Sie die Gliederung von Merkmalen nach ihrem Inhalt.
25. Welche Aufgaben haben Sachmerkmalleisten?
26. Skizzieren und erklären Sie eine Sachmerkmalleiste.
27. Wie erfolgt der Ablauf einer Klassifizierung über Sachmerkmale?
28. Welche Arbeitsschritte werden für die Sachmerkmalerarbeitung durchgeführt?
29. Welche Maßnahmen dienen der Qualitätssicherung beim Ausarbeiten?
30. Erklären Sie die Zehnerregel der Fehlerkosten mit einem Diagramm.

Aufgabenstellung 7.1: Zeichnungsanalyse

Die Informationen und Daten der technischen Zeichnung eines Einzelteils können in 4 Gruppen eingeteilt werden. Durch Analyse einer vorhandenen Zeichnung nach Bild 10.11 sind alle Angaben zu erfassen und den 4 Gruppen zuzuordnen.

1. Nennen und definieren Sie die 4 Gruppen.
2. Analysieren Sie die technische Zeichnung und ordnen Sie alle Eintragungen den 4 Gruppen zu.

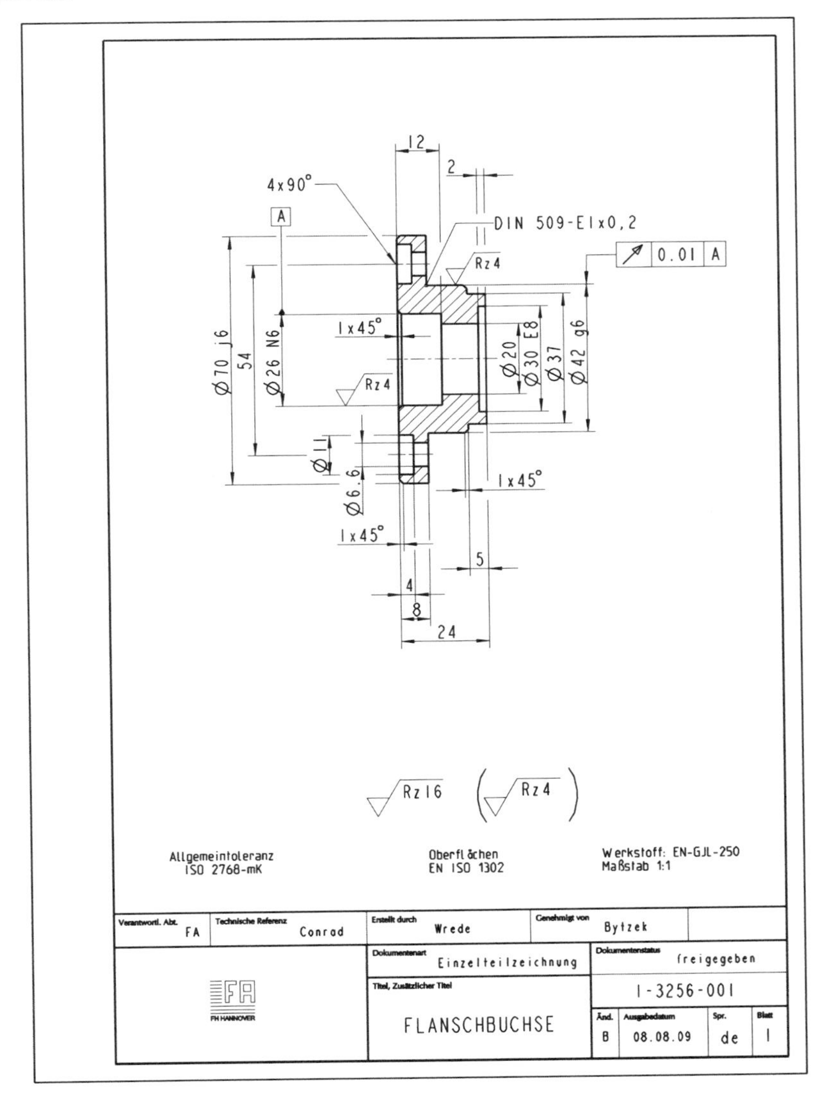

Bild 10.11: Zeichnungsanalyse

Aufgabenstellung 7.2: Aufteilung in Baugruppen

Warum wird eine Konstruktion in Baugruppen zerlegt und entwickelt?
Nennen Sie 8 sinnvolle Gründe für eine Zerlegung in Baugruppen mit je einem Beispiel.

Aufgabenstellung 7.3: Erzeugnisgliederung und Stücklistenarten für ein Getriebe

Für ein Stirnradgetriebe sollen mit Hilfe der Zusammenbauzeichnung nach Bild 10.12 und der gegebenen Mengenübersichtsstückliste nach Tabelle 10.1 eine Erzeugnisgliederung und ein Baukastenstücklistensatz erstellt werden.

Umfang der Aufgabe:

1. Erzeugnisgliederung mit Angabe der Baugruppen und der zu jeder Baugruppe gehörenden Positionsnummern.
2. Baukastenstücklistensatz durch montagegerechte Aufteilung des gesamten Getriebes in vier oder fünf Baugruppen mit Angabe aller Stücklistendaten für jede Baugruppe erstellen und eine Gesamtstückliste aufstellen.

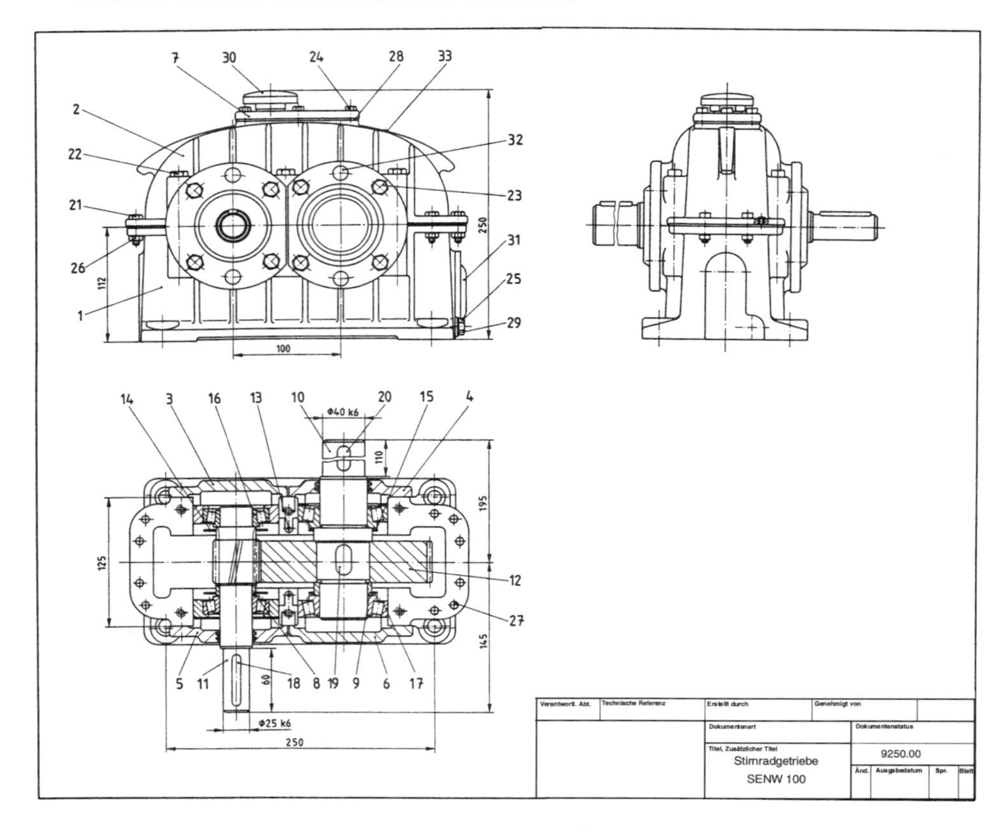

Bild 10.12: Zusammenbauzeichnung Stirnradgetriebe (nach *Hoischen/Hesser*)

Stückliste A1 DIN 6771

1	2	3	4	5	6
Pos.	**Menge**	**Einheit**	**Benennung**	**Sach-Nr. / Norm-Kurzbezeichnung**	**Werkstoff**
1	1	Stck	Gehäuseunterteil	9250.01	EN-GJL-200
					DIN EN 1561
2	1	Stck	Gehäuseoberteil	9250.02	EN-GJL-200
					DIN EN 1561
3	1	Stck	Lagerabschlussdeckel	9250.03	EN-GJL-200
					DIN EN 1561
4	1	Stck	Lagerabschlussdeckel	9250.04	EN-GJL-200
					DIN EN 1561
5	1	Stck	Lagerabschlussdeckel	9250.05	EN-GJL-200
					DIN EN 1561
6	1	Stck	Lagerabschlussdeckel	9250.06	EN-GJL-200
					DIN EN 1561
7	1	Stck	Schaulochdeckel	9250.07	EN-GJL-200
					DIN EN 1561
8	1	Stck	Abstandbuchse	9250.08	EN-GJL-200
					DIN EN 1561
9	1	Stck	Abstandbuchse	9250.09	EN-GJL-200
					DIN EN 1561
10	1	Stck	Welle	9250.10	E295
					DIN EN 10025
11	1	Stck	Schrägstirnradwelle	9250.11	C45
					DIN EN 10083
12	1	Stck	Schrägstirnrad	9250.12	C45
					DIN EN 10083
13	2	Stck	Ölabstreifer	9250.13	S235JR
					DIN EN 10025
14	2	Stck	Ölstaublech	9250.14	S235JR
					DIN EN 10025
15	2	Stck	Ölstaublech	9250.15	S235JR
					DIN EN 10025
16	2	Stck	Kegelrollenlager	DIN 720-30306	
17	2	Stck	Kegelrollenlager	DIN 720-30209	
18	1	Stck	Passfeder	DIN 6885-A8x7x50	E335
					DIN EN10025
19	1	Stck	Passfeder	DIN 6885-14x9x30	E335
					DIN EN10025
20	1	Stck	Passfeder	DIN 6885-12x8x100	E335
					DIN EN10025
21	8	Stck	Sechskantschraube	DIN EN 24014-M6x25	8.8
22	6	Stck	Sechskantschraube	DIN EN 24014-M10x20	8.8
23	16	Stck	Sechskantschraube	DIN EN 24014-M10x25	8.8
24	6	Stck	Sechskantschraube	DIN EN 24014-M6x70	8.8
25	1	Stck	Verschlussschraube	DIN 910-R3/8"	4.5
26	8	Stck	Sechskantmutter	DIN EN 24032-M6	6
27	4	Stck	Kegelstift	DIN EN 22339-6x24	
28	1	Stck	Dichtscheibe	9250.28	Cu
29	1	Stck	Dichtring	DIN 7603-C17x32x2	Cu
30	1	Stck	Atmungsfilter	9250.30	Blech
31	1	Stck	Ölplatte Gr.3	9250.31	
32	8	Stck	Schutzstopfen	9250.32	
33	1	Stck	Firmenschild	9250.33	Al

Verantwortl. Abt.	Technische Referenz	Erstellt durch	Genehmigt von			
		Dokumentenart: Stückliste	Dokumentenstatus			
		Titel, Zusätzlicher Titel: Stirnradgetriebe SENW 100	9250.00			
			Änd.	Ausgabedatum	Spr.	Blatt
			A	20.06.2005	de	1

Tabelle 10.1: Lose Stückliste für Stirnradgetriebe nach Bild 10.12 (nach *Hoischen/Hesser*)

Aufgabenstellung 7.4: Nummernsystem durch Klassifizieren nach der Form

Das Aufstellen von Nummern durch Klassifizieren nach der Form und der Vergabe einer Identnummer ist für die dargestellten Beispielteile in Bild 10.13 durchzuführen.

1. Sechskantschraube mit d = M 12, Gewindelänge l_g = 40 mm, Schaftlänge l_s = 60 mm.
2. Welle mit Gesamtlänge $a \leq 80$ mm, Durchmesser $b \leq 40$ mm
3. Identnummern sind maximal 4-stellig festzulegen.

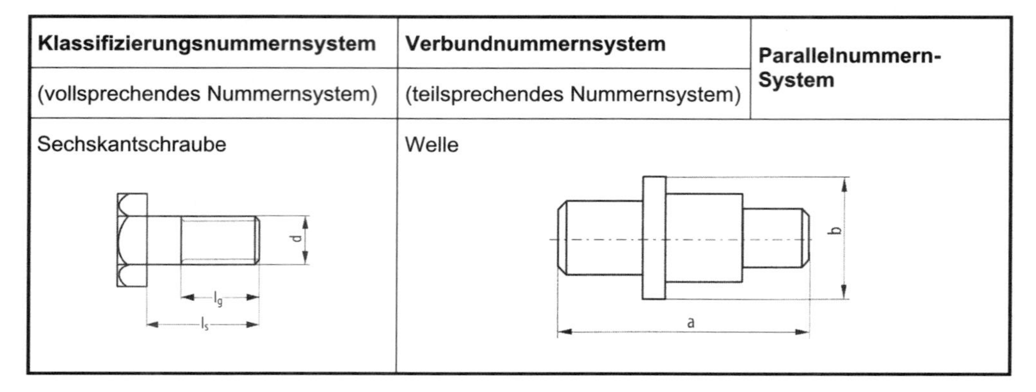

Klassifizierungsnummernsystem	**Verbundnummernsystem**	**Parallelnummern-System**
(vollsprechendes Nummernsystem)	(teilsprechendes Nummernsystem)	
Sechskantschraube	Welle	

Bild 10.13: Klassifizierung nach der Form an Beispielen (Bilder *Eversheim/Schuh*)

Gesucht:

1. Klassifizierung nach der Form mit den gegebenen Daten und Angabe der Identnummer.
2. Die Zuordnung der Nummernteile und deren Abhängigkeit zwischen Identifizierung und Klassifizierung ist für alle drei Nummernsysteme anzugeben.

Aufgabenstellung 7.5: Klassifizierung und Stücklisteneintragungen

Skizzieren Sie eine Stückliste nach DIN 6771 Form A. Tragen Sie folgende Einzelteile sach- und normgerecht ein. Sachnummern sind als Parallel-Nummernsystem nach den angegebenen Sachnummernbereichen und der Klassifizierung aufzustellen und auch für Normteile einzutragen. Für die Klassifizierung wird das Schema X-XXXX und für die Identifizierung eine dreistellige Zahl XXX als Zählnummer gewählt.

Die Einzelteile für den Reitstock einer Spitzen-Drehmaschine (Erzeugnisse A) sind:

1 Reitstock-Unterteil aus EN-GJL-200 nach DIN EN 1561 (alt GG 20)
2 Stiftschrauben DIN 938 – M16 x 80 – 8.8
2 Sechskantmuttern DIN 6330 – M16 – 8
1 Spindel aus Einsatzstahl 16 MnCr 5 nach DIN EN 10084 (alt DIN 17210)
1 Handrad DIN 950 – D4 – 160 x 14 – GG
1 Ballengriff DIN 39 – D32 – St
0,1 kg Schmierfett K nach DIN 51825

Sachnummernbereiche:

X-XXXX **(A = Werkzeugmaschinen)**

0 = Anlagen
1 = Erzeugnisse A
2 = Erzeugnisse B
3 = Erzeugnisse C
4 = Baugruppen
5 = Montagegruppen
6 = Verbundgruppen
7 = Einzelteile
8 = Kaufteile
9 = Halbzeuge, Rohteile, Sonstige

Klassifizierung:

Erste Stelle der Klassifizierung:

X-**X**XXX **(Werkzeugmaschinenarten)**

0 = Richtlinien, Organisation
1 = Standard-Drehmaschinen
2 = Universal-Drehmaschinen
3 = Spitzen-Drehmaschinen
4 = Plan-Drehmaschinen
5 = Vorrichtungen
6 = Werkzeuge
7 = Spannmittel
8 = Handhabung
9 = Sondermaschinen

Zweite Stelle der Klassifizierung:

X-X**X**XX **(Teilearten)**

0 = Richtlinien, Normen
1 = Montagegruppen
2 = Eigenteile
3 = Fremdteile
4 = Normteile
5 = Elektroteile
6 = Betriebsmittel
7 = Schmiermittel
8 = Hilfs- und Betriebsstoffe
9 = Sonstige

Dritte Stelle der Klassifizierung:

X-XX**X**X **Werkstoffarten**

0 = Richtlinien, Organisation
1 = Vergütungsstähle
2 = Einsatzstähle
3 = Stahlguss
4 = Allgemeine Baustähle
5 = Gusseisen mit Lamellengraphit
6 = Gusseisen mit Kugelgraphit
7 = Nichteisenmetalle
8 = Nichtmetalle
9 = Sonstige

Vierte Stelle der Klassifizierung:

X-XXX**X** **(Rohteile, Halbzeuge)**

0 = Richtlinien, Organisation
1 = Flachmaterial
2 = Bleche
3 = Profile
4 = Schmiedeteile
5 = Gussteile
6 = Stangenmaterial
7 = Rundmaterial
8 = Rohre
9 = Sonstige

10.1.8 Aufgabenstellungen zu Abschnitt 8

Kenntnisfragen

1. Erklären Sie funktionsmäßige und herstellungsmäßige Wirtschaftlichkeit.
2. Skizzieren Sie die Kostenfestlegung und -entstehung in den Unternehmensbereichen.
3. Was sind Kosten?
4. Erklären Sie die Unterschiede von fixen und variablen Kosten.
5. Erklären Sie die Ziele der Kostenrechnung.
6. Erklären Sie die Unterschiede von Kostenarten, Kostenstellen und Kostenträgern.
7. Welche Gründe gibt es für das geringe Interesse der Konstrukteure an Kosten?
8. Welche Kosten kann der Konstrukteur beim Konstruieren beeinflussen (Beispiel)?
9. Nennen Sie Einflussgrößen auf die Herstellkosten.
10. Skizzieren Sie Kostenbeeinflussung und -beurteilung im Konstruktionsprozess.
11. Vergleichen Sie den langen mit dem kurzen Regelkreis bei der Kostenanalyse.
12. Nennen Sie Hilfsmittel zur Kostenerkennung in der Konstruktion.
13. Vergleichen Sie das festigkeitsgerechte mit dem kostengünstigen Konstruieren.
14. Welche Unterschiede bestehen zwischen Kurz- und Vorkalkulation?
15. Was sind Relativkosten?
16. Welche Vorteile haben Relativkosten?
17. Beschreiben Sie Aufbau und Anwendung von Relativkostenzahlen in Kennliniendiagrammen am Beispiel Schraubverbindungen.
18. Welche Anforderungen bestehen an ein Informationssystem für Relativkosten?
19. Erklären Sie Relativkostenkataloge.
20. Beschreiben Sie die ABC-Analyse.
21. Erläutern Sie die Arbeitsschritte bei der ABC-Analyse.
22. Erklären Sie die Summenkurve einer ABC-Analyse an einem Beispiel.
23. Wie hat der Entwickler der Wertanalyse diese definiert?
24. Welches ist der Zweck der Wertanalyse?
25. Vergleichen Sie Wertverbesserung mit Wertgestaltung.
26. Beschreiben Sie an einem Beispiel Gebrauchs- und Geltungsfunktionen.
27. Erklären sie die vier Auswahlkriterien für Wertanalyseprojekte.
28. Nennen Sie 5 der 13 Grundregeln des Entwicklers der WA für WA-Projekte.
29. Erläutern Sie wesentliche Systemelemente der Wertanalyse nach DIN 69910.
30. Erklären Sie eine Methode zur Kostenanalyse.

Aufgabenstellung 8.1: Herstellkostenermittlung

Für Lagerböcke, die nach unterschiedlichen Fertigungsverfahren und in verschiedenen Losgrößen hergestellt werden sollen, ist eine konventionelle Vorkalkulation durchzuführen, um die Herstellkosten zu berechnen. Für Losgrößen von 1, 5 und 20 Stück ist eine Ausführung als Schweißteil und eine aus Vollmaterial zu berechnen. Die Zeichnungen in den Bildern 10.14 und 10.15 zeigen die Abmessungen sowie die zu bearbeitenden Bohrungen und Flächen. (Beispiel nach *Ehrlenspiel, Kiewert, Lindemann*)

Gegeben sind für die Schweißausführung nach Bild 10.14: Gewichtskostensatz 2,5 €/kg, Rohteilgewicht 8,3 kg, Materialgemeinkostenzuschlagsfaktor 15 %. Die Vorbearbeitung besteht aus dem Zuschneiden mit einer Rüstzeit von 15 min, einer Einzelfertigungszeit von 40 min und einem Platzkostensatz von 1,2 €/min, dem Heften und Schweißen mit einer Rüstzeit von 15 min, einer Einzelfertigungszeit von 30 min und einem Platzkostensatz von 1,5 €/min sowie dem Entgraten und Richten mit einer Rüstzeit von 15 min, einer Einzelfertigungszeit von 10 min und einem Platzkostensatz von 1,5 €/min. Die Fertigbearbeitung erfolgt mit einer Rüstzeit von 30 min, einer Einzelfertigungszeit von 30 min und einem Platzkostensatz von 2 €/min.

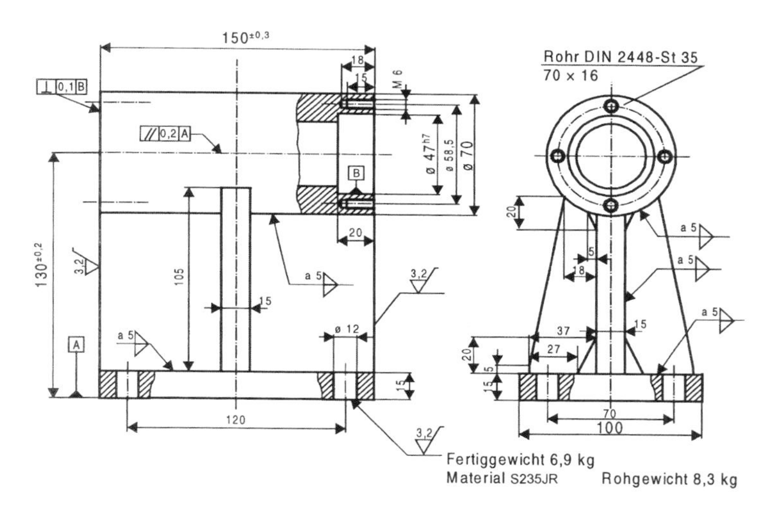

Bild 10.14: Lagerbock aus Stahlteilen geschweißt (nach *Ehrlenspiel, Kiewert, Lindemann*)

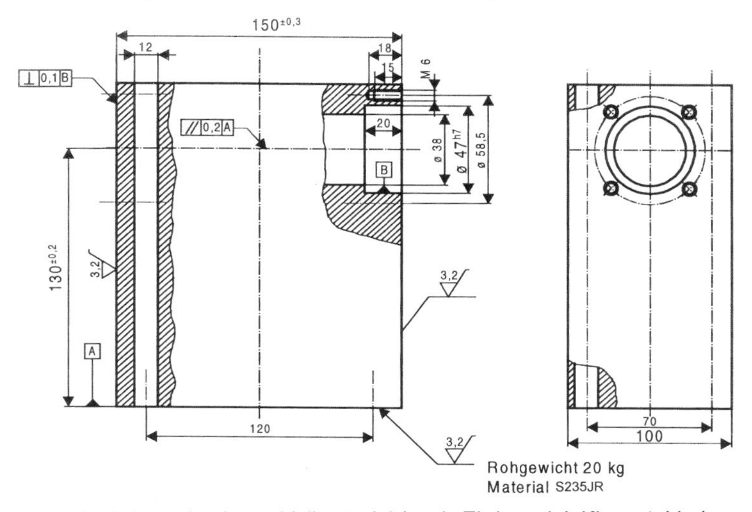

Bild 10.15: Lagerbock aus Vollmaterial (nach *Ehrlenspiel, Kiewert, Lindemann*)

Gegeben sind für die Vollmaterialausführung nach Bild 10.15: Gewichtskostensatz 2,5 €/kg, Rohteilgewicht 20 kg, Materialgemeinkosten-Zuschlagsfaktor 15 %. Die Vorbearbeitung besteht aus dem Zuschneiden mit einer Rüstzeit von 15 min, einer Einzelfertigungszeit von 10 min und einem Platzkostensatz von 1,2 €/min, dem Tieflochbohren mit einer Rüstzeit von 10 min, einer Einzelfertigungszeit von 20 min und einem Platzkostensatz von 2 €/min. Die Fertigbearbeitung erfolgt mit einer Rüstzeit von 30 min, einer Einzelfertigungszeit von 30 min und einem Platzkostensatz von 2 €/min.

Gesucht sind die Herstellkosten für alle Losgrößen und ein Vergleich der Ergebnisse, auch für die Gussausführung, die im Abschnitt 8.10 berechnet wurde.

10.1.9 Aufgabenstellungen zu Abschnitt 9

Kenntnisfragen

1. Welche Punkte müssen beachtet werden, um sinnvoll mit CA-Techniken zu arbeiten?
2. Erklären Sie CAD.
3. Was verstehen Sie unter CAP?
4. Welche Aufgaben erfüllt CAM?
5. Welche Funktionszuordnungen gelten für CAQ?
6. Erklären Sie PPS und ERP.
7. Skizzieren Sie die CA-Techniken beim Zusammenwirken unter CAD/CAM.
8. Erklären Sie die Bedeutung der CAD/CAM-Systeme.
9. Vergleichen Sie Konstruktionsmethodik mit 3D-CAD/CAM-Systemen.
10. Erklären Sie die Baugruppenkonstruktion mit Skeletttechnik.
11. Welche Aufgaben sollen PDM-Systeme erfüllen?
12. Nennen Sie die wichtigsten Funktionsbereiche von PDM.
13. Skizzieren Sie PDM als Integrationskonzept.
14. Was sind Kennzahlen, und welchen Nutzen haben Sie für die Konstruktion?
15. Nennen Sie vier Aufgabenschwerpunkte für den Bereich Konstruktion.
16. Vergleichen Sie die Gesamtdurchlaufzeit von paralleler zu sequentieller Erledigung von Auftragsarbeiten.
17. Erklären Sie die CAD-Kopplungen mit anderen CA-Techniken.
18. Nennen Sie 6 häufig eingesetzte technische Hilfsmittel der Konstruktion.
19. Nennen Sie 6 im Bereich der Konstruktion häufig auftretende Aufgaben
20. Nennen Sie die 6 Evolutionsphasen des Konstruierens.
21. Skizzieren Sie wichtige Einflussgrößen auf den virtuellen Produktentwicklungsprozess.
22. Was ist ein virtuelles Produkt?
23. Erklären Sie Simulation.
24. Wozu dienen Rapid Prototyping-Anlagen?

10.2 Lösungen

10.2.1 Lösungen zu Abschnitt 1

Lösungshinweise für die Kenntnisfragen

Frage	Seite	Frage	Seite	Frage	Seite	Frage	Seite	Frage	Seite	Frage	Seite
1	13	4	19	7	23	10	26	13	30	16	35
2	15	5	20	8	23	11	27	14	31	17	35
3	16	6	21	9	24	12	28	15	33		

Lösung 1.1: Kugelschreiber

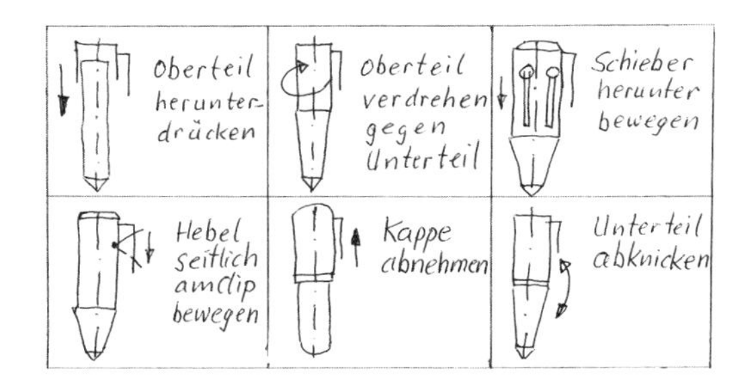

Bild 10.16: Kugelschreiber Betätigungen

10.2.2 Lösungen zu Abschnitt 2

Lösungshinweise für die Kenntnisfragen

Frage	Seite	Frage	Seite	Frage	Seite	Frage	Seite	Frage	Seite	Frage	Seite
1	38	3	44	5	47	7	53	9	56	11	60
2	39	4	45	6	50	8	55	10	58	12	61

Lösung 2.1: Ventilfunktionen

Gesamtfunktion: Stofffluss sperren und verbinden (Durchflussmenge)

1 Gehäuse: Flüssigkeit führen, Momente aufnehmen, Verbindungselemente aufnehmen
2 Hahnküken: Durchflussmenge verändern, Verstellung anzeigen
3 Stopfbuchse: Hahnküken abdichten, Dichtschnur pressen
4 Sitzring: Dichtschnur aufnehmen
5 Hammerschraube: Dichtwirkung einstellen (Teile 5, 6 und 8)
6 Sechskantmutter: Dichtwirkung einstellen (Teile 5, 6 und 8)
7 Stopfbuchspackung: Hahnküken abdichten
8 Scheibe: Dichtwirkung einstellen (Teile 5, 6 und 8)

Lösung 2.2: Technische Systeme

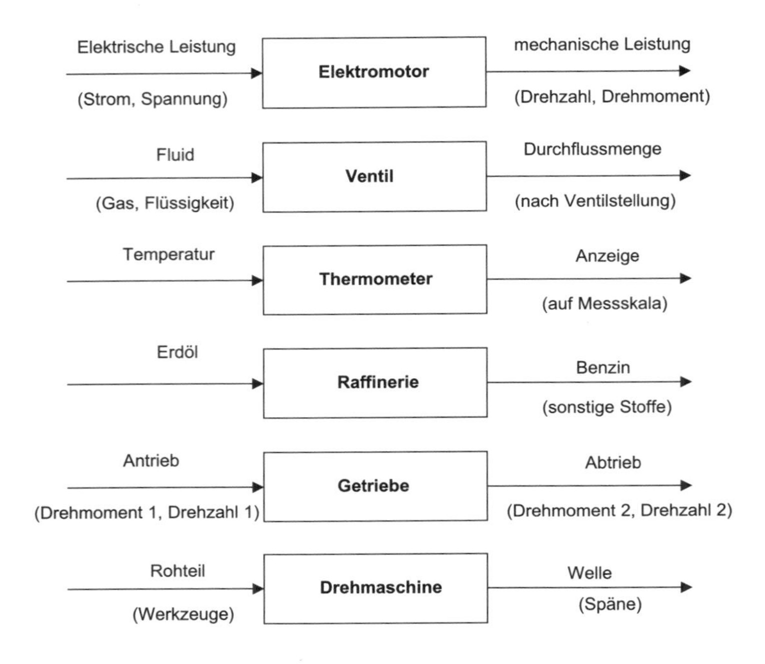

Bild 10.17: Technische Systeme

Lösung 2.3: Schraubpresse

Bei fehlenden Kenntnissen über Spindeln, die als Bewegungsschrauben in Schraubpressen eingesetzt werden, müssen Informationen aus Fachbüchern beschafft werden. Dafür geeignet sind z. B. Handbücher über Konstruktionselemente, wie *Hering, Modler*: Grundwissen des Ingenieurs, *Krause*: Konstruktionselemente der Feinmechanik und *Vollmer*: Getriebetechnik. Die folgenden Bilder sind diesen Literaturstellen entnommen und zeigen einen Lösungsansatz.

Ein Schraubengetriebe besteht aus drei Gliedern mit einem Schraubgelenk, einem Drehgelenk und einem Schubgelenk, die unterschiedlich angeordnet werden können. Bild 10.18 enthält die getriebetechnische Darstellung und Bild 10.19 eine einfache Gestaltung.

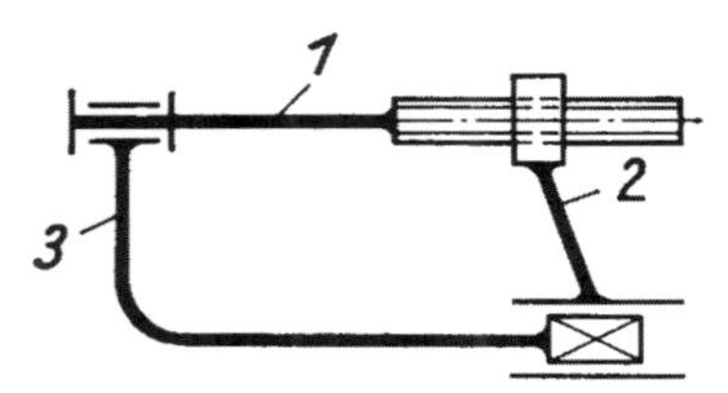

Bild 10.18: Dreigliedrige Schraubenkette mit Getriebetechniksymbolen (nach *Vollmer*)

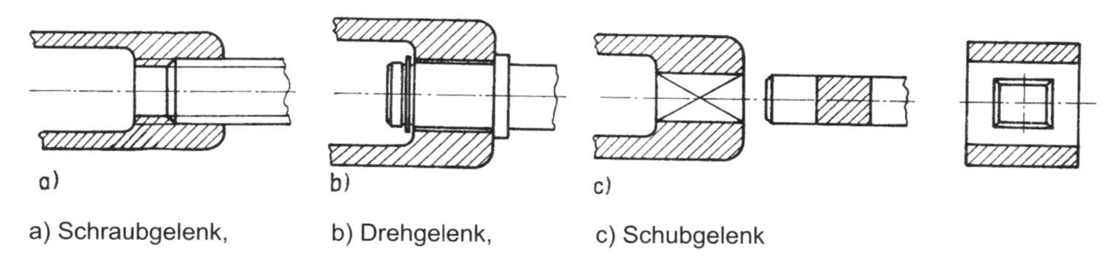

a) Schraubgelenk, b) Drehgelenk, c) Schubgelenk

Bild 10.19: Gestaltung der Elementpaare (nach *Krause*)

Die drei Glieder der Schraubenkette 1, 2 und 3 unterscheiden sich durch die an ihnen enthaltenen Gelenkelemente, die als Voll- oder Hohlform ausgeführt sein können. Durch kinematische Umkehr (Gestell mit vorher beweglichem Getriebeglied vertauschen) ergeben sich die drei verschiedenen Grundformen des Schraubengetriebes nach Bild 10.20.

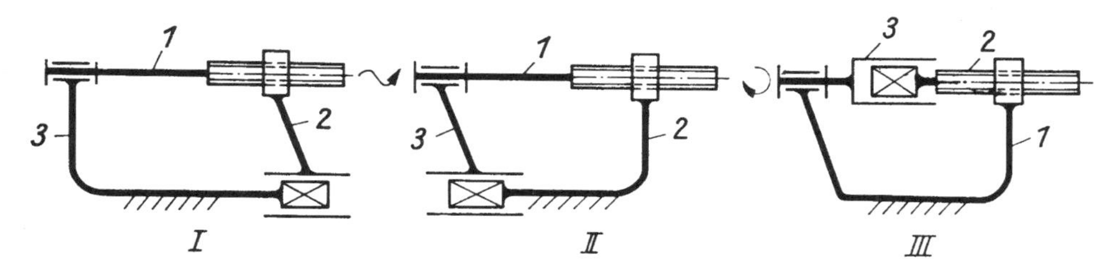

Bild 10.20: Grundformen des dreigliedrigen Schraubengetriebes (nach *Vollmer*)

Die folgende Übersicht in Bild 10.21 enthält für jede Grundform eine einfache Gestaltung mit Angabe der Bewegungsarten.

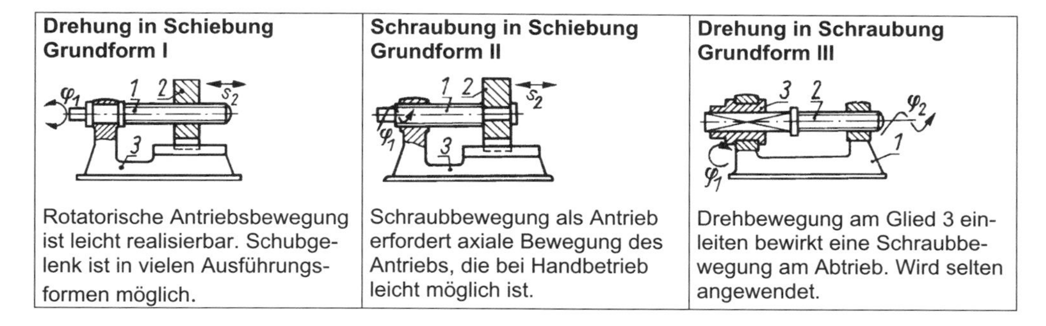

Drehung in Schiebung **Grundform I**	**Schraubung in Schiebung** **Grundform II**	**Drehung in Schraubung** **Grundform III**
Rotatorische Antriebsbewegung ist leicht realisierbar. Schubgelenk ist in vielen Ausführungsformen möglich.	Schraubbewegung als Antrieb erfordert axiale Bewegung des Antriebs, die bei Handbetrieb leicht möglich ist.	Drehbewegung am Glied 3 einleiten bewirkt eine Schraubbewegung am Abtrieb. Wird selten angewendet.

Bild 10.21: Gestaltung und Bewegungen des dreigliedrigen Schraubengetriebes (nach *Krause*)

Beispiele zu den drei Grundformen sind als Fahrzeugheber in Bild 10.22 dargestellt. Die Grundform I im Bildteil a) hat einen einfachen Aufbau und ist am günstigsten.

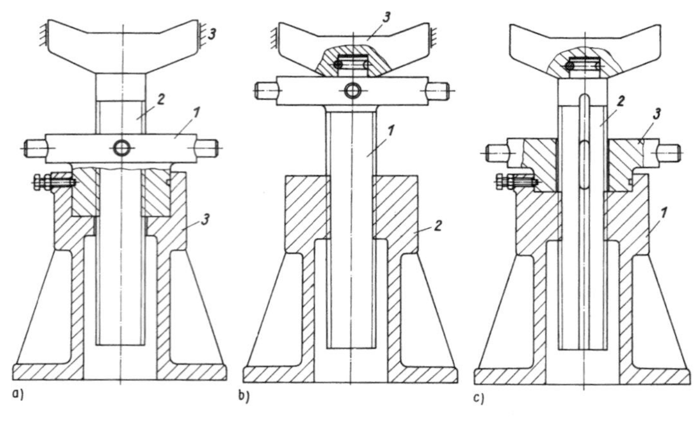

a) Grundform I, b) Grundform II, c) Grundform III

Bild 10.22: Fahrzeugheber als dreigliedrige Schraubengetriebe (nach *Vollmer*)

Mit diesen Kenntnissen ist eine systematische Lösungserarbeitung für die Aufgabe möglich. Für die Lösung der Aufgabe sind drei Ordnende Gesichtspunkte zu untersuchen:

zu 1.) Die Ausführungen von Schraube und Mutter, die jeweils drehbar oder drehfest, schiebbar oder schiebfest sein können, ergeben 16 mögliche Kombinationen. Davon sind nur 4 brauchbar, da zur beweglichen Schraube eine feste Mutter gehört und umgekehrt. Damit ergeben sich die durch die ersten 4 senkrechten Spalten der Tabelle gekennzeichneten Funktionsprinzipien (Tabelle 10.2).

Maschinengestell	geschlossen												offen											
Stapel liegt	horizontal								vertikal				horizontal								vertikal			
	unten				oben								unten				oben							
Schraube, drehbar	x		x		x		x		x		x		x		x		x		x		x		x	
Mutter, drehbar		x		x		x		x		x		x		x		x		x		x		x		x
Schraube, drehfest		x		x		x		x		x		x		x		x		x		x		x		x
Mutter, drehfest	x		x		x		x		x		x		x		x		x		x		x		x	
Schraube, schiebbar	x			x	x			x	x			x	x			x	x		x		x		x	
Mutter, schiebbar		x	x			x	x			x	x			x	x			x	x			x	x	
Schraube, schiebfest		x	x			x	x			x	x			x	x			x	x			x	x	
Mutter, schiebfest	x			x	x			x	x			x	x			x	x			x	x			x
Funktionsprinzip	a	b	c	d	a	b	c	d	a	b	c	d	a	b	c	d	a	b	c	d	a	b	c	d
	1				2				3				4				5				6			

Tabelle 10.2: Ordnende Gesichtspunkte für die Schraubpresse (nach *Tränkner*)

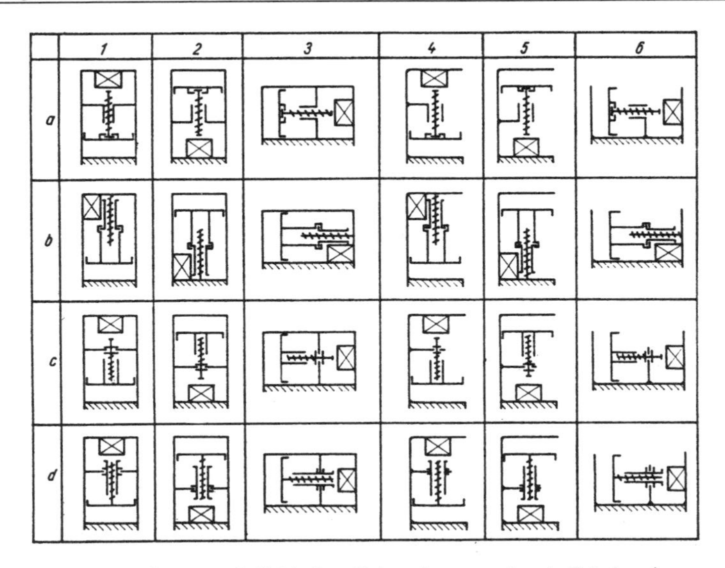

Bild 10.23: Lösungsmöglichkeiten Schraubpresse (nach *Tränkner*)

zu 2.) Der ordnende Gesichtspunkt Lage des zu pressenden Stapels (horizontal unten, horizontal oben oder vertikal) führt zu 3 Möglichkeiten.

Zu 3.) 2 Varianten ergeben die Bauarten geschlossenes oder offenes Maschinengestell.

Insgesamt ergeben sich 4 × 3 × 2 = 24 Varianten des Funktionsprinzips. Alle skizzierten Lösungsmöglichkeiten nach Bild 10.23 sind technisch ausführbar. (nach *Tränkner*)

Mit den umfangreichen Grundlagen über Schraubengetriebe sollte gleichzeitig darauf hingewiesen werden, dass solides technisches Wissen als wesentliche Voraussetzung für konstruktive Aufgaben durch nichts ersetzt werden kann. Dazu gehört auch die Kenntnis wichtiger Literatur des Fachgebietes. Entsprechende Überlegungen sind auch zur selbstständigen Lösung einiger anderer Aufgaben erforderlich.

Lösung 2.4: Schraubengetriebe

Zu 1 Die dreigliedrige Schraubenkette mit Getriebetechniksymbolen entspricht Bild 10.18.

Das Schraubgelenk befindet sich zwischen den Gliedern 1 und 2
Das Schubgelenk befindet sich zwischen den Gliedern 2 und 3
Das Drehgelenk befindet sich zwischen den Gliedern 1 und 3

Zu 2 Skizzen der drei Grundformen enthält Bild 10.21.

10.2.3 Lösungen zu Abschnitt 3

Lösungshinweise für die Kenntnisfragen

Frage	Seite	Frage	Seite	Frage	Seite	Frage	Seite	Frage	Seite
1	65	3	68	5	72	7	76	9	80
2	66	4	70	6	74	8	77	10	82

Lösung 3.1: Bürolocher

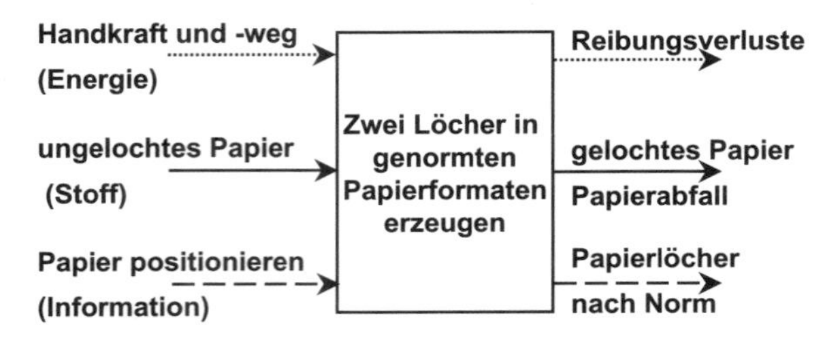

Bild 10.24: Black-Box-Darstellung mit Gesamtfunktion für Bürolocher

zu 2.) Funktionsbeschreibung

- Papierbreite einstellen
- Papierstärke begrenzen
- Papier einschieben
- Papier positionieren
- Handkraft einleiten
- Handkraft verstärken
- Lochstempel belasten
- Lochstempel führen
- Lochweg begrenzen
- Lochstempel heben
- Papierabfall aufnehmen
- Papierabfall entfernen

zu 3.) Skizzen zur Funktionsanalyse

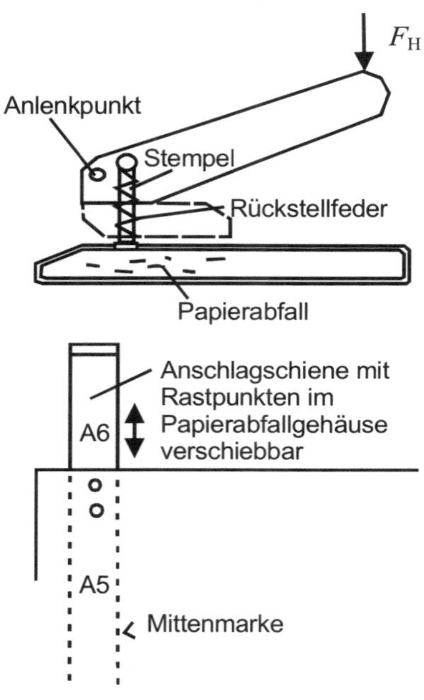

Bild 10.25: Skizze eines Bürolochers

Lösung 3.2: Nussknacker

Die bekannten Ausführungen von Nussknackern sind: Zange mit Hebel, Hebel in Holzfigur, Schlag auf die Nuss, Schraube für Druck, Doppelkeil und Walzenkörper.

Diese Standardlösungen sollen anregen systematisch Lösungen zu entwickeln, die auch für industrielle Anwendungen, z. B. Nusspralinenherstellung, geeignet sind.

Skizzen und eine systematische Entwicklung enthält der Lösungsbaum nach *Linde, Hill*.

Lösungsbaum – Varianten zum Knacken von Nüssen

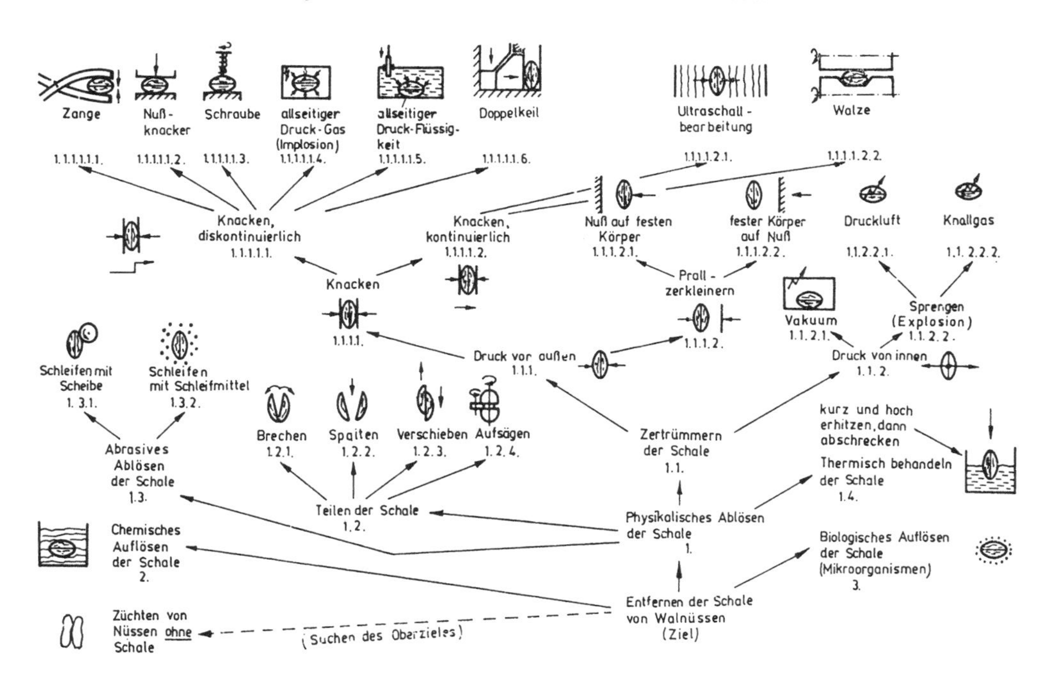

Bild 10.26: Lösungsbaum mit Varianten zum Knacken von Nüssen (nach *Linde, Hill*)

10.2.4 Lösungen zu Abschnitt 4

Lösungshinweise für die Kenntnisfragen

Frage	Seite	Frage	Seite	Frage	Seite	Frage	Seite	Frage	Seite
1	83	3	87	5	90	7	93	9	103
2	86	4	88	6	91	8	99	10	105

Lösung 4.1: Kronenkorken

zu 1.) *Funktionsermittlung*

Teilfunktion	Bezeichnung
F1	„Deckel abtransportieren“ (zuführen, abführen, evtl. zurückführen)
F2	„Deckellage prüfen“
F3	„nach Deckellage trennen“
F4	„Deckel wenden“
F5	„getrennte Deckel vereinigen“

zu 2.) *Funktionsstrukturen*

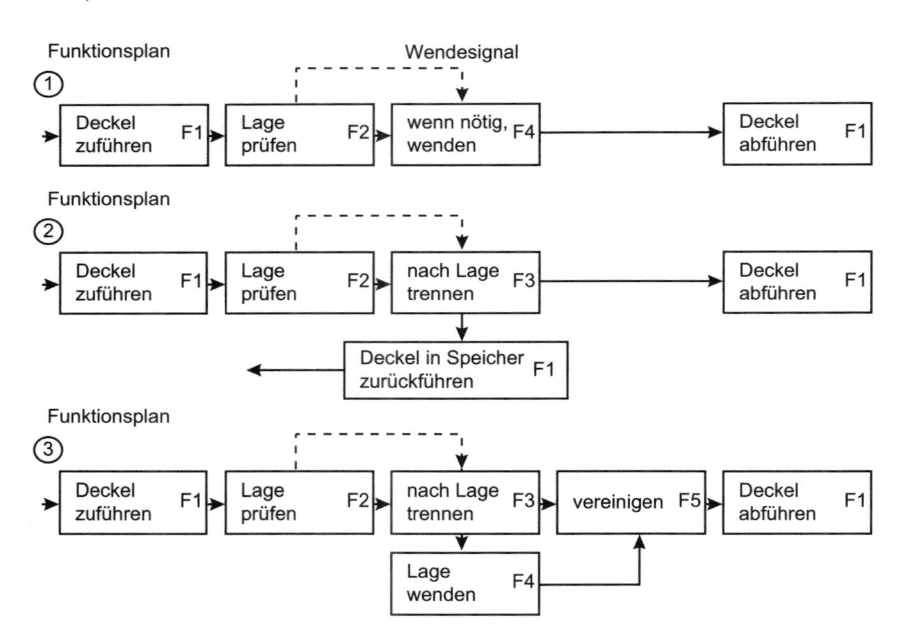

Bild 10.27: Funktionspläne für Kronenkorken-Sortiereinrichtung (nach *Ehrlenspiel*)

zu 3.1) *Lösungssuche* (physikalische Effekte)

■ für Teilfunktion F1 – „Deckel transportieren“

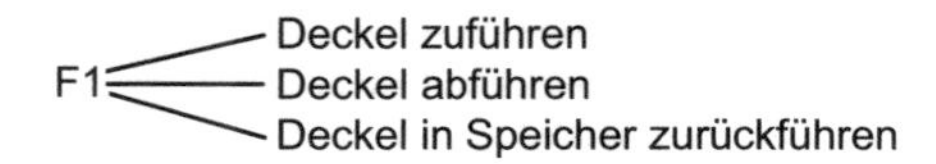

Bereich	Effekt	Sinnbild	Ben.
mech.	Verschiebung durch Fremdkraft	P	L_1
	Verschiebung durch (eigene) Massenkraft	G	L_2
pneum.	Verschiebung durch Saugkraft		L_3
	Verschiebung durch Strömungswiderstand		L_4
magn.	Verschiebung durch magn. Anziehungskraft	+ –	L_5
elektr.	....		
opt.	....		

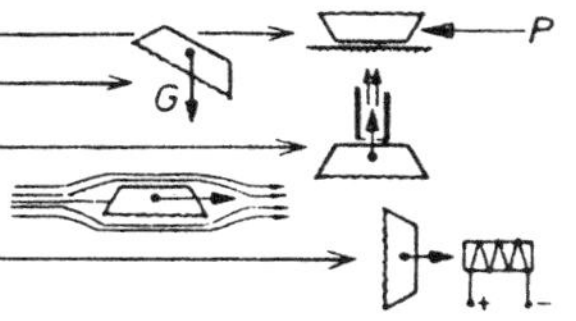

Bild 10.28: Lösungssammlung für F1 – „Deckel transportieren“ (nach *Ehrlenspiel*)

■ für Teilfunktion F2 – „Deckellage prüfen“

Bereich	Effekt	Sinnbild	Ben.
mech.	Information aus geometrischen Abmessungen: Durchmesser D, d; Höhe h; Zackung	d, h, D	K_1
	Information aus Lage des Schwerpunktes	S	K_2
pneum.	Information aus Staudruck		K_3
	Information aus Saugkraft		K_4
	Information aus Strömungswiderstand		K_5
magn.	Information aus magn. Anziehungskraft	+ –	K_6
elektr.	Information aus elektro-magn. Feld		K_7
	Information aus elektr. Leitfähigkeit		K_8
	Information aus kapazitivem Widerstand	+ –	K_9
opt.	Information aus Reflexion		K_{10}
	Information aus Lichtdurchlässigkeit (Fotozelle)		K_{11}

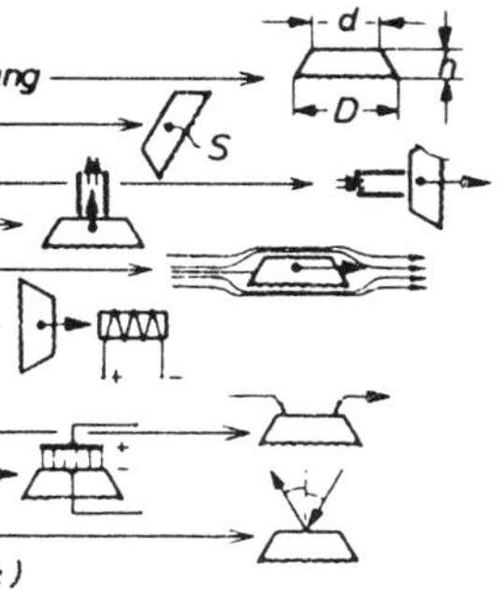

Bild 10.29: Lösungssammlung für F2 – „Deckellage prüfen“ (nach *Ehrlenspiel*)

■ für Teilfunktion F4 – „Deckel wenden“

Bereich	Effekt	Sinnbild	Ben.
mech.	Wenden durch Fremdkraft	P	L'_1
	Wenden durch (eigene) Massenkraft (Schwerpunkt / Auflagefläche)	G	L'_2
pneum.	Wenden durch Staudruck		L'_3
	Wenden durch Saugkraft		L'_4
magn.	Wenden durch magn. Anziehungskraft	+ –	L'_5
elektr.	....		
opt.	....		

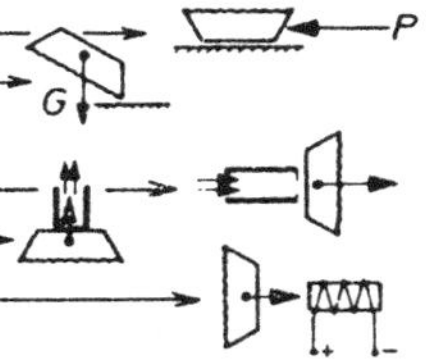

Bild 10.30: Lösungssammlung für F4 – „Deckel wenden“ (nach *Ehrlenspiel*)

zu 3.2) *Lösungssuche* (konstruktive Elemente) für Teilfunktion „Deckel transportieren“

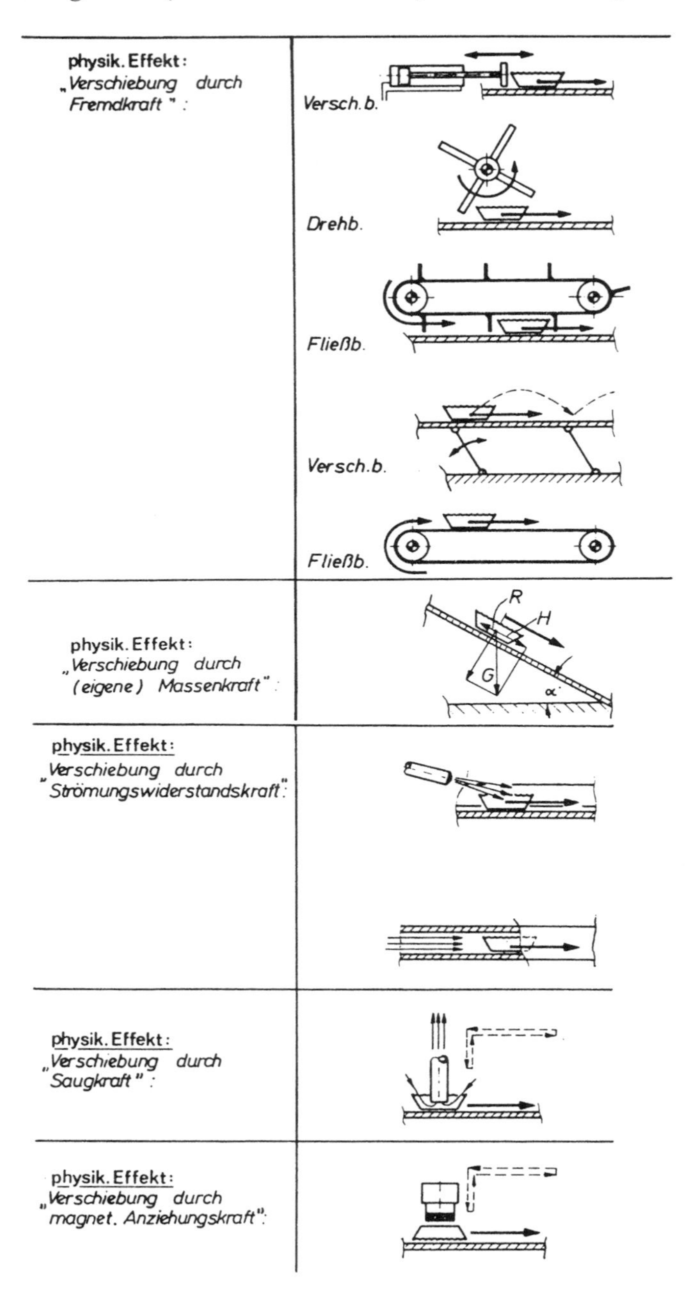

Bild 10.31: Lösungselemente für F1 – „Deckel transportieren“ (nach *Ehrlenspiel*)

zu 4.) *Morphologischer Kasten*

Funktionen ↓ / Lösungen →	mechanisch (geometrisch)				Strömungseffekte	pneumatisch	magnetisch	elektrisch	optisch
transportieren									
								Leitfähigkeit	
Lage prüfen								+ − + − Leit.	
							induktiv	+ − + −	kapazitiv
trennen	×	×	×	×	×	×	×		
	×	×	×						
wenden	×	×	×	×		×	×		
	×						×		
vereinigen	×	×	×	×	×		×		
	× Lösungen vorhanden, aber hier nicht gezeichnet.								

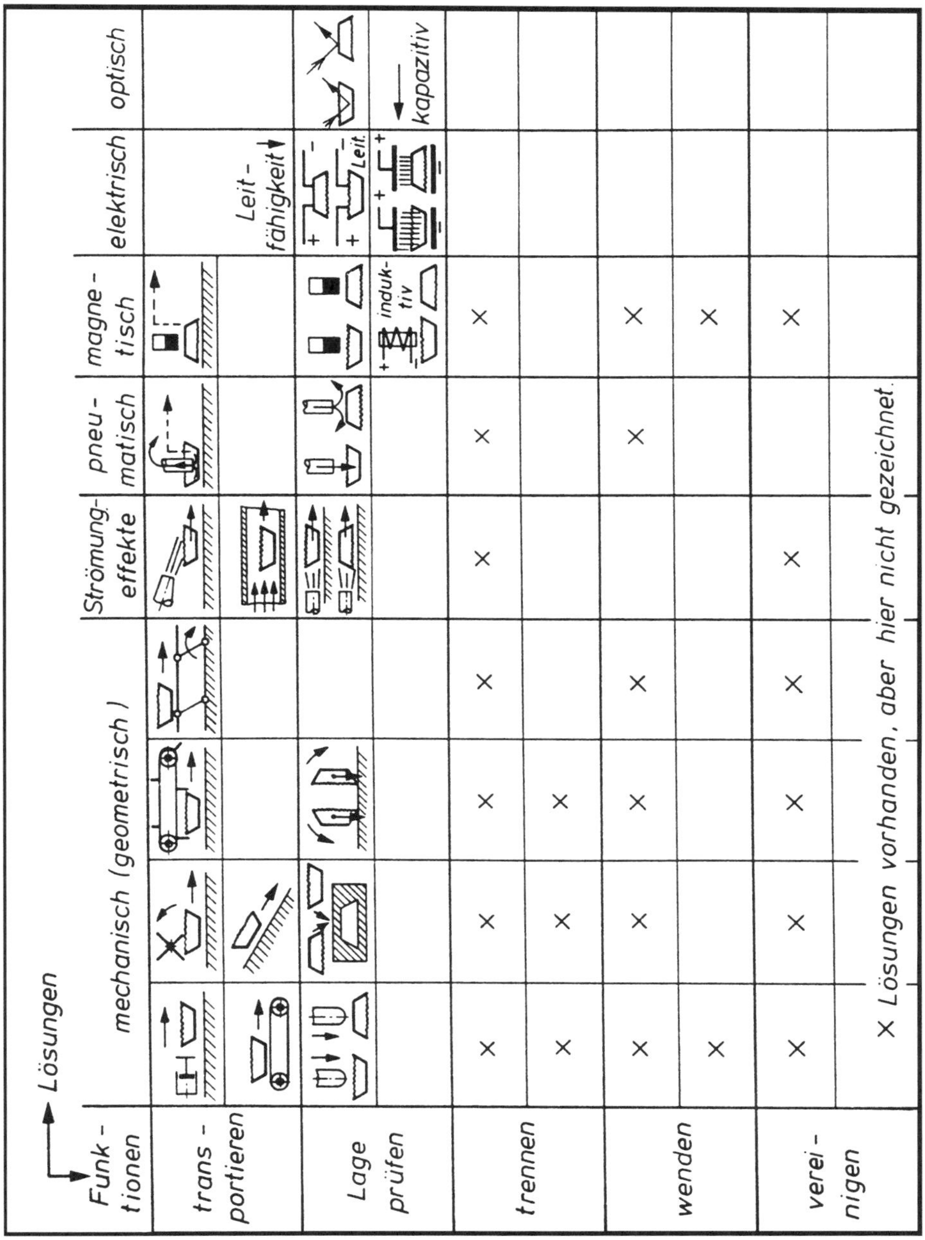

Bild 10.32: Morphologischer Kasten „Kronenkorken-Sortiereinrichtung“ (nach *Ehrlenspiel*)

zu 5.) 3 *Konzeptvarianten*

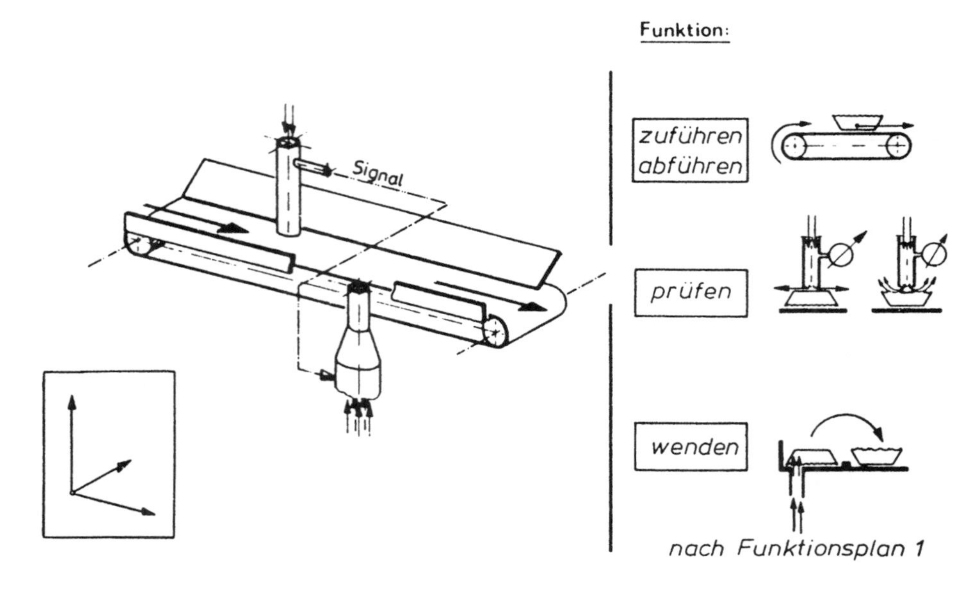

Bild 10.33: Konzeptvariante 1 (nach *Ehrlenspiel*)

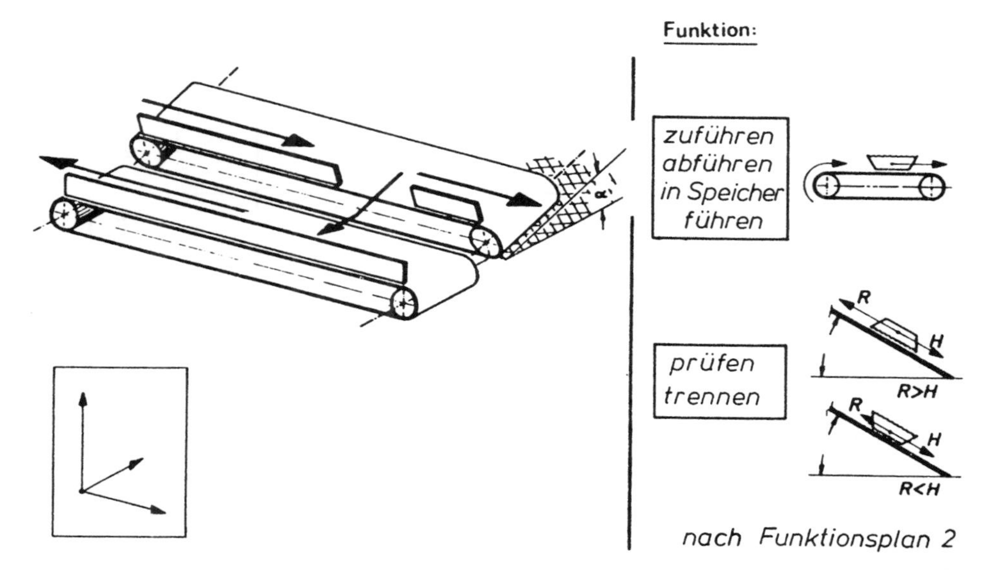

Bild 10.34: Konzeptvariante 2 (nach *Ehrlenspiel*)

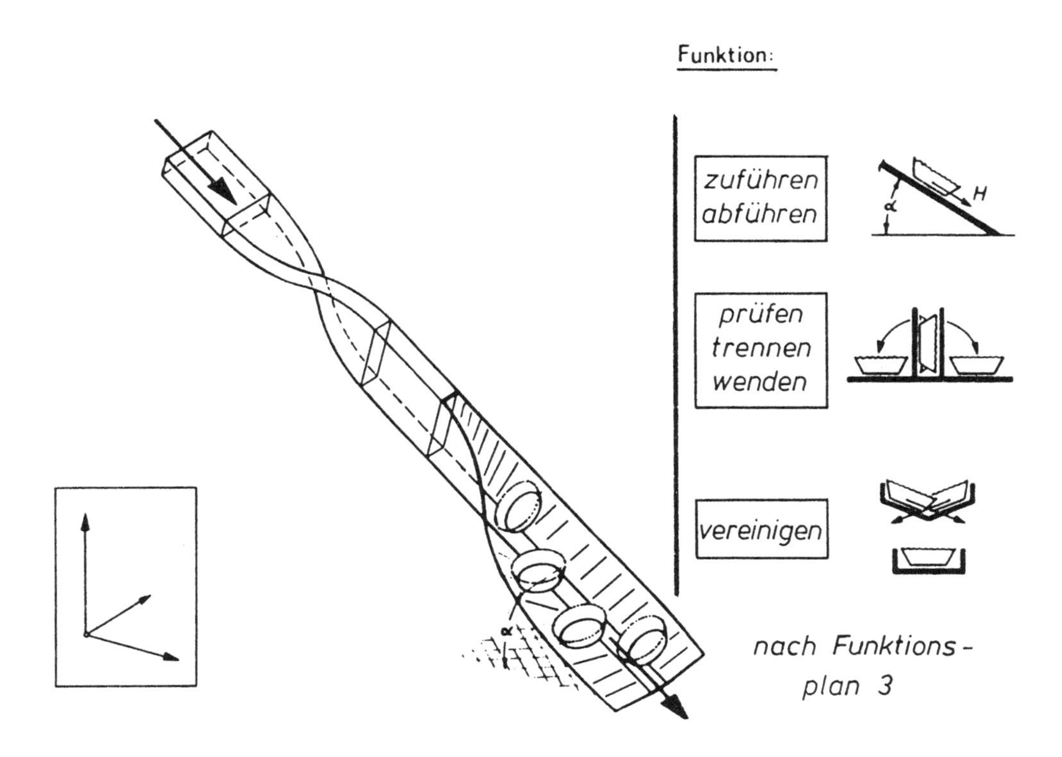

Bild 10.35: Konzeptvariante 3 (nach *Ehrlenspiel*)

Die drei Konzeptvarianten sind Beispiele, die aus den vielen möglichen Lösungen des Morphologischen Kastens erarbeitet wurden. Sie enthalten Auswahlgesichtspunkte, verträgliche Lösungselemente und Entscheidungen des Konstrukteurs unter Beachtung der Anforderungen. Die Variante 3 stellt das Lösungskonzept dar.

Lösung 4.2: Bewegung wandeln

Das Bild 10.36 enthält eine Systematik einzelner Getriebetypen für bestimmte Funktionen in Form eines Morphologischen Kastens. In der ersten Zeile sind für die Funktion „Bewegung wandeln“ sechs Lösungen angegeben, die zu skizzieren sind:

- Spindel/Mutter
- Kurvenscheibe/Stößel
- Kurbelwelle/Pleuel/Kolben
- Ritzel/Zahnstange
- Riemenscheibe/Riemen
- Hydraulikpumpe/ Hydraulikzylinder

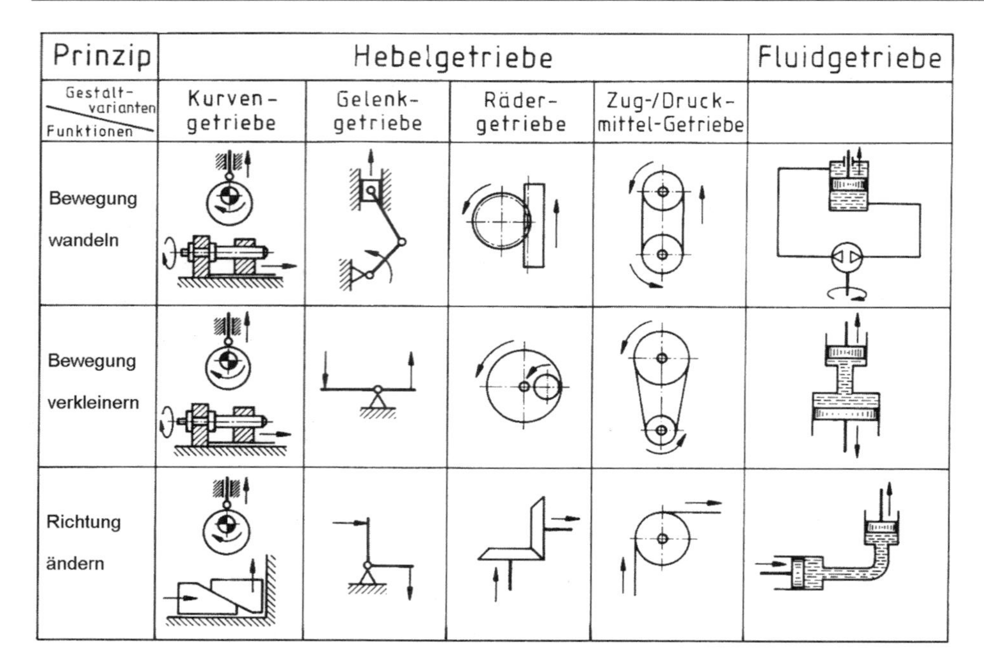

Bild 10.36: Lösungen für Getriebetypen nach Funktionen (Bild *Koller*)

10.2.5 Lösungen zu Abschnitt 5

Lösungshinweise für die Kenntnisfragen

Frage	Seite	Frage	Seite	Frage	Seite	Frage	Seite	Frage	Seite	Frage	Seite
1	113	7	127	13	145	19	157	25	167	31	176
2	114	8	131	14	150	20	159	26	168	32	177
3	117	9	139	15	151	21	162	27	169		
4	119	10	143	16	152	22	164	28	170		
5	124	11	144	17	154	23	165	29	171		
6	125	12	145	18	155	24	165	30	172		

Lösung 5.1: Funktionsanalyse Zahnradpumpe

System-elemente

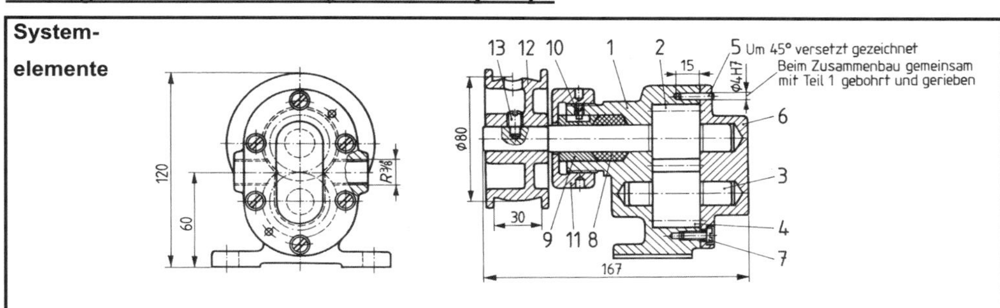

Systemelemente	Aufgabe der Systemelemente	Teilfunktionen
1 Gehäuse 6 Deckel	Wellen, Dichtungen, Zahnräder usw. aufnehmen, Flüssigkeitsstrom führen, Pumpenraum schließen, Befestigungs-elemente vorsehen	Flüssigkeit führen Wellen lagern Pumpenraum schließen Moment abstützen Pumpe befestigen
7 Zylinderschraube 5 Zylinderstift	Deckel eindeutig positionieren und ver-schrauben	Deckel zentrieren Deckel befestigen
2 Zahnradwelle 4 Zahnrad 3 Welle	Drehmoment übertragen vom Antrieb auf die Zahnräder, Lagerung der Zahnräder, Flüssigkeit zwischen Zahnlücken und Gehäuse bewegen	Wellen lagern Drehmoment übertragen Flüssigkeit fördern
8 Stopfpackung 9 Stopfbuchse 10 Gewindestift 11 Stellmutter	Wellen und Gehäuse abdichten gegen Flüssigkeitsaustritt mit einstellbarer Dich-tung	Wellen abdichten Dichtungen einstellen Dichtungen nachstellen
12 Antriebsrad 13 Gewindestift	Drehmoment zum Antreiben der Zahnrä-der einleiten, Riemenscheibe mit Zahn-radwelle verbinden	Drehmoment einleiten Drehmoment übertragen

Bild 10.37: Funktionsanalyse einer Zahnradpumpe

Lösung 5.2: Wagenheber

zu 1.) *Aufstellen der Anforderungsliste*

FH HANNOVER	Anforderungsliste		F = Forderung W = Wunsch	
Auftrags-Nr.: KNL 3	Projekt Wagenheber		Bearbeiter: Conrad	
Anforderungen				
F W	Nr.	Bezeichnung	Werte, Daten, Erläuterung, Änderungen	Verant-wortlich, Klärung durch:
F	**0**	Funktion: Pkw heben durch die Handkraft einer Person mit mechanischer Kraftverstärkung und Ruhelage in jeder Höhe durch Rücklaufsperre.		**Conrad**
	1	Geometrie:		
F	**1.1**	Ansatzhöhe über Boden	$h \leq 200$ **mm**	
F	**1.2**	Hubhöhe	$H \geq 200$ **mm**	
F	**1.3**	Verstellbare Hubhöhe		
W	**1.4**	Geringer Raumbedarf		
F	**1.5**	Maximale Länge	$L = 550$ **mm**	
	2	Kinematik:		
F	**2.1**	Bedienung mit Handhebel		
F	**2.2**	Kontrollierte Senkbewegung		
W	**2.3**	Ruckfreies Heben und Senken		
	3	Kräfte:		
F	**3.1**	Maximale Hubkraft	$F = 5$ **kN**	
F	**3.2**	Handkraft	$F_H = 100$ **N**	
F	**3.3**	Mechanische Kraftverstärkung	$F / F_H = 50$	
F	**3.4**	Eigengewicht	**≤ 5 kg**	
W	**3.5**	Kraftübertragung Pkw / Untergrund durch rutschsichere Standfläche		
W	**3.6**	Stabile Ausführung		
	4	Energie:		
F	**4.1**	Handkraft und Handbewegung		
W	**4.2**	Geringe Reibung		
Einverstanden: Heess		Datum: 18.12.02		Blatt: 1/2

Tabelle 10.3-1: Anforderungsliste Wagenheber

FH HANNOVER	**Anforderungsliste**		F = Forderung W = Wunsch	
Auftrags-Nr.: KNL 3	Projekt Wagenheber		Bearbeiter: Conrad	
Anforderungen				
F W	Nr.	Bezeichnung	Werte, Daten, Erläuterung, Änderungen	Verant-wortlich, Klärung durch:
	5	Information:		**Conrad**
W	**5.1**	Hubhöhe jederzeit erkennbar		
	6	Sicherheit:		
F	**6.1**	Standsichere Ausführung		
F	**6.2**	Geeignet für begrenzt nachgiebigen Untergrund		
F	**6.3**	Sichere Kraftübertragung auf den Fahrzeugrahmen		
W	**6.4**	Keine scharfkantigen Teile		
W	**6.5**	Verletzungsgefahr ausschalten		
	7	Ergonomie:		
F	**7.1**	Einfache, eindeutige Bedienung		
W	**7.2**	Griffgünstige Bedienelemente		
	8	Fertigung:		
F	**8.1**	Einfache Bauteile		
F	**8.2**	Serienfertigung für Stückzahl/ Jahr	**400.000**	
	9	Gebrauch:		
F	**9.1**	Bedienung ohne Werkzeug		
F	**9.2**	Einsatz seitlich neben Pkw-Rad		
W	**9.3**	Bedienung ohne Verschmutzung		
W	**9.4**	Unterbringung im Kofferraum		
W	**9.5**	Schnelle Einsatzmöglichkeit		
	10	Instandhaltung:		
F	**10.1**	Keine Wartung		
	11	Kosten		
F	**11.1**	Herstellkosten pro Stück	**≤ 15 €**	
Einverstanden: Heess			Datum: 18.12.02	Blatt: 2/2

Tabelle 10.3-2: Anforderungsliste Wagenheber

zu 2.) *Black-Box-Darstellung der Gesamtfunktion „Pkw heben zum Radwechsel“*

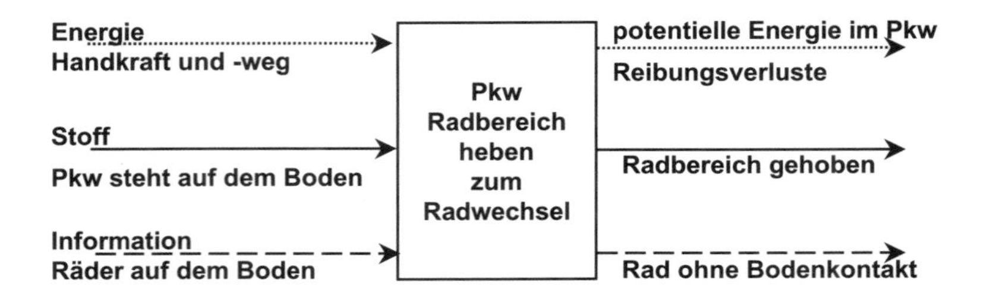

Bild 10.38: Black-Box-Darstellung mit Gesamtfunktion (nach *Bachmann*, *Lohkamp*, *Strobl*)

Energiefluss: Energie des Benutzers wird in Lageenergie des Pkw umgewandelt
Stofffluss: Pkw wird aus ruhender Stellung in gehobene Stellung gebracht
Informationsfluss: Vergleichen der momentanen mit der gewünschten Hubhöhe

zu 3.) *Teilfunktionen*

1. Wagenheber positionieren (am Fahrzeug)
2. Handkraft einleiten
3. Handkraft F_H verstärken (bzw. Handkraft F_H in Hubkraft F wandeln)
4. Hubkraft übertragen (auf Fahrzeugrahmen)
5. Abstützkraft aufnehmen (Untergrund)
6. Bewegung übertragen (auf Fahrzeug)
7. Rücklaufbewegung sperren (und lösen)
8. Raumbedarf verringern (zum Transport)

zu 4.) *Aufstellen einer einfachen Funktionsstruktur mit den beiden wichtigsten Teilfunktionen (nach Bachmann, Lohkamp, Strobl)*

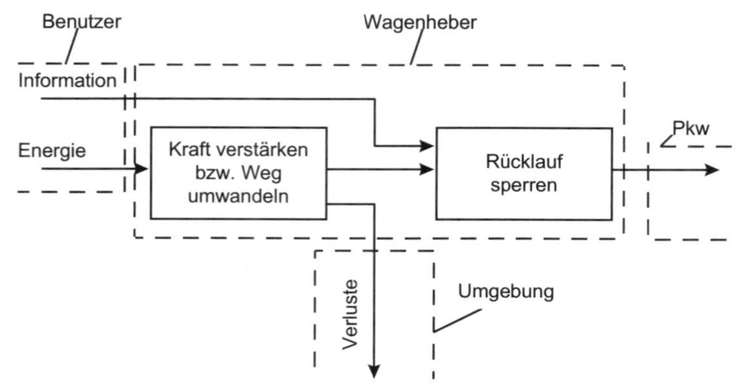

Bild 10.39: Funktionsstruktur für zwei Teilfunktionen (nach *Bachmann*, *Lohkamp*, *Strobl*)

Die Teilfunktion „Kraft verstärken" wird mit dem Konstruktionskatalog im Abschnitt 5.3.3 gelöst, indem die Effekte nach den Auswahlmerkmalen gewählt werden.

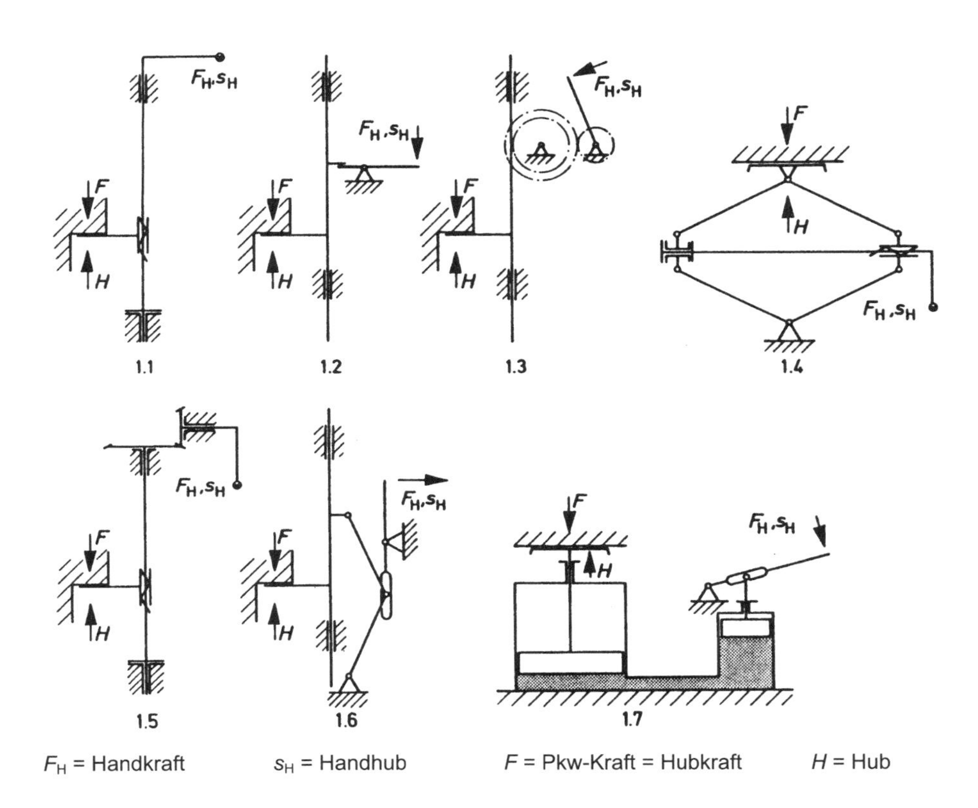

F_H = Handkraft s_H = Handhub F = Pkw-Kraft = Hubkraft H = Hub

1.1 Mutter mit Schraube (und Handhebel) - Keileffekt
1.2 Stange mit Hebel (Handhebel) - Hebeleffekt
1.3 Stange (z. B. Zahnstange) mit Rädern (und Handhebel) - Hebeleffekt
1.4 Kniehebel mit Mutter und Schraube (und Handhebel) - Kniehebeleffekt und Keileffekt
1.5 Mutter mit Schraube und Rädern (und Handhebel) - Keileffekt und Hebeleffekt
1.6 Stange mit Kniehebel und Hebel (und Handhebel) - Kniehebeleffekt und Hebeleffekt
1.7 Hydraulische Presse mit Hebel (und Handhebel) - Druckausbreitungseffekt und Hebeleffekt

Bild 10.40: Lösungsprinzip für die Teilfunktion 3 – „Kraft verstärken" (nach *Bachmann*, *Lohkamp*, *Strobl*)

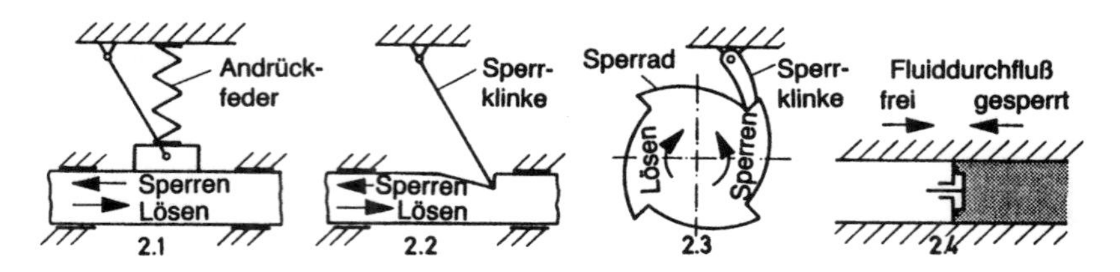

⟵ Richtung der gesperrten Bewegung. In dieser Richtung kann eine Kraft (Hubkraft) aufgenommen werden.

⟶ Richtung der Lösebewegung

2.1 Reibgesperre (Selbsthemmung); Feder o.ä. zur Erzeugung der Initialkraft erforderlich

2.2 Formschlüssiges Gesperre mit Sperrklinke für geradlinige Bewegung

2.3 Formschlüssiges Gesperre für drehende Bewegung

2.4 Rückschlagventil (= Formschlussgesperre), öffnet oder schließt selbsttätig bei Strömungs- oder Druckrichtungsumkehr

Bild 10.41: Lösungsprinzipien für die Teilfunktion 2 – „Rücklaufbewegung sperren“ (nach *Bachmann*, *Lohkamp*, *Strobl*)

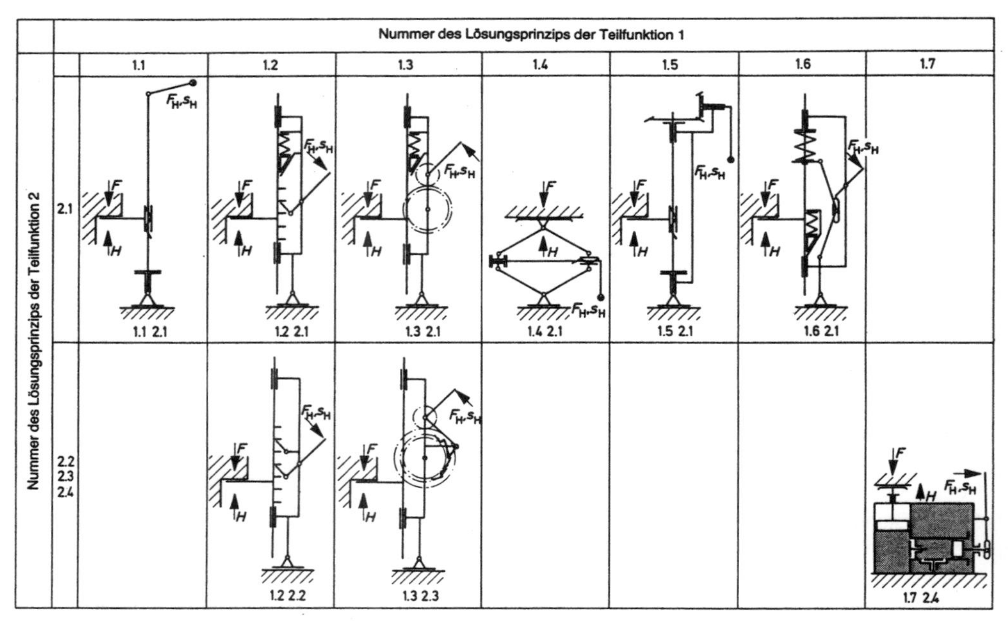

F_H = Handkraft s_H = Handhub F = Pkw-Kraft = Hubkraft H = Hub

Die Konzepte sind durch gelenkige Bodenabstützungen ergänzt, um die Anforderung „standsichere Ausführung für unebenen, begrenzt nachgiebigen Untergrund“ zu erfüllen. Die Nummern der Konzepte geben an, welche Lösungsprinzipien kombiniert wurden. Leere Felder bedeuten nicht, dass kein Konzept existiert, sondern dass diese Konzepte große erkennbare Nachteile gegenüber den aufgeführten Komponenten haben.

Bild 10.42: Auswahl von Lösungskonzepten für die Gesamtfunktion „Pkw heben“ (nach *Bachmann*, *Lohkamp*, *Strobl*)

Hinweise zur Lösung:

1. Lösungen für die Teilfunktion 3 können aus dem Auszug eines Konstruktionskataloges „Kraft verstärken“ entnommen werden.

2. Das Kraftverstärkungsverhältnis $V = F/F_{\mathrm{H}} = 50$ ergibt die Lösungen: **Kniehebel, Hebel und Druckausbreitung**.

3. Durch Variation der vorliegenden physikalischen Effekte ergeben sich weitere Lösungen aus dem Keilprinzip, das sich sonst nicht unmittelbar anwenden lässt: **Schraube und Schnecke**. Aus dem Hebelprinzip ist ebenfalls noch eine Lösung abzuleiten: **Räderübersetzung.**

4. Der geforderte Hub ist bei dem kleinen Bauraum von den meisten Lösungen nicht direkt zu verwirklichen. Es sind einige Lösungen miteinander zu kombinieren; bei anderen Lösungen ist der Gesamthub aus mehreren Teilhüben zu erzeugen („Vervielfachen“).

5. Als Lösungsprinzip für die 2. Teilfunktion ergeben sich die Selbsthemmung von Reibungssystemen und der Formschluss, beide in ihrer Anwendung als Gesperre. Der Selbsthemmungseffekt ist an Schrauben und Schnecken sehr leicht zu erreichen. Die Form von Ventilen bei Druckflüssigkeiten entspricht formschlüssigen Gesperren.

6. Aussichtsreiche Lösungsprinzipe zeigen die Skizzen. Beim Kombinieren müssen Unverträglichkeiten der Teillösungen beachtet werden. Die leeren Stellen könnten auch mit Konzepten ausgefüllt werden, die aber gegenüber den anderen große erkennbare Nachteile, wie z. B. größeren Bauaufwand, haben.

7. Bewertung und Auswahl der Lösungskonzepte kann wegen des geringen Informationsgehaltes der Strichskizzen nur grob erfolgen. Einfacher Aufbau und leichte Bedienung führen zur Lösung mit der selbsthemmenden Schraube Nr. 1.1 2.1 als günstigstes Konzept.

Lösung 5.3: Variation von Federarten und -anordnungen

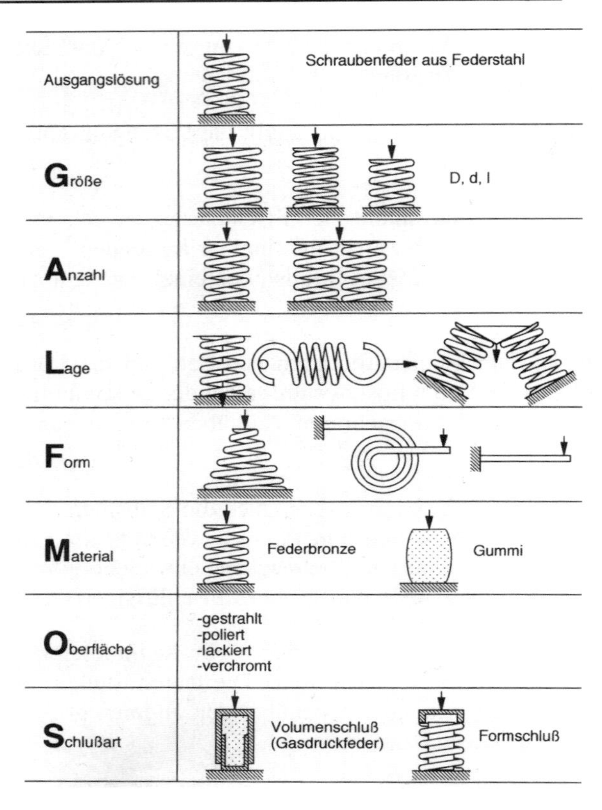

Bild 10.43: Variation von Federarten (nach *Jorden*, Bild *Linde/Hill*)

Lösung 5.4: Kosmetikbehälter durch Kombination

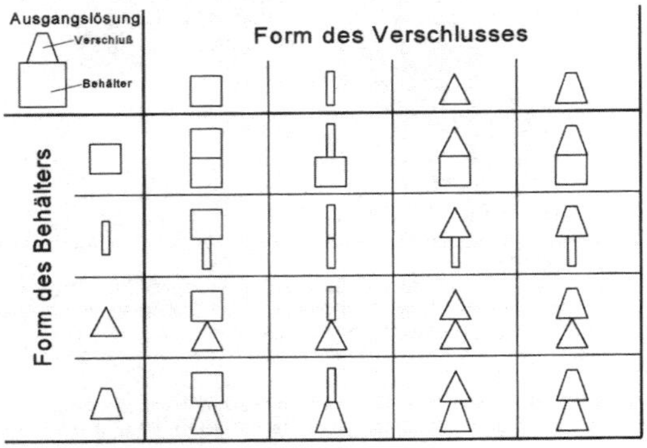

Ausgangslösung
Verschluß
Behälter
Form des Verschlusses
Form des Behälters

Bild 10.44: Kombination von Formen (Bild *Hill*)

Lösung 5.5: Ideenfindung für Hammer

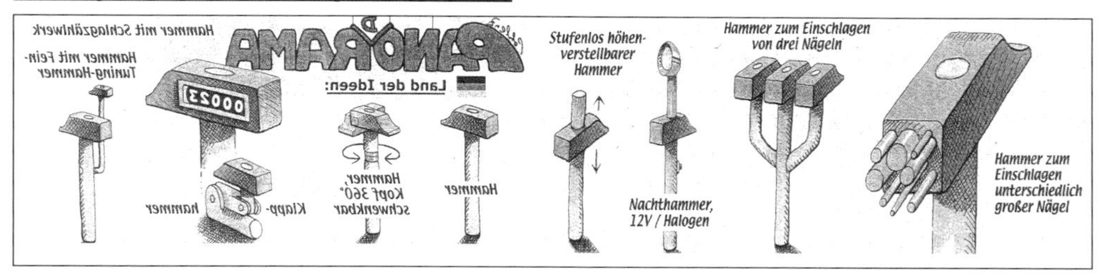

Bild 10.45: Land der Ideen (Bild von *Pohlenz* in HAZ vom 6.5.2006)

Lösung 5.6: Morphologischer Kasten Zahnradpumpe

Teilfunktion	Funktionsträger / Lösungselemente				
	1	2	3	4	5
1 Drehmoment einleiten	Riemen-scheibe	Zahnriemen-scheibe	Zahnrad	Kupplungs-flansch	
2 Welle/Nabe verbinden	Verstiften mit Zylinderstift	Anbohren für Gewindestift	Passfeder	Scheibenfeder	
3 Wellen lagern (Lagerart)	Gehäuse-bohrungen	Buchsen (Gleitlager)	Wälzlager		
4 Wellen abdichten	Berührungs-freie Dichtun-gen	Berührende Dichtungen	Stopfbuchse	Dichtringe (Radialwellen-dichtring)	
5 Fördermenge erhöhen	Drehmoment und Drehzahl erhöhen	Zahnrad-durchmesser vergrößern	Zahnradbreite vergrößern	mehrere Zahn-radstufen	Innenzahnrad-pumpe

Lösung 1 Lösung 2 Lösung 3

Die theoretische Anzahl ergibt sich zu 4 x 4 x 3 x 4 x 5 = 960

Bild 10.46: Morphologischer Kasten für eine Zahnradpumpe (Auszug)

Lösung 5.7: Methode 635

FH HANNOVER	**Methode 635**	Datum: 1.2.98 Blatt-Nr.1

Ablauf:
6 Gruppenmitglieder schreiben jeweils 3 Vorschläge auf, die 5 mal weiterentwickelt werden. Die 3 Lösungsideen werden weitergegeben, vom nächsten Mitglied weiterentwickelt und aufgeschrieben.
Für 3 Lösungsideen sind jeweils ca. 5 Minuten vorgesehen.

Randbedingungen:
1. Sitzungsraum ohne Störungen in angenehmer Umgebung
2. Anzahl der gleichberechtigten Teilnehmer: 6
3. Kein Moderator erforderlich, Protokoll entsteht automatisch
4. Zeitlichen Verlauf planen, z. B. arbeitsfreien Vormittag mit 1 bis 2 Stunden vorsehen

Gezielte, präzise Problemformulierung:

Anwendungsmöglichkeiten für Pflanzen oder Pflanzenteile zur Dekoration
(Quelle: *Schlicksupp*)

Idee 1:	Idee 2:	Idee 3:
11 Aquarium	12 Strohdächer	13 Kletterpflanzen zur Verschönerung von großflächigen Betonwänden
21 Seerosenteich	22 Holzvertäfelung	23 Hängende Gärten
31 Dschungel-Wintergarten/ Lianen	32 Holzarkaden für Gärten	33 Blumenwände
41 Holzfasern verweben – als Tapete verwenden	42 dünnes Furnier als Tapete	43 Statt Betten Basthängematten
51 Kürbiskerne auf Tapeten aufkleben	52 Blattadern als Wasserzeichen in Papier einarbeiten	53 Kirschkernsichtbeton (Waschbeton)
61 Fremdartige Blumen als Bilderdokumentation	62 Bastschuhe und Bastkörbe	63 Springbrunnen in Tulpenform und Tulpenfarbe (für Gartenanlagen)

Tabelle 10.4: Anwendungsbeispiel für Methode 635 (nach *Schlicksupp*)

Lösung 5.8: Ordnungsschema für Scheibenwischerblätter

Die Aufstellung eines Ordnungsschemas ist eine Möglichkeit, um eine geordnete Übersicht der bekannten Lösungen zu erhalten. Da die unterscheidenden Merkmale für das gleiche Prinzip, nämlich Wischerblatt am Wischerarm, untersucht werden sollen, sind die Größen der rechteckigen Scheibenfläche ebenso wie die Randbedingungen des Kraftfahrzeugs und die Gestaltung der Wischerblätter entscheidend.

Die Art erfasst Bewegungen und Gelenke, die Form enthält die Ausführung und den Anbauort, die Lage berücksichtigt die Anordnung der Blätter, um möglichst viel Fläche zu reinigen, die Größe ergibt sich aus der Länge des Wischerblattes und dem entsprechenden Querschnitt des Wischergummis während die Zahl die Anzahl der Wischerblätter auf einer Scheibe angibt. Alle in Bild 10.47 dargestellten Möglichkeiten sind bekannte Lösungen.

Variante / Merkmal	1	2	3	4	5
Art (Bewegung, Gelenke)	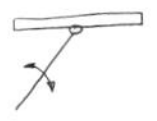 starr, reine Schwenk-bewegung	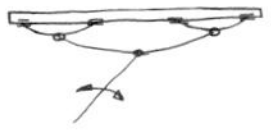 gelenkig, reine Schwenk-bewegung	 gelenkig, Schwenk- und Hubbewegung	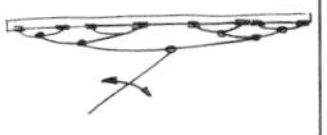 gelenkig, reine Schwenk-bewegung	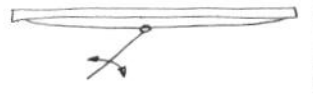 elastisch, stufenlose Gelenkwirkung
Form (Ausführung, Anbauort)	unten vor der Scheibe	versenkt unter der Scheibe	oben über der Scheibe	oben auf der Scheibe	
Lage (Anordnung)	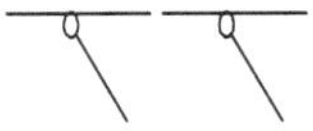	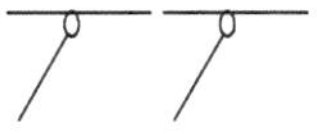	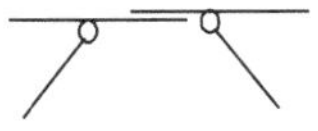		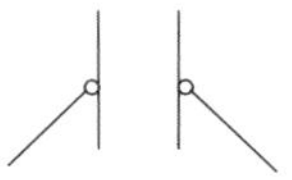
Größe (Gestalt)	Länge des Wischerblattes	Querschnitt des Wischer-gummis	Wischerblatt mit Windan-druckblech		
Zahl (Anzahl/ Scheibe)	1	2	3		

Bild 10.47: Ordnungsschema für Scheibenwischerblätter

Lösung 5.9: Ordnungsschema für Absperrorgane

zu 1. Funktion von Absperrorganen lösungsneutral formulieren:
Stofffluss sperren und verbinden

zu 2. Wirkprinzip der Absperrorgane beschreiben:
Mit Hilfe von Festkörpern das Sperren oder Verbinden von Stoffflüssen in Rohrleitungen bewirken. Dafür sind unterschiedliche Formen von Festkörpern in Rohrleitungen zu bewegen.

zu 3. Vereinfachte Skizzen der Elemente für die Hauptfunktion aller Ausführungen:
Für jede Ausführung eine Skizze anfertigen mit einem Rohr, der geometrischen Grundform des Festkörpers und einem Pfeil für die Bewegungsrichtung.

zu 4. Ordnende Gesichtspunkte und unterscheidende Merkmale festlegen:
Ordnende Gesichtspunkte ergeben sich aus den Skizzen:
Festkörper = Wirkkörper: Platte (rund, rechteckig), Zylinder, Kegel (Keil), Kugel
Bewegung = Wirkbewegung: Translation in x, y, z-Achse, Rotation um x, y, z-Achse

Die unterscheidenden Merkmale sind die verschiedenen Formen der Wirkkörper als konstruktive Merkmale und die verschiedenen Bewegungsrichtungen (Freiheitsgrade).
Einige Bauarten haben exzentrische Drehachsen und sind deshalb getrennt aufgeführt.

zu 5. Ordnungsschema überlegen und als Tabelle mit den Skizzen nach 3. aufstellen

Ein Ordnungsschema ergibt sich durch Anordnung der 4 Festkörper über den 6 Freiheitsgraden für die Bewegungsrichtungen ergänzt um die 2 Ausführungen mit exzentrischen Drehachsen.

Bild 10.48 enthält außerdem für die Zeilen Buchstaben und für die Spalten Zahlen, sodass jede Ausführung der Absperrorgane zugeordnet werden kann.

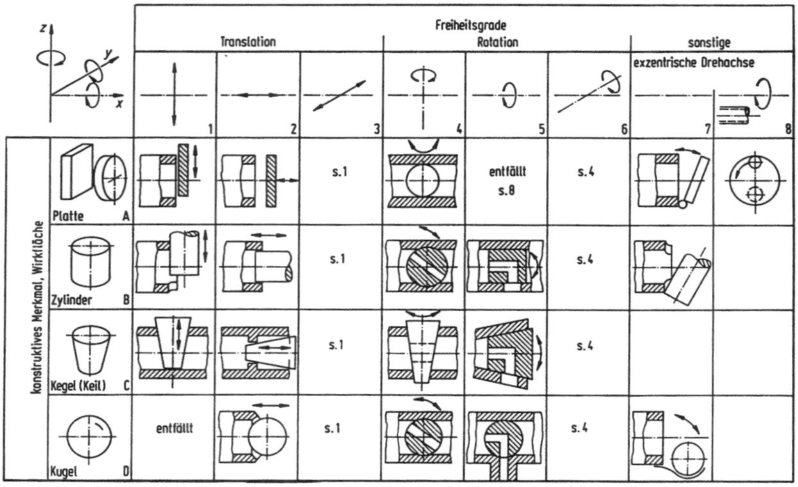

konstruktives Merkmal, Wirkfläche	Freiheitsgrade: Translation 1	2	3	Rotation 4	5	6	sonstige: exzentrische Drehachse 7	8
Platte A			s.1		entfällt s.8	s.4		
Zylinder B			s.1			s.4		
Kegel (Keil) C			s.1			s.4		
Kugel D	entfällt		s.1			s.4		

Bild 10.48: Ordnungsschema für Absperrorgane (nach *Pahl*)

Lösung 5.10: Verpackungstechnik mit Bioniklösung

Die gesuchte Verpackung ist in der Natur vorhanden: Kokosnuss

Lösung 5.11: Mechatronikkonzepte für Fahrräder

Das Standardkonzept bekannter Fahrräder wird als Mechatronikkonzept weiterentwickelt, also als Kombination von Mechanik, Elektronik und Informationsverarbeitung. Ein mechatronisches System besteht aus einer Integration von Aktoren, Sensoren und Reglern in eine Struktur, die in der Regel aus der Mechanik kommt.
Ein Mechatronikkonzept nach Designer *Harald Kutzke* (HAZ 22.03.2000, S. 28) hat folgende Kennzeichen (Bild 10.49):

- Pedalantrieb über Kurbel für Generator zur Stromerzeugung
- Elektrische Radnabenmotoren vorn und hinten
- Keine Kette, keine Ketten- oder Nabenschaltung
- Elektronische Steuerung für Übersetzung usw.
- Programmierung verschiedener Fahrprogramme
- Rückgewinnung der Bremsenergie
- Diebstahlschutz durch elektronische Wegfahrsperre
- Bordcomputer, auch für die Navigation
- Kleine Batterien mit Solarzellen aufladbar

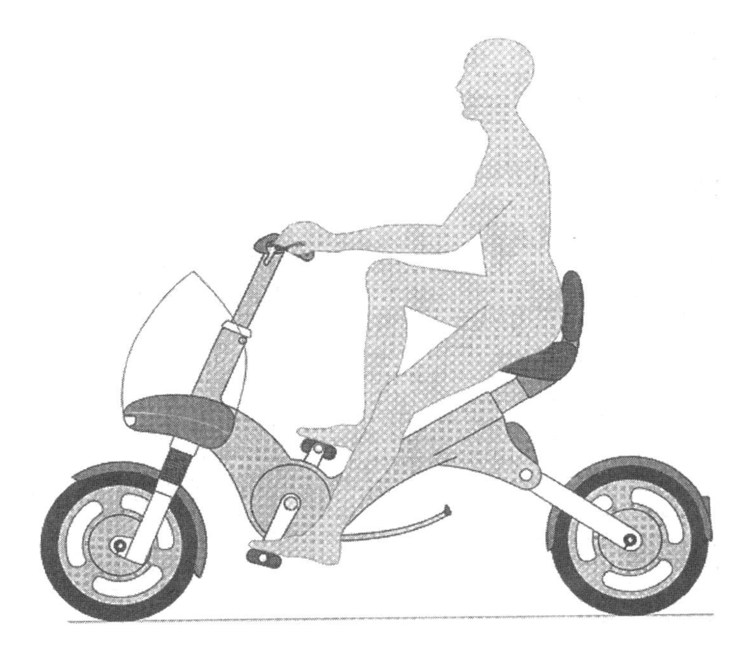

Bild 10.49: Mechatronikkonzept für ein Fahrrad (nach *Harald Kutzke*)

Hinweis: Die Firma Masterflex Brennstoffzellen GmbH hat im Jahr 2007 ein „Cargobike“ mit Brennstoffzellensystem in Modulbauweise serienreif auf den Markt gebracht. (IBZ Nachrichten 11/2007)

10.2.6 Lösungen zu Abschnitt 6

Lösungshinweise für die Kenntnisfragen

Frage	Seite	Frage	Seite	Frage	Seite	Frage	Seite	Frage	Seite	Frage	Seite
1	179	8	198	15	211	22	225	29	237	36	254
2	180	9	199	16	214	23	226	30	240	37	256
3	192	10	200	17	217	24	229	31	240	38	263
4	193	11	202	18	217	25	229	32	242	39	264
5	194	12	202	19	219	26	231	33	244	40	266
6	195	13	206	20	221	27	232	34	245	41	266
7	196	14	208	21	222	28	235	35	247	42	277

Lösung 6.1: Mind Map mechanische Baugruppe entwerfen

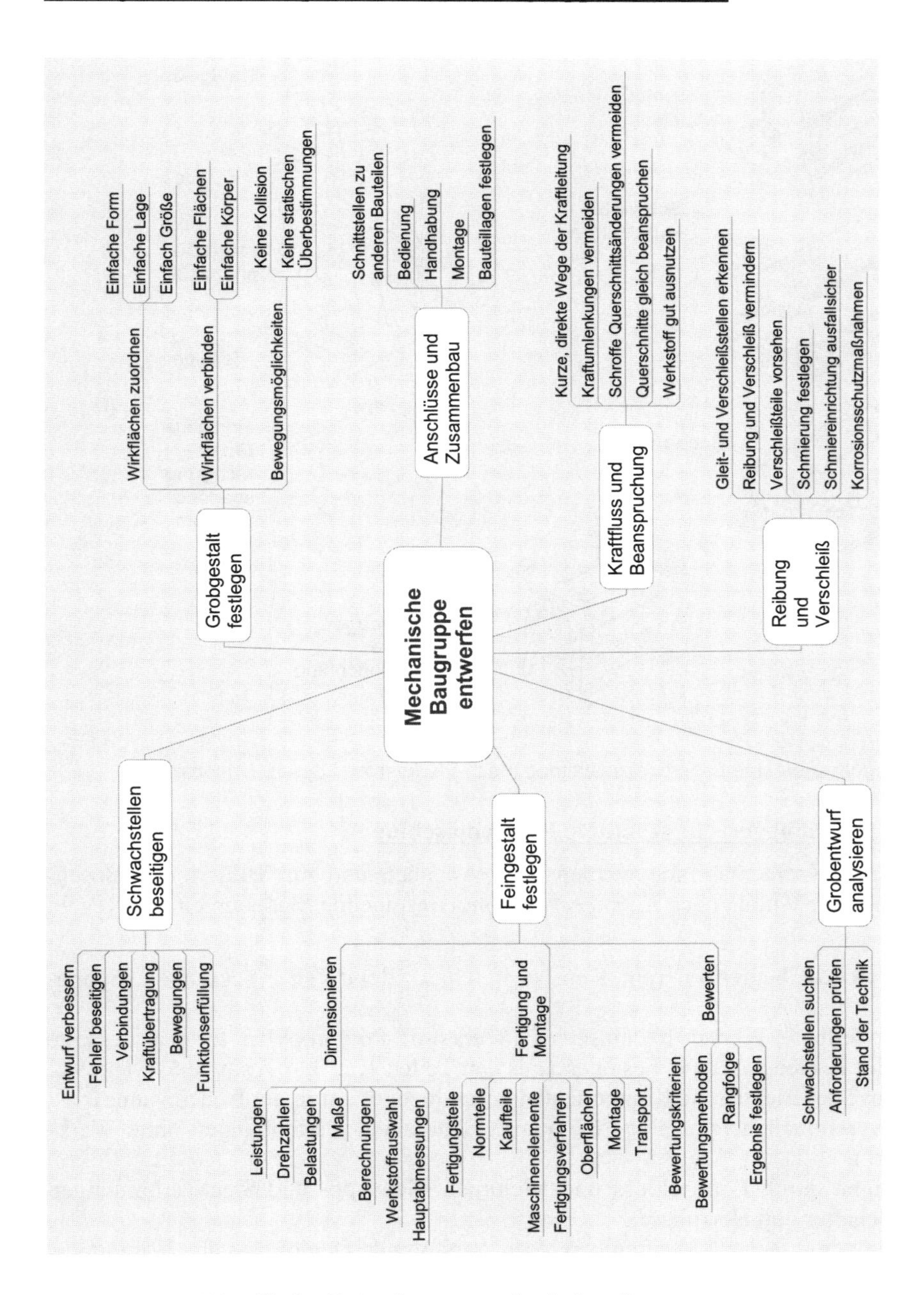

Bild 10.50: Mind Map für das Entwerfen von mechanischen Baugruppen

Lösung 6.2: Fertigungsgerecht gestalteter Lagerbock

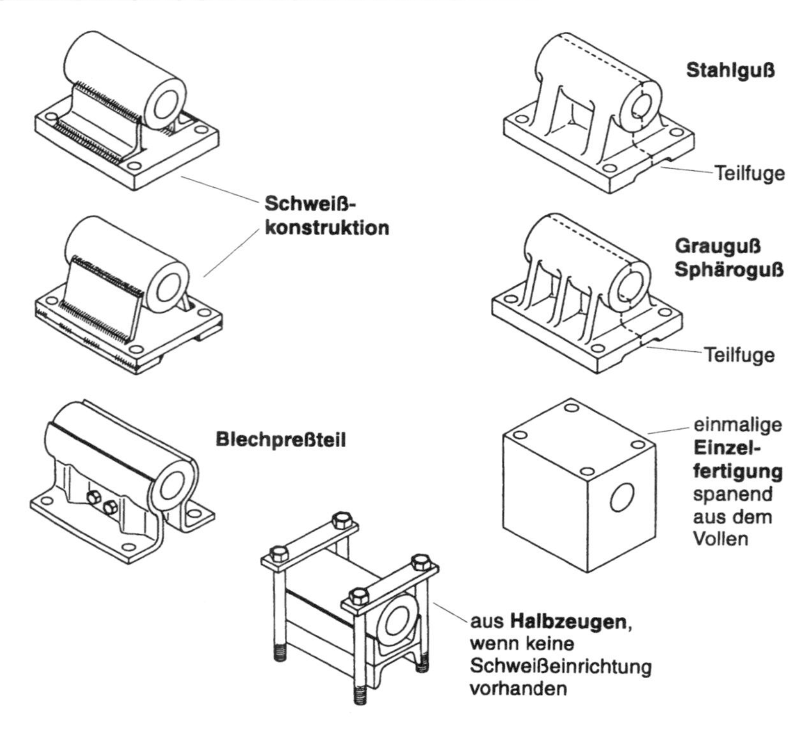

Bild 10.51: Fertigungsgerechte Lagerbockgestaltung (nach *Ehrlenspiel, Kiewert, Lindemann*)

Lösung 6.3: Recyclinggerecht gestaltete Kaffeemaschine

Für das Beispiel Kaffeemaschine werden nach Angaben und mit Bildern der Bosch-Siemens Hausgeräte GmbH nach *Kahmeyer, Rupprecht* folgende Maßnahmen und Regeln angewendet:

1. Werkstoffvielfalt begrenzen (ein Kunststoff, Glas, Elektroteile, Schrauben, Spannring).
2. Wiederverwertbare Werkstoffe einsetzen (Werkstoff Polypropylen für das gesamte Gehäuse der Kaffeemaschine, bestehend aus den Teilen 1, 2, 3, 4, 5 sowie 6, 8 und 9).
3. Modulbauweise (Elektrische Komponenten zusammengefasst in der Bodenwanne)
4. Montage vereinfachen (eine Fügerichtung, 3 Schrauben, Verbindungen ohne Werkzeugeinsatz).
5. Verbindungen durch Formschluss und Klemmen (Schnapp- und Steckverbindungen auch für Schalter und Heizplatte).
6. Demontage vereinfachen (3 Schrauben lösen, zerstörende Demontage durch Hammerschlag auf die Heizplatte ermöglicht Trennen der Bauelemente durch Auseinanderziehen der Steckverbindungen).

Das Bild 10.52 enthält die Einzelteile mit Teilenummer und ist als Explosionszeichnung eines bekannten Produkts ohne weitere Hinweise selbsterklärend.

Ergebnis: Dieses Verfahren sorgt für 98 Gewichtsprozent recycelbaren Materials.

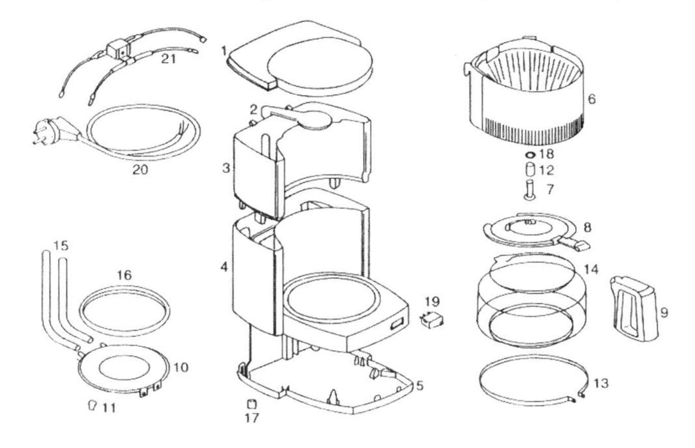

Bild 10.52: Explosionszeichnung Kaffeemaschine (nach Bosch-Siemens Hausgeräte GmbH)

Lösung 6.4: Ökobilanz

Eine einfache Übersicht enthält Bild 10.53, die für spezielle Produkte zu erweitern ist.

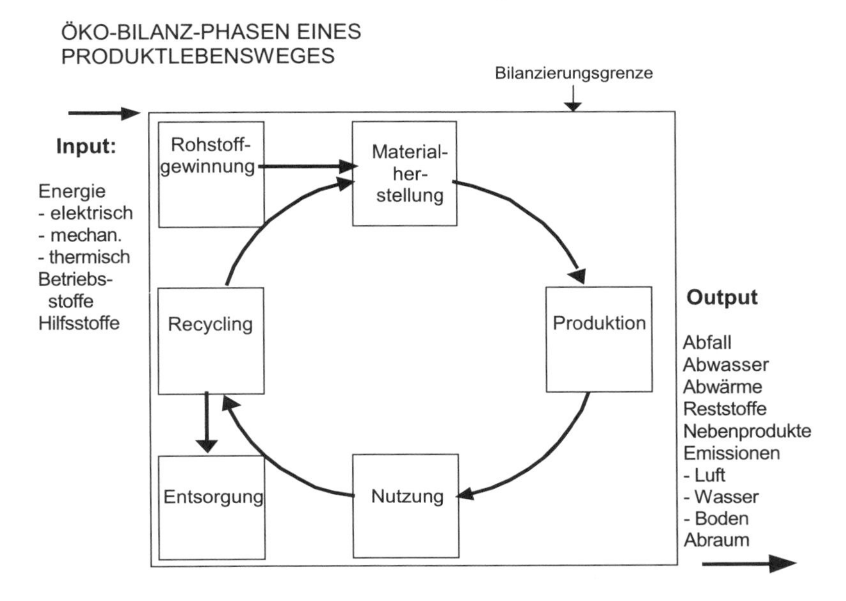

Bild 10.53: Ökobilanz (nach DaimlerChrysler AG)

10.2.7 Lösungen zu Abschnitt 7

Lösungshinweise für die Kenntnisfragen

Frage	Seite	Frage	Seite	Frage	Seite	Frage	Seite	Frage	Seite	Frage	Seite
1	285	6	294	11	305	16	310	21	317	26	323
2	287	7	294	12	306	17	310	22	318	27	327
3	289	8	298	13	308	18	313	23	320	28	332
4	290	9	300	14	309	19	315	24	321	29	336
5	293	10	305	15	309	20	316	25	321	30	337

Lösung 7.1: Zeichnungsanalyse

Die Informationen und Daten, die in technischen Zeichnungen von Einzelteilen enthalten sind, können in vier Gruppen eingeteilt werden:

- Geometrieinformationen
- Bemaßungsinformationen
- Technologieinformationen
- Organisationsinformationen

Geometrieinformationen sind Linien, Konturen, Flächen, Ansichten, Schnitte und Formelemente für die Darstellung der Werkstücke.

Bemaßungsinformationen liefern alle Informationen über Abmessungen der Werkstücke mit Formelementen durch Maßangaben, Toleranzen, und. Darstellungsangaben.

Technologieinformationen umfassen die Angaben für Werkstoffe, Oberflächen, Qualität und Fertigungsverfahren, die für die Herstellung der Werkstücke einzuhalten sind.

Organisationsinformationen stehen im Schriftfeld der Zeichnung und sind für den Ablauf im Betrieb erforderlich. Dazu gehören Benennung, Nummern, Unternehmen, Erstellung, Maßstab, Freigabe usw.

Lösung 7.2: Aufteilung in Baugruppen

Die Baugruppen entstehen beim Entwerfen, in dem der Konstrukteur sich überlegt, welche Teile eine sinnvolle Baugruppe ergeben. Eine Baugruppe besteht aus zwei oder mehreren Teilen und Gruppen niedrigerer Ordnung.

Für jede Baugruppe ist eine Gruppenzeichnung und eine Stückliste anzulegen, damit die Mitarbeiter aller Abteilungen einer Firma erkennen, was die Konstruktion in Zusammenarbeit mit der Arbeitsplanung und der Montage festgelegt hat. Für jede Baugruppe sind die Gestaltung der Schnittstellen und die Anschlussmaße in Abstimmung mit den anderen Baugruppen einer Maschine festzulegen.

Kriterien für die Bildung von Baugruppen sind:

Kriterium	**Beispiele für Baugruppen**
Baugröße der Maschine	Großdrehmaschinen mit vielen Baugruppen
Bewährte Produktgruppen	Reitstock, Maschinenbett, Bettschlitten, Spindelkasten, Setzstock
Zuliefererbaugruppen	Werkzeugrevolver, Späneförderer, Numerische Steuerung, Spannmittel
Wiederholbaugruppen	Maschinenbett, Bettschlitten, Reitstock
Baukastensysteme	Grundmaschine mit austauschbaren Gruppen
Plattformstrategien	Ein Maschinenbett für unterschiedliche Maschinenarten
Funktionen und Aufgaben	Getriebe zur Wandlung von Drehzahlen und Drehmomenten
Fertigungsgesichtspunkte	Fertigungsverfahren und Arbeitsräume der Fertigungseinrichtungen
Montagegesichtspunkte	Getriebe mit Vormontagegruppen für jede Welle
Transporteigenschaften	Abmessungen und Gewicht der Gruppen geeignet für alle Transporte

Tabelle 10.5: Baugruppenkriterien und Beispiele

Lösung 7.3: Erzeugnisgliederung und Stücklistenarten für ein Getriebe

zu 1.) Eine Erzeugnisgliederung mit Angabe der Baugruppen und der zu jeder Baugruppe gehörenden Positionsnummern enthält Bild 10.54.

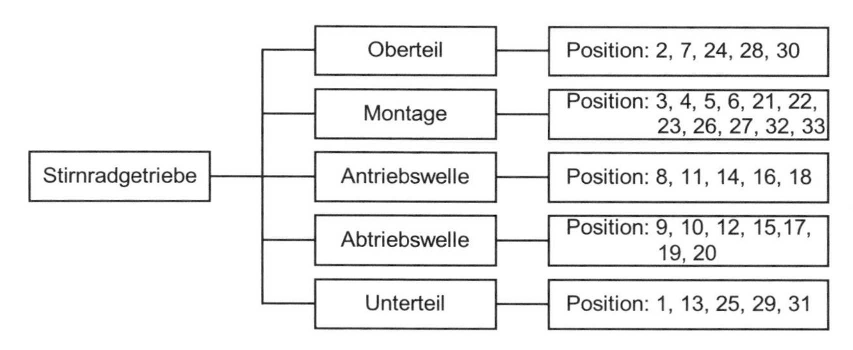

Bild 10.54: Erzeugnisgliederung Stirnradgetriebe

zu 2.) Baukastenstücklistensatz erstellen durch montagegerechte Aufteilung des gesamten Getriebes in vier oder fünf Baugruppen mit Angabe aller Stücklistendaten für jedeBaugruppe und eine Gesamtstückliste aufstellen. Aus Platzgründen werden die Stücklisten nicht in Formularform nach DIN 6771 angegeben, sondern in vereinfachter Form als Tabellen dargestellt (Tabelle 10.6 und Tabelle 10.7).

Sach-Nr.: 2-4000-0500	Erzeugnis: **Stirnradgetriebe**			
Menge	Einheit	Benennung	Sach-Nr.	Bemerkung
1	Stck	Oberteil	2-4000-0501	Stückliste
1	Stck	Montage	2-4000-0502	Stückliste
1	Stck	Antriebswelle	2-4000-0503	Stückliste
1	Stck	Abtriebswelle	2-4000-0504	Stückliste
1	Stck	Unterteil	2-4000-0505	Stückliste

Tabelle 10.6 : Vereinfachte Gesamtstückliste Stirnradgetriebe

Sach-Nr.: 2-4000-0501			Baugruppe: **Oberteil**		
Pos	Menge	Einheit	Benennung	Sach-Nr.	Werkstoff
2	1	Stck	Gehäuseoberteil	9250.02	EN-GJL-200
7	1	Stck	Schaulochdeckel	9250.07	EN-GJL-200
24	6	Stck	Sechskantschraube	DIN EN 24014-M6x70	8.8
28	1	Stck	Dichtscheibe	9250.28	Cu
30	1	Stck	Atmungsfilter	9250.30	Blech

Sach-Nr.: 2-4000-0502			Baugruppe: **Montage**		
Pos	Menge	Einheit	Benennung	Sach-Nr.	Werkstoff
3	1	Stck	Lagerabschlussdeckel	9250.03	EN-GJL-200
4	1	Stck	Lagerabschlussdeckel	9250.04	EN-GJL-200
5	1	Stck	Lagerabschlussdeckel	9250.05	EN-GJL-200
6	1	Stck	Lagerabschlussdeckel	9250.06	EN-GJL-200
21	8	Stck	Sechskantschraube	DIN EN 24014-M6x25	8.8
22	6	Stck	Sechskantschraube	DIN EN 24014-M10x20	8.8
23	16	Stck	Sechskantschraube	DIN EN 24014-M10x25	8.8
26	8	Stck	Sechskantmutter	DIN EN 24032-M6	6
27	4	Stck	Kegelstift	DIN EN 22339-6x24	
32	8	Stck	Schutzstopfen	9250.32	
33	1	Stck	Firmenschild	9250.33	Al

Sach-Nr.: 2-4000-0503			Baugruppe: **Antriebswelle**		
Pos	Menge	Einheit	Benennung	Sach-Nr.	Werkstoff
8	1	Stck	Abstandsbuchse	9250.08	EN-GJL-200
11	1	Stck	Schrägstirnradwelle	9250.11	C45
14	2	Stck	Ölstaublech	9250.14	S235JR
16	2	Stck	Kegelrollenlager	DIN 720-30306	
18	1	Stck	Passfeder	DIN 6885-A8x7x50	E335

Tabelle 10.7-1: Vereinfachter Baukastenstücklistensatz Stirnradgetriebe

Sach-Nr.: 2-4000-0504			Baugruppe: **Abtriebswelle**		
Pos	Menge	Einheit	Benennung	Sach-Nr.	Werkstoff
9	1	Stck	Abstandsbuchse	9250.09	EN-GJL-200
10	1	Stck	Welle	9250.10	E295
12	1	Stck	Schrägstirnradwelle	9250.11	C45
15	2	Stck	Ölstaublech	9250.15	S235JR
17	2	Stck	Kegelrollenlager	DIN 720-30209	
19	1	Stck	Passfeder	DIN 6885-A14x9x30	E335
20	1	Stck	Passfeder	DIN 6885-A12x8x100	E335

Sach-Nr.: 2-4000-0505			Baugruppe: **Unterteil**		
Pos	Menge	Einheit	Benennung	Sach-Nr.	Werkstoff
1	1	Stck	Gehäuseunterteil	9250.01	EN-GJL-200
13	2	Stck	Ölabstreifer	9250.13	S235JR
25	1	Stck	Verschlussschraube	DIN 910-R3/8“	4.5
29	1	Stck	Dichtring	DIN 7603-C17x32x2	Cu
31	1	Stck	Ölplatte Gr.3	9250.31	

Tabelle 10.7-2: Vereinfachter Baukastenstücklistensatz Stirnradgetriebe

Lösung 7.4: Nummernsystem durch Klassifizieren nach der Form

Für die Erarbeitung der Lösung ist das Bild 10.13 der Aufgabenstellung erforderlich.

Klassifizierungsnummernsystem für das Beispiel Sechskantschraube:
Aus der angegebenen Darstellung ergibt sich die Klassifizierungsnummer 12 40 60
Klassifizierung = Identifizierung

Verbundnummernsystem für das Beispiel Welle:
Aus der angegebenen Darstellung ergibt sich die Klassifizierungsnummer 80 40
Die Identifizierung mit 4 Stellen wird gewählt: 0007
Die Verbundnummer ist dann: 8040 0007
Die Identifizierung ist immer abhängig von der Klassifizierung.

Parallelnummernsystem für das Beispiel Welle:
Aus der angegebenen Darstellung ergibt sich die Klassifizierungsnummer 8040
Die Identifizierung mit 4 Stellen wird gewählt: 4711
Die Parallelnummer ist dann: 4711 8040
Die Identifizierung ist immer unabhängig von der Klassifizierung

Lösung 7.5: Klassifizierung und Stücklisteneintragungen

Stückliste A1 DIN 6771

1	2	3	4	5	6
Pos.	Menge	Einheit	Benennung	Sach-Nr. / Norm-Kurzbezeichnung	Werkstoff
1	1	Stck.	Reitstock-Unterteil	1 - 3255-001	EN-GJL-200,
					DIN EN 1561
2	2	Stck.	Stiftschraube	8 - 3446-001	
				DIN 938 - M16 x 80	8.8
3	2	Stck.	Sechskantmutter	8 - 3446-002	
				DIN 6330 - M16	8
4	1	Stck.	Spindel	1 - 3227-001	16 MnCr 5,
					DIN EN 10084
5	1	Stck.	Handrad	8 - 3455-003	
				DIN 950 - D4 - 160 x 14	GG
6	1	Stck.	Ballengriff	8 - 3447-004	
				DIN 39 - D32	St
7	0,1	kg	Schmierfett K	8 – 1799-001	DIN 51825

Verantwortl. Abt.	Technische Referenz	Erstellt durch	Genehmigt von
FA	Conrad	Wrede	Bytzek

Dokumentenart	Dokumentenstatus
Stückliste	freigegeben
Titel, Zusätzlicher Titel: Reitstock (Auszug)	1-3000-001

Änd.	Ausgabedatum	Spr.	Blatt
A	20.06.2005	de	1

Tabelle 10.8: Stückliste mit Eintragungen

10.2.8 Lösungen zu Abschnitt 8

Lösungshinweise für die Kenntnisfragen

Frage	Seite	Frage	Seite	Frage	Seite	Frage	Seite	Frage	Seite	Frage	Seite
1	339	6	341	11	346	16	350	21	357	26	366
2	340	7	342	12	347	17	352	22	359	27	368
3	340	8	343	13	347	18	353	23	364	28	369
4	340	9	343	14	348	19	353	24	365	29	370
5	341	10	345	15	349	20	356	25	365	30	371

Lösung 8.1: Herstellkostenermittlung

Die Berechnung der Herstellkosten pro Stück erfolgt nach dem Berechnungsablauf in Abschnitt 8.10. Die Tabelle 10.9 und Tabelle 10.10 enthalten die zusammengefassten Ergebnisse.

Schweißteil				1 Stck/Los	5 Stck/Los		20 Stck/Los	
Materialeinzelkosten *MEK* Materialgemeinkosten *MGK*	8,3 kg		2,5 €/kg 15 %	20,75 € 3,11 €	20,75 € 3,11 €		20,75 € 3,11 €	
Materialkosten MK				23,86 €	23,86 €		23,86 €	
Fertigungsplan	t_R	t_E	*PK* (€/min)		t_R		t_R	
Zuschneiden	15 min	40 min	1,20	66 €	3 min	51,6 €	0,8 min	48,9 €
Heften und Schweißen	15 min	30 min	1,50	67,5 €	3 min	49,5 €	0,8 min	46,2 €
Entgraten und Richten	15 min	10 min	1,50	37,5 €	3 min	19,5 €	0,8 min	16.2 €
Fertigbearbeitung	30 min	30 min	2,00	120 €	6 min	72 €	1,5 min	63 €
Fertigungskosten *FK*				291 €	192,60 €		174,3 €	
Herstellkosten HK / Stück				314,86 €	216,46 €		198,16 €	

Tabelle 10.9: Berechnungsergebnisse Vorkalkulation Schweißausführung – Lagerbock

Die Tabellen hier und im Abschnitt 8.10 enthalten die Herstellkosten pro Stück bei den Losgrößen 1, 5 und 20. Die Kosten pro Stück sind bei den Losgrößen 5 bzw. 20 erheblich geringer, da sich die Rüstkosten und die Modellkosten verteilen und nur die Fertigungskosten für jedes Stück gleich anfallen. Bei sehr großen Stückzahlen ist ein optimales Gussverfahren die kostengünstigste Lösung, da sich dann auch noch die Fertigungskosten pro Stück reduzieren lassen.

Vollmaterialteil				1 Stck/Los	5 Stck/Los		20 Stck/Los	
Materialeinzelkosten *MEK*	20 kg		2,5 €/kg	50 €	50 €		50 €	
Materialgemeinkosten *MGK*			15 %	7,5 €	7,5 €		7,5 €	
Materialkosten MK				57,5 €	57,5 €		57,5 €	
Fertigungsplan	t_R	t_E	*PK* (€/min)		t_R		t_R	
Vorbearbeitung	15 min	10 min	1,20	30 €	3 min	15,6 €	0,8 min	12,9 €
Fertigbearbeitung	30 min	30 min	2,00	120 €	6 min	72 €	1,5 min	63 €
Tieflochbohren	10 min	20 min	2,00	60 €	2 min	44 €	0,5 min	41 €
Fertigungskosten *FK*				210 €	131,6 €		116,9 €	
Herstellkosten *HK* / Stück				267,5 €	189,1 €		174,4 €	

Tabelle 10.10: Berechnungsergebnisse Vorkalkulation Vollmaterial-Lagerbock

Grenzstückzahlen der Lagerbockvarianten ergeben sich durch Berechnung der Herstellkosten für alle Stückzahlen von 1 bis 20 und deren Darstellung über der Stückzahl in einem Diagramm bzw. durch Gleichsetzen der entsprechenden Gleichungen. Dann ist erkennbar, ab welcher Stückzahl welches Fertigungsverfahren kostengünstiger ist.

10.2.9 Lösungen zu Abschnitt 9

Lösungshinweise für die Kenntnisfragen

Frage	Seite	Frage	Seite	Frage	Seite	Frage	Seite	Frage	Seite	Frage	Seite
1	380	5	382	9	385	13	409	17	415	21	420
2	380	6	382	10	405	14	410	18	417	22	421
3	381	7	383	11	408	15	411	19	418	23	422
4	382	8	383	12	408	16	414	20	419	24	422

11 Werkstoffe

Ein Kapitel Werkstoffe soll die Bedeutung dieses Fachgebietes für die Konstruktion unterstreichen. Werkstoffkenntnisse gehören zum Grundlagenbereich und sind eigentlich als bekannt vorauszusetzen. Dementsprechend werden hier nur kurz zusammengefasst einige Hinweise als Übersicht angegeben. Gute Kenntnisse der Werkstoffe sind für alle Phasen des Konstruktionsprozesses erforderlich.

Alle Teile, die konstruiert werden, bestehen aus Werkstoffen mit bestimmten Eigenschaften, die sich aus den Werkstoffarten ergeben. Deshalb enthält die Wissensbasis im Bild 11.1 Hinweise auf wichtige Werkstoffarten und Werkstoffeigenschaften. Wegen der Vielfalt der bekannten Werkstoffe sind diese Angaben natürlich nicht vollständig angegeben. Der Konstrukteur sollte sich je nach seinem Arbeitsbereich darauf einstellen, dass es mehr gibt als Stahl und Eisen. Es gilt also nicht nur die alte Konstrukteursregel: „Sie glauben gar nicht, was Eisen alles hält“. Das beste Beispiel für Werkstoffvielfalt in Produkten sind moderne Pkw. In diesem Kapitel sind weder Daten der Werkstoffeigenschaften noch eine vollständige Übersicht über die Werkstoffe enthalten. Dafür gibt es weiterführende Literatur. Heute ist es auch Stand der Technik für bestimmte Anforderungen Werkstoffe zu entwickeln, die ganz bestimmte Eigenschaften haben.

Bild 11.1: Wissensbasis Werkstoffarten und Werkstoffeigenschaften

Werkstoffkenntnisse bestehen im Maschinenbau nicht nur aus dem in der Ausbildung vermittelten Wissen, sondern müssen in der Praxis erworben werden, damit der Konstrukteur ein Gefühl für Werkstoffe bekommt. Die Wissensbasis weist übersichtlich auf die Grundkenntnisse hin, die zu vertiefen sind.

11.1 Werkstoffauswahl

Der Werkstoff bestimmt ganz wesentlich die Funktionssicherheit und die Kosten der Teile, die zu konstruieren sind. Die Werkstoffauswahl ist deshalb eine wesentliche Aufgabe der Konstrukteure. Zu beachten sind natürlich auch die Belastung, die Abmessungen, die Gestaltung, die Sicherheit usw.. Bei der Auswahl sind Erfahrungen aus den Bereichen der Maschinenelemente sinnvoll einsetzbar, die in der Regel vorhanden sind. Da die Werkstoffauswahl von vielen Einflussgrößen abhängig ist, sollen hier einige Grundüberlegungen vorgestellt werden.

Die erforderlichen Werkstoffeigenschaften ergeben sich aus den Anforderungen der Konstruktion, der Technologie und der Wirtschaftlichkeit. Die Konstruktion hat als wesentliche Kriterien die Funktion, die Beanspruchung und die Gestalt der Teile zu beachten, da diese die Werkstoffauswahl beeinflussen. Die Eigenschaften der Werkstoffe ergeben sich aus der Herstellung und sind kostenabhängig. Die Technologie ist notwendig für die Herstellung der Rohteile und der Werkstücke in der Fertigung, um Teile mit bestimmten Werkstoffeigenschaften zu erzeugen. Die Wirtschaftlichkeit umfasst allgemein die Kosten für die Beschaffung der Rohteile, der Weiterverarbeitung in der Fertigung und der Entsorgung. Da sich alle Kriterien beeinflussen, sind vielfältige Überlegungen erforderlich. Bild 11.2 zeigt vereinfacht die Bereiche und Wechselwirkungen, die bei der Werkstoffauswahl zu beachten sind.

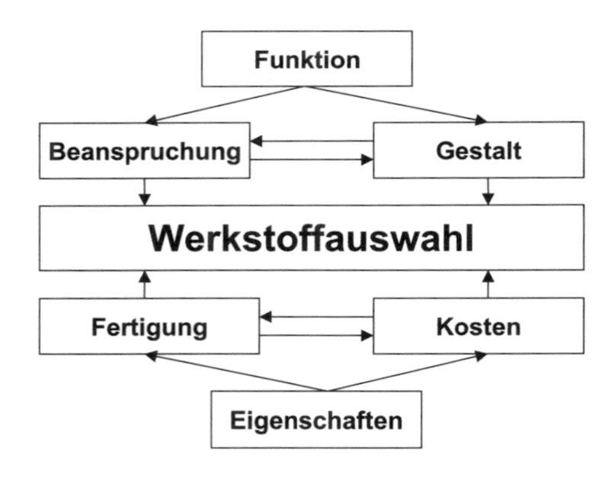

Bild 11.2: Einflussgrößen auf die Werkstoffauswahl

Im Maschinenbau ist der Einsatz von Stählen, Gusswerkstoffen und Kunststoffen die Regel. Schmierstoffe, Keramik und Elastomere sind natürlich auch erforderlich, ebenso wie die anderen in Bild 11.1 genannten Werkstoffarten. Dem entsprechend sind auch Grundkenntnisse aus diesen Fachgebieten vorhanden. Der Einsatz erfordert aber auch den jeweils geeigneten Werkstoff auszuwählen. Deshalb sind im Abschnitt 11.2 die wichtigsten Eisenwerkstoffe in Tabellen mit alten und neuen Normbezeichnungen aufgelistet. Die Hinweise zur Anwendung sind Erfahrungswerte, die für eine erste Werkstoffauswahl im Maschinenbau geeignet sind. Die Eigenschaften sind in der Fachliteratur, den Normen oder in Unterlagen der Rohteilhersteller enthalten.

In Firmen sind in der Regel die freigegebenen Werkstoffe in Werknormen oder Konstruktionsrichtlinien festgelegt. Der Umfang wird dort bewusst begrenzt, um Wirtschaftlichkeit, Qualität und Sicherheit zu gewährleisten. Beispiele: Baustähle für Schweißkonstruktionen sind deshalb nur in St 52-3 N bzw. S355J2G3 nach Tabelle 11.1 vorgesehen. Auch wenn häufig St 37-2 bzw. S235JR ausreichen würde, wird stets der höherwertige Werkstoff festgelegt, weil damit die Beschaffung, die Lagerung und die Verwendung im Betrieb einfacher sind. Das gilt auch für Vergütungsstähle, bei denen oft C 60 festgelegt wird. Die Begrenzung auf möglichst wenige Werkstoffe im Betrieb ist nur durch klare Anweisungen zu erreichen.

Wichtige Hinweise für die Werkstoffauswahl ergeben sich auch aus der Festigkeitsberechnung, den geforderten Wärmebehandlungen, der Schweißbarkeit usw. Entsprechende Werkstoffkennwerte und Erläuterungen sind in der Fachliteratur und in Datenbanken vorhanden. Wichtige Normen und Richtwerte enthalten Bücher über Maschinenelemente.

Für die Werkstoffauswahl im Maschinenbau sind nach *Niemann, Winter, Höhn* folgende Werkstoffeigenschaften wichtig: Statische Festigkeit (Streckgrenze, Zugfestigkeit), dynamische Festigkeit (Schwingfestigkeit), Zähigkeit (Verformbarkeit), Warmfestigkeit (Temperaturverhalten), Steifigkeit (elastische Verformung), Verschleißfestigkeit (Gleit- und Wälzbeanspruchung) und Korrosionsfestigkeit (Oberflächenhärte, Beschichtung).

Großen Einfluss auf die Werkstoffauswahl haben nach *Niemann, Winter, Höhn* :

- Beschaffungskosten für Rohteile,
- Verarbeitbarkeit (spanende Fertigung, Verformbarkeit),
- Stückzahl (Einzel-, Serien- oder Massenfertigung),
- Fertigungseinrichtungen und -kapazitäten (Verfügbarkeit),
- Herstellungsverfahren (Eignung),
- Gestaltung (günstiger Kraftfluss),
- Beschichtung (vermeiden, wegen Recycling),
- Relativkosten (Werkstofftabellen mit Kostenfaktoren),
- Werkstoffsortenvielfalt (Vielfalt reduzieren),
- Disponierbarkeit (Lagerhaltung, Lieferzeiten),
- Recycling (Trennung und Eignung) und Entsorgung (Kosten).

Die Nutzung guter Fachliteratur ist zur Ergänzung der Hinweise dieser kurzen Übersicht sehr zu empfehlen, wie z. B. die „Methodik der Werkstoffauswahl“ von *Reuter*, das „Taschenbuch der Werkstoffe“ von *Merkel/Thomas* oder „Mit Kunststoffen konstruieren“ von *Ehrenstein*, um nur einige zu nennen.

Sehr gute praktische Hinweise geben die Hersteller von Rohteilen, die in der Entwicklungsphase mit der Konstruktion zusammenarbeiten. Dabei sind dann auch gleich viele Vorurteile durch Erfahrungen zu ersetzen, z. B. das Vorurteil Aluminiumguss ist teuer. Abstimmungsgespräche mit Zulieferern haben sich ebenfalls bewährt. Die Verbände, wie z. B. die ZGV-Zentrale für Gussverwendung, der Industrieverband Massivumformung, oder der Verband der Keramischen Industrie usw., stellen gern Ihre Erfahrungen für die Werkstoffauswahl zur Verfügung.

11.2 Werkstoffbezeichnungen und Anwendungen

Werkstoffbezeichnungen sind nach Eigenschaften in Normen festgelegt. Die jeweils gültigen Normen sind anzuwenden. Die in der Praxis sehr verbreiteten Bezeichnungen nach den Normen des DIN wurden in den letzten Jahren durch DIN EN – Normen ersetzt.

Mit den folgenden Vergleichstabellen einiger ausgewählter Werkstoffgruppen sollen häufig verwendete Werkstoffarten mit Anwendungen so dargestellt werden, dass eine Werkstoffwahl und Zuordnung unterstützt wird. Es handelt sich jedoch nur um eine Hilfe zur Vorauswahl ohne die Werkstoffdaten, die unbedingt zu beachten sind.

Die Anwendungen wurden nach *Niemann, Winter, Höhn* zusammengestellt. Weitere Hinweise, Werkstoffe und Werkstoffdaten sind übersichtlich nach *Merkel/Thomas* vorhanden.

Kurzname nach DIN EN 10025	Werkstoff-nummer	Kurzname bisher nach DIN 17100	Anwendungen
S185	1.0035	St 33	Teile ohne besondere Anforderungen
S235JR	1.0037	St 37-2	üblicher Schmiedestahl im Maschinenbau, Bleche für Behälter, gut schweißbar
S275JR	1.0044	St 44-2	Press- und Gesenkstücke, schweißbar, Wellen, Achsen, Kurbeln
S355J2G3	1.0570	St 52-3 N	schwingungsbeanspruchte Schweißkonstruktion, Stahlbaukonstruktionen, gut schweißbar
E295	1.0050	St 50-2	höher beanspruchte Wellen, gut zerspanbar, wenig härtbar, Kolben, Bolzen, Spindeln
E335	1.0060	St 60-2	hoch beanspruchte Teile, Passfedern, -stifte, härt- und vergütbar, Schnecken, Spindeln
E360	1.0070	St 70-2	hoch beanspruchte, ungehärtete Teile, Nocken, härt- und vergütbar, Rollen, Walzen

Tabelle 11.1: Baustähle nach DIN EN 10025

Kurzname nach DIN EN 1559	Werkstoff-nummer	Kurzname bisher nach DIN 1681	Anwendungen
GE 200	1.0420	GS-38	Naben, Buchsen, Deckel, Lagerkörper, Einschweißnaben, Lagerböcke, Lagerringe, Hohlwellen, Seilrollen
GE 240	1.0446	GS-45	
GE 260	1.0552	GS-52	Bremsscheiben, Druckzylinder, Laufrollen, Hämmer, Kettenräder
GE 300	1.0558	GS-60	

Tabelle 11.2: Unlegierter Stahlguss nach DIN EN 1559

Kurzname nach DIN EN 10084	**Werkstoff-nummer**	**Kurzname bisher nach DIN 17210**	**Anwendungen**
C10E	1.1121	Ck 10	Kleinteile in Büromaschinen und Geräten mit geringer Kernfestigkeit und vorrangiger Beanspruchung auf Verschleiß, wie z. B. Hebel, Zapfen, Mitnehmer, Gelenke, Bolzen, Buchsen, Dorne, Stanzteile, Stifte
C15R	1.1140	Cm 15	
17Cr3	1.7016	17 Cr 3	Teile kleinerer Abmessungen, die besonders hohen Verschleißwiderstand erfordern, z. B. Rollen, Kolbenbolzen, Spindeln
16MnCr5	1.7131	16 MnCr 5	Teile mit hoher Kernfestigkeit bei günstiger Zähigkeit, z. B. Zahnräder und Wellen
20MnCr5	1.7147	20 MnCr 5	Hochbeanspruchte Zahnräder mittlerer Abmessungen
17CrNi6-6	1.5918	17 CrNi 6	Große Abmessungen mit höchster Kernfestigkeit, z. B. große Zahnräder, Tellerräder
15CrNi6	1.5919	15 CrNi 6	

Tabelle 11.3: Einsatzstähle nach DIN EN 10084 (6.1998)

Kurzname nach DIN EN 10083	**Werkstoff-nummer**	**Kurzname bisher nach DIN 17200**	**Anwendungen**
C22	1.0402	C 22	Wellen, Achsen, Naben, Bolzen, Spindeln, Kipphebel
C22E	1.1151	Ck 22	
C35	1.0501	C 35	
C35E	1.1181	Ck 35	
C45	1.0503	C 45	
C45E	1.1191	Ck 45	
C60	1.0601	C 60	
C60E	1.1221	Ck 60	
34Cr4	1.7033	34 Cr 4	Achsen, Wellen, Zahnräder, Kugelbolzen, Vorderachsteile, Zylinder
41Cr4	1.7035	41 Cr 4	
25CrMo4	1.7218	25 CrMo 4	Triebwerks- und Steuerungsteile, Zahnräder, Vorderachsteile, Pleuel, Kardanwellen, Lenkungsteile
42CrMo4	1.7225	42 CrMo 4	
36CrNiMo4	1.6511	36 CrNiMo 4	Höchstbeanspruchte Teile, Fahrzeug- und Ventilfedern, Wellen, Kurbelwellen
51CrV4	1.8159	51 CrV 4	Hochbeanspruchte Teile besonders hoher Festigkeit, Läuferwellen, Torsionsstäbe

Tabelle 11.4: Vergütungsstähle nach DIN EN 10083 (1996)

Kurzname nach DIN EN 1562	Werkstoff-nummer	Kurzname bisher nach DIN 1692	Anwendungen
EN-GJMW-350-4	EN-JM1010	GTW-35-04	Teile mit ungleichen Wandstärken, wie z. B. Getriebegehäuse, Haushaltsmaschinen und dünnwandige Kleineisenteile (z. B. Schlüssel, Fittings, Muffen, Schraubzwingen)
EN-GJMW-360-12	EN-JM1020	GTW-538-12	
EN-GJMW-400-5	EN-JM1030	GTW-40-05	
EN-GJMW-450-7	EN-JM1040	GTW-45-07	
EN-GJMB-350-10	EN-JM1130	GTS-35-10	Dickwandige Bauteile und Bauteile mit Kombination aus guter Verschleißfestigkeit und Zähigkeit, z. B. Zahnräder, Kolben, Triebwerksteile
EN-GJMB-450-6	EN-JM1140	GTS-45-06	
EN-GJMB-550-4	EN-JM1160	GTS-55-04	
EN-GJMB-650-2	EN-JM1180	GTS-65-02	
EN-GJMB-700-2	EN-JM1190	GTS-70-02	

Tabelle 11.5: Temperguss nach DIN EN 1562 (8.1997)

Kurzname nach DIN EN 1561	Werkstoff-nummer	Kurzname bisher nach DIN 1694	Anwendungen
EN-GJL-100	EN-JL-1010	GG-10	Gering beanspruchte Bauteile, wie z. B. Gehäuse, Grundplatten, Ständer
EN-GJL-150	EN-JL-1020	GG-15	Höher beanspruchte dünnwandige Werkstücke
EN-GJL-200	EN-JL-1030	GG-20	Gehäuse, Gleitbahnen, Kolben, übliche Maschinenbauteile
EN-GJL-250	EN-JL-1040	GG-25	Wärmebeständige (bis 420°C), gleitreibende Teile höherer Festigkeit
EN-GJL-300	EN-JL-1050	GG-30	Hohe Beanspruchungen, dünnwandige Werkstücke
EN-GJL-350	EN-JL-1060	GG-35	

Tabelle 11.6: Gusseisen mit Lamellengraphit nach DIN EN 1561 (8.1997)

Kurzname nach DIN EN 1563	Werkstoff-nummer	Kurzname bisher nach DIN 1693	Anwendungen
EN-GJS-400-15	EN-JS-1030	GGG-40	Schneckenräder, Zahnräder, Kurbel- und Nockenwellen, Pumpen- und Getriebegehäuse
EN-GJS-500-7	EN-JS-1050	GGG-50	
EN-GJS-600-3	EN-JS-1060	GGG-60	
EN-GJS-700-2	EN-JS-1070	GGG-70	
EN-GJS-800-2	EN-JS-1080	GGG-80	

Tabelle 11.7: Gusseisen mit Kugelgraphit nach DIN EN 1563 (8.1997)

12 Maschinenelemente

Maschinenelemente sind die kleinsten Elemente einer Maschine, die in gleicher oder ähnlicher Form in allen Bereichen der Technik einsetzbar sind und in den Konstruktionen bestimmte Funktionen erfüllen. Maschinenelemente unterscheiden sich dadurch, dass sie Bauteile sind (z. B. Schrauben, Stifte, Zahnräder), als Baugruppe ein Element bilden (z. B. Wälzlager, Kupplungen, Ventile) oder als Elemente für bestimmte Funktionen (z. B. Schmiermittel, Dichtungen, Wälzpaarungen) einzusetzen sind. Bewährte Maschinenelemente sind durch Normen festgelegt, wie z. B. Schrauben, Federn, Stifte, Sicherungsringe.

12.1 Systematik und Einteilung

Maschinenelemente sind nach verschiedenen Kriterien einzuteilen. Die Einteilung kann nach den Elementen oder Baugruppen mit bewährten Begriffe erfolgen, nach der wichtigsten Funktion oder nach der Anwendung. Die Abgrenzung erfolgt in der Literatur unterschiedlich, je nach den Erfahrungen der Autoren. Als Regel zeigt sich, dass als Maschinenelemente die Elemente für konstruktive Lösungen angegeben werden, die sehr weit verbreitet einzusetzen sind und die nicht zusätzliches Fachwissen erfordern, das in besonderer Fachliteratur beschrieben ist. Deshalb sind heute z. B. Kurbeltriebe, Hydraulikzylinder oder Pneumatikzylinder nicht in Büchern über Maschinenelemente enthalten.

Das Bild 12.1 enthält als Wissensbasis die Maschinenelemente systematisch angeordnet, die heute für das Konstruieren sehr häufig eingesetzt werden.

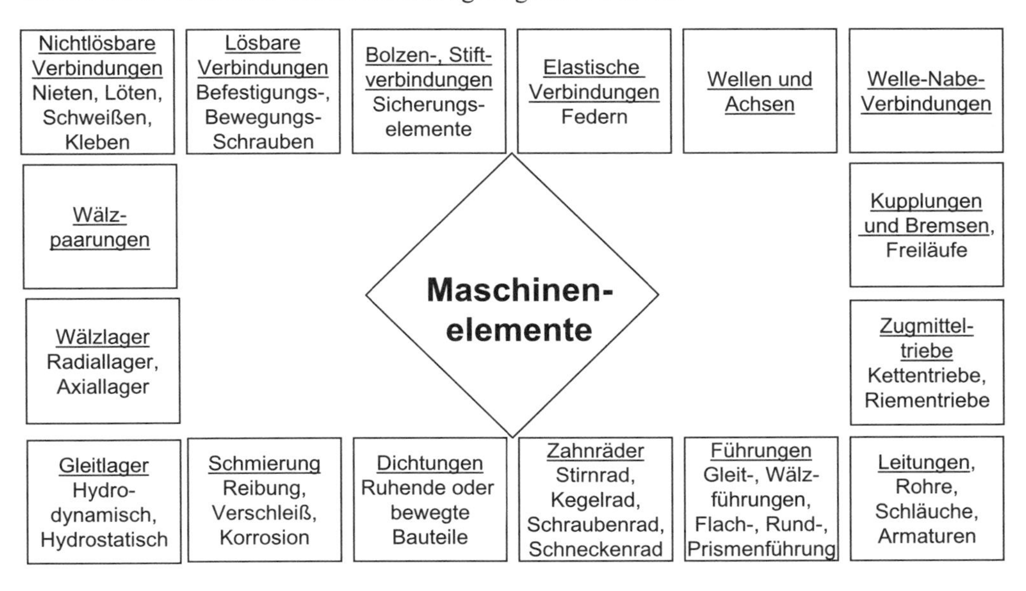

Bild 12.1: Wissensbasis Maschinenelemente

12.2 Informationsblätter Maschinenelemente

Die Einteilung der Maschinenelemente nach Bild 12.1 erfolgte in Anlehnung an die bekannten Kapitel der Standardwerke. Dort sind auch alle wichtigen Grundlagen für die Berechnung, die Anwendung und die Praxiserfahrungen enthalten. Aus der Erfahrung ist bekannt, das die Vermittlung des Fachgebiets Maschinenelemente sich in der Regel intensiv mit Berechnungen beschäftigt, aber der für das systematische Konstruieren erforderliche Überblick nur kurz vorgestellt wird. Es ist leider üblich, dass deshalb viele Konstruktionen nur mit den Maschinenelementen entwickeln werden, die einmal berechnet wurden. Erst wenn das Interesse an der Konstruktion so groß ist, dass durch Neugier die Kreativität geweckt wird, sind alle anderen Maschinenelemente interessant.

In diesem Abschnitt sind in Form von Tabellen Begriffe und Beispiele typischer Ausführungen angegeben. Damit sind für das Konstruieren wichtige Grundlagen vorhanden, die eine gewisse Übersicht darstellen und die als Wiederholung geeignet sind.

Für eine schnelle Auswahl sind die 16 Gruppen der Maschinenelemente durch eine einheitliche Gliederung so aufbereitet, dass, wie in einem Katalog, alle wichtigen Aussagen stets in der gleichen Zeile der Informationsblätter stehen.

Begriffe und Erklärungen sorgen für eine erste Übersicht. Die Einteilung der Elemente enthält auch nicht abgebildete Maschinenelemente. Funktionen und Wirkungen sind die Kurzbeschreibungen für das Konstruieren. Die erforderlichen technischen Zeichnungen für typische Beispiele stellen eine Auswahl dar, die das Erkennen der Einsatzmöglichkeiten unterstützen. Es wurden bewusst einfache Ausführungen gewählt. Wichtige bekannte Anwendungen sind ebenfalls in einer Zeile angegeben. Aus dem Einsatz der Maschinenelemente haben sich viele bewährte Konstruktionsregeln ergeben, die zu beachten sind.

Hinweise auf bekannte Konstruktionskataloge sind enthalten, um dem Konstrukteur systematische Übersichten mit allen bekannten Varianten zu geben, da dieses Hilfsmittel viel zu selten eingesetzt wird. Außerdem gibt es noch die Sachmerkmalleisten nach DIN 4000. Diese enthalten bestimmte Bereiche von genormten Elementen zusammengefasst , die mit den dazugehörigen Bildleisten eine Fundgrube für alternative Lösungen sind. Die Anwendung der DIN 4000 ist leider noch weniger bekannt.

Für die Aufbereitung wurden Bilder und Hinweise aus den im Literaturverzeichnis angegeben Quellen verwendet. Es ist weder beabsichtigt Vollständigkeit zu beanspruchen, noch mit der Auswahl der angegebenen Fachbücher über Maschinenelemente eine Wertung vorgenommen zu haben.

Das Bildmaterial wurde fast vollständig übernommen aus *Decker/Kabus*: Maschinenelemente. 15.Aufl., München: Carl Hanser Verlag.

Zur Ergänzung wurden einzelne Bilder aus den folgenden Fachbüchern entnommen, wobei hier nur die Autoren genannt werden und die Nummer des Informationsblattes in Klammern steht: Bachmann/Lohkamp/Strobl (02), Conrad/Schmid (05, 16), Beitz/Grote (07), Steinhilper/Sauer (8), Niemann/Winter/Höhn (09), Paland (10), Schlottmann (12).

KT	**Maschinenelemente**	**Nichtlösbare Verbindungen Schweißen, Löten, Kleben, Nieten**
Begriffe, Erklärungen	Nichtlösbare Verbindungen sind Stoffschlussverbindungen. Nieten ist eine formschlüssige Verbindung, die durch Zerstören des Nietkopfs getrennt werden kann. Zu beachten sind Form, Größe und Anzahl der Fügeflächen sowie die Beanspruchung der Fügestellen nach der Fertigung unter Belastung. Die Werkstoffe der Bauteile, die Zusatzwerkstoffe und die Nietarten erfordern unterschiedliche Fertigungsverfahren.	
Einteilung, Elemente	Schmelzschweißen erfolgt mit artgleichem Zusatzwerkstoff bei Schmelztemperatur. Pressschweißen erfolgt durch Zusammenpressen von erwärmten Stoßstellen. Löten erfolgt mit einem Zusatzmetall (Lot) unterhalb der Schmelztemperatur der Teile. Kleben verbindet Teile gleicher oder unterschiedlicher Werkstoffe mit Klebstoffen. Nieten verbindet Teile durch Niete in Löchern, deren Kopf geformt wird.	
Funktionen, Wirkungen	Kräfte übertragen, Momente übertragen, Teile verbinden, Teile dicht verbinden, Rohteile herstellen, Werkstoffschichten verschleißfest auftragen	
Beispiele für Anwendungen, Ausführungen:		
Schweißverbindungen Schweißteil	Klebeverbindungen	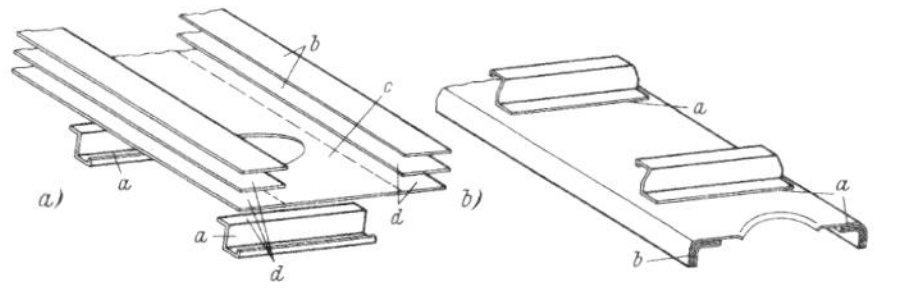
Klebeverbindung	Nietverbindung Nietarten	
Anwendung	Fertigungsverfahren zum Herstellen von Rohteilen aus verschiedenen Einzelteilen. Schweißen im Fahrzeugbau üblich. Löten verbindet unterschiedliche Metalle. Kleben verbindet Metall mit fast allen anderen Werkstoffen, z. B. Frontscheiben im Pkw. Nieten im Flugzeugbau mit Spezialverfahren üblich.	
Konstruktionsregeln	Gewichtsersparnis im Stahlbau durch Schweißen, statt Nieten. Schweißteile sind kostengünstig und haben kurze Lieferzeiten. Beim Kleben Überlappungsflächen vorsehen. Werkstoffpaarungen und -eigenschaften beachten.	
Konstruktionskataloge	Nietverbindungen, Klebeverbindungen (Roth), Klebeverbindungen (Fuhrmann, Hinterwalder),	
Sachmerkmal-Leisten DIN 4000	Teil 9: Bolzen, Stifte, Niete, Splinte, Passfedern, Keile und Scheibenfedern	

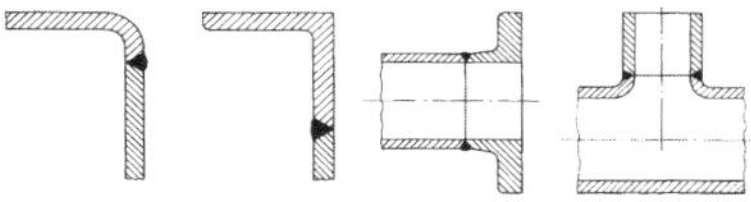

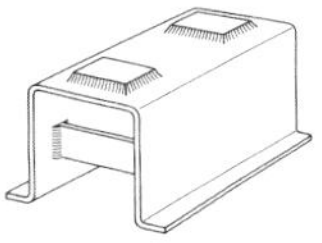

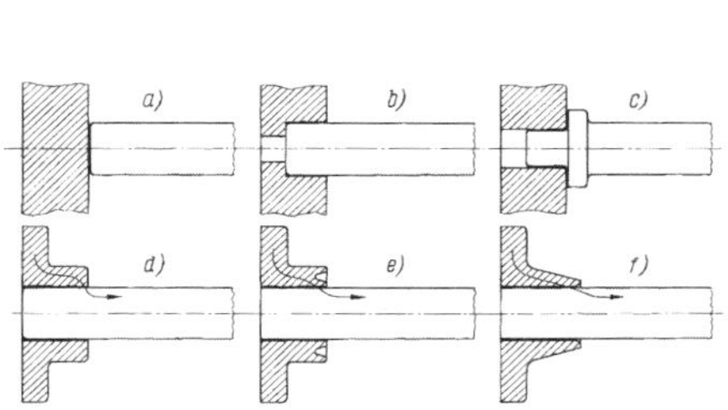

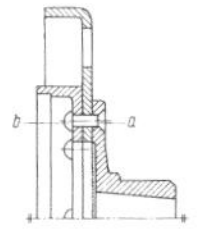

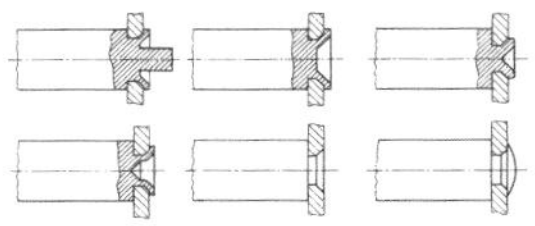

Tabelle 12.1: Maschinenelemente Informationsblatt 01 (© Conrad)

KT Maschinenelemente	Lösbare Verbindungen Befestigungs-, Bewegungsschrauben
Begriffe, Erklärungen	Lösbare Verbindungen sind Reibschlussverbindungen, die Kräfte an Wirkflächen übertragen durch das Erzeugen von Normalkräften und Reibungskräften. Befestigungsschrauben verbinden Bauteile fest, aber lösbar. Schrauben sind auch für das Spannen, Einstellen oder Messen einzusetzen. Bewegungsschrauben (Spindeln) wandeln Umfangskräfte (Drehbewegungen) in Längskräfte (Längsbewegungen).
Einteilung, Elemente	Befestigungsschrauben sind Normteile mit unterschiedlichen Gewindearten, Abmessungen, Kopfformen als Schrauben, Stiftschrauben, Gewindestift, Verschlussschrauben sowie den zugeordneten Muttern und Gewindebohrungen aus vielen Werkstoffen. Bewegungsschrauben sind Spindeln mit Bewegungsgewinde (Trapez-, Sägen-Gewinde) oder als Kugelumlaufspindeln mit Wälzkörpern in der Mutter.
Funktionen, Wirkungen	Kraft übersetzen, Weg übersetzen, Drehbewegung wandeln, Umfangskräfte wandeln
Beispiele für Anwendungen, Ausführungen:	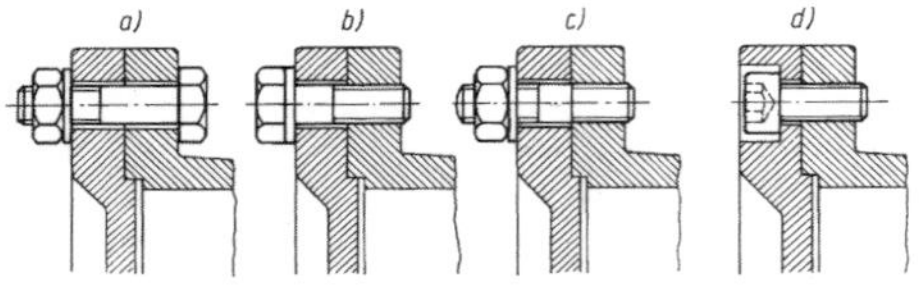
Schraubenarten	Schraubenverbindung
Bewegungsschraube	Kugelumlaufspindel
Anwendung	Befestigungsschrauben für das Verbinden von Teilen mit genormten Schrauben, Muttern oder Gewindebohrung unter Einsatz von Werkzeugen zum Anziehen und Lösen. Bewegungsschrauben als Druckspindeln in Pressen, Ventilspindeln, Hubspindeln, Vorschubspindeln, Messschrauben; Gewindespindel/Mutter oder Kugelumlaufspindel.
Konstruktionsregeln	Befestigungsschrauben wandeln kleine Umfangskräfte in große Axialkräfte. Selbsthemmung bewirkt kein Antrieb der Mutter durch eine Längskraft an der Spindel. Bewegungsschrauben haben stets Schraubengelenk, Drehgelenk und Schubgelenk.
Konstruktionskataloge	Schraubenverbindungen (Kopowski), Verbindungen (Ewald) Spielbeseitigung an Schraubpaaren (Ewald)
Sachmerkmal-Leisten DIN 4000	Teil 2: Schrauben und Muttern Teil 3: Abstandsstücke und Abstandsrohre

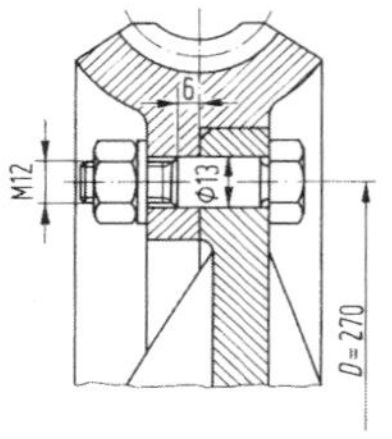

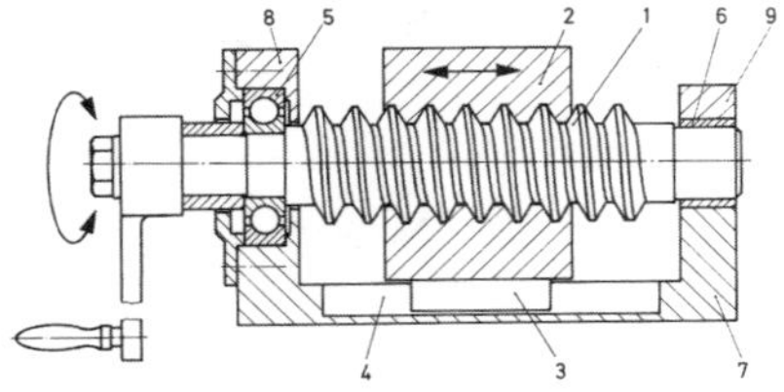

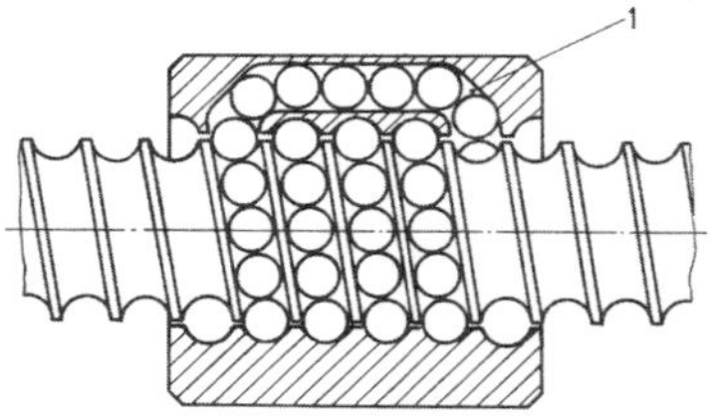

Tabelle 12.2: Maschinenelemente Informationsblatt 02 (© Conrad)

KT	Maschinenelemente	Bolzen-, Stiftverbindungen, Sicherungselemente
Begriffe, Erklärungen	Stifte sind einzusetzen, um Maschinenteile zu verbinden, zu befestigen, mitzunehmen, zu halten, zu zentrieren, zu sichern oder zu verschließen. Bolzen stellen Gelenkverbindungen her und sitzen mit Spielpassung in den Bauteilen. Sicherungselemente auf Wellen oder Achsen verhindern axiale Verschiebungen, dienen der Lagesicherung oder zur Führung und nehmen dann axiale Kräfte auf.	
Einteilung, Elemente	Stifte: Zylinderstift, Spannstift, Kegelstift, Kerbstifte. Bolzenausführungen mit/ohne Kopf, für unterschiedliche Sicherungselemente. Sicherungselemente: Splinte, Sicherungsringe, Sicherungsscheiben, Klemmringe, selbstsperrender Sicherungsring, selbstsperrender Dreiecksring, Sprengring sowie Stellringe oder Achshalter sind als Normteile vorhanden.	
Funktionen, Wirkungen	Axiale Verschiebungen verhindern, Lage sichern, Führungsflächen formschlüssig verbinden, Kräfte axial aufnehmen, Momente übertragen, Kräfte einleiten.	
Beispiele für Anwendungen, Ausführungen:		
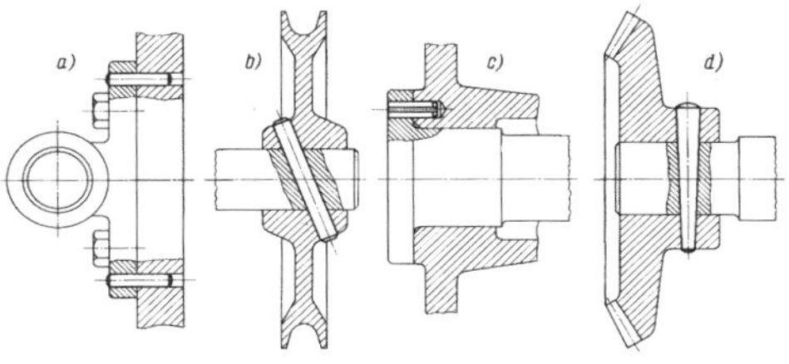 Stiftverbindungen	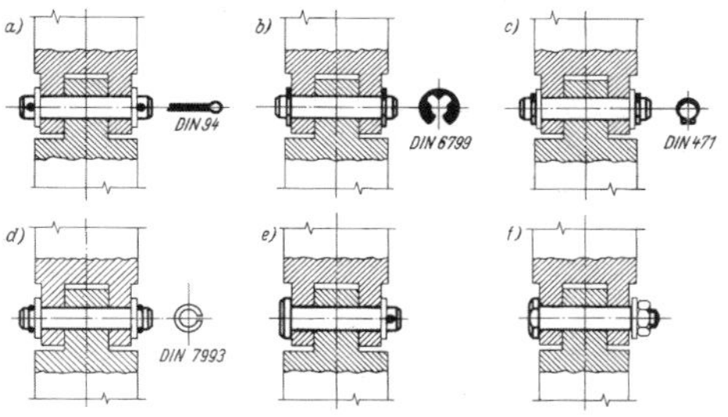 Bolzenverbindungen mit Sicherungselementen	
Anwendung	Zylinder-, Kegel- und Kerbstifte für einfache Welle-Nabe-Verbindungen, für das Befestigen von Deckeln, Schildern, Hebeln usw. Bolzen werden eingesetzt, um Querkräfte zu übertragen, Bauteile zu führen oder als einfache Gelenke. Sicherungselemente sind gegen axiales Verschieben von Bolzen, Achsen, Wälzlagern usw. einzusetzen.	
Konstruktionsregeln	Fertigungs- und Montageaufwand für das Verstiften gering halten durch Spannstifte statt Passstifte. Für die Axialkraftaufnahme und gegen Verschleiß Sicherungselemente mit Anlaufscheiben konstruieren. Nur genormte Elemente einsetzen.	
Konstruktionskataloge	Verbindungen (Ewald)	
Sachmerkmal-Leisten DIN 4000	Teil 9: Bolzen, Stifte, Niete, Splinte, Passfedern, Keile und Scheibenfedern	

Tabelle 12.3: Maschinenelemente Informationsblatt 03 (© Conrad)

KT	Maschinenelemente	Elastische Verbindungen Federn
Begriffe, Erklärungen	Federn sind Elemente, die sich unter Belastung verformen und bei Entlastung wieder die alte Lage annehmen. Dies wird erreicht durch Gestaltung und Werkstoffwahl. Die Bezeichnung richtet sich nach Gestalt (Tellerfeder), Beanspruchung (Druckfeder) oder Werkstoff (Stahlfeder). Federn gibt es für alle Beanspruchungsarten als Handelsteile.	
Einteilung, Elemente	Schraubenfedern (Zug-, Druck-)sind Federn die aus runden Drähten gewickelt werden. Tellerfedern als Druckfedern sind kegelförmige Schalen, die geschichtet werden. Gummifedern aus Elastomeren oder Kautschuk mit anvulkanisierten Metallteilen. Ringfedern aus ineinandergreifenden doppelkegeligen Innen- und Außenringen. Blattfedern als Biegefedern aus geschichteten Federblättern. Drehfedern als Stabfedern, als Spiralfedern oder als Schenkelfedern. Gasfedern und Luftfedern.	
Funktionen, Wirkungen	Kräfte elastisch leiten, potentielle Energie speichern, kinetische Energie wandeln, Stoßenergie aufnehmen, Schwingungen isolieren, Massen abfedern	
Beispiele für Anwendungen, Ausführungen:		
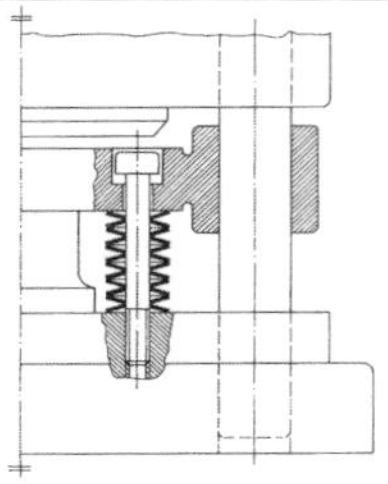 Tellerfedern	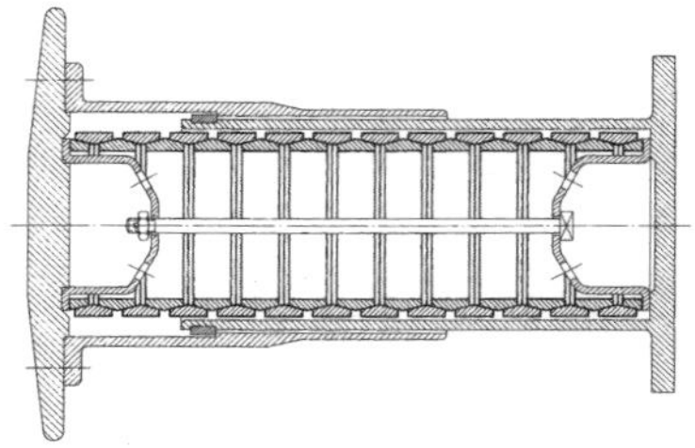 Ringfedern	
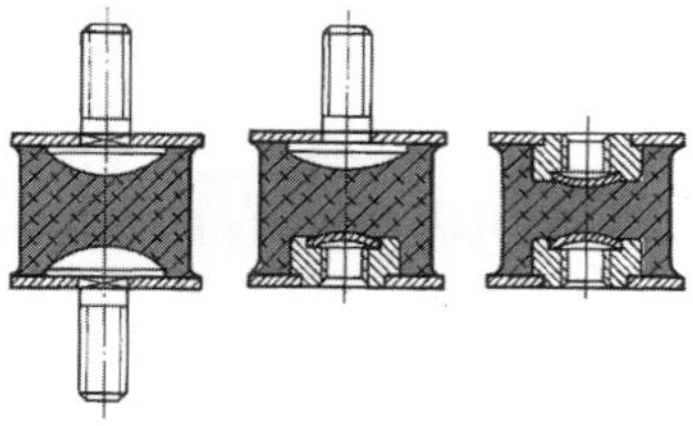 Metalastic-Federn	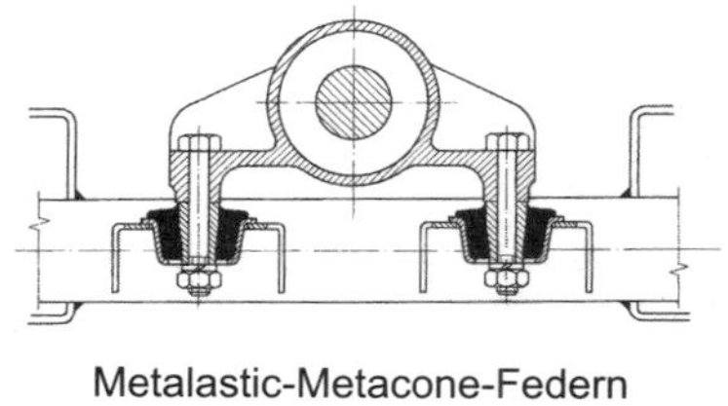 Metalastic-Metacone-Federn	
Anwendung	Spannfedern für das Erhalten von Vorspannkräften zur Schraubensicherung, für Krafteinstellung in Rutschkupplungen oder für Anpresskräfte von Dichtungen. Rückstellfedern für Ventile, Kfz-Kupplungen, Hebel, Klappen usw.; Energiespeicher in Uhren; Stossisolierung durch Fahrzeugfedern, Motorlagerung, Eisenbahnpuffer, Schwingsiebe	
Konstruktionsregeln	Federkennlinien durch Parallel-, Reihen- oder Mischschaltung gestalten. Schraubenfedern als Druckfedern einsetzen, Zugfedern vermeiden. Federauswahl nach Gewicht, Volumen, Bauhöhe, Federweg, Kraftrichtungen, Beanspruchung und Sicherheit.	
Konstruktionskataloge	Federn (Ewald) Elastische Verbindungen (Gießner)	
Sachmerkmal-Leisten DIN 4000	Teil 11: Federn Teil 125: Elastomer-Federelemente	

Tabelle 12.4: Maschinenelemente Informationsblatt 04 (© Conrad)

KT	Maschinenelemente	Wellen und Achsen
Begriffe, Erklärungen	Wellen sind umlaufend oder drehbeweglich und übertragen immer Drehmomente, sie werden auf Biegung und Torsion beansprucht. Achsen tragen ruhende oder umlaufende Maschinenteile und werden auf Biegung beansprucht, sie übertragen aber kein Drehmoment.	
Einteilung, Elemente	Wellen: Vollwellen, Hohlwellen, Profilwellen, Gelenkwellen, Kurbelwellen, biegsame Wellen Achsen: Stillstehende Achsen, umlaufende Achsen, kurze Achsen (Bolzen), Achszapfen für die Lagerung	
Funktionen, Wirkungen	Wellen: Drehmoment übertragen, Lagerstellen anordnen, Maschinenteile aufnehmen, Welle-Nabe-Verbindungen anordnen. Achsen: Biegebeanspruchung aufnehmen, Maschinenteile tragen, Lagerstellen anordnen	
Beispiele für Anwendungen, Ausführungen:		
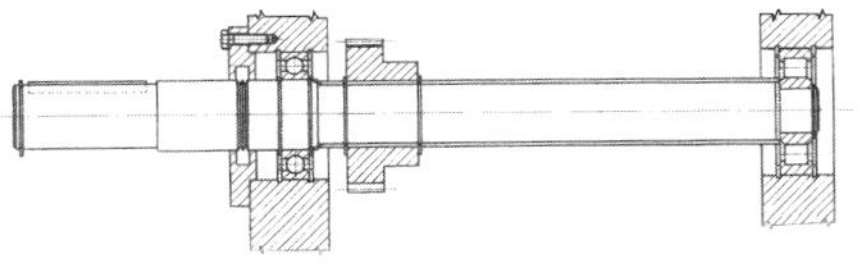 Vollwelle mit Keilwellenprofil	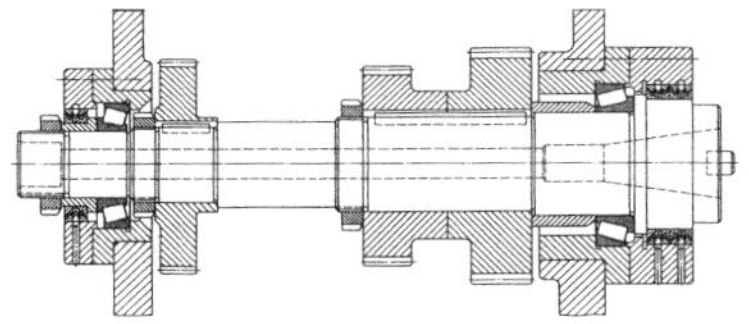 Hohlwelle als Fräsmaschinenspindel	
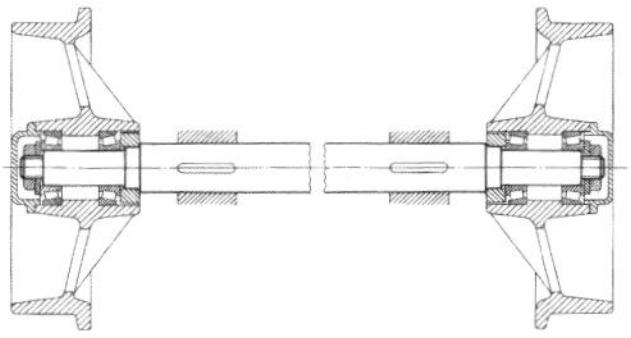 Stillstehende Achse	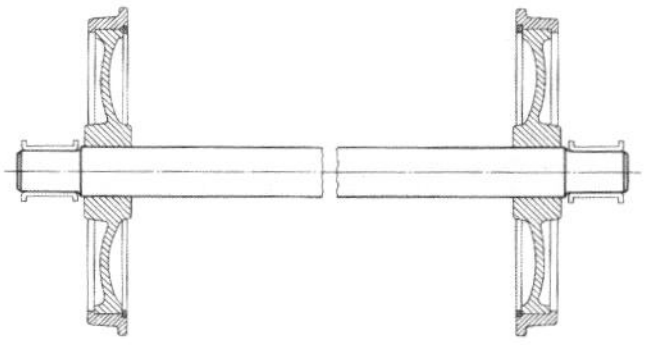 Umlaufende Achse	
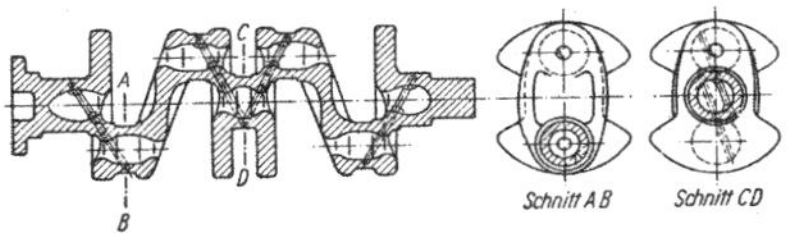 A, B, C, D, Schnitt A B, Schnitt CD Kurbelwelle	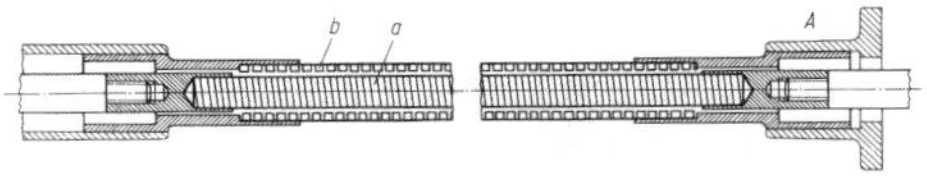 b, a, A Biegsame Welle A Antriebsseite, a Wellenseele, b Schutzschlauch	
Anwendung	Getriebewellen, Hohlwellen für Werkzeugmaschinen, Profilwellen mit Formelementen am Umfang (Keile, Polygon), Gelenkwellen für Antriebe, Kurbelwellen für Motoren, biegsame Wellen zum Verstellen von Klappen usw. Achsen für Fahrzeuge, Schienenfahrzeuge, Kranlaufräder, usw.	
Konstruktionsregeln	Wellen übertragen, Achsen tragen. Wellen und Achsen sind stets mit zwei Lagerstellen zu gestalten. Wellen mit Festlager und Loslager sorgen für eindeutige Verhältnisse.	
Konstruktionskataloge	keine bekannt	
Sachmerkmal-Leisten DIN 4000	Teil 33: Kupplungen, Freiläufe, Gelenke, Gelenkwellen	

Tabelle 12.5: Maschinenelemente Informationsblatt 05 (© Conrad)

KT	Maschinenelemente	Welle-Nabe-Verbindungen
Begriffe, Erklärungen	Die Kraftübertragung erfolgt durch Formschluss, vorgespannten Formschluss oder Reibschluss. Das Drehmoment kann direkt übertragen werden (Klemmsitz, Presssitz) oder über Zwischenglieder (Passfedern, konische Spannsätze). Naben sind Elemente von Maschinenteilen, die für die Verbindung mit der Welle erforderlich sind. Die axiale Sicherung erfolgt mit Elementen auf der Welle.	
Einteilung, Elemente	Formschluss-Verbindungen übertragen Drehmoment und Querkraft durch Formelemente, wie Profile in Welle und Nabe (Keilwelle) oder durch Mitnehmer (Passfeder). Vorgespannte Formschluss-Verbindung durch Verspannen von Welle und Nabe. Reibschluss-Verbindungen übertragen Umfangskraft und Längskraft durch Reibung. Es gibt viele Welle-Nabe-Verbindungselemente als Handelsteile.	
Funktionen, Wirkungen	Drehmomente übertragen, Drehbewegung übertragen, Kräfte übertragen	
Beispiele für Anwendungen, Ausführungen:		
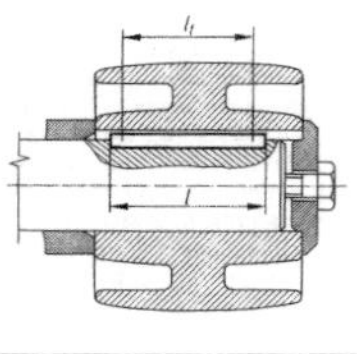 Passfeder	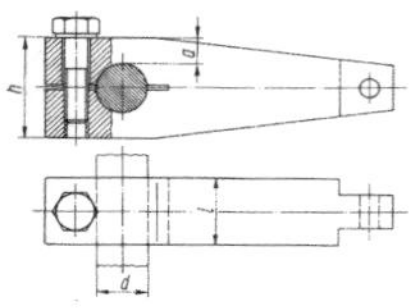	Klemmverbindung
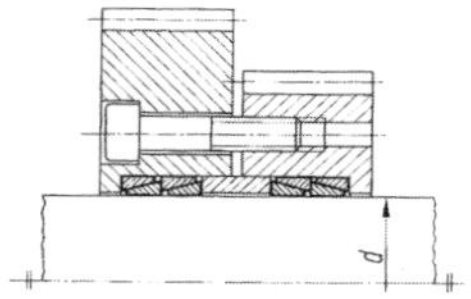 Spannelement	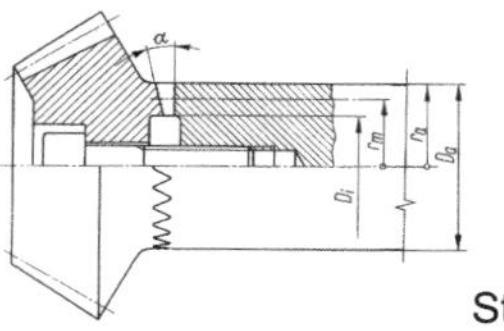	Stirnverzahnung
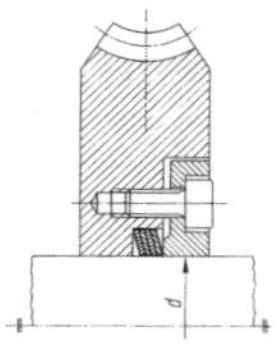 Sternscheiben	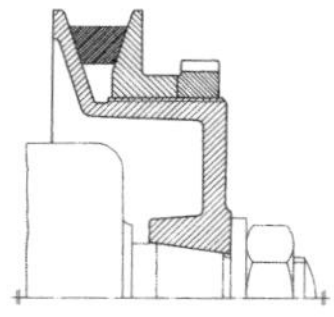	Kegelverbindung
Anwendung	Anwendungen in Maschinen mit montierbaren Elementen, wie Riemenscheiben, Schwungräder, Laufräder, Zahnräder, Kettenräder, Kupplungen, Hebel usw.. Dazu gehören alle Getriebebauarten, Antriebseinheiten, Fahrzeuge usw.	
Konstruktionsregeln	Auswahl der Welle-Nabe-Verbindung nach den zu übertragenden Kräften, der erforderlichen Genauigkeit der Zentrierung, der Werkstoffpaarung, der Sicherheit, der Fertigungs- und Montagemöglichkeiten sowie der Wirtschaftlichkeit.	
Konstruktionskataloge	Welle-Nabe-Verbindungen (Roth), (Kollmann) Objektkataloge (Diekhöner, Lohkamp)	
Sachmerkmal-Leisten DIN 4000	Teil 35: Wellen-Naben-Verbindungen Teil 9: Bolzen, Stifte, Niete, Splinte, Passfedern, Keile, und Scheibenfedern	

Tabelle 12.6: Maschinenelemente Informationsblatt 06 (© Conrad)

KT	Maschinenelemente	Kupplungen und Bremsen
Begriffe, Erklärungen	Wellenkupplungen sind für das Verbinden zweier Wellen, dem Übertragen von Drehmoment/Drehzahl und dem Verbinden von drehbeweglichen Maschinenteilen erforderlich. Bremsen dienen zum Anhalten von sich bewegenden Massen. Die Ausführungen ergeben sich prinzipiell aus der Abwandlung von Reibkupplungen.	
Einteilung, Elemente	Kupplungen sind nicht schaltbar starr oder nachgiebig vorhanden. Schaltbare Kupplungen können fremdbetätigt, drehzahlbetätigt, momentbetätigt oder richtungsbetätigt ausgeführt sein. Bremsen gibt es als Trommelbremsen (Backenbremsen) mit den Bauarten Außenbackenbremsen, Innenbackenbremsen sowie Scheibenbremsen und Kegelbremsen.	
Funktionen, Wirkungen	Wellen/Elemente verbinden, Drehmoment/Drehzahl übertragen, Wellenversatz ausgleichen, Drehmoment begrenzen, Drehmomentstöße dämpfen, Bewegung stoppen	

Beispiele für Anwendungen, Ausführungen:

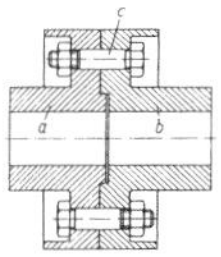 Scheibenkupplung	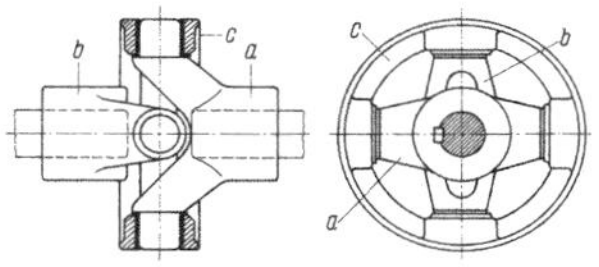 Kardangelenk	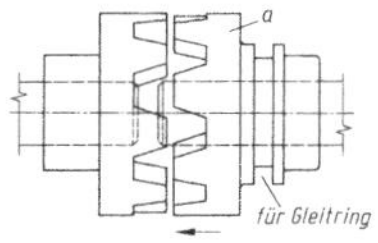 Klauenkupplung
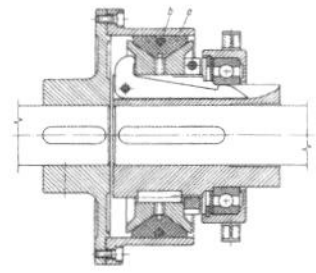 Conax-Kupplung	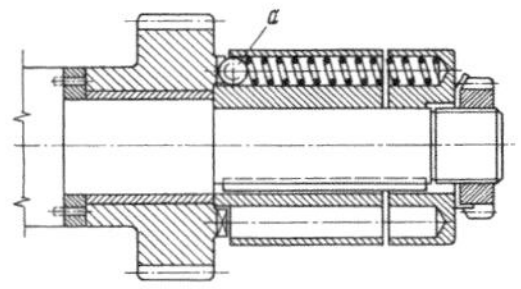 Sicherheitskupplung	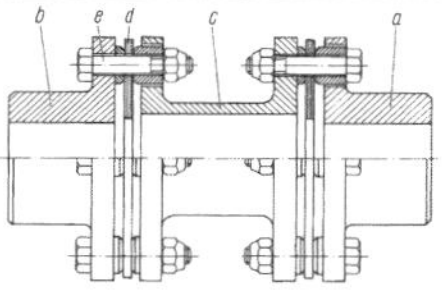 Membrankupplung
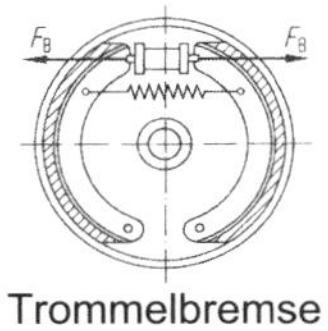 Trommelbremse	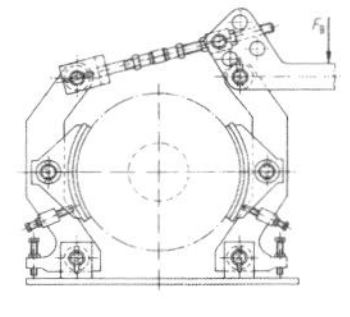 Außenbackenbremse	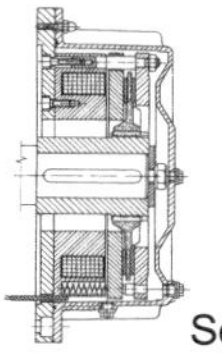 Scheibenbremse

Anwendung	Kupplungen werden für Getriebe, Fahrzeugantriebe mit Schaltungen, Maschinen und Anlagen in der Produktion, Werkzeugmaschinen, Hebezeuge usw. eingesetzt. Bremsen sind erforderlich in allen Fahrzeugen, Hebezeugen, Aufzügen und in vielen Antrieben. Kupplungen und Bremsen als Handelsteile einsetzen.
Konstruktionsregeln	Kupplungs- und Bremseneinsatz unter Beachtung der Antriebsaufgaben, die sich aus den Kennlinien von Kraft- und Arbeitsmaschine ergeben. Eigenschaften zum Ausgleich von Drehmomentstößen oder bei Wellenversatz mit Zulieferern abstimmen.
Konstruktionskataloge	Kupplungen (Ewald) Schaltbare und nichtschaltbare Kupplungen (Schneider)
Sachmerkmal-Leisten DIN 4000	Teil 33: Kupplungen, Freiläufe, Gelenke und Gelenkwellen Teil 34: Bremsen für rotierende Bewegung

Tabelle 12.7: Maschinenelemente Informationsblatt 07 (© Conrad)

KT	Maschinenelemente — Zugmitteltriebe Riementriebe, Kettentriebe
Begriffe, Erklärungen	Zugmitteltriebe dienen zur Kraft- und Bewegungsübertragung zwischen zwei oder mehr Wellen mit größerem Achsabstand sowie Übersetzung durch unterschiedliche Durchmesser. Zugmitteltriebe erfordern für die Kraftübertragung eine Vorspannung der Riemen durch Spannrollen oder besondere Anordnungen oder Spannräder für Kettentriebe. Keilriemen, Rundriemen und Zahnriemen für Antriebsaufgaben bekannt.
Einteilung, Elemente	Flachriementriebe, Keilriementriebe und Rundriementriebe sind reibschlüssige Zugmitteltriebe mit Scheiben für das Riemenprofil in unterschiedlichen Ausführungen. Zahnriementriebe sind formschlüssige Zugmitteltriebe mit besonderen Zahnriemenscheiben und für unterschiedliche Zahnriemenarten. Kettentriebe sind formschlüssige Zugmitteltriebe für parallele Wellen mit Kettenrädern.
Funktionen, Wirkungen	Drehmomente übertragen, Drehbewegungen übertragen, Stöße aufnehmen, Geräusche dämpfen, Drehzahlen stufenlos ändern, Drehrichtung wandeln
Beispiele für Anwendungen, Ausführungen:	
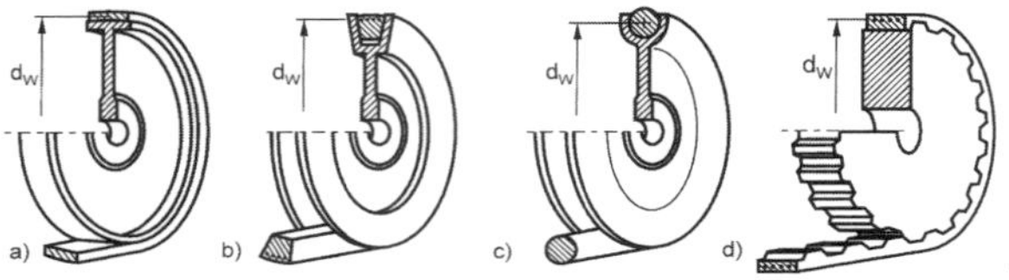 Zugmitteltriebe	
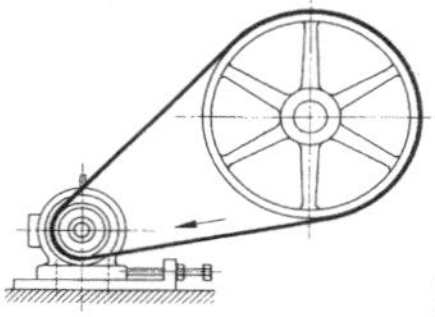 Flachriementrieb	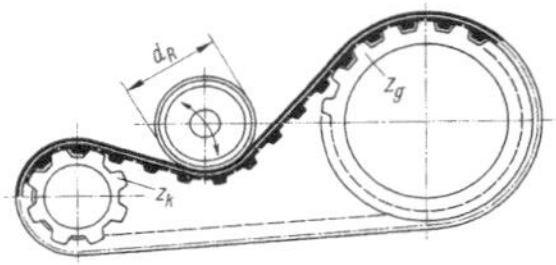 Zahnriementrieb
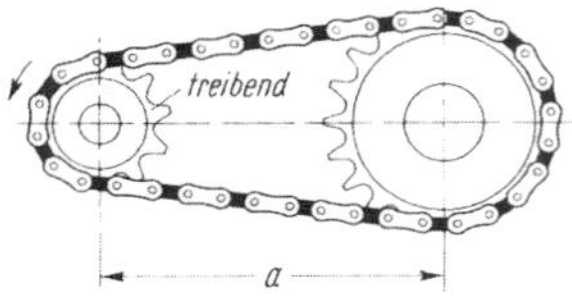 Kettentrieb	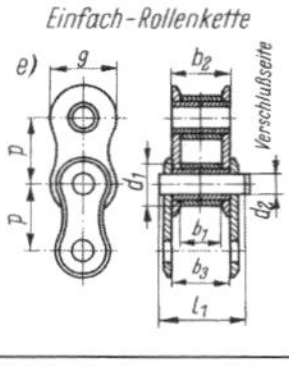 Rollenkette
Anwendung	Riementriebe für viele Antriebsaufgaben im Maschinenbau. Flachriemen auch für Transportbänder mit besonderen Profilen. Zahnriemen für hohe Leistungen in Pkw, für synchrone Bewegung mehrerer Achsen. Sonderformen der Zugmittel für Bewegungsübertragungen von Zulieferfirmen.
Konstruktionsregeln	Keilriemen nicht für sehr große Achsabstände einsetzen. Riemenübersetzung zwischen Motor und Getriebe dämpft Schwingungen. Parallelschaltung von Keilriemen verringert Platzbedarf. Kettentriebe bei hohen Temperaturen und Stoßbelastungen.
Konstruktionskataloge	Gleichförmig übersetzende Grundgetriebe (Roth) Rotationsgetriebe (Schneider)
Sachmerkmal-Leisten DIN 4000	Teil 43: Riemenscheiben, Riemen, Kettenräder und Ketten

Tabelle 12.8: Maschinenelemente Informationsblatt 08 (© Conrad)

KT	**Maschinenelemente** — **Wälzpaarungen**
Begriffe, Erklärungen	Alle Wälzpaarungen berühren sich an gewölbten Flächen. Die Wälzreibung ist gering gegenüber der Gleitreibung. Unterschiedlich ist die Art der Berührung, die Art der Bewegung, die Art der Belastung und die Lagesicherung und Führung der Wälzkörper.
Einteilung, Elemente	Laufrad auf Schiene (a), Wälzbogen (b), Wälzhebel (c), Schneidenlagerung (d), Wälzführung (e), Wälzlager (f), Spitzenlager (g), Nocken mit Rolle (f), Zahnradpaar (i), Reibradpaar (k)
Funktionen, Wirkungen	Kräfte übertragen, Bewegungen übertragen, Lage sichern, Elemente führen, Reibung verringern
Beispiele für Anwendungen, Ausführungen:	
	Wälzpaarungen
Anwendung	Viele Wälzpaarungen sind als Zulieferteile weiterentwickelt worden und am Markt vorhanden. Dies gilt z. B. für Wälzführungen, Wälzlager, Schneidenlagerung, Spitzenlager, Nocken mit Stößel, Zahnradpaare bzw. Zahnrad mit Zahnstange und Reibradgetriebe.
Konstruktionsregeln	Die Beanspruchung der Druckflächen ist nach den Hertzschen Gleichungen zu berechnen und nach Erfahrungswerten auszulegen. Geeignete Werkstoffauswahl mit den notwendigen Werten für Härte und Oberflächeneigenschaften sowie Schmierung.
Konstruktionskataloge	keine bekannt
Sachmerkmal-Leisten DIN 4000	keine bekannt

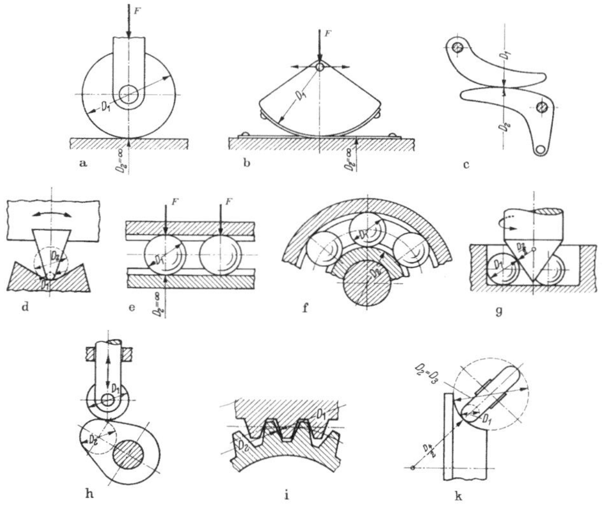

Tabelle 12.9: Maschinenelemente Informationsblatt 09 (© Conrad)

KT	Maschinenelemente	Wälzlager Kugellager, Rollenlager
Begriffe, Erklärungen	Wälzlager bestehen aus einem Innenring, einem Außenring und einem Käfig, der die Wälzkörper zwischen diesen Ringen führt. Radiallager nehmen radiale und axiale Kräfte auf. Axiallager nehmen axiale Kräfte auf und haben statt der Ringe Scheiben. Die Ringe sind auf Wellen oder in Gehäusen festzulegen. Bei Rotation erfolgt die typische Wälzbewegung der Wälzkörper. Reibung geringer als bei Gleitlagern.	
Einteilung, Elemente	Kugellager (Rillenlager) gibt es einreihig oder zweireihig, als Pendelkugellager, Schrägkugellager oder als Axial-Rillenkugellager Rollenlager gibt es als einreihige oder zweireihige Zylinderrollenlager, Pendelrollenlager, Axial-Pendelrollenlager, Kegelrollenlager oder Axial-Zylinderrollenlager. Nadellager gibt es auch kombiniert mit Kugelreihe oder als Nadelkranz auch Axial.	
Funktionen, Wirkungen	Drehbewegungen übertragen, Drehbewegungen führen, Kräfte übertragen, Schmierfilm erzeugen, Wärme abführen, Verformungen ausgleichen	
Beispiele für Anwendungen, Ausführungen:		
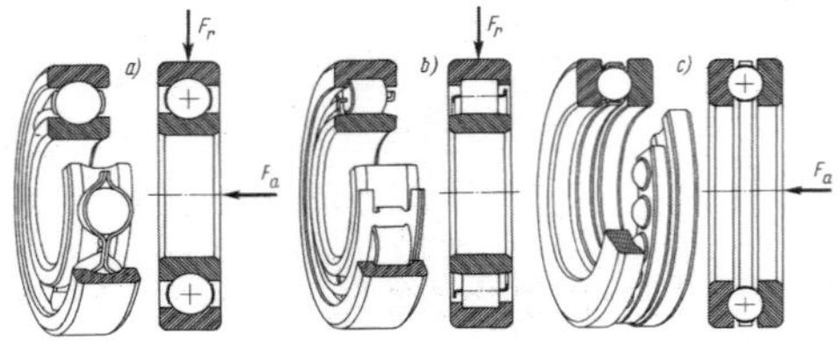 a) Radial-Rillenkugellager b) Zylinder-Rollenlager c) Axial-Rillenkugellager 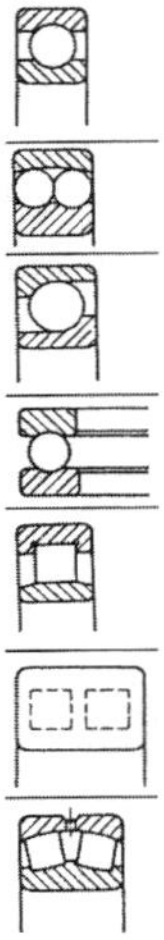	Wälzlagerbauformen 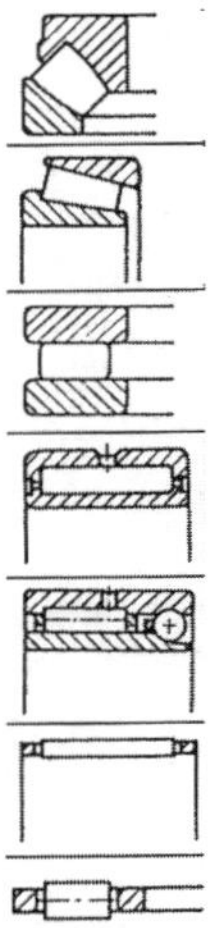	Wälzlagerbauformen
Anwendung	Lagerung von Achsen und Wellen im Maschinenbau und Fahrzeugbau Genauigkeitslager für Werkzeugmaschinen	
Konstruktionsregeln	Die Fest-Loslager-Anordnung ist vorrangig einzusetzen. Bei Bedarf die Erfahrungen der Hersteller nutzen. Drehzahlgrenzen und Steifigkeit der Umbauteile beachten. Rillen-Kugellager sind oft ausreichend. Schmierung und Abdichtung gestalten.	
Konstruktionskataloge	Lager und Führungen (Roth), (Ewald) Gleit- und Wälzlager (Diekhöner), (Roth)	
Sachmerkmal-Leisten DIN 4000	Teil 12: Wälzlager und Wälzlagerteile	

Tabelle 12.10: Maschinenelemente Informationsblatt 10 (© Conrad)

KT	Maschinenelemente	Gleitlager Radiallager, Axiallager
Begriffe, Erklärungen	Gleitlager bestehen aus zwei eng geschmiegten Flächen (z. B. Welle und Lagerschale), die aufeinander gleiten. Die Reibung wird durch geeignete Oberflächenausführung und geeignete Werkstoffpaarung und/oder durch einen Schmierfilm (Fett, Öl, Luft) vermindert. Radiallager übertragen Radialkräfte zwischen Welle und Lager. Axiallager übertragen Axialkräfte zwischen Wellenschulter und Lagergehäuse.	
Einteilung, Elemente	Hydrodynamische Lager erzeugen den Schmierfilm selbst im Lagerspalt. Hydrostatische Lager benötigen für den Schmierfilm eine externe Pumpe, die Drucköl erzeugt. Der Schmierfilm ist für die Funktion sehr wichtig. Genormte Lager und Eigenkonstruktionen für hohe Belastungen und Drehzahlen einsetzen.	
Funktionen, Wirkungen	Drehbewegungen übertragen, Drehbewegungen führen, Kräfte übertragen, Schmierfilm erzeugen, Wärme abführen, Verformungen ausgleichen	
Beispiele für Anwendungen, Ausführungen:		
Lagerbuchsen	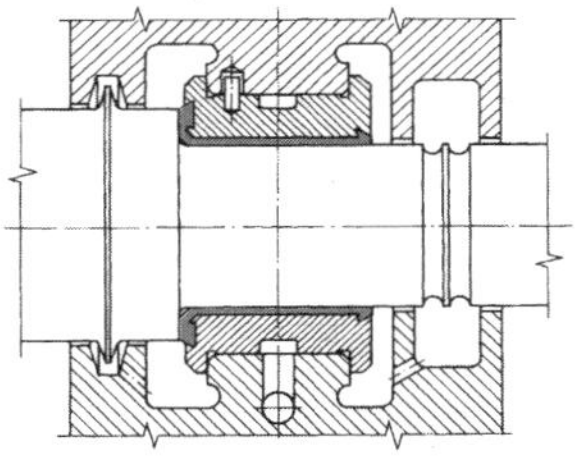 Verbundlagerschalen	Axiallager
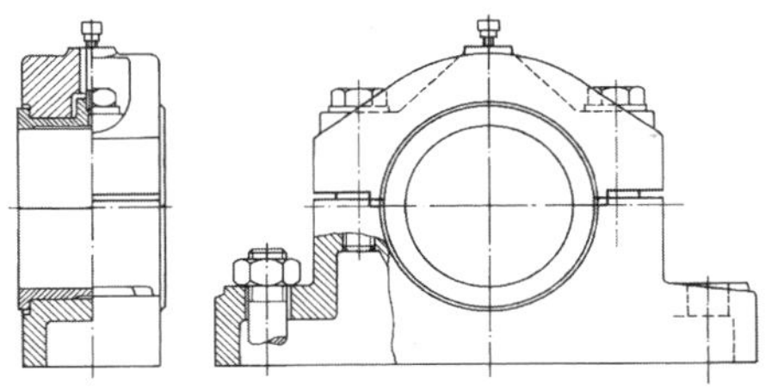 Deckel-Stehlager	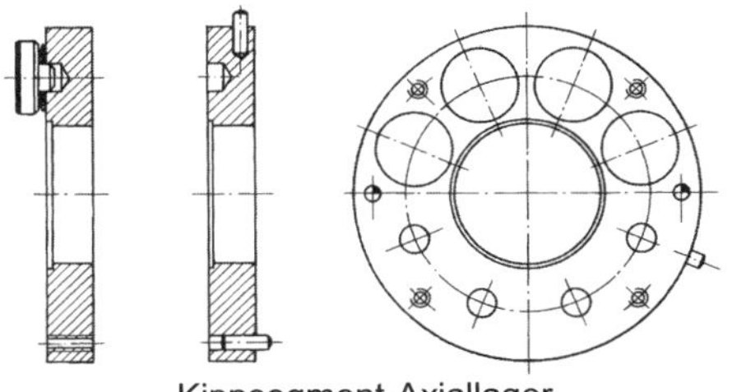 Kippsegment-Axiallager	
Anwendung	Handelsteile und Normteile als Buchsen, Schmiereinrichtungen, Filter, Pumpen oder komplette Ölaggregate verwenden. Schmierung nicht als letzte Aufgabe der Konstruktion betrachten. Einsatz von Kunststofflagern prüfen. Lagerungen für Turbinenwellen, Kurbelwellen usw. auch von Zulieferern einsetzen.	
Konstruktionsregeln	Die Fest-Loslager-Anordnung ist vorrangig einzusetzen. Bei Bedarf die Erfahrungen der Hersteller nutzen. Standardlager einsetzen. Schmierung, Öldruck, Sauberkeit und Abdichtung beachten. Steifigkeit der Umbauteile nach Belastungen gestalten.	
Konstruktionskataloge	Lager und Führungen (Roth), (Ewald) Gleit- und Wälzlager (Diekhöner), (Roth)	
Sachmerkmal-Leisten DIN 4000	Teil 49: Gleitlager	

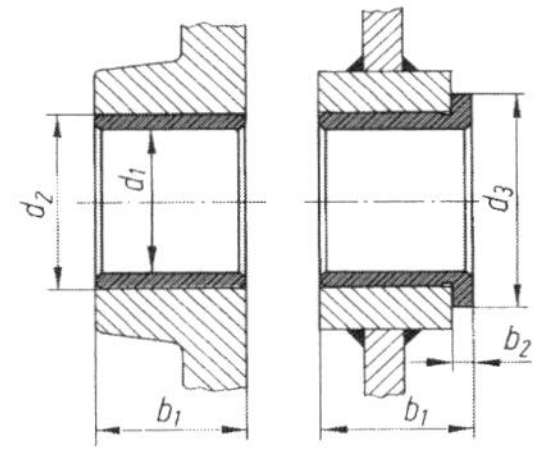

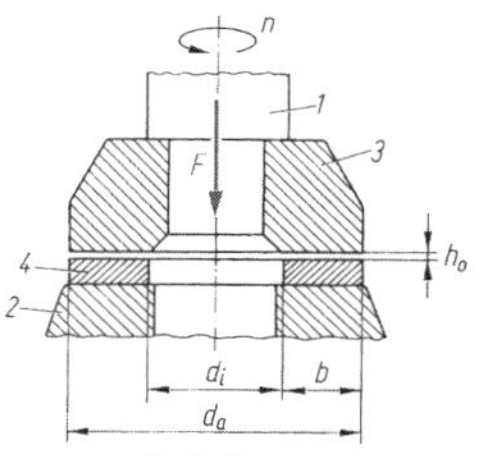

Tabelle 12.11: Maschinenelemente Informationsblatt 11 (© Conrad)

KT	Maschinenelemente	Schmierung Reibung, Verschleiß, Korrosion
Begriffe, Erklärungen	Schmierstoffe haben die Aufgabe Schäden an belasteten Oberflächen, die sich relativ zueinander bewegen, zu vermeiden und das direkte Berühren der Teile zu verhindern. Reibung ist durch geeignete Schmierung zu verringern (Lagerungen), bei anderen Anwendungen zu verstärken (Bremsen). Verschleiß tritt bei Reibpaarungen auf, die sich unter Krafteinwirkung relativ gegeneinander bewegen.	
Einteilung, Elemente	Schmierung erfolgt durch Schmieröle, Schmierfette, Festschmierstoffe, Haftschmierstoffe, Gasschmierung oder Schutzschichten auf den Oberflächen. Reibungsarten sind Gleitreibung, Rollreibung und Bohrreibung. Für die Betriebszustände ist die Stribeck-Kurve zu beachten. Korrosion beschreibt das Zerstören von Werkstoffen durch chemische oder elektrochemische Reaktion mit der Umgebung.	
Funktionen, Wirkungen	Schäden vermeiden, Wirkungen verringern, Wirkungen verstärken, Betriebszustände sichern, Ausfall verhindern	
Beispiele für Anwendungen, Ausführungen:		
Reibungszustände: a) Trockenreibung, b) Flüssigkeitsreibung, c) Mischreibung		
Schmierspalt mit Ölschichten		
Reibpaarungen a) Radialgleitlager b) Gleitführung c) Zahnradflanken		
Reibpaarungen d) Kolbenring e) Kupplungs- oder Bremsbelag f) Presssitz		
Anwendung	Schmiersysteme für Maschinen und Anlagen nach Erfahrungen auslegen und Hersteller von Schmierstoffen in die Entwicklung einbeziehen. Reibungsverhältnisse untersuchen und konstruktiv beeinflussen. Werkstoffauswahl unter Beachtung der Anforderungen zur Funktionserfüllung, des Gebrauchs, der Sicherheit und der Umwelt.	
Konstruktionsregeln	Schmierung in der Konstruktion untersuchen und gestalten. Verschleiß darf nicht zu unzulässigem Spiel führen. Fressen ist durch sog. Härtesprung der Werkstoffpaarung zu verhindern. Korrosion durch Gestaltung und Schutzmaßnahmen verringern.	
Konstruktionskataloge	Reibsysteme (Roth)	
Sachmerkmal-Leisten DIN 4000	keine bekannt	

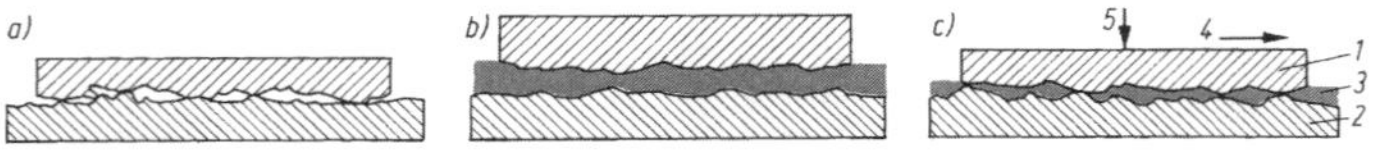

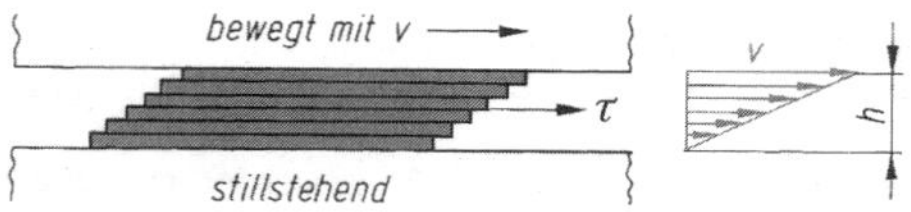

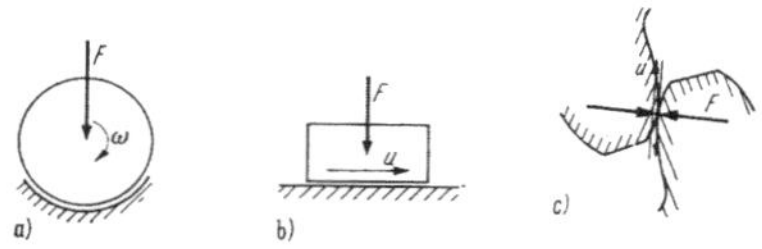

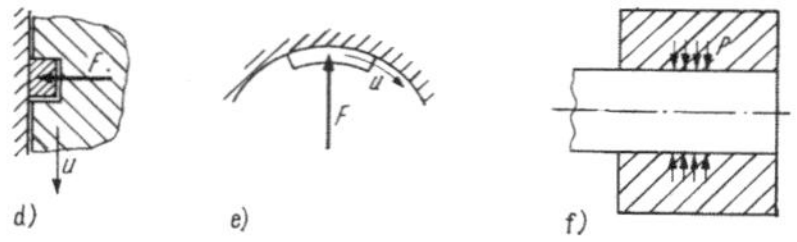

Tabelle 12.12: Maschinenelemente Informationsblatt 12 (© Conrad)

KT	Maschinenelemente	Dichtungen Ruhende, bewegte Bauteile
Begriffe, Erklärungen	Dichtungen sind erforderlich, um Bereiche mit unterschiedlichen Stoffen oder Betriebszuständen von einander zu trennen (Druck, Temperatur), den Austritt von Flüssigkeiten zu verhindern und vor dem Eindringen von Fremdstoffen zu schützen. Die Zuverlässigkeit der Dichtsysteme sorgt für Betriebssicherheit und Wirtschaftlichkeit von Maschinen und Anlagen.	
Einteilung, Elemente	Statische Dichtungen für ruhende Teile (Flach, Profil, O-Ring, Membran, Faltenbalg) Dynamische Dichtungen zwischen bewegten Dichtflächen sind berührend für Längsbewegungen (Elastomerdichtungen, Stopfbuchsen, Manschetten, Lippenringe) bzw. für Drehbewegungen (Radial-Wellendichtringe, Filzringe, Axial-Gleitring, V-Ringe, O-Ringe) und berührungsfrei (Spalt, Labyrinth, Gewinde-Wellen).	
Funktionen, Wirkungen	Elemente schützen, Elemente abdichten, Schmutzeindringung verhindern, Schmierstoffaustritt vermeiden	
Beispiele für Anwendungen, Ausführungen:		
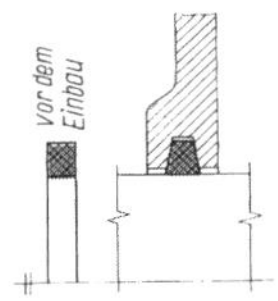 Filzringdichtung	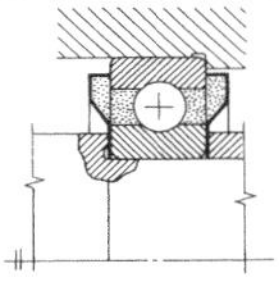 Nilosring	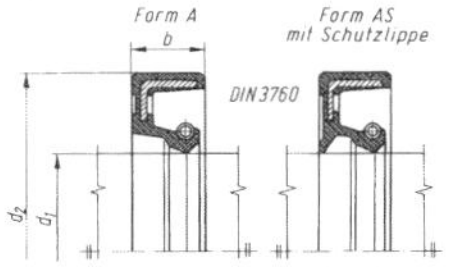 Radial-Wellendichtringe
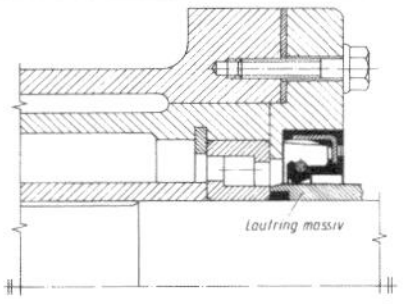 Radialdichtring mit Laufring	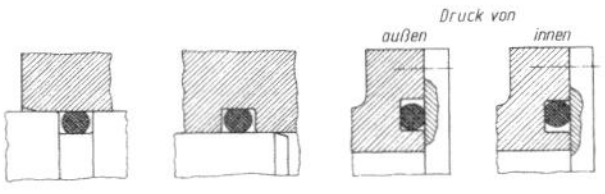 Runddichtringe und O-Ringe	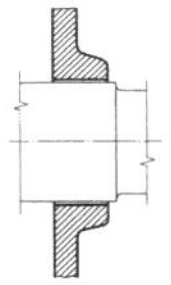 Spaltdichtung
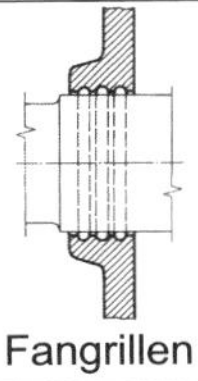 Fangrillen	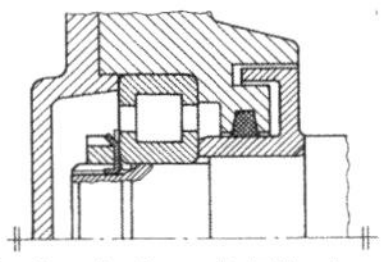 Labyrinth mit Filzring	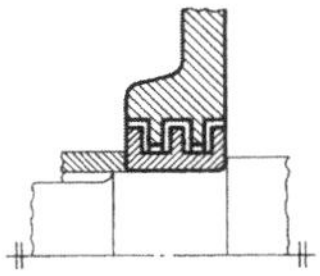 Labyrinthdichtung
Anwendung	Verbindungen von Teilen in Maschinen und Anlagen mit Dichtring Lagerungen, Führungen, Rohrleitungen, Absperrorgane abdichten Dichtflächen von Gehäusen für Getriebe, Motoren usw. Dichtungen für Fahrzeuge, Haushaltsgeräte usw.	
Konstruktionsregeln	Dichtungen können keine Führungsfunktion (Zentrierung) übernehmen. Auswirkungen von Undichtigkeiten systematisch untersuchen. Dichtungsauswahl nach Betriebsstoffen, Werkstoffen der Teile und der Dichtungen. Dichtung leicht auswechselbar	
Konstruktionskataloge	Dichtsysteme für fluidtechnische Anwendungen (VDMA Arbeitskreis Fluiddichtungen)	
Sachmerkmal-Leisten DIN 4000	Teil 7: Dichtungen	

Tabelle 12.13: Maschinenelemente Informationsblatt 13 (© Conrad)

KT	Maschinenelemente	Zahnräder
Begriffe, Erklärungen	Zahnräder sind scheibenförmige Rotationskörper mit Zähnen am Umfang, die eine Drehbewegung von einer Welle auf eine zweite formschlüssig übertragen. Die Zähne können gerade-, schräg- oder bogenförmig sowie doppelschräg bzw. pfeilförmig angeordnet sein. Die Zahnflankengeometrie besteht häufig aus Evolventen. Zahnräder rotieren um die Mittellinie von Wellen, die hier als (Dreh-) Achsen bezeichnet werden.	
Einteilung, Elemente	Stirnräder (Zylinderräder) für parallele Achsen als Außenrad- oder als Innenradpaar. Zahnstangen sind Stirnräder mit unendlich großem Radius zur Umwandlung der Drehbewegung eines Ritzels in eine Linearbewegung der Zahnstange. Kegelräder für sich schneidende Achsen sind unter einem Winkel angeordnet. Schraubenräder für sich kreuzende Achsen mit unterschiedlichen Winkeln. Schnecke und Schneckenrad für sich kreuzende Achsen, meist unter 90°.	
Funktionen, Wirkungen	Drehbewegung übertragen, Drehmoment umformen, Drehzahl ändern, Drehrichtung ändern, Wellenlage wandeln, Bewegung wandeln	
Beispiele für Anwendungen, Ausführungen:		
Zahnradpaare: a) Stirnräder (geradverzahnt), b) Stirnräder (schrägverzahnt), c) Hohlrad mit Ritzel, d) Zahnstange mit Ritzel, e) Kegelräder (geradverzahnt), f) Kegelräder (schrägverzahnt), i) Schraubenräder, h) Schneckenrad mit Schnecke, i) Kegel-Schraubräder (bogenverzahnt) Hypoidräder		
Anwendung	Mechanische Getriebe für konstante Übersetzung zur Anpassung von Drehmoment und Drehzahlen zwischen Antrieb und Abtrieb mit einer oder mehreren Zahnradpaaren und unterschiedlichen Anordnung der Lage von Antrieb und Abtrieb. Mechanische Bewegungen von Dreh- in Längsbewegungen wandeln, z. B. Vorschubantriebe.	
Konstruktionsregeln	Die Eigenschaften Laufruhe, Geräuschverhalten, Beanspruchung, Flankenspiel und Wirkungsgrad sind zu beeinflussen durch die Wahl von Geradverzahnung, Schrägverzahnung, Bogenverzahnung oder Schnecke mit Schneckenrad.	
Konstruktionskataloge	Gleichförmig übersetzende Grundgetriebe (Roth) Rotationsgetriebe (Schneider), Getriebe (Ewald)	
Sachmerkmal-Leisten DIN 4000	Teil 59: Zahnstangen, Stirnräder, Stirnradwellen, Kegelräder, Schnecken und Schneckenräder; Teil 27: Getriebe	

Tabelle 12.14: Maschinenelemente Informationsblatt 14 (© Conrad)

KT	**Maschinenelemente**	**Führungen** **Gleit-, Wälz-, Flach-, Rundführungen**
Begriffe, Erklärungen	Die geforderten Eigenschaften der Führungssysteme sind hohe Führungsgenauigkeit über die gesamte Betriebsdauer, hohe statische und dynamische Steifigkeit, thermische Stabilität, kein mechanisches und thermisches Klemmen, geringe Haft- und Gleitreibung und Verschleiß sowie günstige Herstell- und Betriebskosten.	
Einteilung, Elemente	Führungen lassen sich einteilen nach der Geometrie der Führungselemente und nach dem Wirkprinzip. Nach der Geometrie der Führungselemente sind Flachführungen, Prismenführungen, Rundführungen oder Kombinationen bekannt. Nach dem Wirkprinzip ist zu unterscheiden nach hydrodynamischen, hydro- oder aerostatischen Gleitführungen sowie Wälzführungen.	
Funktionen, Wirkungen	Elemente führen, Kräfte übertragen, Bewegungen genau ermöglichen, Laufruhe sichern, Stöße dämpfen, Bewegungen ruckfrei ausführen.	

Beispiele für Anwendungen, Ausführungen:

Typ	Flachführung	Prismenführung	Rundführung	Kombination
offen				
geschlossen		(Schwalbenschwanz)		

Systematik der Führungen

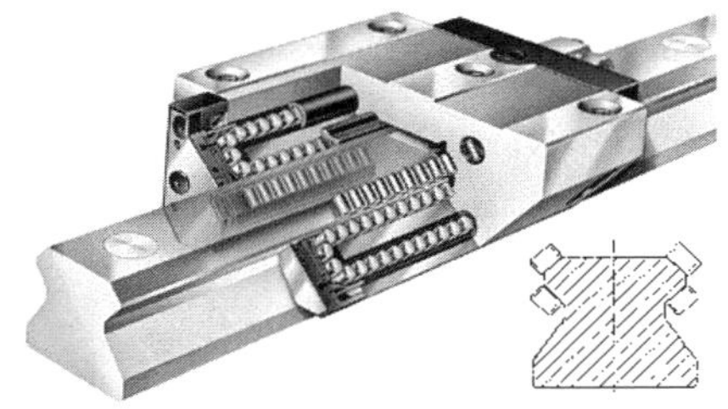

Profilschienenführung

Anwendung	Führungen für geradlinige Bewegungen in Werkzeugmaschinen, Betriebsmitteln wie Vorrichtungen, Transporteinrichtungen usw. Führungen sind als Maschinenelemente von Zulieferern zu beziehen, insbesondere alle Wälzführungen z. B. mit Profilschienen, Flachführungen, Kugelführungen usw.
Konstruktionsregeln	Führungen entsprechend den Anforderungen unter Beachtung der Vorteile und der Nachteile auswählen. Bewegungsart, Laufeigenschaften, Belastung, Schmierung, Genauigkeit, Steifigkeit, Dämpfung, Bauraum und Reibungsverhalten beachten.
Konstruktionskataloge	Lager und Führungen (Roth), (Ewald) Geradführungen (Roth)
Sachmerkmal-Leisten DIN 4000	keine bekannt

Tabelle 12.15: Maschinenelemente Informationsblatt 15 (© Conrad)

KT	Maschinenelemente	Leitungen Rohre, Schläuche, Armaturen
Begriffe, Erklärungen	Leitungen sind für das Führen von Flüssigkeiten oder Gasen erforderlich. Weitere Anwendungen sind der Transport von breiartigen Stoffen oder Schüttgütern. Leitungen sind als Rohre oder Schläuche einzusetzen. Für die Funktionen der Leitungen sind Verbindungen, Befestigungen und Halter vorzusehen. Absperrorgane sorgen für das Schalten und Stellen, es sind Rohrleitungsschalter.	
Einteilung, Elemente	Rohrleitungen bestehen aus Rohren, Formstücken, Rohrverbindungen, Dichtungen, Rohrhalterungen, Dehnungsausgleichern und Armaturen, die als Normteile vorhanden sind. Schläuche sind elastische Verbindungen für Fluide bei beweglichen Komponenten. Armaturen sind als Absperrorgane, als Regelorgane oder als Sicherheitsorgane einzusetzen. Die Bauarten sind Ventile, Schieber, Hähne oder Klappen.	
Funktionen, Wirkungen	Fluide führen, Fluide absperren, Fluiddurchfluss regeln, Rückfluss verhindern, System schützen, Elemente verbinden, Elemente stützen,	
Beispiele für Anwendungen, Ausführungen:		
a) b) c) d) e) f) g) Rohrfittinge	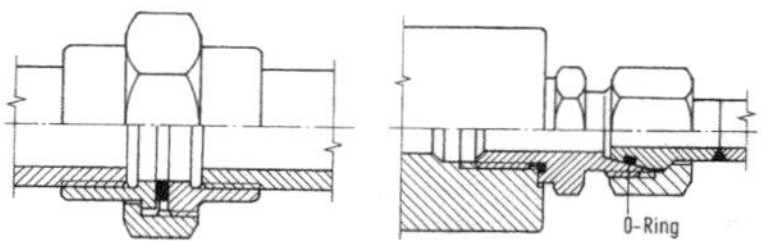 O-Ring Rohrverschraubungen	
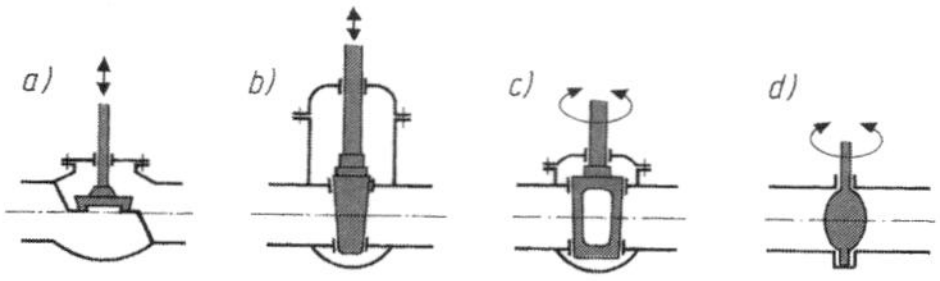 a) b) c) d) a) Ventil, b) Schieber, c) Hahn, d) Klappe	Flanschverbindung	
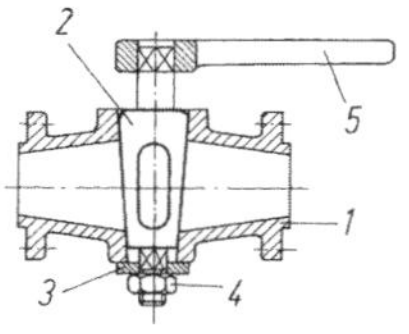 2 5 1 3 4 Hahn	Rückschlagklappe	
Anwendung	Hydraulikanlagen, Versorgung von Maschinenfunktionen, z. B. Schmierung, Kühlung, Fahrzeugkomponenten. Verfahrentechnische Anlagen in der Produktion. Transport von Gasen, Öl, Wasser usw. Haushalts-Versorgungseinrichtungen, Haushaltsgeräte	
Konstruktionsregeln	Normteile und Handelsteile einsetzen, Standardisierung durch Werknormen. Einheitliche Systeme für Produktbereiche, um Variantenvielfalt zu reduzieren. Werkstoffe nach Fluideigenschaften auswählen.	
Konstruktionskataloge	keine bekannt	
Sachmerkmal-Leisten DIN 4000	Teil 8: Flansche, Teil 13: Rohrarmaturen, Teil 16: Rohrleitungsformstücke, Teil 36: Rohrverschraubungen, Teil 44: Schellen und Kabelbänder	

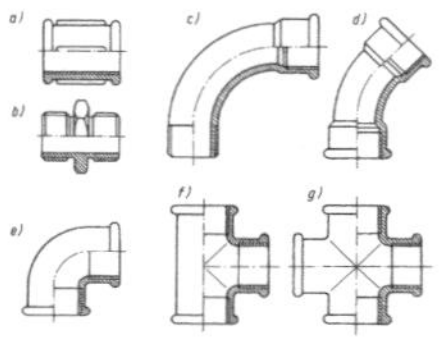

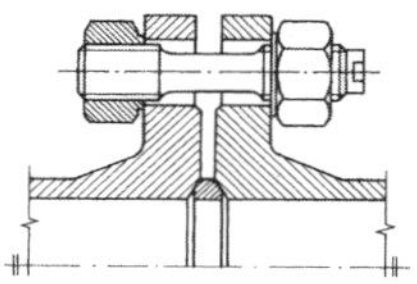

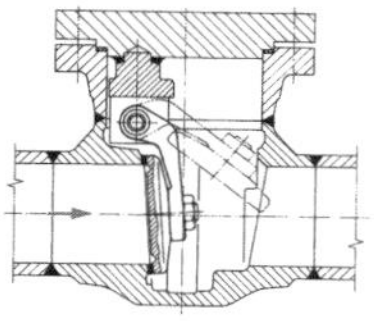

Tabelle 12.16: Maschinenelemente Informationsblatt 16 (© Conrad)

13 Literaturverzeichnis

Quellen und weiterführende Literatur

Die Literaturstellen wurden nach Fachgebieten zusammengefasst und alphabetisch geordnet. Normen und Richtlinien sind ebenso enthalten wie weiterführende Literatur, ohne Anspruch auf Vollständigkeit. Im Text stehen die Verfasser der verwendeten Literatur.

Konstruktionslehre und Konstruktionsmethodik

Conrad, K.-J. (Hrsg.): Taschenbuch der Konstruktionstechnik. 2. Aufl., Leipzig: Fachbuchverlag 2008

Ehrlenspiel, K.: Integrierte Produktentwicklung. 3. Aufl., München: Carl Hanser Verlag 2007

Hansen, F.: Konstruktionssystematik. Berlin: Verlag Technik 1966

Höhne, G.; Langbein, P.: Konstruktionstechnik. In Grundwissen des Ingenieurs. 14. Aufl., Leipzig: Fachbuchverlag 2007

Koller, R.: Konstruktionslehre für den Maschinenbau. 4. Aufl., Berlin: Springer Verlag 1998

Krause, W.: Konstruktionselemente der Feinmechanik. 3. Aufl., München: Carl Hanser Verlag 2004

Pahl, G.; Beitz, W.; Feldhusen, J.; Grote, K.. H.: Konstruktionslehre. 7. Aufl., Berlin: Springer Verlag 2007

Pahl, G.: Förderung der Kreativität im Grundlagenfach Maschinenelemente durch methodisches Konstruieren. Konstruktion 34 (1982) 8, S. 313–319

Rodenacker, W. G.: Methodisches Konstruieren. Konstruktionsbücher Band 27. 4. Aufl., Berlin: Springer Verlag 1991

VDI-Richtlinie 2519 Blatt 1: Vorgehensweise bei der Erstellung von Lasten-/Pflichtenheften. Berlin: Beuth Verlag 2001

VDI-Richtlinie 2221: Methodik zum Entwickeln und Konstruieren technischer Systeme und Produkte. Berlin: Beuth Verlag 1993

VDI-Richtlinie 2222 Blatt 1: Konstruktionsmethodik-Methodisches Entwickeln von Lösungsprinzipien. Berlin: Beuth Verlag 1997

VDI-Richtlinie 2222 Blatt 2: Konstruktionsmethodik-Erstellung und Anwendung von Konstruktionskatalogen. Berlin: Beuth Verlag 1982

Integrierte Produktentwicklung

Ehrlenspiel, K.: Integrierte Produktentwicklung. 3. Aufl., München: Carl Hanser Verlag 2007

Schäppi, B.; Andreasen, M. M.; Kirchgeorg, M.; Radermacher, F.-J. (Hrsg.): Handbuch Produktentwicklung. München: Carl Hanser Verlag 2005

VDI-Richtlinie 2220: Produktplanung, Ablauf, Begriffe, Organisation. Berlin: Beuth Verlag 1980

Qualität in der Konstruktion

DGQ (Hrsg.): Fehlermöglichkeits- und Einflussanalyse FMEA. 2. Aufl., Berlin: Beuth Verlag 2001

Graefen, C.; Richter, H.: Lernziel Qualität. Berlin: Cornelsen Girardet 1997

Hering, E.; Triemel, J.; Blank, H.-P.: Qualitätssicherung für Ingenieure. Düsseldorf: VDI-Verlag 1993

Linß, G.: Qualitätsmanagement für Ingenieure. 2. Aufl., Leipzig: Fachbuchverlag 2005

Pfeifer, T.: Qualitätsmanagement. 3. Aufl., München: Carl Hanser Verlag 2001

Pfeifer, T.: Praxisbuch Qualitätsmanagement. 2. Aufl., München: Carl Hanser Verlag 2001

Pfeifer, T.; Schmitt, R. (Hrsg.): Masing – Handbuch Qualitätsmanagement. 5. Aufl., München: Carl Hanser Verlag 2007

Rath & Strong (Hrsg.): Six sigma pocket guide. Köln: TÜV-Verlag GmbH 2002

Regius, von B.: Qualität in der Produktentwicklung. München: Carl Hanser Verlag 2006

VDI-Richtlinie 2247 E: Qualitätsmanagement in der Produktentwicklung. Berlin: Beuth Verlag 1994

Konzepte und Lösungsprinzipien

Ideenfindung

Beitz, W.; Grote, K.-H. (Hrsg.): Dubbel – Taschenbuch für den Maschinenbau. 22. Aufl., Berlin: Springer Verlag 2007

Birkhofer, H.: Erfolgreiche Produktentwicklung mit Zulieferkomponenten. VDI Bericht Nr. 953 S. 155–170. Düsseldorf: VDI Verlag 1992

Büttner, K.; Birkhofer, H.: Mit Online-Produktkatalogen den Nutzen für Zulieferer und Abnehmer steigern. Konstruktion 48 (1996) S. 174–182

Busch, B. G.: Denken mit dem Bauch. Intuitiv das Richtige tun. München: Kösel Verlag 2002

Dreibholz, D.: Ordnungsschemata bei der Suche von Lösungen. Konstruktion 27 (1975) S. 233–240

Hering, E.; Modler, K.-H. (Hrsg.): Grundwissen des Ingenieurs. 14. Aufl., Leipzig: Fachbuchverlag 2007

Holm-Hadulla, R. M.: Kreativität – Konzept und Lebensstil. Göttingen: Vandenhoeck & Ruprecht 2005

Krause, F.-L.; Franke, H.-J.; Gausemeier, J.(Hrsg.): Innovationspotenziale in der Produktentwicklung. München: Carl Hanser Verlag 2007

Linde, H.; Hill, B.: Erfolgreich erfinden. Darmstadt: Hoppenstedt Technik Tabellen Verlag 1993

Schlicksupp, H.: Ideenfindung. 4. Aufl., Würzburg: Vogel Verlag 1992.

Tränkner, G.: Taschenbuch Maschinenbau, Band 3/II: Stoffumformung, Verarbeitungsmaschinen. Berlin: Verlag Technik 1969

Vollmer, J.: Getriebetechnik. Berlin: Verlag Technik 1974

Zwicky, F.: Entdecken, Erfinden, Forschen im morphologischen Weltbild. München, Zürich: Droemer Knaur 1971

Mind Mapping

Buzan, T.; Buzan, B.: Das Mind-Map-Buch. 6. Aufl., Landsberg: Verlag moderne Industrie AG 2005

Buzan, T.: Das Kleine Mind-Map-Buch. 4. Aufl., München: Wilhelm Goldmann Verlag 2004

Buzan, T.: Mind Map – Die Erfolgsmethode. 1. Aufl., München: Wilhelm Goldmann Verlag 2005

Eipper, M.: Sehen – Erkennen – Wissen. Arbeitstechniken rund um Mind Mapping. 2. Aufl., Renningen: Expert Verlag 2001

Herzog, D.: Mindjet Mind Manager 6. Das Handbuch für Basic 6 und Pro 6. 2.Aufl., München: Carl Hanser Verlag 2006

Kirckhoff, M.: Mind Mapping-Einführung in eine kreative Arbeitsmethode. 12. Auflage., Offenbach: Gabal Verlag GmbH 1997

Konstruktionskataloge

Ardenne, von M.; Musiol, G., Klemradt, U. (Hsrg.): Effekte der Physik und Ihre Anwendungen. 3. Aufl., Frankfurt am Main: Verlag Harry Deutsch 2005

Diekhöner, G.; Lohkamp, F.: Objektkataloge – Hilfsmittel beim methodischen Konstruieren. Konstruktion 28 (1976), S. 359–364

Diekhöner, G.: Erstellen und Anwenden von Konstruktionskatalogen im Rahmen des methodischen Konstruierens. Düsseldorf: VDI-Verlag 1983

Ersoy, M.: Klemmverbindungen zum Spannen von Werkstücken. (VDI-Bericht 493) Düsseldorf: VDI-Verlag 1983

Ewald, O.: Lösungssammlungen für das methodische Konstruieren. Düsseldorf: VDI-Verlag 1975

Fuhrmann, U.; Hinterwaldner, R.: Konstruktionskatalog für Klebeverbindungen tragender Elemente. (VDI-Bericht 493) Düsseldorf: VDI-Verlag 1983

Gießner, F.: Gesetzmäßigkeiten und Konstruktionskataloge elestischer Verbindungen. Braunschweig: TH, Diss. 1975

Koller, R.: Konstruktionslehre für den Maschinenbau. 4. Aufl., Berlin: Springer Verlag 1998

Koller, R.; Kastrup, N.: Prinziplösungen zur Konstruktion technischer Produkte. 2. Aufl., Berlin: Springer Verlag 1998

Kollmann, F. G.: Welle-Nabe-Verbindungen. Konstruktionsbücher Bd. 32. Berlin: Springer Verlag 1984

Kopowski, E.: Einsatz neuer Konstruktionskataloge zur Verbindungsauswahl. (VDI-Bericht 493) Düsseldorf: VDI-Verlag 1983

Neudörfer, A.: Konstruieren sicherheitsgerechter Produkte. 3. Aufl., Berlin: Springer Verlag 2005

Raab, W.; Schneider, J.: Gliederungssystematik für getriebetechnische Konstruktionskataloge. Antriebstechnik 21 (1982), S. 603

Roth, K.: Konstruieren mit Konstruktionskatalogen, Band 1: Konstruktionslehre. 3. Aufl., Berlin: Springer Verlag 2000

Roth, K.: Konstruieren mit Konstruktionskatalogen, Band 2: Konstruktionskataloge. 3. Aufl., Berlin: Springer Verlag 2001

Roth, K.: Konstruieren mit Konstruktionskatalogen, Band 3: Verbindungen und Verschlüsse. 2. Aufl., Berlin: Springer Verlag 1996

Roth, K.; Franke, H. J.; Simonek, R.: Aufbau und Verwendung von Katalogen für das methodische Konstruieren. Konstruktion 24 (1972) S. 449–458

Schneider, J.: Konstruktionskataloge der Antriebstechnik. Darmstadt: Verlag Hoppenstedt 1986

Wölse, H.; Kastner, M.: Konstruktionskataloge für geschweißte Verbindungen an Stahlprofilen. (VDI-Bericht 493) Düsseldorf: VDI-Verlag 1983

VDI-Richtlinie 2222 Blatt 2: Konstruktionsmethodik-Erstellung und Anwendung von Konstruktionskatalogen. Berlin: Beuth Verlag 1982

VDI-Richtlinie 2232: Methodische Auswahl fester Verbindungen. Berlin: Beuth Verlag 2004

Bionik

Baumgartner-Wehrli, P.: Bioting – Unternehmensprozesse erfolgreich nach Naturgesetzen gestalten. Wiesbaden: Verlag Dr. Th. Gabler GmbH 2001

Blüchel, G.; Malik, F. (Hrsg.): Faszination Bionik – Die Intelligenz der Schöpfung. München: Bionik Media GmbH 2006

Gleich, von (Hrsg.): Bionik. 2.Aufl., Stuttgart: Verlag B. G. Teubner 2001

Hill, B.: Naturorientierte Lösungsfindung. Entwickeln und Konstruieren nach biologischen Vorbildern. Renningen-Malmsheim: Expert Verlag 1999

Kesel, A. B.: Bionik. Frankfurt am Main: Fischer Taschenbuch Verlag 2005

Mattheck, C.: Design in der Natur. Der Baum als Lehrmeister. Freiburg: Rombach Verlag 1992

Mattheck, C.: Verborgene Gestaltgesetze der Natur. Forschungszentrum Karlsruhe 2006

Nachtigall, W.: Vorbild Natur. Berlin: Springer Verlag 1997

Nachtigall, W.: Bionik. 2. Aufl., Berlin: Springer Verlag 2002

Nachtigall, W.; Blüchel, K.G.: Das große Buch der Bionik. Stuttgart: DVA 2000

Nachtigall, W.: Biologisches Design. Systematischer Katalog für bionisches Gestalten. Berlin: Springer Verlag 2005

WWF Deutschland (Hrsg.): Bionik – Patente der Natur. München Pro Futura Verlag 1991

WWF Deutschland (Hrsg.): Bionik – Natur als Vorbild. München Pro Futura Verlag 1993

Mechatronik

Bolton, W.: Bausteine mechatronischer Systeme. 3. Aufl., München: Pearson Education Deutschland GmbH 2004

Czichos, H.: Mechatronik. Grundlagen und Anwendungen technischer Systeme. 2. Aufl., Wiesbaden: Friedr. Vieweg & Sohn Verlag 2008

Eversheim, W.; Niemeyer, R.; Schernikau, J.; Zohm, E.: Unternehmerische Chancen und Herausforderungen durch die Mechatronik in der Automobilindustrie. Materialien zur Automobilindustrie Nr. 23. Frankfurt am Main: VDA-Verlag 2000

Hanselka, H.; Breitbach, E.; Bein, T.; Krajenski, V.: Mechatronik/Adaptronik. In Grundwissen des Ingenieurs. 14. Aufl., Leipzig: Fachbuchverlag 2007

Heimann, B.; Gerth, W.; Popp, K.: Mechatronik. Komponenten – Methoden – Beispiele. 3. Aufl., München: Carl Hanser Verlag 2006

Hering, E.; Steinhart, H. (Hrsg.): Taschenbuch der Mechatronik. Leipzig: Fachbuchverlag 2005

Koviath, H.-J.; Römer, M.: Mechatronik in Theorie und Praxis. 2. Aufl., Ditzingen: Omegon Fachliteratur. Robert Bosch GmbH (Hrsg.)

VDI-Richtlinie 2206: Entwicklungsmethodik für mechatronische Systeme. Berlin: Beuth Verlag 2004

Entwerfen

Bachmann, R.; Lohkamp, F.; Strobl, R.: Maschinenelemente, Band 1, Grundlagen und Verbindungselemente. Würzburg: Vogel-Buchverlag 1982

Conrad, K.-J. (Hrsg.): Taschenbuch der Konstruktionstechnik. 2. Aufl., Leipzig: Fachbuchverlag 2008

Hintzen, H.; Laufenberg, H.; Kurz, U.: Konstruieren Gestalten Entwerfen. 2. Aufl., Braunschweig: F. Vieweg Verlag 2002

Hoenow, G.; Meißner, Th.: Entwerfen und Gestalten im Maschinenbau. 3. Aufl., Leipzig: Fachbuchverlag 2010

Hoenow, G.; Meißner, Th.: Konstruktionspraxis im Maschinenbau. 2. Aufl., Leipzig: Fachbuchverlag 2009

Müller, H. W.: Kompendium Maschinenelemente. 4. Aufl., Darmstadt: Selbstverlag 1984

Steinhilper, W.; Röper, R.: Maschinen- und Konstruktionselemente, Band 1: Grundlagen der Berechnung und Gestaltung. Berlin: Springer Verlag 1982

VDI-Richtlinie 2223: Methodisches Entwerfen technischer Produkte. Berlin: Beuth Verlag 2004

Sicherheit

Defren, W.; Wickert, K.: Sicherheit für den Maschinen- und Anlagenbau. Wuppertal, Ratingen: Verlag H. von Ameln, 2001

Defren, W.; Kreutzkamp, F.: Personenschutz in der Praxis. Wuppertal, Ratingen: Verlag H. von Ameln, 2001

Gehlen, P.: Funktionale Sicherheit von Maschinen und Anlagen. Erlangen: Publicis Corporate Publishing: Erlangen 2007

Klindt,Th.; Kraus, TH.; Locquenghien, von D.; Ostermann, H.-J.: Die neue EG-Maschinenrichtlinie 2006. 2. Aufl., Berlin: Beuth Verlag GmbH 2007

Krey, V.; Kapoor, A.: Praxisleitfaden Produktsicherheitsrecht. München: Carl Hanser Verlag 2009

Neudörfer, A.: Konstruieren sicherheitsgerechter Produkte. 3. Aufl., Berlin: Springer Verlag 2005

Schulz, M.: Gefahrenanalyse und Risikobeurteilung Warum und Wie? Abtsgemünd: Fachverlag für Technische Dokumentation 2003

SICK AG (Hrsg.): Leitfaden Sichere Maschinen. Waldkirch: SICK AG 2008

DIN 31000: Sicherheitsgerechtes Gestalten technischer Erzeugnisse. Allgemeine Leitsätze. Berlin: Beuth Verlag 1979, teilweise ersetzt durch DIN EN 292 Teil 1 und 2

DIN EN 292 Teil 1 und 2: Sicherheit von Maschinen, Grundbegriffe, allgemeine Gestaltungsleitsätze. Berlin: Beuth Verlag 1991

Fertigung und Montage

Andreasen, M. M.; Kähler, S.; Lund, T.: Montagegerechtes Konstruieren. Berlin: Springer Verlag 1985

Bode, E.: Konstruktionsatlas. 6. Aufl., Braunschweig: Vieweg Verlag 1996

Conrad, K.-J. (Hrsg.): Taschenbuch der Werkzeugmaschinen. 2. Aufl., Leipzig: Fachbuchverlag 2006

Herfurth, K.; Ketscher, N.; Köhler, M.: Gießereitechnik kompakt – Werkstoffe, Verfahren, Anwendungen. Düsseldorf: Verein Deutscher Gießereifachleute 2003

Informationsstelle Schmiedestück – Verwendung (Hrsg.): Schmiedeteile – Gestaltung, Anwendung, Beispiele. Hagen: 1994

Informationszentrum Technische Keramik (Hrsg.): Brevier Technische Keramik. Lauf: Fahner Verlag 2003

Kölz, C.: Gussgehäuse aus Grauguss – konstruktive Gestaltung und Bestimmung der Werkstoffkennwerte als Basis für Bestellvorgaben. Diplomarbeit FH Hannover 2006, unveröffentlicht

Peukert, K.: Gießgerechtes Konstruieren – ist diese Forderung noch realitätsnah? Konstruieren und Gießen 20 (1995) 2, S. 4–8

Witt, G. (Hrsg.): Taschenbuch der Fertigungstechnik. Leipzig: Fachbuchverlag 2006

DIN 8593: Fertigungsverfahren; Fügen – Einordnung, Unterteilung, Begriffe. Berlin: Beuth Verlag 1985

VDI-Richtlinie 2860: Montage- und Handhabungstechnik. Berlin: Beuth Verlag 1990

Lärmarm konstruieren

Dietz, P.; Gummersbach, F.: Lärmarm Konstruieren xviii, systematische Zusammenstellung maschinenakustischer Konstruktionsbeispiele. Schriftenreihe der Bundesanstalt für Arbeitsschutz und Arbeitsmedizin, Fb 883, Beispielsammlung auf CD-ROM, Bremerhaven: Wirtschaftsverlag 2000

Kurtz, P.: Lärmarm konstruieren. Forschung – Erkenntnisse – Anwendung. Bundesanstalt für Arbeitsschutz und Arbeitsmedizin (Hrsg.): Dortmund: 2005

Niemann, G.; Winter, H.; Höhn, B.-R.: Maschinenelemente Band 1. 4. Aufl., Berlin: Springer Verlag 2005

Reudenbach, R.: Sichere Maschinen in Europa. Teil 1 Rechtsgrundlagen, 7. Aufl. 2005; Teil 2 Herstellung und Benutzung, 2. Aufl. 2004; Teil 3 Risikobeurteilung, 2. Aufl. 2006. Bochum: Verlag Technik & Information

Schirmer, W. (Hrsg.): Technischer Lärmschutz. 2. Aufl., Berlin. Springer Verlag 2006

Spreckelmeyer, N.: Untersuchung der Schallabstrahlung an einem Straßenfertiger und Erstellung von Konzepten zur Schallreduktion. Diplomarbeit FH Hannover 2006, unveröffentlicht

DIN EN ISO 11688-1: Akustik; Richtlinien für die Gestaltung lärmarmer Maschinen und Geräte, Teile 1 Planung. Berlin: Beuth Verlag Oktober 1998

DIN EN ISO 11688-2: Akustik; Richtlinien für die Gestaltung lärmarmer Maschinen und Geräte, Teile 2 Einführung in die Physik der Lärmminderung durch konstruktive Maßnahmen. Berlin: Beuth Verlag März 2001

Recycling und Entsorgung

Kahmeyer, M.; Rupprecht, R.: Recyclinggerechte Produktgestaltung. Würzburg: Vogel Verlag 1996

Quella, F. (Hrsg.): Umweltverträgliche Produktgestaltung. München: Publicis MCD Verlag 1998

Steinhilper, R.: Produktrecycling im Maschinenbau. Berlin: Springer Verlag 1988

Steinhilper, R.: Der Horizont des Konstrukteurs bestimmt den Erfolg im Recycling. Konstruktion 42 (1990) H. 12, S. 396–404

Umwelt-Recht. Wichtige Gesetze und Verordnungen zum Schutz der Umwelt. Beck-Texte im dtv 5533, 6.Aufl., München: Verlag C.H. Beck 1990

DIN 6120: Kennzeichnung von Packstoffen und Packmitteln zu deren Verwertung, Packstoffe und Packmittel aus Kunststoff. Teil 1: Bildzeichen; Teil 2: Zusatzbezeichnung. Berlin: Beuth Verlag 1990

DIN 7728: Kunststoffe, Kennbuchstaben und Kurzzeichen für Polymere und ihre besonderen Eigenschaften (Teil 1). Kurzzeichen für verstärkte Kunststoffe (Teil 2). Berlin: Beuth Verlag 1980

DIN EN ISO 14040: Ökobilanz. Prinzipien und allg. Anforderungen. Berlin: Beuth Verlag 1997

VDA 260: Kennzeichnung von Kunststoffteilen in Kraftfahrzeugen. Frankfurt a. M.: Verband der Automobilindustrie 1984

VDI-Richtlinie 2243: Konstruieren recyclinggerechter technischer Produkte. Berlin: Beuth Verlag 2002

Ausarbeiten

Technisches Zeichnen

Böttcher, P.; Forberg, R.: Technisches Zeichnen. 24. Aufl., Wiesbaden: Teubner Verlag 2009

Conrad, K.-J. (Hrsg.): Taschenbuch der Konstruktionstechnik. 2. Aufl., Leipzig: Fachbuchverlag 2008

DIN (Hrsg.): Praxishandbuch Technisches Zeichnen. Berlin: Beuth Verlag 2003

DIN (Hrsg.): Klein – Einführung in die DIN-Normen. 14. Aufl., Berlin: Beuth Verlag 2008

Grollius, H.-W.: Technisches Zeichnen für Maschinenbauer. Leipzig: Fachbuchverlag 2010

Hoischen, H.; Hesser, W. (Hrsg.): Technisches Zeichnen. 32. Aufl., Berlin: Cornelsen Verlag 2009

Labisch, S.; Weber, Ch.: Technisches Zeichnen. 3. Aufl., Wiesbaden: Vieweg Verlag 2009

DIN 199 Teil 2: Begriffe im Zeichnungs- und Stücklistenwesen. Berlin: Beuth Verlag 1977

DIN 6771 Teil 1+2: Vordrucke für technische Unterlagen, Stücklisten. Berlin: Beuth Verlag 1987

DIN 6789 Teil 2: Dokumentationssystematik, Dokumentensätze technischer Produktdokumentation. Berlin: Beuth Verlag 1990

DIN EN ISO 7200: Technische Produktdokumentation – Datenfelder in Schriftfeldern und Dokumentenstammdaten. Berlin: Beuth Verlag 2004

DIN EN ISO 5457: Formate und Gestaltung von Zeichnungsvordrucken. Berlin: Beuth Verlag 1999

Stücklisten

Bernhardt, R.: In der Konstruktion beginnt die Rationalisierung. Heidelberg: Hüthig Verlag 1985

Kurbel, K.: Produktionsplanung und -steuerung im Enterprise Resource Planning und Supply Chain Management. 6. Aufl., München: Oldenbourg Wissenschaftsverlag 2005

Steinmetz, G.: Grunddatenverwaltung in CIM-Handbuch. Braunschweig: F. Vieweg Verlag 1987

Nummernsysteme

Bernhardt, R.: In der Konstruktion beginnt die Rationalisierung. Heidelberg: Hüthig Verlag 1985

Bernhardt, R.; Bernhardt, W.: Nummerungssysteme. Sindelfingen: Expert Verlag 1985

DIN (Hrsg.): Teileinformationssysteme. DIN-Fachbericht 30. Berlin: Beuth Verlag 1992

DIN (Hrsg.): Variantenübersicht, Variante, Variantenstückliste. Berlin: Beuth Verlag 1986

Krauser, D.: Methodik zur Merkmalbeschreibung technischer Gegenstände. DIN-Normungskunde Band 22. Berlin: Beuth Verlag 1986

Kurbel, K.: Produktionsplanung und -steuerung im Enterprise Resource Planning und Supply Chain Management. 6. Aufl., München: Oldenbourg Wissenschaftsverlag 2005

Pflicht, W.: Die sechs Phasen der Sachmerkmalverarbeitung. CAD/CAM (1986)3, S. 70–74

Sudkamp, J.; Stausberg, B.: Nummernsysteme: Voraussetzung für den effizienten Einsatz von PPS. Der Betriebsleiter 36 (1995) 4, S. 14–18

DIN 4000: Sachmerkmal-Leisten, Begriffe und Grundsätze. Berlin: Beuth Verlag 1992

DIN 4000 Teil 2 bis 133: Sachmerkmal-Leisten für Normteile. Berlin: Beuth Verlag

DIN 6763: Nummerung. Berlin: Beuth Verlag 1985

Konstruktion und Kosten

Beitz, W.; Ehrlenspiel, K.; Eversheim, W.; Krieg, K. G.; Spur, G.: Kosteninformationen zur Kostenfrüherkennung. Handbuch für Entwicklung, Konstruktion und Arbeitsvorbereitung. Berlin, Köln: Beuth Verlag GmbH 1987

Ehrlenspiel, K.; Kiewert, A.; Lindemann, U.: Kostengünstig Entwickeln und Konstruieren. 4. Aufl., Berlin: Springer Verlag 2003

Fischer, J. O.: Kostenbewusstes Konstruieren. Berlin: Springer Verlag 2008

Heil, H.-G.: Kosten senken in der Konstruktion. Frankfurt: Maschinenbau Verlag 1993.

Henjes, G.: Kosteninformationen aus vorhandenen Datenbeständen. VDI-Bericht Nr. 457. Düsseldorf: VDI Verlag 1982

Hoffmann, H. J.: Wertanalyse. Berlin: E. Schmidt Verlag 1979

RKW (Hrsg.): Relativkosten für den Konstrukteur – Nutzen und Risiken. Köln: RKW-Verlag, Verlag TÜV Rheinland 1990

VDI Zentrum Wertanalyse (Hrsg.): Wertanalyse Idee – Methode – System. 5. Aufl., Düsseldorf: VDI-Verlag GmbH 1995

Voigt, C.-D.: Systematik und Einsatz der Wertanalyse. 3. Aufl., München: Siemens AG 1974

DIN 32990 Teil 1: Kosteninformationen, Kostenrechung und Kosteninformationsunterlagen in der Maschinenindustrie; Begriffe. Berlin: Beuth Verlag 1989

DIN 32991 Teil 1: Kosteninformationen; Kosteninformations-Unterlagen; Gestaltungsgrundsätze. (6 Beiblätter) Berlin: Beuth Verlag 1987

DIN 32992 Teil 1: Kosteninformationen; Berechnungsgrundlagen; Kalkulationsarten und -verfahren. Berlin: Beuth Verlag 1989

DIN 32992 Teil 2: Kosteninformationen; Berechnungsgrundlagen; Verfahren der Kurzkalkulation. Berlin: Beuth Verlag 1989

DIN 32992 Teil 3: Kosteninformationen; Berechnungsgrundlagen; Ermittlung von Relativkosten-Zahlen. Berlin: Beuth Verlag 1987

DIN 69910: Wertanalyse. Berlin: Beuth Verlag 1987

VDI-Richtlinie 2225 Blatt 1–4: Technisch-wirtschaftliches Konstruieren. Berlin: Beuth Verlag 1998

VDI-Richtlinie 2800: Wertanalyse Blatt 1 und 2. Berlin: Beuth Verlag 2006

VDI-Richtlinie 2234: Wirtschaftliche Grundlagen für den Konstrukteur. Berlin: Beuth Verlag 1990

VDI-Richtlinie 2235: Wirtschaftliche Entscheidungen beim Konstruieren. Berlin: Beuth Verlag 1987

Rechnerunterstütztes Konstruieren

AWF (Hrsg.): Integrierter EDV-Einsatz in der Produktion. Eschborn: Ausschuss für wirtschaftliche Fertigung 1985

Bernhardt, R.: Vorbereitung auf den CAD-Einsatz. Heidelberg: Hüthig Verlag 1989

Berg, W.: Pro/Engineer Tipps und Techniken. München: Carl Hanser Verlag 2006

Bünting, F.; Leyendecker, H.-W.: Schneller oder Besser. Frankfurt: VDMA Verlag 1998

Bytzek, H.; Wrede, T.: CAD 2-Übungen. Labor CA-Techniken. FH Hannover 2005

Eigner, M.; Hiller, Ch.; Schindewolf, St.; Schmich, M.: Engineering Database. München: Carl Hanser Verlag 1991

Eigner, M.; Stelzer, R.: Produktdatenmanagement-Systeme. Berlin: Springer Verlag 2001

Müller, S.: CAD 2-Variantenkonstruktion – Studienarbeit FH Hannover 2002, unveröffentlicht

Ockert, D.: Rechnerunterstütztes Konstruieren. München: Oldenbourg Verlag 1993

Rosemann, B.; Freiberger, St.; Goering, J.-U.; Landenberger, D.: Pro/Engineer. Bauteile, Baugruppen, Zeichnungen. München: Carl Hanser Verlag 2005

Spur, G.; Krause, F.-L.: Das virtuelle Produkt. München: Carl Hanser Verlag 1997

VDMA: Kennzahlenkompass – Informationen für Unternehmer und Führungskräfte, Ausgabe 2008. Frankfurt: VDMA Verlag 2008

VDMA-Kennzahlen Entwicklung und Konstruktion. 2007. Frankfurt: VDMA Betriebswirtschaft 2008

DIN 4001: CAD-Normteiledatei des DIN. (Teile für ca. 800 Normen) Berlin: DIN Software GmbH

VDI-Richtlinie 2215: Datenverarbeitung in der Konstruktion; Organisatorische Voraussetzungen und allgemeine Hilfsmittel. Berlin: Beuth Verlag 1980

Werkstoffe

Ehrenstein, G. W.: Mit Kunststoffen konstruieren. 3. Aufl., München Carl Hanser Verlag 2007

Forschungskuratorium Maschinenbau – FKM (Hrsg.): Rechnerischer Festigkeitsnachweis für Maschinenbauteile FKM- Richtlinie. 5. Aufl., Frankfurt/Main 2005

Informationszentrum Technische Keramik (Hrsg.): Brevier Technische Keramik. Lauf: Fahner Verlag 2003

Merkel, M.; Thomas, K.-H.: Taschenbuch der Werkstoffe. 7. Aufl., Leipzig: Fachbuchverlag 2008

Möller, E. (Hrsg.): Handbuch der Konstruktionswerkstoffe. München: Carl Hanser Verlag 2008

Niemann, G.; Winter, H.; Höhn, B.-R.: Maschinenelemente Band 1. 4. Aufl., Berlin: Springer Verlag 2005

Reuter, M.: Methodik der Werkstoffauswahl. Leipzig: Fachbuchverlag 2007

Maschinenelemente

Bachmann, R.; Lohkamp, F.; Strobl, R.: Maschinenelemente, Band 1 Grundlagen und Verbindungselemente. Würzburg: Vogel-Buchverlag 1982

Beitz, W.; Grote, K.-H. (Hrsg.): Dubbel – Taschenbuch für den Maschinenbau. 22. Aufl., Berlin: Springer Verlag 2007

Bosch Rexroth AG (Hrsg.): Handbuch Lineartechnik. Schweinfurt 2006

Decker, K.-H.: Maschinenelemente. 17. Aufl., München: Carl Hanser Verlag 2009

Haberhauer, H.; Bodenstein, F.: Maschinenelemente. 15. Aufl., Berlin: Springer Verlag 2009

Künne, B.: Köhler/Rögnitz Maschinenteile 1. 10. Aufl., Wiesbaden: Teubner Verlag 2007

Künne, B.: Köhler/Rögnitz Maschinenteile 2. 9. Aufl., Wiesbaden: Teubner Verlag 2004

Muhs, D. u. a.: Roloff/Matek Maschinenelemente. 18. Aufl., Wiesbaden: Vieweg Verlag 2007

Niemann, G.; Winter, H.; Höhn, B.-R.: Maschinenelemente Band 1. 4. Aufl., Berlin: Springer Verlag 2005

Paland, E.-G.: Technisches Taschenbuch INA. Würzburg: Stürtz AG 2002. INA-Schaefler KG

Rieg, F.; Kaczmarek, M.: Taschenbuch der Maschinenelemente. Leipzig: Fachbuchverlag 2006

Schlecht, B.: Maschinenelemente 1. München: Pearson Education Deutschland GmbH 2007

Schlottmann, D. (Hrsg.): Konstruktionslehre Grundlagen. 2. Aufl., Berlin: Springer Verlag 1982

Steinhilper, W.; Sauer, B.(Hrsg.): Konstruktionselemente des Maschinenbaus. 7. Aufl., Berlin: Springer Verlag 2008

VDMA Fluidtechnik (Hrsg.): Dichtsysteme für fluidtechnische Anwendungen. CD mit Lehrmaterial und Schadensatlas Fluiddichtungen. Frankfurt 2005

DIN 4000 Teil 2 bis 133: Sachmerkmal-Leisten für Normteile. Berlin: Beuth Verlag

14 Stichwortverzeichnis

A

B

C

D

E

F

G

L

M

N

O

P

Q

R

S

T

U

V

W

Z